Paul Schönsleben

Integrales Informationsmanagement

Springer-Verlag Berlin Heidelberg GmbH

Paul Schönsleben

# Integrales Informationsmanagement

## Informationssysteme für Geschäftsprozesse – Management, Modellierung, Lebenszyklus und Technologie

2., vollständig überarbeitete und erweiterte Auflage

Mit 328 Abbildungen und 6 Falttafeln

Springer

Prof. Dr. Paul Schönsleben
ETH-Zentrum für Unternehmenswissenschaft (BWI)
der Eidgenössischen Technischen Hochschule ETH Zürich
Zürichbergstrasse 18
CH-8028 Zürich
Schweiz

schoensleben@bwi.bespr.ethz.ch

ISBN 978-3-642-62590-9

Die Deutsche Bibliothek - CIP-Einheitsaufnahme
Schönsleben, Paul:
Integrales Informationsmanagement : Informationssysteme für Geschäftsprozesse ; Management, Modellierung, Lebenszyklus und Technologie / Paul Schönsleben. - 2., überarb. und erw. Aufl. - Berlin ; Heidelberg ; New York ; Barcelona ; Hongkong ; London ; Mailand ; Paris ; Singapur ; Tokio : Springer, 2001
ISBN 978-3-642-62590-9 ISBN 978-3-642-56693-6 (eBook)
DOI 10.1007/978-3-642-56693-6



http://www.springer.de


Ursprünglich erschienen bei Springer-Verlag Berlin Heidelberg New York 2001
Softcover reprint of the hardcover 2nd edition 2001


Einbandgestaltung: de'blik, Berlin
Satz: Reproduktionsfertige Vorlagen vom Autor

Gedruckt auf säurefreiem Papier SPIN: 10793671 62/3020 - 5 4 3 2 1 0

# Vorwort zur zweiten Auflage

Wohl kaum eine Technologie hat sich in den letzten Jahren so schnell wie die Informationstechnologie verändert. Gerade aus diesem Grund freut es mich sehr, die zweite Auflage des bereits 1994 erschienenen Buches „Praktische Betriebsinformatik – Konzepte logistischer Abläufe“ zu veröffentlichen.

Im Verlaufe der vergangenen sieben Jahre hat sich in der Betriebsinformatik die Tendenz zum Einsatz von Standardsoftware verstärkt, insbesondere im Zusammenhang mit der ERP-Software R/3 des Marktführers SAP. Neu hinzu gekommen ist die Einführung von Software auf dem Gebiet des Supply Chain Managements sowie der ganzen Anwendungen im E-Business. Gerade hier entsteht sehr viel neue Software für die betriebliche Auftragsabwicklung, woraus sich neue Alternativen zu Standardsoftware ergeben.

Dementsprechend richtet sich diese neue Auflage an Berufsleute und Praktiker im Unternehmen, vor allem an solche, die mit der Einführung von SAP/R3 oder ähnlichen Softwaresystemen im Bereich PPS, ERP und E-Business beschäftigt sind. Aufgrund seiner Vertiefung auf dem Gebiet der Modellierung ist das Buch besonders bei Neukonzeptionen sowie Änderungen oder Erweiterungen von Standardsoftware wertvoll.

Die angesprochenen Personen sind in den Unternehmensbereichen Organisation und Informatik sowie im Management der Geschäftsprozesse zu finden. Grundlegendes Interesse an Informatik-Anwendungen für Geschäftsprozesse, z.B. SAP, ist von Vorteil. Zudem ist das Buch auch für die Aus- und Weiterbildung gedacht, und zwar für Wirtschaftsinformatiker, Wirtschaftsingenieure, Informatiker an universitären Hochschulen und Fachhochschulen sowie an Ausbildungsstätten zur beruflichen Weiterbildung.

Erfolgreiches Informationsmanagement erfordert eine integrale Sicht: Die verschiedenen Aspekte von Informationssystemen, nämlich die Inhalte des Systems, die Modellierung dieser Inhalte, der Lebenszyklus der Informationssysteme und die zur Verfügung stehende Informationstechnologie müssen umfassend behandelt werden. So kann sich ein Verständnis der unterschiedlichen Denk- und Modellansätze von Organisatoren, Wirtschaftsingenieuren und Informatikern ergeben. Nur dieser integrale Ansatz erlaubt den Aufbau einer konzeptuellen Nahtstelle zwischen diesen Bereichen, so dass ein Austausch der Anforderungen („Requirements analysis“) und der Lösungsmöglichkeiten („Software solutions“) erreicht werden kann, der sich als frei von Widersprüchen und Missverständnissen erweist.

Diesen Überlegungen folgt auch der neue Titel der zweiten Auflage, wofür der Begriff „Integrales Informationsmanagement“ gewählt worden ist. Der

Untertitel „Informationssysteme für Geschäftsprozesse – Management, Modellierung, Lebenszyklus und Technologie" soll die verschiedenen notwendigen Kompetenzen zum erfolgreichen Informationsmanagement hervorheben. Sie sind alle Gegenstand des Buches.

Die Verwandtschaft zur ersten Auflage ist vor allem im zweiten Teil des Buches noch ersichtlich. Trotzdem kann man von einer *vollständig neu bearbeiteten Auflage* sprechen:

- Sowohl den Prinzipien des Informationsmanagements als auch der Technologie sowie dem Lebenszyklus (hier insbesondere der Einführung) von Informationssystemen wird je ein ganzes Kapitel gewidmet. Das Kapitel über die Technologie ist neu und behandelt alle Bereiche des Informatik-Managements. Es berücksichtigt besonders die Entwicklungen im Bereich des E-Business. Das Kapitel über den Lebenszyklus stellt die kritischen Erfolgsfaktoren zur Gestaltung und Einführung von Informationssystemen in den Vordergrund, illustriert durch ein Fallbeispiel aus der Praxis.

- Theorie und Praxis der Modellierung von Informationssystemen werden neu in den Kapiteln 4 bis 6 aufgearbeitet. Für die objektorientierte Modellierung habe ich an Stelle der bisherigen Coad-Yourdon-Notation die während der letzten Jahre zum Standard gewordene UML „Unified Modelling Language" gewählt. Besonderes Gewicht hat neu die prozessorientierte Modellierung erhalten. Dieses Primat der Orientierung nach Geschäftsprozessen ist einerseits durch die Erfahrungen in der Praxis, andererseits aber auch durch den Erfolg meines Buches „Integrales Logistikmanagement – Planung und Steuerung von umfassenden Geschäftsprozessen" bedingt. Jenes Buch ist bereits in der zweiten Auflage ebenfalls im Springer-Verlag erschienen (ISBN 3-540-66844-6), sowie in seiner amerikanischen Übersetzung: „Integral Logistics Management – Planning and Control of Comprehensive Business Processes", CRC / St. Lucie Press, Boca Raton, FL, USA, in einer Ko-Serie mit der APICS (ISBN 1-57444-272-4).

- Die Kapitel 7 bis 12 zeigen – wie schon in der ersten Auflage – eine vollständige Modellierung der verschiedenen Geschäftsprozesse in der Administration und Disposition eines industriellen Unternehmens. Nebst der Einführung von UML ist die Prozesssicht hinzugefügt worden, und zwar als erste Sicht. Das Stammdatenmodell – jetzt im letzten Kapitel entwickelt – ist so ergänzt worden, dass auch die Bedürfnisse der Prozessindustrie abgedeckt sind. Daneben ist auch die Modellierung des Ressourcenmanagements und der Beschaffungslogistik stark überarbeitet worden. Die Verkaufs- und Vertriebslogistik wird als erstes Gebiet im Kapitel 7 vorgestellt, da es meistens ganz vorne im Interesse der Leserschaft steht.

Es ist mir ein Bedürfnis, meinen Lesern und meinen vielen Kollegen aus der Wissenschaft und der Praxis im In- und Ausland herzlich zu danken. Ohne deren laufende Einflussnahme wäre diese zweite Auflage nie zustande gekommen. Besonders zu Dank verpflichtet bin ich auch meinem Mitarbeiter Herrn Dr. Adrian Specker, dessen profunde Kenntnis und originäre Ideen an verschiedenen Stellen im Buch eingeflossen sind. Es freut mich sehr, dass er seine Ideen kürzlich im Buch "Modellierung von Informationssystemen: Ein methodischer Leitfaden zur Projektabwicklung", vdf Verlag, Zürich, 2001 (ISBN 3-7281-2773-6) veröffentlicht hat. Ich empfehle es an dieser Stelle wärmstens.

Für die Mitarbeit am Manuskript, vor allem für das kritische Hinterfragen, möchte ich allen ehemaligen und jetzigen wissenschaftlichen Mitarbeiterinnen und Mitarbeitern des Bereiches *Logistik- und Informationsmanagement* am ETH-Zentrum für Unternehmenswissenschaft (BWI) der ETH Zürich herzlich danken. Für die unermüdliche Hilfe beim Erstellen und Korrigieren der druckfertigen Textvorlage danke ich meinem „Produktionsdirektor", Dipl. Ing. Roger Cruz und den ebenfalls zahlreichen wissenschaftlichen Hilfskräften unter seiner Leitung herzlich.

Zürich, im Januar 2001 Prof. Dr. Paul Schönsleben

# Aus dem Vorwort zur ersten Auflage

Nebst Personen, Know-how, Zeit, Finanzen, Material und Betriebsmitteln ist auch die Information in den letzten Jahren in jeder Unternehmung zu einer wichtigen und beschränkt vorhandenen Ressource geworden, die ein kompetentes Management erfordert. Dies wird besonders deutlich, wenn informatikgestützte Hilfsmittel eingesetzt werden. Jeder Unternehmer und Manager, ob als Angestellter im Kader oder als Leiter einer eigenen Firma, benötigt heute ein Minimum an Wissen im Informationsmanagement, um die diesbezüglichen Ressourcen und Projekte im Griff halten zu können.

Das vorliegende Werk befasst sich mit dem Informationsmanagement in Betrieben jeder Art, unter besonderer Berücksichtigung der Industrie. Im Vordergrund steht dabei die operationelle Ebene, d.h. das "daily business". Gerade hier wird das Wesen der Information als eine Ressource besonders ersichtlich. Der Informationsfluss einer Unternehmung muss genau definiert werden, die Informationen müssen in der richtigen Schnelligkeit unternehmensweit verbreitet und eindeutig festgehalten werden. Dies stösst sehr bald zu organisatorischen und technischen Grenzen und führt zum Einsatz von entsprechenden informatikgestützten Mitteln. Das ist wiederum mit Kosten verbunden, so dass dem Wünschbaren auch sehr bald das finanziell Machbare gegenübergestellt werden muss. Da sich das Wünschbare und das Machbare sowie die technisch und organisatorisch möglichen Massnahmen im Verlaufe der Zeit schnell ändern, handelt es sich hier um ein echtes Managementproblem.

Informationsmanagement wird heute im Wesentlichen in drei Gebiete unterteilt, nämlich das Management von Information und Wissen, das Management des Lebenszyklus von Informationssystemen sowie das Management der Informatikressourcen.

Für die operationelle und für die planerisch dispositive Ebene wird ein umfassendes Informationssystem entwickelt, das sich an den Hauptbereichen einer Unternehmung orientiert. Es entstand aus Jahrzehnten praktischer Arbeit mit Industrieunternehmungen verschiedenster Branchen und Charakteristiken, sowohl als Anwender und Berater als auch als Software-Paketentwickler. Dabei ist die Herausforderung den Umfang und Detaillierungsgrad laufend zu erweitern und zu verbessern.

Als Besonderheit werden sämtliche den Leistungsprozess anstossenden oder daraus entstehenden logistischen Objekte als Aufträge verstanden. Damit wird die konsequente horizontale Integration des Systems gefördert, was es erleichtert, zusammenhängende und vollständige Informationsketten entlang des logistischen Prozesses abzubilden. Dies ist heute von grosser Wichtigkeit, da vermehrt die Geschäftsprozesse selbst und nicht der hierarchische Aufbau einer Unternehmung im Vordergrund stehen. Es ist gerade eines der Ziele aufzuzeigen, wie ein gut aufgebautes, integriertes Informationssystem imstande ist, einen Prozess entlang der gesamten Wertschöpfungskette abzubilden und gleichzeitig die eher bereichsorientierte Optimierung, Steuerung und Kontrolle über diesen Prozess zu gewährleisten.

Eines der grossen Probleme im Management von Information und Wissen ist eine geeignete Sicht der darzustellenden Systeme. Organisatoren, Wirtschafts- und Betriebsingenieure und Ökonomen neigen natürlicherweise dazu, in betrieblichen Abläufen, Material- oder Informationsflüssen zu denken. Informatiker neigen ihrerseits mehr zu einer mittelbezogenen, technischen Sicht von Hardware, Software, Vernetzungen und Datenbanken. Es ist deshalb eine Herausforderung, eine konzeptionelle Sicht zu definieren, die für alle Seiten natürlich, logisch und einsichtig ist. Das gegenseitige volle Verständnis der Problematik auf dieser konzeptionellen Ebene ist eine notwendige Voraussetzung für den erfolgreichen Lebenszyklus eines Informationssystems.

Als geeignete Methode zur Darstellung der konzeptuellen Ebene wurde "Object Oriented Analysis (OOA)" von Coad und Yourdon eingesetzt. Der hauptsächlichste Grund dafür war, dass damit endlich versucht wird, die oft beanstandete Kluft zwischen Funktionsmodellen und Datenmodellen zu schliessen und durch eine einheitliche Methode zu ersetzen. Insbesondere aus Rücksicht auf den Anwender hat es sich aus didaktischen Gründen als gut erwiesen, mit Funktionsmodellen (nach De Marco) den Einstieg in die Problematik zu gewährleisten und danach das objektorientierte Modell aufzubauen.

Als Ergebnis entstand ein unternehmensweites objektorientiertes Modell, wobei die Grenzen der ursprünglich dargestellten Methode von Coad und Yourdon ersichtlich wurden. Die Originalmethode wurde deswegen sinnvoll erweitert, und zwar um bewährte Ansätze aus der Theorie der relationalen Datenbanken. Dies erscheint vor allem deshalb sinnvoll, da objektorientierte Datenbanken (OODB) ihrerseits die Tendenz haben, als Erweiterung von relationalen Datenbanken implementiert zu werden. Wegen der Wichtigkeit der gemeinsamen konzeptuellen Sicht ist ein umfassender Teil auch verschiedenen Methoden der Funktions- und Datenmodellierung sowie der Modellierung im objektorientierten Ansatz gewidmet. Im gleichen Kapitel sind auch die Erweiterungen definiert und eingeführt.

Informationsmanagement in Betrieben ist nie ein Selbstzweck, sondern orientiert sich immer an den zu unterstützenden Informationsflüssen zur Erstellung der eigentlichen betrieblichen Leistung. Ein Werk über Informationsmanagement in Betrieben steht damit in engem Zusammenhang mit dem in anderen Werken behandelten Wissen über das eigentliche Wesen der betrieblichen Logistik. Im Falle eines Industriebetriebs gehört dazu auch die Produktionsplanung und -steuerung.

Zürich, im August 1993 Prof. Dr. P. Schönsleben

# Inhaltsübersicht

# Inhaltsverzeichnis

# Detailliertes Inhaltsverzeichnis

# Teil A Grundlagen, Technologien, Methoden und Vorgehensweisen

Unternehmen, die Informatik als Schlüsseltechnologie einsetzen, leben heute im Spannungsfeld zwischen Markt und Informationstechnologie und damit zwischen Unternehmens- und Informatikstrategie. Dies gilt insbesondere für Unternehmen, bei denen die Informatik als Produktkomponente zum Einsatz kommt, z.B. bei Banken, Versicherungen, Elektronik- und Informatikunternehmen. Die folgende Abbildung – sie erscheint später als Abb. 2.1.1.1 – zeigt dieses Spannungsfeld.

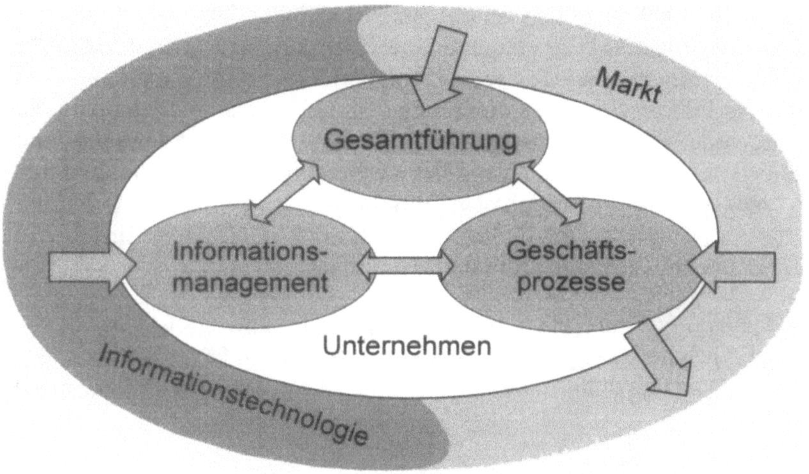


Die vom Markt diktierten Bedingungen beeinflussen sowohl die Gesamtführung des Unternehmens als auch das Management der Geschäftsprozesse, insbesondere in den eher absatzorientierten Bereichen. Beide üben ihrerseits Einfluss auf das Informationsmanagement des Unternehmens aus. Dieses sieht sich seinerseits Veränderungen in der Informationstechnologie gegenüber, die sich auch in den Erwartungen der Unternehmensführung und der Führung der absatzorientierten Bereiche wiederspiegeln. Die von innovativen Unternehmen angebotenen Lösungen im Informatikbereich fliessen zum Schluss in den Markt zurück und zwingen damit andere Unternehmen technologisch nachzuziehen.

Informationsmanagement kann sich damit als Befähiger der Geschäftsprozesse erweisen. Auf der anderen Seite der Bilanz finden sich u.a. eine grosse finanzielle Investition – vor allem in neue Wissensstände – sowie viel Mühe und Zeitaufwand beim Wechsel von einer Informationstechnologie zu einer anderen. Beides wird als – mitunter sehr gewichtige – Beschränkung empfunden. Diese Beschränkung wird gerade bei Fusionen von Firmen immer wieder akut. Unverträgliche Informationssysteme können zu einem Knock-out-Kriterium für Fusionen oder Firmenübernahmen werden.

Diese beiden Seiten des Informationsmanagements machen die Aufgabe schwierig. Patentrezepte, Schlagworte und vereinfachende Theorien haben wenig Chancen. Vielmehr sind umfassendes Wissen und Know-how sowie eine gute Portion Erfahrung unabdingbare Voraussetzungen zum Erfolg. Effektive Methoden und effiziente Werkzeuge bilden eine weitere Voraussetzung – obwohl sie auch hier immer nur Hilfsmittel sind. Die Erfahrung zeigt zudem immer wieder, dass der Erfolg im Einsatz gewisser Methoden und Werkzeuge stark von den Personen, die sie einsetzen, abhängt.

Der Teil A behandelt in den ersten drei Kapiteln die Prinzipien des Informationsmanagements, die verschiedenen Bereiche des Managements der Informatik-Technologien sowie die Erfolgsfaktoren zur Gestaltung und Einführung von Informationssystemen. Die Kapitel 4 bis 6 behandeln die Modellierung von Informationssystemen. Zuerst werden Prinzipien, eine Klassifikation und eine generelle Vorgehensweise vorgestellt. Danach werden Methoden zur prozess-, aufgaben-, funktions- und objektorientierten Modellierung präsentiert, gegliedert nach ihrem möglichen Einsatz in Vorstudie, Hauptstudie, Detailstudie und Systembau.

Der Teil B behandelt in sechs weiteren Kapiteln eine Modellierung der verschiedenen Geschäftsprozesse in der Administration und Disposition eines industriellen Unternehmens, und zwar aus Prozess-, Funktions- und Objektsicht.

Hier noch einige Lesehinweise:

- Begriffe, die definiert werden, sind immer *kursiv* gedruckt, die Definitionen selbst immer eingerahmt.

- Die *Definition* von Begriffen kann auch als eingerückte Auflistung gegeben sein, wie in diesem Beispiel. Dies ist besonders der Fall bei verschiedenen Ausprägungen desselben Merkmals.

- Wichtige Prinzipien, Merksätze und Rezepte zum Vorgehen oder auch die Schritte eines Verfahrens sind grau hinterlegt und meistens mit einer Abbildungsunterschrift zur Referenzierung versehen.

Im Text werden die folgenden Abkürzungen verwendet:

- *F&E* für „Forschung und Entwicklung“
- *Id.* für „Identifikation“ (z.B. Artikel-Id.)

# 1 Informationssysteme und Informationsmanagement

Informationssysteme prägen heute mehr denn je den betrieblichen Alltag. Informationsmanagement ist zu einer Schlüsselaufgabe im Unternehmen geworden. Seit der Einführung der Informatik-Stützung von Aufgaben in der Ablauforganisation, insbesondere der Auftragsabwicklung, ist die Bedeutung von Informationssystemen und Informationsmanagement entscheidend gestiegen. Dieses erste Kapitel möchte deshalb zuerst in die Begriffswelt um *Information* und *Informationssysteme* einführen. Als zweites wird das integrierte Informationssystem für Geschäftsprozesse mit seinen Eigenschaften und Komponenten vorgestellt und eine konkrete Ausprägung in einem industriellen Unternehmen, bzw. in einem Dienstleistungsunternehmen, aufgezeigt. In einem dritten Unterkapitel steht sodann die Informatik-Stützung von Informationssystemen für Geschäftsprozesse im Vordergrund. Das vierte Unterkapitel schliesslich führt die wesentlichen Begriffe und Aufgaben rund um das Informations- und Wissensmanagement ein.

## 1.1 Begriffe und Definitionen

Hinter dem Begriff eines Informationssystems für Geschäftsprozesse stehen Begriffe wie “Information”, “System” und “Informationssystem”. Für den deutschen Sprachgebrauch sind dies Fremdwörter. Deshalb ist es wichtig, sich zuerst Gedanken über diese und einige andere grundsätzliche Begriffe zu machen.

Der Griff zu einem Bedeutungswörterbuch, einem Fremdwörterbuch oder auch einem Herkunftswörterbuch ist deswegen angebracht, weil daraus entnommen werden kann, was Menschen *normalerweise* unter solchen Begriffen verstehen. Es stimmt zwar, dass es in bestimmten Wissenschaften üblich ist, den Begriffen eine eigene Definition zu geben. Alle solchen Definitionen entstehen jedoch mehr oder weniger willkürlich. Es erstaunt deshalb nicht, dass Autoren desselben Wissenschaftsgebietes unterschiedliche Definitionen von Begriffen vorlegen. Für ein Gebiet wie dem vorliegenden bedingt die Orientierung am Alltagsverständnis auch das Verwenden allgemein empfundener Begriffsdefinitionen.

### 1.1.1 Information, Daten und Kommunikation

*Information* wird gemäss [DuFr90] zuerst mit Nachricht, Auskunft, Belehrung, Aufklärung definiert. Des Weiteren ist eine Information (gemäss derselben Quelle) eine sich zusammensetzende Mitteilung, die beim Empfänger ein bestimmtes (Denk)Verhalten bewirkt.

Diese unterschiedlichen Definitionen entsprechen der unscharfen Verwendung des Begriffs in der Praxis:

- Die erste Definition stammt aus den Sozialwissenschaften und entspricht eher dem umgangssprachlichen Gebrauch, so wie er auch in der Praxis in den Unternehmen üblich ist: Information wird verstanden als das Wissen über Sachverhalte. Die Informationen versendende oder verbreitende Person nimmt an, dass der Inhalt der Information für den Empfänger irgendwie von Nutzen ist. Diese Auffassung entspricht auch der Herkunft des Wortes. [DuHe89] erwähnt, dass der Begriff im 16. Jh. aus dem lateinischen "informatio" entlehnt wurde, und zwar in übertragener Bedeutung des Verbs "in-formare": eine Gestalt geben, formen, bilden. Geformt wird dabei offenbar das Wissen eines Menschen. Informationen liegen gemäss dieser Definition oft als Daten vor.

  *Daten* (wörtlich *Gegebenheiten*) sind gemäss [DuBe85] durch Beobachtungen, Messungen, statistische Erhebungen usw. gewonnene (Zahlen-)Werte; (technische) Grössen, Angaben, Befunde über reale Gegenstände, Ereignisse, Einzelheiten, Fakten oder Tatsachen.

- Die zweite Definition entspricht einer eher aus den Naturwissenschaften und aus der Informationstheorie stammenden Auffassung. Siehe dazu z.B. [Welt70, S. 21]. Demnach ist eine Information ein Mass für den Neuigkeitswert einer Nachricht für den Empfänger: Inwieweit eine Nachricht eine Information in sich birgt, hängt damit nicht nur vom Inhalt der Nachricht, sondern auch vom Wissensstand des Empfängers ab.[1] Gemäss dieser Definition liegt also eine Information nicht unabhängig von einer Person vor. Information ist vielmehr an eine Person gebunden.

Es macht wenig Sinn, sich für die eine oder andere Definition entscheiden zu wollen. Das würde nämlich sofort den Widerspruch der einen oder anderen

---

[1] Eine Definition dieser Art ist in [BaZe97] zu finden: Information ist dort als Antwort auf eine Frage definiert.

Personengruppe herausfordern[2]. Beide Definitionen sind in Gebrauch und haben ihre Begründung. Der Unterschied dieser beiden Definitionen ist grundlegend für den Einsatz von Informationen, sobald diese an Menschen adressiert werden: Es reicht i. Allg. nicht, Informationen anzubieten, ohne sich darum zu kümmern, ob auch eine Kommunikation zustande kommt oder die Information dem Empfänger von Nutzen ist.

*Kommunikation* wird gemäss [DuFr90] zuerst als Verständigung untereinander, Umgang, Verkehr definiert. Des Weiteren ist Kommunikation auch Verbindung, Zusammenhang.

Bei der Kommunikation geht es also darum, Information, Gedanken oder Empfindungen so zu übermitteln, dass sie zufriedenstellend empfangen oder verstanden werden. Interessanterweise lautet der japanische Begriff für Kommunikation "tsu shin", zu deutsch etwa "vermitteln von Vertrauen"[3]. Das zeigt auf, dass es bei der Kommunikation nicht nur um die übermittelten Worte geht, sondern auch um den Ton, die Stimmung um das Wort herum. "Shin" ist zudem aus den Zeichen für "Mensch" und "Wort" zusammengesetzt. Das kann als Harmonie zwischen dem Ausdruck des Körpers und wörtlicher Sprache interpretiert werden.

### 1.1.2 System, Informationssystem, Datenbank, Dokumentationssystem

Ein *System* ist gemäss [DuFr90] eine Menge von Elementen, zwischen denen bestimmte Beziehungen bestehen oder die nach bestimmten Regeln zu verwenden sind[4].

Im engeren Sinn beschreibt ein System komplexe Phänomene in der Realität, z.B. das Sonnensystem oder das Periodensystem der chemischen Elemente. Aber auch abstrakte Phänomene können sehr wohl als Systeme beschrieben werden, z.B.

- Zahlensysteme, Gleichungssysteme usw. in der Mathematik

---

2 Siehe dazu auch [Öste81, S.12]. Er schlägt vor, den Neuigkeitswert einer Nachricht als Informations*wert* (und nicht als die Information selbst) zu bezeichnen. Er entscheidet sich damit für die umgangssprachliche Definition des Begriffs Information.

3 Das gilt übrigens auch für die Kommunikation im technischen Bereich, etwa in der Elektrotechnik.

4 Der Duden gibt noch weitere Bedeutungen an, die alle um das "Zusammenstellen" kreisen. Die Definition hinter einem Informationssystem ist jedoch die oben gewählte.

- Theorien und Modelle
- elektrische, pneumatische und hydraulische Systeme
- gesellschaftliche Systeme
- die Organisation eines Unternehmens oder der Volkswirtschaft

Die Systemtheorie beschäftigt sich mit allgemeinen Eigenschaften von Systemen. So ist z.B. ein *dynamisches System* ein System mit Interaktionen zwischen den Elementen der Systeme. Ein *offenes dynamisches System* beschreibt ein System, dessen Elemente auch Beziehungen zu anderen Elementen in der Systemaussenwelt haben (im Gegensatz zu einem geschlossenen System). Überlegungen der generellen Systemtheorie kann man auf die spezielle betriebliche Systemtheorie übertragen. So ist z.B. die Produktion in einem industriellen Unternehmen typischerweise ein offenes dynamisches System. Die Interaktionen werden gebildet durch den Güter- bzw. Materialfluss. Siehe dazu auch [Züst97] oder [HaNa99].

Die bisher eingeführten Begriffe führen zusammen zum Begriff eines Informationssystems.

Ein *Informationssystem* ist ein System zur Verarbeitung von Informationen.

- Zu den Elementen zählen die Informationen selbst, sowie die *Informationsverarbeitenden*, d.h. Menschen und Maschinen, und die *Informationsspeicher*, d.h. die Sammlungen von zusammengehörenden Informationen.

- Zu den Beziehungen zählen alle *Kommunikationsmethoden*, sowohl innerhalb des Systems als auch nach aussen. Dazu gehören *generelle Aussagen über die gegenseitige Zuordnung der Elemente* bei der Verarbeitung von Informationen, die eigentlichen *Methoden zur Verarbeitung von Informationen* sowie auch die *Methoden zum Transport und zur Konversion von Informationen während des Transports.*

Jede Methode zur Verarbeitung von Information beschreibt übrigens nicht nur eine Beziehung, sondern kann als Ganzes ebenfalls als ein Element empfunden werden. Dies gilt insbesondere dann, wenn sie ihrerseits Anlass zur Speicherung gibt. Das ist z.B. der Fall bei einem Arbeitsplan in der Produktion oder bei einem Computerprogramm.

Ein Informationssystem ist wie jedes System in sinnvolle Teilsysteme unterteilbar. Umgekehrt kann ein Übersystem aus einzelnen Systemen aufgebaut werden.

Unter einem *integrierten Informationssystem* versteht man ein Informationssystem, das als Zusammenfassung von Teilsystemen aufgebaut sein kann, die als Ganzes, also einheitlich, zusammenwirken.

Insbesondere wegen der Forderung nach schnellen Informationsflüssen ist die Forderung nach der Integration der Teilsysteme bei Informationssystemen besonders zu berücksichtigen.

Die meisten Systeme sind auch unter dem Aspekt eines Informationssystems betrachtbar. Beispiele dafür sind Verkehrsleitsysteme, Bibliotheken und jedes Unternehmen. Auf der anderen Seite ist eine blosse Sammlung von Informationen nicht ohne weiteres auch ein Informationssystem: Die Informationen müssen vielmehr zu einem sinnvollen Ganzen gehören, und die übrigen Elemente und Beziehungen müssen ebenfalls definiert sein.

Informationssysteme haben je nach Organisation ihrer Informationsspeicher einen mehr oder weniger strukturierten Charakter. Man unterscheidet dabei u.a. die folgenden Begriffe:

Ein *Datenbanksystem* (engl. “Data Base System”) umfasst Informationsspeicher, die einerseits Daten in definierten Strukturen enthalten (die eigentliche *Datenbank* bzw. die *Datenbasis*, engl. “Data Base”), andererseits Methoden, die diese Daten organisieren, schützen und nach bestimmten Gesichtspunkten auswerten (das *Datenbankverwaltungssystem*, engl.: “Data Base Management System” oder DBMS). Daten stellen dabei z.B. Fakten oder Regeln über Fakten dar.

Ein *Datenwarenhaus* (engl. “Data Warehouse” ) ist eine spezielle Datenbank, die besonders im Hinblick auf Abfragen nach unter noch zu bestimmenden Kriterien zusammengestellt wird. Ein Datenwarenhaus dient z.B. der *Datenmustererkennung*, d.h. der Suche nach Zusammenhängen von Gegebenheiten oder Ereignissen (engl. “Data Mining”).

Ein *Dokumentationssystem* umfasst Informationsspeicher, die *Dokumente* (gemäss [DuBe85] “etwas, was für etwas Zeugnis ablegt”) irgendeiner Art, zusammen mit Methoden zum Zugriff auf diese Dokumente enthalten. Solche Methoden umfassen Klassifikationen und Stichworthierarchien, Deskriptoren, sowie Zusammenfassungen.

Die Abb. 1.1.2.1 zeigt eine mögliche Klassierung von Informationssystemen nach dem Grad der Strukturiertheit ihrer Informationsspeicher. In der linken Kolonne sind Beispiele von *strukturierten Informationssystemen*, in der mittleren Kolonne von wenig strukturierten und in der rechten Kolonne von im Allgemeinen *unstrukturierten Informationssystemen* dargestellt.

| Informationssysteme | | |
|---|---|---|
| Datenbanken, Datenwarenhäuser | Dokumentationssysteme | |
| | mit Text-Dokumenten | mit nicht textlichen Dokumenten |
| • Produktdatenbank<br>• Auftragsdatenbank<br>• Verkaufs-transaktionsdaten-warenhaus | • Briefe<br>• Fertigungs-unterlagen<br>• Berichte<br>• Formulare | • Grafiken<br>• Zeichnungen<br>• "Fotografierte" Texte<br>• Pläne |

**Abb. 1.1.2.1** Mögliche Klassierung von Informationssystemen nach dem Grad der Strukturiertheit ihrer Informationsspeicher

## 1.1.3 Wissen und Know-how

Informationssysteme dienen den Menschen zur gegenseitigen Kommunikation. Informationen dienen als Basis für den Gewinn von Erkenntnissen. Erkenntnisse können zu Wissen führen.

*Wissen* ist gemäss [DuBe85] die Gesamtheit der Kenntnisse, die jemand auf einem bestimmten Gebiet hat.[5]

Wissen wiederum ist die Basis für Fähigkeiten, d.h. für das Können. Im Bereich des Unternehmens ist für die Kombination von Wissen und der Fähigkeit zur Umsetzung dieses Wissens der Begriff des Know-how geprägt worden.

*Know-how* ist gemäss [DuFr90] das auf Forschung und Erfahrung beruhende Wissen über die Herstellung und den Einsatz von Erzeugnissen.

Es überrascht nicht, dass die Begriffe Wissensbasis und Know-how-Basis als Verallgemeinerung der bekannteren Begriffe Datenbasis oder Datenbank in der Managementliteratur aufgetaucht sind. Siehe dazu z.B. [Prob99]. Genauso sind Wissen bzw. Know-how Begriffe, die denjenigen der Information umfassen bzw. ihn als vorgeschaltete Komponente bedingen: Man braucht Informationen, um zu Wissen und Know-how zu gelangen.

Obwohl Wissen gemäss der Definition des Begriffs an Menschen gebunden ist, ist andererseits wieder von der elektronischen Wissensbasis die Rede, womit ein Informationssystem mit verschiedenen Graden an Strukturiertheit

[5] Kenntnis ist gemäss derselben Quelle das *Bekanntsein mit gewissen Fakten o.ä.*

gemeint ist. Gerade im Hinblick auf das Wissens- oder Know-how-Management ist es offenbar bis zu einem gewissen Grad möglich oder gar notwendig, Wissen und Know-how z.B. in Dokumenten festzuhalten. Die erstellende Person oder auch andere Menschen können dieses Wissen später diesen wieder entnehmen. Genau gesehen entnehmen sie dann Informationen, die sie schnell wieder in Wissen bzw. Know-how umsetzen können. Ein geeignet aufgebautes Informationssystem wird damit zur Wissensbasis oder zur Know-how-Basis.

### 1.1.4 Betrieb, Unternehmen und Geschäftsprozess

In der Folge werden Informationssysteme im Unternehmen betrachtet, und zwar ungeachtet der Branche und der Grösse der Unternehmen. Betriebe und Unternehmen können ihrerseits als Systeme aufgefasst werden.

Ein *Betrieb* ist gemäss [DuBe85] eine in bestimmter Weise organisierte, eine räumliche, technische o.ä. Einheit bildende und eine grössere Anzahl von Menschen beschäftigende Einrichtung, die gewerblichen, kaufmännischen, industriellen o.ä. Zwecken dient.[6]

Die Menschen im Betrieb sind also eine organisatorische Einheit und erbringen zusammen eine bestimmte Leistung. Der Betrieb kann damit als der eigentlich wertschöpfende Teil des Unternehmens verstanden werden, in dem folglich die Geschäftsprozesse ablaufen. Beispiele für Betriebe sind industrielle Betriebe, Dienstleistungsbetriebe sowie öffentliche Betriebe jeder Art (z.B. auch Schulen, Verwaltungen).

Ein *Unternehmen* ist gemäss [DuBe85] ein im Hinblick auf seine wirtschaftliche Einheit oft aus mehreren Werken, Fabriken, Filialen bestehender Betrieb.

Ein Unternehmen wird oft umfassender als seine eigentlich wertschöpfenden Teile verstanden werden. Insbesondere gehören Führungssysteme auf strategischer und normativer Ebene dazu, welche die Wettbewerbsfähigkeit eines Unternehmens mitbestimmen. Diese werden oft nicht zum betrieblichen Teil eines Unternehmens gezählt. Der Unterschied zwischen den beiden Begriffen ist jedoch in der Umgangssprache offensichtlich fliessend und nicht zwingend.

---

[6] Ein Betrieb und auch ein Unternehmen werden damit zuerst als ein soziales System verstanden. Wird Technologie eingesetzt, z.B. in einem industriellen Unternehmen, bei Banken oder Versicherungen, werden sie als ein sozio-technisches System verstanden.

Ein *Geschäftsprozess* ist gemäss [Schö00] ein Prozess mit potentiell handelbarem Ergebnis, d.h. mit einer Wertschöpfung, die ein – interner oder externer – Kunde empfindet und wofür er zu zahlen bereit ist.

Nicht alle Prozesse im Unternehmen sind somit Geschäftsprozesse. Von den Geschäftsprozessen kann man z.B. Managementprozesse und Supportprozesse unterscheiden.

Unter einem *betrieblichen Geschäftsprozess* oder einem *Geschäftsprozess im Unternehmen* wird in der Folge dasselbe verstanden wie unter einem Geschäftsprozess.

Diese Verkürzung erscheint ohne Weiteres zulässig, da nach dem aktuellen Verständnis der Begriff *Geschäft* im Zusammenhang mit dem Handelswesen verstanden wird (siehe auch die Definition im Kap. 4.1.3) und zudem der Begriff Geschäftsprozess im Zusammenhang von Abläufen in Unternehmen geprägt wurde.

## 1.2 Integriertes Informationssystem für Geschäftsprozesse

Wie der Untertitel dieses Buches anzeigt, stehen nachfolgend Informationssysteme für Geschäftsprozesse im Zentrum der Betrachtung.

Ein *Informationssystem für einen Geschäftsprozess* ist ein Informationssystem, dessen Informationen Sachverhalte in einem Betrieb oder Unternehmen beschreiben.

Dieses Teilkapitel stellt Definitionen und Eigenheiten dieses Systems vor.

### 1.2.1 Komponenten eines Informationssystems für Geschäftsprozesse

Vor allem das langfristig wichtige Know-how in Unternehmen wird oft in eher unstrukturierter Form festgehalten, z.B. in Zeichnungen oder Plänen. Für die Geschäftsprozesse und zur Ermittlung von Führungsinformationen spielt jedoch das strukturierte Wissen in Form von Datenbanken und Datenwarenhäusern eine dominierende Rolle. In der Folge werden deshalb strukturierte Informationssysteme im Vordergrund der Betrachtung stehen.

- Zu den *Informationsspeichern* eines Informationssystems für Geschäftsprozesse gehören u.a. das menschliche Gehirn, Papierseiten und Ablagen aller Art, Tonbänder, Zählrahmen oder Abakus.

- Bei den *Kommunikationsmethoden* kann man zwei Klassen unterscheiden. Sie folgen aus der Beobachtung der Art des Informationsaustausches zwischen Menschen:

  - *Direkte Methoden der Kommunikation* bei simultaner Präsenz aller Kommunikationspartner, sei es am gleichen Ort, sei es verbunden durch ein technisches Kommunikationsmittel, wie etwa dem Telefon.

  - *Indirekte Methoden der Kommunikation*, wobei die Information zeitweilig gespeichert wird. Dies ist notwendig im Falle der Abwesenheit eines Informationspartners oder um bei späterem Bedarf auf die Information zurückzukommen.

- Zu den *Methoden zum Transport von Informationen* zählen u.a. elektromagnetische und elektrochemische Wellen, Schallwellen, Licht, Druck.

- Zu den *Methoden zur Konversion von Informationen während des Transports* gehören z.B. (menschliche) Extremitäten, Mikrofon, Ohren, Augen, Sensoren. Konverter können die Information von einem Transportelement auf ein anderes übersetzen.

Die Abb. 1.2.1.1 zeigt verschiedene Komponenten eines Informationssystems für Geschäftsprozesse, insbesondere die verschiedenen Arten von Informationsspeichern.

Die Informationsspeicher können wie folgt unterschieden werden:

- *Datenspeicher* sind Karteien jeglicher Art. Sie enthalten das Was, d.h. die Informationen selbst. Diese Karteien sind idealerweise so organisiert, dass sie sowohl als Informationsspeicher über Zeit und Raum benützt als auch verschiedenen interessierten Personen zugänglich gemacht werden können. Ein Objekt des Datenspeichers steht für eine bestimmte Menge von Daten (z.B. einen Auftrag) und ist ein Zustand im Datenfluss. Es kann in diesem Zustand über eine unbestimmte Zeit im Speicher gehalten werden. Die genaue Ausprägung oder Struktur des Objekts kann im Symbol genauer beschrieben werden.

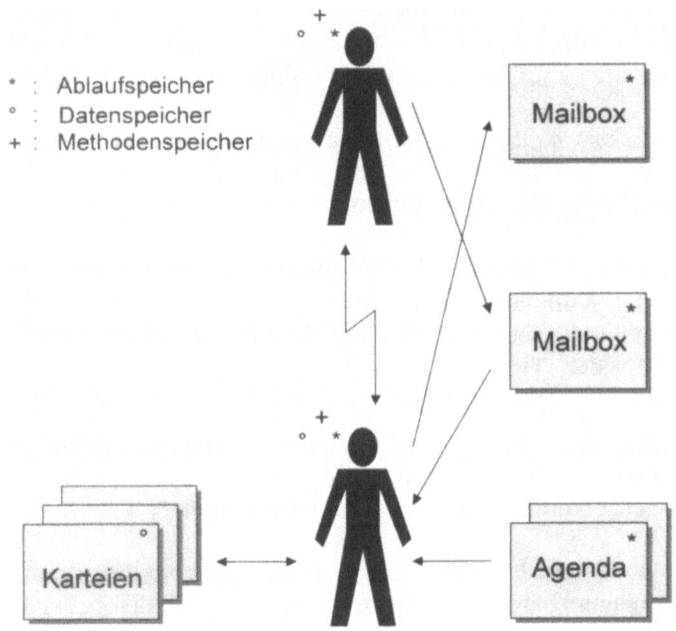


**Abb. 1.2.1.1** Komponenten eines Informationssystems für Geschäftsprozesse

- Methodenspeicher enthalten das Wie, das Know-how darüber, wie die Informationen zu behandeln sind, das heisst die Algorithmen oder Vorschriften. Jede Person speichert selbst Methoden: Sie weiss, wie die Daten zu behandeln sind. Sie kennt die Ablauforganisation und wie in deren Rahmen planmässig vorzugehen ist. Eine Methode kann als Ganzes ebenfalls in einem Datenspeicher gespeichert werden.

- Ablaufspeicher bzw. *Steuerungsspeicher* zeigen auf, dass bzw. wann bestimmte Methoden zur Verarbeitung von Gütern oder Daten zur Ausführung kommen. Eine Methode läuft definitionsgemäss nach einem planmässigen Vorgehen ab: Jede Methode mit einem minimalen Inhalt wird dann als Prozess empfunden. Laufen nun zwei Teilprozesse, also *Aktionszustände* im gesamten Prozess, nicht unmittelbar nacheinander ab, so muss dazwischen ein *Wartezustand* definiert und in einem Speicher festgehalten werden. Ein Objekt im Ablaufspeicher ist damit eine Steuerungsinformation, die zur Auswahl und zum Anstoss einer (nächsten) Teilaufgabe des Prozesses dient. Der Wartezustand im Steuerfluss leitet sich aus der ihm vorangehenden Teilaufgabe ab und ist meistens ohne weitere Beschreibung verständlich. Die Abb. 1.2.1.1 führt verschiedene Arten von Ablaufspeichern auf:

- *Interaktive Kommunikation* von einer Person zur anderen. Oft handelt es sich um sofortige Kommunikation. Jede Person kann tatsächlich selbst Abläufe speichern. Sie weiss, wann, was an und durch wen Informationsverarbeitung zu betreiben ist. Das Gehirn einer beteiligten Person dient als Ablaufspeicher für die Wartezustände in einem Ablauf.

- Eine *Mailbox*, d.h. ein Postkorb oder auch ein Tonband (z.B. in Form eines Telefonbeantworters) dient zur Zeitüberbrückung, also der indirekten Kommunikation. Eine Mailbox ist notwendig, falls eine Person nicht direkt erreichbar ist.

  - Unter einem Ablaufspeicher im Fluss von Daten oder immateriellen Gütern (Informationen) kann man sich eine Mailbox vorstellen. Ein Objekt ist dann der Briefumschlag mit darauf geschriebener Steuerungsinformation, während sich die Daten oder immateriellen Güter im Inneren des Umschlags befinden.
  - Unter einem Ablaufspeicher im Fluss von materiellen Gütern kann man sich ein Puffer- oder Durchgangslager denken. Ein Objekt kommt dann einer Kiste mit darauf geschriebener Steuerungsinformation gleich, während sich die G-üter im Inneren der Kiste befinden.

- Eine *Agenda* enthält ein Programm von geplanten Aufgaben, d.h. eine Aufstellung der periodisch wiederkehrenden Aufgaben und eventuell einmaliger Aufgaben (auf Abruf). Eine Agenda erlaubt die eigene Arbeitsorganisation und Initiative.

Die bisher erwähnten Komponenten sind in jedem Informationssystem für Geschäftsprozesse anzutreffen, in den meisten Fällen auch in jedem anderen organisatorischen System, das Menschen verbindet.

### 1.2.2 Integriertes Informationssystem eines industriellen Unternehmens

Informationssysteme für Geschäftsprozesse lassen sich grob in Analyse- und Planungssysteme, Abrechnungs- und Kontrollsysteme, Administrations- und Dispositionssysteme sowie in technisch-industrielle Systeme einteilen. Siehe dazu auch [Sche98.1], [Mert97] und [MeGr93]. Die oft gezeigte Form ist diejenige eines Informationskegels. Die Abb. 1.2.2.1 zeigt Grund- und Aufriss am Beispiel des *integrierten Informationssystems eines industriellen Unternehmens.*

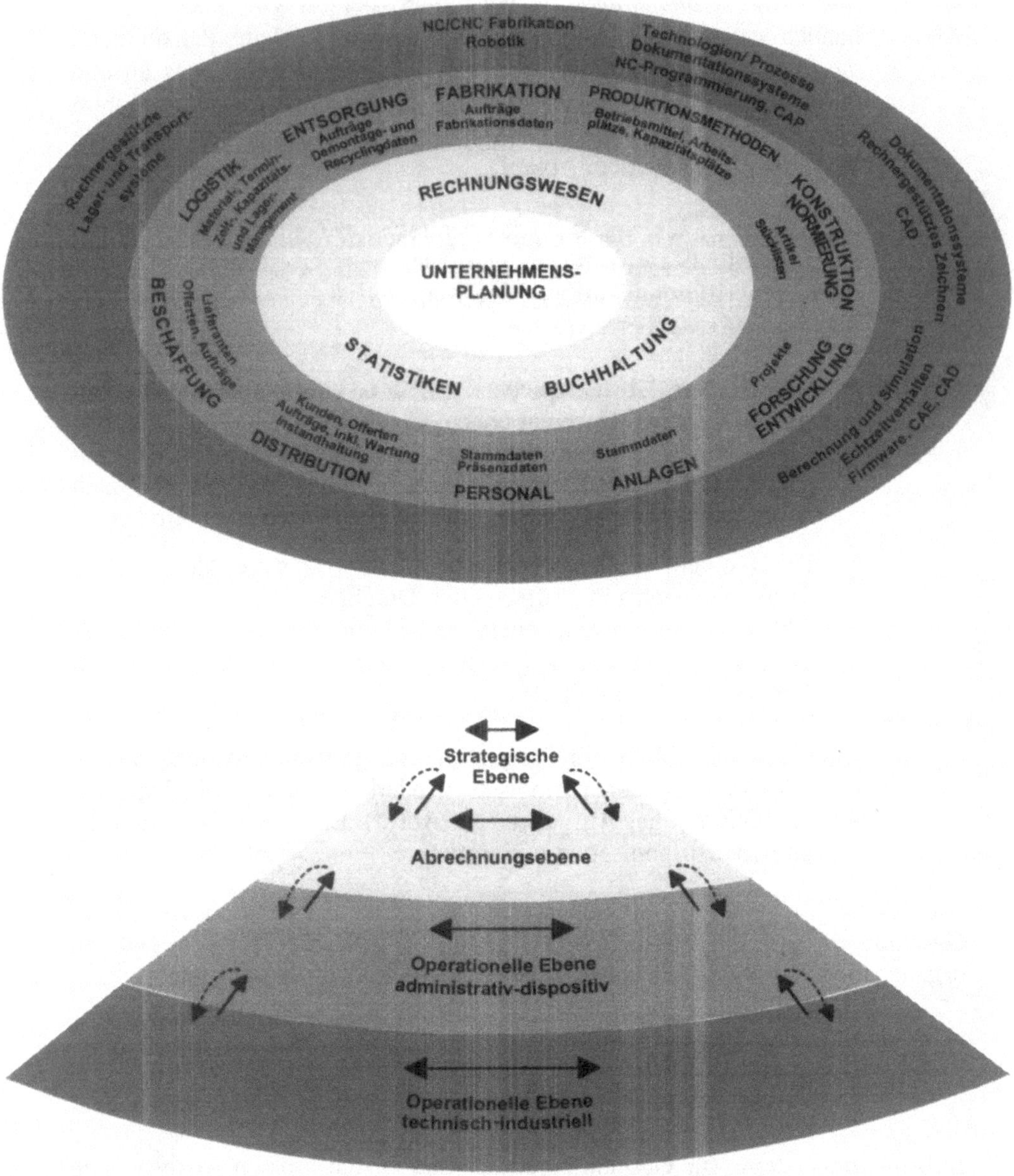


**Abb. 1.2.2.1** Integriertes Informationssystem eines industriellen Unternehmens

Die *strategische Ebene* wird durch *Analyse- und Planungssysteme* gestützt. Dazu gehören

- *Management* bzw. *Executive Informations Systems* (MIS bzw. EIS)
- strategische *Planungs- und Entscheidungssysteme.*

Die *operationellen Ebenen* dienen der eigentlichen betrieblichen Leistungserstellung und Führung:

- Die *Abrechnungs- und Kontrollsysteme* umfassen Buchhaltungssysteme, das Rechnungswesen oder auch Statistiken. Sie können einzelne betriebliche Aufgabenbereiche betreffen (z.B. die Debitorenbuchhaltung) oder aber auch unternehmensübergreifend sein.

- Die *Administrations- und Dispositionssysteme* begleiten die täglichen wertschöpfenden Prozesse in den Unternehmensbereichen Verkauf und Vertrieb, Ressourcenmanagement, Forschung und Entwicklung, Konstruktion, Produktionsmethoden, Beschaffung, Produktion und Entsorgung, Personal, Anlagen usw. Die *Planung und Steuerung in der Logistik* (manchmal auch PPS, Produktionsplanung und -steuerung, genannt)[7] ist ein anderer Name für das Administrations- und Dispositionssystem in der Unternehmenslogistik. Siehe dazu auch [Schö00]. Die genauere Gestaltung der Informationssysteme dieser Bereiche ist Gegenstand von späteren Kapiteln, weshalb hier auf den Inhalt der einzelnen Bereiche nicht näher eingetreten wird.

- Die *technisch-industriellen Informationssysteme* sind typisch für die industrielle Leistungserstellung. Sie sind den Bereichen Forschung und Entwicklung, Konstruktion, Produktionstechnik, der Fabrikation und der Lagerhaltung angegliedert. Als technische informationsverarbeitende Systeme gehören sie aber zu einem Informationssystem eines industriellen Unternehmens aus umfassender Sicht.

Die Pfeile innerhalb und zwischen den Ebenen in der Abb. 1.2.2.1 illustrieren die Forderung nach Integration von Informationssystemen in zwei Dimensionen:

- Ein *horizontal integriertes Informationssystem* erlaubt, Informationen auf der gleichen Ebene untereinander auszutauschen. Dies ermöglicht z.B. die Integration entlang eines Geschäftsprozesses vom Kundenangebot über die Beschaffung und Produktion bis hin zum Vertrieb.

- Ein *vertikal integriertes Informationssystem* erlaubt, Informationen zwischen den Ebenen auszutauschen. Dabei ist im Sinne der

---

7 Der Begriff *Steuerung* darf hier nicht im technischen Sinne als völlige Beherrschung des gesteuerten Prozesses interpretiert werden. Im betrieblichen Umfeld geht es vielmehr um eine Regelung oder sogar nur um eine Koordination. Aus Gründen der Bekanntheit des Begriffs (vgl. z.B. "Produktionsplanung und -steuerung") soll dieser aber beibehalten werden. Planung & Steuerung wird damit auch für unternehmensübergreifende Aufgaben in der Logistikkette betrieben.

Verdichtung von Informationen der Fluss von unten nach oben im Informatikkegel sehr viel stärker als der Fluss von oben nach unten. Grössere Daten und Informationsmengen werden verdichtet, um sie für die jeweils oberen Ebenen in passender und übersichtlicher Form aufzubereiten. Von einer oberen Ebene zu einer unteren Ebene fliessen jeweils nur wenige Daten. Es sind dies aber sehr wichtige Daten, meistens Parameter zur Steuerung von Planungsfunktionen auf unteren Ebenen.

### 1.2.3 Integriertes Informationssystem eines Versicherungsunternehmens

Die Abb. 1.2.3.1 zeigt ein *integriertes Informationssystem eines Versicherungsunternehmens*. Siehe dazu [SöLe96, Kap. 2.4].

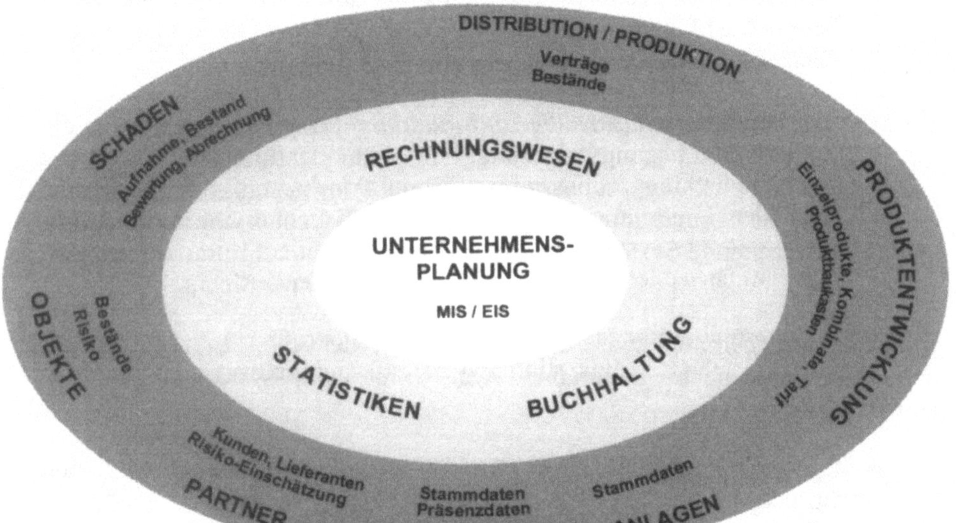


**Abb. 1.2.3.1** Integriertes Informationssystem eines Versicherungsunternehmens

Die Ebenen und deren Integrationsproblematik sind im Prinzip genau dieselben wie im Beispiel des industriellen Unternehmens, so dass der Aufriss des Kegels in der Abbildung nicht mehr aufgeführt ist. Die technisch-industrielle Ebene fällt weg. Die Analyse- und Planungssysteme auf der strategischen Ebene und die Abrechnungs- und Kontrollsysteme auf der operationellen Ebene sind in ihrer Benennung im Wesentlichen gleich. Ihr Inhalt richtet sich jedoch nach der Art der Produkte und Prozesse im Versicherungsunternehmen, welche durch die Administrations- und

Dispositionssysteme zum Ausdruck kommen. Letztere können in die folgenden Bereiche unterteilt werden:

- *Produktentwicklung:* Jeder Versicherer betreibt *Produktentwicklung* und tritt mit seinem *Angebot* am Markt über verschiedene Kanäle auf. Das Angebot wird heute noch vielfach als *Tarif* bezeichnet, da es in der Vergangenheit seinen Niederschlag vor allem in den Tarifbüchern fand. Moderne Versicherungsprodukte sind modular aufgebaut: Man spricht von einem *Produktebaukasten.* Das Informationssystem zur Produktentwicklung wird auch als *Produktmanagementsystem* bezeichnet.

- *Distribution/Produktion:* Jeder Versicherer verkauft Produkte und dokumentiert in Policen, welche Produkte ein bestimmter Kunde zu welchen Bedingungen erworben hat. Dieser Bereich wird auch oft als *Bestandsverwaltung* bezeichnet. In der Vergangenheit wurde der Vertragsabschluss – die eigentliche *Produktion* – meist ohne Informatik-Stützung getätigt und erst der vollständig abgeschlossene Vertrag zur rationelleren Verwaltung in einem Informatik-gestützten Informationssystem dokumentiert. Das Informationssystem zur Distribution/Produktion wird auch als *Vertragsmanagementsystem* bezeichnet.

- *Schadenmanagement:* Jeder Versicherer muss die an ihn gestellten Leistungsforderungen verarbeiten, d.h. prüfen und – falls die Bedingungen zutreffen – erfüllen. Da Leistungsforderungen in der Nichtlebensversicherung zwingend mit einem konkreten Schaden verbunden sind, der selbstverständlich auch in einem nicht realisierten Erfolg bestehen kann, hat sich für diesen Bereich die Bezeichnung *Schaden* eingebürgert.

- *Partner:* Wie jedes Unternehmen benötigt der Versicherer Angaben über seine Partner, d.h. Kunden, Lieferanten, Mitarbeiter usw. Da Kundendaten risikorelevant sein können, kommt ihnen in der Versicherungswirtschaft jedoch eine besondere Bedeutung zu. Zu den Kundendaten gehören auch die Anschriften.

- *Objekt:* Ein Versicherer benötigt im Gegensatz zu anderen Unternehmen nicht in erster Linie Daten zu Objekten, die ihm selbst gehören, sondern ist hauptsächlich an Angaben zu Objekten interessiert, die im Besitz seiner Kunden sind und durch diese versichert werden oder versichert werden könnten. Im Zusammenhang mit den Objekten ist besonders auch deren Standort oder Bewegungsradius von Bedeutung, da er gewisse Risiken beeinflusst.

Die horizontale Integrationsproblematik im Versicherungsunternehmen zeigt sich insbesondere für die Administrations- und Dispositionssysteme. Die drei Bereiche des Versicherungskerngeschäfts sind stark voneinander abhängig. Ein einzelner Geschäftsvorfall läuft zwar schwerpunktmässig in einem Bereich ab, ist aber auf Daten und Dienste aus den anderen Bereichen angewiesen.

- Die *Produktentwicklung* ist abhängig vom Schadenbereich, der ihr Informationen bezüglich Schadenereignissen, deren Ursachen und Auswirkungen liefern kann. Diese Informationen sind sowohl für die Gestaltung neuer als auch für das Controlling bestehender Produkttypen ausserordentlich wichtig. Der Produktentwickler muss sich darum schon bei der Entwicklung eines Produkttyps überlegen, welche Daten im Schadenfall erfasst werden müssen, um ihm ein optimales Controlling seiner Produkttypen zu ermöglichen. Um sicherzustellen, dass im Schadenfall die *richtigen* Daten erfasst werden, müssen diese als Teil der Definition eines Produkttyps formuliert werden. Wenn der Produktentwickler z.B. will, dass die Ursachen eines Ereignisses nicht nur verbal beschrieben, sondern systemtechnisch auswertbar, nach einheitlichen Klassen gegliedert, festgehalten werden, so muss er die Ursachenklassen zusammen mit dem Ereignistyp festlegen.

- Der *Verkauf* und das *Vertragsmanagement* benötigen Daten aus dem Produktmanagement und – falls das für einen Produkttyp relevant ist, wie z.B. bei Schadensfreiheitsrabatten – Daten über frühere Schäden aus dem Schadenbereich.

- Der *Schadenbereich* wiederum benötigt zur Abwicklung des Schadens allgemeine Angaben zu den Produkttypen, die ihm der Produktentwickler im Produktebaukasten zur Verfügung stellen muss, und kundenspezifische Daten aus der Bestandsverwaltung. Die Kundensicht im Schadenbereich weicht von derjenigen in der Produktentwicklung bzw. im Verkauf grundsätzlich ab. Hier hat man mit den konkreten Nöten der Kunden zu tun, und es zeigt sich rasch, ob der Kunde das richtige Produkt gekauft hat, ob das Produkt juristisch einwandfrei beschrieben ist, welche Deckungslücken bestehen etc. All diese Informationen fliessen in die Produktentwicklung ein und bewirken damit ständige Verbesserungen und Erweiterungen der Produktpalette.

### 1.2.4 Untersysteme des integrierten Informationssystems für Geschäftsprozesse

Zur Analyse und nachfolgenden Konzeption kann man das integrierte Informationssystem für Geschäftsprozesse in Untersysteme aufbrechen. Eine erste Möglichkeit ist die Orientierung an Planungsfristigkeiten und Geschäftsbereichen gemäss Abb. 1.2.4.1. Siehe dazu auch [Schö00, Kap. 4.1]

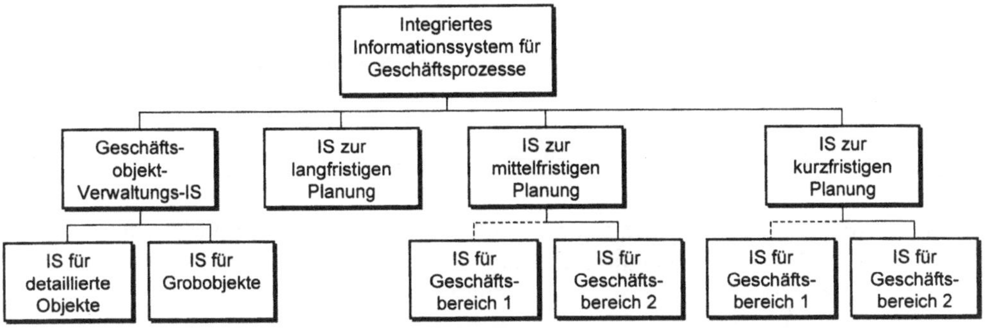


**Abb. 1.2.4.1** Informationssysteme für Geschäftsprozesse: Aufbau nach Planungsfristigkeit und Geschäftsbereichen

Eine andere Möglichkeit des Aufbrechens wiederspiegelt die an gleichen Aufgaben bzw. Funktionen orientierte Aufbauorganisation des Unternehmens, wie sie auch durch die vertikalen Segmente in der Abb. 1.2.2.1 teilweise zum Ausdruck kommt. Ein Informationssystem für Geschäftsprozesse umfasst damit z.B. die Untersysteme gemäss dem in der Abb. 1.2.4.2 gezeigten hierarchischen Funktionsaufbau:

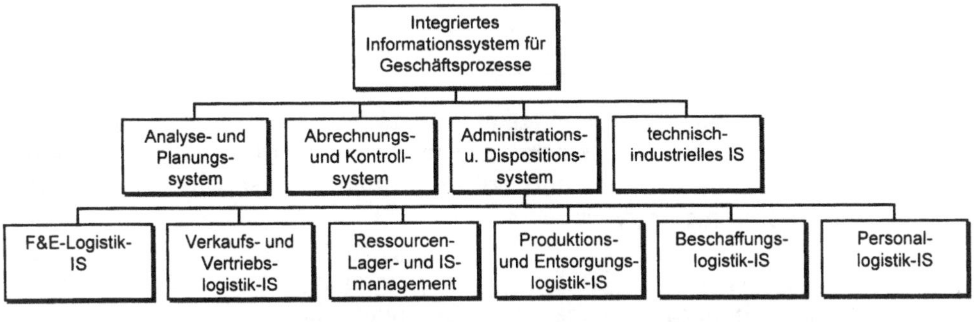


**Abb. 1.2.4.2** Informationssysteme für Geschäftsprozesse eines industriellen Unternehmens: hierarchischer Funktionsaufbau

Untersysteme gemäss dem hierarchischen Systemaufbau (vgl. auch Kap. 4.2.2) bilden oft Module von Software-Programmpaketen, die zur

Realisierung von Informatik-gestützten Informationssystemen hergestellt werden. Gerade bei Verkaufsauftrags-bezogener Leistungserstellung ist es ein wesentliches Anliegen der horizontalen Integration, bereichsübergreifende logistische Abläufe konzeptionell durchgängig zu gestalten, sich also an den Geschäftsprozessen auszurichten.

## 1.3 Informatik-gestützte Informationssysteme

### 1.3.1 Informatik und Informatik-Stützung

Vor allem grosse Informationssysteme werden mehr und mehr durch technische Hilfsmittel gestützt, die sich im Umfeld der Informatik angesiedelt haben. Für den Begriff der Informatik gibt es verschiedene, in etwa gleichwertige Definitionen.

*Informatik* ist gemäss [DuFr90] die Wissenschaft von der automatischen Verarbeitung von Informationen.

Gemäss äquivalenten Definitionen dazu ist die Informatik die Wissenschaft der Konstruktion und des Einsatzes des Computers oder auch die Wissenschaft der automatischen Realisierung von Algorithmen.

Ein *(Informatik-)Algorithmus* ist gemäss [Knut98] eine Menge von Regeln, welche ausgehend von einer gegebenen Situation ein Resultat (eine Lösung) ergeben. Jede der (endlich vielen) Etappen auf dem Lösungsweg ist so genau definiert, dass sie eindeutig in eine durch den Computer interpretierbare Sprache übertragen und durch den Computer realisiert werden kann.

Ein Charakteristikum des Informatikalgorithmus ist damit seine Endlichkeit. Diese Schranke fällt bei einem allgemeinen Algorithmus, z.B. einem mathematischen, weg. Ein Informatik-Algorithmus entspricht damit einer Methode zur Informationsverarbeitung.

Ein *Computer* ist gemäss [DuFr90] eine programmgesteuerte elektronische Rechenanlage. In der Informatik ist ein Computer ein Werkzeug, das Regeln, die sich auf eine durch Information beschriebene Situation beziehen, automatisch verarbeiten kann.

Gemäss äquivalenten Definitionen dazu ist ein Computer ein Werkzeug zur automatischen Realisierung von Algorithmen oder ein Werkzeug, das ausgehend von einer gegebenen Situation und der Anwendung von Regeln automatisch ein Resultat erbringen kann.

Der Begriff der Informatik baut damit auf drei Standbeinen auf: dem Computer, dem Algorithmus und der Automatik. Durch Zusammensetzen der entsprechenden Definitionen erhält man den folgenden Begriff:

*Ein Informatik-gestütztes Informationssystem* ist ein durch Informatik-Technologie gestütztes Informationssystem.

Ein Informationssystem kann nur dann Informatik-gestützt werden, wenn alle Informationen eines Systems in eindeutiger, quantitativer Form gegeben werden können, d.h. wenn 1.) die Systemelemente oder Objekte mit Informatik-Techniken auf einem Computer darstellbar sind, und 2.) der Informationsfluss in Algorithmen, die diese Objekte behandeln, ausgedrückt werden kann (d.h. der Informationsfluss "programmierbar" ist).

Nicht jedes Informationssystem muss damit durch einen Computer gestützt sein. Die Unterscheidung zwischen einem allgemeinen Informationssystem und einem Informatik-gestützten ist fundamental im Hinblick auf das Vorgehen zur Gestaltung von Informationssystemen. Siehe dazu die verschiedenen Aspekte eines Informatik-gestützten Informationssystems in der Abb. 1.4.1.2.

Im Zusammenhang mit diesen Definitionen stehen die beiden folgenden Begriffe:

*Hardware* nennt man gemäss [DuFr90] die Gesamtheit der technisch-physikalischen Teile eines Computers, und zwar unter dem speziellen Gesichtspunkt der unveränderlichen, konstruktionsbedingten Eigenschaften.

*Software* nennt man gemäss [DuFr90] die zum Betrieb eines Computers erforderlichen nichtapparativen Funktionsbestandteile (z.B. Einsatz-anweisungen, Programme). Dazu gehört heute die Gesamtheit der Beschreibungen der Informationen sowie die Algorithmen in einem Informatik-gestützten Informationssystem.

Ein Informationssystem für Geschäftsprozesse dient, wie im Kap. 1.2 erwähnt, schliesslich zur Verbindung von Menschen – und zwar durch Informationen. Setzt man nun voraus, dass genügend viele Leute ausreichend geschult sind und zudem genügend Zeit zur Verfügung haben, dann könnte man alles, was Software "tut", auch manuell erledigen.

Der Einsatz von Informatik-Technologie wird dann sinnvoll, wenn die menschlichen Fähigkeiten nicht mehr ausreichen, z.B. wegen

1. *der Zunahme der Menge von Informationen*: Es sind so viele Informationen zu bearbeiten, dass die notwendigen menschlichen Arbeitskräfte entweder nicht zur Verfügung stehen, zu teuer sind oder die erforderte Genauigkeit nicht liefern können.
2. *des geforderten Tempos der Informationsverarbeitung*: Die Informationsverarbeitung durch Menschen ist von begrenzter Geschwindigkeit.
3. *der Automatisierbarkeit von Funktionen*: Informationsverarbeitung kann gerade auf der operationellen Ebene in hohem Masse repetitiv werden und sogar derart definiert werden, dass eine Maschine diese Verarbeitung durchführen kann, anstatt sie an Hilfskräfte zu delegieren.

### 1.3.2 Komponenten eines Informatik-gestützten Informationssystems

Die Informatik-Stützung erlaubt, ja erfordert geradzu zusätzliche Arten von Informationsspeichern zu den in Kap. 1.1.2.1 erwähnten. Die Abb. 1.3.2.1 zeigt verschiedene Komponenten, in Erweiterung von denjenigen aus Abb. 1.1.2.1: Sie sind typisch für ein Informatik-gestütztes Informationssystem. Folgende Informationsspeicher kommen insbesondere neu hinzu:

- Zu den Datenspeichern: eine Daten- und Regelbank. Es handelt sich um einen Informatik-gestützten Datenspeicher, z.B. auf elektronischer oder magnetischer Basis, der wiederum als Informationsspeicher über Zeit und Raum dient. Er kann verschiedenen interessierten Benutzern und Automaten zugänglich gemacht werden – etwa über verschiedene Methoden und Zugriffspfade, z.B. Selektionen und Sortierungen.

- Zu den Methodenspeichern: Automaten, d.h. Computerprogramme als "Hilfskräfte" anstelle von Personen. Automaten sind im Wesentlichen Methodenspeicher, welche Informationen automatisch mit bestimmten Algorithmen behandeln können.

- Zu den *Ablauf-* bzw. *Steuerungsspeichern*: Verschiedene Typen von Ablaufspeichern für den Verkehr zwischen Personen und Computerprogrammen sowie Computerprogrammen unter sich. Sie erlauben
  - eine direkte Kommunikation zwischen Personen, zwischen Automaten oder zwischen Personen und Automaten, u.U. mit dazwischenliegenden Konvertoren und verschiedenen Transportarten. Eine andere Person oder ein anderer Automat ist dann wiederum der Ablaufspeicher für eine bestimmte Person oder einen bestimmten Automaten.

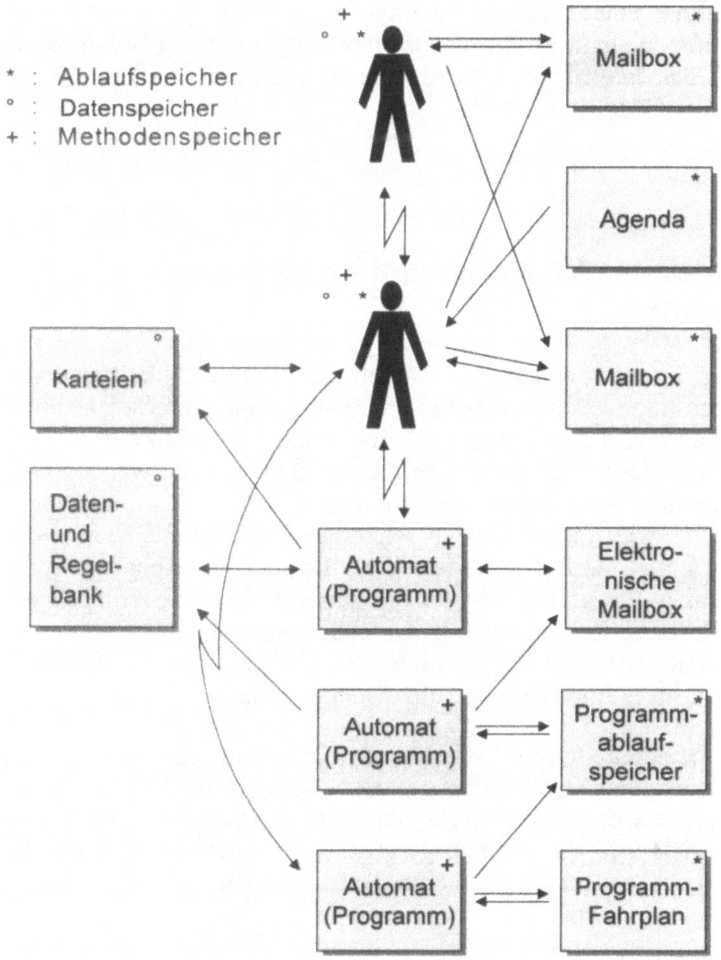


**Abb. 1.3.2.1** Komponenten eines Informatik-gestützten Informationssystems für Geschäftsprozesse

- eine indirekte Kommunikation über zeitüberbrückende Ablaufspeicher in Form
  - einer persönlichen *elektronischen Mailbox*, d.h. eines elektronischen Postkorbes oder Briefkastens
  - eines *Programmablaufspeichers* (engl. *Program Message Queue*), d.h. einer Nachrichtenwarteschlange bzw. eines elektronischen Briefkastens für ein Computerprogramm.
- die eigene Organisation und Initiative der Automaten, z.B. durch zeitgesteuerte *elektronische Agenden.* Solche elektronischen

Programme von Aufgaben sind als Sequenz von Programmaufrufen in einem eigenen Ablaufspeicher festgehalten. Dafür wird auch der Begriff *Programmfahrplan* (engl. *Task Schedule* bzw. *Work Schedule* oder *Batch Program Schedule*) verwendet.

## 1.4 Informations-, Wissens- und Know-how-Management

Das Konzept des Informationssystems brachte die Notwendigkeit und das Prinzip der Integration der Informationsverarbeitung im Unternehmen mit sich. Gerade dadurch wird der Aspekt der Information als wichtige Ressource eines Unternehmens hervorgehoben: Der Besitz und das Verwenden von Informationen in einem wohldefinierten Informationssystem haben heute eine ähnliche Bedeutung wie andere Ressourcen eines Unternehmens, z.B. das Personal, das Material und die Kapazitäten. Damit untersteht auch die Information einem Management oder einer Führung bzw. Steuerung. Also zählt auch ein Informationssystem für Geschäftsprozesse zur Klasse der Managementsysteme, wie übrigens jedes organisatorische System. Dies gilt unabhängig davon, ob es Informatik-gestützt ist oder nicht.

Stehen die allgemeineren Begriffe Wissen und Know-how im Vordergrund, dann können gemäss den Definitionen und Erwägungen im Kap. 1.1.3 die Begriffe *Wissensmanagement* bzw. *Know-how-Management* sinngemäss an die Stelle des Begriffs Informationsmanagement treten. Auch Wissen bzw. das Know-how gehören zu den Ressourcen eines Unternehmens.

### 1.4.1 Inhalte des Informationsmanagements

Unter dem Begriff *Informationsmanagement* wird alles zusammengefasst, was mit der Führung der *Ressource* Information zusammenhängt: also das strategische und operationelle Management 1.) der Informationen selbst, 2.) des Lebenszyklus' von Informationssystemen und 3.) der Informatik-Ressourcen (das Informatikmanagement).

Die drei Teilgebiete des Informationsmanagements werden im Folgenden kurz beschrieben.

1.) Unter dem *Management von Informationen* versteht man das *Informationsmanagement im engen Sinn*, d.h. das eigentliche Was eines Informationssystems. Dazu gehören alle Aufgaben gemäss der Abb. 1.4.1.1.

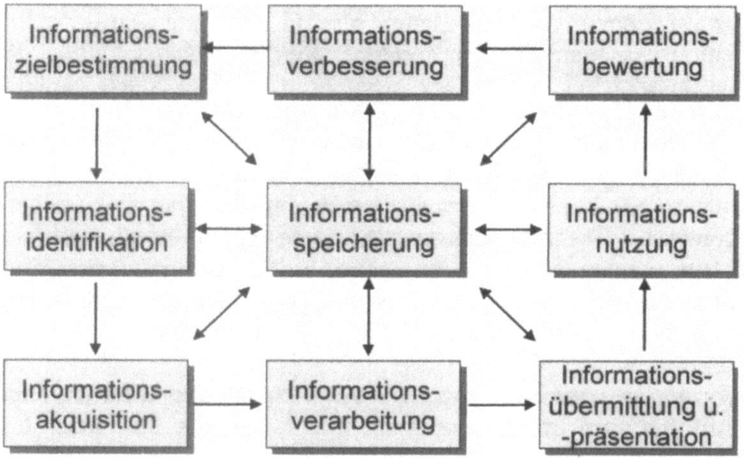


**Abb. 1.4.1.1** Das Management von Informationen (zwischen allen Teilaufgaben gibt es zusätzlich Steuerungsflüsse, die nicht eingezeichnet sind)

- Mit der *Informationszielbestimmung* legt man fest, was mit Informationen erreicht werden soll. Bei dieser Aufgabe geht es hauptsächlich um Informationen über die mit dem operationellen Geschäft verbundenen Objekte. Des Weiteren wird auch die Unternehmensorganisation und die Unternehmenskultur durch Informationen gestützt. Informationsziele werden aus der Unternehmensstrategie abgeleitet bzw. sind Teil der Unternehmensziele.

- Unter *Informationsidentifikation* versteht man die Beschreibung bzw. die genaue Definition der Information. Information kann dabei in vielen Formen auftreten, d.h. in Form von Nachrichten, Daten usw. (siehe dazu das Kap. 1.1.1). Diese Aufgabe ist gerade in Managementkreisen eine Herausforderung: Man muss konkrete Aussagen machen, an denen man schliesslich gemessen werden kann. Eine klare Identifikation der Information ist jedoch die Basis für jegliches Informationsmanagement. Dadurch wird die Grundlage für die Transparenz eines Unternehmens gelegt, sowohl nach innen als auch gegen aussen.

- Unter *Informationsakquisition* versteht man alle Massnahmen, um Informationen zu beschaffen, sowohl unternehmensintern als auch von aussen. Akquisition von Informationen ist ein Thema der Aufbau- und Ablauforganisation. Die meisten der Informationen sind mit den verschiedenen Aufträgen verbunden, welche die Geschäftsprozesse im Unternehmen begleiten. Klar festgelegte Prozesse sind eine Voraussetzung zur erfolgreichen Akquisition von Informationen.

- Die *Informationsspeicherung* kann als die zentrale Aufgabe im Informationsmanagement empfunden werden. Dabei sind die Informationsspeicher genau zu definieren. Das können sowohl elektronische Datenbanken und Textdokumente als auch nicht textliche Dokumente sein. Siehe dazu die Abb. 1.1.2.1. Eine wesentliche Aufgabe der Informationsspeicherung ist das Festlegen der genauen Struktur der zu speichernden Daten und Dokumente. Dazu kommen viele Informationen, die nicht explizit strukturiert und gespeichert werden können oder sollen. Solche Informationen sind inhärent mit dem Gehirn eines Menschen verbunden und garantieren oft erst erfolgreiche und wirtschaftliche Geschäftsprozesse.

- Die *Informationsverarbeitung* erstellt aus vorhandenen Informationen neue Informationen im Unternehmen. Siehe dazu die Definition des Algorithmus in Kap. 1.3.1. Erst durch Informationsverarbeitung kann man die verschiedenen Geschäftsprozesse im Unternehmen betreiben. Informationsverarbeitung findet auf allen Ebenen des Unternehmens statt, d.h. sowohl auf der normativen als auch auf der strategischen und der operationellen Ebene.

- Unter *Informationsübermittlung* und Präsentation versteht man das genaue Festlegen, welche Informationen wie zu weiteren Personen im Unternehmen oder unternehmensübergreifend verteilt werden. Ebenso legt man die Übermittlungsmedien fest.

  Die Art der *Informationspräsentation* ist entscheidend für den Erfolg des Managements von Informationen. Benutzungsnahe Oberflächen am Bildschirm und auf Listen sind seit langem ein Gegenstand intensiver Investition. Wie für alle Objekte im Leben, hat ein Mensch auch für betriebliche Objekte eine bestimmte Vorstellung (ein "Schema"). Diese sollte in der Präsentation von Informationen über diese Objekte wieder zum Vorschein kommen. Dasselbe gilt sinngemäss für die Abläufe im Unternehmen, die sich nach bestimmten Vorstellungen ("Scripts") abwickeln. Die Schwierigkeit ist dabei, allgemein gültige Schemata und Scripts zu finden.

- Die *Informationsnutzung* ist die eigentliche Absicht des Managements von Informationen. Hier muss festgelegt werden, wie die Informationen sinnvoll innerhalb der Geschäftsprozesse umgesetzt werden können. Nutzung von Informationen ist ein Thema der Unternehmensführung, insbesondere der Aufbau- und Ablauforganisation. Die menschlichen Fähigkeiten stehen dabei im Vordergrund.

- Die *Informationsbewertung* legt fest, innerhalb von welchen Zeitabständen und aufgrund von welchen Kriterien Informationssysteme bewertet werden sollen. Es müssen geeignete Messgrössen festgelegt werden, die darüber Auskunft geben, wie Informationen genutzt werden können und welchen Beitrag zum Unternehmenserfolg die Nutzung liefern könnte.

- Die *Informationsverbesserung* schliesslich ist wohl die kreativste Aufgabe im Management von Informationen. Man legt hier fest, in welche Richtungen die Informationen in einer Organisation weiter zu entwickeln sind. Daraus müssen dann im Folgenden wieder neue Informationsziele abgeleitet bzw. bestehende Informationsziele ergänzt oder korrigiert werden. Der Kreis des Managements von Informationen hat sich geschlossen.

Die Abb. 1.4.1.1 und die obigen Definitionen zeigen den kontinuierlichen Verbesserungsprozess (KVP) des Managements von Informationen im Rahmen des Total Quality Managements (TQM) eines Unternehmens.

2.) Unter dem *Lebenszyklus eines Informationssystems* versteht man die Phasen des "Lebens" eines Informationssystems gemäss Abb. 1.4.1.2:

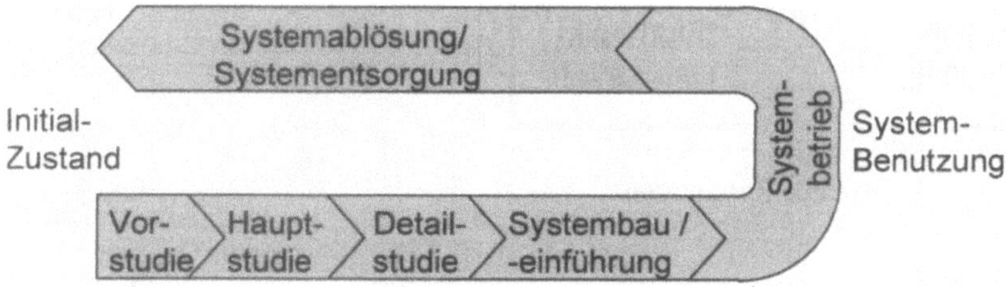


**Abb. 1.4.1.2** Der Lebenszyklus eines Informationssystems

Die einzelnen Phasen *Vorstudie*, *Hauptstudie* (für die Informatik-Stützung: *"Systems Analysis"*), *Detailstudie* (für die Informatik-Stützung: *"Systems Design"*), *Systembau*, *Systemeinführung*, *Systembetrieb* sowie *Ablösung / Systementsorgung* sind Gegenstand des Kap. 3. Dort wird auch kurz das sogenannte *Software Engineering* behandelt, d.h. diejenigen Methoden, welche für die Realisierung von Informatik-gestützten Informationssystemen besonders charakteristisch sind.

Das Management des Lebenszyklus' eines Informationssystems ist eng mit dem Projektmanagement zur Gestaltung und zum Betrieb von Informationssystemen verbunden. Dies ist unabhängig davon, ob das Informationssystem Informatik-gestützt ist oder nicht, der Fall. Information wird erst in den Köpfen von Personen oder sogar Personengruppen relevant. Informationen können und sollen nicht immer auf dem Umweg über Daten- oder Dokumentenbanken von Mensch zu Mensch übertragen werden. Gewisse

Informationen sind klar personengebunden, z.B dann, wenn sie aus bruchstückhaften Komponenten bestehen. Dialog, Partizipation und Kooperation zwischen Menschen sowie ein geeignetes Umfeld des Vertrauens sind notwendig, und zwar in allen Phasen des Lebenszyklus' eines Informationssystems. Dem steht das Zurückhalten von Informationen aus z.B. Machtgründen gegenüber. Das Kapitel 2 behandelt deshalb auch diese Faktoren, insbesondere während der Phasen vor dem Systembetrieb.

3.) Das *Informatikmanagement* ist das Management der eigentlichen *Informatik-Ressourcen*, welche für die Realisierung und den Betrieb von Informatik-gestützten Informationssystemen typisch sind. Dazu gehören Ressourcen gemäss der Abb. 1.4.1.3:

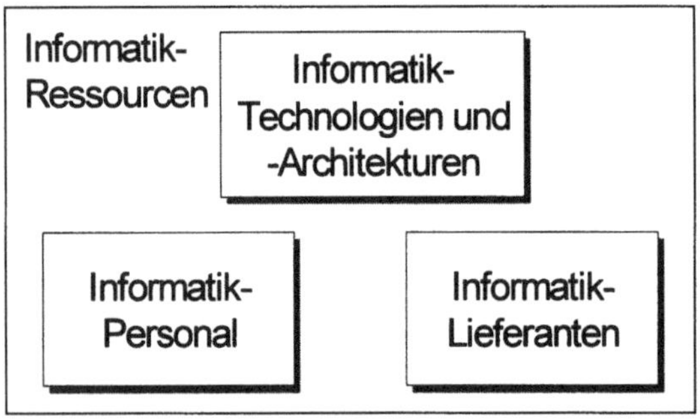


**Abb. 1.4.1.3** Informatik-Ressourcen

- die *Informatik-Technologien und -Architekturen*, d.h. die technischen Ressourcen wie Rechner, Kommunikation und Vernetzung, Betriebs- und Anwendungssoftware. Zu betrachten sind Technologien, Produkte (eigene und zugekaufte), Betrieb und Datensicherheit, Datenschutz, Kontrolle und Auditing.
- das *Informatik-Personal*, d.h. die im Informatikbereich beschäftigten Personen, z.B. Analytiker, Programmierer, Netzwerkbetreuer, Operateure. Sie benötigen eine spezifische Organisation und Führung sowie Aus- und Weiterbildung.
- die *Informatik-Lieferanten*, d.h. unternehmensexterne Partner, die Informatik-Technologien auf dem Markt anbieten.

Die konkreten Betrachtungsgegenstände im Informatikmanagement ändern schnell. Das Kap. 2 behandelt das Thema eingehender. Es ist schwierig, dauernd mit den neusten Entwicklungen vertraut zu sein. Als geeignete Publikationen hierfür haben sich Periodika zum Thema Informationsmanagement erwiesen, wie z.B. der "Diebold Management Report" [Diebold].

### 1.4.2 Integrales Informationsmanagement

Unter Integralem Informationsmanagement wird das Informationsmanagement zur Stützung der umfassenden Geschäftsprozesse im Unternehmen verstanden.

Integrales Informationsmanagement stützt damit das Management des Logistiknetzwerks zur Entwicklung und Herstellung eines Produkts, wirkt also auch unternehmensübergreifend. Siehe dazu auch [Schö00].

Integrales Informationsmanagement erfordert aufgrund der Eigenschaften der beteiligten soziotechnischen Systeme umfassende fachliche und integrierende Kompetenzen auf verschiedenen Gebieten, wie das in Abb. 1.4.2.1 zum Ausdruck kommt.

Soziale Kompetenz
- Individuelles Lernen und Handeln
- Kooperatives Lernen und Handeln

Organisatorische und Führungskompetenz
- Aufbauorganisation
- Ablauforganisation und -steuerung
  - Güter-, Daten- und Steuerungsfluss

Konzeptionelle (logische) Kompetenz
- Modellierung der Objekte und Gegebenheiten im System
  - Prozess-, aufgaben-, und funktionsorientierte Modellierung
  - Datenmodellierung bzw. objektorientierte Modellierung (Fakten- und Regelmodell)

Technische Kompetenz
- Zettelwirtschaft/Karteiwesen
  - Informatik-gestützte Datenbanken und Dokumentationssysteme
  - Hardware/Systemsoftware/Netzwerke

**Abb. 1.4.2.1** Erforderliche Kompetenzen im Integralen Informationsmanagement

- Gemäss einer "Top-down"-Vorgehensweise ist im Sinne der Erfolgs-optimierung vom Sozialen über die Organisation und die Konzeption zur Technik fortzuschreiten: Es hat keinen Sinn, konzeptionell applikatorischen oder technischen Aufwand zu betreiben, wenn das Resultat bei den Individuen oder in der Organisation gar nicht abgesichert, nicht wünschbar oder gar nicht durchführbar ist.

- Umgekehrt sind die Randbedingungen des öfteren "Bottom up" gegeben, d.h. im Sinne der Machbarkeit: Es hat keinen Sinn, persönliche und organisatorische Wunschschlösser zu bauen, welche dann keine konzeptionelle oder technische Realisierung erlauben.

Jede dieser Kompetenzen hat ihre spezifische Bedeutung. Nicht jede kommt in diesem Buch gleich zum Ausdruck:

- Dieses Buch behandelt ab Kapitel 4 die *konzeptionelle Kompetenz im Integralen Informationsmanagement*, insbesondere die Modellierung eines Informationssystems für Geschäftsprozesse. Für die praktische Anwendung ist dabei die durchgängige Konzeption der Geschäftsprozesse im Unternehmen ein Hauptanliegen. Die Identifikation, das Speichern, Verarbeiten, Übermitteln und Präsentieren von Information zeigen sich als ein typisches Gestaltungsproblem. Das nötige Denken ist dem eines Ingenieurs nahe. Durch geeignete Beschreibungsverfahren werden die einzelnen betrieblichen Bereiche in Modelle überführt. Diese bilden auch eine Nahtstelle zum technischen Teil eines Informatik-gestützten Informationssystems, also zur Informatik selber. Für die prozess-, aufgaben- und funktionsorientierte Modellierung werden verschiedene Beschreibungsverfahren verwendet, während für die objektorientierte Modellierung UML zum Einsatz kommt. Siehe dazu [UML98]. Ähnliche Modellierungsvorhaben, umfassend oder für Teilbereiche, finden sich auch in [Sche98.1], [Sinz90] oder [Mich82].
- Die *soziale* und die *organisatorische Kompetenz im Integralen Informationsmanagement* werden ansatzweise in Kapitel 1 bis 4 und vor allem in ihrer direkten Anwendung behandelt. Für beide Kompetenzen gibt es viele umfassende Werke aus den Unternehmenswissenschaften, z.B. aus dem Bereich der Unternehmensführung (z.B. [Prob99], [Rühl96]), der Betriebsorganisation (z.B. [Wien97], [Colb91]), der Logistik und Planung & Steuerung (z.B. [Schö00], [VoBe97]) sowie aus den Sozialwissenschaften, z.B. der Arbeits- und Organisationspsychologie (z.B. [Ulic98]).
- Die *technische Kompetenz im Integralen Informationsmanagement* wird teilweise in Kapitel 3 behandelt. Siehe dazu jedoch auch verschiedene weitere Werke zur Informatik, z.B. [BaZe97], [Zehn98] oder [Hans92].

### 1.4.3 Inhalte des Wissens- und Know-how-Managements

Unter dem Begriff *Wissensmanagement* wird alles zusammengefasst, was mit der Führung der *Ressource* Wissen zusammenhängt. Dazu gehören die Aufgaben gemäss der Abb. 1.4.3.1.

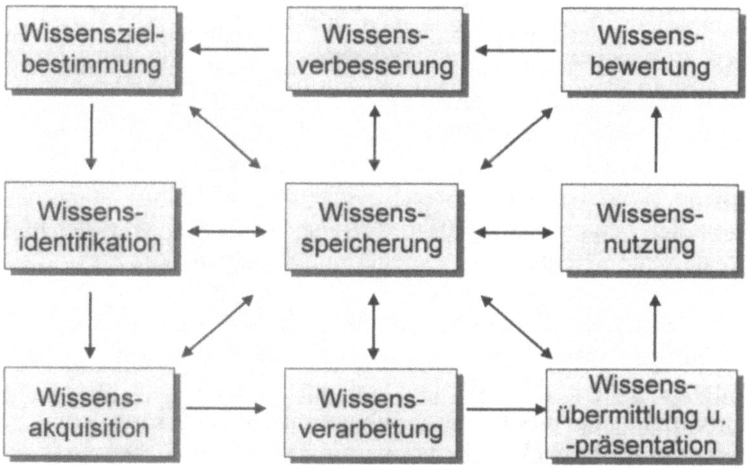


**Abb. 1.4.3.1** Das Management von Wissen (zwischen allen Teilaufgaben gibt es zusätzlich Steuerungsflüsse, die nicht eingezeichnet sind)

- Unter *Wissenszielbestimmung* versteht man das Festlegen von Gebieten, in welchen Wissen aufgebaut werden soll. Wissensziele betreffen die Unternehmenskultur, die Unternehmensorganisation und insbesondere das operationelle unternehmerische Geschäft, d.h. Produkte und Prozesse. Wissensziele werden aus der Unternehmensstrategie abgeleitet bzw. sind Teil der Unternehmensziele.

- Unter *Wissensidentifikation* versteht man die genaue Beschreibung des Wissens. Dabei kann es um Informationen, Daten oder um Kompetenzen gehen. Diese Aufgabe ist meistens schwierig zu lösen, da man hier konkret werden muss. Auf der anderen Seite führt gerade dieser Schritt schliesslich zur Transparenz sowohl im Unternehmen selbst als auch gegen aussen. Nur durch eine klare Identifikation des Wissens ist die Basis für ein Wissensmanagement überhaupt gegeben.

- Unter *Wissensakquisition* versteht man alle Massnahmen, um Wissen zu beschaffen, sowohl unternehmensintern als auch von aussen. Dazu gehören insbesondere auch die Ausbildung der Mitarbeitenden und der gezielte Zukauf von Know-how. Sodann muss die Akquisition von Wissen in der Unternehmensorganisation verhaftet sein, insbesondere in der Ablauforganisation. Man muss dafür klare Prozesse festlegen.

- Die *Wissensspeicherung* kann als die zentrale Aufgabe im Wissensmanagement empfunden werden. Man versteht darunter die genaue Bezeichnung der Wissensspeicher. Dabei kann es sich sowohl um elektronische Datenbanken und Textdokumente sowie um nicht textliche Dokumente handeln. Siehe dazu die Abb. 1.1.2.1. Man muss festlegen, in welcher Form dieses Wissen schliesslich in den Köpfen der beteiligten Personen vorhanden sein und was zur Bewahrung dieses Wissens unternommen werden muss (siehe dazu den möglichen Denkfehler am Schluss dieses Teilkapitels). Es ist leicht einsehbar, dass nicht alles Wissen überall vorhanden sein kann. Eine wesentliche Aufgabe der Wissensspeicherung ist damit auch das Festlegen der genauen Struktur des zu speichernden Wissens und insbesondere die Selektion des speicherungswürdigen Wissens.

- In der *Wissensverarbeitung* wird beschrieben, wie aus vorhandenem Wissen neues Wissen im Unternehmen abgeleitet werden soll. Insbesondere geht es hier darum, wie das verschiedene im Unternehmen vorhandene Wissen zusammengesetzt werden kann, um z.B. Forschung und Entwicklung, Marketing, Produktion, Beschaffung betreiben zu können. Diese Aufgabe kann ohne weiteres auf Lücken im Wissensstand eines Unternehmens hinweisen. Diese können dann durch gezielte Wissensakquisition geschlossen werden, z.B. durch Schulung bzw. Einstellung von neuen Personen oder den Kauf von Informationen (Patenten, Lizenzen usw.). Wissensverarbeitung findet auf allen Ebenen des Unternehmens statt, d.h. sowohl auf der normativen als auch auf der strategischen und der operationellen Ebene.

- Unter *Wissensübermittlung* und Präsentation versteht man das genaue Festlegen, welches Wissen wie an weitere Personen im Unternehmen oder unternehmensübergreifend verteilt wird. Ebenso legt man hier fest, welche Übermittlungsmedien gewählt werden sollen.

  Die Wichtigkeit einer geeigneten *Wissenspräsentation* kann man nicht genug betonen. Wissen kann nur effektiv weitergegeben werden, wenn es auf der Nahtstelle zwischen zwei Personen so präsentiert wird, dass keine Missverständnisse entstehen und zudem die Motivation des Wissensempfängers eher gefördert als gehemmt wird. Eine besondere Herausforderung ist dabei der Übergang vom individuellen zum generellen Wissen, das einer Menge von Personen in gleicher Art zur Verfügung gestellt werden soll. Hier müssen Normen für die entsprechenden Wissensstände festgelegt werden, insbesondere die Definition von Begriffen sowie ein allgemein gültiges Glossar. Ein solches Glossar umfasst nicht nur textliche Beschreibungen, sondern insbesondere auch grafische Darstellungen von Sachverhalten.

- Die *Wissensnutzung* ist die eigentliche Absicht des Managements von Wissen. Hier muss festgelegt werden wie das Wissen sinnvoll in die Geschäftsprozesse umgesetzt werden kann. Dazu braucht es Zeit, Bereitschaft und auch Aufwand. Die Wissensnutzung ist damit auch wieder in der Unternehmensorganisation, insbesondere der Ablauforganisation zu verankern.

- Die *Wissensbewertung* legt fest, innerhalb von welchen Zeitabständen und aufgrund von welchen Kriterien Wissensstände bewertet werden sollen. Dazu muss man geeignete Messgrössen festlegen. Diese sollten darüber Auskunft geben, wie Wissen genutzt werden und welchen Beitrag die Nutzung zum Unternehmenserfolg liefern könnte.

- Die *Wissensverbesserung* schliesslich ist wohl die kreativste Aufgabe im Wissensmanagement, aber gleichzeitig auch mit die schwierigste. Wissensverbesserung ist eine Aufgabe des strategischen Managements und muss festlegen, welche Dimensionen gewählt werden können, um das Wissen in einer Organisation weiter zu entwickeln. Gemeint ist also die eigentliche Wissensinnovation. Aus solchen Dimensionen müssen dann im Folgenden wieder neue Wissensziele abgeleitet bzw. bestehende Wissensziele ergänzt oder korrigiert werden. Der Kreis des Managements von Wissen hat sich geschlossen.

Wie unschwer aus dem Gesagten hervorgeht, unterliegt somit auch das Management von Wissen einem kontinuierlichen Verbesserungsprozess (KVP) im Rahmen des Total Quality Managements (TQM).

Wissensmanagement alleine genügt heute nicht mehr. In wertschöpfenden Unternehmen führt erst das Know-how zu effektiven Produkten und Prozessen. Know-how ist gemäss der Definition in Kap. 1.1.3 die Anwendung des Wissens zur Umsetzung in Produkte und Prozesse.

Unter dem Begriff *Know-how-Management* wird alles zusammengefasst, was mit der Führung der *Ressource* Know-how zusammenhängt.

Es ist einfach, sich eine Abbildung ähnlich der Abb. 1.4.3.1 zu erarbeiten, in welcher der Begriff Know-how an Stelle des Begriffs Wissen steht und damit prinzipiell die Aufgaben des Know-how-Managements aufzeigt. Das Füllen des Rahmens mit konkreten Inhalten wird insbesondere für die Know-how-Akquisition und Know-how-Speicherung wesentlich schwieriger und zur langfristigen Aufgabe, da damit gemäss der Definition Forschung und Erfahrung verbunden ist. Vorsprung im Know-how gegenüber der Konkurrenz ist wesentlich nachaltiger als nur Vorsprung im Wissen. Die Zeitkomponente zum Know-how-Management wird damit zur entscheidenden Grösse. Kurzfristiges Renditedenken führt damit niemals zum Ziel. Die Schulung und Motivation der Mitarbeitenden oder Investitionen in Firmen, die konsequent Know-how über die Generationen verdichten oder neues Know-how aufbauen, sind Schlüssel zum langfristigen Erfolg in der Güterproduktion.

### 1.4.4 Abgrenzung des Wissens- und Know-how-Managements vom Informationsmanagement

Während ein Framework zum Wissens- bzw. Know-how-Management wie z.B. die Abb. 1.4.3.1 relativ schnell und vernünftig aus dem allgemeinen Managementdenken ableitbar ist, wird die konkrete Umsetzung all der beschriebenen Aufgaben heute noch weitgehend intuitiv oder pragmatisch gelöst. Siehe dazu auch und u.a. [Prob99]. Weil das Management von Informationen einem sehr ähnlichen Entwicklungsprozess unterliegt, wird das Management von Wissen und Know-how des öftern auf das Management von Informationen verkürzt.

Wissens- und Know-how-Management grenzen sich vom Informationsmanagement jedoch deutlich ab. *Relevantes* Wissen und Know-how sind meistens nur in den Köpfen von Personen oder Personengruppen speicherbar. Relevante Informationen können im Vergleich dazu häufiger aus Datenbanken und Dokumentationssystemen (vgl. Abb. 1.1.2.1) zurückgewonnen werden. Daraus ergeben sich die folgenden Erkenntnisse:

- Relevantes Wissen und Know-how können nicht so einfach auf dem Umweg über elektronische Hilfsmittel von Mensch zu Mensch übertragen werden wie Daten und allenfalls auch Informationen.
- Dialog, Partizipation und Kooperation zwischen Menschen sind im Fall von Wissen und Know-how wesentlich umfassender zu behandeln als im Fall von Information.
- Personengebundenheit, Erfahrung, Intuition und Interpolation von bruchstückhaften Komponenten treten beim Wissens- und Know-how-Management wesentlich stärker in den Vordergrund als beim Informationsmanagement.

Zum Erhalt und zur Verbreitung von Wissen und Know-how werden Ansätze wie ein „Brain-Network" empfohlen. Siehe dazu die folgende Abb. 1.4.4.1.

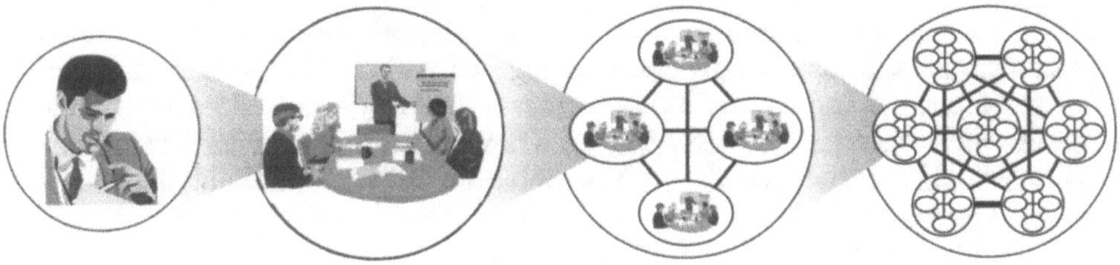

**Abb. 1.4.4.1** Das Brain-Network als möglicher Ansatz zum Wissens- und Know-how-Management (Quelle: J. Fuchs, CSC Plönzke AG)

Der Schlüssel zum Erfolg eines solchen Ansatzes liegt jedoch auch hier bei der detaillierten organisatorischen Ausgestaltung eines solchen Ansatzes und insbesondere bei der Persönlichkeits- und Sozialkompetenz aller Beteiligten.

Dem Thema des Buches entsprechend wird das Gebiet Wissens- und Know-how-Management in der Folge nicht weiter behandelt. Die folgende Beobachtung weist jedoch darauf hin, dass ein integrales Daten- und Informationsmanagement als eine wesentliche Voraussetzung für Wissens- und Know-how-Management betrachtet werden muss.

Ein eigentlicher Denkfehler wird nämlich oft in Verbindung mit dem Begriff Wissensbank als Weiterentwicklung der Datenbanken zur Informatik-Stützung des Wissensmangements begangen. Eine *Wissensbank* ist *de facto* nicht mehr als eine traditionelle Daten- und Dokumentenbank.

Jedes Wissen, das das menschliche Gehirn verlässt und in einem elektronischen Speicher abgelegt wird, wird in diesem Moment zu Daten. Werden Inhalte davon abgerufen, dann sind sie zunächst nur Daten und müssen in einem – gegebenenfalls mühseligen – menschlichen Denkprozess wieder zu Informationen und schliesslich zu Wissen werden.

## 1.5 Zusammenfassung

Der Duden gibt für den Begriff *Information* unterschiedliche Bedeutungen an. Die umgangssprachlich häufigere Definition versteht Information als Wissen über Sachverhalte. Ein Informationssystem ist ein System zur Verarbeitung von Informationen. Zu seinen Elementen zählen die Informationen selber sowie die Informationsverarbeitende und die Informationsspeicher. Zu den Beziehungen im System zählen alle Kommunikationsmethoden. Dazu gehören generelle Aussagen über die gegenseitige Zuordnung der Elemente bei der Verarbeitung von Informationen, die eigentlichen Methoden zur Verarbeitung von Informationen sowie die Methoden zum Transport und zur Konversion von Informationen während des Transports. Informationssysteme haben je nach Organisation ihrer Informationsspeicher einen mehr oder weniger strukturierten Charakter. In absteigendem Strukturierungsgrad unterscheidet man Datenbanken oder Datenbasen von Datenwarenhäusern und Dokumentationssystemen. Informationssysteme dienen Menschen einerseits zur Kommunikation untereinander, andererseits dienen sie auch als Basis für den Gewinn von Erkenntnissen und können so zu Wissen führen. Die Kombination von Wissen und der Fähigkeit zur Umsetzung dieses Wissens wird auch als Know-how bezeichnet. Eine Wissensbasis bzw. Know-how-

Basis ist auch als Erweiterung des Begriffs Datenbasis bzw. Datenbank zu verstehen.

Komponenten eines Informationssystems für Geschäftsprozesse sind zuallererst die Menschen, die mit dem Betrieb zu tun haben. Informationsspeicher können nach drei Arten unterschieden werden: Datenspeicher enthalten das Was, d.h. die Informationen selber. Methodenspeicher enthalten das Wie, d.h. das Know-how darüber, wie die Informationen zu behandeln sind. Ablaufspeicher zeigen auf, dass bzw. wann bestimmte Methoden mit Daten durchzuführen sind. Das menschliche Gehirn kann alle drei Arten von Speichern umfassen. Karteien sind Erweiterungen von Datenspeichern, während Postkörbe und Checklisten erweiterte Ablaufspeicher darstellen. Eine Methode kann als Ganzes ebenfalls in Datenform gespeichert werden.

Informationssysteme für Geschäftsprozesse lassen sich grob in Analyse- und Planungssysteme, Abrechnungs- und Kontrollsysteme, Administrations- und Dispositionssysteme sowie in technisch-industrielle Systeme einteilen. Sie werden oft in der Form eines Informationskegels dargestellt. Als Beispiele werden die integrierten Informationssysteme eines industriellen Unternehmens und eines Versicherungsunternehmens gezeigt. Eine wichtige Herausforderung sind dabei die horizontale und vertikale Integration im Informationssystem. Die horizontale Integration meint dabei den Austausch von Informationen zwischen den einzelnen Aufgabenbereichen im Unternehmen, d.h. entlang der Geschäftsprozesse. Die vertikale Integration erlaubt es, Informationen zwischen den hierarchischen Ebenen auszutauschen. Das Informationssystem für Geschäftsprozesse kann in Untersysteme aufgeteilt werden. Eine Möglichkeit ist die Aufteilung nach Planungsfristigkeiten und Geschäftsbereichen, eine andere ist die Aufteilung nach dem hierarchischen Funktionsaufbau.

Vor allem grosse Informationssysteme sind mehr und mehr Informatik-gestützte Informationssysteme, d.h. durch Informatik-Technologie gestützte Informationssysteme. Der Einsatz von Informatik-Technologie wird dann sinnvoll, wenn die menschlichen Fähigkeiten nicht mehr ausreichen: z.B. wegen der Zunahme der Menge von Informationen, wegen des geforderten Tempos der Informationsverarbeitung oder der Automatisierbarkeit von Funktionen. Zusätzliche Komponenten von Informationssystemen aufgrund ihrer Informatik-Stützung sind dabei Daten- und Regelbanken als Datenspeicher, Automaten, bzw. Programme als Methodenspeicher sowie elektronische Postkörbe, Programmablaufspeicher, und "Batch programs schedules" als Ablaufspeicher.

Unter dem Begriff Informationsmanagement wird alles zusammengefasst, was mit der Führung der Ressource *Information* zusammenhängt. Dazu gehören drei Teilgebiete.

- Unter dem Management von Informationen versteht man das eigentliche Was eines Informationssystems. Dazu gehören Informationszielbestimmung, Informationsidentifikation, Informationsakquisition, Informationsspeicherung, Informationsverarbeitung, Informationsübermittlung und -präsentation, Informationsnutzung, Informationsbewertung, Informationsverbesserung.
- Unter dem Lebenszyklus eines Informationssystems versteht man die Phasen des Lebens eines Informationssystems, d.h. Vorstudie, Hauptstudie, Detailstudie, Systembau und Einführung, Betrieb, Ablösung und Entsorgung.
- Das Informatikmanagement schliesslich ist das Management der eigentlichen Informatikressourcen, die bei der Realisierung und beim Betrieb von Informatik-gestützten Informationssystemen typisch sind. Dazu gehören die Informatik-Technologien und -Architekturen (Rechner, Kommunikation, Vernetzung, Betriebs- und Anwendungssoftware) sowie das Informatik-Personal und die Informatik-Lieferanten.

Integrales Informationsmanagement erfordert Kompetenzen auf den Gebieten des Sozialen, der Organisation bzw. Führung, der Konzeption und der Technik. Im Sinne der Erfolgsoptimierung ist vom Sozialen über die Organisation und die Konzeption zur Technik fortzuschreiten. Randbedingungen sind jedoch öfters in umgekehrter Reihenfolge gegeben.

Wird die Gesamtheit der Informationen zu Wissen, dann kann anstelle des Begriffs Informationsmanagement sinngemäss der Begriff Wissensmanagement treten. Die Aufgaben des Wissensmanagements sind Wissenszielbestimmung, Wissensidentifikation, Wissensakquisition, Wissensspeicherung, Wissensverarbeitung, Wissensübermittlung und -präsentation, Wissensnutzung, Wissensbewertung, Wissensverbesserung. Für ein wertschöpfendes Unternehmen zählt schliesslich das Know-how. Know-how-Management umfasst die analogen Aufgaben, ist aber noch schwieriger mit konkreten Inhalten zu füllen. In beiden Fällen stehen Personengebundenheit, Erfahrung, Intuition und Interpolation von bruchstückhaftem Wissen im Vordergrund.

# 2 Informatikmanagement

Technologie wird seit langem als eine der Quellen für Fortschritt empfunden. Gerade für Technologie-intensive Unternehmen[8] spielt dabei die Informationstechnologie eine entscheidende Rolle, und zwar sowohl in der klassischen Industrie, die materielle Güter produziert, als auch in der Dienstleistungsbranche, die immaterielle Güter produziert, die eben aus Information bestehen. In dieser Umgebung ist nicht nur die Innovation der hergestellten Güter, sondern auch die Organisationsinnovation im Unternehmen eng mit der IT-Innovation verbunden. Die Abb. 2.1 zeigt diese gegenseitige Abhängigkeit.

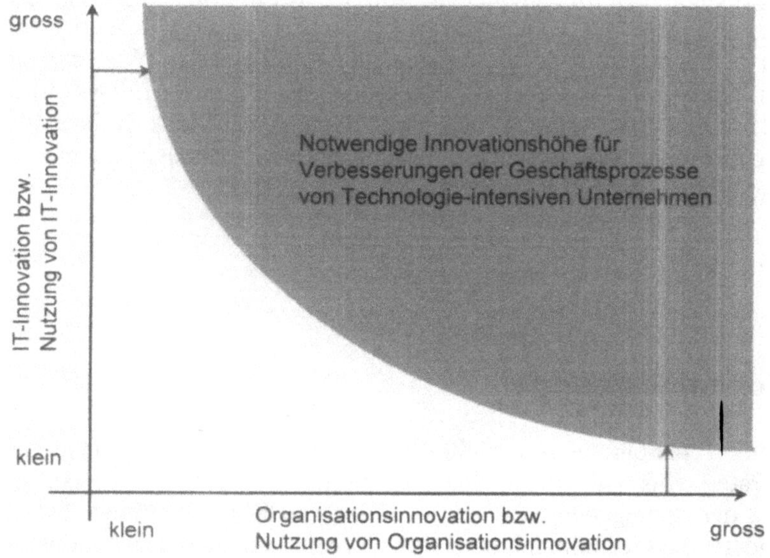


**Abb. 2.1** Die gegenseitige Abhängigkeit von Organisationsinnovation und IT-Innovation in Technologie-intensiven Unternehmen

In der Tat ist ein Fortschritt in der Organisation selten ohne eine geeignete und nachhaltige Nutzung neuester Informationstechnologien möglich. Manchmal ist sogar spezifische IT zu entwickeln. Umgekehrt kann man eine neue Informationstechnologie selten im Unternehmen nutzen, ohne das Verhalten, die Strukturen und Prozesse in der Unternehmensorganisation zu ändern. Neben der Nutzung verfügbarer Organisationsinnovation muss man dafür u.U.

---

8 Technologie-Intensität ist meistens verbunden mit der Herstellung von Produkten hoher Komplexität.

eine spezifische Organisationsinnovation entwickeln. Ein für den Unternehmenserfolg relevantes Innovationsprojekt befindet sich damit im schattierten Feld in der Abb. 2.1. Es zeichnet sich durch eine geeignete Kombination von Organisations- und IT-Innovation bzw. die Nutzung solcher Innovationen aus.

Infolge der stürmischen Entwicklung der Informationstechnologie ist das Management der Informatik-Ressourcen eine anspruchsvolle Aufgabe. Es ist nicht die Absicht, in diesem Kapitel eine Aufzählung aller Informatik-Technologien und ihres aktuellen Entwicklungsstandes zu geben: Das Kapitel müsste dann jedes Jahr zu einem guten Teil neu geschrieben werden. Dieses Kapitel möchte vielmehr einen Überblick über die wesentlichen Herausforderungen im Informatikmanagement geben. In einem ersten Teilkapitel steht die Informatikstrategie im Vordergrund. Die wesentlichen Inhalte werden besprochen, das Spannungsfeld zwischen Informatikstrategie und Unternehmensstrategie wird herausgearbeitet. Ein zweites Unterkapitel widmet sich den Informatik-Technologien und -Architekturen. Wo sind die nachhaltigen Trends und wo eher Modeerscheinungen zu orten? Das dritte Unterkapitel schliesslich widmet sich dem Management des Informatik-Personals sowie den Möglichkeiten, Produkte und Dienstleistungen der Informatik von Partnerfirmen bzw. Lieferanten zu beziehen.

## 2.1 Informatikstrategie

Die Informatik-Technologie ist verhältnismässig jung. Dementsprechend war Informatikstrategie bis vor kurzem eher eine intuitiv wahrgenommene Aufgabe. Aufgrund der gestiegenen Bedeutung der Informatik als Wettbewerbsfaktor insbesondere für technologieintensive Unternehmen sowohl der Industrie als auch der Dienstleistung hat die strategische Behandlung der Informatik-Ressourcen an Bedeutung gewonnen. Dies zeigt sich u.a. darin, dass etliche Unternehmen in Analogie an den Chief Executive Officer (CEO) in ihrer Organisation die Rolle eines Chief Information Officer (CIO) vorgesehen haben. Seine Aufgabe ist es, sich insbesondere um die strategische Positionierung des Unternehmens in Fragen des Informatikmanagements zu kümmern.

### 2.1.1 Das Spannungsfeld zwischen Informatikstrategie und Unternehmensstrategie

Die Informatikstrategie eines Unternehmens leitet sich von dessen Leitbild ab, das sich auch über die Aspekte des Umgangs mit der Informationstechnologie äussern muss.

Das *Informatik-Leitbild* legt fest, ob und in welchen Belangen der Informatik-Technologie das Unternehmen eher eine "Leader"-Strategie oder eher eine "Follower"-Strategie einzunehmen beansprucht. Das Leitbild legt ebenfalls fest, welche Bedeutung der Informatik innerhalb des Unternehmens im Vergleich mit anderen Aufgaben beigemessen wird.

Die *Informatikstrategie* legt die Vorgaben des Unternehmens in Bezug auf den Umgang mit der Informatik unter den Aspekten der Durchdringung der Produkte und Geschäftsprozesse mit Informatik, der organisatorischen Strukturen sowie der Kultur bzw. dem Verhalten fest.

Der strategische Prozess zur Führung der Informatik berücksichtigt deshalb alle diese Aspekte:

1. Aus dem Aspekt der Strukturen heraus äussert sich die Informatikstrategie zuerst über geeignete Geschäftsprozesse sowie Planungs- und Unterstützungsprozesse in Verbindung mit der Informatik. Siehe dazu das folgende Kapitel 2.1.2.
2. Unter dem Aspekt der Durchdringung der Produkte und Geschäftsprozesse mit Informatik legt die Informatikstrategie die Investitionspolitik in die Informatik fest, d.h. welche Produkte mit IT und welche Geschäftsprozesse mit Informatik-Stützung zu versehen sind und warum. Diese Festlegung nennt man auch *strategische Positionierung der Informatik im Unternehmen.* Sie basiert auf einer vorgängigen, gründlichen Technologiebeurteilung und erfolgt meistens im Rahmen der Budgetierung. Siehe dazu das Kapitel 2.2 und – was die Informatik-Technologien und -Architekturen selbst betrifft – das Kapitel 2.3.
3. Unter dem Aspekt Kultur bzw. Verhalten legt die Informatikstrategie zusammen mit dem Aspekt der Strukturen fest, wie einerseits Mitarbeitende und andererseits Partnerunternehmen in die verschiedenen Prozesse eingebunden sein sollen. Entsprechend werden einerseits die Ausbildungsstände und die geeignete Organisation des Informatik-Personals und andererseits die Prinzipien der Zusammenarbeit mit externen Partnern festgelegt. Siehe dazu das Kapitel 2.4.

Unternehmen, die Informatik als Schlüsseltechnologie einsetzen, leben heute im Spannungsfeld zwischen Markt und Informationstechnologie und damit zwischen Unternehmens- und Informatikstrategie. Dies gilt besonders für Unternehmen, bei denen die Informatik als Produktkomponente zum Einsatz kommt, z.B. bei Banken, Versicherungen, Elektronik- und Informatikunternehmen. Die vom Markt diktierten Bedingungen beeinflussen die Gesamtführung des Unternehmens sowie das Management der Geschäftsprozesse – besonders in den absatzorientierten Bereichen. Beide üben ihrerseits Einfluss auf das Informationsmanagement des Unternehmens aus. Dieses sieht sich seinerseits Veränderungen in der Informationstechnologie gegenüber, die sich auch in den Erwartungen der Unternehmensführung und der Führung der absatzorientierten Bereiche spiegeln. Die von innovativen Unternehmen angebotenen Lösungen im Informatikbereich fliessen in den Markt zurück und zwingen andere Unternehmen technologisch nachzuziehen. Die Abb. 2.1.1.1 zeigt die aus dem externen Spannungsfeld resultierenden internen Konflikte.

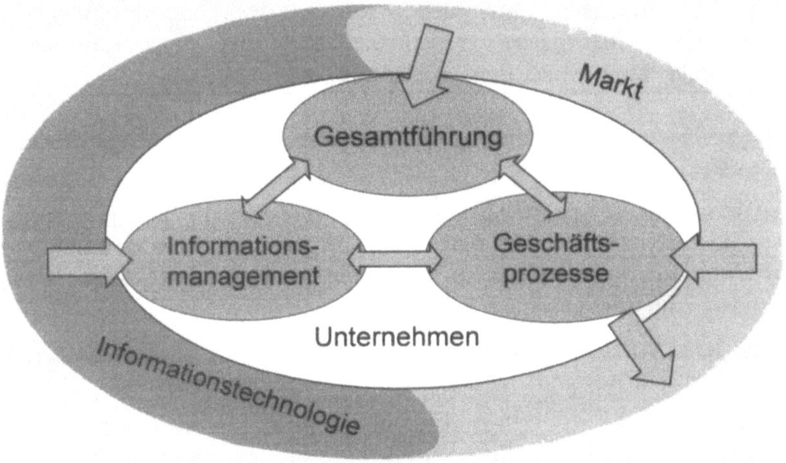


**Abb. 2.1.1.1** Ein informationstechnologisch intensives Unternehmen in seinem Umfeld (in Anlehnung an [SöLe96])

Die Gesamtführung und das Management der Geschäftsprozesse möchten schnell und unabhängig auf veränderte Marktsituationen reagieren. Das Informationsmanagement – besonders das Informatikmanagement – weist demgegenüber eine gewisse Trägheit als auch Begrenztheit auf. Der Wechsel von einer Informationstechnologie auf eine andere bereitet erfahrungsgemäss viel Mühe und dauert sehr lange. Dies ist darin begründet, dass eine sehr grosse finanzielle Investition, vor allem in neue Wissensstände, nötig ist. Beides ist nicht über beliebig kurze Zeit verkraftbar.

In der Managementlehre wird klassisch davon ausgegangen, dass die Informatikstrategie sich nach der Unternehmensstrategie ausrichten soll. Für gewisse Unternehmensbereiche, wie z.B. das Personalwesen oder die Buchhaltung, ist das unbestritten und auch mehr oder weniger problemlos. Dort sind die Organisations- und Informationssysteme in grossem Umfang standardisiert und kaum jemals grösseren Änderungen unterworfen. Im Bereich der Produkte und der Produktion und Logistik hingegen sind Organisationen aufgrund der Veränderungen im Markt selten über Jahre stabil. Gerade hier überleben jedoch in der Praxis Informatik-gestützte Informationssysteme nicht selten 20 bis 40 Jahre! De facto ist eine Informatikstrategie damit langfristiger als eine heute schnell wechselnde Unternehmensstrategie. Dieses Problem wird gerade bei Fusionen von Firmen immer wieder akut. Nicht verträgliche Informationssysteme können zu einem Knock-out-Kriterium für Fusionen oder Firmenübernahmen werden.

### 2.1.2 Geschäftsprozesse sowie Planungs- und Unterstützungsprozesse in Verbindung mit der Informatik

Jedes Unternehmen, das Informatik zur Stützung der Geschäftsprozesse einsetzt, sollte über nacholgende strategische Prozesse verfügen. Dies auch dann, wenn es die Informatik nicht selber betreibt, sondern im Auftragsverhältnis an Drittfirmen vergibt oder vergeben hat.

- *Technologie- /Innovationserkennung*: Man prüft neue oder wesentlich verbesserte Technologien auf ihre Einsetzbarkeit im Unternehmen. Man überprüft dauernd den Fortschritt bei der Umsetzung von solchen Technologien in einsetzbare Produkte. Man schätzt Chancen und Gefahren des Einführens bzw. Weglassens solcher neuer Technologien ab. Mögliche Teilprozesse sind Ideenfindung, Analyse der Machbarkeit, Auswahl. Diese Beurteilung umfasst sämtliche Einsatzmöglichkeiten der Informatik im Unternehmen, also
    - die Art und den Inhalt von Anwendungssoftware als Produktbestandteil und zur Stützung der Geschäftsprozesse,
    - einzusetzende Standards für Computer, Kommunikation und Vernetzung, Betriebssoftware und Datenbanken,
    - einzusetzende Standards für Betrieb, Datensicherheit und -schutz.

- *Budgetierung und Controlling*: Hier sind insbesondere die Budgetierung, die Umsetzungsplanung und das Controlling der Informatik-Investitionen gemäss den Ergebnissen der Technologie- und Innovationserkennung gemeint.

- Partnermanagement in der Informatik: Welche Leistungen können prinzipiell und zu welchen Bedingungen auf dem Markt bezogen werden ("Buy")? Welche Informatik-Technologien gehören zu den Kernkompetenzen im Unternehmen und sind deshalb selber zu beherrschen ("Make")? Wo liegen die Chancen und Gefahren in der Zusammenarbeit mit Drittfirmen, seien es auf Informatik-Produkte und Dienstleistungen spezialisierte Firmen, seien dies Informatik-Abteilungen von "befreundeten" Unternehmen, z.B. in derselben Branche. Mögliche Teilprozesse sind Partnergewinnung und Partnerbetreuung.

- *Mitarbeitermanagement und Technologiebeherrschung*: Sowohl für im Unternehmen eingesetzte als auch für an Dritte verkaufte Produkte zur Informatik-Stützung muss man geeignete Ausbildungswege definieren, die zur Kompetenz im Einsatz der Produkte führen. Mögliche Teilprozesse sind Mitarbeitergewinnung, -entwicklung, -administration.

Die Abb. 2.1.2.1 fasst die erwähnten Prozesse zu einem Referenzmodell für ein Unternehmen zusammen, das Informatik zur Stützung seiner Geschäftsprozesse einsetzt.

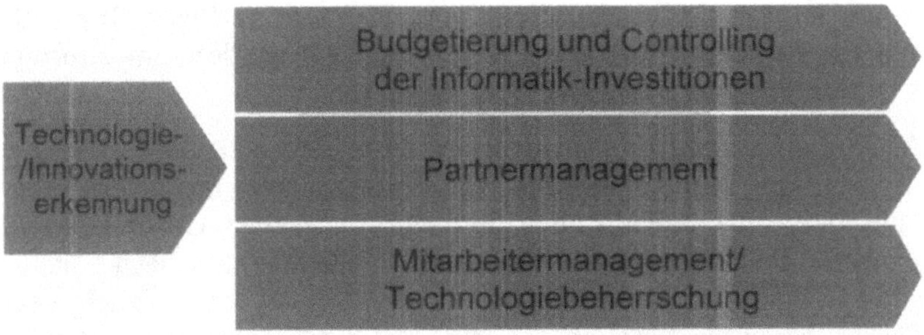


**Abb. 2.1.2.1** Ein Referenzmodell der Unternehmensprozesse für jedes Unternehmen, das Informatik zur Stützung seiner Geschäftsprozesse einsetzt

Wird Software im Unternehmen zum Eigengebrauch erstellt, dann sind zusätzlich Prozesse wie die folgenden notwendig:

- *Produktversions-(Release-)planung*: Welches sind die Module und Funktionen der herzustellenden Software? Wie sieht die weitere Entwicklung (das Versionenwesen) im Verlaufe des Lebenszyklus solcher Produkte aus? Mögliche Teilprozesse sind Änderungsfestlegung, Releaseplanung.
- *Entwicklung des Produkts und der ergänzenden Dienstleistung*: Wie sind die Lebensphasen (Teilprozesse) Systems Analysis, Systems Design, Systembau und Einführung im Einzelnen gestaltet? Wie werden Produkt und begleitende Dienstleistung entwickelt? Wie ist die Zusammenarbeit zwischen Anwendern und Entwicklern geregelt? Wie ist das Testprozedere definiert? Mögliche Teilprozesse sind Entwicklung (vom Design bis zum Test), Dokumentationserstellung, Markenpflege, Software-Re-Use.
- *Systemeinführung*: Wie wird das Produkt eingeführt? Wie wird die Auftragskoordination zur Einhaltung von Qualität, Menge, Kosten und Lieferung sowie zu allfälligen Änderungen dieser Auftragsziele

bewerkstelligt? Mögliche Teilprozesse sind Projektbetreuung, Produktinstallation.

- *Schulung*: Wie werden Anwender im Gebrauch des Produkts geschult? Mögliche Teilprozesse sind Festlegung des Schulungskonzeptes, Schulungsentwicklung, Kursabwicklung.
- *Anwender-/Kunden-Unterstützung*: Wie ist die Lebensphase Betrieb gestaltet? Wie verkehren Anwender und Entwickler bei auftretenden Problemen miteinander (z.B. "Hotline", Schulung neuer Anwender)? Wie laufen Wartung und Unterhalt ab? Mögliche Teilprozesse sind Service, Helpdesk, Wartung.

Ist Informatik gar Produktkomponente oder bestehen die Produkte selber im Wesentlichen aus Informatik, sind zusätzlich strategische Prozesse für das Marketing und die Distribution notwendig. Jedes selbständig auf dem Markt agierende Unternehmen kennt diese Prozesse:

- *Produkt-/Marktstrategiefindung*: Welche Geschäftsprozesse oder Produktbestandteile erfordern die Entwicklung eines Informatik-gestützten Informationssystems? Welche Marktsegmente möchte man z.B. bearbeiten, welche geographischen Gebiete und in welchen Zeiträumen? Mögliche Teilprozesse sind Marktforschung, Strategiewahl.
- *Marktbearbeitung*: Wie pflegt man z.B. langfristige Kundenbeziehungen? Wie kommt man zu neuen Kunden? Welche Marktorganisation wird für Kundenbeziehungen eingesetzt? Mögliche Teilprozesse sind Informationsgewinnung, Informationsverbreitung, Leadgenerierung, Pflege von Kundenbeziehungen.
- *Geschäftsgewinnung*: Wie wird z.B. eine Geschäftsgelegenheit erkannt? Wie beurteilt man das mögliche Geschäft? Wie erfolgt die Kontaktführung und welches sind Vorgehensprinzipien für die Angebotsphase? Welches sind z.B. die Verhandlungs- und Vertragsprinzipien? Mögliche Teilprozesse sind Leadbearbeitung, Angebotserstellung, Abschluss eines Vertrages.

Für jedes produzierende Unternehmen, also auch ein Informatik-Produkte herstellendes, kommen zu den erwähnten Prozessen Supportprozesse, wie z.B.

- *Beschaffung* der nötigen generellen Infrastruktur neben den im Partnermanagement behandelten zuzukaufenden spezifischen Artikeln, die direkt der Herstellung der Informatikprodukte dienen. Mögliche Teilprozesse sind Lieferantenauswahl, Beschaffungsabwicklung.
- *Handhabung der Infrastruktur*: Auch ein Informatik herstellendes Unternehmen hat i. Allg. eine interne Informatikabteilung, die die zur Produktion nötigen IT-Ressourcen betreibt, wie z.B. ein Rechenzentrum und Betriebssoftware. Daneben gibt es auch sonstige interne

Dienste wie z.B. das Transportwesen. Mögliche Teilprozesse sind Handhabung der IT Ressourcen, Unterstützung der IT Anwender, Interne Dienste.

- *Finanz- & Rechnungswesen / Budgetierung und Controlling*: Mögliche Teilprozesse sind durch die Begriffe bereits vorgegeben.

Alle erwähnten Prozesse unterliegen ihrerseits einem kontinuierlichen Verbesserungsprozess:

- *Unternehmensentwicklung* im Rahmen des Total Quality Managements (TQM). Mögliche Teilprozesse sind Zielfindung, Systemgestaltung, Audit/Assessment, Verbesserung.

Die Abb. 2.1.2.2 fasst die erwähnten Prozesse zu einem Referenzmodell für ein Softwarehaus zusammen. Dieses wurde zusammen mit Software-Unternehmen aus der Praxis hergeleitet. Siehe dazu [ScSp99].

Die Darstellung unterstreicht, dass die meisten Unternehmensprozesse oder zumindest gewisse ihrer Einzelprozesse nicht eindeutig in eine Sequenz gestellt werden können. Dazu zwei Beispiele:

- Im Unterschied zur Standardsoftware kann man bei Individualsoftware den Entwicklungsprozess wohl zwischen Geschäftsgewinnung und Systemeinführung platzieren. Aber auch in diesem Fall werden Teile des Entwicklungsprozesses, wie z.B. 'Software-Re-Use', parallel zu jenen Prozessen durchgeführt.
- Teile des Schulungsprozesses können ebenfalls innerhalb des Systemeinführungsprozesses gesehen werden.

Das Referenzmodell ist damit so zu verstehen, dass die darin vorkommenden Unternehmensprozesse bei einem Softwarehaus vorhanden sein müssen, dass aber einerseits gewisse Prozesse Teilprozesse von anderen bilden können und andererseits die zeitliche Reihenfolge je nach Unternehmenstyp, ja sogar je nach Unternehmen, verschieden sein kann.

Ebenfalls kann die Zusammenfassung in gröbere Prozessgruppen u.U. je nach Unternehmen verschieden sein. So kann eine Firma, die Standardsoftware herstellt und vertreibt, durchaus den Releaseplanungs- und Entwicklungsprozess den Planungs- und Unterstützungsprozessen statt den Kundenwertschöpfungsprozessen zuordnen. Dies mit dem Argument, dass die Entwicklung zu weit weg vom direkten Kundenprozess geschieht (z.B. bei Systemsoftware).

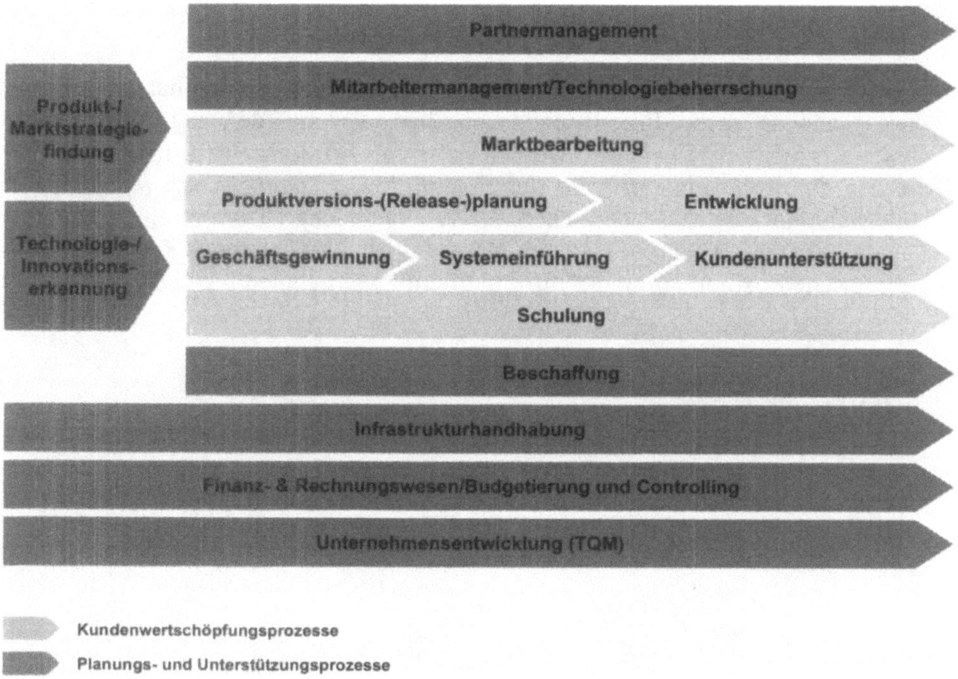


**Abb. 2.1.2.2** Ein Referenzmodell der Unternehmensprozesse eines Softwarehauses

## 2.2 Rentabilität von Investitionen in die Informatik eines Unternehmens

In industriellen Unternehmen machen die Investitionen in die Informatik oft um die 1,5% bis 2% des Jahresumsatzes aus. Wird die Informatik zum Produktbestandteil oder bestehen die Produktionsanlagen aus Informatik-Systemen, wie z.B. in der Technologie-intensiven Dienstleistung (Banken, Versicherungen), dann werden Informatik-Investitionen zum Schlüssel für den Erfolg eines Unternehmens. Die Rentabilität von Investitionen in die Informatik wird dann zur zentralen Überlegung.

In der Folge werden Überlegungen zur Rentabilität von Investitionen in die Informatik als Produktbestandteil oder zur Stützung der Ablauf- und Aufbauorganisation eines Unternehmens wiedergegeben. Viele davon können natürlich auf jede Art Investition in der Informatik und auch allgemein auf Investitionen in die Technologie übertragen werden.

### 2.2.1 Investitionsplanung und Portfolio der strategischen Informatik-Anwendungen

Die Wichtigkeit und Aktualität der Informatik im Unternehmen hat zur Folge, dass meistens mehr Investitionen anstehen als mit den zur Verfügung stehenden Mitteln finanziert werden können. Die einzelnen Investitionen werden damit auf ein *Portfolio des Potentials der strategischen Informatik-Anwendungen* gemäss der Abb. 2.2.1.1 gebracht. Durch eine solche Darstellung und die darauf folgende Auswahl der Anwendungen kann man die strategische Positionierung der Informatik im Unternehmen festlegen.

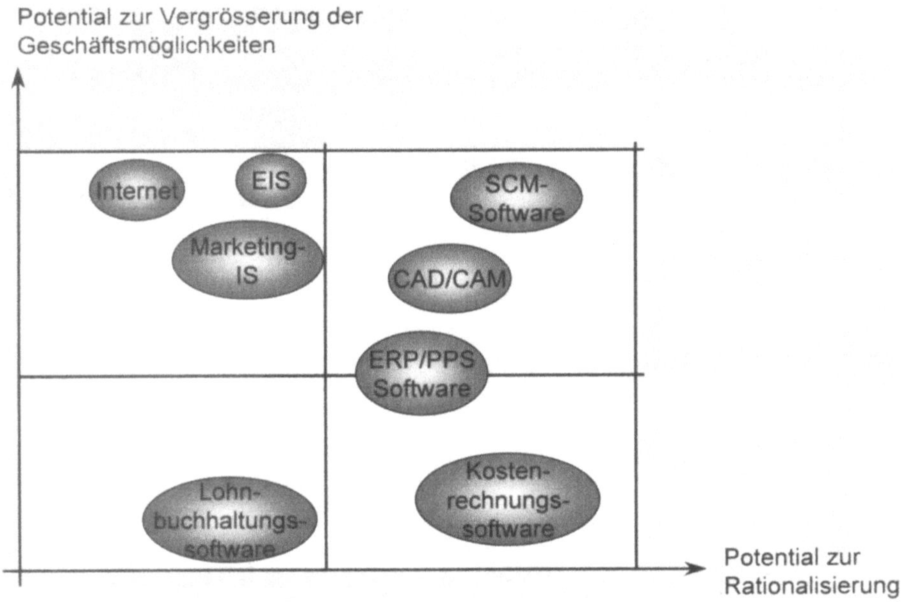


**Abb. 2.2.1.1** Portfolio zur Beurteilung der Priorität der Informatik-Investitionen (Beispiel)

Das Portfolio umfasst strategische Investitionen in die Informatik-Infrastruktur gemäss Kap. 2.2.2 und Investitionen in die Informatik zur Stützung von einzelnen Geschäftsprozessen gemäss Kap. 2.2.3. Darin können auch die bereits realisierten Investitionen erfasst sein. Wechselt die Ausrichtung des Geschäfts im Laufe der Jahre, dann können einzelne Investitionen das Feld wechseln.

Über einige Jahrzehnte wurden prioritär die Potentiale zur Rationalisierung von Geschäftsprozessen durch Einsatz von Informatik ausgenutzt. Heute steht der strategische Einsatz der Informatik zur Vergrösserung der Geschäftsmöglichkeiten im Vordergrund, z.B. im E-Business, durch den Einsatz der Internet-Technologien und des World Wide Web (siehe dazu Kap. 2.3.3).

Eine solche Vergrösserung der Geschäftsmöglichkeiten kann über die Erweiterung des Angebots durch *einerseits* neue Produkte und *andererseits* neue Dienstleistungen erreicht werden. Diese beiden Dimensionen kann man in einem weiteren *Portfolio* gemäss der Abb. 2.2.1.2 einander gegenüberstellen. Es erwähnt eine Gruppe von zusammengehörenden Produkten und Dienstleistungen. Ein Unternehmen legt die strategische Positionierung der Informatik u.a. auch über den Weg fest, auf dem es – wenn überhaupt – in die rechte obere Ecke gelangen will.

Solche Portfolio-Darstellungen dienen zur Diskussion während der Entscheidfindung. Es ist dabei wichtig, dass alle Beteiligten zum gleichen Urteil bezüglich der Einbettung in die Quadranten gelangen. Das Ergebnis dieser Betrachtung führt zu einer *Priorisierung der Informatik-Investitionen*, verbunden mit einer groben Umsetzungsplanung für die nächsten Jahre.

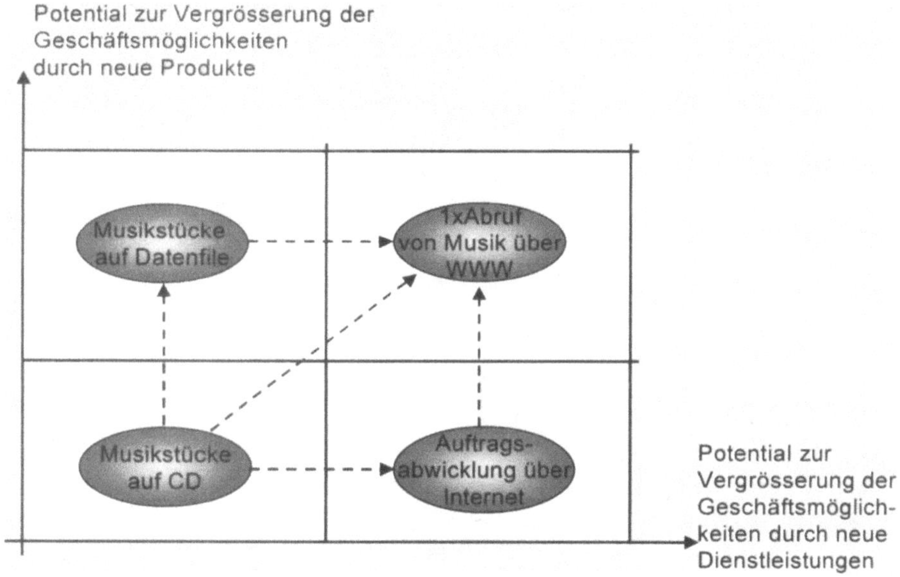


**Abb. 2.2.1.2** Portfolio zur Beurteilung der Art des Potentials zur Vergrösserung der Geschäftsmöglichkeiten (Beispiel)

### 2.2.2 Kosten von Informatik-Anwendungen

Kosten für Informatik-Investitionen sind unterschiedlich schwer zu bestimmen. Relativ gut abschätzbar sind die einmaligen Kosten für

- die benötigte Hardware, Systemsoftware und die Anwendungssoftware,
- Räumlichkeiten und Installationen für Maschinen und Menschen,
- die internen Einführungskosten für die im Projekt eingesetzten Personen,
- die Ablösung eines bestehenden Altsystems,
- die erstmalige Schulung der Anwender im Beherrschen der gewählten Geschäftsprozesse, also der organisatorischen Lösung,
- die erstmalige Schulung der Anwender im Beherrschen der Informatik-Stützung der Geschäftsprozesse,
- die externen Einführungskosten, z.B. für Berater.

Die Abb. 2.2.2.1 zeigt das Verhältnis der ersten beiden erwähnten Kostenarten zu den übrigen, und zwar am Beispiel der Kosten für Beschaffung und Einführung von Software für ERP (Enterprise Resource Planning oder PPS (Produktionsplanung und -steuerung)), wobei es Unterschiede zwischen verschiedenen Softwarepaketen gibt (z.B. SAP, Oracle, Baan, J.D:Edwards, Piuss). Die Tendenz verschiebt sich weiter in Richtung der Einführungskosten.

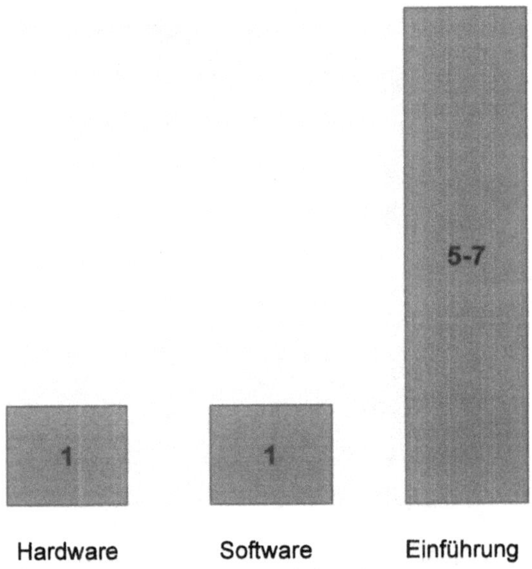


**Abb. 2.2.2.1** Verhältnis der Kostenarten für Informatik-Anwendungen am Beispiel der ERP- bzw. PPS-Software

Nicht unterschätzt werden dürfen zudem die laufenden Kosten, die besonders bei Standardsoftware recht gut abschätzbar sind. Dazu zählen

- die Wartung für Hardware und Software,
- die laufende Schulung von Anwendern.

Laufende Kosten sind gerade im Bereich der lokalen PC-Netzwerke (LAN) sehr teuer im Vergleich zu zentralen Rechnern mit Terminals oder Net-PC.

Schwierig abzuschätzen sind die Kosten, die unter dem Begriff *Total Cost of Computing* hinzukommen. Dazu zählen

- die Kosten für die Nichtverfügbarkeit von Hard- und Software
- die Kosten für die Fehlerhaftigkeit von Hard- und Software

Solche Kosten entstehen aus der Dimensionierung von Hard- und Software, die durch die Beurteilung der Anforderungen der Kunden entstehen und in den bisher erwähnten Kosten nicht eingerechnet werden konnten. Die dafür einsetzbaren Kosten werden durch die Abschätzung der Opportunitätskosten bestimmt (siehe [Schö00, Kap. 1.2.2]). In diesem Fall sind es die Deckungsbeiträge der Kundengeschäfte, die wegen Nichtverfügbarkeit oder Fehlerhaftigkeit von Hard- und Software verloren gehen.

Kosten für Nichtverfügbarkeit und Fehlerhaftigkeit von Hard- und Software sind also je nach Anwendung sehr hoch im Vergleich zu den übrigen Kosten oder fallen gar nicht ins Gewicht. Beispiele:

- Eine Bank, die on-line Aktienhandel betreibt, muss z.B. die Infrastruktur auf Spitzenbelastungen ausrichten, die durch Neuemissionen oder Börsencrashes auftreten können.
- Das Steueramt hat keine Probleme damit, dass „Kunden“ abwandern können. Ein kurzfristiger Ausfall der Hardware ist unproblematisch.

IBM schätzt, dass die Kosten für Nichtverfügbarkeit und Fehlerhaftigkeit von Hardware und Betriebssoftware im Vergleich der verschiedenen Hardwareplattformen zwischen eins (z.B. IBM S/390) und zwanzig (z.B. NT-Server) variieren.

### 2.2.3 Nutzen und Rentabilität von Informatik zur Stützung einzelner Geschäftsprozesse

Einer klassischen Rentabilitätsrechnung am ehesten zugänglich sind Investitionen in Informatik zur Stützung von bestimmten Geschäftsprozessen, wie z.B. der Auftragsabwicklung, von F&E, im Marketing. Diese fallen in klassischen Engineering-Projekten an, so wie sie in Kap. 3 vorgestellt werden. Die Berechnung des Nutzens aufgrund des Einsatzes der Informatik-Investition ist allerdings schwierig und oft auch problematisch. Aus der Sicht der Rentabilität eines Unternehmens gibt es drei Arten von Nutzen:

1. *Direkter Nutzen durch Einsparungen*: Beispiel: Reduktion des administrativen Personals um eine Stelle, Reduktion der teuren Wartungskosten bisheriger unterhaltsintensiverer Maschinen.

2. *Direkter Nutzen durch zusätzlich erreichbare Deckungsbeiträge:* Z.B. höheres Geschäftsvolumen durch Abwicklung zusätzlicher Aufträge mit einem neuen Kunden über eine EDI-Nahtstelle (Electronic Data Interchange) oder über das World Wide Web, verbesserte Zahlungsmoral der Kunden durch das Mahnwesen um 0.5% der fakturierten Summe.

3. *Indirekter Nutzen:* Z.B. Reduktion der Bestände an Lager um 3% durch genauere, vollständigere und detailliertere Informationen, Erhöhen der Auslastung um 2% aus den gleichen Gründen, schnellere Durchlaufzeiten im Güterfluss.

Die Abb. 2.2.3.1 zeigt diese drei Arten von Nutzen in einer Matrix im Vergleich mit hoher, mittlerer und kleiner Realisierungswahrscheinlichkeit.

| | Realisierungswahrscheinlichkeit | | |
|---|---|---|---|
| | hoch | mittel | klein |
| 1. Direkter Nutzen durch Einsparungen | 1 | 2 | 4 |
| 2. Direkter Nutzen durch zusätzliche erreichbare Deckungsbeiträge | 3 | 5 | 7 |
| 3. Indirekter Nutzen | 6 | 8 | 9 |

**Abb. 2.2.3.1** Matrix zur Abschätzung des Nutzens einer Informatik-Investition

Die Zahlen 1 bis 9 zeigen an, in welcher Reihenfolge die zu erwartenden Nutzen in den Vergleich mit den Kosten einbezogen werden können. Sie ergeben damit eine übergeordnete Realisierungsebene. Die Idee ist nun, sämtliche erwarteten Nutzen in die neun Felder einzutragen, zusammen mit dem Jahr ihrer Realisierung, und vom Einführungszeitpunkt an gerechnet. Manchmal müssen zwei oder mehr Felder belegt werden.

- Z.B. schätzt man, dass 1% Reduktion der Bestände an Lager ab dem 2. Jahr mit hoher Wahrscheinlichkeit eintreten, 1% ab dem 3. Jahr mit mittlerer Wahrscheinlichkeit, und 1% ab dem 4. Jahr mit kleiner Wahrscheinlichkeit. In diesem Fall werden die Beträge und die Jahreszahl in die Felder 6,8 und 9 eingetragen.

Die so geschätzten Nutzen werden nun je Feld nach Jahr geordnet, zusammengezählt und in einer Tabelle gemäss Abb. 2.2.3.2 aufgetragen. In der gleichen Tabelle trägt man auch die Kostenkurve ein. Als Ergebnis erhält man den Break Even der Investition in Funktion der Realisierungsumfangs des Nutzens, da de facto neun Investitionsrechnungen überlagert dargestellt werden.[9]

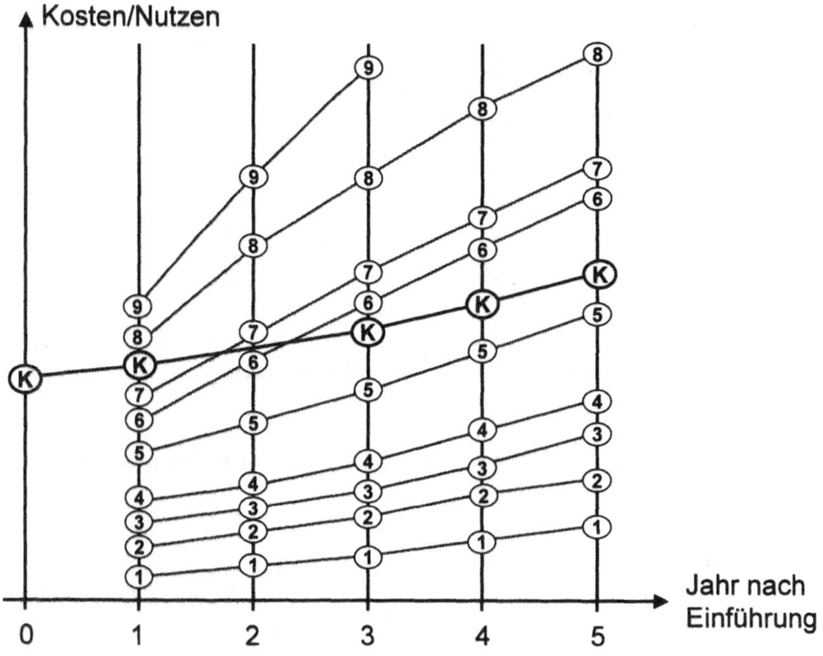


**Abb. 2.2.3.2** Kosten-Nutzen-Vergleich für eine Informatik-Investition (Beispiel)

In der Praxis zeigt es sich, dass für die meisten Investitionen mit strategischer Bedeutung die grossen Nutzensprünge meistens erst mit dem Einbezug der Realisierungsebene 6, also mit den indirekten Nutzen eintreten. Wird nun die Rentabilität ebenfalls erst unter Einbezug der Realisierungsebene 6 erzielt, dann ist in der Definition des Investitionsumfangs und in der Projektführung Vorsicht geboten. Die Realisierung eines indirekten Nutzens hängt nämlich nicht nur von der Beherrschung der Informatik-Investition ab, sondern vor

9 Meistens werden Kosten und Nutzen ohne Veränderung in den Vergleich übernommen. Sie können aber auch diskontiert auf den Einführungszeitpunkt aufgetragen werden. Die ursprüngliche Herkunft dieser einfachen und selbstverständlichen Methode konnte übrigens nicht mehr eruiert werden.

allem auch davon, ob die gewählte organisatorische Lösung als solche zur Bewältigung der unternehmerischen Aufgabe geeignet ist und von den Mitarbeitenden beherrscht wird. Zum Beispiel hängt

- die Höhe der Bestände an Lager auch von der generellen Auftragslage und der Wettbewerbsfähigkeit des Unternehmens ab. Eine Reduktion der Bestände an Lager aufgrund der Informatik-Investition kann dann um ein Mehrfaches durch eine Erhöhung oder Reduktion aufgrund dieser Einflussfaktoren überlagert werden.

- die Durchlaufzeit der Güter auch davon ab, ob die durch eine Logistik-Software zur Verfügung gestellte Information auch rechtzeitig umgesetzt werden kann. Ein schneller Informationsfluss nützt nichts, wenn am Arbeitsplatz keine Person zur Bearbeitung eines anstehenden Auftrags zur Verfügung steht.

Es ist damit keine leichte Sache, die Rentabilität, ja überhaupt den Erfolg der Einführung von Logistik-Software zu belegen. Dies gilt für jede Informatik-Investition, sobald ein indirekter Nutzen zur Rentabilitätsrechnung herbeigezogen werden muss. In jedem Fall sind in die Kosten der Aufwand zur Etablierung und Einbettung in die Umsysteme des organisatorischen Systems, das den indirekten Nutzen eigentlich erzielen soll, einzubeziehen.[10]

## 2.2.4 Nutzen und Rentabilität von strategischen Investitionen in die Informatik-Infrastruktur

In früheren Jahren waren Investitionen in die Informatik direkt auf mit einem Vorhaben im Zusammenhang mit den Geschäftsprozessen eines Unternehmens verbunden. Im Verkaufs- und Vertriebsbereich z.B. sollte die Abwicklung der Verkaufsaufträge automatisiert und standardisiert werden. In der Debitorenbuchhaltung sollte das Mahnwesen automatisiert werden. Hardware – Neuanschaffungen oder Erweiterungen - und Anwendungssoftware wurden für dieses Projekt beschafft und fielen ausschliesslich für dieses Projekt an. Die Investitionen konnten direkt mit dem erwarteten - mehr oder weniger gut abschätzbaren - Nutzen verglichen werden.

---

[10] Siehe dazu auch [Schö00, Kap. 8.3.2 und 8.3.3], wo geraten wird, eine erste, schwierigere Rentabilitätsrechnung für die Einführung eines passenden organisatorischen Systems ohne Informatik-Stützung anzusetzen. Dafür muss der Ausbildung der beteiligten Personen und der Einbettung ins wirtschaftliche Umfeld besondere Beachtung geschenkt werden. Die zweite, einfachere Rentabilitätsrechnung ist dann diejenige für die Informatik-Investition, die dann nur noch direkte Nutzen berücksichtigen muss, dazu die Kosten der Schulung der verbleibenden Personen im Umgang mit der Informatik-Investition.

| |
|---|
| *Strategische Investitionen in die Informatik-Infrastruktur* sind Investitionen in die Informatik, die zur allgemeinen Geschäftstätigkeit in einem Unternehmen als notwendig erachtet werden, jedoch nicht durch einzelne Geschäfte begründbar sind. |

Solche Investitionen gleichen z.B. den Investitionen in Gebäude, Fahrzeugpark und Kommunikation (z.B. Telefonanlage). In der Informatik sind solche Kosten erst in den letzten Jahren entstanden, insbesondere im Zusammenhang mit dem "Personal Computing" und der Vernetzung der Personen im und zwischen Unternehmen über Informatik-Netzwerke. Zu solchen Investitionen zählen u.a.

- Anwendungssoftware im Büroautomationsbereich (Word Processing, Tabellenkalkulation, Graphik usw.), die nötige Systemsoftware dazu (z.B. Windows NT),
- Anwendungssoftware zur Kommunikation (Internet, z.B. E-Mail, World Wide Web und die nötigen Browser) und Software zur computergestützten Zusammenarbeit (z.B. Lotus Notes),
- Personal Computer oder Netzcomputer an den Arbeitsplätzen für den Betrieb dieser Software,
- Kommunikationsnetzwerke (Verdrahtung, Modems usw.) und die nötigen Protokolle (z.B. TCP/IP) innerhalb der Unternehmen und zur unternehmensübergreifenden Vernetzung (ggf. über Provider).

Grosse, weltweit operierende Unternehmen verfügen über eine zentrale Strategie für die strategischen Investitionen in die Informatik. Ein Konzern besitzt dafür mit Vorteil eine einheitliche Infrastruktur. Eine Schwierigkeit bei Fusionen von Unternehmen bilden damit heterogene Informatikwelten. Dies mag soweit gehen, dass die Fusion selbst in Frage gestellt wird.

Strategische Investitionen in die Informatik-Infrastuktur sind meistens auch solche in das Potential zur Vergrösserung der Geschäftsmöglichkeiten. Die Rentabilität von solchen Investitionen ist i. Allg. sehr schwierig, wenn nicht sogar unmöglich zu berechnen, ohne Annahmen treffen zu müssen, die keine objektiv vertretbare Grundlage mehr haben. Wohl können die Kosten oft recht gut abgeschätzt werden, der Nutzen hingegen ist meistens gar nicht abschätzbar. Die klassische Investitionsrechnung, z.B. ROI ("Return on invest") versagt damit sehr oft. Die Nutzen treten nämlich erst mit Geschäftsprozessen ein, welche auf die Infrastruktur zurückgreifen und dadurch besser oder überhaupt erst abwickelbar sind. Die Nutzen sind damit indirekt, unter Umständen mehrfach indirekt. Es ist ja auch ähnlich schwierig, die Rentabilität einer neuen Telefonanlage mit verbesserter Funktionalität und Komfort zu berechnen.

Eine praktische, wenn auch eher unkonventionelle Lösung des Problems wird des öfteren mit der Abschätzung des NRONI ("Not return on not invest") getroffen. Der etwas zynische Begriff ist natürlich in der Finanzführung nicht definiert, trifft die Sache jedoch genau: Was kostet es schliesslich, die Investition nicht zu treffen? Welche Geschäftsmöglichkeiten entgehen dem Unternehmen? Denkbar ist z.B. ein Verlust

- eines Auftrags, weil der Informationsfluss zu wenig schnell oder nur unpräzis erfolgt,
- des Kunden, da er eine bestimmte Infrastruktur zur Kommunikation voraussetzt (z.B. in der Zuliefererindustrie),
- der ganzen Kundschaft wegen des Rufes, Investitionen in Schlüsseltechnologien zu unterlassen (z.B. in technologieintensiven Branchen),
- von Mitarbeitern, die eine bestimmte Infrastruktur zur Arbeit im Unternehmen voraussetzen.

Die Argumentation um den NRONI gleicht derjenigen um die Opportunitätskosten wenn es z.B. darum geht, den Nutzen von kurzen Durchlaufzeiten oder Qualität mit Kosten zu vergleichen (siehe [Schö00, Kap. 1.2.2]).

Das Beispiel zeigt, wie schwierig die Rentabilität von strategischen Investitionen in die Informatik-Infrastruktur zu berechnen ist. Es handelt sich schliesslich meistens auch um Investitionen, die die Firmenkultur betreffen. Die Abschätzung des NRONI ist damit eindeutig eine unternehmerische Angelegenheit. Die zugegebenermassen oft mit Bauchgefühl getätigten Investitionen haben aber eine nachhaltige und grundsätzliche Wirkung im Unternehmen.

## 2.3 Informatik-Technologien und -Architekturen

Im Bereich der Informatik-Technologien und -Architekturen ändern die Gegebenheiten wohl so schnell wie kaum in einer anderen Technologie. Es ist deshalb nicht Gegenstand dieses Kapitels, die einzelnen Technologien vorzustellen. Für das Informatikmanagement hingegen ist es richtig zu wissen, welche Informatik-Technologien sich langfristig durchsetzen und warum. Dies kann anhand einiger grundsätzlicher Überlegungen sowie eines geschichtlichen Rückblicks verfolgt werden.

### 2.3.1 Historische Entwicklung der Informatik zur Stützung von Geschäftsprozessen

Der Durchbruch im Einsatz von Informatik zur Stützung von Geschäftsprozessen erfolgte Ende der 50er Jahre, sobald Computerprogramme nicht mehr "gesteckt" werden mussten, sondern wie die Daten ebenfalls auf Informationsträgern gespeichert werden konnten. In dieser Zeit dominierte ein Unternehmen die Computerwelt: IBM ("International Business Machines").

IBM entstand aus der Firma des Amerikaners Hollerith. Dieser hatte im zweiten Jahrzehnt des 20. Jahrhunderts ein System eingeführt, das für die Klassifizierung der Daten aus der Amerikanischen Volkszählung verwendet wurde. Es basierte auf Licht und elektrischen, später elektronischen Schaltkreisen. Daher stammt der Begriff "Elektronische Datenverarbeitung" (EDV)! Das Medium, auf dem gespeichert wurde, war die berühmte Lochkarte. Die Art, wie Information auf einer Lochkarte codiert wurde, war – zusammen mit den Maschinen, um die Lochkarte zu perforieren und die perforierte Karte wieder zu lesen – eine geniale Erfindung. Im Prinzip wurde jedem Zeichen (engl. "Byte"), ob Buchstabe, Zahl oder Spezialzeichen, eine eindeutige Sequenz von Löchern auf sechs Positionen zugeordnet. Die beiden Zustände "Loch" oder "nicht Loch" bildeten dabei die kleinste Informationseinheit; eine zweiwertige (0 oder 1), "Bit" genannt. Die Folge von 6 Bits ergibt $2^6 = 64$ Kombinationsmöglichkeiten und damit die Darstellungsmöglichkeit für 64 verschiedene Zeichen. In dieser Zahl mussten auch Steuerzeichen für die Verarbeitung Platz finden. Die Abb. 2.3.1.1 zeigt einen Ausschnitt aus den "Hollerith-Mitteilungen", Nr. 3 (Juni 1913), [IBM 83]. Die Referenzliste zeigt, wie schnell das System auch in Europa grosse Verbreitung fand, konnten doch damit betrieblich-logistische Aufgaben gelöst werden. Die beiden "Hollerith-Variationen" zeigen Anwendungsmöglichkeiten. Das zweite Beispiel weist zudem implizit sofort auf ein wichtiges Problem der Elektronischen Datenverarbeitung hin, nämlich den Datenschutz.

Die Idee Holleriths war also schon zu Beginn für die schnelle und genaue Verarbeitung von grossen Datenmengen gedacht. Der enorme Zeitgewinn führte zu einem Sprung in der Produktivität und schliesslich zu einer neuen industriellen Revolution. Die Idee wurde in den folgenden Jahrzehnten perfektioniert. So wurde der Zeichencode von 6 auf 7 oder 8 Bits oder 256 Kombinationsmöglichkeiten pro Byte erweitert (ASCII-[11] bzw. EBCDIC-Code[12]), um Kleinschrift und Sonderzeichen aufzunehmen. Das Loch auf der Karte wurde nach und nach durch einen zweiwertigen Zustand auf einer

---

[11] Abkürzung für "American Standard Code for Information Interchange", 7-Bit-Code

[12] Abkürzung für "Extended Binary Coded Decimal Interchange Code", 8-Bit-Code von IBM

Magnetplatte oder einem Magnetband ersetzt. Dazu wurden entsprechende Such- und Lesegeräte entwickelt.

Aus der Reihe der Grossfirmen, welche das Hollerith-System in ihrer **Werkstattorganisation** verwenden, führen wir folgende an:

Allgemeine Elektrizitätsgesellschaft, Kabelwerk Oberspree, Berlin
Siemens & Halske A.-G., Berlin, Askanischer Platz 3
Farbwerke vorm. Meister Lucius & Brüning, Höchst/Main
Accumulatoren-Fabrik Ak schaft, Hagen/Westf.
Waldes & Ko., Prag-Wrs
Brown Boveri & Cie. A.- Baden/Schweiz
Gebr. Sulzer, Winterthur/
Aktienbolaget Seperator, Schweden
Bell Telephone Manufact Antwerpen
Deutsche Gasglühlicht-Ak schaft (Auergesellscha
Städt. Elektrizitätswerke,
Kaiserliche Werft, Kiel
Witkowitzer Bergbau- und hütten-Gewerkschaft,
Central Foundry Compan
Crucible Steel Company
Miehle Ptg. Press and Mg
Scully Steel & Iron Co.
American Can Co.
American Fork and Hoe
American Iron & Steel Co
American Radiator Co.
American Sheet and Tin
American Steel Foundries
Bridgeport Brass Co.
Bullard Machine Tool Co.
Carnegie Steel Co.
De Laval Separator Co.
Illinois Steel Co.

Jones & Laughlin Steel Comp.
Link Belt Co.
Lodge & Shipley Mach. Tool Co
McCaskey Register Co.
Marshall Wells Hdw. Co.

## Hollerith-Variationen.

*Das Zählen einzelner bestimmter Karten.* Im Kaiserlich Statistischen Amt Berlin wird bei der Binnenschiffahrtsstatistik für jede Frachtsendung eine Karte gelocht und nur die erste Sendung von einer bestimmten Schiffsladung mit der Tragfähigkeit des Schiffes gelocht. Um die Anzahl der Schiffe festzustellen, wird die Rückleitung des Zählers Tragfähigkeit mit einem Kartenzähler so verbunden, dass der Kartenzähler nur dann um eins weiterrückt, wenn überhaupt eine Tragfähigkeit addiert wird und bei den Karten, in denen keine Tragfähigkeit addiert wird, stehen bleibt. Hierdurch wird eine Sortierung der Karten vermieden, welche sonst notwendig wäre, um diejenigen Karten, auf denen Tragfähigkeit gelocht ist, die also Schiffe repräsentieren, von den anderen, welche nur Sendungen darstellen, zu trennen.

*Absonderung der Abnormalen.* In dem Statischen Bureau in Kopenhagen unter der Leitung des Herrn Direktors Koefoed wurde von dem Dezernenten der Hollerith-Abteilung Herrn Elberling eine sehr sinnreiche Vorkehrung getroffen, durch welche das Sortieren von 4,7 Millionen Karten gespart wurde. Es gab etwa 100000 abnormale Menschen in Dänemark, die in dreierlei Weise abnormal sein konnten, nämlich bezüglich Gebrechen, der Religion und des Militärverhältnisses. Bei der gewöhnlichen Sortierungsmethode hätte man die sämtlichen Karten dreimal sortieren müssen, um die drei Abnormitäten abzusondern, und da Dänemark etwa 2 ½ Millionen Einwohner hat, etwa 7 ½ Millionen Karten durch die Sortiermaschine schicken müssen.

Es wurde nun ein Sortiermaschinenbürstenhalter angefertigt, welcher anstatt einer Bürste drei Bürsten enthielt, und zwar in solcher Stellung, dass die drei Spalten der Abnormalen berührt wurden. Da nun die Sortiermaschine immer nach demjenigen Loch sortiert, welches zuerst den Strom schliesst, war die Folge dieser Anordnung, dass bei der einmaligen Sortierung der 2 ½ Millionen Karten diejenigen, welche keine Abnormalitäten hatten, also in den drei Reihen nicht gelocht waren, in das R-Loch fielen, während die anderen je nachdem in das eine oder andere Fach sortiert wurden. Es war nun notwendig, diese 100000 abnormalen Karten noch dreimal zu sortieren, da sie bei der ersten Sortierung durcheinander kamen. Die Wirkung dieser Vorrichtung war die Sortierung von 2,8 anstatt 7,5 Millionen Karten.

**Abb. 2.3.1.1** Frühe Logistik-Software: Anwendung des Hollerith-Systems

Seit der Einführung der Elektronischen Datenverarbeitung zu Beginn des 20. Jahrhunderts nahm die *Schnelligkeit und Menge der verarbeitbaren Daten* dramatisch zu. Das *logische Prinzip der Darstellung und Verarbeitung von Informationen* sowie die *Voraussetzung zur Informatik-Stützung eines Informationssystems* (vgl. Kap. 1.3.1) blieben jedoch gleich.

Diese Tatsachen sind entscheidend für das Verständnis der Möglichkeiten und Grenzen der Informationsverarbeitung.

IBM hatte aufgrund der ingeniösen Idee und des Geschäftssinns Holleriths lange eine Monopolstellung in der kommerziellen Auswertung dieser Technologie. Auch frühe Software zur Stützung der Geschäftsprozesse stammt aus dem Hause IBM. Copics (Communication-Oriented Production Information and Control System) heisst die berühmte Standardsoftware aus den 60er Jahren, welche die weiteren Entwicklungen auf diesem Gebiet lange Zeit geprägt hat. Siehe dazu auch [IBM 81]. Diese Software wurde vor allem nach den Bedürfnissen der damaligen Grossindustrien aus den Branchen Maschinenbau und Fahrzeugbau entwickelt. Nicht zuletzt war und ist ja IBM selbst ein multinationaler Hersteller von grossen Computersystemen.

Zwischen 1960 und 1980 entwickelten viele Unternehmen Individualsoftware, d.h. ihre eigene, auf ihre Bedürfnisse optimal ausgerichtete Software. Daten wurden damals von Formularen auf Lochkarten übertragen und in Rechenzentren verarbeitet (im "Batch"-Modus). Die Reichweite von Software betrug i. Allg. wenige Jahre. Zum grossen Bruch der Softwaregeneration kam es dann Ende der 70er Jahre, als der Bildschirm (Charakterformat mit 24 Zeilen mal 80 Zeichen) Einzug hielt. Etwa zur gleichen Zeit wurden auch für grössere Datenmengen brauchbare relationale Datenbanken verfügbar. Damit wurde ein direkter und zugleich einfacher Zugang des Benutzers zu den Daten bzw. zu den verarbeitenden Programmen möglich (im "on-line"- bzw. interaktiven Modus). Schlagartig wurde auch neue Logistik-Software entwickelt. Die Softwaregeneration aus diesen Jahren ist heute noch im Einsatz und wird nach und nach durch die seit Ende der 80er Jahre eingeführte grafische Benutzeroberfläche abgelöst. Dieser Wechsel ist jedoch sehr langsam im Vergleich zum Wechsel Ende der 70er Jahre, der aufgrund der Einführung der "On-line"-Verfahren erfolgte.

Bis Mitte der 70er Jahre war die Informatik-Stützung erst in Grossunternehmen anzutreffen. Verbreitet waren Anwendungen in Unternehmen mit konvergierenden Produktstrukturen, Serienproduktion und Produktion mit Wiederholung als Logistik-Charakteristik und hoher Auslastung der Kapazitäten als Logistik-Ziel. Für dieses Anwenderprofil wurde auch die erste Generation von Logistik-Standardsoftware entwickelt, wie z.B. Copics. Nur wenige Neuentwicklungen berücksichtigten den Mitte der 70er Jahre eingetretenen Wechsel vom Verkäufermarkt zum Käufermarkt bei den meisten Investitionsgütern sowie die Bedürfnisse der kleineren und mittleren Unternehmen.

Aufgrund der enormen Verbesserung des Preis-Leistungs-Verhältnisses von Computerhardware kamen danach auch mittlere, später sogar kleine Unternehmen zu ihren eigenen Rechnerkapazitäten. Das betraf auch Firmen mit Kleinserien- oder Einzelstückproduktion, deren Existenzgrundlage nicht zuletzt im Berücksichtigen von Kundenwünschen bestand. Diese Anwender mussten nun feststellen, dass die verfügbare Standardsoftware nicht ihren Anforderungen entsprach. Die optimierten "Hand"-Lösungen der Ablauforganisation dieser Unternehmen erwiesen sich als wahre Fundgrube zur Erweiterung des Wissensstandes in Planung & Steuerung. Entsprechende neue Verfahren wurden jedoch nur zögernd in Software umgesetzt. Lange Zeit mussten mittelgrosse Unternehmen dafür Individualsoftware entwickeln. In jüngster Zeit wird die interne Softwareentwicklung eher teurer, nicht zuletzt aufgrund der gestiegenen Anforderungen der Benutzer. Trotzdem werden die Mittel, die in solchen Unternehmen für Softwareentwicklung bereitgestellt werden können, immer knapper. Dafür wird Standardsoftware tendenziell besser, ohne aber die Bedürfnisse der flexiblen Organisationsformen kleiner und mittelgrosser Unternehmen voll zu erfüllen.

### 2.3.2 Lebensphasen und Direkte Wirkungsbreite einer Informatik-Technologie

Im Rahmen des Technologiemanagements werden in [Saad93] vier *Lebensphasen einer Technologie* hervorgehoben:

- Eine *Basistechnologie* bezeichnet eine allgemein verwendete Technologie. Sie wird unter Umständen seit geraumer Zeit eingesetzt.
- Eine *Schlüsseltechnologie* befindet sich zum Teil noch in der Entwicklungsphase, hat jedoch bereits ein starkes Wachstum im Einsatz für neue Produkte und Prozesse zu verzeichnen.
- Eine *Schrittmachertechnologie* befindet sich zwar noch in einem frühen Entwicklungsstadium. Ihr Potential zeichnet sich aber bereits ab.
- Eine *Zukunftstechnologie* befindet sich in Forschungslabors von Unternehmen oder Forschungsinstituten.

Weiter unten finden sich Beispiele für solche Technologien, die sich im Laufe der Zeit von der Zukunfts- zur Basistechnologie entwickelt haben oder sich noch in einem Stadium dazwischen befinden. Der Einsatz von Technologien aus diesen vier Gruppen ist mit zunehmendem Risiko, aber gleichzeitig zunehmenden Chancen in Richtung der Zukunftstechnologien verbunden. Die Chancen ergeben sich z.B. dann, wenn man die Technologie vor der Konkurrenz in Produkte mit höherem Kundennutzen umsetzen kann. Angewandt auf das *Portfolio des Potentials der strategischen Informatik-Anwendungen* der

Abb. 2.2.2.1 heisst das, dass für Anwendungen mit einem hohen Potential in einer Achse nicht nur Basis-, sondern vermehrt auch Schlüsseltechnologien zum Einsatz kommen können. Bei hohen Potentialen in beiden Achsen kann man sich sogar den Einsatz einer Schrittmachertechnologie überlegen.

Eine andere zu beachtende Dimension ist die Direkte Wirkungsbreite einer Technologie. In überraschend vielen Unternehmen – auch in solchen, für die Informatik eine strategische Bedeutung hat – ist immer noch sehr viel sogenannt "klassische" Informatik-Technologie im Einsatz, also Basistechnologie sehr alten Datums. Beispiele aus der IBM-nahen Welt hierfür sind CISC/DB2/Cobol aus den 1960er und 1970er Jahren sowie AS400/RPG aus den späten 1970er und den frühen 1980er Jahren. Interessanterweise haben neue, seither entwickelte und jeweils als Schlüssel und Schrittmacher propagierte Technologien nicht die Oberhand gewonnen. Dazu gehören insbesondere die künstliche Intelligenz, die Viert- und Fünft-Generations-Sprachen. Sogar Graphical-User-Interfaces und objektorientierte Sprachen haben sich in den vergangenen zwanzig Jahren nicht von alleine verbreitet, sondern erst im Zusammenhang mit anderen Informatik-Technologien sowie Faktoren, auf die gleich noch eingegangen wird. Warum findet man denn heute noch trotz Vorhandenseins der neuen hochgelobten Software-Technologien eine grosse Verbreitung klassischer Software-Technologie? Die Antwort ist in der folgenden Grundregel zu suchen:

Eine neue Informatik-Technologie wird sich nur dann durchsetzen, wenn dadurch Geschäftsprozesse von Unternehmen einsichtig gestützt werden. Dies ist z.B. dann möglich,

- wenn bestehende Abläufe vereinfacht bzw. verbessert oder beschleunigt werden
- wenn neue Abläufe möglich sind, die zu neuen Produkten und neuen Prozessen führen.

Diese einfache Grundregel wird immer wieder ausser Acht gelassen. Mit dem Begriff *Direkte Wirkungsbreite* unterscheiden wir deshalb die beiden folgenden Gruppen von Technologien:

- Eine *Technologie mit grosser direkter Wirkungsbreite* erlaubt einer grossen Gruppe von Anwendern, ihre Geschäftsprozesse zu verbessern bzw. zu neuen Produkten und Prozessen zu gelangen.

- Eine *Technologie mit kleiner direkter Wirkungsbreite* erlaubt nur einer kleinen Gruppe von Anwendern, ihre Geschäftsprozesse zu verbessern bzw. zu neuen Produkten und Prozessen zu gelangen.

Eine Technologie mit grosser direkter Wirkungsbreite setzt sich i. Allg. gezogen durch Marktkräfte von alleine durch (Market Pull). Ihre Verbreitung ist dementsprechend auch nicht kontrollierbar. Eine Technologie mit kleiner direkter Wirkungsbreite setzt sich höchstens indirekt bei einer breiten Menge von Anwendern durch, und zwar dann, wenn sie zur Herstellung einer neuen Technologie mit grosser direkter Wirkungsbreite – bzw. einer neuen Generation davon – als nützlich erachtet wird. Dazu zwei Beispiele:

- Die Verwendung von Datenbanken durch die breite Masse von Personen erfolgte erst, als eine neue Generation von Logistik-Software entwickelt wurde, welche auf der Datenbanktechnologie aufbaute. Dies war der Fall, als für die Entwickler der Informatik-Technologie *Logistik-Software* – also für eine beschränkten Anzahl von Technologieanwendern – die Vorteile der Datenbanktechnologie für ihre eigenen Geschäftsprozesse der Softwareentwicklung und -wartung offensichtlich waren. Dasselbe wird sich bei objektorientierten Datenbanken wiederholen. [13]

- Die Verwendung von Graphical User Interfaces durch die breite Masse von Personen erfolgte erst mit der Entwicklung einer neuen Generation der Softwaretechnologie PC-Textverarbeitung, also einer Technologie mit grosser direkter Wirkungsbreite. Vorher arbeiteten wohl einige mit Graphik-orientierten Workstations. Die breite Masse arbeitete weiterhin mit klassischen, Zeichen-orientierten PC (d.h. mit 24 Zeilen mal 80 Zeichen), weil die am besten nutzbare Textverarbeitungssoftware mit dieser klassischen Technologie arbeitete.

  Dasselbe zeigte sich wieder bei der Logistik-Software. Erst die Entwicklung einer neuen Software-Generation kurz vor dem Jahr 2000 – oft notwendig wegen des Fehlens des Jahrhunderts in den Datum-Attributen – brachte den breiten Einsatz der GUI-Technologie. Und auch heute noch gibt es viele Firmen, die lieber mit der alten Zeichen-orientierten Software arbeiten, die ihre Geschäftsprozesse stützt, als die Vorteile der GUI-Technologie zu nutzen, die als solches zu wenig zusätzliche Vorteile für ihre Geschäftsprozesse bringt.

Aus diesen Beispielen folgt, dass eine Informatik-Technologie mit kleiner direkter Wirkungsbreite volkswirtschaftlich gesehen trotzdem von grosser Bedeutung sein kann. Zur Entfaltung dieser Bedeutung braucht es "nur" eine weitere Technologie, die einen engen Bezug zu den Geschäftsprozessen einer breiten Menge von Anwendern hat.

In der Vergangenheit hat es sich gezeigt, dass eine Technologie mit kleiner direkter Wirkungsbreite oft von einem kleinen Kreis von Personen definiert,

---

[13] Gleichwohl ist die Datenbanktechnologie in ihrer umfassenden Anwendung keine Technologie mit grosser direkter Wirkungsbreite geworden: Nur wenige Personen sind z.B. bis heute fähig, eine Datenbankabfrage mit einigermassen kompliziertem Gehalt ohne die Hilfe eines Informatikers zu erstellen…

kontrolliert und vorwärts getrieben wird. Diese Personen versuchen, “ihre” Technologie in scharfem Gegensatz zu klassischen Technologien *durchzudrücken* (Technology Push). Dies manchmal mit Argumenten, die bewährte Technologien mittels Polemik oder sogar Demagogie abzureissen versuchen.

Die Abb. 2.3.2.1 zeigt einige wichtige Technologien mit kleiner und grosser direkter Wirkungsbreite der späten 1960er und der 1970er Jahre.

| Zeit | Technologien mit kleiner direkter Wirkungsbreite | Technologien mit grosser direkter Wirkungsbreite |
|---|---|---|
| ↓ | Hierarchische Datenbanken | |
| 1970 | | |
| | Netzwerkdatenbanken | “online” und interaktive Datenverarbeitung über Bildschirme |
| ↓ | Relationale Datenbanken | |
| 1980 | Expertensysteme | |

**Abb. 2.3.2.1** Einige wichtige Technologien mit kleiner und grosser direkter Wirkungsbreite der 1960er und 1970er Jahre

Anfangs der 1970er Jahre unterschied man hierarchische Datenbanken von Netzwerk-Datenbanken und relationalen Datenbanken. Jeder Vertreter der Datenbanktechnologie hatte seine Argumente für sich. Das Ganze glich einer akademischen Auseinandersetzung. Die Datenbanktechnologie erzielte damals keinen Durchbruch in grossem Stil. Sie glich eher einer Technologie mit kleiner direkter Wirkungsbreite. Ende der 1970er Jahre wurden jedoch Computer-Bildschirme aktuell, und zwar zu vernünftigen, auch für mittelgrosse Unternehmen erschwinglichen Preisen. Es zeigte sich sehr schnell, dass hier eine Technologie mit grosser direkter Wirkungsbreite Einzug hielt. Bildschirme erlaubten den direkten Zugang zu gespeicherten Daten und damit auch den Übergang von einem Rechenzentrum-Betrieb (dem sogenannten Batch- oder Job-Shop-Betrieb) auf einen interaktiven bzw. Online-Betrieb, so wie er heute üblich ist. Die Vorteile für die Ablauforganisation waren allen sofort einsichtig. Wenn der Benutzer direkt auf Daten zugreifen konnte, erlaubte dies den Ersatz eines mehrmaligen Belegablaufes (Ersteingabe und Korrekturen) zur zentralen Eingabe von Daten.

Der Durchbruch der Datenbanktechnologie erfolgte zuerst durch das “Interaktivieren” von bestehender Software zur Stützung der Geschäftsprozesse, dann aber bald durch vollständiges Neuschreiben von kompletten Logistik-Softwarepaketen. Ein solcher Technologieschub in der Software-Entwicklung setzte anfangs der 1980er Jahre ein. Für diese neue Softwaregeneration wurde die neueste Datenbanktechnologie eingebaut, da deren Vorteile für die

Geschäftsprozesse der Entwicklung und Wartung dieser Art von Software nun offensichtlich waren. Das relationale Modell der Datenbanken setzte sich zudem sofort durch, weil es für Berufsleute in den Unternehmen als einziges einigermassen einfach und intuitiv erklärbar war: Die Tabellen des relationalen Modells sind der üblichen Darstellung von Datensammlungen auf Papier ähnlich und entsprechen den üblichen kognitiven Schemata der Benutzer. Nur hat sich das relationale Datenbankmodell– obwohl auch nur in einfachen Fällen – durch eine breitere Schicht von Benutzern als direkt nutzbar erwiesen.

Die Abb. 2.3.2.2 zeigt einige wichtige Technologien der 1980er und 1990er Jahre mit kleiner und grosser direkter Wirkungsbreite.

| Zeit | Technologien mit kleiner direkter Wirkungsbreite | Technologien mit grosser direkter Wirkungsbreite |
|---|---|---|
| 1980 | | |
| ↓ | Künstliche Intelligenz | |
| | 5.-Generationssprachen | PC: Textverarbeitung |
| | Standard-Betriebssysteme | |
| | GUI Graphical User Interface | PC: Tabellenkalkulation |
| 1990 | Edifact | |
| ↓ | Objektorientierte Datenbanken (OODB) | PC: Grafikverarbeitung |
| | Datenwarenhäuser | Internet: E-Mail und World Wide Web |
| | Data Mining (Datenmustererkennung) | Intranet und Extranet |
| 2000 ↓ | XML-Datenbanken → | ? → |

**Abb. 2.3.2.2** Einige wichtige Technologien mit kleiner und grosser direkter Wirkungsbreite der 1980er und 1990er Jahre

Der PC wird oft als eine Revolution im Einsatz von Informatik-Technologie bezeichnet. Tatsächlich gab es Personal-Computer schon viele Jahre vor dem Siegeszug ab Mitte der 1980er Jahre. Dank einer enormen Verbesserung des Preis-Leistungsverhältnisses von Hardware-Komponenten stieg die wirtschaftlich nutzbare Leistungsfähigkeit der PC's entscheidend an. Die Technologie mit grosser direkter Wirkungsbreite, die ihm schliesslich zum Durchbruch verhalf, war hingegen eine Softwaretechnologie – nämlich die Büroautomatisation, insbesondere die Programme für Textverarbeitung, Tabellenkalkulation und Graphik. Die Vorteile solcher Programme für die Ablauforganisation waren allen Beteiligten wiederum sofort einsichtig. Die Schreibmaschine mit ihren komplizierten mühsamen Korrekturvorgängen konnte abgelöst werden. In einem Bruchteil der Zeit konnten nun Texte, Grafiken und Tabellenkalkulationen durch Personen erstellt werden, die keine grosse Ausbildung in Informatik-Technologie hinter sich hatten.

Dagegen setzten sich künstliche Intelligenz, Viert-Generations- bzw. Fünft-Generations-Sprachen aber auch Client-Server-Betrieb, Graphical User Interface (GUI) und Objektorientierung bis auf einige Ausnahmen *von alleine* kaum durch. Dasselbe gilt für Technologien neuesten Datums wie den Datenwarenhäusern oder der Datenmustererkennung (engl. "Data Mining"). Das liegt daran, dass entweder der Nutzen für die Anwender nicht offensichtlich ist oder die Beherrschung der Technologie nur ausgeprägte Fachleute vermögen. Ein Beispiel: Aus der ganzen Diskussion um die künstliche Intelligenz und die Expertensysteme aus den frühen 1980er Jahren blieben genau zwei eher einfache Anwendungsgebiete erhalten, nämlich einerseits die computergestützte Diagnose und andererseits die Konfiguration von variantenreichen Produkten. Nur hier hat sich eine gewisse Tendenz zur Technologie mit grosser direkter Wirkungsbreite gezeigt.

Hingegen sind alle erwähnten Technologien mit kleiner direkter Wirkungsbreite nicht nutzlos geblieben. Wie bei der Datenbanktechnologie brauchte es zu deren Verbreitung nur eine neue Technologie mit grosser direkter Wirkungsbreite. Diese neue Technologie ist offensichtlich das Internet. Die Vorteile des Internet mit seinen Bestandteilen E-Mail und World Wide Web sind ohne weitere Erklärungen klar. Hier sieht der Anwender den Nutzen für seine Ablauforganisation sofort ein. Durch Internet-Technologie können nämlich sowohl Privatpersonen als auch Unternehmen näher zu ihren Geschäftspartnern kommen. Neue oder neu gestaltete Geschäftsprozesse sind dadurch möglich geworden. Sie sind Gegenstand der Behandlung im folgenden Teilkapitel. Die Internet/WWW - Technologie kann man gegenwärtig (2001) als Schlüsseltechnologie bezeichen.

Im Internet-Bereich wurde und wird eine neue Software-Generation sehr schnell entwickelt und eingesetzt. Diese bindet natürlich Technologie mit kleiner direkter Wirkungsbreite, insbesondere Graphical User Interface und objektorientierte Datenbanken, mit ein. Dies geschieht immer dann, wenn sie für eine neue (Generation einer) Technologie mit grosser direkter Wirkungsbreite nützlich oder für den Geschäftsprozess der Entwickler dieser Technologie von Vorteil ist. Ob z.B. die XML-Datenbanktechnologie dazugehören wird, oder ob diese sich sogar zu einer Technologie mit grosser direkter Wirkungsbreite wandeln wird, wie in der Abb. 2.3.2.2 als Möglichkeit eingezeichnet, wird sich weisen: Es handelt sich hier im Moment (2001) immer noch um eine Schrittmachertechnologie.

### 2.3.3 E-Business als Sammelbegriff einer aktuellen und sich entwickelnden Informationstechnologie

*E-Business* kann man als einen Sammelbegriff für Geschäfte verstehen, die unter Nutzung von elektronischen Medien abgewickelt werden, insbesondere von Internet-Technologien und dem World Wide Web.

*World Wide Web* (WWW) heisst dabei eine Hypertext-Netzstrukur, die über das Internet betrieben wird.

*E-Commerce* wird meistens als Synonym des Begriffs *E-Business* verstanden und verwendet.

Die Nutzung des WWW zur Abwicklung von Geschäftsprozessen oder Teilen davon hat seit Mitte der 90er Jahre explosionsartig zugenommen, parallel zur Nutzung der E-Mail (electronic mail). Verschiedene Autoren haben versucht, die betrieblichen Anwendungen zu klassieren. Eine ausführliche Abhandlung findet sich z.B. bei [Kurb97]. Die folgende Abb. 2.3.3.1 teilt diese Anwendungen in drei Kategorien ein und führt einige Typen von Beispielen zu jeder Kategorie auf.

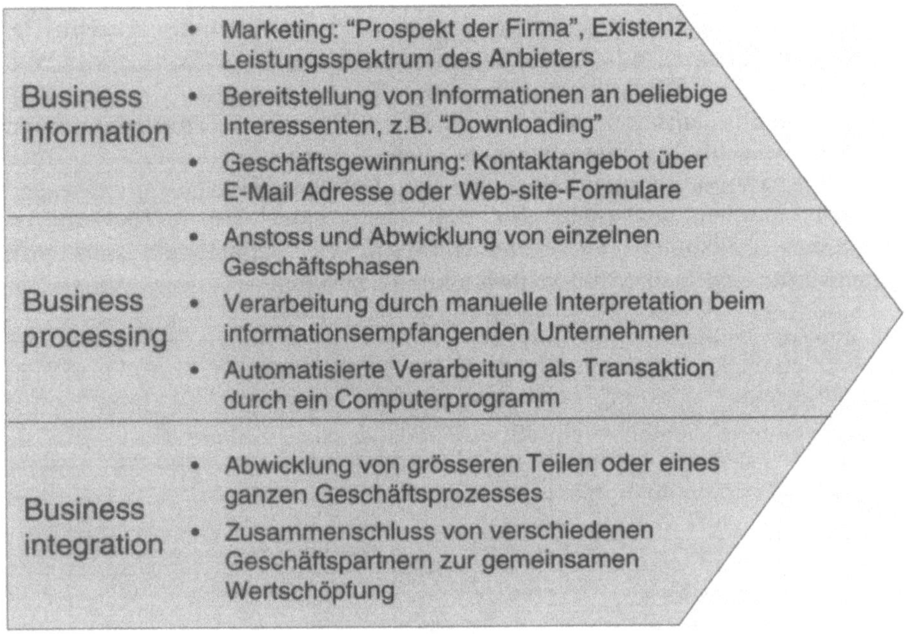


**Abb. 2.3.3.1** E-Business: Mögliche Typologie der B2B-Anwendungen

1. Eine erste Kategorie umfasst das einfache Präsentieren von Informationen. Es handelt sich dabei quasi um ein Schaufenster, um Interesse bei potentiellen Kunden zu erwecken. Die Web-sites dieser Generation erlauben in ihrer ausgebautesten Version, eine Nachricht an eine E-Mail Adresse zu hinterlegen und dienen damit der Generierung von Geschäftskontakten, denen dann z.B. ein Angebot zugesandt werden kann („Lead"-Generierung). Diese erste Kategorie ist damit weitgehend ein Instrument des Marketing.

2. Eine zweite Kategorie umfasst die Stützung der Integration von Teilen von Geschäftsprozessen. Dabei kann es sich z.B. um den Anstoss der Auftragsabwicklung handeln, wie eine Offertanfrage, oder aber um eine eigentliche Bestellung. In komplexen Fällen kann sich die Bestellung sogar auf Produktfamilien beziehen, wobei mit Parameterwerten das konkrete Produkt beschrieben wird. Die weitere Verarbeitung geschieht dann auf konventionelle Art, indem die Anfrage durch einen Mitarbeiter der beauftragten Firma behandelt oder direkt ein Computerprogramm angestossen wird. In diese Kategorie fallen auch Teilprozesse „in der Mitte" eines Geschäftprozesses, z.B. zur Auftragskoordination, wenn der Auftragsfortschritt angefragt und übermittelt wird.

3. Eine dritte Kategorie umfasst Anwendungen, die ganze Geschäftsprozesse oder weite Teile davon stützen, indem mehrere aufeinanderfolgende Teilprozesse verbunden werden. Die einzelnen Teilprozesse werden dabei durch Menschen behandelt, die dazu z.B durch E-Mails veranlasst werden. Eine E-Mail verweist dabei auf eine eingetroffene Web-Transaktion. Das Ergebnis der Arbeit dokumentiert man dann z.B. wieder auf einer Web-site. In Fällen von höherem Automatisierungsgrad übernehmen Computerprogramme die Arbeit der Menschen. Zu dieser Kategorie kann man auch Anwendungen zählen, die die unternehmensinterne und -übergreifende Kooperation stützen, es also verschiedenen an einem Geschäftsprozess beteiligten Partnern erlauben, diesen Prozess gemeinsam abzuwickeln.

Weitere Begriffe haben sich eingebürgert, um verschiedene Arten der Nutzung des Internets abzugrenzen. Diese Arten ziehen zusätzliche technische Massnahmen nach sich.

- *Intranet* heisst die Nutzung des Internets innerhalb eines Unternehmens, also für die Stützung von integrierten unternehmensinternen Abläufen. Firewalls verhindern dabei, dass Aussenstehende sich in das unternehmensinterne Netz einschleusen können.
- *Extranet* heisst die Nutzung des Internets für die Stützung der Zusammenarbeit von meistens längerfristigen Geschäftspartnern.

Obwohl hier die Unternehmensgrenzen überschritten werden, man sich also des allgemeinen WWW bedient, dürfen Aussenstehende keinen Zugriff auf die betreffenden Web-sites haben. Man behilft sich hier mit Schutz, z.B. durch Passwörter oder Kryptographie.

- *Business to consumer (B2C)* heisst ein Bereich von Anwendungen, welcher den Geschäftsverkehr zwischen Produzenten von Endprodukten und dem individuellen Verbraucher abdecken und damit den Handel betreffen.

- *Business to business (B2B)* heisst ein Bereich von Anwendungen, welche den Geschäftsverkehr zwischen Geschäftspartnern entlang der Wertschöpfung betreffen. Dazu gehören Anwendungen

  - des *E-Procurement.* Mit diesem Begriff umfasst man sogenannte *"Sell-side solutions"* (z.B. die Zusammenfassung von Katalogen beim Lieferanten), *"Buy-side solutions"* (z.B. die Zusammenfassung von Katalogen beim Kunden), sowie *elektronische Marktplätze* (*"E-Marketplaces"*) sowohl für branchenunabhängig verwendbare Materialien (horiontale Marktplätze, z.B. www.MRO.com) als auch für bestimmte Branchen (vertikale Marktplätze, z.B. www.Web2Cad.com).

  - des *Supply Chain Management* im weitesten Sinne, also z.B. die *SCM-Software*, wie z.B. i2, Manugistics, SAP/APO, Numetrix.

  - des *Customer Relations Management*, z.B. CRM-Software wie z.B. Siebel.

Bei genauerem Hinsehen zeigt sich, dass die betrieblichen Anwendungen des Internet in drei Bereiche aufgeteilt werden können, die den drei wichtigen Teilprozessen der Wertschöpfungskette in einem Unternehmen entsprechen. Diese sind

- Source (from business partner)
- Make (research and development, manufacturing)
- Deliver (to business partner or to consumer)

Diese Teilprozesse (die manchmal sogar als separate Geschäftsprozesse empfunden werden) wurden zuletzt in den USA durch das 1996 gegründete "Supply Chain Council" (SCC) festgehalten. Diese Organisation schuf mit dem SCOR-Modell ("supply chain operations reference") ein Hilfsmittel, um unternehmensübergreifende Prozessketten zu standardisieren. Siehe dazu in [Schö00, Kap. 4.2.3]. Die Abb. 2.3.3.2 ordnet die eingeführten Begriffe den drei Teilprozessen zu. Zudem sind, unterteilt nach den drei in der Abb. 2.3.3.1 eingeführten Kategorien, konkrete Beispiele von betrieblichen Anwendungen aufgeführt.

**Abb. 2.3.3.2** E-Business: Beispiele von Anwendungen im Unternehmen

E-Business verändert die klassischen Unternehmen unter Umständen drastisch. Der Grad der Änderung hängt davon ab, zu welchem Anteil das Produkt oder die Systemlösung aus Information besteht, d.h. in welchem Mass die Natur des zu verkaufenden Gutes immateriell ist. Die Abb. 2.3.3.3 zeigt den Grad der Investition in E-Business und den Einfluss auf verschiedene Industrien und Branchen in Abhängigkeit von der Natur des Produkts.

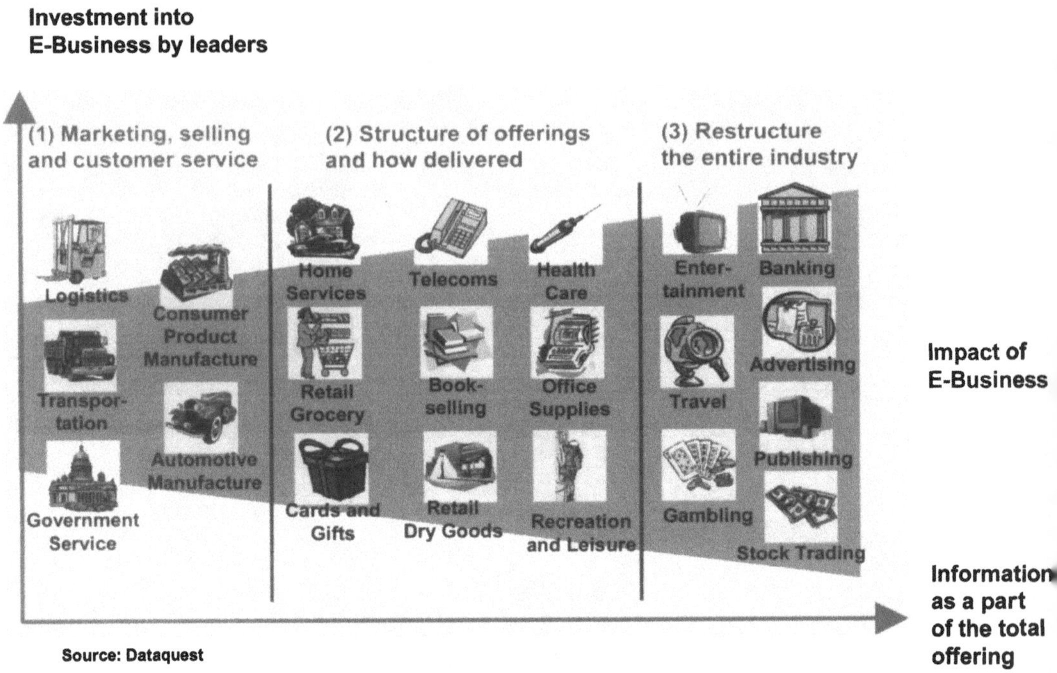


**Abb. 2.3.3.3** Grad der Investition in E-Business und Einfluss auf verschiedene Industrien und Branchen in Abhängigkeit von der Natur des Produkts

Im Verlaufe der letzten Jahre wurden verschiedene Internet-Technologien entwickelt, um das WWW effizient zu nutzen. Eine umfassende Zusammenstellung liefert z.B. [Wild99]. Nachfolgend seien nur die wichtigsten Techniken und die entsprechenden Kürzel kurz beschrieben.

- *URI, „Universal Resource Identifier"*, ist der offizielle Name für Identifikatoren, welche zu einer Informationsquelle verweisen, die universell einmalig ist. Ein URI ist entweder ein Name (URN, „Uniform Resource Name") oder ein Ortsbezeichner (URL, „Uniform Resource Locator").

- *HTTP, „HyperText Transfer Protocol"*, ist eine Methode, um auf Information auf irgendeinem System zuzugreifen, welches Web-sites hält. Diese Methode bedient sich der URI. Das unterlegte Modell des Protokolls ist eine „client/server" Architektur, wobei der „client" Information vom Web beziehen möchte und einen Web-server kontaktiert, der diesen Wunsch ausführt.

- *SGML, „Standard Generalized Markup Language"*, wurde bereits 1986 entwickelt, also vor der Einführung des Web. Es handelt sich um eine Sprache um Dokumente darzustellen. Dabei wird der Inhalt von der Präsentation getrennt. Ein Dokument wird dabei als hierarchische Struktur aufgefasst, mit Kapiteln, Unterkapiteln, Listen, Abschnitten, Tabellen, Figuren usw., welche dann durch ihren Inhalt definiert sind. Die Struktur kann also in einer Baumstruktur festgehalten werden, ohne dass man den Inhalt bereits kennt. Der Inhalt kann dann unabhängig davon geschrieben werden, und wird im Moment der Präsentation entsprechend der Struktur aufgebaut. Dazu wird das Prinzip des Markup verwendet. Dabei handelt es sich um eine Auszeichnung, die den Platz in der Struktur anzeigt. In SGML beginnt diese Auszeichnung mit „<“ oder „</“und endet mit „>“. Als Beispiel zeigt <chapter> den Beginn eines Kapitels an („start tag“) und </chapter> das Ende eines Kapitels („end tag“). Paare von Markup „tags“ können zwischen „start tag“ und „end tag“ im Sinne einer Hierarchie eingebettet sein, z.B. mehrere Paare des Typs <section> ... </section>. Die Syntax der Markups wird in einer SGML-declaration festgehalten, zusammen mit einer Anzahl von Optionen, welche in verschiedener Art gebraucht werden können.

- *DTD, „Document Type Definition“*, definiert eine Klasse von Dokumenten desselben Typs. Diese Struktur definiert damit wie die Markups, z.B. eines Buches, ineinander verhängt sind.

- Ein *„SGML-Parser“* ist ein Programm, das die aktuelle Analyse der Dokumentenstruktur, bestehend aus SGML declaration und DTD's, mit den eigentlichen Dokumenten verhängen kann.

- *HTML, „HyperText Markup Language“*, stammt aus dem Jahre 1990 und wurde seither mehreren Revisionen unterzogen. HTML basiert auf SGML und erlaubt die Definition von Web-Seiten. Ein Browser interpretiert dann die Definition und stellt das Ergebnis formatiert dar. Ein Browser enthält dabei einen HTML-Parser, also ein Programm, das eine Funktionalität für HTML SGML declaration und HTML DTD eingebaut hat.

- *XML, „eXtensible Markup Language“*, erlaubt, applikationsspezifische Dokumententypen zu definieren, die die Dokumentenstruktur des HTML ergänzen. Damit kann man Anwendungsdatenstrukturen definieren, die es erlauben, Transaktionen zwischen zwei Netzbenutzern auszutauschen. Dadurch kann z.B. ein Kunde einem Lieferanten eine Bestellung übermitteln, ohne dass die Bestellung auf einer Web-page angezeigt wird. XML benötigt demnach nur eine Teilmenge der Komplexität der SGML.

Die Entwicklung der WWW-Technologien ist als stürmisch zu bezeichnen. So ist es z.B. denkbar, dass die XML-Deklarationen die Corba-Definitionen ablösen können. Ebenfalls ist denkbar, dass die Datenübertragung zwischen

Geschäftspartnern mit XML eines Tages diejenige über *EDIFACT* („Electronical Data Interchange for Administration, Commerce and Transport") ablösen kann. Dazu müssen standardisierte XML-DTD's geschaffen werden. Dieser Normierungsaufwand entspricht demjenigen, der für die Entwicklung des EDIFACT-Standards nötig war. Es ist der gleiche Aufwand, um standardisierte, für mehrere Unternehmen gültige Datenstrukturen einer Datenbank (ein *„Data Repository"*) festzulegen.

### 2.3.4 Sicherheit und Schutz in der Informatik

Die Informatikstrategie hat sich immer mehr auch um die Sicherheit und den Schutz in der Informatik zu kümmern. Darunter sind in erster Linie Massnahmen zur Datensicherheit und zum Datenschutz zusammengefasst.

*Datensicherheit* meint den Erhalt der Integrität der gespeicherten Daten. *Datenschutz* meint den Schutz der gespeicherten Daten vor unerlaubtem Zugriff.

In ihren Anfängen wurde Informatik in physisch abschliessbaren Rechenzentren betrieben ("closed shop"). Die Rechner selbst hatten keine Verbindung zu anderen Rechnern, weder innerhalb noch ausserhalb des Unternehmens. Über Belege wurden Daten von Anwendern ins Computersystem und in die Datensammlungen gebracht, über Listen erhielten sie Antworten und Auswertungen. Das Rechenzentrum sorgte für die notwendige Datensicherheit und den notwendigen Datenschutz.

Ein grösstmögliches Mass an Datensicherheit wird seither bis heute erreicht durch laufende und systematische Sicherung der Daten, meistens auf Magnetbändern, und deren Lagerung unter Verschluss, innerhalb des Unternehmens und – insbesondere wegen des Brand- und Einbruchsrisikos – auch ausserhalb. Der Datenschutz in der Informatik erstreckt sich nur auf die in den Computersystemen gespeicherten Daten, nicht aber auf die Daten, die auf Listen und Auswertungen an den Arbeitsplätzen der Anwender aufliegen.

In den 1970er Jahren begann der Einsatz der "online"-Verarbeitung. Dadurch erhielten Anwender im Unternehmen direkten Zugang zur Datenbank auf dem zentralen Informatiksystem. Der Datenschutz erhielt eine neue Dimension. Ein Datenbankverwaltungssystem (engl.: "Data Base Management System", DBMS) sorgt seither für die Verwaltung der Zugriffsberechtigung und die Regelung des gleichzeitigen Zugriffs mehrerer Anwender auf dieselben Daten. Im Wesentlichen wurde und wird der Zugriff über Passwörter geregelt.

Ein *Passwort* ist eine Sequenz von Zeichen. Es dient als Zugangsberechtigung in ein Computersystem bzw. -netzwerk.

Der Benutzer muss als erstes sein Passwort dem Computersystem mitteilen, bevor er zu weiteren Programmen und Daten überhaupt zugelassen wird. Die Risiken von Passwort-geschützten Systemen sind mittlerweile bekannt. Sie können durch häufige Passwortwechsel reduziert, jedoch nicht vollständig eliminiert werden:

- Ein Passwort kann auf einem Zettel notiert sein, der wiederum am Arbeitsplatz herumliegt.
- Man kann das Passwort durch geschicktes Raten herausfinden, wenn man Dinge im persönlichen Umfeld des Benutzers ausprobiert, z.B. Geburtsdaten, Vornamen oder Ähnliches.
- Man kann das Passwortsignal technisch nach der Eingabe abfangen.

Gegen Ende der 1980er Jahre begann der unternehmensweite Einsatz von Netzwerken, verbunden mit PC am Arbeitsplatz. Die zentralen Computer waren mehr und mehr auch mit "Kollegen" in anderen Unternehmen durch Datenfernübertragung (DFÜ) vernetzt. Während der Verkehr zwischen zentralen Computern über dedizierte Verbindungen zwischen Programmen noch einigermassen gut kontrolliert werden konnte, boten die vielen möglichen externen Dateneingaben über die Diskettenlaufwerke vermehrt Probleme, zusätzlich zu den oben erwähnten. Berühmt wurde der Begriff des Virus.

Ein *Virus* ist ein Programmsegment, das sich an ein Computerprogramm anhängt und dessen Ausführung verändert. Es kann sich zu diesem Zeitpunkt auch vermehren, indem es sich selbst an andere Programme anhängt.

Die ersten Viren wurden gerne über Computerspiele auf Disketten ins System gebracht, und zwar immer dann, wenn die Diskette im Laufwerk des PC gelassen wurde und dadurch das als Firmware gespeicherte Aufstartprogramm des PC automatisch das Betriebssystem von der Diskette lesen wollte.

Ein solcher Virus ist nun so programmiert, dass er in diesem Moment von der Diskette eingelesen wird und sich z.B. im Index des C-Laufwerks anhängt. Als Folge kann sich ein Virus auf den Computersystemen eines ganzen Unternehmens ausbreiten. Das bringt viele Probleme mit sich. Zu nennen sind vor allem Datenverlust und -verfälschung. Viren können sich auch über Attachments von E-Mails sehr schnell verbreiten. Durch Verbot von Diskettenlaufwerken am Arbeitsplatz und spezielle Antivirenprogramme, die auch E-Mail-Attachments prüfen, versucht man bis heute, das Problem in den Griff zu bekommen. Eine Bedingung zum Erfolg ist dabei das häufige (z.B. wöchentliche) Einspielen des neuesten Antivirenprogramms.

Neben Viren gibt es weitere Typen von bösartiger Software. Sie haben alle Namen aus der Welt der Biologie und der Geschichte erhalten: Trojanische Pferde, Bakterien, Würmer, Falltüren und logische Bomben. Siehe dazu [KaPe95, S.14].

Spätestens in den 1990er Jahren mussten sich die Computernetzwerke im Unternehmen gegen aussen öffnen. Das war und ist u.a. eine Folge des E-Business, also der unternehmensübergreifenden Zusammenarbeit und des Interneteinsatzes. Hacker sind seither gefürchtet.

*Hacker* sind Personen, die unberechtigterweise über die Netzwerke in Computersysteme eindringen oder IT nutzen, die nicht für sie bestimmt ist.

Viele Hacker sind Amateure und tun dies aus Gründen des persönlichen Prestiges oder manchmal auch aus Rachsucht. Wenige tun es professionell, oft aus finanziellen Gründen, z.B. als Industriespione. Und ganz wenige sind Kriminelle mit Weltklasse in der Cyberwelt: Sie kennen alle technischen Möglichkeiten und wissen auch, wie sie unentdeckt bleiben. Alle Gruppen sind gefährlich. Wie kann man sich dagegen schützen?

Die meisten Amateure und professionellen Hacker können in andere Systeme eindringen, indem sie Passworte "erraten". Immer wichtiger wird dabei das Stehlen von Laptops von reisenden Berufsleuten. In zu vielen Fällen ist das Passwort als "auto-login" auf dem Laptop gespeichert. Die Erfahrung zeigt, dass es sich dabei oft auch um das Passwort handelt, mit dem diese Berufsleute auf ihr Intranet zugreifen. Der Hacker kann sich nun als legitimer Benutzer ausweisen und so seine Attacken viel leichter ausführen.

Anfangs 2000 trat eine neue Methode der Hacker in Erscheinung.

Beim *"Denial of Service"* (DoS) ist die Absicht des Hackers, das Ziel-Informatiksystem für die gemeinten Benutzer unzugänglich zu machen.

Dieser Angriff ist für eine Firma mit äusserst negativen Folgen verbunden, wenn sie das WWW für ihre Verkaufstätigkeit nutzt. Entsprechend waren anfangs Februar 2000 Firmen wie Yahoo, eBay, Buy.com, CNN.com, Amazon.com die Opfer.

Beim DoS dringen Hacker gar nicht erst in das System ein. Sie überfluten vielmehr das Ziel-Informatiksystem mit verschiedenen Nachrichten. Dabei nutzen sie die Standardmeldungen des TCP/IP-Protokolls oder irgendwelche sinnlosen Kurzmeldungen. Der Hacker als eigentlicher Absender bleibt dabei im Hintergrund: er gibt als Absender einfach die URL des Zielsystems selber ein: Es ist dann so, wie wenn das Zielsystem sich selbst eine Nachricht sendet.

Eine Variante ist dabei, dass der Hacker wieder eine Message mit der URL des Zielsystems als Absender verschickt, aber diesmal an eine grosse Zahl von Teilnehmern im Netz. Diese senden dann alle die Empfangsquittung oder eine automatische Antwort an das Zielsystem, das dann mit Nachrichten regelrecht überflutet wird.

Ein konsequentes Weiterdenken des Prinzips führt zum *"Distributed Denial of Service* (DDoS). Dabei repliziert sich das attackierende Informatik-System durch klassisches Hacking auf Hunderten von Agentensystemen, so dass jedes das beschriebene DoS ausführt. Die Überflutung des Zielsystems ist dann komplett und funktionert auch, wenn das eine oder andere Agentensystem die unerlaubte Nutzung "merkt": die anderen geben die Attacke trotzdem weiter.

Welches sind Massnahmen gegen all die Bedrohungen, die von Hackern ausgehen? Es folgen einige der üblichen Vorsichtsmassnahmen.

1. Regelmässiges *Auswechseln des Passwortes.* Dies geschieht aber deswegen eher nicht, weil der Normalverbraucher sich nicht zu viele Passwörter merken kann.

2. Einsatz eines *Virenscanners*, d.h. einer Anti-Virus-Software. Leider wird diese Software nicht häufig genug ausgewechselt, so dass die allerneusten Viren trotzdem ins System gelangen können.

3. Die Kryptographie bietet die bisher beste Möglichkeit, das Abfangen von Nachrichten über das Netz – insbesondere von Passwörtern – zu verhindern.

| |
|---|
| Durch Kryptographie kann man Zeichensequenzen verschlüsseln, d.h. die Zeichen so verändern, dass die Zeichensequenz keinen erkennbaren Sinn mehr ergibt. |

Ein kryptographischer Schlüssel besteht heute aus zwei (Prim-) Zahlen, einerseits zur Verschlüsselung auf der Absenderseite und andererseits zur Entschlüsselung auf der Empfängerseite. Siehe dazu die Abb. 2.3.4.1. Übermittelt wird die verschlüsselte Zeichensequenz. Bekannt ist auch das Produkt der beiden Zahlen, welches unter Nutzung der Primzahlentheorie so gewählt wird, dass ein Hacker keine Möglichkeit besitzt, in vernünftiger Zeit die beiden Faktoren herauszufinden. Als Nachteil muss man dann die Rechenzeit zur Konversion der Zeichensequenzen in Kauf nehmen. Allerdings gilt zum Glück, dass

- der Aufwand zur Verschlüsselung linear mit der Länge des Schlüssels zunimmt,
- der Aufwand zum Herausfinden der Schlüssel (zur Faktorisierung des Produkts) exponentiell mit der Länge des Schlüssels zunimmt.

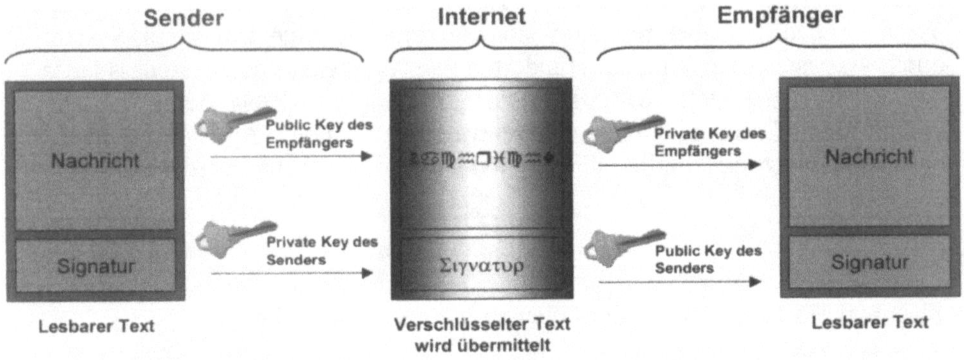


**Abb. 2.3.4.1** Kryptographie: Verschlüsselung von Zeichensequenzen

In den letzten Jahren hat die Rechenkapazität auch zugunsten der Entschlüsselung von Primzahlprodukten zugenommen. Je nach Schlüsselprinzip sind heute Schlüssellängen von 128 bits bis 1024 bits nötig. Näheres zu diesem Thema ist z.B. bei [Cryp98] oder [RSA99] zu finden.

4. Ergänzt werden diese Massnahmen durch "firewalls".

Ein *"firewall"* ist ein Computer, der zwischen dem internen Netzwerk und dem globalen Netzwerk sitzt und die Datenpakete gemäss verschiedenen konfigurierbaren Kriterien filtert.

Die Abb. 2.3.4.2 zeigt das Prinzip eines "firewalls".

**Abb. 2.3.4.2** „Firewall", in Anlehnung an [KaPe95, S.14])

Ein „firewall" oder ein *„security gateway"* erlaubt also über den Passworttest hinaus eine Kombination von Massnahmen, mit denen ein Zugriff von aussen – insbesondere in Verbindung mit dem Internet – auf das eigene Computersystem auf seine Berechtigung hin geprüft wird.

- Ein *Paketfilter*, die einfachste Form eines „firewalls“, prüft dabei einen neuen Zugriff auf bekannte Muster von bisherigen berechtigten Zugriffen. Unübliche Wünsche oder eine bisher unbekannte Herkunftsadresse eines Zugreifenden bleiben dann im Filter hängen. Im letzteren Fall spricht man von einem *Adressfilter*. Deshalb versuchen Hacker immer mehr, auf dem Umweg über verschiedene Rechner im Netzwerk auf einen Rechner zu kommen, der dem zu attackierenden Rechner bekannt ist, und nehmen dann den Angriff auf diesem indirekten Weg vor (als Beispiel siehe das oben beschriebene DDoS). Dieses Vorgehen kann mit dem allmählichen Reinwaschen von Schwarzgeld über viele Stationen verglichen werden.

- Ein *„application level gateway“* ist eine etwas kompliziertere Anordnung gemäss Abb. 2.3.4.3. Die beiden „firewalls“ unterbinden die Weitergabe von allem, was nicht zum „gateway“ geht oder von dort kommt. Das bedeutet, dass man ein File nicht direkt vom lokalen (geschützten) Netz auf das globale Netz senden kann oder umgekehrt. Vielmehr muss das File in beiden Richtungen zuerst auf den „gateway“ geschrieben werden. Die „gateway“-Maschine kann nun die Weitergabe von Files unterbinden, die z.B. nicht kleine „attachments“ einer E-Mail sind. Ebenso kann sie Login's von aussen in das geschützte Netz hinein unterbinden.

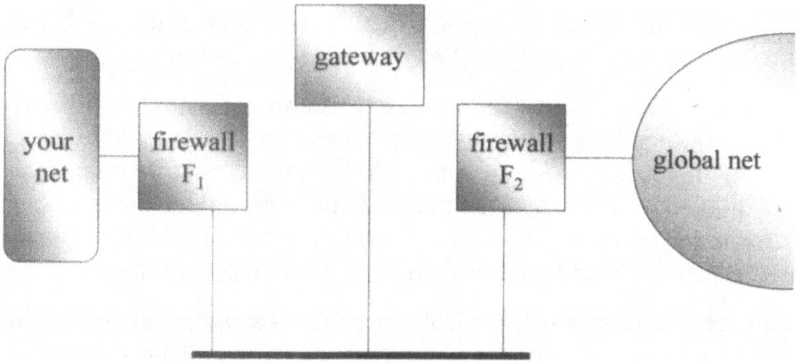


**Abb. 2.3.4.3** „Application level gateway“, in Anlehnung an [KaPe95, S.15])

5. Reguläres Auditing, ggf. auch der Einsatz eines “Ethical Hacker”, d.h. der Einsatz eines Spezialisten, der nach Abmachung versucht, in ein System einzudringen.

Die Summe der Massnahmen zur Datensicherheit und zum Datenschutz zieht einen beträchtlichen Aufwand an finanziellen und personellen Ressourcen nach sich. Auch hier gilt es, die für ein Unternehmen optimale Menge von

Massnahmen zu implementieren. Bezüglich Datenschutz ist dabei z.B. auch zu überlegen, welche Daten überhaupt geheimgehalten werden müssen. Gibt es solche (z.B. Personaldaten inkl. Salärdaten), so kann man diese vielleicht auf einem "Stand alone"-Rechner verwalten und nur die Summendaten der Finanzbuchhaltung zuführen.

## 2.4 Informatik-Personal und Informatik-Lieferanten

Rund um die Informatik-Technologien sind viele neue Berufe entstanden. Nach und nach haben sich nicht nur im Hardware-Bereich, sondern auch im Software-Bereich neue Unternehmen formiert. Im Bereich der anwendungsnahen Software wurden zuerst Dienstleistungen angeboten, später nach und nach auch Informatik-Produkte. Bis zum Anfang der 1980er Jahre konnte man von der Informatik als einer eigentlichen "Pionierbranche" sprechen. Seither findet nach und nach ein Übergang zu professionellen Strukturen statt. Zum Informatikmanagement gehört damit auch das professionelle Management von Informatik-Personal und Informatik-Lieferanten.

### 2.4.1 Organisation des Informatik-Personals

Die Organisation des Informatik-Personals richtet sich zum einen nach der Kultur des Unternehmens. Prinzipiell gibt es mehrere Möglichkeiten:

- Eine extreme Möglichkeit wäre z.B. die Zusammenfassung sämtlicher mit Hard- und Software beschäftigter Personen in einer Abteilung. Diese ist dann sehr oft mit der Abteilung für Unternehmensorganisation bzw. der Unternehmenslogistik verbunden. Stehen eher die Anwendungen im Finanz- und Rechnungswesen im Vordergrund, dann wird man Informatik unter dem Finanzwesen einordnen.
- Das Gegenteil zu einer solchen eher zentralen Organisation wäre die vollständige Dezentralisierung, indem das Informatik-Personal den einzelnen Geschäftsbereichen zugeordnet wird.
- Ein Mittelweg wäre etwa die zentrale Organisation der Personen, die sich mit Hardware, Systemsoftware und Vernetzung beschäftigen. Dagegen könnten die mit Anwendungssoftware beschäftigten Personen den Geschäftsbereichen unterstellt werden.

Die in der Informatikstrategie festgestellten Prozesse müssen sodann Personen zugeordnet werden. Als Beispiel seien die Prozesse in Kap. 2.1.2 herangezogen. Stellvertretend seien jeweils die Leiter von Abteilungen benannt.

Jede Abteilung umfasst daneben natürlich so viele Mitarbeitende, wie es der Umfang der zu lösenden Aufgaben verlangt. In jedem Unternehmen sollte man folgende organisatorischen Einheiten antreffen:

- *Technologieerkennung* und *Partnermanagement in der Informatik*: Die organisatorische Einheit zur Wahrnehmung dieser Prozesse ist z.B. ein "Think tank", der durch die Leiter aller Abteilungen sowie durch die spezifischen Mitarbeitenden zusammen gebildet wird. In grösseren Unternehmen kann dies eine Stabsabteilung sein, die einem *Leiter Technologiestrategie* untersteht.

- *Technologiebeherrschung*: Dieser Prozess kann durch *Anwendungskoordinatoren* wahrgenommen werden, die direkt den anwendenden Einheiten zugeordnet sind und sich um die Bedürfnisse der einzelnen Anwender kümmern ("End user support"). Die Anwendungskoordinatoren können auch in einer Matrixorganisation einem *Leiter Anwendungen* zugeordnet sein. Ihm untersteht auch der Support für Anwendungen, die zur Informatik-Infrastruktur zählen (z.B. für Büroanwendungen oder das Internet).

Wird Software im Unternehmen erstellt, dann sind organisatorische Einheiten zur Entwicklung und Produktion nötig.

- *Strategie für Neuprodukte, Produktversionen und Wartung*: Dies ist ein "Think tank", der meistens durch die Leiter aller Abteilungen sowie durch die spezifischen Mitarbeitenden gebildet wird. In grösseren Unternehmen kann dies eine Stabsabteilung sein, die dem *Leiter Produktstrategie* untersteht.

- *Entwicklung des Produkts und der ergänzenden Dienstleistung*: Dies ist die klassische Systementwicklungseinheit, der ein *Leiter Systementwicklung* vorsteht. Jedes Projekt hat einen umfassend, d.h. für Qualität, Kosten und Lieferung verantwortlichen Projektleiter. Daneben gibt es einen "Think tank" zum Festlegen der einzusetzenden Entwicklungswerkzeuge, der meistens durch die Gesamtheit der Projektleiter gebildet wird. Bei grösseren Entwicklungseinheiten kann dies eine Stabsabteilung sein, die dem *Leiter Entwicklungswerkzeuge* untersteht.

- *Service*: Bei internen Informatik-Abteilungen gibt es einen *Leiter Betrieb*. Unter seine Verantwortung fällt der Einsatz der zentral eingesetzten Hardware, z.B. in einem Rechenzentrum, aller Netzwerke, aller im Unternehmen zentral verwalteten Programme sowie die Datenbankadministration (z.B. Verwaltung der Zugriffsrechte, Sicherung der Daten). Bei Software-vertreibenden Firmen gibt es den *Leiter Kundendienst*. Er ist verantwortlich für die Verwaltung der Software-Releases sowie für die zentralen Hilfeleistungen an die Kunden.

Bei grösseren Unternehmen können alle erwähnten Leiter einem *Gesamtleiter Informationstechnologie* unterstehen, bzw. einem Chief Information Officer (CIO), der manchmal auch in der Unternehmensleitung Einsitz hat. Die Abb. 2.4.1.1 fasst die erwähnten Stellungen zusammen und stellt damit eine mögliche Aufbauorganisation des Informatik-Personals in einem grösseren Unternehmen vor, das Software zur Stützung der Abläufe im eigenen Unternehmen einsetzt sowie einen Teil dieser Software im Unternehmen selbst erstellt. Gewählt ist das Beispiel eines grösseren Unternehmens in Industrie oder Dienstleistung.

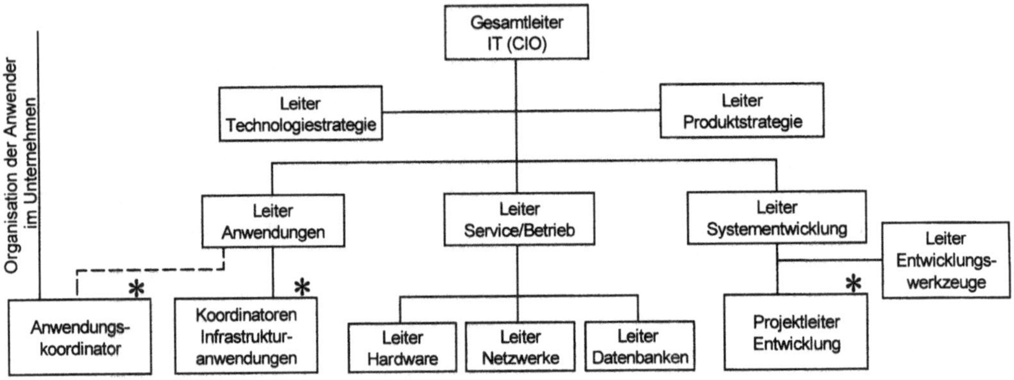


**Abb. 2.4.1.1** Mögliche Aufbauorganisation des Informatik-Personals in einem grösseren Unternehmen (Ein Stern oberhalb eines Kästchens steht für mehrere organisatorische Einheiten dieser Art.)

Ist Informatik gar Produktkomponente oder bestehen die Produkte selber im Wesentlichen aus Informatik, dann kommt eine Marktorganisation für deren Verbreitung hinzu:

- *Marktstrategiefindung, Kundenbeziehungen, Geschäftserkennung, Verkauf und Vertrieb der Produkte und der ergänzenden Dienstleistung*: Eine organisatorische Einheit, genannt Marketing und Distribution, mit einem *Gesamtleiter Marketing*, mit einem *Leiter Verkauf* sowie einem *Leiter der Verkaufsauftragsabwicklung* und einem *Leiter Vertrieb und Schulung* ist hier aufzubauen.

Der *Unternehmensentwicklungsprozess* betrifft im Sinne des Total Quality Managements (TQM) jeden der erwähnten Prozesse. Die Aufgaben werden direkt durch die Prozesseigner der oben erwähnten Prozesse wahrgenommen. Das sind idealerweise die Leiter der entsprechenden Abteilungen selbst.

## 2.4.2 Eigenes Informatik-Personal versus "Outsourcing" in der Informatik

Die Informatikstrategie umfasst auch die Überlegung, wie Informatikleistungen erbracht werden sollten. Die Hardware wurde über alle Jahrzehnte praktisch immer zugekauft oder aber aus Rechenzentren bezogen. Die Software hingegen wurde in den meisten Fällen durch unternehmenseigene Personen erstellt. Daran änderte auch die Tatsache nichts, dass das Informatikpersonal des öfteren in einem freiberuflichen Verhältnis zu den Firmen stand. Seitdem die Informatik der eigentlichen Pionierphase entwachsen ist und mehr Informatik-Personal auf dem Arbeitsmarkt vorhanden ist, stehen als Alternative zu eigenem Informatik-Personal auch immer mehr professionelle Firmen zur Auswahl. Seit den frühen 1990er Jahren ist aufgrund der hohen Kosten für eigenes Informatik-Personal gerade im Informatikbereich von "Outsourcing" die Rede.

Unter *"Outsourcing"* versteht man die Übergabe von Teilen der Wertschöpfung an ein anderes Unternehmen. Unter *"Insourcing"* versteht man die Bildung oder Erweiterung von Unternehmen durch Übernahme von Teilen des Wertschöpfungsprozesses in das Unternehmen. Ein *Make-or-Buy-Entscheid* ist ein Entscheid über "Insourcing" oder "Outsourcing".

Wann kommt es zum "Outsourcing" und damit zur Redimensionierung eines Unternehmens? Dies geschieht immer dann, wenn ein Produkt bzw. ein Teil davon durch Beschaffung von Dritten insgesamt qualitativ besser, billiger, schneller, zuverlässiger und flexibler hergestellt werden kann als innerhalb einer hierarchisch kontrollierten Organisation. Ist das Gegenteil der Fall, dann kommt es zur Erweiterung von Unternehmen durch "Insourcing".

Damit werden auch im Informatikbereich die gleichen Überlegungen betreffend Make-or-Buy-Entscheid getroffen wie in anderen Unternehmensbereichen. Falls der Markt dieselbe Produktqualität herstellen kann wie die eigene Informatikabteilung, so steht mit dem Transaktionskostenansatz für solche Fragen schon seit vielen Jahrzehnten ein Argumentarium zur Verfügung. Siehe dazu die Ausführungen in [Schö00, Kap. 2.1.1].

Etliche Unternehmen haben die ganze Informatikabteilung an Drittfirmen vergeben. Solche Drittfirmen kümmern sich nicht nur um die Belange der Hardware, sondern kümmern sich auch um den Einsatz der Anwendersoftware inklusive deren laufende Erneuerung. Die konsequente Evaluation aller Argumente hilft, die optimale Wertschöpfungstiefe im Unternehmen auch für die Informatik festzulegen.

Welche Faktoren begünstigen das "Outsourcing" in der Informatik? Es sind die Faktoren des Typs "Spezifität", "Risiko" (Unsicherheit), die ganz allgemein auch für einen Buy-Entscheid gelten. Siehe dazu auch [Port98.1] und [Port98.2]: Etliche der Faktoren haben mit Transaktionskosten zu tun.

- *Spezifität von Produkt und Prozess oder Standort:* Zur Entwicklung und Herstellung eines Informatikprodukts sind häufig spezifische Investitionen in die Produktionsinfrastruktur und die Qualifikation der Mitarbeitenden notwendig. Spezialisten sind oft schwer zu beschaffen oder ausserhalb der Lohnstruktur im Unternehmen. Spezialisten können oft nicht effizient eingesetzt werden, da ihre spezifischen Fähigkeiten nicht voll ausgelastet werden können.

- *Komplexität von Produkt und Prozess*: Die Projekte sind zu komplex oder zu unfangreich, um sie mit der Kultur und den Fähigkeiten des eigenen Personals abzuwickeln. Vor diesem Problem stehen oft kleinere Unternehmen.

- *Kernkompetenzen und hoher Innovationsgrad bei Produkt und Prozess*: Ist die Informatik nicht Produktkomponente, sondern dient alleine der Verwaltung eines Unternehmens, dann stellt sie heutzutage für das Unternehmen immer weniger eine Kernkompetenz dar. Diese Tendenz wird sich z.B. verstärken, je mehr die Auftragsabwicklung im Unternehmen einem Standard in der Branche, d.h. einem Referenzmodell, entsprechen kann.

- *Kapitalbedarf und Kostenstruktur:* Der Kapitalbedarf für den Aufbau und das Halten des eigenen Know-hows in der Informatik muss verkraftbar sein. Das Unternehmen muss eine günstige Grösse und Struktur aufweisen, damit eine eigene Entwicklung Vorteile bringt.

- *Vertrauens- und Stabilitätsmangel*: Für ein "Outsourcing" der Informatik spricht gerade in kleineren und mittleren Unternehmen das Fehlen einer kritischen Masse an Informatik-Personal. Aufgrund der noch wenig standardisierten Vorgehensweise im Informatikbereich (im Vergleich z.B. zur Buchhaltung und zum Rechnungswesen) wird eine Firma in hohem Masse abhängig von zu wenigen Personen. Es kann sich dabei keine tragfähige eigene Kultur im Informatikbereich entwickeln. Abhilfe könnte allenfalls ein Verbund mit mehreren gleichgesinnten Unternehmen schaffen. Dies ist besonders in Verbindung mit sogenannten "User Groups" für Standardsoftware der Fall.

Die gleichen Faktoren zeigen natürlich auch die Risiken des "Outsourcing" in der Informatik auf. Diese Risiken werden oft erst nach einiger Zeit der Zusammenarbeit mit dem "Outsourcer" sichtbar:

- *Spezifität von Produkt und Prozessen oder Standort:* Oft werden nur die bisherigen und vom "Outsourcer" übernommenen Mitarbeiter eingesetzt. Der Zugang zum zusätzlichen Know-how des Anbieters ist wider Erwarten nicht möglich oder sehr teuer. Der Anbieter ist nicht daran interessiert, laufend die neueste Technologie zum Einsatz zu bringen, wenn er den Auftrag mit der bisherigen Technologie auch erfüllen kann.

- *Komplexität von Produkt und Prozess*: Die Auftragskoordination und Kontrolle mit dem Anbieter wird aufwendiger und schwieriger. Die Gefahr für ein opportunistisches Verhalten des "Outsourcers" wächst.

- *Kernkompetenzen und hoher Innovationsgrad bei Produkt und Prozess*: Das Unternehmen stellt fest, dass nicht nur die Informatik-Kompetenz, sondern auch die Kompetenz in den eigenen Abläufen im Unternehmen nicht genügend haften bleibt. Das Wissen um neue Informatik-Technologien und deren Einsatzmöglichkeiten im Unternehmen fehlt zunehmend.

- *Kapitalbedarf und Kostenstruktur:* Der "Outsourcing"-Anbieter gibt seine Lernkurve aufgrund des besseren Beherrschens der Informatik-Prozesse im Unternehmen nicht oder nur ungenügend über einen reduzierten Preis an das Unternehmen weiter. Dies betrifft besonders auch die Verbilligung der Hardware.

- *Vertrauens-* und *Stabilitätsmangel*: Menschliche Beziehungen, die früher innerhalb desselben Unternehmens gepflegt wurden, werden weniger stabil. Entscheidende Personen wechseln. Die Qualität der Leistung sinkt. Man stellt vielleicht auch fest, dass die involvierten Personen des "Outsourcers" mehr zur Technikorientierung neigen und die Anwenderorientierung verlieren.

Die erwähnten Faktoren, die für ein Outsourcing sprechen, sind natürlich genau auch die Faktoren, die ein Anbieter von Informatik-"Outsourcing" in seine Rechnung miteinbezieht. Insbesondere der effizientere Einsatz der spezifischen Produktionsinfrastruktur ("Economy of scale") und der Spezialisten ("Economy of skills") wägt den Aufwand zur Präsenz auf dem Markt auf. Die Abb. 2.4.2.1 zeigt ein mögliches Beispiel einer Rentabilitätsrechnung eines "Outsourcers".

Die Erfahrung desselben "Outsourcers" zeigt, dass die Rechnung für die Anbieterfirma um so schlechter aussieht, je umfassender der Auftrag zum "Outsorcing" lautet. Die Gründe liegen in der länger dauernden Umsetzung und einer weniger gut beschreibbaren Ausgangssituation. Die Kosten zur Integration heterogener Teilleistungen liegen beim Anbieter, der zudem signifikant höhere Akquisitionskosten hat. Als Folge läge das "richtige" Pricing für den Kunden bei über 100% seiner bisherigen Kosten, was natürlich nicht für das "Outsourcing" spricht. Der "Outsourcer" rechnet dann mit konsequenter Einschränkung der Leistung auf das Minimum oder eben auf rasch günstiger werdende Konditionen im Einkauf von Hardware und Software (die er dann nicht an den Kunden weitergibt). Beides trägt mittelfristig nicht zu einer guten Geschäftsbeziehung bei. Der "Outsourcing"-Euphorie der 1990er Jahre sind deshalb von selbst enge Grenzen gesetzt worden.

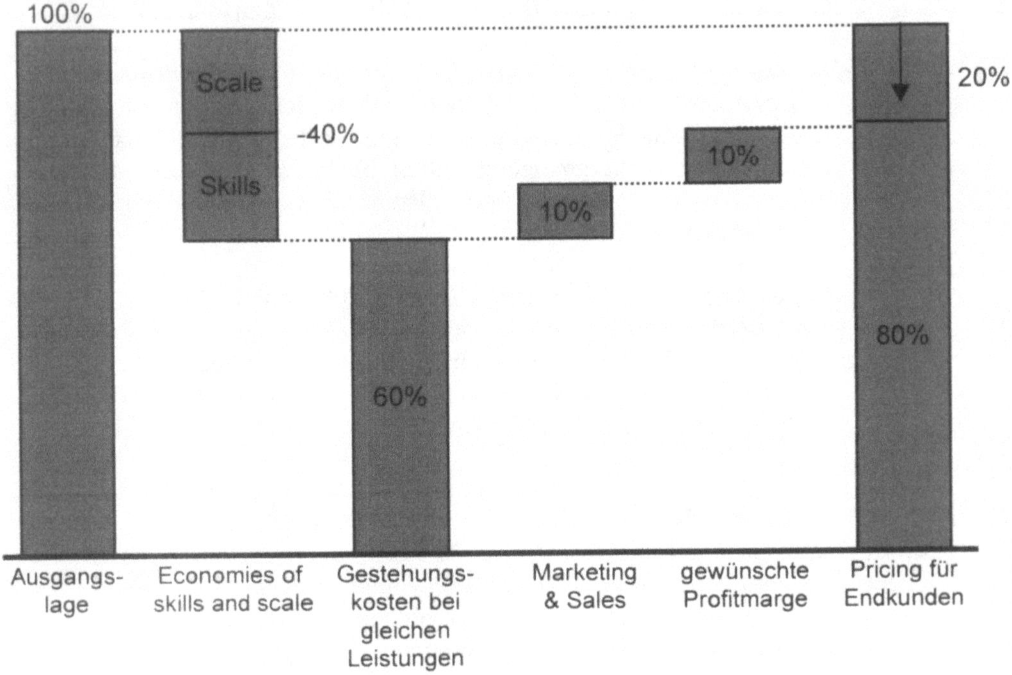


**Abb. 2.4.2.1** Kosten-Nutzen-Überlegung eines Anbieters von Informatik-"Outsourcing" (Quelle: McKinsey)

Entscheidet sich ein Unternehmen für ein "Outsourcing" seiner Informatik, dann setzt zudem ein schwierig führbarer Prozess ein. Dem internen Informatik-Personal muss eine klare Perspektive geboten werden, wenn der operationelle Betrieb der eigenen Software bis zum Zeitpunkt des Einsetzens der "Outsourcing"-Lösung sichergestellt bleiben soll. Die Rückkehr zum "Insourcing" ist ähnlich schwierig. Vor distanzierten Managerentscheiden, die auf kurzfristige Rendite und Moden setzen, sei deshalb ausdrücklich gewarnt.

### 2.4.3 Standardsoftware versus Individualsoftware

Unter *Standardsoftware* versteht man Software, welche die Bedürfnisse verschiedener Unternehmen abdecken soll. Sie wird von einem Software-Produktionsunternehmen entwickelt und unternehmerisch vertrieben.

*Individualsoftware* wird eigens für ein Unternehmen erstellt und deckt genau dessen Bedürfnisse ab. Sie wird entweder vom Unternehmen selbst oder auf Auftrag von einem Softwarehaus hin entwickelt.

Während früher Individualsoftware die Regel war, hat sich in weiten Bereichen, vor allem in der betrieblichen Verwaltung, immer mehr Standardsoftware durchgesetzt. Dies galt zuerst für die Lohnabrechnung, die Finanzbuchhaltung und das betriebliche Rechnungswesen. Es trifft aber immer mehr auf die Auftragsabwicklung insgesamt zu. Sowohl bei eigenem Informatik-Personal als auch bei "Outsourcing" stellt sich deswegen die Frage, ob Individualsoftware oder Standardsoftware zum Einsatz kommen soll. Die folgenden Ausführungen stammen aus [Schö00, Kap. 8.2.5].

Der Aufwand zur Pflege eigens erstellter Software ist sehr gross. Demzufolge konnte man in den letzten Jahren gerade in Grossunternehmen einen massiven Trend hin zu Standardsoftware beobachten, insbesondere bei Logistik-Software. Dies hat nicht zuletzt zum Erfolg von SAP R/2 und R/3 geführt. Dennoch brauchen diverse Unternehmen auch heute noch aus verschiedenen Gründen Individualsoftware.

1. *Unpassende Abläufe:* Besonders in der eigentlichen Auftragsabwicklung ortet man vielfach nicht einfach Abläufe des Typs "alte Zöpfe", die durch Einführung von Standardsoftware abzuschneiden sind, sondern gerade solche, die Kernprozesse bilden. Müssten solche dem "Standard" angepasst werden, dann wäre auch der Wettbewerbsvorteil des Unternehmens dahin. In diesem Fall prüft man, inwieweit die Software wirklich modular aufgebaut ist, d.h. entsprechende Schnittstellen im Datenmodell und im Ablaufmodell aufweist, wo anstelle des ungeeigneten Moduls im Standard eine eigene Programmierung angeschlossen werden kann. Solche Änderungen sind kostspielig und oft zeitlich aufwendig und schwierig. Anstelle des gesamten Softwarepaketes werden nur einzelne Module als Individualsoftware hergestellt.

2. *Fehlende Funktionalität:* Im Datenmodell können einzelne Objektklassen oder Attribute fehlen oder unpassend definiert sein. Man fügt dann solche hinzu oder ändert sie und modifiziert das funktionsorientierte Modell entsprechend. Solche Änderungen kann man heute weitgehend mit wenig Aufwand erledigen, indem die Software aus einer Definitionssprache generiert wird.

3. *Eine nicht in die Abläufe und Arbeitsweise des Unternehmens integrierbare Benutzungsoberfläche:* Z.B. ist der Variantengenerator im R/3 umständlich zu bedienen und erfordert Informatik-Kenntnisse und eine informatikbezogene Denkweise. In einem Fall konnte durch konsequente Neuprogrammierung der Oberfläche erreicht werden, dass die Konstrukteure heute eine einfache, ihrer Sprache entsprechende Oberfläche vorfinden. Sie können damit weiterhin die notwendige Informatik-Stützung als Teil ihrer Aufgabe ganzheitlich abwickeln. So müssen keine Spezialisten eingeschaltet werden, was unnötige Prozessschnittstellen und damit langsamere und unsicherere Prozesse schaffen würde. Dem einfacheren Prozess stehen allerdings grosse Kosten zur Anpassung der Oberfläche gegenüber. Solche Änderungen sind oftmals nicht schwierig zu bewerkstelligen, sondern "nur" aufwendig.

Fazit: Eine Standardsoftware kann selten ohne Änderungen eingeführt werden, sobald die Ganzheitlichkeit der logistischen Aufgabe in die Überlegung miteinbezogen wird. Ein unternehmerischer Entscheid muss hier immer Prioritäten setzen. Verlängerte Einführungszeit und grössere Einführungskosten stehen einer einfacheren Bedienung, grösserer Transparenz und schnelleren Durchlaufzeiten im Daten- und Steuerungsfluss gegenüber.

Zwei weitere Aspekte zur Entscheidungsfindung zwischen Standard- und Individualsoftware:

- *Fehlerrisiko:* Für die Herstellung von Individualsoftware desselben Umfangs werden nicht so viel Personenjahre investiert werden wie für Standardsoftware. Tendenziell wird man damit bei ersterer mit mehr Fehlern rechnen müssen als bei letzterer. Andererseits ist auch Standardsoftware nicht stabil. Die Software-Releases müssen oft in dichter Folge gewechselt werden. Obschon die meisten Wechsel ein bestimmtes Unternehmen gar nicht betreffen – und deshalb als unnötiger Aufwand empfunden werden. Schlechte Standardsoftware kann mehr Fehler aufweisen als gute Individualsoftware.

- *Kontinuität:* Auch hier kann man keine generelle Aussage machen, sondern muss den konkreten Fall prüfen. Einerseits sind Entwicklungsteams für Individualsoftware prinzipiell kleiner, wodurch eine hohe Personenabhängigkeit besteht. Andererseits zeigt die Erfahrung leider, dass es im Bereich der Logistiksoftware praktisch keine Produktionsfirma für Standardsoftware gibt, die eine zweite Generation eines erfolgreichen Produktes einführen kann, ohne dabei Konkurs zu gehen oder von einer anderen Firma übernommen zu werden. Beides hat unmittelbare Konsequenzen auf die Kontinuität der Standardsoftware.

Eine grosses Potential sowohl für Individual- als auch für Standardsoftware bilden neue Basistechnologien mit grosser direkter Wirkungsbreite. Mit dem Benützen von PC-Standardsoftware wie Textverarbeitung, Tabellenkalkulation, Projektplanung usw. kann man z.B. bereits einen grossen Teil der Funktionalität von Logistik-Software herstellen. Siehe dazu [MöMe96]. Mit Internet, Java-Programmierung und einem Standard für die betrieblichen Objekte (z.B. Corba) kann versucht werden, Softwaremodule verschiedenster Herkunft miteinander zu verknüpfen.

## 2.5 Zusammenfassung

Die Inhalte des Informatikmanagements ändern sich aufgrund der stürmischen Entwicklung der Informatik-Technologien schnell. Das Kapitel hebt dementsprechend eher solche Aufgaben hervor, die prinzipieller Natur sind.

Die strategische Behandlung der Informatik-Ressourcen hat an Bedeutung zugenommen. Ein Informatik-Leitbild gehört deshalb heute zu einem Unternehmensleitbild. Von diesem Leitbild wird die Informatikstrategie abgeleitet. Sie äussert sich zu den Aspekten Kultur bzw. Verhalten und über die organisatorischen Strukturen und strategischen Prozesse zur Führung der Informatik. Eigentlich sollte die Informatikstrategie von der generellen Unternehmensstrategie abgeleitet werden, unter besonderer Berücksichtigung der Marktstrategie. In der Praxis ändert sich heute jedoch die Unternehmensstrategie oftmals zu schnell, als dass die Informatik mit entsprechenden Entwicklungen nachziehen könnte. Obwohl laufend neue Informatik-Technologien angeboten werden, passen sie entweder nicht zu der Unternehmensstrategie oder brauchen erheblich viel Zeit zu ihrer Umsetzung.

Im Bereich der Informatik-Technologien und -Architekturen ändern sich die Gegebenheiten sehr schnell. Hingegen setzen sich die wenigsten neuen Informatik-Technologien auch als Technologien mit grosser direkter Wirkungsbreite durch, indem sie einer breiten Gruppe von Anwendern erlauben, ihre Geschäftsprozesse zu verbessern bzw. zu neuen Produkten und Prozessen zu gelangen. Vielmehr handelt es sich oft um Technologien mit kleiner direkter Wirkungsbreite, die von einem kleinen Kreis von Personen definiert, kontrolliert und vorwärts getrieben werden, jedoch angesichts der breiten Menge von Anwendern keine Verbesserung ihrer Prozesse erlauben. Technologien mit kleiner direkter Wirkungsbreite gelangen aber zu breitem Einsatz, sobald eine neue Technologie mit grosser direkter Wirkungsbreite die Neuentwicklung von Software zur Folge hat. Solche Technologien mit grosser direkter Wirkungsbreite waren und sind z.B. die “online” und interaktive

Datenverarbeitung über Bildschirme, die Text-, Tabellen- und Graphikverarbeitung im Personal Computing sowie E-Mail und World Wide Web des Internet.

Eigenes Informatik-Personal muss im Vergleich zum möglichen Outsourcing der Informatik-Dienstleistung an Informatik-Lieferanten gesehen werden. Die übliche Denkweise in Markttransaktionskosten dient auch hier zum Make-or-Buy-Entscheid. In einer weiteren Überlegung ist Standardsoftware, obwohl oft wirtschaftlicher, nicht von vornherein der Individualsoftware überlegen. Unpassende Abläufe, fehlende Funktionalität und eine nicht in die Abläufe und Arbeitsweise des Unternehmens integrierbare Benutzungsoberfläche sprechen manchmal für die Individualsoftware. Bezüglich der Argumente Fehlerrisiko und Kontinuität kann man ebenfalls keine generelle Aussage zu Gunsten von Standardsoftware machen.

Investitionen in die Informatik unterliegen einer Rentabilitätsrechnung. Dabei zeigt es sich, dass gerade die strategisch wichtigen Investitionen mit Risiko behaftet sind. In die Rechnung müssen indirekte Nutzen einbezogen werden, die wegen ungeeigneten organisatorichen Systemen oder einer ungünstigen Konkurrenzsituation u.U. gar nicht realisiert werden können. Strategische Investitionen in die Informatik-Infrastruktur sind zudem i. Allg. nicht durch die traditionelle ROI-Überlegung abschätzbar. Vorgeschlagen wird vielmehr eine NRONI-Überlegung.

# 3 Management des Lebenszyklus' von Informationssystemen

Informationssysteme entstehen meistens nicht zufällig. Gerade in Unternehmen und insbesondere im Informatik-gestützten Fall werden sie mit viel Aufwand aufgebaut und betrieben. In Analogie zum Lebenszyklus eines Produkts spricht man auch bei Informationssystemen von einem Lebenszyklus. Wie ist dieser Lebenszyklus zusammengesetzt? Welches sind die Eigenheiten der Führung eines Informatik-gestützten Informationssystems im Unternehmen im Vergleich mit sonstigen Systemen? Dieses Kapitel gibt zuerst einen Überblick über das Systems Engineering. In einem weiteren Unterkapitel wird das Engineering von Informatik-gestützten Informationssystemen eingehender behandelt. Zuerst wird das Zusammenwirken von Organisatoren eines Unternehmens und Informatikern bei Gestaltung und Betrieb von Informatik-gestützten Informationssystemen thematisiert. Notwendig dazu ist das Verständnis des Unternehmensingenieurs für die spezifische Arbeitsweise eines Informatikers im Software Engineering. Umgekehrt muss der Informatiker die Sichtweise der Anwender kennen und seine Arbeit in ein integriertes Vorgehen einbetten. Des Weitern gibt das Unterkapitel eine Zusammenfassung zum methodischen Vorgehen bei der Konzeption und der Einführung von Informatik-gestützten Informationssystemen. Die Unterschiede zum klassischen Systems Engineering werden herausgearbeitet. Ein letztes Teilthema widmet sich den Case Tools.

## 3.1 Systems Engineering

Bei jeder Realisierung von Systemen treten typische Problemstellungen auf. Mit diesen beschäftigt sich das sogenannte "Systems Engineering", und zwar unabhängig von der Art des Systems, z.B. einem Informationssystem.

*Engineering* ist gemäss [DuFr90] als das Ingenieurwesen definiert. Im Bereich der Mechanik meint man damit den Maschinen- oder Gerätebau.

*Systems Engineering* (SE) ist gemäss [HaNa99] eine Methode, basierend auf einigen Denkmodellen und Vorgehensprinzipien, zur zweckdienlichen und effizienten Realisierung von komplexen Systemen.

Die Abb. 3.1.1 zeigt einen Überblick über die Charakteristiken des Systems Engineering gemäss Daenzer.

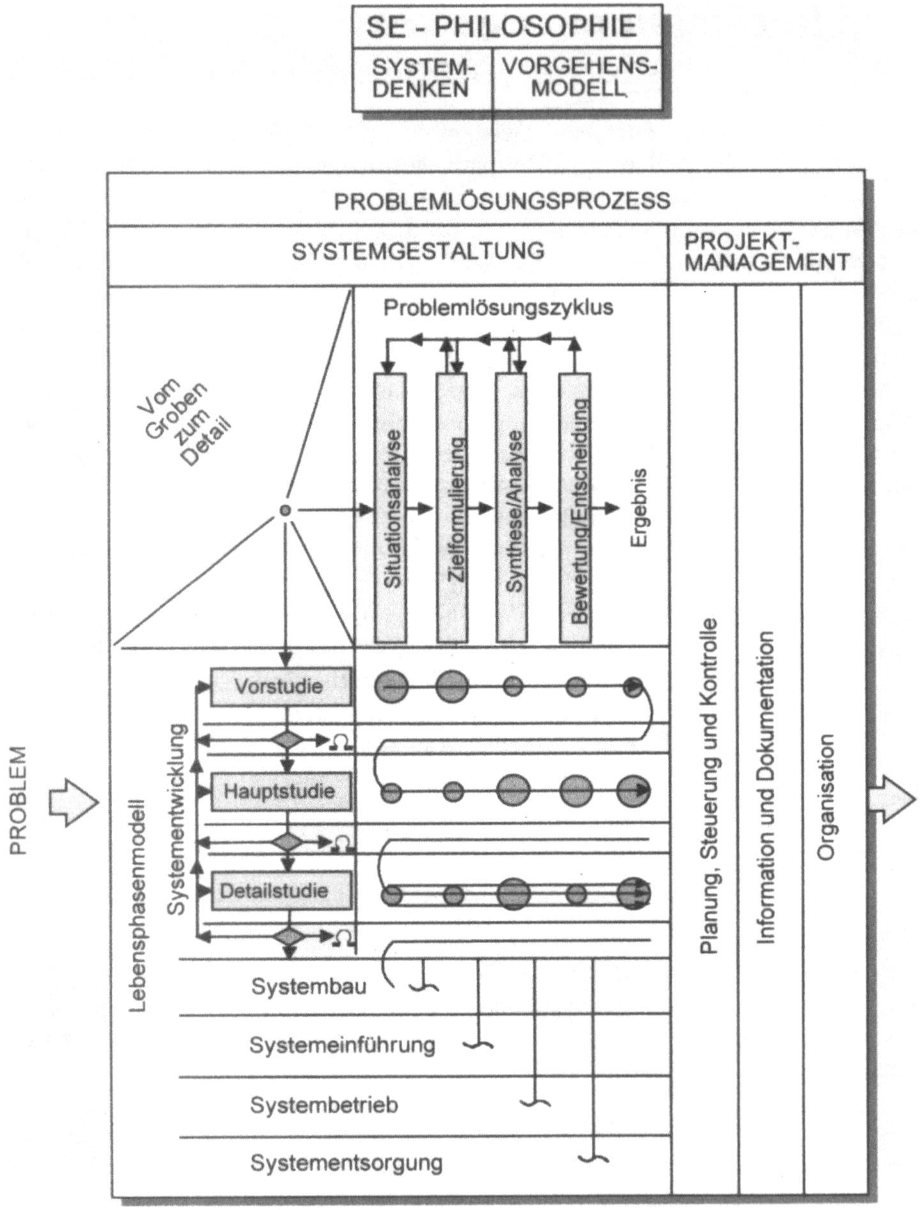


**Abb. 3.1.1** Systems Engineering: Übersicht in Anlehnung an [HaNa99]

Für die detaillierte Behandlung dieses Ansatzes siehe [HaNa99]. Für unsere Zwecke soll lediglich eine kurze Zusammenfassung der wichtigsten Prinzipien nachfolgend aufgezeigt werden.

Die wesentlichen Kerngedanken des Systems Engineering können im Prinzip ohne weiteres auch auf den Lebenszyklus von Informationssystemen angewandt werden. Insbesondere die Systementwicklung von Informatikgestützten Informationssystemen weist jedoch in einigen wesentlichen Punkten Abweichungen vom klassischen Systems Engineering auf. Grundsätzliches zu diesen Abweichungen wird in Kapitel 3.2.3 besprochen.

### 3.1.1 Systemdenken und das Vorgehensprinzip "vom Groben zum Detail"

Im *Systemdenken* oder *systembezogenen Denken* geht es darum, den zu lösenden Problemkreis als ein System mit seinen Elementen und Interaktionen sowohl innerhalb des Systems als auch nach aussen zu verstehen. Des Weiteren geht es darum, zu einem gegebenen System seine Untersysteme und seine Umsysteme zu beschreiben.

Das *Vorgehensprinzip "vom Groben zum Detail"* verlangt, das System auf verschiedenen Ebenen zu beobachten. Sei dies auf dem obersten Niveau, d.h. dem Niveau des ganzen Systems, oder aber auch auf unteren Niveaus oder Untersystemen.

Die beiden Begriffe werden durch die Abb 3.1.1.1 veranschaulicht.

I. Allg. wird man versuchen, das ganze System auf dem obersten Niveau zu formulieren, wobei die Untersysteme als sogenannte *black boxes* verstanden werden, d.h. man betrachtet den Input, den Output sowie die Funktion der Black Box, aber nicht die Art und Weise, wie die Funktion realisiert werden soll. In einer darauffolgenden Phase wird man jedes Untersystem, d.h. jede Black Box, in der gleichen Art als System behandeln. Das oberste Niveau oder die oberen Ebenen beschreiben i. Allg. den Standpunkt eines Generalisten zur Lösung des Problems, die unteren Ebenen sind dagegen mehr auf die Struktur des Problems bezogen und gleichen damit dem Standpunkt eines Spezialisten. Je nach zu betrachtendem Aspekt muss deshalb die Diskussion auf der richtigen Systemebene geführt werden. Natürlich gibt es verschiedene Möglichkeiten zum Entwurf des Systems auf jeder Ebene, insbesondere zur Definition der Untersysteme.

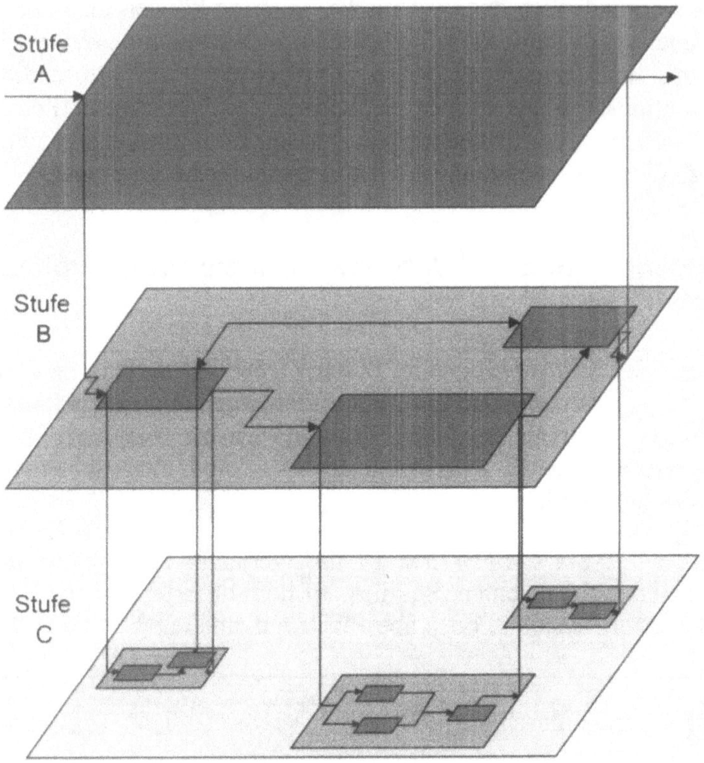


**Abb. 3.1.1.1** Vorgehensprinzip: vom Groben zum Detail

Damit entsteht, wie in der Abb. 3.1.1.2 gezeigt wird, auf jeder Ebene ein Spektrum von Varianten. Evaluation und Entscheid über das Beibehalten von Varianten sollen idealerweise erfolgen, bevor ein Teilsystem auf einer unteren Ebene weiter behandelt wird.

- *Vorteil:* Varianten, die das Problem in einer ungenügenden Weise lösen, können innert eines vernünftigen Zeitaufwandes bestimmt und eliminiert werden.

- *Nachteil:* Ob die postulierte Funktionsweise einer Black Box auf einer unteren Ebene auch wirklich realisiert werden kann, kann manchmal erst durch ein detaillierteres Studium auf der unteren Systemebene entschieden werden.

Damit wird klar, dass i. Allg. der Aufwand der Ausarbeitung einer Variante auf einer tieferen Ebene verglichen werden muss mit dem Risiko einer falschen Entscheidung aufgrund von unvollständigen Informationen auf einer oberen Ebene. Wichtig für die Variantenbetrachtung ist: Es gibt i. Allg. in jedem System verschiedene Wege, die nach Rom führen...

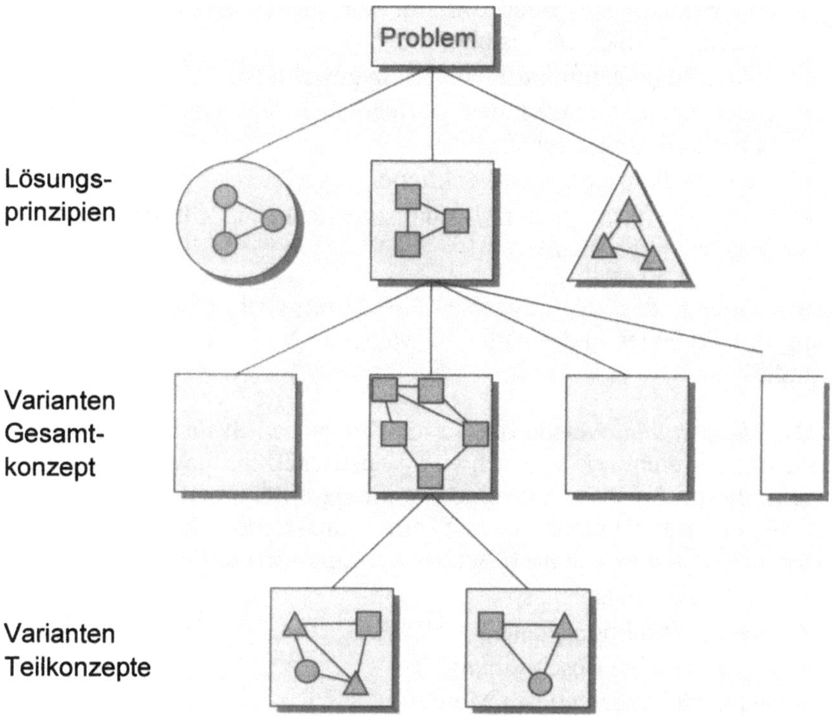


**Abb. 3.1.1.2** Kreieren und Evaluieren von Varianten auf jeder Ebene des Systems

## 3.1.2 Phasenmodell

Ein nächstes wichtiges Prinzip des Systems Engineering gemäss Abb. 3.1.1 ist das Phasenmodell.

Das *Phasenmodell* ist gleichbedeutend mit dem Postulat der *Lebensphasen eines Systems*. Es wird definiert durch drei Konzeptionsphasen und vier Ausführungsphasen.

Zu den Konzeptionsphasen zählen:

1. Die *Vorstudie*, deren Ziel darin besteht, innert vernünftiger Zeit Aufschluss darüber zu erhalten,
   - ob wirklich ein Bedürfnis für ein neues System oder eine Systemmodifikation besteht,
   - ob der Zugang zum Problem richtig gewählt ist,
   - welches die Grenzen des zu betrachtenden Systems sind (der "Problemlösungskreis"),
   - welches die wichtigsten Funktionen des Systems sind,
   - worin die prinzipiellen Lösungsmöglichkeiten für das Problem bestehen (Varianten!).

Eine Entscheidung des Auftraggebers in bezug auf Fortsetzung oder Aufhebung des Projektes und auf die zu wählende Variante bildet das Ende der Vorstudie.

2. Die *Hauptstudie*, welche die Studie des ganzen Systems umfasst. Ist ein Untersystem nur sehr schwierig abzuschätzen, mag es notwendig sein, diesbezüglich bereits eine detailliertere Studie zu betreiben. Das Ergebnis der Hauptstudie ist eine umfassende Konzeption des Systems und dies – je nach Art des Systems – in der Form
   - eines Aktivitätsplanes,
   - von Konstruktionsplänen,
   - einer verbalen Beschreibung,
   - von anderen geeigneten Mitteln.

Das Resultat der Hauptstudie erlaubt

- Entscheidungen bezüglich der notwendigen Investitionen zu treffen,
- die Untersysteme und Teilprojekte zu definieren,
- Prioritäten in der Realisierung der Detailstudien zu setzen.

Der letzte Punkt ist besonders wichtig, da es darum geht, die (finanziellen und menschlichen) Projektressourcen zu beurteilen und zu planen. Zudem sind zuerst die wichtigen Untersysteme zu entwickeln, nach denen sich die weniger wichtigen orientieren. Dies vermindert wohl den Freiheitsgrad in der Realisierung, beschleunigt aber die Realisierung der anderen Untersysteme, z.B. durch eine eventuelle Kopie der zuerst entwickelten Untersysteme.

Das Ergebnis der Hauptstudie erlaubt gegebenenfalls auch in die vorherige Lebensphase zurückzukehren, z.B. wenn die Vorgaben ungenau oder nicht durchführbar sind.

3. Die *Detailstudie.* Deren Resultat umfasst
   - die detaillierte Konzeption der Untersysteme und die endgültige Entscheidung über die zu wählenden Varianten,
   - die Konkretisierung der Beschreibung der einzelnen Teilsysteme. Es handelt sich um eine genügend präzise Beschreibung, die den Bau des Systems ohne Interpretationsprobleme erlaubt.

Da es verschiedene Detailstudien, nämlich diejenigen der einzelnen Untersysteme, auf verschiedenen Ebenen gibt, geht es jetzt auch darum, die einzelnen Systeme vom Detail zum Groben (bottom up) zu reintegrieren. Damit lassen sich die gesamte Funktion und das Zusammenspiel der Untersysteme in ihrem jeweiligen Übersystem überprüfen. Es handelt sich hier um einen Prozess, der oft Anlass zur Modifikation der Detailstudien oder auch der Hauptstudie gibt.

Während jeder Phase der Konzeption gilt es, Entscheidungen zu treffen bezüglich

- der Variantenwahl,
- des Abbruchs der Studien,
- der Rückgabe des Projektes an die nächstübergeordnete Phase.

Wichtige Faktoren für solche Entscheidungen sind – nebst den Faktoren, die die funktionellen Ziele des Projektes betreffen – die zu erwartenden Kosten und Nutzen. Die letzteren entscheiden oft bei der Wahl aus verschiedenen Varianten, die funktionell gleichwertig zu sein scheinen. Oder sie geben auch den Anstoss zur Suche von anderen Varianten, zum Abbruch der Systementwicklung oder zur Fortsetzung der nächsten Lebensphase des Systems.

Zur Ausführung des Systems gehören vier Lebensphasen:

4. Der *Systembau* beschreibt die Ausarbeitung der Systemfunktionen, z.B.
   - die Fabrikation der Maschinen oder der Apparate sowie ihre Dokumentation,
   - die Codierung und die Dokumentation der Programme in einem Informatik-gestützten Informationssystem,
   - das Ausarbeiten der Organisation zum Betrieb des Systems. Im Falle eines Informationssystems gehören dazu unter anderem
     - die Dokumentation für den Benutzer,
     - die genaue Beschreibung der Abläufe zur Akquisition – vor allem von und zu den umliegenden Systemen – und der Abläufe zur Nutzung von Informationen,
     - die Aktionen, welche bei einer Systemkrise zu treffen sind,
     - die Ausbildung der Benutzer.

5. Die *Systemeinführung* ist der Übergang zur Produktionsphase des Systems. Gerade bei grossen Projekten wird oft ein Untersystem nach dem anderen eingeführt, da es immer verschiedene unvorhersehbare Faktoren zu berücksichtigen gilt. In dieser meistens relativ kurzen Einführungsphase fallen denn auch oft sehr zeitkritische Korrekturen des Systems an. Es ist auch möglich, einige Untersysteme bereits in Betrieb zu geben und andere noch in der Detailkonzeption zu halten, vor allem dann, wenn die Konzeption der letzteren beeinflusst werden kann durch die Erfahrungen, die während des Betriebs der ersteren gemacht werden. Im klassischen Systems Engineering soll in jedem Fall zumindest die ganze Hauptstudie beendet sein, bevor mit dem Bau des ersten Teilsystems begonnen wird.

6. Während des *Systembetriebs* müssen periodisch, nach einer konstruktiven Kritik, folgende Punkte beachtet werden:
   - Sind die Systemfunktionen wirklich die geplanten? Die Beantwortung einer solchen Frage kann als Quelle von Erfahrungen für spätere, ähnliche Projekte dienen, und ein Korrekturprozess kann daraus abgeleitet werden.
   - Sind die kommerziellen Zielsetzungen, wie vorhergesehen, erreicht worden? Abweichungen helfen, für zukünftige Projekte Kosten und Nutzen besser abzuschätzen.

7. Ein Entscheid zur *Systementsorgung* ist meistens parallel zur Einführung eines neuen Systems zu treffen. Gerade bei stark im täglichen Betrieb verhafteten Systemen, z.B. bei Informatik-gestützten Informationssystemen auf der operationellen Ebene eines Industrieunternehmens, ist ein solcher Systemersatz oft eine heikle Angelegenheit. Im Allgemeinen gibt man vor,
   - dass der tägliche Ablauf in der Realität nur für sehr kurze Zeit unterbrochen werden darf,
   - dass die Daten des alten Systems möglichst automatisch ins neue System übernommen werden.

Zur Entsorgungsphase des Systems gehört vor allem bei physischen Gütern (z.B. Computer, Terminals!) auch die physische Entsorgung der einzelnen Komponenten. Dies kann sowohl technisch als auch kostenmässig eine grosse Herausforderung darstellen und ist deshalb bereits im Systems Engineering von allem Anfang an einzuplanen.

### 3.1.3 Problemlösungszyklus

Den drei Lebensphasen während der Konzeption eines Systems steht gemäss Abb. 3.1.1 der Problemlösungszyklus gegenüber.

Der *Problemlösungszyklus* ist definiert als die sechs nachfolgend beschriebenen Schritte, die während der drei Konzeptionsphasen durchlaufen werden.

Die Wichtigkeit jedes Schrittes ist in der Abb. 3.1.1 mit Kreisen unterschiedlichen Durchmessers angegeben, ebenso wie der Aufwand für die jeweilige Lebensphase mit einfachen oder dreifachen Pfeilen illustriert wird.

1. In der *Situationsanalyse* geht es darum, die Situation und das Problem mit seinen Ursachen und Folgen zu erkennen. Man unterscheidet zumindest vier Gesichtspunkte:
   - Systembezogen: Bestimmen der Systeme und Untersysteme mit ihren Elementen und Interaktionen
   - Diagnostisch: Feststellen der Symptome der unbefriedigenden Lösung, Ableiten der Ursachen
   - Therapeutisch: Finden der Korrekturmöglichkeiten und ihrer Applikation auf die entsprechenden Elemente
   - Zeitbezogen: Entwickelt sich die Situation in der Zeitachse ohne oder mit Korrektur?

   Während der Situationsanalyse müssen auch die Schranken oder Randbedingungen für eine mögliche Lösung definiert werden, etwa
   - durch die Systemumgebung bestimmte (soziale, technische, rechtliche usw.),
   - durch früher getroffene Entscheidungen, welche im Moment nicht modifiziert werden können,
   - durch "fixe" Teile der Situation, d.h. Teile, welche aus irgendwelchen Gründen so bleiben müssen, wie sie sind.

2. Die *Zielformulierung* umfasst i. Allg. funktionelle, kommerzielle und zeitbezogene Ziele. Solche Ziele müssen lösungsneutral, vollständig, präzise, verständlich und realistisch sein. I. Allg. werden zwei Zielklassen unterschieden:
   - *Mussziele*, d.h. Ziele, die auf jeden Fall zur Problemlösung erreicht werden müssen ("Need to have").
   - *Wunschziele*, d.h. Ziele, die wenn möglich erreicht werden sollen ("Nice to have"). Diese Ziele werden schliesslich als Kriterienkatalog zur Entscheidungsfindung bei mehreren genügenden Varianten dienen.
   - Die Zielformulierung muss schlussendlich durch den Auftraggeber sanktioniert werden. Dies deshalb, weil man aufgrund von unvorhergesehenen Faktoren die Zielformulierung ggf. ändert muss.

3. Die *Synthese* ist die Konzeption der möglichen Lösungen. Sie ist genügend genau, um den Vergleich unter verschiedenen Varianten zu ermöglichen. Alle verlangten Funktionen und zur Verfügung gestell-

ten Mittel müssen dabei berücksichtigt werden. Die Synthese ist der kreative Anteil der Arbeit und damit meistens auch der schwierigste und weitaus motivierendste Teil des Problemlösungszyklus'.

4. Die *Analyse* ist eine Art Test der Synthese. Ist die Konzeption der Lösung vollständig (d.h. sind alle Ziele erreicht)? Ist sie realisierbar (d.h. sind alle Randbedingungen oder Schranken beachtet worden)? Es ist manchmal schwierig, die beiden Schritte der Synthese und der Analyse im Problemlösungszyklus zu unterscheiden. Dies deshalb, weil die Analyse oft bereits bei der Geburt einer Idee im Hinblick auf die Konzeption der Lösung beginnt.

5. In der *Bewertung* oder *Evaluation* geht es darum, quantitative Methoden zu bestimmen, um die Effizienz oder die Qualität einer möglichen Lösung an sich und im Vergleich mit anderen Varianten zu messen. Es handelt sich meistens um ähnliche Methoden, wie sie auch für den Vergleich von Kosten und Nutzen herangezogen werden.

6. Die *Entscheidung* betrifft sowohl die Wahl der Variante als auch den Entscheid, die Konzeptionsphase oder eine vorhergehende Phase zu wiederholen. Sie wird zwischen Spezialisten, Systemverantwortlichen und dem Auftraggeber getroffen. Der ganze oder Teile des Problemlösungszyklus' müssen gegebenenfalls wiederholt werden. Die Gründe sind u.a.:
   - Die Situationsanalyse ist ungenügend oder zu wenig genau, um daraus eine Lösung abzuleiten.
   - Die Resultate der Analyse zeigen, dass die Konzeption nicht in allen Teilen dem Bedürfnis und den Randbedingungen entsprechen.
   - Neue Ziele werden hinzugefügt.
   - Die Ziele werden modifiziert, da keine Lösung möglich ist.
   - Neue Varianten sind für eine Evaluation aufzuarbeiten.
   - Die Gewichtung der Kriterien zur Evaluation der Varianten wird geändert.

Die Realisierung eines Informationssystems ist in seiner Art ein Projekt. Ein erfolgreiches Systems Engineering umfasst damit ein passendes, hier nicht weiter besprochenes (Projekt-)Management zur Organisation der Ressourcen, zur Planung, Steuerung und Kontrolle der einzelnen Lebensphasen und zur Information und Dokumentation der Beteiligten. Siehe dazu auch [Wisc99].

## 3.2 Engineering von Informatik-gestützten Informationssystemen

Ein Informationssystem ist ein Spezialfall eines allgemeinen Systems. Die Grundsätze des Systems Engineering gelten deshalb für die Realisierung eines Informatik-gestützten Informationssystems genauso wie für andere Systeme. Bei Informatik-gestützten Informationssystemen kommt jedoch hinzu, dass zum Betrieb des Systems spezifische Informatikwerkzeuge oder Automaten notwendig sind: die Software. Jede einzelne der Konzeptionsphasen und auch die Ausführungsphasen werden von der Tatsache beeinflusst, dass solche Werkzeuge zur Anwendung kommen.

Es gibt etliche Bücher über erfolgreiches Vorgehen für das Engineering von Informatik-gestützten Informationssystemen. Siehe dazu z.B. [BeHa00] oder – ganz aktuell – [Spec01]. Deren oft detaillierter Inhalt soll hier nicht wiedergegeben werden. Im Folgenden soll vielmehr auf Besonderheiten eingegangen werden, die für das Engineering von Informatik-gestützten Informationssystemen typisch sind. Zudem soll auf Faktoren eingegangen werden, die für ein erfolgreiches Management des Lebenszyklus von solchen Systemen grundlegend sind. Hauptsächlich wird von der Vorstudie, der Hauptstudie und der Detailstudie die Rede sein. Diese Phasen sind erfahrungsgemäss die wichtigsten für den Erfolg.

### 3.2.1 Software Engineering

Die Entwicklung oder zumindest die Einführung von Software ist Teil des Engineerings eines Informatik-gestützten Informationssystems und wird auch "Software Engineering" genannt (siehe dazu etwa [Fair85], [Somm00] oder [Spec01]). Die Erstellung dieser Software ist die Arbeit von Informatikern, die im Falle einer Entwicklung von Software in die ganze Projektorganisation eingebunden sind.

| |
|---|
| *Software Engineering* ist das Engineering der Informatik-Stützung eines Systems, d.h. es umfasst die Gesamtheit der Informatik-seitigen Aufgaben während der Lebensphasen eines Informationssystems. |

"Software Engineering" als Teil der Realisierung eines Informatik-gestützten Informationssystems unterliegt im Prinzip den gleichen Phasen wie Systems Engineering:

- Der Vor- und der Hauptstudie entspricht die Phase der "Systems Analysis", der Detailstudie entspricht das "Systems Design".
- Dem Systembau entspricht die Herstellung der Software, d.h. die Codierung (die "Programmierung") und der Test der Software.

- Der Systemeinführung entspricht die Einführung der Software bei den Benutzern.
- Dem Betrieb des Systems entspricht der Betrieb der Software auf einem Computer.
- Der Entsorgung des Systems entspricht die Ablösung der Software und gegebenenfalls der Hardware, meistens durch eine neue.

*Systems Analysis* ist die Erarbeitung des Problemkreises und der Systemfunktionen aus der Sicht des Software Engineering während der Lebensphasen von Vorstudie und Hauptstudie.

Während der Phase der Systems Analysis – und später auch beim Systems Design – erarbeitet man verschiedene Modelle des Systems. Im Software Engineering wird die grobe Formel nach Abb. 3.2.1.1 postuliert.

Modell eines Informationssystems =
= prozessorientiertes + aufgabenorientiertes + funktionsorientiertes Modell
+ Datenmodell bzw. objektorientiertes Modell

**Abb. 3.2.1.1** Modellierung eines Informationssystems

Die während der Phase der Systems Analysis erstellten Modelle für die Anwendungssoftware werden als Antwort auf ein organisatorisches Konzept der zukünftigen Anwendung des Informationssystems im Unternehmen erstellt. Die Modelle müssen deshalb für den Benutzer unbedingt transparent sein, ja sich durch eine Nähe zum Anwender auszeichnen. Funktionen, Prozesse, Daten und Objekte beziehen sich deshalb klar auf die realen Vorkommnisse im Unternehmen und sind in der Sprache und mit den Begriffen des Unternehmens beschrieben. Die Kap. 4 bis 6 behandeln das Thema *Modellierung* eingehend.

*Systems Design* ist die Erarbeitung des Problemkreises und der Systemfunktionen aus der Sicht des Software Engineering während der Detailstudie.

Im Systems Design geht es darum, die Systemfunktionen zu detaillieren und insbesondere die Benutzerschnittstelle detailliert zu bestimmen (z.B. Bildschirmdarstellung und Listenaufbau), die Ablaufsteuerung aufzuarbeiten sowie um den Verkehr mit dem Computer selbst. Hier stehen bereits die Bedürfnisse einer effektiven und effizienten Realisierung auf dem Computer im Vordergrund. Das Systems Design enthält deshalb Funktionen, Daten und Objekte, die aus Anwendersicht nicht immer verständlich sein mögen.[14]

Für eine erfolgreiche Umsetzung muss man Repräsentanten der informatikseitigen Realisierung möglichst früh in die Systemrealisierung einbeziehen. Die Organisatoren und Betriebsingenieure gemäss dem Problemlösungszyklus, ausgehend von der Situationsanalyse, die Zielformulierung und damit das neue System beschreiben und festlegen. In der Synthesephase geht es dann darum, eine genaue Abbildung oder Modellierung der festgelegten Realität mit Informatikmitteln zu finden.

### 3.2.2 Software Engineering und die Nahtstelle zur Organisation

Der Schlüssel zum erfolgreichen Engineering von Informatik-gestützten Informationssystemen liegt damit in der Zusammenarbeit zwischen Betriebs-Ingenieuren und Informatik-Ingenieuren. Für diese Zusammenarbeit gibt es verschiedene Grade, je nachdem, ob man Software "ab Stange" zukauft oder speziell für das vorliegende Projekt entwickeln lässt. Siehe dazu die Definition von Standardsoftware und Individualsoftware im Kap. 2.4.3.

Im Engineering von Informatik-gestützten Informationssystemen gibt es in der Praxis drei Fälle:

1. Entwicklung und Einführung von Individualsoftware.
2. Beschaffung von Standardsoftware und Einführung ohne Änderungen.
3. Beschaffung von Standardsoftware mit Anpassung von Teilen dieser Software auf das Unternehmen, Einführung der angepassten Software.

Die Abb. 3.2.2.1 zeigt die Zusammenarbeit im 1. Fall, also zur Einführung von Individualsoftware.

Das Software-Engineering nimmt während der Hauptstudie, der Detailstudie, dem Systembau und der Einführung einen grossen Platz ein, da ein vollständiges Informatik-technisches Konzept zu entwickeln und zu realisieren ist. Wird die Software nicht im eigenen Unternehmen entwickelt, so muss in der Vorstudie ein geeignetes Softwareunternehmen evaluiert werden. Dem

---

[14] Insbesondere zählen die Normalisierung von relationalen Datenmodellen oder die objektorientierte Programmierung bereits zum Systems Design. Die entsprechenden Prinzipien sind mit Blick auf eine möglichst effiziente und änderungsfreundliche Implementation auf dem Computer konzipiert. Dies erklärt, warum die entsprechenden Vorgehensweisen nur für interessierte Anwender durchsichtig sein mögen.

Software-Entwicklungs- und Einführungsvertrag mit dem ausgewählten Partner ist dann besondere Beachtung zu schenken.

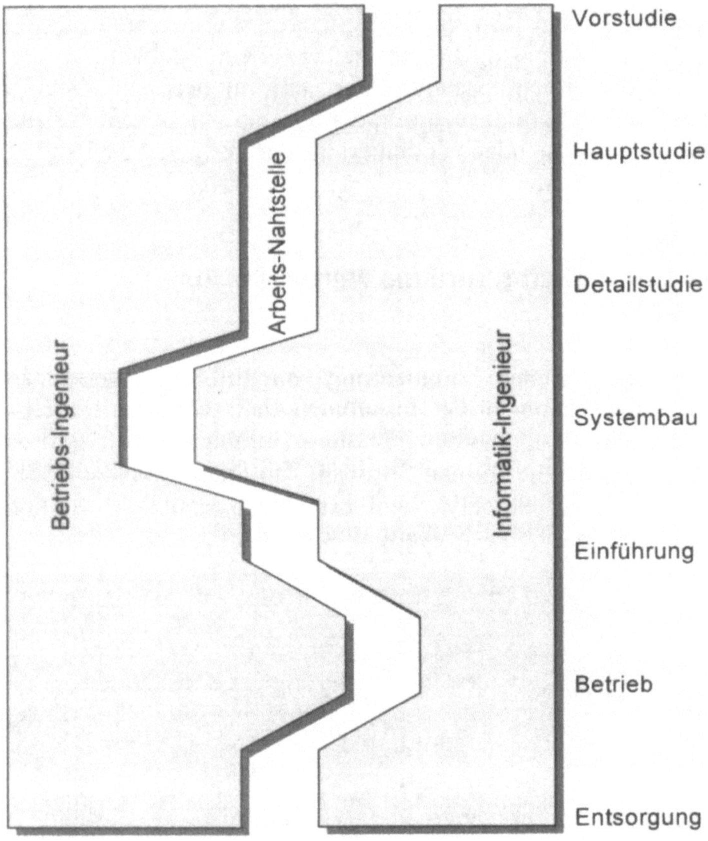


**Abb. 3.2.2.1** Zusammenarbeit im Engineering von Informatik-gestützten Informationssystemen mit Individualsoftware

Die Abb. 3.2.2.2 zeigt die Zusammenarbeit im 2. Fall, nämlich bei der Einführung von Standardsoftware ohne Änderungen.

Nur das organisatorische Konzept ist zu erstellen. Dieses wird aber mit Sicht auf die Informatik-Stützung erstellt. Sinnvollerweise vertritt dabei jemand die Informatik-Sicht. Dies ist oft die Aufgabe von Beratern. Diese Begleitung bleibt bis zur Betriebsphase bestehen. Während der Hauptstudie muss dabei mögliche Standardsoftware analysiert und evaluiert werden. Dem Software-Beschaffungsvertrag gilt schliesslich besonderes Gewicht.

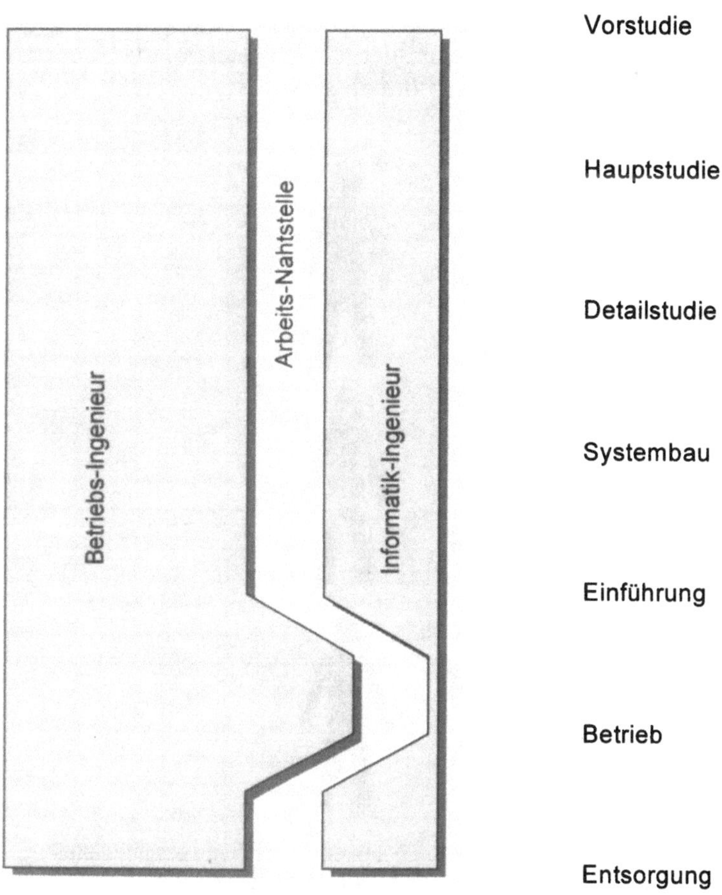


**Abb. 3.2.2.2** Zusammenarbeit im Engineering von Informatik-gestützten Informationssystemen mit Standardsoftware ohne Änderungen

Die Zusammenarbeit im 3. Fall, nämlich bei der Einführung von Standardsoftware mit Anpassung von Teilen dieser Software an das Unternehmen, ist eine Mischung der beiden Abbildungen: Vorstudie und Hauptstudie entsprechen eher der Abb. 3.2.2.1, Detailstudie, Systembau und Einführung mehr der Abb. 3.2.2.2. Dem Software-Beschaffungsvertrag und dem Vertrag zur Erstellung und Einführung der Anpassungen ist dann besondere Beachtung zu schenken.

Damit stellt sich in jedem Fall die Frage nach einer geeigneten *Arbeitssicht* zwischen den realitätsbezogenen Organisatoren und Betriebsingenieuren sowie den Computer-bezogenen Informatikern. Dem Ansatz der verschiedenen fachlichen und integrierenden Kompetenzen aus der Abb. 1.2.4.2 folgend, die für ein Integrales Informationsmanagement notwendig sind, steht hier besonderes die *konzeptionelle Kompetenz* im Vordergrund.

Entsprechend schlägt die Abb. 3.2.2.3 als Arbeitssicht eine *konzeptionelle Sicht* vor. Sie soll die Nahtstelle zwischen den beiden interessierten Kreisen bilden, also zwischen Organisation und Informatik.

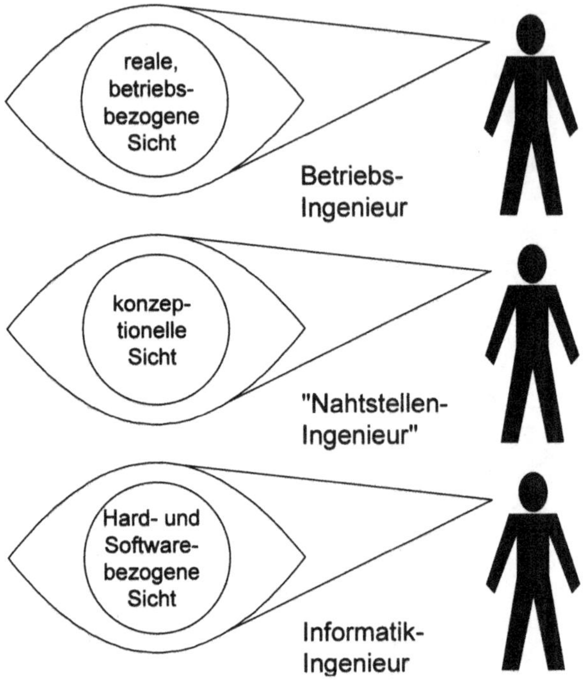


**Abb. 3.2.2.3** Postulat einer konzeptionellen Nahtstelle zwischen verschiedenen Beteiligten bei der Konzeption eines Informatik-gestützten Informationssystems

Natürlich geht es darum, die konzeptionelle Sicht soweit wie möglich der realen Sicht anzugleichen. Dies hingegen ist in den meisten Fällen eine Illusion. Die konzeptionelle Sicht ist eine Abstraktion der Realität, ausgedrückt etwa in prozess-, aufgaben- und funktionsorientierten Modellen sowie in Datenmodellen bzw. objektorientierten Modellen. Diese unterliegen im Idealfall einem strengen mathematischen Konzept und damit auch der entsprechenden Rigidität. Das hat den Nachteil, dass nicht alle in der Realität vorkommenden Elemente und Interaktionen in der gewünschten Flexibilität abstrahiert werden können: Nur schlecht konzipierbar sind insbesondere vermutete Zusammenhänge, die nicht exakt formuliert werden können (oder sollen...). Die Rigidität hat andererseits den Vorteil, dass die einmal gewonnene Abstraktion auch technisch wirklich realisiert werden kann.

Das allseitige Beherrschen der konzeptionellen Sicht als Arbeits-Nahtstelle zwischen Organisation und Informatik ist eine Schlüsselbedingung für den

Erfolg bei der Realisierung von Informatik-gestützten Informationssystemen, insbesondere von Informationssystemen für Geschäftsprozesse. Dies gilt in allen drei erwähnten Fällen:

- Prozess- und aufgabenorientierte Modelle sind bereits für das Erarbeiten des organisatorischen Konzepts wichtig. Sie dienen auch als Vorgabe für das Informatik-technische Konzept. Insbesondere das prozessorientierte Modell wird beim Erarbeiten dieses Konzepts weiter detailliert. Standardsoftware stellt sich dem potentiellen Käufer gegenüber oft durch ein sogenanntes *Referenzmodell* vor. Zu diesem gehört insbesondere ein prozessorientiertes Modell, welches als Idee hinter der Standardsoftware steckt.

- Funktionsorientierte Modelle werden zur Erarbeitung des Informatik-technischen Konzepts benötigt, aber auch zur Beschreibung des Softwareumfangs zur Beschaffung von Standardsoftware. Besonders braucht man solche Modelle zur Analyse und Evaluation von Standardsoftware, da das Referenzmodell der Standardsoftware praktisch immer funktionsorientierte Modelle umfasst.

- Datenmodelle und objektorientierte Modelle sind Bestandteil eines Informatik-technischen Konzepts und von allen Modellen dem Betriebsingenieur und den zukünftigen Benutzern wohl am wenigsten intuitiv verständlich. Wird Software beschafft, so werden diese Modelle durch die Softwareunternehmen erstellt. Auch das Referenzmodell einer Standardsoftware enthält des öftern ein Datenmodell oder objektorientiertes Modell, das dann auch Bestandteil des Vertrages werden kann. Die Existenz eines solchen Modells wird manchmal sogar zu einer der Knock-out-Bedingungen für die Auswahl einer Standardsoftware. Und das mit Recht, denn ein solches Modell ist heute die Grundlage einer jeden qualitativ hochstehenden Software. Die Möglichkeiten und die Flexibilität einer Software sind durch ihr Datenmodell oder objektorientiertes Modell entscheidend vorgegeben. Aus all diesen Gründen sind diese Modelle nicht nur Werkzeuge des Informatikingenieurs. Gerade ein Betriebsingenieur muss solche Modelle zumindest lesen und interpretieren können.

Auf der Grundlage solcher Modelle können sich beide am Engineering eines Informatik-gestützten Informationssystems beteiligten Seiten als "Nahtstellen-Ingenieure" wiederfinden und erfolgreich miteinander kommunizieren. In den Kapiteln 4 bis 6 werden deshalb Methoden zur Modellierung der Prozesssicht, der Aufgabensicht, der Funktionssicht und der Objektsicht vorgestellt, die für die konzeptionelle Beschreibung von Informationssystemen zur Stützung von Geschäftsprozessen besonders geeignet sind. Die Modelle werden schliesslich in den Kapiteln 7 bis 12 detailliert entwickelt.

### 3.2.3 Abweichungen des Software Engineering vom klassischen Systems Engineering

In der Vergangenheit hat es sich mehrheitlich gezeigt, dass Software Engineering, besonders während der Konzeption und Systemerarbeitung, nicht mit der genau gleichen Strenge der Lebensphasen betrieben werden kann wie dies die klassische Theorie des Systems Engineering gerne vorschreibt. Dies aus zwei Gründen:

1. Die Zielsetzungen des Systems lassen sich durch die Organisatoren und Betriebsingenieure aus oft unvollständiger Kenntnis der informatikseitigen Möglichkeiten nicht so exakt und verständlich formulieren, als dass der mit den betrieblichen Abläufen nicht genügend vertraute Informatiker die informatikseitige Sicht des Systems richtig konzipieren kann. Als Folge bleibt die Zielformulierung im Projektverlauf nicht stabil. Autoren haben dieses Problem auch als "evolutionären Charakter" des Software Engineering bezeichnet. Siehe dazu etwa [KuDo93].
2. Die Motivation der Projektauftraggeber ist ein kritischer Faktor: Sie wollen "etwas sehen". Gerade bei komplexen, Informatik-gestützten Informationssystemen dauert die Konzeptionsphase sehr lang, oft Monate oder sogar ein Jahr und mehr. Der Auftraggeber hat letztlich wenig Möglichkeiten, die Qualität der Arbeit genau zu beurteilen.

In beiden Fällen versucht man deshalb, das Problem z.B. durch eine sogenannte Inkremental-Entwicklung des Systems zu lösen.

*Inkremental-Entwicklung* bedeutet, dass man den traditionellen Systems-Engineering-Zyklus in dem Sinne unterbricht, dass nicht streng jede Lebensphase des Systems abgeschlossen wird, bevor die nächste begonnen wird. Für bestimmte Systemfunktionen in Vor-, Haupt- und Detailstudie führt man ein *Prototyping* durch, d.h. man baut das System mit einem groben Vorgehen provisorisch.

Die Inkremental-Entwicklung des Systems verkürzt jedoch die Systementwicklungszeit gegenüber dem traditionellen Phasenmodell nicht. Im Gegenteil, hier geht Zeit verloren. Dieser Verlust kann aber durch die folgenden Vorteile wettgemacht werden:

1. Die Benutzernahtstelle und die Ablaufszenarien können früh aufgezeigt werden. Dies hilft, Missverständnisse bereits in der Systems Analysis – also in einer frühen Phase des Systems – zu vermeiden und damit die Sicherheit zu erhöhen. Oft werden unterschiedliche Auffassungen zwischen Organisatoren und Informatikern erst dann erkannt, wenn "man die Sache sieht".

2. Der Prototyp erhöht bei den Benutzern und den Auftraggebern das Vertrauen in das Projekt und dessen Akteure und zieht damit einen Motivationsschub nach sich.

Dementsprechend lassen sich zwei prinzipiell verschiedene Entwicklungsmodelle im Software-Engineering unterscheiden, die in den nächsten beiden Unterkapiteln vorgestellt werden. Die Darstellung lehnt sich an [Spec01] an.

### 3.2.4 Wasserfallmodell

Das Wasserfallmodell folgt den Phasen des klassischen Systems Engineering.

Das *Wasserfallmodell* beschreibt den Software-Lebenszyklus mit den in der Abb. 3.2.4.1 beispielhaft dargestellten Phasen.

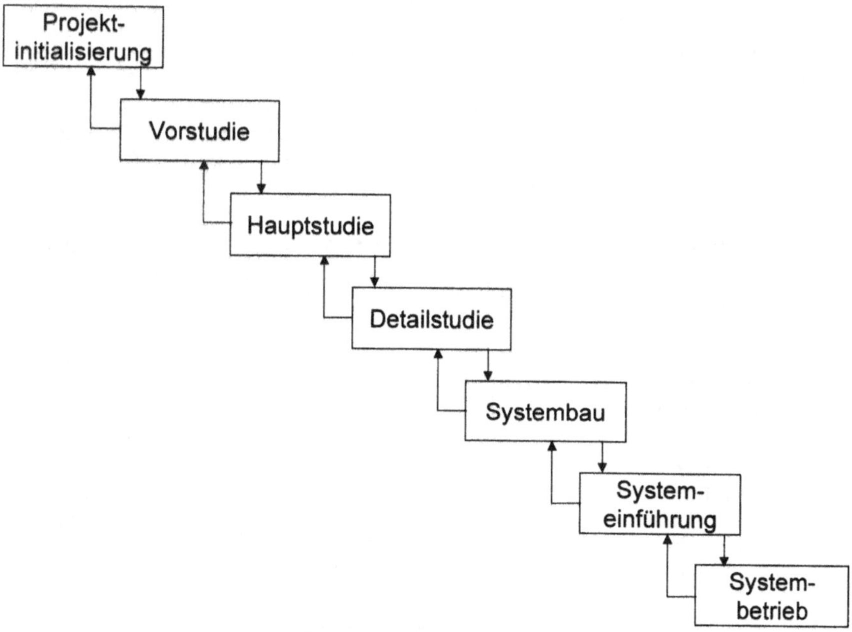


**Abb. 3.2.4.1** Das Wasserfallmodell

Das Wasserfallmodell hat im Software Engineering eine grosse Verbreitung erlangt. Die Abb. 3.2.4.2 beschreibt die in der Abb. 3.2.4.1 dargestellten Phasen und Tätigkeiten genauer.

1. *Projektinitialisierung:* Diese Phase soll bei einem grösseren IT-Vorhaben dazu dienen, einen allgemeinen Konsens über die Sinnhaftigkeit des Vorhabens zu erreichen. Damit verbunden ist heute meistens der Entscheid über die Entsorgung des bisherigen Systems.

2. *Vorstudie:* Im Rahmen der Vorstudie werden Machbarkeit, Konzepte und Alternativen von möglichen Software- und Systemkonzepten geprüft. Phasenprodukte: Funktionsumfang, prinzipielle Ablauf- und Aufbauorganisation, generelle Mensch-Maschine-Funktionsteilung, Meilensteine.

3. *Hauptstudie:* Dazu gehört zunächst eine *Anforderungsanalyse (Requirements analysis)*. Dies ist eine möglichst komplette Spezifikation aller für das Software-Produkt erforderlichen Funktionen und Leistungsparameter. Dazu werden auch das bestehende System sowie die Aufgaben und Tätigkeiten der Benutzer analysiert. Die Ergebnisse werden meistens in einem Pflichtenheft festgehalten, das sowohl zur Evaluation der Angebote herangezogen wird als auch die Grundlage für den Vertrag mit den Informatik-Lieferanten bildet. Phasenprodukte: Pflichtenheft mit Anforderungsspezifikation (funktionelle, Leistungs- und Schnittstellen-Spezifikation, Terminplan), Vertrag.

4. *Detailstudie/Design:* Diese Phase umfasst die Erstellung einer detaillierten Spezifikation aller Datenelemente und Funktionen auf einer prozeduralen Ebene. In dieser Phase wird auch die Benutzungsoberfläche der Software entworfen. Phasenprodukte: Verifizierte Spezifikation des Software-Produktdesigns bzgl. Programmkomponenten, Datenstruktur auf Feldebene, Schnittstellen, Integration- und Testplan.

5. *Systembau:* In die Phase fallen zunächst die Konfiguration und Anpassung von Standardsoftware und die Programmierung von Individualsoftware. Dazu gehören die Integration verschiedener Programmodule wie z.B. Kommunikationskomponenten mit Programmkomponenten. Die Testphase beinhaltet alle notwendigen Tests zur Abnahme des Systems. Phasenprodukte: Überprüfte Software-Eigenschaften, Leistungsüberprüfung, abgenommenes Hard- und Softwaresystem, Handbücher und Dokumentation.

6. *Systemeinführung:* In dieser Phase wird die Schulung der Systemnutzer abgeschlossen. Die Software wird vom Entwicklungsrechner auf das tatsächliche Produktivsystem portiert. Die Daten vom alten System werden übernommen und das neue System produktiv gestartet. Phasenprodukte: geschultes Personal, produktives System.

7. *Systembetrieb:* Der produktive Betrieb umfasst insbesondere auch die Wartungsaktivitäten. Diese umfassen als schwierige Aufgabe die laufende Einführung von neuen Software-Releases. Phasenprodukte: Fehlerjournale, Wartungsaktivitäten.

**Abb. 3.2.4.2** Phasen und Tätigkeiten im Wasserfallmodell

Die erste explizite Darstellung des Wasserfallmodells – wenn auch nicht mit derselben Terminologie der einzelnen Phasen – stammt von Royce aus dem

Jahre 1970 ([Boeh86, S.30]). Die wichtigsten Merkmale des Wasserfallmodells sind dabei die folgenden:

- Am Ende jeder Phase erfolgt eine Qualitätskontrolle. Das Erreichen von "Meilensteinen" wird überprüft.
- Die Ergebnisse einer Phase werden in der nachfolgenden Phase nochmals nachvollzogen und verfeinert.

Dem Modell bzw. der Vorgehensart liegt dabei in erster Linie der Gedanke zugrunde, wonach die Beseitigung eines Fehlers in einer frühen Phase kostenmässig geringe Auswirkungen auf das Gesamtprojekt hat. Umgekehrt würde sich, wird derselbe Fehler erst während des Systembetriebs bemerkt, dessen Beseitigung auf alle anderen Bereiche (Spezifikation, Programm, Handbücher etc.) auswirken. Gemäss diesem Modell steigt der Beseitigungsaufwand damit exponentiell mit dem Phasenfortschritt an, wobei sich dieser Effekt bei grossen Projekten besonders stark auswirkt (siehe [Boeh86, S.35]).

### 3.2.5 Spiralmodell

Im Gegensatz zum Wasserfallmodell postuliert das Spiralmodell ein zyklisches Vorgehen, wobei das System in jeder Phase durch Prototyping gebaut wird. In jedem Zyklus werden die Ergebnisse aus früheren Phasen verfeinert und ergänzt.

Das *Spiralmodell* bezeichnet eine Inkremental-Entwicklung der Software, bei der jede Phase des Software-Entwicklungsprozesses mehrfach durchlaufen wird, wie dies beispielhaft in Abb. 3.2.5.1 gezeigt wird.

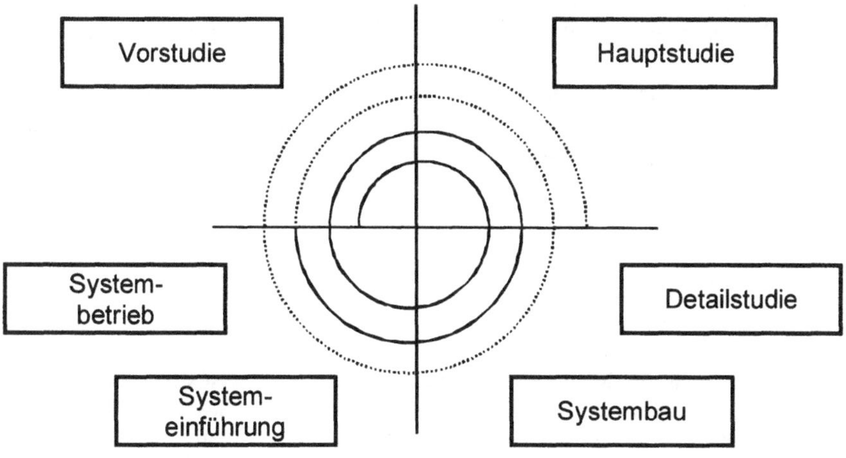


**Abb. 3.2.5.1** Das Spiralmodell

Beim Vorgehen nach dem Spiralmodell wird die Software nicht als "vollständiges" Produkt spezifiziert, programmiert und abgenommen, sondern in Funktionsfähigkeitsinkrementen entwickelt (siehe [Boeh86, S.37]). Der Hauptvorteil des Spiralmodells liegt darin, dass die Anwendung aufeinanderfolgender Inkremente die Berücksichtigung verlässlicher Beurteilungen durch zukünftige Benutzer ermöglicht[15]. Der Trend zum Spiralmodell hat sich nicht zuletzt auch aufgrund gewisser Fortschritte in der Programmiertechnik entwickelt, insbesondere im Zusammenhang mit den *Case Tools* (siehe Kap 3.2.6).

Auch für das Vorgehen nach dem Spiralmodell gibt es Varianten. In [HePo00] wird unter der Bezeichnung "prototypingbasiertes Software-Management" vorgeschlagen, insbesondere bei grossen Projekten nicht Angebote, sondern Anbieter zu evaluieren. Demgemäss soll bereits in der Vorstudie der Anbieter bestimmt und der Vertrag mit ihm geschlossen werden. Insbesondere soll auf die Ausarbeitung eines detaillierten Pflichtenhefts verzichtet werden, das aufgrund der oben erwähnten instabilen Zielformulierung gerade bei komplexen Aufgabenstellungen von vornherein nur bedingt eingehalten werden kann. Folgendes sind die charakteristischen Merkmale dieses Vorgehens:

- Mit zwei bis drei Anbietern, die mit einem beschränkten Ausschreibungsdokument, also nach relativ wenigen Kriterien, ausgelesen werden, führt man den ersten Umgang der Spirale parallel durch, wobei alle Anbieter dafür bezahlt werden.
- Am Ende des ersten Umlaufs erstellen alle Anbieter ein Angebot mit einer Pauschalsumme für die Erstellung und Einführung des Informationssystems. Aufgrund dieses Angebots der Ergebnisse der Zusammenarbeit evaluiert man den verbleibenden Anbieter, mit dem man dann die Hauptstudie und die weiteren Umgänge im Spiralmodell durchgeht.
- Bei Unstimmigkeiten entscheidet in der Folge ein unabhängiger Schiedsrichter, der das Vertrauen beider Vertragspartner geniesst.

Die Reduktion des Risikos von Kosten- und Terminüberschreitungen und der Wegfall der i. Allg. grossen Kosten für das detaillierte Pflichtenheft heben nach den Erfahrungen der Verfechter dieses Vorgehens die zusätzlichen Kosten für die parallele Vorstudie und den Schiedsrichter bei weitem auf.

---

[15] Nicht zu verwechseln ist die Inkrementalentwicklung mit sukzessiven System- oder Modulerweiterungen. Die Bildung von Teilsystemen lässt sich bereits mit dem Wasserfallmodell beschreiben. Indessen ist die Programmierung erster wichtiger Funktionsteile eines bestimmten Moduls aufgrund des klassischen Modells "nicht zulässig".

### 3.2.6 Case Tools

Es gibt verschiedene Methoden zur prozess-, aufgaben-, und funktionsorientierten Modellierung sowie zur Datenmodellierung und objektorientierten Modellierung. Solche Methoden haben des öfteren ihrerseits eine Informatik-Stützung gefunden.

*"Case Tools"* sind Informatik-gestützte Werkzeuge zur prozess-, aufgaben- und funktionsorientierten Modellierung sowie zur Datenmodellierung und objektorientierten Modellierung (*C*omputer *A*ided *S*oftware *E*ngineering-Werkzeuge).

*"Upper Case Tools"* sind im Wesentlichen Module eines Case Tools, die eine Zeichenhilfe für die Modellierung darstellen sowie auch die Kohärenz der gewählten Definitionen überprüfen und die notwendige Dokumentation erstellen können.

Bei den "Upper Case Tools" würde man in diesem Zusammenhang besser von "Computer Aided drawing and checking" sprechen. Nichtsdestoweniger bieten gerade Case Tools wertvolle Hilfen im Sinne des Vorgehens vom Groben zum Detail. Z.B. können mit Methoden für funktionsorientierte Modelle sehr schön "Black Boxes" im Sinne des Systems Engineering definiert und in unteren Stufen dann weiter spezifiziert werden.

Der Vorschlag für eine effiziente Zusammenarbeit im Sinne der Abb. 3.2.2.3 zwischen Organisatoren und Informatikern besteht nun darin, für die entsprechenden Konzeptionsphasen jeweils eine Methode zur prozess-, aufgaben- und funktionsorientierten Modellierung sowie zur Datenmodellierung bzw. objektorientierten Modellierung zu wählen. Beide Seiten sollten sich über die Methode im Klaren sein und die entsprechenden Arbeitspapiere in dieser Form festhalten. Ein Vorteil dieses Vorgehens liegt nicht zuletzt darin, dass die Benutzer, insbesondere die Organisatoren selbst, über diese Schnittstelle direkten Zugriff auf das Werkzeug, den Computer, erhalten und damit die betrieblichen Elemente und Objekte direkt, d.h. ohne Mithilfe des Informatikers, durch entsprechende Software und Standardwerkzeuge, z.B. "Viert-Generations"-Sprachen abfragen können.

"Case Tools" bieten für das im Software Engineering empfehlenswerte Rapid Prototyping eine grosse Hilfe, und zwar durch den Teil, der oft mit "Lower Case" bezeichnet wird.

*"Lower Case Tools"* sind im Wesentlichen Module, die aus einem Modell ein lauffähiges Programm auf einem konkreten Computersystem generieren.

"Lower Case" übersetzt den Datenteil des objektorientierten Modells in eine Datenbankdefinition, das funktionsorientierte Modell in eine deklarative oder prozedurale Sprache. Im Idealfall entstehen damit bereits typische Programme, die einen guten Einblick in die schlussendlich zu erwartende Lösung ergeben. Dabei muss die Prototypenzielumgebung nicht aus der gleichen Hardware oder Systemsoftware gebildet werden, auf denen schlussendlich das definitive System laufen wird. In dieser Phase geht es ja nicht um Mengendurchsatz und Antwortzeiten, so dass man sich gut vorstellen kann, dass auch relativ komplexe Systeme für grössere Betriebe in ihrer Prototypenphase durchaus auf einer PC-Systemumgebung simuliert werden können.

## 3.3 Vorgehen zur Gestaltung und Einführung von Informationssystemen

Der Aufbau dieses Unterkapitels folgt im Wesentlichen den einzelnen Phasen des Wasserfallmodells in der Abb. 3.2.4.1 bzw. 3.2.4.2 sowie den einzelnen Phasen eines Umlaufs des Spiralmodells in Abb. 3.2.5.1. Die Darstellung ist bewusst kurz gehalten. Für eine weitergehende aktuelle Aufarbeitung des Themas seien [Spec01] oder [BeHa00] empfohlen.

Aus einer Studie von [Mart93] gehen Einflussfaktoren auf die individuelle Akzeptanz und den Einführungsumfang von Logistik-Software hervor. Daraus und aus anderen Studien werden die *Erfolgsfaktoren*, also die kritischen Einflussfaktoren für den Erfolg des Projekts, jeweils unter einer eigenen Rubrik für jede Phase angeführt.

Logistik-Software wie ERP (Enterprise Resource Planning) oder PPS (Produktionsplanung und -steuerung) macht einen wesentlichen Teil von Informatik-gestützten Informationssystemen für Geschäftsprozesse aus. Die Abhandlung wird deshalb von einer Fallstudie begleitet, die in jeder Phase unter einer eigenen Rubrik erscheint. Sie beschreibt ein erfolgreich verlaufenes Grossprojekt in der Maschinenindustrie aus der Praxis der zweiten Hälfte der 1990er Jahre. Charakteristiken der Einführung von Logistik-Software – insbesondere die Erfolgsfaktoren – können ohne weiteres auf andere Branchen, insbesondere auf den Dienstleistungsbereich, übertragen werden. So wird stellvertretend an vielen Stellen auf die Erfolgsfaktoren eines ebenso erfolgreich verlaufenen Projektes aus der Bankenbranche Bezug genommen.

*Fallstudie:* Ein Hersteller von grösseren Maschinen mit einer Lebensdauer von 40 bis 50 Jahren, die auf Schiffen zum Einsatz kommen, will seine ERP-Software ablösen. Strategische Erfolgspositionen der weltweit agierenden Firma (mit 800 Mitarbeitern in Verkauf und Vertrieb, F&E, Produktion und

Beschaffung) sind ein extrem variantenreiches Produktespektrum und eine Ersatzteillieferung innerhalb von wenigen Tagen an irgendeinen Ort der Welt.

Beim erwähnten Projekt aus der Dienstleistung handelt es sich um die Fusion von zwei Informationssystemen infolge der Fusion zweier Grossbanken.

### 3.3.1 Projektinitialisierung

Gerade bei grossen IT-Vorhaben soll die Phase der Projektinitialisierung dazu dienen, einen allgemeinen Konsens über die Sinnhaftigkeit des Vorhabens zu erreichen. In diese Phase gehören daher die ausführliche Begründung und das Ziel des Vorhabens sowie zum einen die Information, Sensibilisierung und Motivation aller Beteiligten, insbesondere der zukünftigen Anwender des Informationssystems, zum andern die Identifikation und Freistellung von Arbeitszeit zur Bewältigung des Aufwandes.

In dieser Phase kann man z.B. in einem Grundsatzpapier festhalten, was mit der Einführung eines neuen Systems, bzw. der Ablösung eines bisherigen Systems, erreicht werden soll. Typische Gründe zur Initialisierung solcher Projekte sind etwa das Vorhandensein von neuen oder wesentlich verbesserten Informationstechnologien oder aber auch Erfolgsgeschichten von Unternehmen, die solche Technologien einsetzen. Das Papier sollte sich auch kurz über das erwartete Potential des Einsatzes einer solchen Technologie für das Unternehmen äussern. Es sollte auch den Zusammenhang des Themas zur Unternehmensstrategie herstellen sowie die Einbettung der unter Umständen neuen Informationstechnologie innerhalb der gewählten Technologiestrategien darlegen.

Mit der Projektinitialisierung ist heute meistens der Entscheid über die Entsorgung des bisherigen Systems verbunden, das durch die aktuell eingesetzte Software repräsentiert wird. Die wesentlichen Punkte zur Systementsorgung eines Informatik-gestützten Informationssystems sind bereits unter Kap. 3.1.2 besprochen worden, dort als letzte Phase des Phasenmodells. Man stellt bei den Systemanwendern I. Allg. einen prinzipiellen Widerstand fest, auch dann, wenn die bisherige Software keineswegs “rund läuft”. Eine besondere Schwierigkeit ergibt sich, wenn das Software-Engineering des neuen Systems von einer anderen organisatorischen Einheit als dasjenige des alten Systems wahrgenommen werden soll. Trotz vorhandenen Verträgen mag es in der Praxis sehr schwierig sein, die bisherigen Informatiker motiviert in ein solches Vorhaben einzubinden. Dieses wohlbekannte Phänomen ist eine grosse Herausforderung im Management des Informatik-Personals und der Informatik-Lieferanten.

Das Aufstellen der geeigneten Projektorganisation steht in dieser Phase im Zentrum der Beachtung. Dazu gehört die richtige Tiefe (von der Geschäftsleitung bis zu den Anwendern) und Breite (entlang den betroffenen Geschäftsprozessen, über die Abteilungs- oder sogar Unternehmensgrenzen hinweg). Bei grossen Projekten ist der stark beanspruchte *Projektausschuss* (auch *Projekt-Kernteam* genannt) von den übrigen Mitgliedern des *Projektteams* zu unterscheiden. Der *Projektverantwortliche* (bei umfassenden Projekten ist das ein Glied der Geschäftsleitung) und der *Projektleiter* sind gesondert zu benennen. Der Sitzungsrhythmus des Projektteams und die Informationspolitik sind festzulegen.

Die Abb. 3.3.1.1 fasst die signifikanten *Erfolgsfaktoren* zusammen.

| Erfolgsfaktor, gruppiert nach *Gebiet* |
|---|
| |
| *Systemanwender (Projektnutzer)* |
| Information über die Gründe für ein neues System |
| Identifikation und Freistellung von Arbeitszeit neben dem Tagesgeschäft |
| *Informatik (IT, Architekturen, Personal und Lieferanten)* |
| Berücksichtigung der aktuell eingesetzten und zu entsorgenden Software |
| *Projektorganisation* |
| Projektträgerschaft und Projektleitung |
| Zusammensetzung des Projekt-Kernteams bzw. des Projektausschusses |
| Zusammensetzung des Projektteams |
| Regelmässige Projektteamsitzungen und adäquate Informationspolitik |

**Abb. 3.3.1.1** Erfolgsfaktoren für die Phase der Projektinitialisierung

*Fallstudie:* Als Tochter eines weltweit agierenden Konzerns hatte die Firma eine hochqualifizierte Software im Einsatz. Diese wurde Ende der 1970er Jahre innerhalb des Konzerns entwickelt und seither unternehmensweit genutzt. Die Funktionalität wurde damit implizit zu einem Unternehmensstandard. Entsprechend fanden sich Mitarbeitende, die von einer Konzerntochter zur anderen wechselten, im neuen Unternehmen sofort zurecht. Aufträge zwischen den Konzerntöchtern konnten nach der gleichen Philosophie abgewickelt werden. Ende der 1990er Jahre veränderte sich die Situation insofern, als dass 1.) im Konzern-Rechnungswesen weltweit SAP/R3 eingeführt wurde und 2.) der Entschluss gefällt wurde, die konzerneigene Software nicht so zu verändern, dass sie Jahr-2000-fähig würde. Den Konzerntöchtern wurde freigestellt, welche Software sie für die Administrations- und Dispositionssysteme und für die technisch-industriellen Informationssysteme (siehe Kap. 1.2.2) einsetzen wollten.

Der Leiter Finanz- und Rechnungswesen übernahm die Verantwortung für das Projekt und seine Vertretung in der Geschäftsleitung. Ein erfahrener Mitarbeiter aus dem Rechnungswesen wurde vollamtlicher Projektleiter, ergänzt durch einen ebenfalls erfahrenen Mitarbeiter aus dem Bereich Produktion als vollamtlichen Stellvertreter. Das Projekt-Kernteam wurde durch nebenamtlich wirkende Vertreter aus den Bereichen Verkauf, F&E, Ersatzteilwesen und

Beschaffung sowie durch ein Sekretariat ergänzt. Es wurde festgelegt, dass je nach Projektphase weitere Mitarbeiter in genügender Zahl zum Projekt hinzustossen würden. Die ganze Belegschaft wurde über die Gründe, die Bedeutung und den Zeitplan des Grossprojekts sowie über den auf sie zukommenden persönlichen Aufwand und Nutzen informiert.

### 3.3.2 Vorstudie

Wie die Abb. 3.1.1 zeigte, sind im Rahmen des Problemlösungszyklus für die Vorstudie die wichtigsten Tätigkeiten in der Situationsanalyse und in der Zielformulierung zu sehen. Einer klaren Systemabgrenzung sollte neben einer verbalen Situationsanalyse vor allem eine *SWOT-Analyse*[16] folgen. Die Dokumentation der SWOT-Analyse und der Zielkatalog sollten präzise abgefasst sein.

Zugegeben: Für proaktive Unternehmen ist es in der Praxis nicht immer einfach, die Chancen bei Einführung bzw. die Gefahren bei Vernachlässigung der neuen Technologie abzuschätzen. Ist jedoch die Technologie bei der Konkurrenz bereits weitgehend eingeführt, so ist meistens das Argument der Gefahr einer Vernachlässigung dieser Technologie ausschlaggebend.

In den weiteren Schritten des Problemlösungszyklus – Synthese und Analyse des neuen Systems sowie Bewertung der Varianten und Entscheidung – muss Folgendes erarbeitet werden:

- Das *organisatorische Konzept.* Es umfasst eine klare Äusserung über die zu wählende Ablauf- und Aufbauorganisation und über die später notwendigen Massnahmen bezüglich der Mitarbeiterqualifikation.
- Das *technische Konzept.* Es umfasst Teilkonzepte für Hardware, Systemsoftware und Informatik-Netzwerke (siehe dazu auch die Abb. 1.4.2.1). Das technische Konzept äussert sich zudem über die grundsätzliche Machbarkeit und die wesentlichen Wege für die Ablösung eines bereits bestehenden Informationssystems.

Zur Erarbeitung des organisatorischen und technischen Konzeptes eignen sich z.B. Zukunftswerkstätten. Eine *Zukunftswerkstatt* ist eine dreiphasige Workshoptechnik, bestehend aus einer rational-analytischen Kritikphase, einer intuitiv-emotionalen Phantasiephase und einer realistischen Verwirklichungsphase. Eine solche Werkstatt dauert wahlweise z.B. 3 Stunden oder 3 Tage, je nach Umfang und Schwierigkeit des Problems. Siehe dazu [Jung94] oder [Spec01].

---

16 SWOT steht für "strengths, weaknesses, opportunities and threats", also für Stärken, Schwächen, Chancen und Gefahren.

Das organisatorische und technische Konzept müssen sich bereits darüber äussern, ob die Zielformulierungen durch Individualsoftware oder durch Standardsoftware erreichbar sind. Für die Vorstudie mag deshalb bereits eine Hilfe von aussen in Form von unabhängigen Beratern notwendig sein, die aber nicht identisch sein müssen mit allfälligen Beratern während der Hauptstudie und der Detailstudie.

In der Praxis hat es sich gezeigt, dass es bei sehr vielen zu erwartenden Anbietern von Software von Vorteil ist, durch eine Grobevaluation bereits in dieser Phase die Spreu vom Weizen zu scheiden. So kann man effizient auf zwei bis fünf Hauptbewerber reduzieren, mit denen dann eine detaillierterer Evaluationsaufwand betrieben wird, u.U. verbunden mit einem Prototyping.

Die Grobevaluation baut auf ein bis zwei Dutzend "Killerkriterien" auf, die von einer Software und dem Lieferanten dieser Software erfüllt werden müssen. Zu diesen Killerkriterien gehören

- geschäftsentscheidende Funktionen in den Geschäftsprozessen. Solche hängen sehr oft mit den Kernkompetenzen des betrachteten Unternehmens oder Unternehmensverbundes zusammen. Gerade diese Funktionalitäten sind später im Rahmen eines Prototypings nachzuweisen.
- die bestehenden allgemeinen Informatikkenntnisse des Personals sowie auch seine Kenntnisse der im Fachbereich des Projektes üblichen Softwaretechnologie. Die Erfahrung zeigt, dass beides – zusammen mit einer realistischen Einschätzung der erreichbaren Erweiterungen der Fähigkeiten – sehr oft über den Erfolg eines neuen Informatik-gestützten Informationssystems mitentscheidet.
- die eingesetzte Softwarearchitektur, sofern diese wirklich die oben erwähnten geschäftsentscheidenden Funktionen oder die allgemeinen Informatikkenntnisse des Personals betrifft.
- die generellen Eigenschaften, die eine Anbieterfirma erfüllen muss, in Bezug z.B. auf ihre Unternehmenskultur, ihre Finanzierungsstruktur, ihren möglichen Verantwortungsgrad im Projekt (Generalunternehmung oder nicht) und ihre Leistungsfähigkeit (hier besonders die Reaktionsfähigkeit bei unerwarteten Problemen).

Diese Killerkriterien können erfahrene Mitarbeiter im Unternehmen liefern. Einige von ihnen sind mit den Geschäftsprozessen sehr gut vertraut, andere mit der jetzigen Software. Sie müssen jedoch nicht mit denen identisch sein, die auch im Projektausschuss arbeiten. Das Projektteam ist in dieser Phase in geeigneter Weise zu ergänzen.

Unter den Mitgliedern des Projektteams muss volle Übereinstimmung über die Killerkriterien herrschen. Von allen gleich verstandene Werkzeuge zur prozess- und aufgabenorientierten Modellierung sind hierbei eine grosse Hilfe.

Die Abb. 3.3.2.1 fasst die signifikanten *Erfolgsfaktoren* zusammen.

| Erfolgsfaktor, gruppiert nach Gebiet |
|---|
| *Systemanwender (Projektnutzer)* |
| Berücksichtigung der allgemeinen Informatikkenntnisse der Anwender |
| Berücksichtigung der Kenntnisse der Anwender mit projektspezifischer Software |
| *Informatik (IT, Architekturen, Personal und Lieferanten)* |
| Einsatz von geeigneten Werkzeugen zur Modellierung (Prozesse und Aufgaben) |
| *Projektorganisation* |
| Richtige Zusammensetzung des externen Beraterteams |
| Zusammensetzung des Projektteams für die Erarbeitung der Killerkriterien |
| Richtige Formulierung der Killerkriterien |
| Rasche und risikolose Reduktion auf zwei bis fünf Anbieter |

**Abb. 3.3.2.1** Erfolgsfaktoren für die Phase der Vorstudie

*Fallstudie:* In der Vorstudie wurde ein Team von 15 Mitarbeitern gebildet. Es handelte sich dabei um Personen, die bereits während 10 bis 15 Jahren dem Unternehmen angehörten. Sie kamen aus allen kritischen Geschäftsbereichen und waren zusammen imstande, den Kern des Verkaufserfolgs festzustellen. Dieses Team erarbeitete Varianten zur Systemabgrenzung und zu möglichen Änderungen in Ablauf- und Aufbauorganisation, z.B. die folgenden:

- Inwieweit soll die zu evaluierende Software die F&E-Logistik einbinden? Soll sie eine Engineering Data Base beinhalten oder "nur" mit einer solchen verknüpfbar sein?
- Soll die Firma organisatorisch nach den drei Geschäftsprozessen "Neugeschäft", "Ersatzteilgeschäft" und "Bestandteilfabrikation" aufgeteilt werden? Falls ja, könnte an Stelle einer umfassenden Software für alle Einheiten auch gezieltere Software für die drei verschiedenen Bereiche eingesetzt werden. Die Bestandteilfabrikation mit einer häufigen Wiederholproduktion auf Lager könnte z.B. fast ohne Software auskommen (mit einer einfachen Kanban-Steuerung).

Nach dem Entscheid (1. Eine Software für alle Bereiche, 2. Verknüpfungsfähigkeit zu externer Engineering Data Base) erarbeitete das Projektteam in der Folge 50 Killerkriterien, davon 20 allgemeingültige und 30 firmenspezifische. Beispiele dafür waren

- Ist die Software auf ein Datenmodell aufgebaut, das bereits vor der Entwicklung existiert hat? (allgemeingültiges Kriterium)

- Existiert eine Verbindung zu der gängigsten Software im Bereich Produktdatenmanagement? (firmenspezifisches Kriterium)

Dies erlaubte die sukzessive Reduktion von 40 Anbietern, die auf der CeBit-Messe in Hannover identifiziert wurden, auf zuerst 15 und später fünf Firmen auf rein schriftlichem Weg. Das Nachfassen erlaubte dann die Elimination von zwei weiteren Firmen, so dass nur drei zu einer Vorstellung ihrer Konzepte eingeladen wurden. In diesem Moment konnten auch Kosten- und Nutzenrechnungen in der ersten Näherung erarbeitet werden.

In der Folge wurden die verbleibenden Angebote überprüft, insbesondere die geschäftsentscheidenden Funktionen in den Geschäftsprozessen. Im Rahmen eines Prototypings wurde z.B. die Qualität des Produktkonfigurators der Anbieter für variantenreiche Produktfamilien untersucht. Dabei musste zwischen den Eigenschaften des Datenmodells bzw. objektorientierten Modells hinter der Standardsoftware und der Benutzungsoberfläche unterschieden werden. Es zeigte sich, dass man aufgrund aller Überprüfungen den Vorentscheid für einen Anbieter treffen konnte. Ein zweiter Anbieter wurde "im Rennen" gelassen mit der Mitteilung, dass er nur dann zum Zuge kommen würde, wenn in der Hauptstudie der bevorzugte Anbieter aus irgendeinem Grund nicht weiter berücksichtigt werden könne.

Das Team der 15 Personen wickelte die erwähnten Arbeiten im 5%-Teilzeitauftrag parallel zum Tagesgeschäft ab, und zwar innert sieben Monaten.

### 3.3.3 Hauptstudie, Pflichtenheft und Vertrag

Die Abb. 3.1.1 zeigt, dass die hauptsächlichen Aktivitäten im Problemlösungszyklus für die Hauptstudie in der Synthese und Analyse des neuen Systems sowie in der Bewertung der Varianten und der Entscheidung liegen. In dieser Phase müssen das organisatorische und das technische Konzept vervollständigt und auf eine genügend genaue Ebene detailliert werden – z.B. wieder mit Zukunftswerkstätten, diesmal aber u.U. mit einem erweiterten oder gänzlich anderen Kreis von Beteiligten. Schliesslich sollen daraus die folgenden Unterlagen erarbeitet werden können:

- Ein detailliertes *Einführungskonzept*: Einführungsplan, Ausbildungsstoff, Schulungskonzept, Systembereitstellungsplan.
- Eine genügend genaue Beurteilung der Rentabilität: Kosten, Nutzen, Risiko.
- Der rechtlich bindende Entscheid für den oder die Anbieter: Pflichtenheft, Hardwarevertrag, Softwarevertrag, Einführungsvertrag.

Für den Aufbau, d.h. die einzelnen Rubriken eines *Pflichtenhefts,* existiert viel Literatur. Hier ist u.a. [BeHa95, Kap. III.3] zu erwähnen. Ein solches Pflichtenheft ist Ausgangspunkt für die endgültige Analyse und Auswahl von Standardsoftware, falls zu diesem Zeitpunkt überhaupt noch mehrere Anbieter im Rennen sind. Es ist meistens auch Bestandteil des Vertrages mit dem Anbieter von Standardsoftware. Aber auch im Fall von Individualsoftware mag es angezeigt sein, dieses Pflichtenheft zur verbindlichen Basis für die Erarbeitung der Detailstudie zu erklären. Zum Pflichtenheft gehören

- das erarbeitete Einführungskonzept. Die Angebote von Standard-Software-Herstellern als auch von Individualsoftware-Herstellern müssen also klare Pläne für den Einführungsplan, Ausbildungsstoff und das Schulungskonzept umfassen. Das *Schulungskonzept* umfasst alle betrieblichen Ebenen, d.h. Bereichs-, Abteilungs- und Projektleiter und natürlich die einzelnen mit dem System arbeitenden Personen.
- das *Betriebs-* und *Unterhaltskonzept* des neuen Systems. Dazu gehören Aussagen über den Umfang der angebotenen Unterstützung vor und nach der Installation, über die Organisation des Betriebs der Informatik-gestützten Lösung, über deren Sicherheit und über den Schutz der Daten.

Der *Projektvertrag* mit dem Anbieter wird gerade für Fälle, bei denen die Einführung von Software mit umfassenden Aufwendungen für Beratung und Ausbildung des Kunden verbunden ist, als Schlüssel für ein erfolgreiches Informatik-Projekt bezeichnet. Dieser Vertrag sollte wenn möglich die Lieferung von Hardware und Software sowie die Einführung umfassen. Er enthält z.B. die folgenden Rubriken[17]:

1. Ziel und Zweck des Vertrages: Ausgangslage, Umschreibung der Ziele, Kompetenz und Verantwortung des Lieferanten.
2. Gegenstand des Vertrages: Eindeutige Beschreibung des Projektgegenstandes als produktives Anwendungssystem.
3. Ablauf der Realisierung: Leistungen, Meilensteine, Zeitachse, Ausführungsbedingungen, Erfüllungsort, Unterlieferanten.
4. Mitwirkung des Kunden: Qualität und Quantität, Kosten für Lieferant, Integration in Terminplan, abschliessende Aufzählung, Folgen bei Missachtung.
5. Projektorganisation: Leiter und Koordinatoren, Kompetenzen, Qualifikation (ggf. namentliche Bezeichnung von Personen), Sitzungsrhythmus, Berichtsart und -frequenz, Flexibilität, Vertragsmanagement.

---

[17] Für weitere rechtliche Aspekte siehe dazu [Neff96]. Die angeführten Rubriken stammen aus Vorlesungsunterlagen dieses Autors an der ETH Zürich, mit seiner freundlichen Bewilligung zur Publikation an dieser Stelle.

6. Projektänderungen: Änderungen ohne Auswirkungen, Änderungen mit Auswirkungen (Verfahren, Anträge, Fristen, Kosten, Termine, Mitwirkung).
7. Vergütung und Zahlungsbedingungen: Festpreis (was ist eingeschlossen), Aufwandpreis (Honorar nach Qualifikation, Rapportwesen, Kostendach), Nebenkosten / Spesen, Modus bei Mehrkosten, Zahlungsmodi, Sicherstellung.
8. Abnahme: Kriterien und Verfahren: Messgrössen, aufgeteilt nach Meilensteinen, Endabnahme, Dokumentation, Abnahmeverfahren (wer, wann, wo, mit welchen Testszenarien), Rechte bei Verweigerung der Abnahme.
9. Gewährleistung: Wie lange, Inhalt (wer, wo, wie abgerechnet), Wartungsgarantie nach Ablauf der Gewährleistungsfrist.
10. Verzug / Haftung: Verzugsregelung (Konventionalstrafe, Rücktrittsrecht und -regelung bei verspäteter Abnahme), Sicherstellung, Haftungsregelung (Obergrenze, Haftung für Folgeschäden und Unterlieferanten).
11. Rechte an der Software: Gewährleistung, Urheberrecht, Rechtsübertragung, Nutzungsrechte, Verwendung des Know-hows bei anderen Kunden, Geheimhaltung, wettbewerbliche Regelungen (Verwendung von Know-how und Resultaten bei Konkurrenten, Abwerbeverbot Personal).
12. Beendigung des Vertrages: Fristen, Konsequenzen, besondere Regelungen bei Verzug, Kostenüberschreitung, gescheiterte Abnahme, fehlende Mitwirkung des Kunden, Zahlungsverzug, Verweigerung der Abnahmeprüfung.
13. Schlussbestimmungen: Geheimnisschutz, Rangfolge der Vertragsbestandteile bei möglichen Widersprüchen, anwendbares Recht, Gerichtsstand.

Im Hinblick auf den Erfolg der Einführung eines Systems sind in der Hauptstudie die folgenden Faktoren besonders zu beachten:

- Die zukünftigen Anwender sollten genügend Möglichkeiten zur *Partizipation* erhalten. Ihre Vorschläge sollten jetzt eingebracht werden. Sie sollten jetzt einen klaren Eindruck über die generelle Eignung der Software für ihre persönliche Arbeit erhalten. Das erfordert auch, dass sie neben dem Tagesgeschäft genügend Zeit haben, sich mit dem Projekt zu befassen und sich mit anderen Abteilungen entlang der Geschäftsprozesse auszutauschen.

- Ein erfolgreiches Projektmanagement zeichnet sich in dieser Phase durch regelmässige Projektteamsitzungen aus. In geeigneter Weise werden hier zukünftige Anwender, besonders Schlüsselanwender, einbezogen.

- Bei Standardsoftware werden rechtzeitig und mit genügend Personen aus dem eigenen Unternehmen Referenzkunden besucht sowie Anbietertests mit eigenen Daten durchgeführt. Dafür soll genügend Zeit zur Verfügung stehen.

Bei Individualsoftware sollen entscheidende Funktionen der Software den zukünftigen Anwendern genügend vor Augen geführt werden, gegebenenfalls durch ein Prototyping (siehe Kapitel 3.2.3).

Die Abb. 3.3.3.1 fasst die signifikanten *Erfolgsfaktoren* zusammen.

| Erfolgsfaktor, gruppiert nach Gebiet |
|---|
| *Systemanwender (Projektnutzer)* |
| Partizipation |
| Freistellung von Arbeitszeit neben dem Tagesgeschäft |
| *Informatik (IT, Architekturen, Personal und Lieferanten)* |
| Umfassender Projektvertrag mit Anbieter mit allen notwendigen Klauseln |
| *Projektorganisation* |
| Vollständiges Pflichtenheft im geeigneten Detaillierungsgrad |
| Besuch von Referenzkunden |
| Prototyping durch den Anbieter mit unternehmenseigenen Daten |
| Einbezug der richtigen Mitarbeiter in die Projektteams |
| Regelmässige Projektteamsitzungen und adäquate Informationspolitik |

**Abb. 3.3.3.1** Erfolgsfaktoren für die Phase der Hauptstudie

*Fallstudie:* Für die Hauptstudie wurden ca. fünfzig zukünftige Anwender in Projektteams einbezogen, also über 6% der gesamten Belegschaft. Sie wurden nach ihrer Fähigkeit ausgewählt, Promotoren für die neue Software sein zu können. Sie waren als sogenannte Power-User bekannt, die ihren Kollegen schon in ihren Problemen mit der bisherigen Software beigestanden waren. Sie wurden in elf verschiedene Projektteams eingeteilt, den verschiedenen Modulen oder Teilen davon entsprechend. Eine bestimmte Person konnte dabei in mehreren Projektteams mitarbeiten. Diese Teams hatten zur Aufgabe, die genauen Soll-Abläufe zu bestimmen, die Anpassungen der Standardsoftware und das Einführungskonzept zu erarbeiten. Die Teilprojektleiter waren die besten Leute der bisherigen Ressortleiter.

Als Ergebnis entstanden prinzipielle Ablaufschemata, grobe Vorgaben für Anpassungen der Benutzeroberfläche (z.B. die Darstellung und Verwaltung von variantenreichen Produktfamilien) und der Nahtstellen für die verbleibenden Anwendungen der bisherigen Software (z.B das Ersatzteilwesen). Als Schlüsselproblem zeigten sich die vielen Spezialwünsche der Anwender. Diese wurden in den Projektteams detalliert behandelt. Dabei war das Ziel, möglichst alle Spezialwünsche “wegzubringen”, d.h. auf die im Standard vorgesehene Funktionalität zurückzuführen. Ein Review-Team behandelte alle Wünsche, die verblieben, im Hinblick auf ihre Wirtschaftlichkeit und daraufhin, ob sie zeitkritsch waren.

Zusammen mit einer Projektablaufplanung wurden die Ergebnisse all dieser Arbeiten im Pflichtenheft festgehalten. Die definitiven Verträge mit dem Anbieter wurden daraufhin erarbeitet und abgeschlossen.

### 3.3.4 Detailstudie

Auch in der Phase der Detailstudie sind gemäss Abb. 3.1.1 die Tätigkeiten *Synthese* und *Analyse* im Problemlösungszyklus die bedeutendsten. Hier wird das organisatorische Konzept, das am Ende der Hauptstudie beschlossen wurde, in den nötigen Grad an Detailliertheit gebracht. Die Geschäftsprozesse werden detailliert modelliert. Dazu gehört insbesondere die Modellierung der Wartezustände. Durch passende organisatorische Massnahmen muss man die Durchgängigkeit und Schnelligkeit der Geschäftsprozesse erreichen. Siehe dazu auch Kap. 5.5.1.

Auch das technische Konzept wird auf die Ebene der Einzelheiten heruntergebrochen. Jetzt müssen auch die konkreten Wege zur Ablösung eines bestehenden Informationssystems bis ins Einzelne konzipiert werden. Die "Big-bang"-Einführung (d.h. alles "auf einen Schlag" einführen) wird hier der sukzessiven Einführung unter Ablösen von Teilen der Software gegenübergestellt.

Bei Individualsoftware und auch im Fall von Ergänzungen und Änderungen von Standardsoftware wird jetzt ein Informatik-technisches Konzept bezüglich Anwendungssoftware und Anforderungen an Hardware, Systemsoftware und Netzwerk erstellt. Dazu gehört das Ausarbeiten von funktions- und objektorientierten Modellen als konzeptionelle Nahtstelle zwischen Organisatoren und Informatikern. Die am Ende der Hauptstudie ausgehandelten Verträge werden spätestens hier zum ersten Mal einer Bewährungsprobe unterworfen.

Ebenfalls in dieser Phase werden das Einführungs- und Schulungskonzept detailliert spezifiziert sowie die Organisation des eigenen Informatik-Personals vorbereitet.

Im Hinblick auf den Erfolg der Einführung sind die folgenden Einflussfaktoren in dieser Phase besonders wichtig:

- Die zukünftigen Benutzer müssen wiederum an der Entwicklung des Systems *partizipieren* können. Ihre Vorschläge müssen eingebracht werden können.

- Der *Handlungsspielraum* zeigt sich immer wieder als ein besonderes Bedürfnis der Anwender. Dazu gehören eine möglichst grosse Autonomie in der Wahl des Ablaufes und der Durchführungszeit der einzelnen Informatik-gestützten Aufgaben sowie eine möglichst grosse Abwechslung.
- Nebst den eigentlichen mit der neuen Software arbeitenden Personen sind auch Projektleiter, Abteilungsleiter und Bereichsleiter im Schulungskonzept einzuplanen, und damit alle betroffenen Hierarchieebenen im Unternehmen.

Aufgrund des grossen Grades an Detaillierung ist das Einhalten des Zeitplanes die grosse Herausforderung in der Detailstudie. Etliche unvorhergesehene Schwierigkeiten sind in dieser Phase bereits an der Tagesordnung. Die Realität des Alltags raubt einem zudem die Zeit, die eigentlich vom Tagesgeschäft für den Einsatz im Projekt geplant war. Zu einer nachhaltigen Projektführung tragen deshalb periodische Projektmeetings des gesamten Projektteams bei, bei welchen alle den Stand ihrer Arbeiten vortragen.

Bei langen Projekten ist es von Vorteil, wenn es gelingt, Teile des Systems vorzeitig in Richtung der Einführung zu treiben. Dies dient der Motivation aller Beteiligten und insbesondere der Geschäftsleitung.

Die Abb. 3.3.4.1 fasst die signifikanten *Erfolgsfaktoren* zusammen.

| Erfolgsfaktor, gruppiert nach *Gebiet* |
|---|
| *Systemanwender (Projektnutzer)* |
| Partizipation |
| Handlungsspielraum: Zeit- und Ablaufautonomie, Abwechslung |
| *Informatik (IT, Architekturen, Personal und Lieferanten)* |
| Prozessorientierte Modellierung mit Konzeption der Wartezustände |
| Funktions- und objektorientierte Modellierung, falls programmiert werden muss |
| *Projektorganisation* |
| Motivation, Akzeptanz und Tempo des Projektes hoch halten |
| Vorziehen der Einführung von Teilen des Systems bei langen Projekten |
| Periodische Sitzungen des gesamten Projektteams mit aktiver Beteiligung aller |

**Abb. 3.3.4.1** Erfolgsfaktoren für die Phase der Detailstudie

*Fallstudie:* Die Hauptstudie ging nahtlos in die Detailstudie über. Die Ablaufschemata wurden ausführlicher und umfassender. Zudem erarbeiteten die Teams detaillierte Vorgaben für die Anpassungen der Benutzeroberfläche (z.B. die Darstellung und Verwaltung von variantenreichen Produktfamilien) und der Nahtstellen für die verbleibenden Anwendungen der bisherigen Software (z.B. das Ersatzteilwesen). Ein besonderes Augenmerk galt dabei der vollständigen Dokumentation aller Arbeiten nach dem Leitsatz: "Nur ausformuliertes Wissen ist geteiltes Wissen, alles andere ist Risiko".

Durch die Detaillierung konnte der Zeitplan überprüft werden. Da von der Detailstudie bis zur Einführung mehr als ein Jahr vergehen sollte, versuchte man auf verschiedene Weise, gewisse Teile der Software vor anderen einzuführen. Als "Kandidat" dafür wurde zuerst die Stammdatenverwaltung, später die Fabrikation der Teile und Halbfabrikate ins Auge gefasst,.

Die Motivation der Beteiligten erfolgte vorbildlich. Regelmässig fand sich das ganze Projektteam in einem nahegelegenen Konferenzraum zusammen und unterrichtete sich gegenseitig über Erfolge und Probleme im Projektablauf.

### 3.3.5 Systembau

Der Systembau umfasst in jedem Fall die Implantation des neuen organisatorischen Konzepts im Unternehmen. Dies setzt die notwendige Schulung voraus. Ebenfalls zu dieser Phase gehören das Anpassen, Programmieren und Testen von Individualsoftware bzw. Änderungen der Standardsoftware. Die zukünftigen Benutzer müssen jetzt im Umgang mit der Technologie geschult werden.

Im Hinblick auf die erfolgreiche Einführung ist besonders wichtig, dass der Schulung der Mitarbeitenden genügend Zeit eingeräumt wird. Die Erfahrungen zeigen, dass mit der steigender Dauer der Schulung deren inhaltlicher Breite und deren Qualität der Erfolg der Einführung wesentlich verbessert wird. Wichtig ist auch die doppelte Schulung einerseits in der neuen oder geänderten Ablauforganisation und andererseits am Informatik-Werkzeug.

Bei der Programmierung der Individualsoftware bzw. der Änderungen der Standardsoftware sind einige Punkte besonders zu berücksichtigen:

- Die *Benutzungsfreundlichkeit* hat sich immer wieder als besonderes Bedürfnis der Anwender gezeigt. Dazu gehören z.B. ein Anpassen der Benutzungsoberfläche an die Vorstellungen von Sachverhalten im Unternehmen – sofern sie für die Kernprozesse entscheidend sind –, aussagekräftige Fehlermeldungen, leichte Einstiege für Neuanwender.
- Ein Vorgehen nach den Regeln der strukturierten und modularen Programmierung. Dazu gehört auch der Einsatz von Methoden zur prozess- und objektorientierten Modellierung (siehe Kap. 5.6 und Kap. 6), z.B. in Verbindung mit "Lower case tools".
- Im betrieblichen Umfeld werden laufend geänderte Rahmenbedingungen zur Änderung der Software führen. Der Releasefähigkeit der in dieser Phase erstellten Software kommt deshalb grosse Bedeutung zu. Ist sie mit Standardsoftware gekoppelt oder erweitert sie diese, dann ist die Definition der Nahtstelle besonders wichtig.

Auch in dieser Phase ist das Beibehalten des Tempos eine grosse Herausforderung. Die detaillierte Arbeit im Systembau kann Unvollständigkeiten oder sogar Widersprüche bei der Haupt- und Detailstudie aufdecken. Solche Probleme müssen im Prinzip ohne Zeitverlust oder Rücksprünge in vorherige Phasen gelöst werden können.

Die Abb. 3.3.5.1 fasst die signifikanten *Erfolgsfaktoren* zusammen.

| Erfolgsfaktor, gruppiert nach *Gebiet* |
|---|
| *Systemanwender (Projektnutzer)* |
| Freistellung von Arbeitszeit neben dem Tagesgeschäft |
| Benutzungsfreundlichkeit: Fehlermeldungen, leichte Einstiege für Neuanwender |
| *Informatik (IT, Architekturen, Personal und Lieferanten)* |
| Strukturierte Programmierung, klare Nahtstellen zu Standardsoftware |
| Berücksichtigen von späteren Anpassungen/Releasefähigkeit |
| *Projektorganisation* |
| Schulung: Anzahl geschulte Hierarchieebenen und Dauer |
| Schulung: in neuer Ablauforganisation und am Informatik-Werkzeug<br>Motivation, Akzeptanz und Tempo des Projektes hoch halten |

**Abb. 3.3.5.1** Erfolgsfaktoren für die Phase des Systembaus

*Fallstudie:* Der Systembau konnte nicht immer voll von der Detailstudie getrennt werden. Im Prinzip wurde die Standardsoftware gezielt erweitert. Um diese Erweiterungen von Anfang an richtig zu entwerfen, mussten die Mitglieder des Projektteams bereits während der Detailstudie eingehend in der neuen Software geschult werden. Nur so konnten sie effektive und effiziente Vorgaben zur Programmierung derjenigen Teile machen, die im vorgelegten Standard nicht genügten.

So war z.B. die notwendige Benutzungsfreundlichkeit für die Darstellung und Verwaltung von variantenreichen Produktfamilien nicht gegeben. Der bereits vorhandene Produktkonfigurator der Standardsoftware wurde zwar gerade auf die notwendige Funktionalität gehoben, gerade auch in Zusammenarbeit mit dieser Firma. Mit dem dann einzuführenden Releasestand deckte die Software somit die Erwartungen an die Funktionalität voll ab. Hingegen hatte die Firma die Oberfläche der Konfiguration mit der alten Software seit vielen Jahren derart optimiert, dass zur Auftragsabwicklung keine Hilfe von Personen mehr nötig war, die sich in der Informatik gut auskannten. Das wäre mit der neuen Software nicht mehr möglich gewesen: Zur Bedienung des Konfigurators wären spezifische Informatikkenntnisse, insbesondere formal logisch-mathematischer Art, notwendig gewesen. Damit wollte der Hersteller der Standardsoftware Konfigurationsprobleme lösen, die in dieser Allgemeinheit vom Anwender gar nicht gefordert waren.

Der entscheidende Durchbruch gelang, als erkannt wurde, dass man die Oberfläche genau gleich wie in der bisherigen Lösung gestalten konnte, ohne die Datenstrukturen der Standardsoftware ändern zu müssen. Bei der Verwaltung der Variantenstücklisten z.B. konnte man durch eine Individualprogrammierung die Objekte der Standardsoftware in die Objekte umrechnen, die in der Firma üblich waren. Diese wurden dargestellt, geändert und in der Folge wieder auf die Standardobjekte rücktransformiert. Damit musste der Standard in den Datenstrukturen nicht geändert werden, was eine einfachere Anpassung bei neuen Releases der Standardsoftware versprach.

Die Schulung der Anwender wurde in Blöcken von zwei bis acht Stunden durchgeführt. Insgesamt wurden für die Schulung 3200 Personentage aufgewendet. Im eigentlichen Training waren firmeneigene Daten vorhanden, die im Rahmen der Vorbereitung der Datenmigration sowieso auf das neue System übernommen werden mussten. Eine separate Software-Installation stand zum "Spielen" zur Verfügung. Dies hatte den Vorteil, dass die Anwender die Bedienung der Software ausprobieren konnten, ohne die Konsequenzen bei fehlerhafter Manipulation fürchten zu müssen. Als positiv erwiesen sich sodann die "Hausaufgaben", die jeder zukünftige Anwender zwischen zwei Schulungsblöcken ausführen musste.

### 3.3.6 Systemeinführung

Die Phase der Systemeinführung ist besonders heikel, wenn ein Informatikgestütztes Informationssystem ein bereits bestehendes ablöst. Im Systembau sind die nötigen Programme zur Datenübertragung zu schreiben und zu testen. Auch bei der besten Vorbereitung mag es durchaus zwei bis drei Anläufe erfordern, bis die Ablösung des alten Systems wirklich gelingt. Das bedeutet u.a. auch, dass beim Start des neuen Systems das alte System über eine möglichst kurze Zeit in Betrieb bleiben muss. Innerhalb von wenigen Stunden muss dabei entschieden werden, ob der Startversuch abgebrochen werden soll oder ob das neue Informationssystem "genügend Luft unter den Flügeln" hat, d.h. einen genügenden Grad an Fehlerfreiheit aufweist, um damit leben zu können.

Dies bringt mit sich, dass bei der Systemeinführung sämtliche Beteiligten am Engineering des neuen Systems, sowohl organisationsseitig als auch informatikseitig, unbedingt anwesend sein müssen. I. Allg. sind jede Menge kleiner Fehler zu korrigieren. Die Benutzer brauchen bei auftretenden Problemen sofortige Hilfe bzw. sofortige Nachschulung im Verständnis der Ablauforganisation und im Umgang mit dem Informatik-Werkzeug. Fehler in Programmen müssen sofort und korrekt korrigiert werden. All dies macht die ersten Tage, manchmal sogar die ersten Wochen nach der Einführung einer neuen Software zu einer Zeit mit enormer Belastung sowohl für die ganze

Unternehmensorganisation als auch für die beteiligten unternehmensexternen Partner, die für die Informatikseite zuständig sind.

In diesem Zusammenhang stellt sich oft die Frage, mit welchem Prozess man das neue Informationssystem und die dazu gehörige Software einführen und damit das alte System ablösen soll. Im Prinzip gibt es zwei Varianten:

- Die *modulweise Einführung*, bei welcher die alte Software zeitlich gestaffelt abgelöst wird,
- Die *"Big-bang"-Einführung*, bei welcher die alte Software also "auf einen Schlag" abgelöst wird.

Den grösseren Risiken einer Big-Bang-Einführung stehen riesige Probleme bei der parallelen Datenhaltung eines Alt- und eines Neusystems über grössere Zeiträume gegenüber. Da die Inhalte der Daten meist nicht identisch sind, werden die Datenbestände relativ bald auseinanderdriften.

Im Fall von Logistik-Software können höchstens zwei Phasen in Betracht gezogen werden.

- In der ersten Phase werden nur die auftragsunabhängigen Daten, die sogenannten Stammdaten, im neuen System geführt (Verwaltung von Artikeln, Stücklisten, Arbeitsplänen usw.). Entweder werden die Daten doppelt eingegeben oder ein spezielles Programm sorgt für die Rückübertragung der Stammdaten ins alte System. Ist dies nicht möglich, dann muss auf diesen Zwischenschritt verzichtet werden.
- In der zweiten Phase werden die Auftragsverwaltungen im neuen System betrieben. Es hat sich gezeigt, dass sämtliche Auftragsverwaltungen (Verkauf, Produktion, Einkauf) *gleichzeitig* mit dem neuen System betrieben werden müssen, da die Schnelligkeit des täglichen Geschehens eine parallele Datenhaltung de facto verunmöglicht.

Bei anderen Problemstellungen können Teile des neuen Informationssystems bereits früher eingeführt werden. Soll zum Beispiel ein Informationssystem in verschiedenen unabhängigen Geschäftseinheiten eingeführt werden, so kann man u.U. einzelne davon vorziehen. Solche Erfolge tragen zum "Keep going" des gesamten Projekts entscheidend bei. Solche Ereignisse soll man entsprechend planen und gebührend feiern.

In jedem Fall ist die Ablösung eines Altsystems akribisch genau zu planen und einzuüben. Im Vordergrund stehen dabei die Übernahme der Daten, ihre Prüfung auf Korrektheit sowie – gleich nach dem Start des neuen Systems – die Prüfung der Äquivalenz des neuen Informationssystems im Vergleich mit dem alten. Alle diese Punkte sind auch Gegenstand der Abnahmekriterien, die ja im Projektvertrag festgeschrieben sein sollten. Wohl die meisten der vereinbarten Abnahmetests werden in dieser Projektphase durchgeführt.

Die Abb. 3.3.6.1 fasst die signifikanten *Erfolgsfaktoren* zusammen.

| Erfolgsfaktor, gruppiert nach *Gebiet* |
|---|
| *Systemanwender (Projektnutzer)* |
| Voller Einsatz während der Systemeinführung |
| Umgehende Korrektur der Ablauforganisation, falls nötig |
| *Informatik (IT, Architekturen, Personal und Lieferanten)* |
| Voller Einsatz während der Systemeinführung |
| Umgehende Korrektur von Fehlern in der Software |
| *Projektorganisation* |
| Schulung: Umgehende Nachschulung der Anwender, falls nötig |
| Durchführung der vereinbarten Abnahmeverfahren |
| Akribische Planung der Ablösung des Altsystems, Training |
| Vorziehen der Einführung von Teilen des Systems bei langen Projekten |
| Teilerfolge planen und feiern |

**Abb. 3.3.6.1** Erfolgsfaktoren für die Phase der Systemeinführung

*Fallstudie:* Schon während der Detailstudie versuchte man auf verschiedene Weise, gewisse Teile der Software vor anderen einzuführen. Wie dort erwähnt, fasste man dafür zuerst die Stammdatenverwaltung, später die Fabrikation der Teile und Halbfabrikate ins Auge. Nach reiflicher Überlegung wurde schliesslich der Beschluss gefasst, für die neue Software die "Big-bang"-Einführung zu wagen. Einerseits beurteilte man den Aufwand für die Parallelführung der Daten auf beiden Systemen als gross, besonders im Fall einer vorgezogenen Systemeinführung bei der Halbfabrikateproduktion. Andererseits beurteilte man den Nutzen aus der vorgezogenen Stammdatenhaltung als eher klein: Die Motivation der Projektmitarbeitenden war nämlich kein Problem, da sie durch das nahende Jahr 2000 ohnehin gegeben war.

Als Termin für die Einführung wurde ein langes Wochenende geplant. Die Datenübernahme und die Sichtung der Korrektheit der Übernahme alleine dauerte einige Tage. Damit kamen eigentlich nur Termine über das Jahresende oder über Ostern oder Pfingsten in Frage, bei welchen das Unternehmen ohnehin einige aufeinanderfolgende Tage geschlossen war.

Kurze Zeit vor dem vorgesehenen Jahresendtermin musste entschieden werden, die Einführung auf den nächsten Frühling zu verschieben. Im Frühling wurde der Start gewagt und musste auch nicht abgebrochen werden. Obwohl einige Fehler auftraten, beurteilte man diese so, dass sie mit Nachtarbeit über einige Tage gelöst werden konnten. Tatsächlich erwies sich diese Einschätzung als richtig. Ein akzeptabler Betrieb war danach möglich, obwohl die Korrekturarbeiten an Organisation und Software noch Monate in Anspruch nahmen.

### 3.3.7 Systembetrieb

Zu Beginn der Phase des Systembetriebs befindet sich ein Projekt meistens in einer Gewährleistungsfrist oder einer Garantiezeit, während der die weiteren vereinbarten Abnahmeverfahren durchgeführt werden müssen.

Im weiteren Verlauf dieser Phase wird das gewählte Betriebs- und Unterhaltskonzept laufend geprüft. In der Praxis muss man folgenden Tatsachen Rechnung tragen:

- Sowohl Individualsoftware als auch Standardsoftware "laufen" nie ganz fehlerfrei.
- Auch die Unternehmensorganisation wird nicht reibungslos laufen, insbesondere wenn neue Personen eintreten, die die ursprüngliche Systemeinführung nicht mitgemacht haben. Sie müssen erstens geschult werden und haben zweitens aus ihrem bisherigen Tätigkeitsbereich heraus zusätzliche Anforderungen an das System.
- Die Unternehmensorganisation muss sich laufend den aktuellen Bedürfnissen anpassen.

Alles in allem ist also nicht zu erwarten, dass die einmal eingeführte Software über Jahre den ursprünglich definierten Bedürfnissen entspricht. Ein organisatorisches Konzept zur Bearbeitung von Änderungswünschen der Software ist daher von Anfang an sinnvoll. Die Partizipation der Anwender steht wiederum im Vordergrund. Grosse Abweichungen können im Laufe der Jahre Anstoss zum Engineering eines neuen Informationssystems sein.

Im Falle von Standardsoftware wird der Hersteller regelmässig neue Software-Releases anbieten. Wie schon bei der Systemeinführung ist auch ein Releasewechsel akribisch genau zu planen und einzuüben. Die Erfahrung zeigt hier, dass der Aufwand so gross sein kann, dass man nicht jeden Releasewechsel des Anbieters nachvollziehen kann.

Eine weitere wichtige Aufgabe im Systembetrieb ist das laufende Messen des Aufwandes und des Nutzens des Projektes, gerade im Hinblick auf zukünftige Projekte ähnlicher Art. Die Einführungskosten entstehen dabei auch noch während des Systembetriebs, und zwar sowohl intern als auch extern.

Die Abb. 3.3.7.1 fasst die signifikanten *Erfolgsfaktoren* zusammen.

| Erfolgsfaktor, gruppiert nach *Gebiet* |
|---|
| *Systemanwender (Projektnutzer)* |
| Partizipation bei sich verändernden Rahmenbedingungen |
| Umgehende Korrektur der Ablauforganisation, falls nötig |
| *Informatik (IT, Architekturen, Personal und Lieferanten)* |
| Folgen von neuen Software-Releases genau abschätzen |
| Umgehende Korrektur von Fehlern in der Software |
| *Projektorganisation* |
| Durchführung der vereinbarten Abnahmeverfahren während der Gewährleistungsfrist |
| Bewusstsein für notwendige Änderungen an Organisation und Informatik-Tool |
| Schaffen eines organisatorischen Konzepts für Änderungen |
| Akribische Planung der Einführung von neuen Software-Releases, Training |
| Messen des Aufwandes und des Nutzens |

**Abb. 3.3.7.1** Erfolgsfaktoren für die Phase des Systembetriebs

*Fallstudie:* Dem ersten Releasewechsel nach einem Jahr sah man mit Spannung entgegen. Durch entsprechende Investition von Arbeitskraft konnte er erfolgreich abgeschlossen werden. Der Vergleich des dafür nötigen Aufwandes mit dem Nutzen des neuen Releases führte zum Beschluss, nicht mehr als einmal pro Jahr einen Releasewechsel vorzunehmen, und diesen auch nur dann, wenn die zusätzliche Funktionalität einen grossen Nutzen versprach oder wenn der Hersteller der Standardsoftware das Unternehmen aus systemtechnischen Gründen de facto dazu zwingen würde.

Als Hauptnutzen des gesamten Projektes erkannte man die folgenden Punkte:

| | | |
|---|---|---|
| Redundante Datenbestände: | alt 16 | neu 2 |
| Prozessschnittstellen zwischen unterschiedlicher Software: | alt 170 | neu 14 |
| Prozessbrüche: | alt 2 | neu 0 |
| Auftragsdurchlaufzeit: | alt 2 Tage | neu 2 Stunden |

Die Gesamtkosten des Projektes setzten sich wie folgt zusammen (in CHF, vergleiche dazu auch die Abb. 2.2.2.1):

| | |
|---|---|
| Softwarelizenzen: | 1 Mio. |
| Zusatzprogrammierung: | 2,5 Mio. |
| Übrige Einführung: | 11 Mio. |
| Interne Kosten (1000 CHF/Tag): | 14 Mio. |

Auf die detaillierte ROI-Rechnung wird hier verzichtet: Nebst den direkten Nutzen sind einige indirekte im Spiel – als Beispiel ist gerade die Reduktion der Auftragsdurchlaufzeit zu nennen. Die Aufdeckung aller NRONI-Überlegungen und aller Opportunitätskosten (siehe das Kap. 2.2.4) würde aber die Erfolgspositionen der Firma blossstellen. Immerhin: Das Projekt wurde als sehr teuer, aber mittelfristig erfolgreich eingestuft.

## 3.4 Zusammenfassung

Systems Engineering ist eine Methode, die eine zweckdienliche und effiziente Realisierung von komplexen Systemen erlaubt. Es umfasst zuerst das Systemdenken sowie das Vorgehensprinzip vom Groben zum Detail. Das Phasenmodell im Systems Engineering ist das Postulat der Lebensphasen eines Systems. Die drei Konzeptionsphasen Vorstudie, Hauptstudie und Detailstudie werden von den vier Ausführungsphasen Systembau, Systemeinführung, Systembetrieb und Systementsorgung unterschieden. Die drei Konzeptionsphasen unterliegen einem Problemlösungszyklus, der die Schritte Situationsanalyse, Zielformulierung, Synthese, Analyse, Bewertung bzw. Evaluation umfasst.

Software-Engineering ist das Engineering der Informatik-Stützung eines Systems, d.h. der Gesamtheit der informatikseitigen Aufgaben während der Lebensphasen eines Informationssystems. Der Vor- und Hauptstudie entspricht dabei die Phase der Systems Analysis, der Detailstudie die Phase des Systems Design. Dem Systembau entspricht die Codierung und der Test der Software. Systems Analysis umfasst die Erstellung eines Modells des Systems aus Informatiksicht. Dazu gehören ein prozess-, ein aufgaben- und ein funktionsorientiertes Modell sowie ein Datenmodell bzw. objektorientiertes Modell.

Im Engineering von Informatik-gestützten Informationssystemen gibt es in der Praxis drei Fälle, nämlich die Entwicklung und Einführung von Individualsoftware, die Beschaffung von Standardsoftware und deren Einführung ohne Änderungen sowie die Beschaffung von Standardsoftware mit Anpassung von Teilen der Software. In allen Fällen ist eine Zusammenarbeit von Betriebsingenieuren mit Informatikingenieuren erforderlich. Die Informatikseite ist dabei je nach Fall mehr oder weniger ausgeprägt. Daraus folgt das Postulat einer konzeptionellen Sicht als Nahtstelle zwischen den beiden interessierten Kreisen. Die Modelle in der Systems Analysis sind auf dieser Nahtstelle angesiedelt, d.h. von beiden Seiten her verständlich.

Software-Engineering kann nicht mit der genau gleichen Strenge der Lebensphasen betrieben werden wie dies die Theorie des Systems Engineering gerne vorschreibt. Gerade bei Individualsoftware ist die Dauer der Projekte manchmal sehr lang. Zudem lassen sich die Zielsetzungen des Systems aus oft unvollständiger Kenntnis der informatikseitigen Möglichkeiten nicht so exakt und verständlich formulieren, dass die Informatiker das System auch wie gewünscht konzipieren können. Das sogenannte Prototyping versucht, bestimmte Systemfunktionen durch die Hauptstudie und die Detailstudie in einen provisorischen Systembau zu überführen – eben im Sinne eines Prototyps. Ein solches Vorgehen kann einen Motivationsschub zur Folge haben sowie die Sicherheit, dass das System auch den Bedürfnissen und Wünschen der Benutzer in etwa entspricht. Das Wasserfallmodell im Software-Engineering entspricht am ehesten dem Vorgehen nach dem klassischen Modell des Systems Engineering. Das Spiralmodell entspricht eher einem laufenden Prototyping. Das System wird inkremental entwickelt. Die Inkremente entsprechen Funktionsfähigkeiten des postulierten Systems. Jedes Inkrement wird durch die Benutzer abgenommen und eingesetzt. Der Betrieb des Systems führt automatisch zu den Vorgaben der nächsten Entwicklungsrunde bzw. des nächsten Inkrements und dadurch zu einer verbesserten Software.

Sowohl für das Prototyping als auch für die klassische Entwicklung haben sich sogenannte Case Tools (Computer-Aided-Software-Engineering) als nützlich erwiesen. Das sind Werkzeuge zur prozess-, aufgaben- und funktionsorientierten Modellierung sowie zur Datenmodellierung bzw. objektorientierten Modellierung. Upper Case Tools sind im Wesentlichen eine Zeichenhilfe für die Modellierung. Sie überprüfen zudem die Kohärenz der gewählten Definitionen und erstellen die notwendige Dokumentation. Lower Case Tools können aus einem Modell ein lauffähiges Programm auf einem konkreten Computersystem generieren.

Die Lebensphasen im Engineering von Informatik-gestützten Informationssystemen haben ihre Besonderheiten im Vergleich zu allgemeinen Systemen. Während diesen Phasen sind insbesondere ein organisatorisches Konzept sowie ein informatiktechnisches Konzept zu erstellen. Diese werden begleitet von einem Einführungs- und Schulungskonzept sowie von einem Betriebs- und Unterhaltskonzept. Aus der praktischen Erfahrung als besonders wichtig erwiesen hat sich ein qualifiziertes Projektmanagement. Einflussfaktoren auf den Erfolg der Einführung von Informatik-gestützten Informationssystemen sind aber besonders auch bei der Einbindung und Schulung der zukünftigen Benutzer zu suchen.

# 4 Modellierung von Informationssystemen für Geschäftsprozesse

Gemäss Kap. 1.4.1 ist das Management von Informationen eine der Aufgaben des Informationsmanagements im umfassenden Sinn. Dazu gehören die Teilaufgaben gemäss der Abb. 1.4.1.1, also z.B. Informationsidentifikation, Informationsakquisition, Informationsspeicherung, Informationsverarbeitung, Informationsübermittlung, Informationspräsentation, Informationsnutzung.

Die Kapitel 4 bis 6 behandeln die konzeptionelle Kompetenz im Integralen Informationsmanagement gemäss Abb. 1.4.2.1, besonders die Modellierung eines Informationssystems für Geschäftsprozesse. Für die praktische Anwendung ist dabei die durchgängige Konzeption der umfassenden Geschäftsprozesse ein Hauptanliegen. Die Identifikation, das Speichern, Verarbeiten, Übermitteln und Präsentieren von Information zeigen sich als ein typisches Gestaltungsproblem. Das nötige Denken ist dem eines Ingenieurs nahe. Durch geeignete Beschreibungsverfahren werden die einzelnen betrieblichen Bereiche in Modelle überführt. Diese bilden auch eine mögliche und notwendige Nahtstelle zum technischen Teil eines Informatik-gestützten Informationssystems, also zur Informatik selber.

Das Kap. 4 behandelt die Grundlagen der Modellierung von Informationssystemen für Geschäftsprozesse. Aufgrund der Komplexität solcher soziotechnischer Systeme gibt es dafür keine allgemeine Methode. Deshalb wird ein Rahmenwerk für die Klassifikation verschiedener Modellierungsmethoden nach verschiedenen Dimensionen des Modellierungsproblems aufgebaut. Solche Informationssysteme sind zudem oft sehr gross und verhalten sich in der Zeitachse nicht stabil. Diesen Tatsachen wird ein besonderes Augenmerk geschenkt.

Die verschiedenen Methoden zur Prozess-, Funktions- und Aufgabenmodellierung werden im Kap. 5 vorgestellt, während das Kap. 6 die Methoden der daten- und objektorientierten Modellierung zum Gegenstand hat.

## 4.1 Grundlagen und Begriffe

Gerade bei Informatik-gestützten Informationssystemen ist eine genaue Darstellung der betrieblichen Gegebenheiten – sowohl der Objekte als auch der Prozesse – eine unabdingbare Voraussetzung für eine zweckmässige

Verarbeitung von Informationen. Es erstaunt deshalb nicht, dass verschiedenste Methoden des Informationsmanagements sich mit der Modellierung von Informationssystemen befassen. Dieses Teilkapitel präsentiert deshalb als erstes die grundlegenden Prinzipien der Modellierung.

Danach geht es im Wesentlichen um Begriffsdefinitionen. Im Zusammenhang mit der Neugestaltung von Geschäftsprozessen werden nämlich (zu) oft Begriffe gegeneinander ausgespielt, insbesondere die drei Begriffe *Aufgabe, Funktion* und *Prozess* bzw. *Aufgabenorientierung, Funktionsorientierung* und *Prozessorientierung.* Wie schon im Kap. 1.1 ist auch hier ein Griff in ein Herkunftswörterbuch, z.B. [DuHe89] sowie zu einem Wörterbuch für sinn- und sachverwandte Wörter, z.B. [DuSi86], angebracht, weil daraus das abgelesen werden kann, was Menschen *normalerweise* unter diesen Begriffen verstehen. Die Verwendung allgemein gebräuchlicher Begriffsdefinitionen ist besonders für das Prozessmanagement wichtig, da man sich am Alltagsverständnis orientieren sollte.

### 4.1.1 Grundlegende Prinzipien für die Modellierung

Speichern, Verarbeiten und Präsentieren von Informationen sind mit typischen Gestaltungsproblemen und –aufgaben des Managements von Informationen verbunden.[18] Um diese Aufgaben effektiv durchführen zu können, benötigt man eine genaue Vorstellung der Gegenstände oder der Sachverhalte, auf welche sich die Informationen beziehen.

Ein *Modell* ist gemäss [DuFr90] die vereinfachte Darstellung der Funktion eines Gegenstandes oder des Ablaufs eines Sachverhalts, die eine Untersuchung oder Erforschung erleichtert oder erst möglich macht.

Die *Konzeption* eines Modells ist gemäss [DuFr90] dessen gedanklicher Entwurf, dessen klar umrissene Grundvorstellung. Ein *konzeptuelles Modell* ist gemäss [DuFr90] ein Modell, das ein Konzept aufweist.

Der Begriff *Modellierung* bezeichnet den Ablauf, der zum Ergebnis, nämlich dem Modell führt. Eine *Modellierungsmethode* ist ein planmässiges und systematisches Vorgehen, das zur Modellierung verwendet wird.

Modelle für Informationssysteme sind nicht materieller Natur, sondern vielmehr Denkmodelle, die jemand von den Gegenständen oder Sachverhalten hat. Die gedankliche Vorstellung entwickelt man aufgrund der persönlichen Erfahrung und des Lernens über das System (z.B. über das Unternehmen)

---

[18] Diese Aufgaben wurden in Kap. 1.4.1 im Zusammenhang mit den übrigen Aufgaben des Informationsmanagements vorgestellt.

selbst, seine Ziele, den Aufbau und die Abläufe, aber auch aufgrund der konkret sichtbaren Gegenstände und deren Funktionsweisen. Daraus folgt sofort eine der wesentlichen Schwierigkeiten: Ein Modell wird tendenziell die persönliche Note der Person tragen, die das Modell konzipiert hat. Die Abb. 4.1.1.1 zeigt diese Problematik. Sie ist entnommen aus [Norm89].

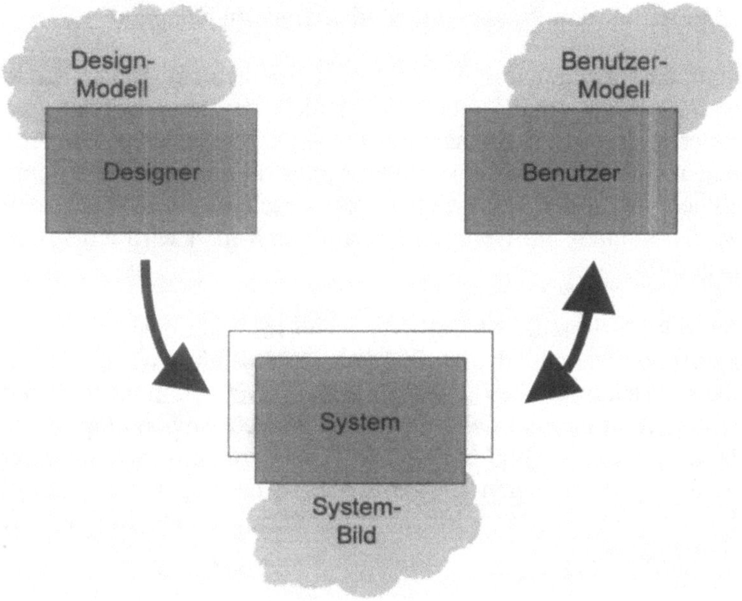


**Abb. 4.1.1.1** Eine Grundproblematik in der Modellierung: Die Qualität eines Modells ist geprägt durch die Person, die das Modell entwirft.

In dieser Abbildung haben sowohl der Designer als auch der Benutzer ein konzeptuelles Modell des (z.B. betrieblichen) Systems. Aus dieser Konzeption und aus der Art, wie sich ihnen der beschriebene Gegenstand oder Sachverhalt zeigt (z.B. ein Produkt, dessen Beschreibung und Gebrauchsanleitung), erhalten beide ihr Systembild. Während der Designer sich sein konzeptuelles Modell durch Betrachtung und Analyse des Systembilds von aussen macht, entsteht die Konzeption des Benutzers jedoch aus der Interaktion mit dem System, von dem er oft selbst ein Element darstellt. Ist das Systembild des Designers nicht objektiv für alle Beteiligten, dann muss die Konzeption dieses Bildes durch den Benutzer nicht unbedingt der Konzeption entsprechen, die er hätte, wenn er mit dem System selbst interagieren würde. Er hätte damit ein für ihn falsches Modell der Realität vor Augen.

Bereits für die Modellierung von physischen Systemen, wie z.B. Güterflüssen in Unternehmen, ist es schwierig, zu allgemein gleich empfundenen Modellen zu gelangen. Dies ist noch schwieriger, wenn die Elemente aus Informationen bestehen. Der Phantasie sind in diesem Fall wenig Grenzen gesetzt. Dies hat seine Vorteile für die Kreativität bei der Arbeit, ist aber von Nachteil für die Kommunikation unter mehreren Betriebsangehörigen. Aufgrund dieser Problematik sucht man seit langem nach allgemein gleich empfundenen, unmissverständlichen Bildern von Informationssystemen. Gelingt das nicht, so versucht man zumindest, auf der Metaebene zu einem gemeinsamen konzeptuellen Modell für den Prozess des Modellierens zu gelangen.

Die Realität zeigt, dass das gewünschte, einzige und allgemein gültige Modell für ein Informationssystem eines Unternehmens nicht gefunden werden kann. Das entspricht der Komplexität solcher sozio-technischer Systeme. Hingegen bestehen immer mehr Chancen, ein gemeinsames Framework, d.h. einen passenden Rahmen zu finden, in welchen die verschiedenen Denkmodelle eingeordnet werden können. Im weiteren Verlauf des Kap. 4 wird ein solches Framework vorgestellt.

Insbesondere wird klar, dass die Modellierung von Informationssystemen für Geschäftsprozesse aus verschiedenen Sichten durchgeführt wird, die den unterschiedlichen Denkmodellen entsprechen. Die unterschiedlichen Methoden der Modellierung sind dann ihrerseits, je nach Anwendungszweck, verschieden. Jede Methode verfügt über spezifische Vorteile. Erscheint einem deshalb aufgrund der persönlichen Herkunft oder Erfahrung ein bestimmter Aspekt als besonders wichtig, so wird man die entsprechende Methode für besonders geeignet halten.

### 4.1.2 Grundlegende Definitionen um die Begriffe Arbeit, Aufgabe, Funktion und Prozess

Abb. 4.1.2.1 zeigt den Grundbegriff *Arbeit*, auf den alle anderen Begriffe verweisen, zusammen mit den beiden Begriffsgruppen *Aufgabe, Funktion und Auftrag* sowie *Ablauf, Vorgang und Prozess.*

Als wichtigste Erkenntnis stellt sich heraus, dass *Arbeit* sowohl Ablaufcharakter als auch Inhalts- oder Ergebnischarakter haben kann. Diese *Dualität* ist offenbar *grundsätzlicher Natur*. Der Inhalt oder Gehalt der Arbeit bzw. ihr Zweck oder ihr Ziel, wird gerne mit dem Begriff *Aufgabe* wiedergegeben. Der Begriff *Funktion* ist offensichtlich nicht weit vom Begriff *Aufgabe* entfernt. *Funktion* bezieht sich stärker auf das Ergebnis der Arbeit, *Aufgabe* etwas mehr auf Inhalt und Zweck, wobei jeder Begriff den anderen einschliesst. Ein *Auftrag* entsteht beim Übertragen einer Aufgabe von einer Person auf eine andere. Dieser Ausdruck ist auch im Handelsrecht der zentrale Begriff für das Handeln zwischen Menschen.

| Begriff | Herkunft, Definition | Verwandte Begriffe |
|---|---|---|
| Arbeit | alt: Plage, Mühsal, schwere körperliche Anstrengung<br>neu: zweckmässige Beschäftigung, berufliches Tätigsein<br>aber auch: Produkt der Arbeit | |
| Aufgabe | Aufgeben = auftragen zu tun, erledigen lassen | Funktion, Auftrag, Arbeit, Pensum |
| Funktion | Tätigkeit, Wirksamkeit, Aufgabe, Verrichtung, Geltung | Aufgabe, Zweck |
| Auftrag | Übertragene Aufgabe, Weisung, Bestellung (auftragen = eine Aufgabe geben) | Aufgabe, Weisung |
| Ablauf | Verlaufen = vor sich gehen<br>Verlauf = Ablauf, Entwicklung | Vorgang |
| Vorgang | Vorgehen = nach vorne gehen, vorwärts gehen, sich ereignen | Ereignis, Ablauf |
| Prozess | Fortgang, Verlauf, Ablauf, Hergang, Entwicklung | Vorgang, Verfahren |

**Abb. 4.1.2.1** Zur Begriffsbildung rund um das Thema "Geschäftsprozess-Engineering und -Management" [Teil 1]

Die Begriffe *Ablauf, Vorgang* und *Prozess* beudeuten in etwa dasselbe und stehen in *Dualität* zu den Begriffen *Aufgabe* und *Funktion.* Wird nämlich eine Aufgabe bzw. eine Funktion genauer untersucht, so ist sie wohl in den wenigsten Fällen "atomar" in dem Sinne, dass sie nicht mehr als Ablauf empfunden wird[19]. In den meisten Fällen kann sie als Folge oder als Netz von Teilaufgaben bzw. Teilfunktionen strukturiert und damit als Prozess empfunden werden. Umgekehrt kann ein Prozess meistens so aufgefasst werden, dass verschiedene Arbeiten in einem bestimmten Ablauf abgewickelt werden. Jede dieser Arbeiten kann auch als Aufgabe oder Funktion bzw. als Teil davon empfunden werden.

---

[19] Eine *elementare Funktion* oder ein *Funktionsatom* ist eine Funktion, deren Inhalte man als „atomar“ empfindet, d.h. die nicht mehr weiter in Teilfunktionen aufbrechen kann.

Gemäss den erwähnten Wörterbüchern und aufgrund der oben gezeigten Dualität entsteht eine *Rekursivität*: Teile von Prozessen, Aufgaben und Funktionen sind wieder Prozesse, Aufgaben bzw. Funktionen. Es gibt demzufolge keinen Grund, unter einem Teilprozess etwas anderes verstehen zu wollen als unter einem Prozess. Umgekehrt gilt dasselbe. Hingegen gibt es Aufgaben und Funktionen, die atomar sind. Solche schlecht oder gar nicht strukturierbaren Aufgaben sind in Unternehmen beispielsweise im Bereich der Unternehmensstrategie, aber auch in der Produkt- und Prozessforschung zu finden.

### 4.1.3 Begriffe um das Geschäftsprozess-Engineering

Einige Begriffe rund um das Engineering von Geschäftsprozessen sind aus der Abb. 4.1.3.1 ersichtlich.

| Begriff | Herkunft, Definition | Verwandte Begriffe |
|---|---|---|
| Geschäft | Arbeit, Angelegenheit, Anordnung<br>neu: ... im Handelswesen, Vertrag | |
| Objekt | Gegenstand oder Inhalt der Vorstellung. Ziel, auf das sich eine Tätigkeit oder ein Handeln erstreckt | Ding, Gegenstand |
| Methode | Planmässiges Vorgehen, nach festen Regeln oder Grundsätzen geordnetes Verfahren | Verfahren, Behandlung |
| Zustand | Art und Weise des Bestehens (zustehen = zugehören, gebühren) | Beschaffenheit, Status, Stand |
| Ereignis | „Eräugnung“, ereignen = altdeutsch „eräugnen“, sich zeigen, geschehen | Vorgang |
| Wert | positive Bedeutung, Gewichtigkeit, Kaufpreis | |
| Kern | das Innerste, Wesentlichste, Beste | |
| Kern-kompetenz | wesentliche oder entscheidende Fähigkeit | |

**Abb. 4.1.3.1** Zur Begriffsbildung rund um das Thema “Geschäftsprozess-Engineering und -Management” [Teil 2]

Beachtenswert ist, dass auch *Geschäft* auf den zentralen Begriff *Arbeit* zurückverweist, wobei heute offenbar die nach zivilrechtlichen Definitionen *handelbare* Arbeit gemeint ist.

Zum Begriffspaar *Zustand* und *Ereignis*: Jede Aufgabe bzw. jeder Teilprozess bezeichnet einen *Aktionszustand* im gesamten Prozess, in dem sich das dabei behandelte Gut (z.B. Material oder Information) befindet. Zwischen zwei Aufgaben oder Teilprozessen muss ein Prozessübergang erfolgen. Falls die Fortsetzung der Bearbeitung nicht sofort erfolgt, mündet der Übergang vorerst in einen *Wartezustand*, der in einem sogenannten *Ablauf-* oder *Steuerungsspeicher* festgehalten werden muss. Als Beispiel für einen solchen Speicher kann man sich ein Pufferlager oder auch einen Postkorb im Büro vorstellen. Das *Ereignis* ist dann ein spezieller Prozess, bei dem ein Mensch oder ein Sensor einen Wartezustand feststellt bzw. gemäss der Herkunft des Wortes (siehe Abb. 4.1.3.1) *"eräugt"* und daraufhin den nächsten Prozess bzw. die nächste Aufgabe anstösst.

Obige aus dem Duden stammende Definitionen erlauben in Abb. 4.1.3.2 eine natürliche, dem menschlichen Empfinden entsprechende Definition von wichtigen Begriffen um das Thema Prozessmanagement.

| **Begriff** | **Definition** |
|---|---|
| Wertschöpfung | 1.) Eigenleistung des Unternehmens. Ihr Komplement ist die zugekaufte Leistung.<br>2.) Wert (Nutzen) einer Entwicklung und Herstellung für den Kunden. |
| Geschäfts-prozess | Prozess mit potentiell handelbarem Ergebnis, d.h. mit einer Wertschöpfung, die ein – interner oder externer – Kunde empfindet und wofür er zu bezahlen bereit ist. |
| Kernprozess | Prozess, für welchen ein Unternehmen wettbewerbs-entscheidende Kompetenz besitzt. |
| Geschäftsobjekt | Ein wichtiger Gegenstand oder Inhalt der Vorstellung im Zusammenhang mit einem betrachteten Geschäft. |
| Geschäfts-methode | Eine wichtige Methode im Zusammenhang mit einem betrachteten Geschäft. |
| Logistisches System | Prozess mit dem Ereignis zu seinem Anstoss und mit einer eigenen Auftrags- und Prozessführung. |

**Abb. 4.1.3.2** Wichtige neue Begriffe zum Thema „Geschäftsprozess-Engineering und -Management“

*Wertschöpfung* hat je nach Standpunkt (Hersteller oder Kunde) eine unterschiedliche Bedeutung. Die traditionelle Sicht ist diejenige des Herstellers. Aus seiner Perspektive ist beispielsweise ein Aufwand für die Haltung von Beständen an Lager oder in Arbeit immer wertvermehrend. Der Kunde aber erachtet solche Prozesse meistens nicht als wertvermehrend. Im Zuge der Kundenorientierung wird es immer wichtiger, sich auf dessen Standpunkt zu stellen.

Ein *Geschäftsprozess* in einem Unternehmen muss nicht unbedingt auch ein solcher in einem anderen Unternehmen sein. Das Entscheidende für das Empfinden als Geschäftsprozess ist schlussendlich ein eigenes Auftragswesen der auftragserfüllenden Organisationseinheit: Sie verantwortet und betreibt nicht bloss die Wertschöpfung selbst, sondern auch die notwendige Planung & Steuerung des zugehörigen Prozesses. Dabei spielt es keine Rolle, ob der Auftrag, der mit dem Anfordern des Geschäftsprozesses verbunden ist, von einer internen oder externen Stelle kommt. Sind die entsprechenden Handlungsfreiheiten gegeben, so können Geschäftsprozesse flexibel dem Insourcing oder Outsourcing unterliegen („make or buy").

*Kernkompetenzen* eines Unternehmens sind seine gesamten, als wettbewerbsentscheidend erachteten Fähigkeiten. Es ist im allgemeinen leichter, Kernkompetenzen im Unternehmen zu orten, als aus diesen die *Kernprozesse* abzuleiten. Einer Kernkompetenz entsprechen nicht immer klare Aufgaben. Eine Aufgabe kann nicht in jedem Fall gut strukturiert, d.h. in einem Prozess ausgedrückt werden. Eine Kernkompetenz kann z.B. strategischer Art sein. Sie kann sich auch in einer Funktion ausdrücken, die in verschiedenen Geschäftsprozessen vorkommt, ohne dass diese in ihrer Gesamtheit Kernprozesse sein müssen oder die anderen Funktionen dieser Geschäftsprozesse Kernkompetenzen aufweisen. Es ist tatsächlich nicht immer einfach, wichtigere von weniger wichtigen Geschäftsprozessen zu unterscheiden.

Bekannte *Geschäftsobjekte* sind z.B. Kunden, Mitarbeitende, Produkte, Betriebsmittel. Im Zusammenhang mit der Logistik sind es insbesondere auch die Aufträge. *Geschäftsmethoden* beschreiben, wie Aufgaben erfüllt oder Funktionen im Unternehmen erreicht werden können. Im Zusammenhang mit der Logistik sind dies insbesondere auch Methoden um die Auftragsabwicklung.

Ein *logistisches System* fasst logistische Aufgaben, Funktionen und Methoden, Prozesse, Zustände, Flüsse sowie Teil- oder Unterlogistiken zusammen. Es umfasst nicht nur den Prozess, sondern auch das Ereignis zu seinem Anstoss. Im Prozess selbst gibt es Teilprozesse, je mit ihrem anstossenden Ereignis. Ein logistisches System ist dafür wie ein selbständiger Auftragnehmer mit einer eigenen Auftragsführung versehen. Gerade das Beherrschen des Prozessanstosses kennzeichnet wertschöpfungsorientierte Organisationen.

## 4.2 Dimensionen und Klassifikation von Methoden in der Modellierung

Aufgrund der Komplexität des sozio-technischen Systems „Unternehmen" kann ein einziges und allgemein gültiges Modell für ein Informationssystem nicht gefunden werden. Dieses Teilkapitel stellt ein gemeinsames Framework, einen Rahmen vor, in welchen die verschiedenen Denkmodelle eingeordnet werden können. Dieser Rahmen umfasst drei verschiedene Dimensionen. Daraufhin werden die verschiedenen Modellierungsmethoden nach diesen Dimensionen klassiert, was gleichzeitig einen Überblick über die in den Kap. 5 und 6 behandelten Methoden erlaubt. Jede Methode behandelt die eine oder andere Dimension des Informationssystems bzw. die damit verbunden Sichten mehr oder weniger ausgeprägt.

### 4.2.1 Verschiedene Dimensionen in der Modellierung von Informationssystemen für Geschäftsprozesse

In den vergangenen Jahren wurden verschiedene Versuche unternommen, die Vielschichtigkeit eines Informationssystems in ein Konzept zur Entwicklung von Informationssystemen umzusetzen. Eine Initiative der EU-Forschungsgemeinschaft entwickelte dazu die Modellvorstellung mit Namen CIM-OSA. Siehe dazu [Espr93] oder [SpMe90]. Dieser Ansatz liegt zahlreichen weiteren Modellvorstellungen und sogenannten Werkzeugkästen zugrunde. Der wohl bekannteste Werkzeugkasten ist das Aris Tool Set (Architektur Rechnerintegrierter Systeme) [Sche98.2] geworden. Siehe dazu auch [Sche98.3]. Die Abb. 4.2.1.1 zeigt die Aris Modellvorstellung als ein Haus. Das Aris-Haus postuliert drei Dimensionen:

1. Die *Dimension der Hierarchiebildung* bzw. des *Vorgehensprinzips "vom Groben zum Detail"*, so wie es auch im Kap. 3.1.1 erwähnt ist. Diese Dimension kommt in der Abb. 4.2.1.1 nicht direkt zum Ausdruck. Sie ist aber heute im Aris Tool Set u.a. dadurch realisiert, dass jeder Vorgang in der Steuerungssicht seinerseits auf einem neuen Diagramm in seine Teilprozesse unterteilt werden kann. Dies entspricht einer Gruppierung von zusammengehörigen Teilprozessen oder der Bildung einer Bestandteilhierarchie gemäss Kap. 4.2.2.

2. Die Dimension der vier *Sichten auf das Informationssystem*, nämlich die Organisationssicht, die Datensicht, die Funktionssicht und die Steuerungssicht. Die Steuerungssicht wird oft auch Prozesssicht genannt. Anstelle der Datensicht spricht man heute umfassender auch von der Objektsicht. Die Dimension der Sichten gibt Anlass zu Modellierungsmethoden.

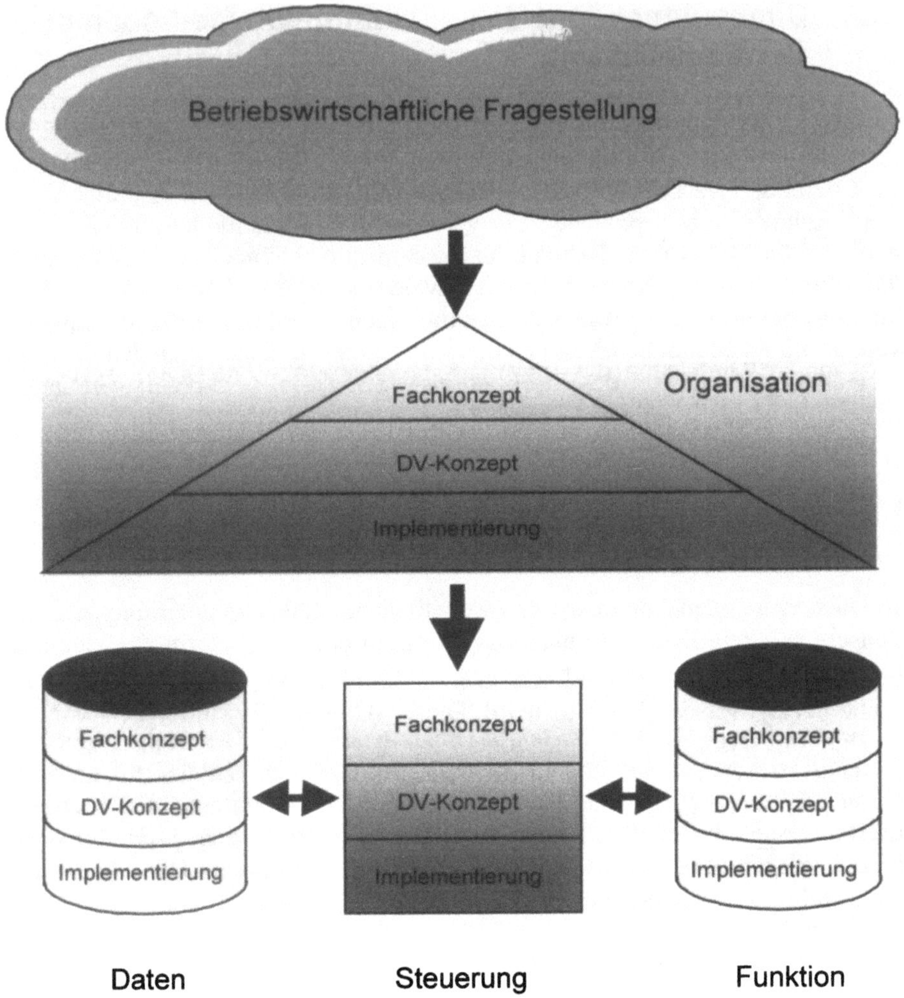


**Abb. 4.2.1.1** Das Aris Tool Set zur Modellierung von Informationssystemen für Geschäftsprozesse: Die Dimension der vier Sichten und die Dimension der drei Beschreibungsebenen

Zu jeder der vier Sichten gibt es – wie in den meisten anderen Werkzeugkästen auch – verschiedene Modellierungsmethoden. Bestimmte Methoden behandeln nur eine Sicht, andere versuchen, mehrere Sichten zu vereinen. Gewisse Werkzeuge behandeln zudem weitere Sichten. Der Vorteil der Methoden, die nur eine Sicht behandeln, ist meistens ihre Einfachheit. Die Verbindung der vier Sichten muss dann aber durch den Betrachter des Modells vorgenommen werden, wobei er durch das Werkzeug unterstützt wird. Im Aris Tool Set erfolgt die Verbindung z.B. über die Steuerungssicht, also die Prozesssicht.

3. Die Dimension der *Lebensphasen eines Systems* wird hier mit den drei Beschreibungsebenen *Fachkonzept*, *Datenverarbeitungskonzept* und *technische Implementierung* identifiziert. Diese entsprechen den *Konzeptionsphasen* eines Systems. Mit Bezug auf die im Kap. 3.1.2 erwähnten Phasen entspricht das Fach- bzw. Organisationskonzept der *Vorstudie* und der *Hauptstudie*. Das DV-Konzept der *Haupt-* und der *Detailstudie*, und die technische Implementierung dem *Systembau*.

### 4.2.2 Dimension der Hierarchiebildung

Durch *Hierarchiebildung* werden in einer Sicht auf das Informationssystem die zu einem „höheren" Gegenstand gehörigen „tieferen" Gegenstände zusammengefasst bzw. klassifiziert.

Die Hierarchiebildung ist in der Modellierung eines der wichtigen Konstrukte. Sie durchdringt und charakterisiert die Modellierung, weshalb man tatsächlich von einer Dimension der Modellierung sprechen kann. Durch Hierarchiebildung werden Elemente in zusammengehörige Mengen geordnet, gruppiert oder klassiert. Die Semantik einer bestimmten Hierarchiebildung kann dabei durchaus verschieden sein. In der Praxis kann man die folgenden drei Arten von Semantik immer wieder beobachten:

- die Bestandteilhierarchie,
- die Spezialisierungshierarchie,
- die Bestimmungshierarchie.

Durch die *Bestandteilhierarchie* werden Elemente $T_1$, $T_2$, $T_3$, ... zusammengefasst, aus denen ein übergeordnetes Element G besteht oder aus welchen es zusammengesetzt ist.

Umgekehrt ist jedes der hierarchisch untergeordneten Elemente $T_1$, $T_2$, $T_3$, ... Bestandteil oder Komponente eines übergeordneten Elements G. Die Abb. 4.2.2.1 veranschaulicht diese Semantik.

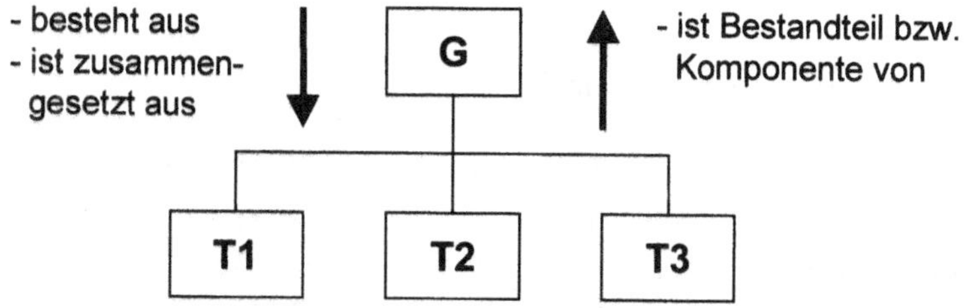


**Abb. 4.2.2.1** Die Bestandteilhierarchie

Beispiele von Bestandteilhierarchien in der stofflichen Welt sind

- ein Fahrrad (Ganzes) mit seinen Komponenten: Lenker, Rahmen und Laufräder,
- ein Transport (Ganzes) mit seinen Phasen: beladen, überführen, entladen.

Beispiele von Bestandteilhierarchien in der Modellierung von Informationssystemen sind

- ein System mit seinen Teilsystemen,
- ein Objekt mit seinen Komponenten,
- ein Prozess mit seinen Teilprozessen,
- eine Funktion mit ihren Teilfunktionen,
- eine Aufgabe mit ihren Teilaufgaben.

Die Dimension des Vorgehensprinzips "vom Groben zum Detail" im Systems Engineering (Kap. 3.1.1) und in verschiedenen Werkzeugkästen zur Modellierung entspricht einer Bestandteilhierarchie.

Durch die *Spezialisierungshierarchie* werden die Elemente $S_1$, $S_2$, $S_3$, ... zusammengefasst, die verschiedene spezielle Erscheinungsformen des übergeordneten Elementes G darstellen. Anders gesagt, ist jedes der Elemente $S_1$, $S_2$, $S_3$, ... ein (spezielles) G.

Umgekehrt ist ein hierarchisch übergeordnetes Element G eine Generalisierung aller untergeordneten Elemente $S_1$, $S_2$, $S_3$, .... Anders gesagt kann G ein Element $S_1$ oder ein Element $S_2$ oder ein Element $S_3$ usw. sein. Die Abb. 4.2.2.2 veranschaulicht diese Semantik.

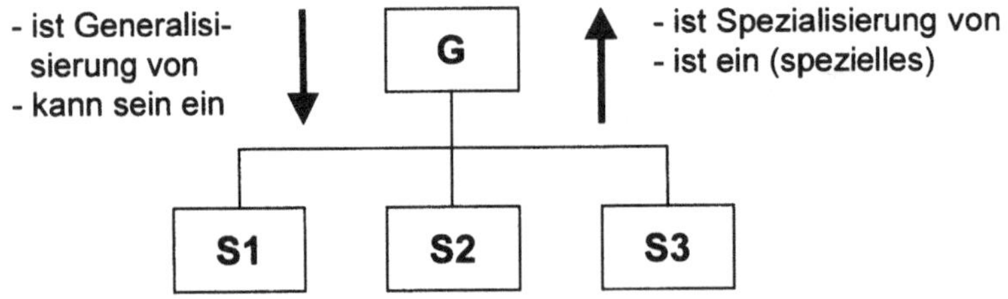


**Abb. 4.2.2.2** Die Spezialisierungshierarchie

Beispiele von Spezialisierungshierarchien in der Unternehmenswelt sind

- Mitarbeitender einer Firma (Generalisierung) mit den verschiedenen Erscheinungsformen Angestellter, Arbeiter und Lehrling.
- Eine Versanddienstleistung (Generalisierung) mit ihren verschiedenen Möglichkeiten: Abwicklung „express", „normal" oder „günstig".

Beispiele von Spezialisierungshierarchien in der Modellierung von Informationssystemen sind

- ein Objekt mit seinen spezialisierten Erscheinungsformen,
- ein Prozess mit verschiedenen Möglichkeiten der Abwicklung.

Durch die *Bestimmungshierarchie* werden zu einem untergeordneten Element A alle Elemente $G_1$, $G_2$, $G_3$,... übergeordnet, durch die gemeinsam das Element A definiert oder bestimmt wird.

Anders gesagt, braucht A sämtliche Elemente $G_1$, $G_2$, $G_3$,... gemeinsam zu seiner Existenz. Ebenso kann man sagen, A gehört den Elementen $G_1$, $G_2$, $G_3$,... zusammen.

Umgekehrt „generieren", „bestimmen" oder „besitzen" die hierarchisch übergeordneten Elemente $G_1$, $G_2$, $G_3$,... zusammen ein untergeordnetes Element A, bzw. sie bestimmen oder generieren es zusammen. Die Abb. 4.2.2.3 veranschaulicht diese Semantik.

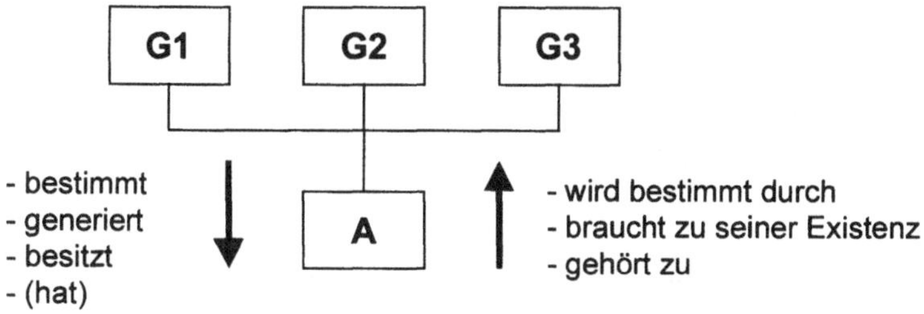


**Abb. 4.2.2.3** Die Bestimmungshierarchie

Beispiele von Bestimmungshierarchien sind folgende:

- Ein Kind braucht zu seiner Existenz einen Vater und eine Mutter.
- Ein Steuerpflichtiger wird definiert durch eine Person und eine politische Gemeinde.
- Ein Kundenauftrag wird bestimmt durch einen Kunden und einen Zeitpunkt.
- Die Verkaufs- und Vertriebslogistik wird bestimmt durch das (strategisch übergeordnete) Marketing und die langfristige Unternehmensplanung.

Beispiele von Bestimmungshierarchien in der Modellierung von Informationssystemen sind

- ein Objekt braucht zu seiner Existenz verschiedene andere Objekte
- ein Prozess wird bestimmt durch mehrere andere Prozesse.

Die verschiedenen Verben, die zur Beschreibung der Semantik der Bestimmungshierarchie herangezogen wurden, zeigen verschiedene mögliche Grade der Intensität der Bestimmung: von der Generierung bis zum Besitz. Gemeinsam ist ihnen jedoch immer, dass das untergeordnete Element ohne die es bestimmenden Elemente nicht bestehen kann. Die intensivste Form ist eine „Eltern-Kind"-Beziehung.

Die am wenigsten bindende Form der Bestimmungshierarchie kann durch das Verb „haben" ausgedrückt werden, bzw. umgekehrt „gehört zu". Dies ist jedoch eine zu allgemeine Semantik, um die Bestimmungshierarchie zu charakterisieren, kann sie doch auch für die Bestandteilhierarchie oder für eine andere hierarchische oder nicht hierarchische Beziehung verwendet werden.

Die verschiedenen semantischen Konstrukte der Hierarchiebildung sind *rekursiv*. Dadurch kann man mehrstufige Konstrukte bilden:

- Jede Komponente kann ihrerseits wieder aus untergeordneten Elementen zusammengesetzt sein.
- Jedes spezialisierte Element kann seinerseits wiederum, gegebenenfalls nach einem anderen Kriterium, in weitere Elemente spezialisiert werden.
- Jedes durch ein übergeordnetes Element bestimmte Element kann seinerseits, gegebenenfalls zusammen mit weiteren Elementen, ein untergeordnetes Element bestimmen.

Bekannte Beispiele:

- Unter einer *Stückliste* bzw. *Nomenklatur* versteht man die strukturierte Zusammensetzung des Produktes aus seinen Komponenten. Es handelt sich dabei um eine mehrstufige Bestandteilhierarchie. Siehe dazu auch [Schö00, Kap. 3.1.2].

- Ein *Klassifikationssystem* ist eine mehrstufige Spezialisierungshierarchie. Ein Beispiel dafür ist die standardisierte DIN 4000, eine Klassifikationshilfe für die Arbeit des Konstrukteurs, die ihm hilft, auf systematische Weise Artikel – typischerweise Halbfabrikate und Einzelteile – zu finden. Siehe dazu auch [Schö00, Kap. 16.5.3].

- Die klassische *Befehlshierarchie* in einem Unternehmen oder einer anderen menschlichen oder maschinellen Organisation ist eine mehrstufige Bestimmungshierarchie, in der jeweils nur ein bestimmendes Element auf ein untergeordnetes Element einwirkt.

### 4.2.3 Dimension der verschiedenen Sichten in der Modellierung

In [Spec01] ist eine neuere Aufarbeitung der verschiedenen *Sichten auf das Informationssystem* zu finden. Die Abb. 4.2.3.1 ist daraus entnommen.

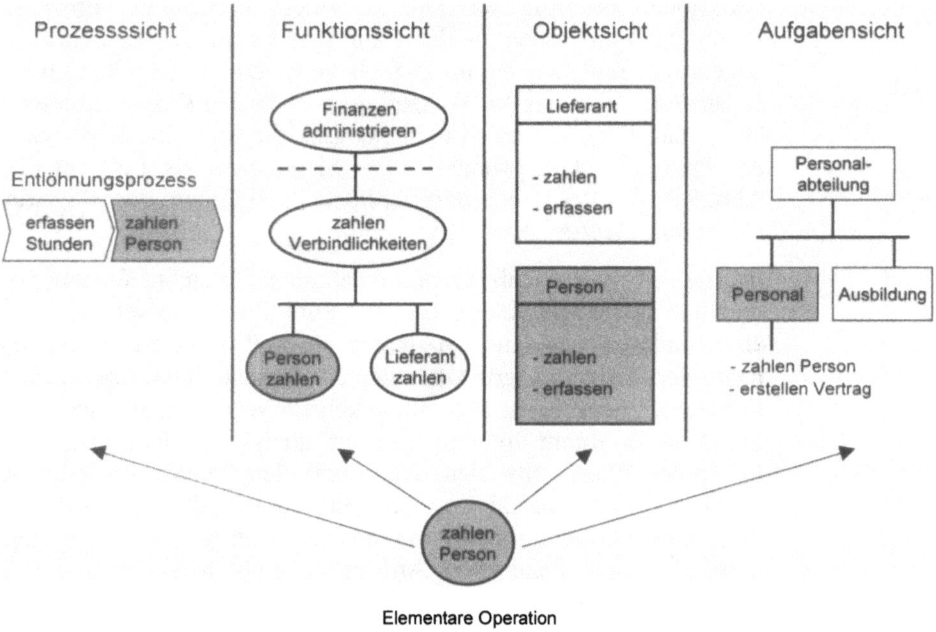


**Abb. 4.2.3.1** Vier Sichten auf Informationssysteme für Geschäftsprozesse (Bsp. aus [Spec01])

- Die *Prozesssicht*: Dies ist eine für das Verständnis des betrieblichen Geschehens sehr naheliegende und geeignete Sicht. Ein Prozess fasst gemäss Kap. 4.1.3 mehrere Arbeiten (z.B.: (Teil-)Aufgaben bzw. (Teil-)Funktionen) zusammen und wickelt sie in einer bestimmten Reihenfolge ab. Als Beispiel ist eine mögliche Darstellung eines Entlöhnungsprozesses aufgeführt.
  - Gemäss Abb. 4.1.2.1 kann man diese Sicht auch *Ablaufsicht*, *Vorgangssicht* nennen. Sie entspricht der *Steuerungssicht* im Aris Tool Set (Abb. 4.2.1.1).
- Die *Funktionssicht*: Funktionen werden nach einem im Prinzip beliebigen Merkmal unter einer dementsprechenden übergeordneten Funktion zusammengefasst. Als Folge entsteht eine u.U. mehrstufige Hierarchie, eine Baumstruktur.

- Im Beispiel der Abb. 4.2.3.1 sind auf der unteren Ebene alle Funktionen zusammengefasst, die in irgendeiner Weise "Verbindlichkeiten zahlen". Auf der oberen Stufe sind offenbar alle Funktionen zusammengefasst, die in irgendeiner Weise "Finanzen administrieren".

- Sehr oft findet man als zusammenfassendes Merkmal für die Funktionen die Zugehörigkeit zu einem bestimmten Prozess. Wenn die Funktionen in der Baumstruktur in der Reihenfolge angeordnet sind, wie sie im Prozess vorkommen, dann kann man in der Funktionssicht im Wesentlichen auch den Prozess ablesen. Oder man kann umgekehrt sagen, dass die Funktionssicht nach der Prozesssicht empfunden wird. Siehe dazu als Beispiel die Abb. 5.3.1.1 sowie die dort geführte Diskussion des Begriffs *Funktionsorientierung.*

- In diesem Zusammenhang eine Mahnung Vorsicht: Wegen der Dualität der Konzepte Prozess und Funktion ist es sehr ratsam, eine Funktion nur dann gleich wie einen Prozess zu benennen, wenn der Prozess aufgrund der dualen Betrachtungsweise aus der Funktion hervorgeht und umgekehrt: Wenn man also die Funktion in ihrem Inneren genauer analysiert, dann hat man genau den Prozess vor sich. Wenn man den Prozess von Aussen analysiert, dann verhält er sich genauso wie die Funktion. Ist diese Dualität nicht gegeben, dann soll man Prozess und Funktion unterschiedlich benennen. Ansonsten sind Missverständnisse vorprogrammiert.

- Die *Objektsicht*: Diese Sicht fasst Daten und Funktionen bzw. Prozesse zusammen, die dasselbe Objekt betreffen. Im Beispiel handelt es sich um die Objekte Person und Lieferant.

  - Eine wichtige Teilsicht der Objektsicht ist die *Datensicht*, also die Beschreibung jedes Objekts durch einen Satz von Attributswerten. Objekte bilden die Basis für die Datenverarbeitung, da sie die Daten beinhalten. Dabei ist es nicht von Belang, ob die Objektbeschreibungen in einer Kartei oder in einem elektromagnetischen Speicher abgelegt sind.

  - Den Objekten können auch geeignete Aufgaben, Funktionen oder Prozesse zugeordnet werden. Dies ist sinnvoll, sobald sie im Wesentlichen nur das Objekt betreffen. Da die Prozesse, Aufgaben oder Funktionen irgendwie beschrieben werden müssen, kann man diese Beschreibung als Daten auffassen und in analoger Weise dem Objekt zuordnen wie die Beschreibung des Objekts selbst.

- Die *Aufgabensicht.* Sie fasst (Teil-)Aufgaben, Funktionen oder Prozesse zu Aufgaben zusammen, die wenn möglich Kriterien der Ganzheitlichkeit genügen. Eine sinnvoll zusammengehörige Menge von Aufgaben kann man in der Folge einer organisatorischen Einheit im Unternehmen zuteilen. Im Beispiel sind die Aufgaben Lohnabrechnung und Ausbildung definiert, die in der organisatorischen Einheit Personalabteilung zusammengefasst sind.
  - Personaladministration und Ausbildung können jedoch auch ihrerseits als organisatorische Einheit empfunden werden. Umgekehrt kann Personalabteilung als umfassendere Aufgabe verstanden werden.
  - Damit ist der Zusammenhang der Ablauforganisation mit der Aufbauorganisation gegeben. Dieser Übergang ist der eigentliche Grund, wieso man anstelle von Aufgabensicht des öfteren den Begriff *Organisationssicht* antrifft, z.B. im Aris Tool Set in der Abb. 4.2.1.1. Eine schlecht gewählte Organisationssicht verdient jedoch den Namen Aufgabensicht nicht.

Es sind diese verschiedenen Sichten, die in der Folge modelliert werden.

Eine *prozessorientierte Modellierung* ist eine Modellierung, welche die Prozesssicht als primäre Sicht behandelt. Sie führt zum *prozessorientierten Modell.*

Ein *Prozessmodell* ist ein prozessorientiertes Modell, bei welchem im Wesentlichen nur die Prozesssicht behandelt ist, indem Prozesse anderen Prozessen zugeordnet werden.

Eine *funktionsorientierte Modellierung* ist eine Modellierung, welche die Funktionssicht als primäre Sicht behandelt. Sie führt zum *funktionsorientierten Modell.*

Ein *Funktionsmodell* ist ein funktionsorientiertes Modell, bei welchem im Wesentlichen nur die Funktionssicht behandelt ist, indem Funktionen anderen Funktionen zugeordnet werden.

Eine *objektorientierte Modellierung* ist eine Modellierung, welche die Objektsicht als primäre Sicht behandelt. Sie führt zum *objektorientierten Modell.*

Ein *Objektmodell* ist ein objektorientiertes Modell, bei welchem im Wesentlichen nur die Objektsicht behandelt ist, indem Objekte anderen Objekten zugeordnet werden.

Eine *aufgabenorientierte Modellierung* ist eine Modellierung, welche die Aufgaben- bzw. Organisationssicht als primäre Sicht behandelt. Sie führt zum *aufgabenorientierten Modell.*

Ein *Aufgabenmodell* bzw. *Organisationsmodell* ist ein aufgabenorientiertes Modell, bei welchem im Wesentlichen nur die Aufgaben- bzw. Organisationssicht behandelt ist, indem Aufgaben anderen Aufgaben zugeordnet werden.

In [Spec01] wird in der Folge auch die *Techniksicht* als weiterer zu modellierender Aspekt vorgestellt. Diese soll im Folgenden nur beschränkt zur Diskussion kommen. Dafür wird der bei der prozessorientierten Modellierung besonders zu beachtende Effekt der Wartezustände in der Folge modelliert.

Zur objektorientierten Modellierung gibt es die eingeschränktere Sicht der Datenmodellierung.

Eine *Datenmodellierung* ist eine Modellierung, welche im Wesentlichen genau die Datensicht behandelt, indem Daten Daten zugeordnet werden. Sie führt zum *Datenmodell.*

### 4.2.4 Klassifikation von Modellierungsmethoden nach Primär- und Sekundärsicht

Im Verlauf der vergangenen Jahrzehnte wurden zahlreiche Methoden zur Modellierung und Darstellung von Sachverhalten in Informationssystemen für Geschäftsprozesse entwickelt. Eine bestimmte Methode löste dabei eine bestimmte Aufgabe. Die Vorteile einer Methode zur Lösung einer Aufgabe erwiesen sich nicht unbedingt auch als Vorteile zur Lösung einer anderen Aufgabe. Dazu kommt, dass die eine Methode einem bestimmten Kreis von Anwendern mehr liegt als die andere, und zwar aufgrund ganz persönlicher Präferenzen. Es ist somit i. Allg. sinnlos, eine Rangordnung der Güte von solchen Methoden aufstellen zu wollen.

Entwurfsmethoden berücksichtigen erfahrungsgemäss jeweils einen Aspekt, d.h. eine Sicht des zu modellierenden Informationssystems bevorzugt. Manchmal berücksichtigen sie auch eine zweite Sicht mehr oder weniger gut, usw. Es ist damit naheliegend, eine *Klassifikation von Modellierungsmethoden nach Primär- und Sekundärsicht* zu erstellen. Genau das ist die Idee hinter der in der Abb. 4.2.4.1 dargestellten PROFA-Technik, die wiederum [Spec01] entnommen ist.

Die *Primärsicht* einer Modellierungsmethode ist diejenige Sicht, der sie bevorzugt zugeordnet werden kann.

Eine *Sekundärsicht* einer Modellierungsmethode ist eine zweite Sicht, über die die Methode ebenfalls Informationen enthält.

Wird nur eine Sicht behandelt, so kann man auch von einer *reinen Sicht* sprechen.

| primär / sekundär | Prozesssicht | Funktionssicht | Objektsicht | Aufgabensicht |
|---|---|---|---|---|
| Prozesssicht | Prozessmodell | Funktionen-Blockdiagramm | Zustands-übergangs-diagramm | Stellenorientierter Informationsfluss |
| Funktionssicht | Flussdiagramm | Funktionsmodell | Class-Responsibilities-Collaborators | Stellenfunktionen-diagramm |
| Objektsicht | Sequenzdiagramm | Datenfluss-Diagramm | Objektmodell | Arbeitsobjekt-diagramm |
| Aufgabensicht | Stellenorientiertes Ablaufdiagramm | Use Case Diagramm | Kollaborations-diagramm | Organisations-modell |

**Abb. 4.2.4.1** Die PROFA-Technik (Prozess, Objekt, Funktion, Aufgaben) zur Klassifikation von Modellierungsmethoden von Informationssystemen

Ein Eintrag in den Feldern der Abb. 4.2.4.1 ist entweder ein allgemeiner Begriff für die Klasse von Methoden, die dem betreffenden Feld zugeordnet werden kann, oder aber der Name einer bestimmten Methode.

In [Spec01, Kap 2.5] wird beobachtet, dass bei einer reinen Sicht im Prinzip – wie in Kap. 4.2.3 erwähnt – Prozesse Prozessen zugeordnet werden, bzw. Funktionen Funktionen, Objekte Objekten und Aufgaben Aufgaben. Bei gemischten Sichten werden die gemäss der Bestandteilhierarchie direkt untergeordneten Elemente (engl. „direct descendants") eines bestimmten Elementes gemäss der Primärsicht herangezogen. Ihnen werden dann Elemente der Sekundärsicht zugeordnet. Bei einem Stellenorientierten Ablaufdiagramm beispielsweise werden den Teilprozessen eines Prozesses Aufgaben oder Stellen zugeordnet, welche diese Teilprozesse abwickeln.

Die Abb. 4.2.4.2 führt nun einzelne Methoden und Techniken auf, die im weiteren Verlauf der Kapitel 5 und 6 behandelt werden.

- Es ist bezeichnend, dass mit einem Schwergewicht Methoden und Techniken um die Prozess- und Funktionssicht behandelt werden. Die allgemein bekannten Informationssysteme für Geschäftsprozesse begleiten i. Allg. die Wertschöpfungsprozesse. Diese wiederum sind in erster Linie aus Prozess- und Funktionssicht verständlich.

| primär / sekundär | Prozesssicht | Funktionssicht | Objektsicht | Aufgabensicht |
|---|---|---|---|---|
| Prozesssicht | Prozesslandkarte; Netz v. logistischen Systemen in Medils; Wertschöpfgs.ketten | Funktionen- und System-Blockdiagramm; UML-Paket | | Stellenorientierter Informationsfluss |
| Funktionssicht | Flow Chart; EPK(*); IDEF0; Petri-Netze; Jackson; Pseudo-code; Struktogramm | Hierarchischer Funktionsaufbau | Umfassendes Objektklassen-diagramm in UML | |
| Objektsicht | | Datenfluss-diagramm | Objektklassen-diagramm in UML; Entity relationship model (ERM) | |
| Aufgabensicht | Stellenorientiertes Ablaufdiagramm; Auftragskaskaden und Ablaufdiagr. in Medils; Tätigkeitsdiagramm | | | Organigramm |

**Abb. 4.2.4.2** Klassifikation der behandelten Modellierungsmethoden nach der PROFA-Technik (*:EPK steht für Ereignisorientierte Prozesskette)

- Wenn eine Methode verschiedene Sichten berücksichtigt, so heisst dies nicht, dass sie besser oder umfassender wäre als eine andere, die nur die reine Sicht behandelt. Es ist sehr wohl möglich, dass das Berücksichtigen einer Sekundärsicht zur Folge hat, dass gewisse Teilaspekte der Primärsicht weniger gut zum Ausdruck kommen als bei einer Methode, die sich im Prinzip nur auf die Primärsicht konzentriert.

- Die Zahl der Sekundärsichten, die eine bestimmte Methode berücksichtigt, muss übrigens nicht auf eine beschränkt sein. Bei genauerem Betrachten kommt manchmal sogar eine Tertiärsicht oder sogar eine Quartärsicht zum Ausdruck. I. Allg. wird dann die Methode entsprechend komplizierter in der Syntax und Semantik, und damit auch in der praktischen Anwendung.

Eine weitere Klassifikation der in Abb. 4.2.4.2 aufgeführten Modellierungsmethoden wird gleich im nächsten Unterkapitel vorgenommen.

### 4.2.5 Klassifikation von Modellierungsmethoden nach der Dimension der Lebensphase des IS sowie nach Herkunft und Anwendungsfokus

Die Abb. 4.2.5.1 bietet eine Klassifikation von Modellierungsmethoden in Abhängigkeit von verschiedenen Kriterien:

| Modellierungsmethode | Geeignet für V | H | D | B | Anwendungsfokus | Herkunft | Sicht der Modellierung 1. | 2. | 3. | 4. | * |
|---|---|---|---|---|---|---|---|---|---|---|---|
| Prozesslandkarte | x | x | | | ReOrg | Org | P | | | | |
| Wertschöpfungspfeil/Logist.System | x | x | | | ReOrg | Org | P | | | | |
| Wertschöpfungskettendiagramm | x | x | | | ReOrg | Org | P | | | | |
| Segmentierung/strateg.Überordnung | x | x | x | | ReOrg | Org | P | | | | |
| SCOR | x | x | | | ReOrg | Org | P | | | | |
| Stellenorientiertes Ablaufdiagramm | x | x | | | ReOrg | Org | P | A | | | H |
| Auftragskaskaden (in Medils) | x | x | x | | ReOrg | Org | P | A | | | |
| Organigramm | x | x | | | ReOrg | Org | A | | | | |
| Stellenorientierter Informationsfluss | x | x | x | | ReOrg | Org | A | P | | | H |
| Hierarchischer Funktionsaufbau | x | x | | | ReOrg | Org | F | | | | |
| Funktionen-Blockdiagramm | x | x | | | ReOrg | Org | F | P | | | |
| System-Blockdiagramm | x | x | | | ReOrg | Org | F | P | | | |
| Paketbildung in UML | x | x | x | | InfStü | Inf | F | P | | | |
| Datenflussdiagramm | x | x | x | | InfStü | Inf | F | O | | | |
| Erweitertes Datenflussdiagramm | | x | x | | InfStü | Inf | F | O | P | | |
| Flow Chart | | x | x | | ReOrg | Org | P | F | | | |
| Ereignisorientierte Prozesskette | | x | x | | ReOrg | Inf | P | F | | | W |
| Tätigkeitsdiagramm in UML | | x | x | | ReOrg | Inf | P | A | (O) | | |
| Ablaufdiagramm in Medils | | x | x | | ReOrg | Org | P | A | (O) | | W |
| SADT/ICAM – IDEF0 | | x | x | | ReOrg | Inf | P | F | (O) | T | |
| Petri-Netz | | x | x | | ReOrg | Inf | P | F | (O) | T | W |
| Objektklassendiagramm in UML | | x | x | x | InfStü | Inf | O | | | | |
| Entity-Relationship-Model (ERM) | | x | x | x | InfStü | Inf | O | | | | |
| Umfassendes Objektklassendiagr. | | x | x | x | InfStü | Inf | O | F | | | |
| Pseudocode | | | x | x | InfStü | Inf | P | F | | | |
| Jackson + | | | x | x | InfStü | Inf | P | F | | | |
| Struktogramm + | | | x | x | InfStü | Inf | P | F | | | |

**Abb. 4.2.5.1** Klassifikation von Modellierungsmethoden nach der Dimension der Lebensphase des IS sowie nach Herkunft, Anwendungsfokus und Sichten

1. der Lebensphase eines (Informations-)Systems, in der die Methode vorzugsweise zum Einsatz kommt: V=Vorstudie, H=Hauptstudie, D=Detailstudie, B=Systembau (Implementation)

2. dem Anwendungsfokus einer Methode: ReOrg = Reorganisation von betrieblichen Abläufen, InfStü=Vorbereitung der Informatikstützung

3. der Herkunft einer Methode (d.h. in welchen Berufen oder Aufgaben im Unternehmen wurde die Methode entwickelt): Org=Organisation, Inf=Informatik

4. der Wichtigkeit und Art der verschiedenen Sichten, die durch die Methode abgedeckt werden: 1.=Primärsicht, 2.=Sekundärsicht, 3.=Tertiärsicht, 4.=Quartärsicht; P=Prozesssicht, A=Aufgabensicht, F=Funktionssicht, O=Objektsicht, T=Techniksicht.

5. von zusätzlichen Eigenschaften in der letzten Kolonne (*): W=Wartezustände abbildbar, H=Historisch wichtige und dokumentierte Methode.

Dabei lassen sich die folgenden Grundsätze zum Voraus beobachten:

1. Methoden für die Reorganisation von betrieblichen Abläufen bzw. von ganzen Geschäftsprozessen erlauben i. Allg. eine einfache Manipulation der Elemente zur mehrfachen Neuanordnung der Teilprozesse bzw. Tätigkeiten, wie sie sich z.B. im Verlaufe einer kreativen Neugestaltung der Prozesse mit Moderationstechniken ergibt.

   Methoden aus der Analyse bzw. Vorbereitung der Informatik-Stützung modellieren den Prozess nicht oder höchstens teilweise. Ihr Fokus liegt eher auf den Abläufen im Zusammenhang mit dem Erarbeiten und Speichern von Daten.

2. Methoden für die Vor- oder Hauptstudie erlauben eine schnelle Übersicht über die ganze Aufgabe, lassen aber wichtige Details weg.

   Methoden für die Detailstudie und den Systembau kümmern sich um Einzelheiten wie z.B. den Anstoss, die Variation oder die Wiederholung von Tätigkeiten. Für ganze Aufgaben erweisen sie sich bald als unübersichtlich.

3. Da Informationssysteme zur Stützung umfassender Geschäftsprozesse den Fokus der Betrachtung bilden, werden entsprechend viele Modellierungsmethoden mit Prozesssicht als Primärsicht behandelt.

4. Historisch dokumentierte Methoden behandeln eine kombinierte Sicht. Siehe dazu auch die betreffenden Teilkapitel von Kap. 5.

Nebst den in Abb. 4.2.5.1 namentlich erwähnten Methoden gibt es natürlich noch viele andere. Die Auswahl erfolgte im Hinblick auf die Methoden, die in den Kapiteln 5 und 6 näher beschrieben werden. In den Kapiteln 7 bis 12 werden einige dieser Methoden zur prozess-, funktions- und objektorientierten Modellierung von Informationssystemen zur Stützung umfassender Geschäftsprozesse verwendet.

Im Kap. 5 werden die Methoden zur Modellierung aus Prozess-, Funktions- und Aufgabensicht behandelt. Wie schon im Kap. 4.1.2 gezeigt wurde, sind die Begriffe *Ablauf, Vorgang* und *Prozess* in etwa gleichbedeutend und stehen in Dualität zu den Begriffen *Aufgabe* und *Funktion.* Zwischen den Modellierungsmethoden aus Prozess- und Funktionssicht sind denn auch nur relativ geringe Unterschiede in der Denkweise festzustellen im Vergleich zur grundsätzlich anderen Denkweise in der Modellierung aus Daten- oder Objektsicht. Um diese geringen Unterschiede der Methoden zur prozess- und funktionsorientierten Modellierung aufzuzeigen, werden in den folgenden Teilen des Kap. 5 jeweils derselbe Geschäftsprozess bzw. Teilprozesse davon sowie deren entsprechende Funktion bzw. Teilfunktionen modelliert. Es handelt sich dabei um Gegebenheiten aus der Verkaufs- und Vertriebslogistik. Dieses System wird dann im Kap. 7 umfassend und detailliert modelliert.

Die Methoden der Modellierung aus Daten- oder Objektsicht sind sodann Gegenstand des Kap. 6.

## 4.3 Praktisches Vorgehen zur Modellierung von grossen Informationssystemen

In der Literatur finden sich zur Illustration von Modellierungsmethoden meistens nur sehr beschränkte Beispiele mit nur wenigen Gegenständen, die modelliert sind. Dies gilt auch dann, wenn Beispiele aus dem Geschehen in einem Unternehmen herangezogen werden: Meistens wird nur ein kleiner Teilbereich modelliert. Das Vorgehen bei der Modellierung steht dann nicht eigentlich zur Diskussion, sondern nur die Methode und das Ergebnis.

Wenige Werke behandeln die Modellierung von Informationssystemen zur Stützung umfassender Geschäftsprozesse im Unternehmen. Zu diesen Werken gehören z.B. [Sche98.1] oder [Mert97].

Die Erfahrung bei der Einführung von umfassenden Informationssystemen im Unternehmen zeigt, dass es kein allgemein gültiges Vorgehen gibt. In diesem Sinne war das Einführungsvorgehen im Kapitel 3 auch lediglich als Empfehlung gedacht. Das Gleiche gilt für das nun vorgeschlagene Vorgehen zur Modellierung. Es stammt aus der praktischen Erfahrung des Autors und stellt damit eine von vielen Möglichkeiten dar.

- Die Einführung eines Informationssystems beginnt erfahrungsgemäss zweckmässig mit einer Systemabgrenzung. Diese wird meistens mit einem Schema wiedergegeben. Solche Schemen dienen dann auch zum Aufsetzen der Modellierung des Informationssystems.

- Der Zweck der Vorstudie ist sodann, die Geschäftsprozesse selbst zu hinterfragen und zielgerichtet zu verändern, bevor man deren Stützung durch ein Informationssystem konzipiert. Nebst der Ablauforganisation wird dabei gleichzeitig die Aufbauorganisation hinterfragt. In dieser Phase steht damit ein konzertiertes Vorgehen zur Prozess- und Aufgabenmodellierung im Vordergrund.

- Haupt- und Detailstudie gestalten das Informationssystem bis zu einem Detaillierungsgrad, der für die Stützung durch IT genügend genau ist. Dazu sind nun auch die weiteren Sichten auf das Informationssystem zu vertiefen. Ein konzertiertes Vorgehen zur Prozess-, Funktions- und Objektmodellierung führt zum gewünschten Ergebnis.

Dieses Vorgehen berücksichtigt stark die Tatsache, dass ein Informationssystem zur Stützung umfassender Geschäftsprozesse im Unternehmen selten über lange Zeit konstant bleibt. Es muss erweitert bzw. modifiziert werden. Dies liegt einerseits an den laufenden Veränderungen der Ziele des Unternehmens, andererseits aber auch an der Komplexität des Systems, das selten auf Anhieb korrekt beschrieben werden kann. Zudem ändert das Verständnis des Systems mit den Personen, die dazu gehören und es betreiben.

### 4.3.1 Praktisches Vorgehen zur Systemabgrenzung: Das Kontextdiagramm

Ein *Kontextdiagramm* zeigt das zu modellierende System und seine Interaktion von Elementen des Umsystems mit dem zu betrachtenden System.

Im Falle von Informationssystemen zur Stützung umfassender Geschäftsprozesse handelt es sich bei der Interaktion um Güter-, Daten- oder Steuerungsflüsse.

Ein *Terminator* ist die Identifikation eines handelnden Repräsentanten eines Umsystems.

Die Abb. 4.3.1.1 zeigt ein mögliches Kontextdiagramm des Systems *Administration und Disposition* gemäss Abb. 1.2.4.2. Die Informationsflüsse werden dabei durch Pfeile dargestellt.

Gemäss Abb. 1.2.4.2 können das Analyse- und Planungssystem, das Abrechnungs- und Kontrollsystem, das Administrations- und Dispositionssystem sowie das technisch-industrielle System als Untersysteme des Informationssystems zur Stützung umfassender Geschäftsprozesse eines Unternehmens angesetzt werden. Das System *Administration und Disposition* stützt dabei u.a. die gesamte Auftragsabwicklung im Unternehmen, von der Bestellung des Kunden bis zur Lieferung und Rechnungsstellung. Bezogen auf dieses System gehören nicht nur die Kunden und Lieferanten zu den Umsystemen, sondern auch die unternehmensinternen Akteure aus Analyse und Planung, Abrechnung und Kontrolle, der Technik sowie die Mitarbeitenden.

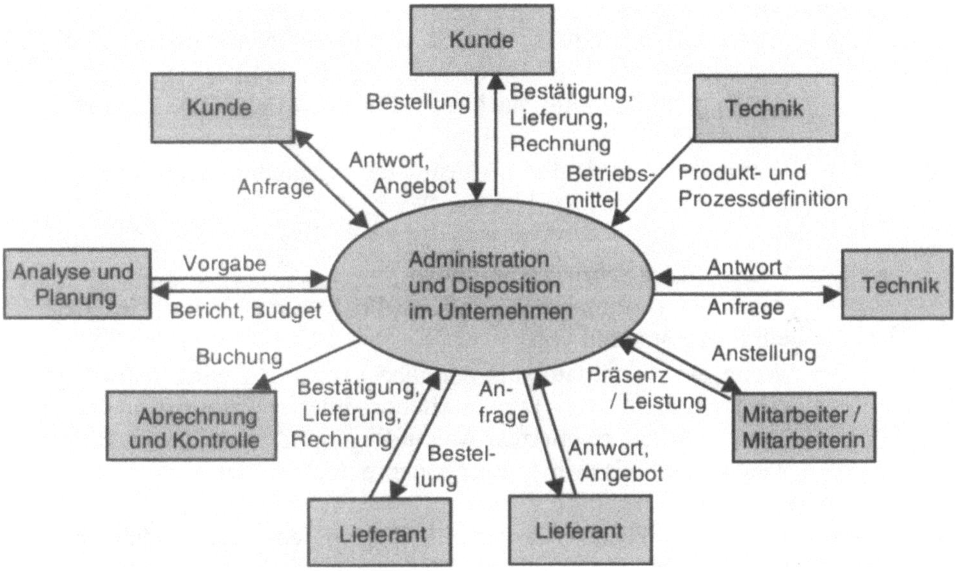


**Abb. 4.3.1.1** Kontextdiagramm des Systems *Administration und Disposition*

Ein Kontextdiagramm ist damit in jedem Fall nützlich, um die verschiedenen Geschäftsprozesse oder Hauptfunktionen in einem System zu finden. Jeder Informationsfluss zum System muss nämlich sinnvollerweise durch einen Geschäftsprozess im System abgefangen werden, und jeder Informationsfluss zu einem Umsystem muss durch einen Geschäftsprozess im System erzeugt werden.

Es ist schwierig, diese Modellierungsmethode eindeutig gemäss Abb. 4.2.4.2 klassieren zu wollen:

- Das substantivierte Verb, das oft für die Bezeichnung eines Systems steht (z.B. Administration und Disposition), kann natürlich durch das Verb selbst ersetzt werden (z.B. administrieren und disponieren). Sowohl das substantivierte Verb als auch das Verb selbst können nun als Funktion empfunden werden. Das Verb kann aber auch als Prozess verstanden werden.

- Ein Terminator kann als Aufgabe, als Objekt, als Funktion oder auch als Prozess verstanden werden, je nach Art der Identifikation und der Herkunft der interpretierenden Person.

Aus diesen Beobachtungen folgen als mögliche Interpretationen des Kontextdiagramms:

- Das substantivierte Verb oder das Verb selbst wird als Funktion empfunden.
  - Wenn der Terminator als Objekt verstanden wird, liegt ein Diagramm vom Typ „Datenfluss" vor. Es handelt sich dann um das Kontextdiagramm nach Yourdon [Your00]. Siehe dazu auch Kap. 5.3.5.
  - Wenn der Terminator als Aufgabe verstanden wird, liegt ein Diagramm vom Typ „Use Case" vor.

- Das Verb wird als Prozess empfunden.
  - Wenn der Terminator ebenfalls als Prozess verstanden wird, liegt ein Prozessmodell vor.
  - Wenn der Terminator als Aufgabe verstanden wird, dann liegt ein Diagramm vom Typ „Stellenorientierter Informationsfluss" bzw. „Stellenorientiertes Ablaufdiagramm" vor, je nachdem, welche Sicht als primär empfunden wird.

In der Praxis ist es durchaus von Vorteil, dass in das Kontextdiagramm verschiedenste Sichten hineinempfunden werden können. Dadurch kann man Modellierungsvorhaben effizient starten, da die am Prozess Teilnehmenden ihre eigene Empfindung wiederfinden, ohne dass damit Widersprüche in Kauf genommen werden müssen. Es kommt dann insbesondere auch nicht auf die genaue Form der Symbole an.

### 4.3.2 Praktisches Vorgehen in der Vorstudie: prozess- und aufgabenorientierte Modellierung

Die Modellierung während der Vorstudie für ein Informationssystem zur Stützung umfassender Geschäftsprozesse thematisiert erwartungsgemäss die Prozessorientierung. Ein Prozessmodell des Unternehmens ist wenn immer möglich das Ergebnis einer kritischen Überprüfung der bestehenden Abläufe im Hinblick auf deren Anpassung an die gewünschten Eigenschaften der Geschäftsprozesse. Veränderte Geschäftsprozesse ziehen aber die Überprüfung der Aufbauorganisation nach sich. Die diese Geschäftsprozesse betreibenden Personen sollen aus der Aufgabensicht möglichst optimal arbeiten können. Es gilt also, die Prozess- und die Aufgabensicht aufeinander abzustimmen. Die Abb. 4.3.2.1 beschreibt ein mögliches Vorgehen.

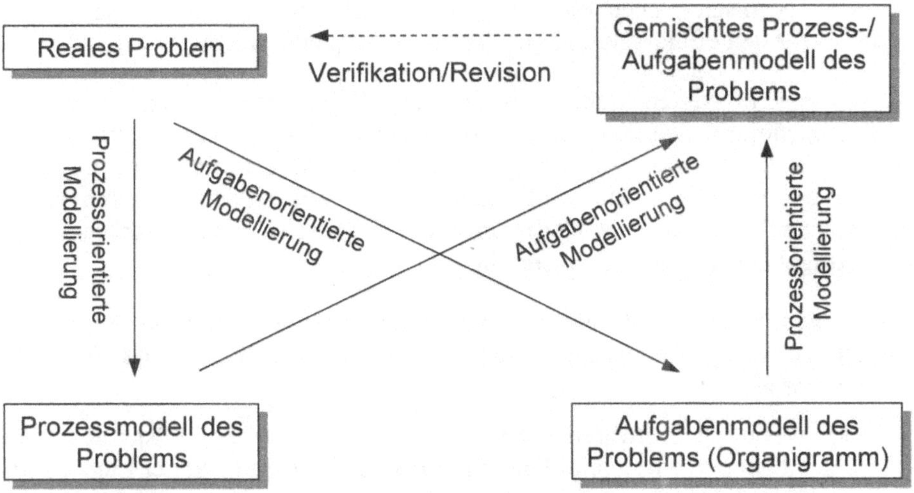


**Abb. 4.3.2.1** Vorgehen zur Modellierung von Informationssystemen zur Stützung umfassender Geschäftsprozesse in der Vorstudie

1. Im ersten Schritt modelliert man die Geschäftsprozesse, welche durch die Informationsflüsse des Kontextdiagrammes behandelt bzw. erzeugt werden. Diese Geschäftsprozesse können nach Kriterien wie Einfachheit, Tempo usw. optimiert werden.

2. Im zweiten Schritt wird das Organigramm des Unternehmens überprüft, das zur Abwicklung dieser Geschäftsprozesse herangezogen wird.

3. In einem dritten Schritt werden kombinierte Prozess-/Aufgabenmodelle erstellt. Historisch wichtig sind die beiden Modellierungsmethoden „Stellenorientiertes Ablaufdiagramm" und „Stellenorientierter Informationsfluss". Diese Modelle zeigen auf, ob Prozess- und Aufgabenmodell aufeinander abgestimmt sind.

   - Das„Stellenorientierte Ablaufdiagramm" zeigt insbesondere auf, wieviele verschiedene organisatorische Einheiten ein Geschäftsprozess durchläuft: Jeder Wechsel führt zu einer sogenannten Schnittstelle und ist eine Gefahr für den effektiven und effizienten Auftragsdurchfluss.

   - Das Diagramm „Stellenorientierter Informationsfluss" zeigt an, wieviele Informationen zwischen verschiedenen organisatorischen Einheiten ausgetauscht werden müssen, damit z.B. ein bestimmter Geschäftsprozess abgewickelt werden kann. Zuviel benötigter Informationsaustausch deutet auf unselbständig arbeitende Einheiten oder unvollständige Aufgaben bzw. ungeeignete Abgrenzung der organisatorischen Einheiten hin und ist damit ebenfalls eine Gefahr für den effektiven und effizienten Auftragsdurchfluss.

4. In einem vierten Schritt werden die Ergebnisse verifiziert. Ist die Abstimmung zwischen Prozess- und Organisationsmodell unbefriedigend, so muss die prozess- und aufgabenorientierte Modellierung entsprechend revidiert werden. Die vorherigen Schritte werden erneut durchlaufen, solange bis die Modellierung den Kriterien der Prozess- *und* Aufgabensicht optimal entspricht.

Als Ergebnis dieses Vorgehens erscheinen dann die Prozesse nach dem Systembau als dominierend. Man spricht dann i. Allg. von *Prozessorientierung.*[20]

- Wenn bei Softwarepaketen Teilprozesse eines Geschäftsprozesses in einem gemeinsamen Menu zusammengefasst sind und der Zugang nur über diese Menus erfolgen kann, spricht man von *prozessorientierter Software.*
- Wenn diese Teilprozesse zu Aufgaben bzw. Stellen zusammengefasst werden, dann liegt die oft zitierte *prozessorientierte Aufbauorganisation* vor. Der bessere Begriff dafür ist *Aufbauorganisation nach Geschäftsprozessen.*

### 4.3.3 Praktisches Vorgehen in der Haupt- und Detailstudie: prozess-, funktions- und objektorientierte Modellierung

In der Haupt- und Detailstudie geht es darum, die in der Vorstudie definierten Geschäftsprozesse zu detaillieren, und damit die Prozesssicht weiter zu modellieren. Dazu kommt jetzt auch die Modellierung der Funktions- und Objektsicht.

In der Praxis fragt man sich oft, ob es eine Reihenfolge gibt, in der die verschiedenen Sichten auf das Informationssystem erstellt werden sollten. Gerade in der Phase der Haupt- und Detailstudie kann man keine eindeutige zeitliche Präzedenz angeben. So kann man z.B. zuerst Objekte oder Daten finden, und erst danach Funktionen oder Prozesse:

- Während des Entwurfs des Daten- oder Objektmodells, besonders beim Festlegen der Attribute, treten immer wieder Methoden hervor, die durch Klassen und Attribute schliesslich unterstützt werden. Solche Methoden können als Funktionen verstanden werden. Werden sie genauer beschrieben, so kann das in einem funktions- oder prozessorientierten Modell geschehen.

---

[20] Vergleiche dazu die Diskussion zur Funktionsorientierung in Kap. 5.3.1.

Man kann sich aber sehr wohl auch das Umgekehrte vorstellen: Man findet zuerst Prozesse oder Funktionen, dann Objekte oder Daten:

- Während des Entwurfs eines prozess- oder funktionsorientierten Modells werden immer wieder Daten, Regeln und Objekte postuliert, welche für die Ausführung des Prozesses oder der Funktion sinnvollerweise existieren müssen. Dies gibt Anlass etwa zur Definition der Daten, Regeln und Objekte in einer Modellierung, welche die Objektsicht berücksichtigt (Objektklassendiagramm, Datenflussdiagramm, im Tätigkeitsdiagramm, oder zur formellen Deklaration im Pseudocode).

In den folgenden Kapiteln wird ein umfassendes Administrations- und Dispositionssystem in einem industriellen Unternehmen gemäss Abb. 1.2.2.1 und Abb. 1.2.4.2 konzipiert. In jedem Kapitel wird eines der Untersysteme gemäss Abb. 1.2.4.2 bzw. Abb. 4.3.3.1 entwickelt, und zwar in der Phase der Hauptstudie.

Aufgrund des Zwecks eines Informationssystems für Geschäftsprozesse werden tendenziell die Prozesssicht (Steuerungssicht) und die Funktionssicht Priorität vor der Daten- und Objektsicht geniessen. Als praktischen Ansatz zur Modellierung von Informationssystemen für Geschäftsprozesse in der Haupt- und Detailstudie schlagen wir deshalb das in der Abb. 4.3.3.1 beschriebene Vorgehen vor.

1. Organisatoren und Betriebsingenieure denken naturgemäss eher funktions- und prozessorientiert. Da sie in der Phase des Systems Analysis in der Konzeption führen sollen, werden zuerst Methoden der prozess- und funktionsorientierten Modellierung angewandt. Dadurch kann man, ausgehend vom Gesamtsystem, über zwei bis drei Ebenen von Teilsystemen zu Aufgaben kommen, die im Detaillierungsgrad der Hauptstudie angepasst sind. Dabei werden gleichzeitig sehr viele und vor allem die wichtigen Datenspeicher bestimmt.

2. Im nächsten Schritt werden die Untersysteme auf der detaillierten Stufe in eine Konzeption nach objektorientiertem Ansatz umgesetzt. Dazu werden aus den Datenspeichern die Klassen und Attribute bestimmt und dann die Funktionen als Methoden zugeordnet beziehungsweise umgekehrt Klassen entwickelt, zu denen postulierte Methoden passen.

3. Auf dieser detaillierten Ebene können nun zusätzliche Klassen über sukzessive Anwendung der semantischen Konstrukte zur objektorientierten Modellierung generiert werden. Dadurch kann ein objektorientiertes Modell über das gegebene funktions- und prozessorientierte Modell hinaus vervollständigt werden. Durch diese Vervollständigung können neue Prozesse postuliert und mit der Praxis verglichen werden.

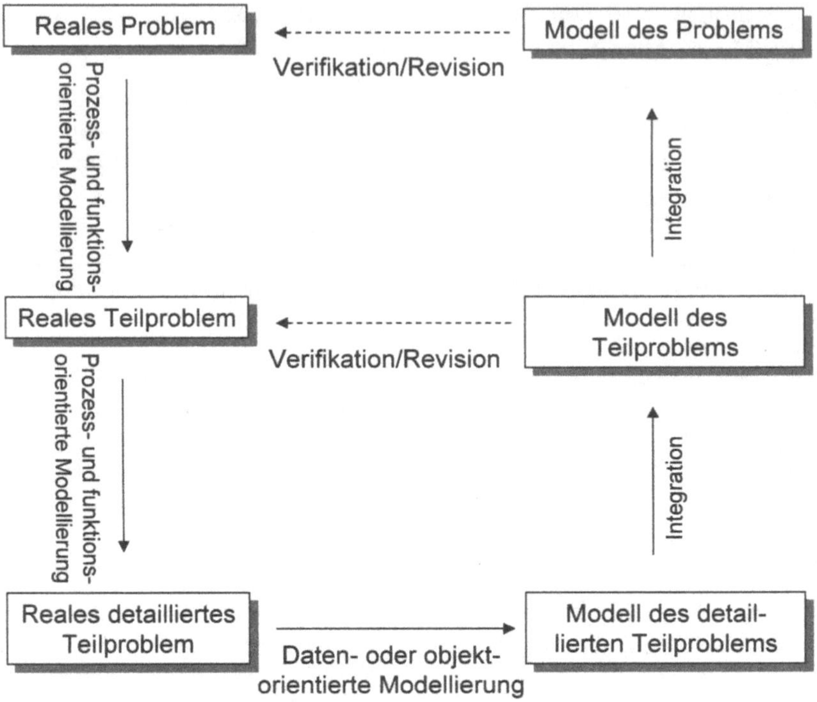


**Abb. 4.3.3.1** Vorgehen zur Modellierung von Informationssystemen zur Stützung umfassender Geschäftsprozesse in der Haupt- und Detailstudie

4. In einem weiteren Schritt erfolgt dann die stufenweise Integration der Objektmodelle der Untersysteme. Das Resultat ist meistens recht umfangreich und kann leicht eine Seite überschreiten. Das Aufzeichnen des integrierten Modells sollte deshalb so gewählt werden, dass die Teilmodelle rückverfolgbar sind, z.B. als UML-Pakete. Damit kann man den Integrationsprozess besser verständlich machen.

## 4.4 Zusammenfassung

In diesem Kapitel wurden grundlegende Prinzipien für die Modellierung besprochen. Ein einziges und allgemein gültiges Modell für ein Informationssystem zur Stützung umfassender Geschäftsprozesse eines Unternehmens kann nicht gefunden werden. Das entspricht der Komplexität solcher soziotechnischer Systeme. Ziel ist deswegen, einen allgemeinen Rahmen zu finden, in welchen die verschiedenen Denkmodelle eingeordnet werden können.

Zuerst wurden dazu grundlegende Definitionen um die Begriffe Arbeit, Aufgabe, Funktion und Prozess sowie um das Geschäftsprozess-Engineering eingeführt. Danach wurden drei Dimensionen in der Modellierung von Informationssystemen für Geschäftsprozesse definiert.

- Die erste Dimension ist die Hierarchiebildung. Dazu zählen die Bestandteilhierarchie (das Vorgehensprinzip vom Groben zum Detail), die Spezialisierungshierarchie und die Bestimmungshierarchie.
- Die zweite Dimension sind die vier Sichten in der Modellierung: Prozessicht (manchmal auch als Steuerungssicht gesehen), die Funktionssicht, die Objektsicht (manchmal auf die Datensicht reduziert) und die Aufgabensicht (auch als Organisationssicht empfindbar).
- Die dritte Dimension bilden die Lebensphasen des Informationssystems: die Konzeptphasen Vorstudie, Hauptstudie und Detailstudie, Systembau (manchmal auch Implementierung genannt), Einführung, Betrieb und Ablösung.

Die in den nachfolgenden Kapiteln 5 und 6 vorgestellten Modellierungsmethoden wurden nach Primär- und Sekundärsicht sowie nach der Lebensphase des Informationssystems, nach Herkunft und Anwendungsfokus sowie nach Tertiär- und weiteren Sichten klassiert.

Folgendes Vorgehen zur Modellierung von grossen und erweiterbaren Informationssystemen erweist sich als praktisch:

1. Eine Systemabgrenzung durch ein Kontextdiagramm gibt die Interaktion von Elementen des Umsystems mit dem zu betrachtenden System wieder. Im Falle von Informationssystemen zur Stützung umfassender Geschäftsprozesse handelt es sich bei der Interaktion um Güter-, Daten- oder Steuerungsflüsse.

2. In der Vorstudie kann eine Kombination von prozess- und aufgabenorientierter Modellierung das gewünschte Ergebnis liefern, nämlich eine optimale Ablauforganisation mit der dazu passenden Aufbauorganisation.

3. In der Haupt- und Detailstudie geht es zuerst darum, sukkzessive – über zwei bis drei Ebenen – genügend detaillierte prozess- und funktionsorientierte Modelle zu erhalten. Dabei bestimmt man gleichzeitig die wichtigen Objekte. Aus diesen detaillierten Modellen werden dann objektorientierte Modelle abgeleitet und umgekehrt entlang der gewählten Detaillierung sukzessive integriert, unter laufendem Abgleich mit den entsprechenden prozess- und funktionsorientierten Modellen.

# 5 Modellierung aus Prozess-, Aufgaben- und Funktionssicht

Im Kap. 5 werden die Methoden zur Modellierung von Informationssystemen aus Prozess-, Funktions- und Aufgabensicht behandelt. Wie schon im Kap. 4.1.2 gezeigt wurde,

- ist die Bedeutung des Begriffs *Funktion* offensichtlich nicht weit vom Begriff *Aufgabe* entfernt. *Funktion* bezieht sich stärker auf das Ergebnis der Arbeit, *Aufgabe* etwas mehr auf Inhalt und Zweck, wobei jeder Begriff den anderen einschliesst.

- sind die Begriffe *Ablauf, Vorgang* und *Prozess* in etwa gleichbedeutend und stehen in *Dualität* zu den Begriffen *Aufgabe* und *Funktion.*

Insbesondere zwischen den Modellierungsmethoden aus Prozess- und Funktionssicht sind denn auch nur relativ geringe Unterschiede in der Denkweise festzustellen. Dies z.B. im Vergleich zur grundsätzlich anderen Denkweise in der Modellierung aus Daten- oder Objektsicht, die im Kap. 6 behandelt werden.

Um diese geringen Unterschiede der Methoden zur prozess- und funktionsorientierten Modellierung aufzuzeigen, wird in den folgenden Teilen des Kap. 5 jeweils derselbe Geschäftsprozess bzw. Teilprozesse davon sowie die dem Geschäftprozess bzw. den Teilprozessen entsprechende Funktion bzw. Teilfunktionen modelliert. Es handelt sich dabei um Gegebenheiten aus der Verkaufs- und Vertriebslogistik. Dieses System wird dann im Kap. 7 umfassend und detailliert modelliert.

Entsprechend dem Vorgehen zur Einführung von Informationssystemen werden die Modellierungsmethoden gruppiert und in der Reihenfolge ihrer Eignung für die Vorstudie, die Hauptstudie, die Detailstudie sowie den Systembau vorgestellt.

## 5.1 Methoden zur prozessorientierten Modellierung in Vor- und Hauptstudie

Die Abb. 5.1.1 fasst die in diesem Teilkapitel behandelten Methoden zur prozessorientierten Modellierung zusammen. Sie entspricht einem Teil der Abb. 4.2.5.1.

| Modellierungsmethode | Anwendungs-Fokus | Herkunft | Übrige Sichten der Modellierung 2. | 3. | 4. | * |
|---|---|---|---|---|---|---|
| Prozesslandkarte | ReOrg | Org | | | | |
| Wertschöpfungspfeil / Logist. System | ReOrg | Org | | | | |
| Wertschöpfungskettendiagramm | ReOrg | Org | | | | |
| Segmentierung / Strateg. Überordnung | ReOrg | Org | | | | |
| SCOR | ReOrg | Org | | | | |
| Stellenorientiertes Ablaufdiagramm | ReOrg | Org | Aufg. | | | H |
| Auftragskaskaden (in Medils) | ReOrg | Org | Aufg. | | | |

**Abb. 5.1.1** Methoden zur prozessorientierten Modellierung in der Vor- und Hauptstudie (siehe auch Abb. 4.2.5.1)

Die Menge von existierenden Methoden zur prozessorientierten Modellierung ist nicht erstaunlich, geht es doch um die Vor- und Hauptstudie für ein Informationssystem zur Stützung umfassender Geschäfts*prozesse* im Unternehmen.

Wie schon in der Abb. 4.2.5.1 erwähnt, kommen Modellierungsmethoden für die Vor- und Hauptstudie aus den Berufen der Unternehmensorganisation (Herkunft: Org) und sind hauptsächlich für die Reorganisation von betrieblichen Abläufen gedacht (Anwendungsfokus: ReOrg). Auch diese Beobachtung entspricht der Erwartung: eine optimale Gestaltung der Abläufe in der Auftragsabwicklung ist die Grundlage jedes effektiven Informationssystems.

Verschiedenen Formen von (reinen) Prozessmodellen stehen wichtige kombinierte Methoden mit der Aufgabensicht als Sekundärsicht gegenüber. Das Hinzufügen dieser Sicht ist deswegen nicht erstaunlich, weil diese Phase der Modellierung gerade auch die Wahl einer optimalen Aufbauorganisation unterstützen soll.

Die Modellierungsmethode „Stellenorientiertes Ablaufdiagramm" ist eine solche kombinierte Methode von historischer Wichtigkeit (in der Kolonne * mit „H" bezeichnet).

### 5.1.1 Prozesslandkarte

Eine *Prozesslandkarte* ist eine Aufstellung der Hauptprozesse des zu betrachtenden Systems, das dabei als Gesamtprozess empfunden wird. Pfeile zwischen den Prozessen entsprechen möglichen Beziehungen zwischen ihnen.

Die Prozesslandkarte wird unternehmensspezifisch erarbeitet und ergibt sich aus dem oft subjektiven Empfinden der Mitarbeitenden. Die aufgeführten Beziehungen sind Güter-, Daten- oder Steuerungsflüsse und brauchen nicht vollständig aufgeführt zu sein. Die Abb 5.1.1.1 zeigt eine mögliche Prozesslandkarte des Systems „Administration und Disposition" aus der Abb. 4.3.1.1.

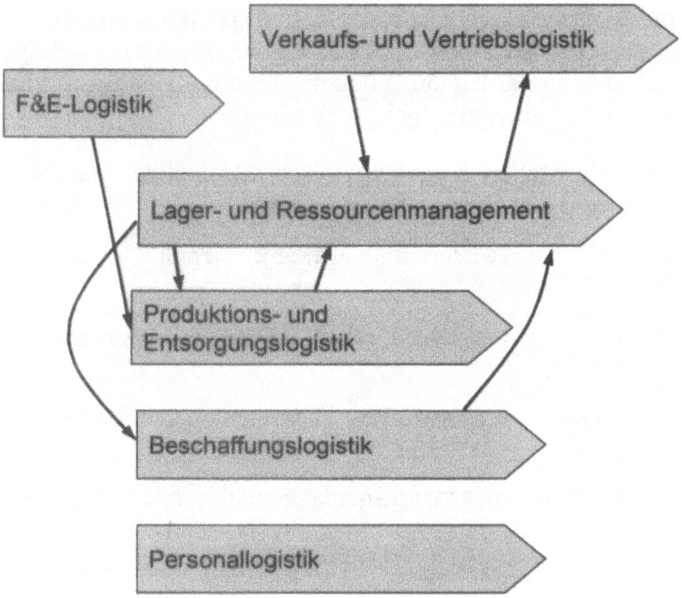


**Abb. 5.1.1.1** Prozesslandkarte des Systems *Administration und Disposition* (siehe auch Abb. 4.3.1.1)

*Administration und Disposition* wird dabei als Gesamtprozess empfunden. Die Prozesslandkarte wird aus den wesentlichen Prozessen dieses Gesamtprozesses gebildet. De facto handelt es sich bei diesen Hauptprozessen um die Geschäftsprozesse, d.h. – gemäss Abb 4.1.3.2 – Prozesse mit einer Wertschöpfung, die ein – interner oder externer – Kunde empfindet und wofür er zu bezahlen bereit ist.

Da die Prozesse in der Abb. 5.1.1.1 in den Kapiteln 7 bis 12 modelliert werden, sei die gewählte Prozesslandkarte hier kurz etwas näher beschrieben:

*Verkaufs- und Vertriebslogistik*, *F&E-Logistik*, *Produktionslogistik*, *Entsorgungslogistik*, *Beschaffungslogistik* und *Personallogistik* werden dabei als die klassischen Gebiete in den verschiedenen Bereichen der Unternehmenslogistik verstanden. Siehe dazu [Schö00, Kap. 1.2.3].

*Ressourcenmanagement* wird hier wie in [Schö00, Kap. 4.1.4] als Zusammenfassung der klassischen Aufgaben der Planung & Steuerung verstanden, nämlich

- dem *Materialmanagement* (soll die zur Deckung der Nachfrage notwendigen Güter (z.B. Endprodukte, Halbfabrikate, Einzelteile, Rohmaterial und Informationen) kostengünstig und termingerecht zur Verfügung stellen),
- dem *Zeit- und Terminmanagement* sowie dem *Kapazitätsmanagement* (sollen die notwendige Kapazität zur Deckung der durch die Aufträge auftretenden Belastung der Personen und der Produktionsinfrastruktur kostengünstig und termingerecht sicherstellen).

Traditionelle, aus dem industriellen Rechnungswesen stammende und etwas einschränkende Begriffe für die oben eingeführten sind:[21]

- *Materialwirtschaft* für Materialmanagement (engl. „*Materials Management*"),
- *Zeitwirtschaft* für Zeitmanagement (engl. „*Time Management*" ist weniger im Gebrauch),
- *Terminplanung und -rechnung* für Terminmanagement (engl. „*Scheduling*"),
- *Kapazitätswirtschaft* für Kapazitätsmanagement (engl. „*Capacity Management*").

### 5.1.2 Porter-Wertschöpfungspfeil und Logistisches System in Medils

Das in Abb. 5.1.1.1 verwendete Symbol entspricht einer von Porter eingeführten Notation [Port98.1] und [Port98.2].

Der *Porter-Wertschöpfungspfeil* stellt einen Prozess mit einem gepfeilten Kasten dar, und zwar in der Richtung der Zeitachse, in der die Wertschöpfung stattfindet.

---

[21] Der englische Begriff „Management" deutet auf die Erweiterung des Gesichtspunktes von der reinen Kostenüberlegung auf die umfassendere Aufgabe der Leistungsfähigkeit hin (siehe dazu [Schö00, Kap. 1.2.1]).

Die meisten Werkzeugkästen enthalten heute dieses sowohl einfache als auch prägnante Symbol. Siehe dazu z.B. das Aris (Architektur Rechnerintegrierter Systeme) Tool Set [Sche98.2].

Von besonderer Bedeutung sind dabei ein Prozess mit einem definierten Ereignis zu seinem Anstoss und mit einer eigenen Auftrags- und Prozessführung. Dieser wird in Medils[22] *Logistisches System* genannt (gemäss der Definition dieses Begriffs in Kap. 4.1.3) und mit einer Doppellinie am oberen Rand des Wertschöpfungspfeils wie in der Abb. 5.1.2.1 versehen.

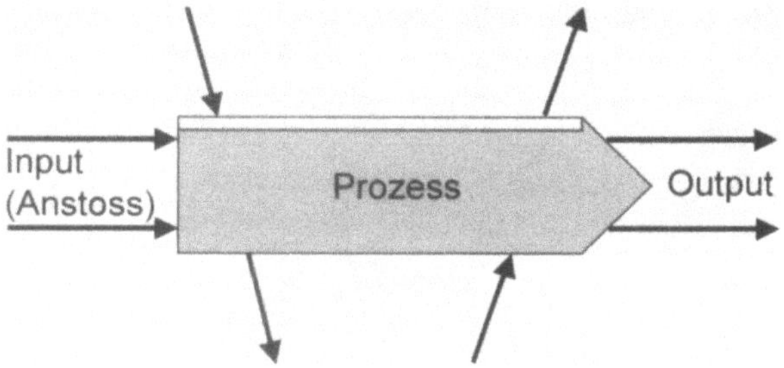


**Abb. 5.1.2.1** Porter-Wertschöpfungspfeil und Logistisches System in Medils

Zu einer vollständigen Prozessspezifikation gehören nebst seiner Bezeichnung

- der Prozessinput von sowie der Prozessoutput zu anderen Prozessen oder Systemen. Im Falle eines Informationssystems zur Stützung umfassender Geschäfts*prozesse* im Unternehmen handelt es sich dabei um Güter-, Daten- oder Steuerungsflüsse. Dabei kann es sich auch einfach um einen Prozessanstoss handeln.
- Ziele und Inhalt des Prozesses sowie Regeln und Einschränkungs- oder Spezialisierungsmöglichkeiten, die während seiner Ausführung beachtet werden müssen oder können. Dabei handelt es sich vorerst um eine verbale Beschreibung, die dann zur detaillierten Modellierung herangezogen wird.
- die Messgrössen des Prozesses, insbesondere des Outputs.
- Informationen über den Prozesseigner sowie spezifische Dokumente und Hilfsmittel.

---

22 "Method for Description of Integrated Logistic Systems", siehe auch Kap. 5.4.4 und [Schö00, Kap. 1.3.3].

### 5.1.3 Wertschöpfungskettendiagramm – eine Bestandteilhierarchie

Eine *Wertschöpfungskette* ist eine Menge von Tätigkeiten, die zusammen einen Prozess ausmachen. Sie wird durch ineinandergekeilte Pfeile in Richtung der Wertschöpfung derart dargestellt, dass zusammen ein ganzer Wertschöpfungspfeil entsteht: das *Wertschöpfungskettendiagramm.*

Wertschöpfungsketten wurden von Porter eingeführt (siehe [Port98.1] und [Port98.2]). Die Abb. 5.1.3.1 zeigt als Beispiel den Geschäftsprozess *Verkaufs- und Vertriebslogistik* mit seinen Teilprozessen.

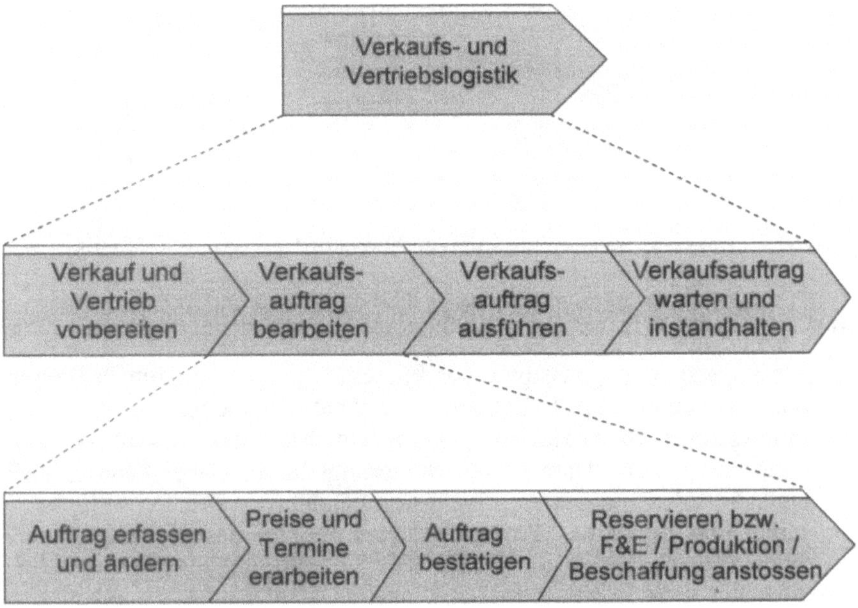


**Abb. 5.1.3.1** Wertschöpfungskette (Bsp. *Verkaufs- und Vertriebslogistik*)

Die Strukturierung eines Prozesses in seine Teilprozesse und Tätigkeiten ergibt sich umgekehrt durch eine einfache Unterteilung des Pfeiles in Subpfeile. Jeder Subpfeil kann auch auf einem separaten Blatt weiter unterteilt werden. Damit kann das Vorgehensprinzip "vom Groben zum Detail", also die Bestandteilhierarchie bei Prozessen modelliert werden.

Der grosse Vorteil dieser Diagramme ist ihre Einfachheit und ihre auch intuitiv korrekte Interpretation. Dagegen lassen sich auch nur leicht komplizierte Sachverhalte nur schwer wiedergeben. Als Beispiel dafür diene der Teilprozess *Preise und Termine erarbeiten*: Dies wären eigentlich zwei oder mehr parallel ablaufende Teilprozesse. Sie mussten aber in einem zusammengefasst werden. Wären sie nämlich hintereinander gezeichnet worden, dann wäre der Effekt der seriellen Abwicklung nahegelegt worden, was nicht unbedingt wünschenswert ist.

### 5.1.4 Segmentierung von Prozessen – eine Spezialisierungshierarchie

Nebst der Bestandteilhierarchie kommen auch die übrigen hierarchischen Konstrukte gemäss Kap. 4.2.2 bei der Prozessmodellierung zur Anwendung. Die Abb. 5.1.4.1 zeigt zunächst die *Segmentierung von Prozessen*, die ein Beispiel für die Spezialisierungshierarchie bei Prozessen darstellt.

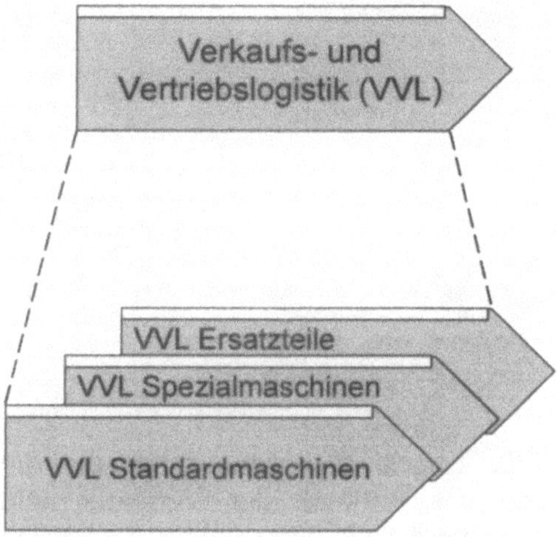


**Abb. 5.1.4.1** Segmentierung von Prozessen (Bsp. *Verkaufs- und Vertriebslogistik*)

Im gewählten Beispiel wird ausgedrückt, dass die Verkaufs- und Vertriebslogistik wohl als ein generalisierter Geschäftsprozess aufgefasst werden kann, dass er aber in der Praxis nach drei verschiedenen Sortimentsgruppen aufgeteilt bzw. segmentiert ist. Das Ersatzteilgeschäft muss anderen Marktmechanismen genügen als das Neumaschinengeschäft. Spezialmaschinen mit hoher Anpassung an die spezifischen Bedürfnisse der Kunden mögen unterschiedliche Anforderungen an Verkauf und Vertrieb stellen im Vergleich zu Standardmaschinen, an deren Potenziale sich der Kunde eher anpasst. Die Segmentierung kann auch in der Aufbauorganisation zum Ausdruck kommen: Während gewisse Verkaufs- und Vertriebsdienstleistung durch eine gemeinsame Organisation angeboten werden, bestehen für die verschiedenen Segmente zusätzlich spezialisierte Verkaufs- und Vertriebseinheiten.

Eine Segmentierung kann nicht nur nach dem Produktsortiment angebracht sein, sondern ggf. auch nach Kundengruppe (z.B. Gross- und Kleinkunden) oder Regionen (Gruppen von Ländern) usw.

### 5.1.5 Strategisch übergeordnete Prozesse – eine Bestimmungshierarchie

Die Abb. 5.1.5.1 zeigt *strategisch übergeordnete Prozesse* zum Geschäftsprozess *Verkaufs- und Vertriebslogistik.* Sie sind letzterem quasi „vorgelagert". Diese Beziehung stellt ein Beispiel für die Bestimmungshierarchie dar.

**Abb. 5.1.5.1** Strategisch übergeordnete Prozesse (Bsp. *Verkaufs- und Vertriebslogistik*)

In der Tat kann die Marketingpolitik Regeln festlegen, durch die die Möglichkeiten in der Gestaltung und der Wirkung der Verkaufs- und Vertriebslogistik weitgehend vorbestimmt werden. Als Beispiel kann man sich Regeln für den Internet-Auftritt denken. Das gleiche kann durch die strategische Unternehmensplanung der Fall sein, indem z.B. sortimentsspezifische Budgets festgelegt werden.

Die senkrecht gezeichneten Pfeile zeigen diese bestimmende Beeinflussung. Die Beeinflussung kann einerseits nicht mit einem Prozessinput verglichen werden, wenn sie kontinuierlich, d.h. dem ganzen Prozess entlang wirkt und nicht nur durch einen ein- oder mehrmaligen Prozessinput. Andererseits können strategische Vorgaben die Ursache sein, dass bestimmte Teilprozesse des Geschäftsprozesses spontan starten, d.h. ohne Anstoss durch einen Kundenauftrag. Bei der detaillierten Besprechung eines solchen Teilprozesses wird jeweils auf solche „Selbststarts" hingewiesen. Meistens ist ein Eintrag in einem Ablaufspeicher der Art *Agenda* für den Start verantwortlich.

Die senkrechten Prozesspfeile für die strategisch übergeordneten Prozesse können auch von unten nach oben gerichtet sein (siehe das nachfolgende Beispiel in Abb. 5.1.6.1).

### 5.1.6 SCOR – eine Kombination von Hierarchien

In den USA wurde 1996 der „Supply Chain Council“ (SCC) gegründet. Diese Organisation schuf das SCOR-Modell.

Das *SCOR-Modell* bzw. *-Diagramm* („supply chain operations reference“) ist ein Hilfsmittel, um unternehmensübergreifende Wertschöpfungsketten zu standardisieren.

Durch diese Standardisierung soll ein gemeinsames Verständnis der Abläufe in den verschiedenen an einem Logistiknetzwerk beteiligten Firmen erreicht werden. Die Abb. 5.1.6.1 zeigt das SCOR-Modell.

Das SCOR-Modell stützt Konzepte, die unter dem Begriff *Supply Chain Management* (SCM-Konzept) oder *Advanced Planning and Scheduling* (APS-Konzept) vorgestellt werden. Siehe dazu z.B. [Schö00, Kap. 4.2.3].

Die Abb. 5.1.6.1 weist SCOR als ein Prozessmodell aus, das mit allen drei Hierarchietypen gemäss Kap. 4.2.2 arbeitet. Beispiele:

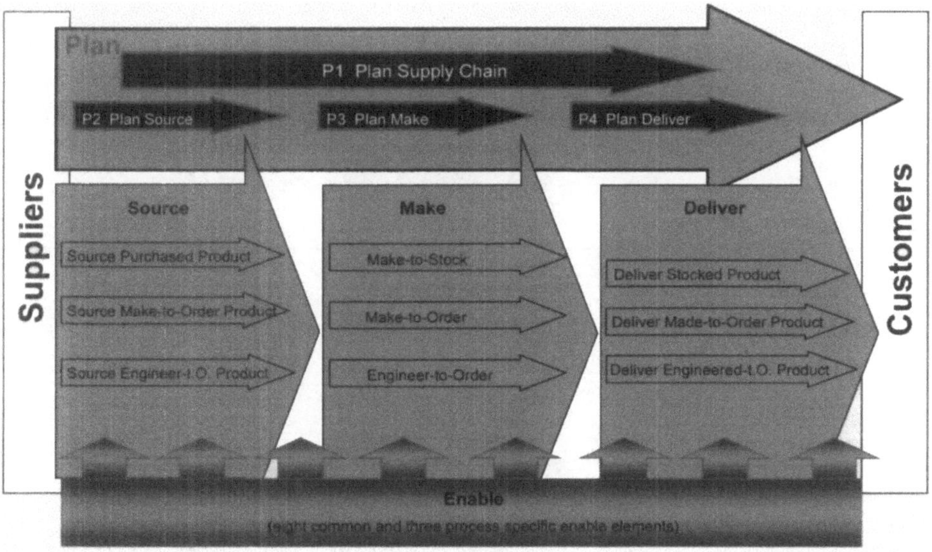


**Abb. 5.1.6.1** Das SCOR-Modell, Version 3.1

- Bestandteilhierarchie: Der Gesamtprozess besteht aus den Teilprozessen *Source*, *Make* und *Deliver*.

- Spezialisierungshierarchie: Der *Make*-Prozess kann ein *Make-to-Stock-*, ein *Make-to-Order-* oder ein *Engineer-to-Order*-Prozess sein.
- Bestimmungshierarchie: Die Enable-Prozesse bestimmen die übrigen Prozesse, indem sie sie kontinuierlich, d.h. den ganzen Prozess entlang beeinflussen.

### 5.1.7 Stellenorientiertes Ablaufdiagramm

Beim Wertschöpfungskettendiagramm können parallel auftretende Teilprozesse nicht zufriedenstellend modelliert werden, wie das in der Diskussion zur Abb. 5.1.3.1 aufgezeigt wurde. Dieser Nachteil lässt sich durch die Ausweitung in die vertikale Dimension beheben, was allerdings das Diagramm komplizierter macht. Die senkrechte Richtung kann aber gleichzeitig zur Kombination mit Organisationssicht genutzt werden und führt dann zum bekannten stellenorientierten Ablaufdiagramm gemäss Abb. 5.1.7.1.

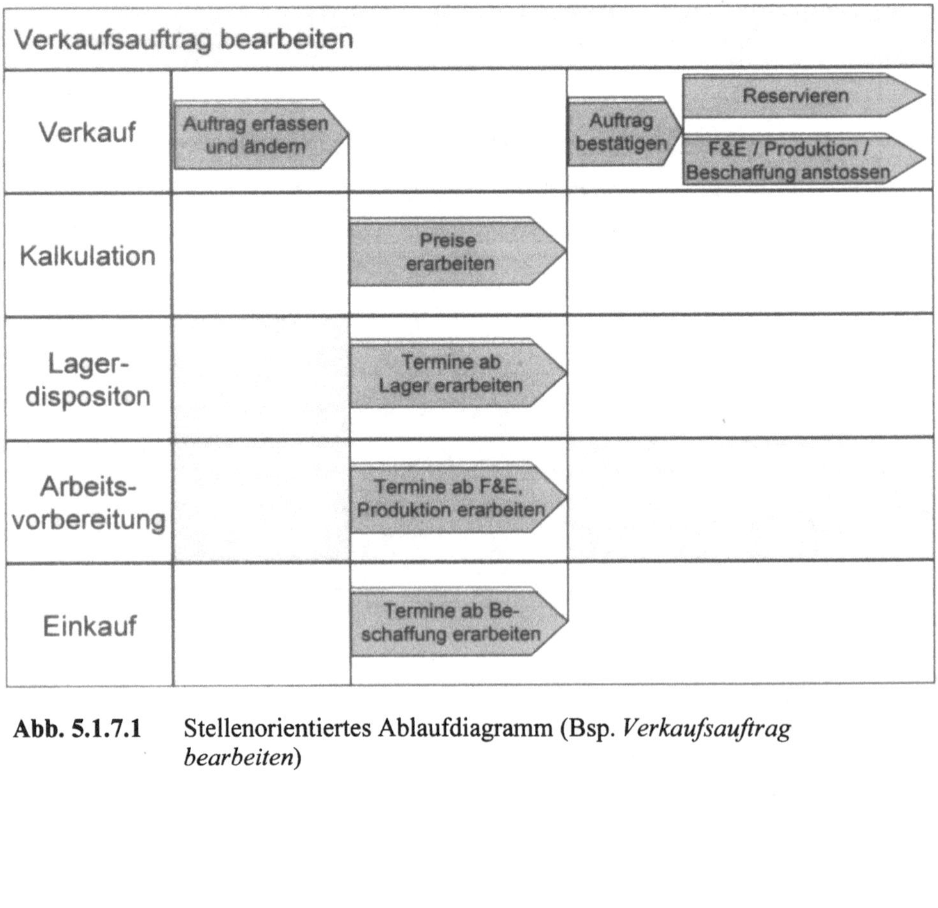


**Abb. 5.1.7.1** Stellenorientiertes Ablaufdiagramm (Bsp. *Verkaufsauftrag bearbeiten*)

Das *Stellenorientierte Ablaufdiagramm* zeigt einen Prozess mit seinen Teilprozessen, Tätigkeiten, Aufgaben oder Funktionen, 1. im Ablauf der Zeit (horizontale Achse) und 2. in seiner Einbettung in die Aufbauorganisation (vertikale Achse).

Das Stellenorientierte Ablaufdiagramm eignet sich, um einen formalen Ablauf zusammen mit den im Logistiknetzwerk mitarbeitenden Personen zu analysieren und aufzuzeichnen, z.B. während Interviews oder Brainstormings. Prozesse, Tätigkeiten, Aufgaben oder Funktionen, mit ihren jeweiligen zu- und abgehenden Flüssen und deren Quellen oder Senken, können so identifiziert und aufgezeichnet werden. Die Ergebnisse verschiedener Interviews lassen sich in der richtigen Reihenfolge verknüpfen und in eine einzige Darstellung integrieren.

Die Mitarbeitenden finden sich in solchen Diagrammen i. Allg. zurecht, weil sie sich in der Aufbauorganisation wiederfinden. Iterativ können nun die Ergebnisse zusammen verifiziert und verbessert werden. Die Mitarbeitenden können feststellen, ob sie den betreffenden Teilprozess der Darstellung entsprechend ausführen und ob die eingezeichneten Güter-, Daten- und Steuerungsflüsse stimmen.

Als Nachteil ist zu erwähnen, dass das stellenorientierte Diagramm nicht mit der Realität übereinstimmen muss, solange es aufgrund von Interviews und dem Know-how des Ingenieurs erstellt wurde, der die Analyse führte. Deshalb sind zusätzliche Analysen "vor Ort" nötig. Siehe dazu die Bemerkungen in der Einleitung des Kapitels 4 über die Prägung der Qualität eines Modells durch die Person, die das Modell entwirft.

### 5.1.8 Stellenorientiertes Ablaufdiagramm aus historischer Sicht

Das Stellenorientierte Ablaufdiagramm ist schon sehr alt. Als Beispiel diene [Grul28], wo die „Arbeitsteilung im Geschäftsbetriebe“ besprochen wird. Die Abb. 156 im Anhang dieses Werks ist in der Abb 5.1.8.1 wiedergegeben. Sie beschreibt den „Gang der Werkstattaufträge“ aus dem Jahre 1911.

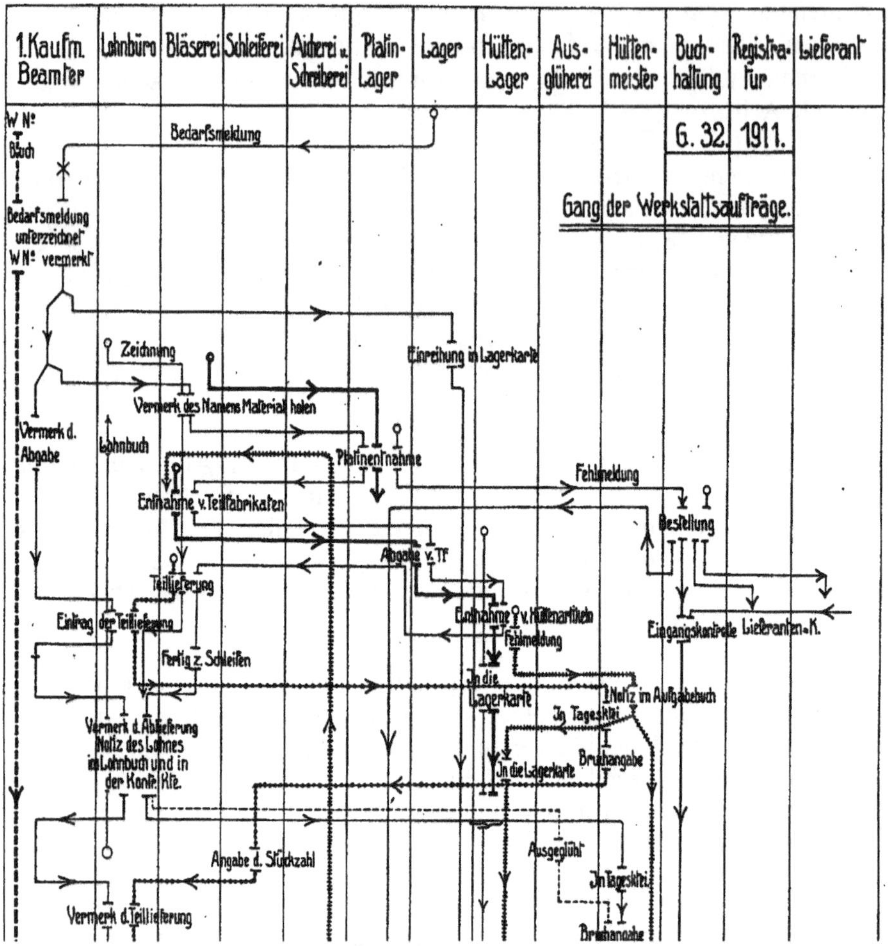


**Abb. 5.1.8.1** Historisches Stellenorientiertes Ablaufdiagramm (Bsp. der „Gang der Werkstattaufträge“)

## 5.1.9 Auftragskaskaden mit Medils

Da Informationssysteme zur Stützung umfassender Geschäfts*prozesse* im Unternehmen Gegenstand der Modellierung sind, erstaunt es nicht, dass die Auftragsbeziehung zwischen Kunden und Lieferanten eine besondere Beachtung erhält. Die Abb. 5.1.9.1 zeigt in der Medils-Notation[23] die

---

[23] “Method for Description of Integrated Logistic Systems”, siehe auch Kap. 5.4.4 und [SchöO0, Kap. 1.3.3].

Verkaufs- und Vertriebslogistik als Logistisches System zur Erfüllung eines Kundenauftrages.

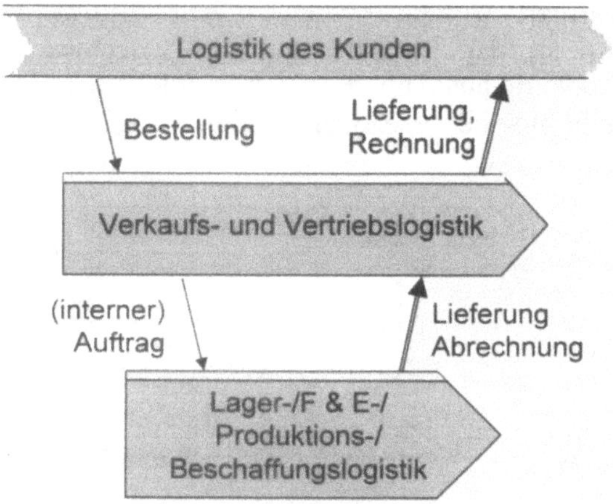


**Abb. 5.1.9.1** Verkaufs- und Vertriebslogistik-Informationssystem: Auftragskaskade

Zur Erfüllung des Kundenauftrags wird über einen internen Auftrag ein weiteres Logistisches System angestossen, nämlich die Lager- oder die F&E- oder die Produktions- oder die Beschaffungslogistik. Letztere Logistiken handeln jedoch wie selbständige Auftragnehmer gegenüber der Vertriebslogistik.

Als Ergebnis entsteht als Diagramm eine *mehrstufige Auftragskaskade.* Das Ganze entspricht einer *Ziehlogistik („Pull"-Logistik).* Siehe dazu auch [Sute97]. Charakteristisch dafür ist, dass mehrere Auftragswesen parallel bestehen, d.h. mehrere disponierende Personen kümmern sich parallel um die Wertschöpfung. Im Hinblick auf Termintreue „ziehen" auftraggebende Personen durch laufende Koordination mit auftragnehmenden den Auftrag in der Kaskade nach oben. Damit ist garantiert, dass „nichts vergessen wird".[24] Siehe dazu [Schö00, Kap. 1.4].

In ihrer Art kann die Auftragskaskade auch als eine Form des Stellen-orientierten Ablaufdiagramms gesehen werden. Jede auftragsnehmende Einheit agiert definitionsgemäss selbständig in der Auftragsabwicklung. Dies ist selbstverständlich, wenn der Auftrag an ein anderes Unternehmen geht.

---

[24] Die Auftragskaskade steht im Gegensatz zu einer einfachen Sequenz von Teilprozessen, bei welchen die Auftragsführung jeweils mit dem Teilprozess wechselt. Eine solche Sequenz entspricht einer *Schiebelogistik („Push"-Logistik)* in Richtung der Wertschöpfung.

Aber auch ein interner Auftrag geht an eine eigene Einheit der Aufbauorganisation.

Die Abb. 5.1.9.2 zeigt, wie unter Nutzung der Bestandteilhierarchie die Auftragskaskaden laufend detailliert werden können. Diese intuitiv gut nachvollziehbare Methode wird in der Modellierung der verschiedenen Geschäftsprozesse der Prozesslandkarte aus Abb. 5.1.1.1 in den Kapiteln 7 bis 12 zur prozessorientierten Modellierung herangezogen werden.

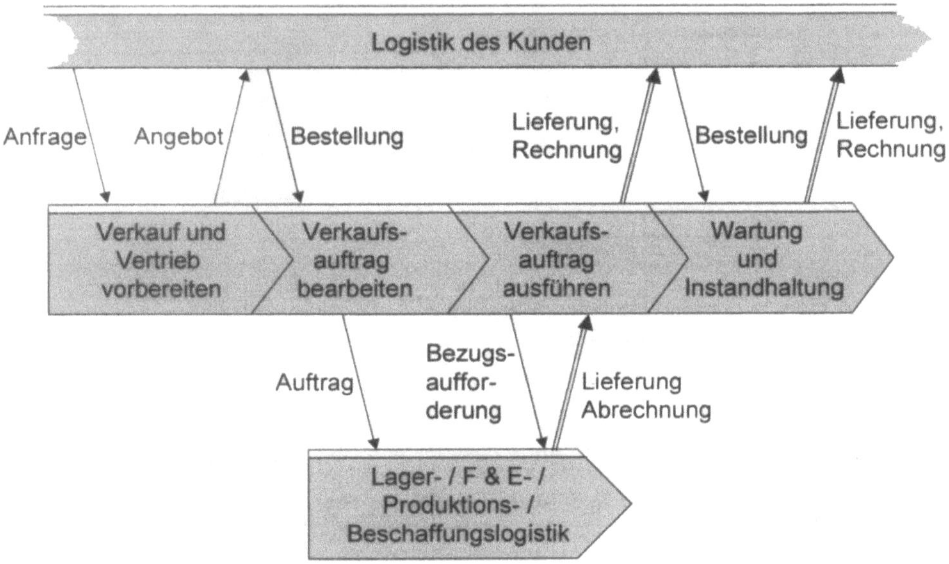


**Abb. 5.1.9.2** Verkaufs- und Vertriebslogistik-Informationssystem: Auftragskaskade in detaillierterer Form

## 5.2 Methoden zur aufgabenorientierten Modellierung in Vor- und Hauptstudie

Die Abb. 5.2.1 fasst die in diesem Teilkapitel behandelten Methoden zur aufgabenorientierten Modellierung zusammen. Sie entspricht wiederum einem Teil der Abb. 4.2.5.1.

| Modellierungsmethode | Anwendungs-Fokus | Herkunft | Übrige Sichten der Modellierung 2. | 3. | 4. | * |
|---|---|---|---|---|---|---|
| Organigramm | ReOrg | Org | | | | |
| Stellenorientierter Informationsfluss | ReOrg | Org | Proz. | | | H |

**Abb. 5.2.1** Methoden zur aufgabenorientierten Modellierung in der Vor- und Hauptstudie (siehe auch Abb. 4.2.5.1)

Diese Modellierungsmethoden für die Vor- und Hauptstudie kommen aus den Berufen der Unternehmensorganisation (Herkunft: Org) und sind hauptsächlich für die Reorganisation von betrieblichen Abläufen gedacht (Anwendungsfokus: ReOrg). Auch diese Beobachtung entspricht der Erwartung: ohne eine optimale Aufbauorganisation für die Auftragsabwicklung unterliegt jedes Informationssystem der Gefahr der Ineffektivität und Ineffizienz.

Dem reinen Aufgaben- bzw. Organisationsmodell steht die wichtige kombinierte Methode „Stellenorientierter Informationsfluss“ mit der Prozesssicht als Sekundärsicht gegenüber. Das Hinzufügen dieser Sicht ist deswegen verständlich, weil diese Phase der Modellierung gerade auch die Wahl einer optimalen Ablauforganisation unterstützen soll.

Diese kombinierte Modellierungsmethode ist von historischer Wichtigkeit (in der Kolonne * mit „H“ bezeichnet).

## 5.2.1 Organigramm

Das *Organigramm* ist die wohl bekannteste Methode der aufgabenorientierten Modellierung. Sie gibt die gewählte Aufbauorganisation im Unternehmen wieder. Die Abb. 5.2.1.1 zeigt ein Beispiel einer nach Funktionen orientierten hierarchischen Aufbauorganisation eines industriellen Unternehmens.

Man kann sich auch ein nach Geschäftsprozessen aufgebautes Organigramm vorstellen. Zudem gibt es nebst einer hierarchisch aufgebauten Organisation weitere mögliche Formen, z.B. die Matrixorganisation. Das Diagramm wird dann komplexer, da Querbeziehungen im Organigramm modelliert werden müssen. Das kann z.B. mit einem anderen Beziehungssymbol geschehen (gestrichelte an Stelle von ausgezogenen Linien).

**Abb. 5.2.1.1** Beispiel für ein Organigramm eines industriellen Unternehmens

## 5.2.2 Diagramm zum Stellenorientierten Informationsfluss

Das *Diagramm zum Stellenorientierten Informationsfluss* zeigt die zwischen verschiedenen Stellen vorhandenen Informationsflüsse. Die Abb. 5.2.2.1 zeigt die Einheiten, die durch den Prozess *Verkaufsauftrag bearbeiten* durchlaufen werden.

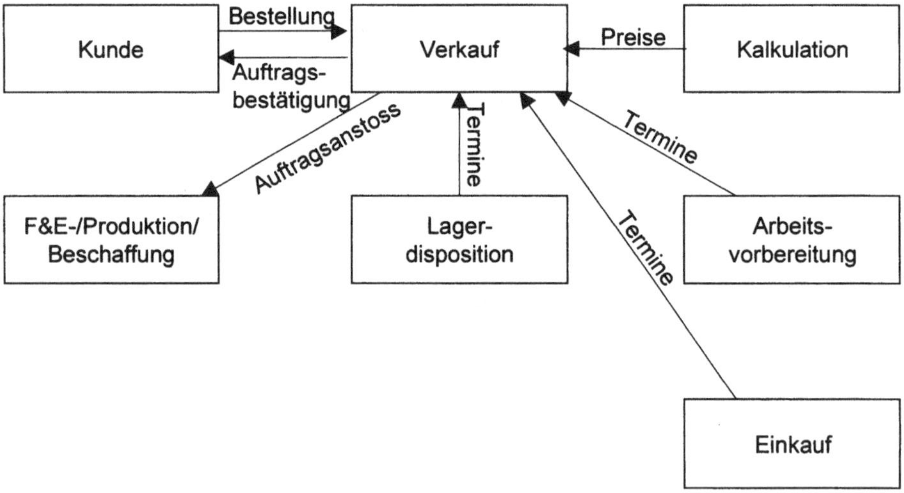


**Abb. 5.2.2.1** Diagramm zum Stellenorientierten Informationsfluss (Bsp. *Verkaufsauftrag bearbeiten*)

Ein vollständiges Diagramm ergibt sich durch Überlagerung sämtlicher Abläufe, die die organisatiorischen Einheiten durchlaufen. Die entstehende Graphik kann dann z.B. genutzt werden, um die Stellen zu organisatorischen

Einheiten zusammenzufassen. Die Aufgabenorientierung ist dann umso besser gewährt, je mehr Informationsflüsse innerhalb einer organisatorischen Einheit ablaufen, und je weniger zu und von anderen organisatorischen Einheiten führen.

Mit einem anderen Diagramm dieser Art kann man aufzeigen, ob ein Prozess zu viele verschiedene Organisationseinheiten durchläuft. Eine *Spaghetti-Linie im Prozessdurchlauf* zeigt in einem Organigramm gemäss Abb. 5.2.1.1 dann wie in Abb. 5.2.2.2 das Problem auf: Bei jedem Übergang von einer organiatorischen Einheit zur nächsten ergibt sich eine Schnittstelle, die den Auftragsdurchlauf potentiell hemmen kann.

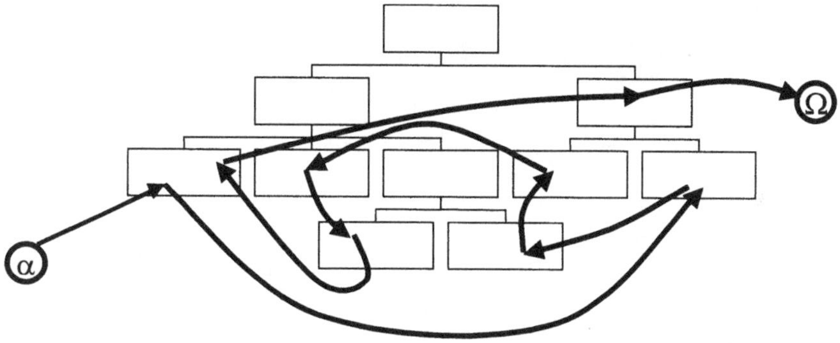


**Abb. 5.2.2.2** Diagramm zum Stellenorientierten Informationsfluss (Bsp.Spaghetti-Linie eines Prozessdurchlaufs).

## 5.2.3 Diagramm zum Stellenorientierten Informationsfluss aus historischer Sicht

Auch das Diagramm zum Stellenorientierten Informationsfluss lässt sich historisch weit zurück verfolgen. Die Abb. 5.2.3.1 gibt eine Abbildung aus dem Jahre 1926 wieder (siehe [Atki26], S. 278).

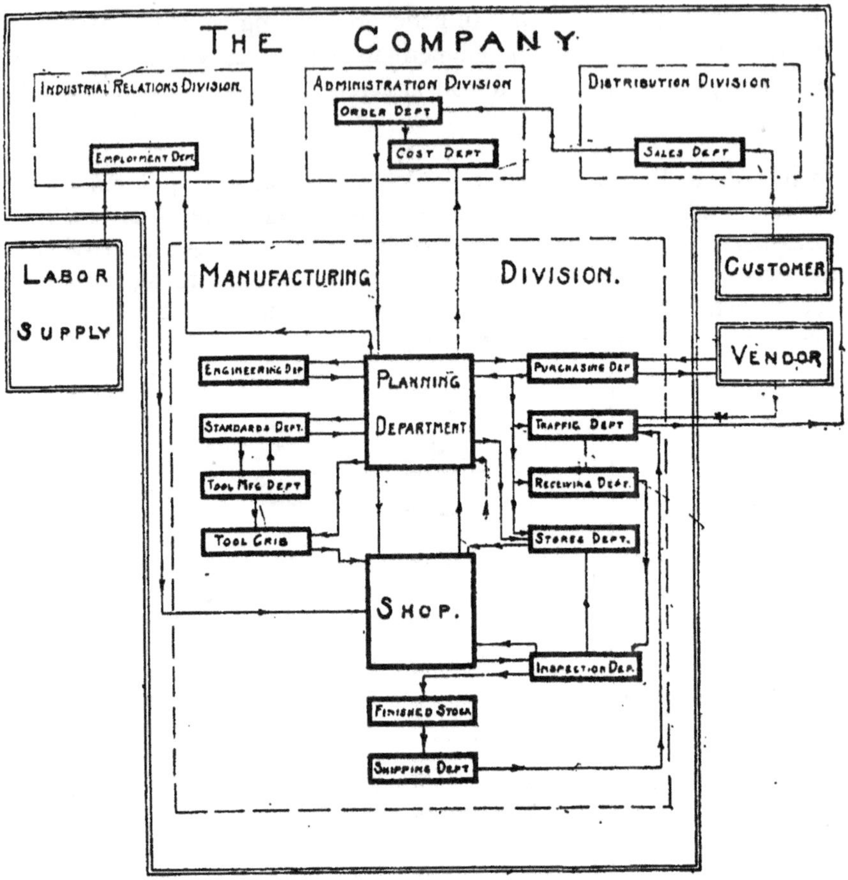


**Abb. 5.2.3.1** Historisches Diagramm zum Stellenorientierten Informationsfluss

## 5.3 Methoden zur funktionsorientierten Modellierung in Vor- und Hauptstudie

Die Abb. 5.3.1 fasst die in diesem Teilkapitel behandelten Methoden zur funktionsorientierten Modellierung zusammen. Sie entspricht wiederum einem Teil der Abb. 4.2.5.1.

| Modellierungsmethode | Anwendungs-Fokus | Her-kunft | Übrige Sichten der Modellierung 2. | 3. | 4. | * |
|---|---|---|---|---|---|---|
| Hierarchischer Funktionsaufbau | ReOrg | Org | | | | |
| Funktionen-Blockdiagramm | ReOrg | Org | Proz. | | | |
| System-Blockdiagramm | ReOrg | Org | Proz. | | | |
| Paketbildung in UML | InfStü | Inf | Proz. | | | |
| Datenflussdiagramm | InfStü | Inf | Obj. | | | |
| Erweitertes Datenflussdiagramm | InfStü | Inf | Obj. | Proz. | | |

**Abb. 5.3.1** Methoden zur funktionsorientierten Modellierung in der Vor- und Hauptstudie (siehe auch Abb. 4.2.5.1)

Auch für die funktionsorientierte Modellierung kommen Methoden für die Vor- und Hauptstudie aus den Berufen der Unternehmensorganisation (Herkunft: Org) und sind hauptsächlich für die Reorganisation von betrieblichen Abläufen gedacht (Anwendungsfokus: ReOrg).

Die Modellierungsmethoden „Paketbildung in UML“, „Datenflussdiagramm“ und „Erweitertes Datenflussdiagramm“ werden oft auch in der Phase der Detailstudie verwendet. Sie entstammen den Berufen der Informatik (Herkunft: Inf) und sind eher für die Vorbereitung der Informatikstützung gedacht (Anwendungsfokus: InfStü).

Einem einzigen – dafür verbreiteten – (reinen) Funktionsmodell stehen etliche kombinierte Methoden mit der Prozess- oder der Objektsicht als Sekundärsicht gegenüber. Wegen der Objektsicht als Sekundärsicht werden Datenflussdiagramme oft zum Übergang von prozess- zu objektorientierten Modellen genutzt.

Insbesondere auf detaillierterer Ebene lässt sich neben der Objektsicht auch die Prozesssicht als Tertiärsicht bei sachlogischem Auftragen der Datenflussdiagramme ohne vergrösserte Komplexität der Diagramme leicht erkennen. Dies erklärt vielleicht mit die Beliebtheit und den Verbreitungsgrad dieser Methode.

## 5.3.1 Hierarchischer Funktionsaufbau

Sobald es um das Klassieren von Sachverhalten geht, tendieren Menschen natürlicherweise und gerne zur hierarchischen Darstellung. Bereits für die Darstellung des umfassenden Informationssystems für Geschäftsprozesse mit seinen Teilsystemen wurde in den Abb. 1.2.4.1 und Abb. 1.2.4.2 ein *hierarchischer Systemaufbau* verwendet.

Betrachtet man die Funktionssicht des Teil-Informationssystems *Verkaufs- und Vertriebslogistik*, so kann man versuchen, Teilfunktionen zu identifizieren. Das resultierende Funktionsmodell kann man dann in einem *hierarchischen Funktionsaufbau* gemäss Abb. 5.3.1.1 darstellen.

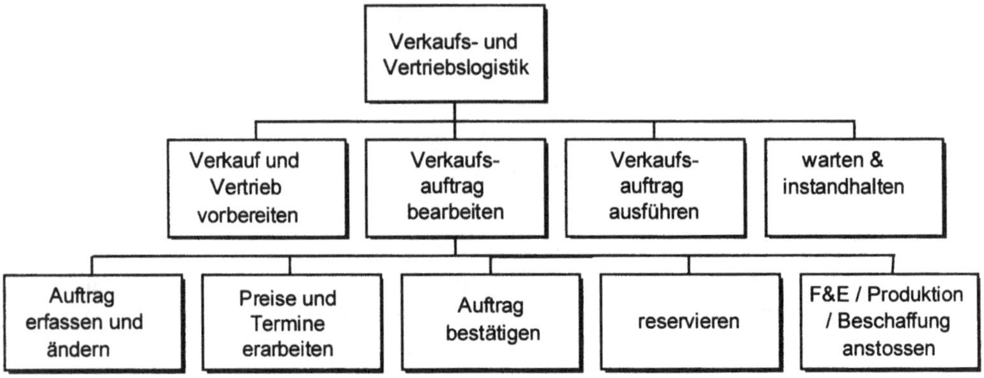


**Abb. 5.3.1.1** Hierarchischer Funktionsaufbau (Bsp. Verkaufs- und Vertriebslogistik)

Das Schema zum hierarchischen Funktionsaufbau ist in natürlicher Weise als Baumstruktur zu verstehen: Oben steht die (eine) aggregierte Funktion, unten stehen mehrere Teil- oder Unterfunktionen. Dieses Prinzip kann natürlich auch mehrstufig angewendet werden, wie die Beispiele zeigen. Man kann übrigens beim hierarchischen Funktionsaufbau

- mit der obersten Ebene beginnen, mit der sogenannten *Gesamt-* oder *Wurzelfunktion*. Der Aufbruch des Gesamtsystems erfolgt dann über mehrere Stufen *von oben nach unten*. Dieses Vorgehen entspricht dem Prinzip "vom Groben zum Detail" des Systems Engineering, und damit der Bestandteilhierarchie. Es wurde offensichtlich in Abb. 5.3.1.1 gewählt. In diesem Fall ist das Zusammenfassungsmerkmal für die Funktionen offensichtlich die Zugehörigkeit zum Prozess zur Erfüllung der Funktion Verkaufs- und Vertriebslogistik. Man kann deshalb in der Funktionssicht im im Wesentlichen auch den Prozess ablesen. Diese Art der Funktionsmodellierung kommt sehr häufig vor, wenn die Funktionen „top-down“ abgeleitet werden. Die Funktionssicht wird in diesem Fall gleichsam laufend mit der Prozesssicht abgeglichen.

- mit der untersten Ebene beginnen, mit den sogenannten *elementaren Funktionen* oder *Funktionsatomen* (siehe Kap. 4.1.2). Nach dem gewünschten Zusammenfassungskriterium – meistens entscheidet hier die „innere“ Ähnlichkeit der Funktionen – werden die Atome dann zu Funktionsgruppen aggregiert, u.U. über mehrere Stufen. Ein solches

Vorgehen wurde auch für die Funktionssicht in der Abb. 4.2.3.1 gewählt.

In der Praxis wird der Funktionsbaum häufig „top-down“ unter laufendem Abgleich mit der Prozesssicht entwickelt. So vorzugehen ist für die Anwender einfacher und auch intuitiv verständlicher als parallel zur Prozesssicht eine zusätzliche, von der Prozessicht unterschiedliche Funktionssicht nach inhaltlichen Ähnlichkeiten zu entwickeln. Deshalb wird auch in den Kap. 7 bis 12 so vorgegangen.

Sind dann die elementaren Funktionen gefunden, so kann man sie „bottom-up“ nach ihrer inneren Ähnlichkeit gruppieren, wodurch eine neue Funktionssicht entsteht.[25] Dominiert dann diese neue Sicht nach dem Systembau, so spricht man i. Allg. von *Funktionsorientierung*:[26]

- Wenn bei Softwarepaketen inhaltlich ähnliche Funktionen in ein gemeinsamen Menu zusammengefasst sind und der Zugang nur über diese Menus erfolgen kann, spricht man von *funktionsorientierter Software.*

- Wenn diese inhaltlich ähnliche Funktionen zu Aufgaben bzw. Stellen zusammenfasst werden, dann liegt die oft zitierte *funktionsorientierte Aufbauorganisation* vor. Der bessere Begriff dafür ist *Aufbauorganisation nach gleichen Funktionen.*

### 5.3.2 Funktionen- und System-Blockdiagramm

Das Blockdiagramm ist nützlich, um sich einen schnellen Überblick zu verschaffen, welche Elemente einer bestimmten Betrachtungsweise in welcher Abfolge angesprochen werden. Siehe dazu auch [HaNa99, S.444].

Das *Funktionen-Blockdiagramm* ist zusammengesetzt aus den Teilfunktionen einer Funktion, die mit Güter-, Daten oder Steuerungsflüssen verbunden sind. Die mit einem gleichen Symbol bezeichneten Flüsse ergeben zusammen einen Prozess.

Das Funktionen-Blockdiagramm ist nützlich, um sich einen schnellen Überblick zu verschaffen, welche Funktionen in welcher Abfolge

---

25 Wird der Detaillierungsgrad der Modellierung nachträglich vertieft, dann entstehen detailliertere elementare Funktionen. Die Zusammenfassung nach inhaltlichen Kriterien ergibt so u.U. eine Aggregation in andere Funktionsgruppen. Der Systembau muss dann einer Revision unterzogen werden.

26 Vergleiche dazu die Diskussion zur Prozessorientierung in Kap. 4.3.2.

angesprochen werden. Dies ist z.B. nützlich, um die Verhängung der Abläufe aufzuzeigen bzw. um den Umfang der notwendigen Integration von Informatik-Systemen zu bestimmen.

Die Abb. 5.3.2.1 zeigt beispielhaft ein Funktionen-Blockdiagramm für die Funktion Verkaufs- und Vertriebslogistik.

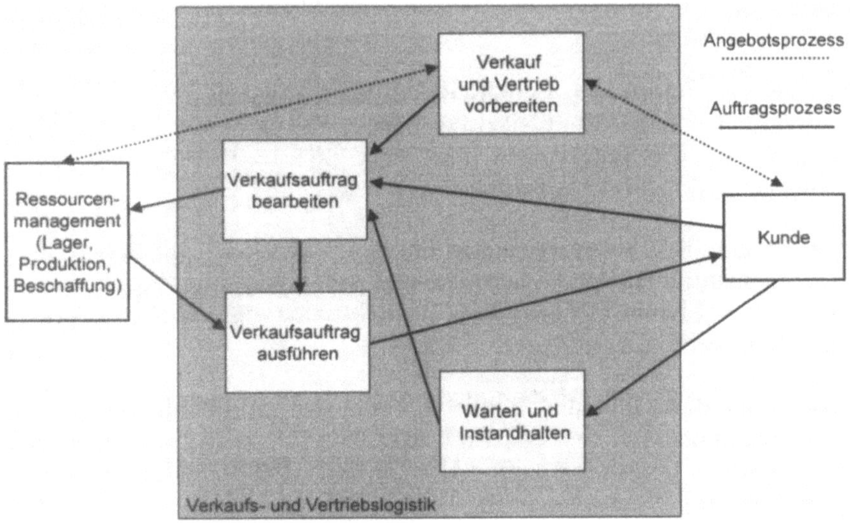


**Abb. 5.3.2.1** Funktionen-Blockdiagramm (Bsp. *Verkaufs- und Vertriebslogistik*)

> Das *System-Blockdiagramm* ist zusammengesetzt aus den Subsystemen eines Systems, die mit Güter-, Daten oder Steuerungsflüssen verbunden sind. Die mit einem gleichen Symbol bezeichneten Flüsse ergeben zusammen einen Prozess.

Das System-Blockdiagramm z.B. nützlich, um die Systemabgrenzung zu erleichtern.

- Ist ein System stark durch Flüsse mit einem System verhängt, das neugestaltet werden soll, dann sollte es von Anfang an in die Betrachtung eines gemeinsamen Übersystems einbezogen werden. Ist jedoch keine intensive Verknüpfung feststellbar, so kann es eher zum Umsystem zählen.

Das System-Blockdiagramm entspricht in seiner Form dem Funktionen-Blockdiagramm in Abb. 5.3.2.1. Auf die Abbildung eines eigenen Beispiels wird deshalb verzichtet.

### 5.3.3 Paketbildung in der UML

Ein *Paket* (engl. *"package"*) in UML ist eine Gruppierung von Modellelementen.

Pakete fassen z.B. eine Menge von zusammengehörigen Klassen, Prozessen, Funktionen, Tätigkeiten zusammen. Sie dienen damit der übersichtlichen Organisation eines grösseren Informationssystems in Subsysteme. Ein Paket kann auch in einem umfassenderen Paket vorkommen (rekursive Zusammenfassung von Modellelementen).

Abb. 5.3.3.1 zeigt ein Beispiel für die UML-Notation eines Pakets. Es handelt sich dabei um ein Rechteck mit aufgesetztem Reiter, der den Namen des Pakets trägt. Ist der Inhalt des Pakets nicht gezeigt, kann man den Namen des Pakets in das Rechteck schreiben.

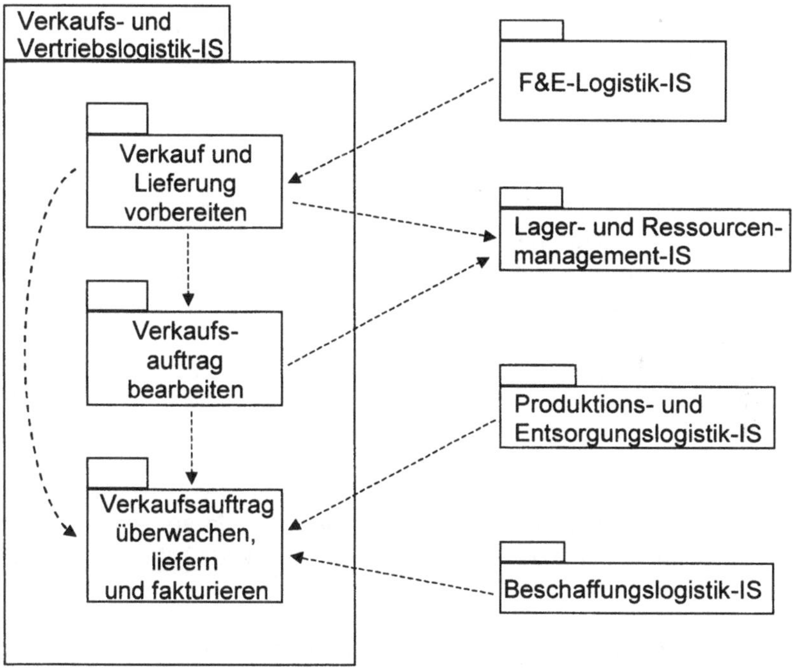


**Abb. 5.3.3.1** Die UML-Notation für ein Paket (Beispiel Verkaufs- und Vertriebslogistik)

Betrachtet man die Sicht der Funktion eines Informationssystems (z.B. *Verkauf und Vertriebslogistik*, *Ressourcenmanagement*), dann entspricht die Paketnotation in UML einem Funktionen-Blockdiagramm, wie es in der Abb. 5.3.2.1 eingeführt wurde.

### 5.3.4 Datenflussdiagramm

Das *Datenflussdiagramm* ist zusammengesetzt aus den Funktionen eines Systems, die mit Datenflüssen verbunden sind. Ein Datenfluss wirkt dabei manchmal auch als Steuerungsfluss. In einer Erweiterung kann das Diagramm auch den Datenfluss zu und von wichtigen Datenspeichern enthalten.

Die Darstellung wird James Martin [Mart76], [MaCl88], Tom de Marco [DeMa79] und Edward Yourdon [Your00] zugeschrieben. Alternative Überlegungen dazu finden sich bei [Vett98].

Die Abb. 5.3.4.1 zeigt die Symbole des Datenflussdiagramms:

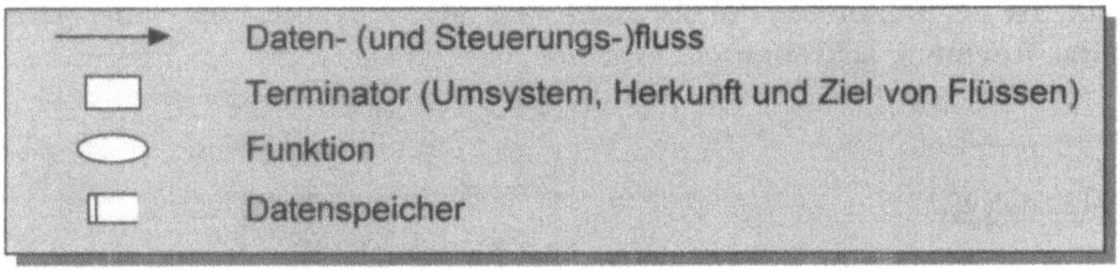


**Abb. 5.3.4.1** Datenflussdiagramm: Symbole

Jede Funktion kann mit einem Datenflussdiagramm beschrieben werden. Das „oberste" Diagramm zeigt die *Gesamt-* oder *Wurzelfunktion*, die der Funktionssicht des Gesamtsystems entspricht, das betrachtet werden soll, mit seinen Datenflüssen von und zu den Umsystemen. Dieses Diagramm ist das Kontextdiagramm aus Abb 4.3.1.1.

*Top-level-Diagramm* ist eine oft gewählte Bezeichnung für die erste Detaillierungsstufe des Gesamtsystems durch ein Datenflussdiagramm.

Das Top-level-Diagramm zeichnet sich meistens durch eine gewisse Kompliziertheit aus: da alle Datenflüsse von und zum Gesamtsystem durch die Hauptfunktionen abzufangen sind, müssen diese vollständig aufgeführt werden.

Die Hauptfunktionen lassen sich nach dem Vorgehensprinzip „vom Groben zum Detail", also im Sinne der Bestandteilhierarchie beliebig detaillieren. Die Diagramme auf den detaillierteren Stufen sind i. Allg. weniger kompliziert, da der Detaillierungsgrad einer Hauptfunktion in Teilfunktionen recht beliebig gewählt werden kann. Durch mehrmaliges Detaillieren gelangt man im Idealfall zu einer vollständigen und eindeutigen Spezifikation der Funktionssicht eines Informationssystems. Das Datenflussdiagramm kann also auch in der Detailstudie verwendet werden.

Die Abb. 5.3.4.2 modelliert die Funktionssicht des Systems *Administration und Disposition* auf der obersten Ebene. Die Abb. zeigt also das Top-level-Diagramm. Die Kap. 7 bis 12 werden übrigens der hier gewählten Modellierung folgen. Die Hauptfunktionen entsprechen dabei den Geschäftsprozessen der Prozesslandkarte in der Abb. 5.1.1.1, wo auch die Definition der einzelnen Hauptfunktionen gegeben wurde. Wie erwähnt, ist das Top-level-Diagramm aufgrund der grossen Anzahl von Haupfunktionen recht kompliziert.

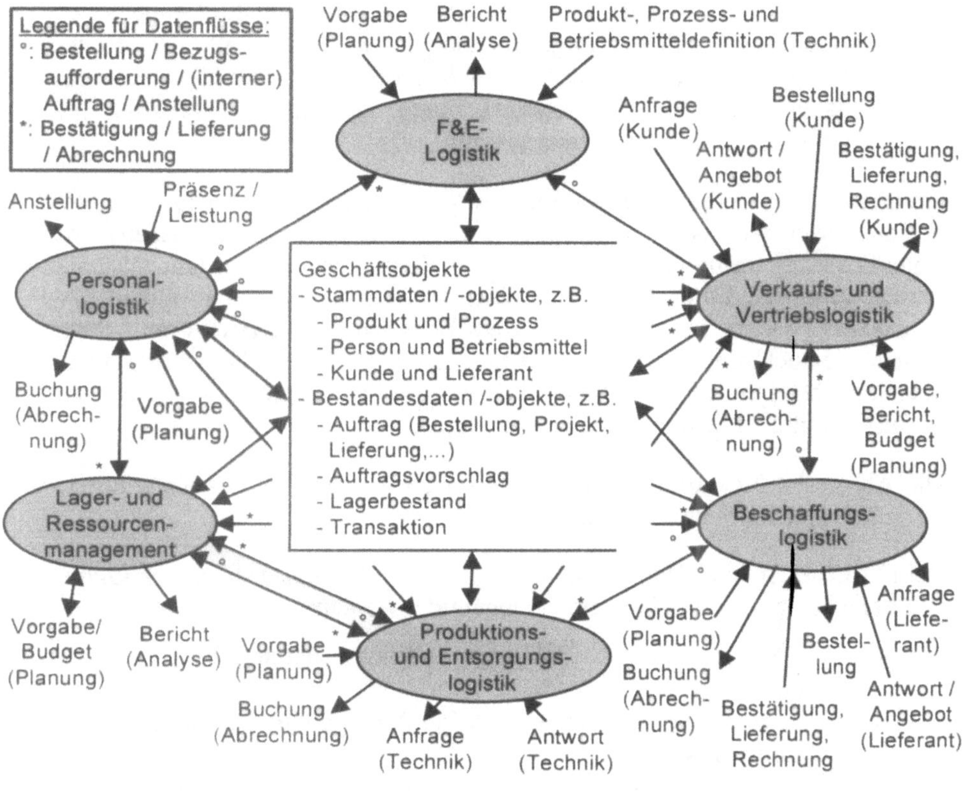


**Abb. 5.3.4.2** Datenflussdiagramm (Bsp. *Administrations- und Dispositionssystem*)

Im Unterschied zur Prozesslandkarte zeigt das Datenflussdiagramm als wesentliche Erweiterung die Daten- bzw. Objektsicht als Sekundärsicht. Damit gewinnt man einen ersten Eindruck über die beteiligten Objekte. Das Datenflussdiagramm weist damit bereits deutlich auf eine wichtige Teilfunktion hin, nämlich die *Geschäftsobjektverwaltung*. Sie umfasst die Haltung von Stamm- und Bestandesdaten bzw. -objekten. Siehe dazu auch [Schö00, Kap. 3.1].

- Unter dem Sammelbegriff *Stammdaten* bzw. *Stammobjekte* werden sämtliche auftragsunabhängige Geschäftsobjekte zusammengefasst, also Produkt- und Prozessdefinition wie z.B. Artikel, Stücklisten, Kapazitätsplätze, Betriebsmittel, Arbeitspläne. Stammdaten bzw. -objekte werden vor allem durch die F&E-Logistik erzeugt und durch die anderen Geschäftsprozesse des Unternehmens genutzt.
- Unter dem Sammelbegriff *Bestandesdaten* bzw. *Bestandesobjekte* werden sämtliche auftragsabhängigen Geschäftsobjekte zusammengefasst, z.B. Aufträge jeder Art (Kunden-, F&E-, Produktions-, Beschaffungs-) und in jedem Zustand (Bestellung, Lieferung, usw.), Auftragsvorschläge, Lagerbestände usw., sowie alle Arten von Ressourcen-Transaktionen (auch *Betriebsdaten* genannt). Bestandesdaten- bzw. -objekte werden durch alle Geschäftsprozesse des Unternehmens erzeugt und genutzt.

Übrigens kommen die Terminatoren des Kontextdiagramm i. Allg. (siehe die in der nächsten Abb. erwähnte Ausnahme) auf dieser Ebene des Datenflussdiagramms nicht mehr vor. Die Verbindung zu den Übersystemen erfolgt durch die Datenflüsse vom beschriebenen System nach aussen bzw. umgekehrt. Treten in der detaillierten Ebene neue Terminatoren zutage, können sie auch direkt auf dieser Ebene eingeführt werden. Dies hilft, auf der obersten Ebene ein nicht zu kompliziertes Kontextdiagramm zu erhalten und so die Gesamtübersicht nicht zu beeinträchtigen.

Die Abb. 5.3.4.3 detailliert das funktionsorientierte Modell des Untersystems *Verkaufs- und Vertriebslogistik*:

Beim Aufstellen von Datenflussdiagrammen ist *folgendes nicht von Belang* und kann auch nicht durch Symbole abgebildet werden:

- *Wo* wird eine bestimmte Funktion durchgeführt (örtliche Bezeichnung)?
- *Wann* wird eine bestimmte Funktion durchgeführt (zeitlicher Aspekt, Ablauforganisation)?
- *Wer* führt eine bestimmte Funktion durch (Aufbauorganisation)?
- *Wer* wird zur Arbeit veranlasst (Aufbauorganisation)?

Dies ist dadurch zu erklären, dass ein Datenflussdiagramm weder zur Beschreibung der Aufbauorganisation noch der Ablauforganisation dient, sondern einzig und allein zur Beschreibung der Datenflüsse.

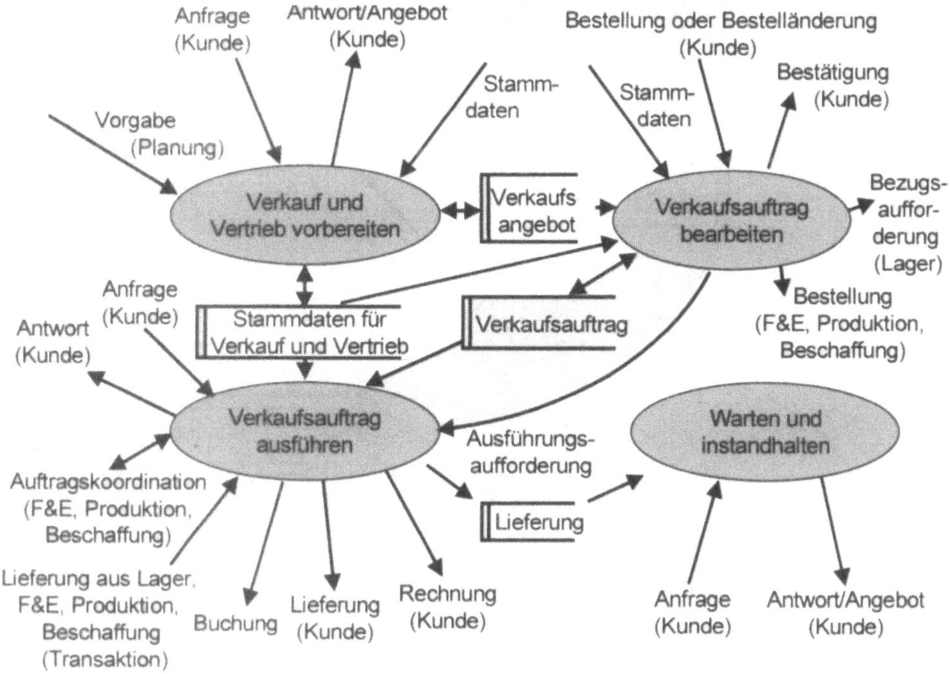


**Abb. 5.3.4.3** Datenflussdiagramm (Bsp. *Verkaufs- und Vertriebslogistik*)

## 5.3.5 Erweitertes Datenflussdiagramm

Das *erweiterte Datenflussdiagramm* ist ein Datenflussdiagramm, bei welchem neben der Prozess- und der Daten-/Objektsicht eine Tertiärsicht modelliert ist, meistens die Prozesssicht.

Die Abb. 5.3.5.1 detailliert das funktionsorientierte Modell des Untersystems *Verkaufsauftragsbearbeitung* weiter. Auf dieser tieferen Detaillierungsebene ist die Prozesssicht klar empfindbar und lässt sich durch strenge Anordnung der Funktionen in der senkrechten Achse modellieren.

Ein grosser Vorteil der Datenflussdiagramme ist ihre Verwendbarkeit für Vor- und Hauptstudie, dann aber auch für die Detailstudie. Die Funktionen können zuerst in zwar präziser, jedoch sehr informeller Art beschrieben werden. Je tiefer die Betrachtungsebene im Sinne des Systems Engineering ist, desto detaillierter werden dann die Funktionsbeschreibungen. Spätestens im Moment der Detailanalyse mag es aber geeignetere Formen zur Darstellung geben. Dies vor allem dann, wenn mehr der Funktionsablauf – also die

Aufgabe oder der Inhalt der Funktion und deren Prozess von Teilfunktionen – und erst in zweiter Linie Datenflüsse interessieren.

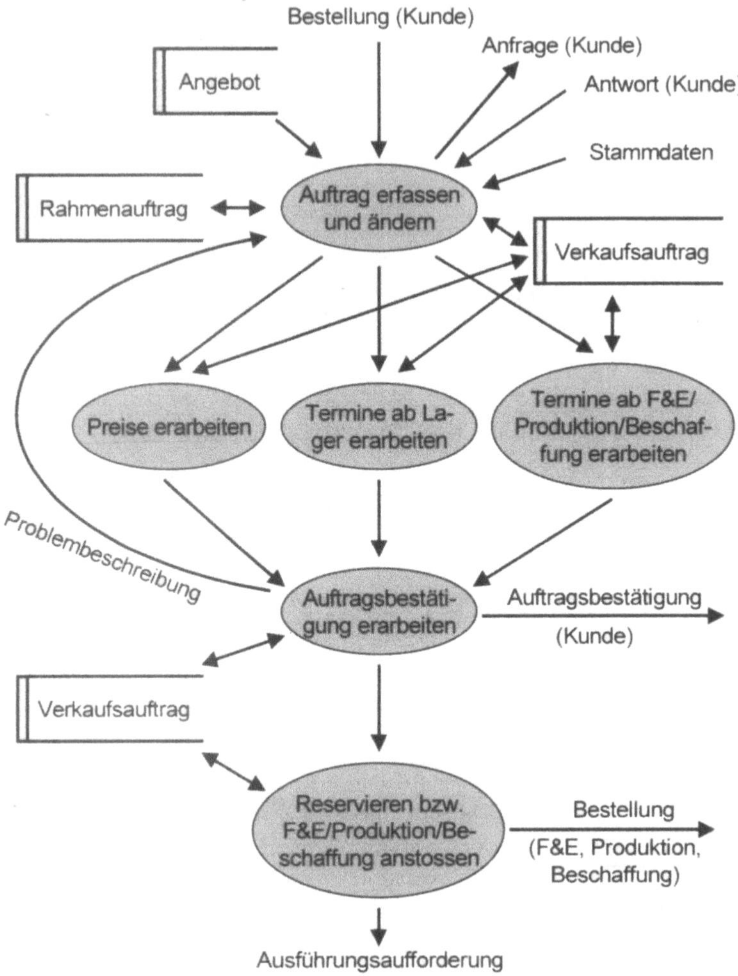


**Abb. 5.3.5.1** Datenflussdiagramm (Bsp. *Verkaufsauftragsbearbeitung*)

## 5.4 Methoden zur prozessorientierten Modellierung in Haupt- und Detailstudie

Die Abb. 5.4.1 fasst die in diesem Teilkapitel behandelten Methoden zur prozessorientierten Modellierung zusammen. Sie entspricht wiederum einem Teil der Abb. 4.2.5.1.

| Modellierungsmethode | Anwendungs-Fokus | Herkunft | Übrige Sichten der Modellierung 2. | 3. | 4. | * |
|---|---|---|---|---|---|---|
| Flow Chart | ReOrg | Org | Fnkt. | | | |
| Ereignisorientierte Prozesskette (EPK) | ReOrg | Inf | Fnkt. | | | W |
| Tätigkeitsdiagramm in UML | ReOrg | Inf | Aufg. | (Obj.) | | |
| Ablaufdiagramm in Medils | ReOrg | Org | Aufg. | (Obj.) | | W |
| SADT / ICAM – IDEF0 | ReOrg | Inf | Fnkt. | (Obj.) | Tech. | |
| Petri-Netz | ReOrg | Inf | Fnkt. | (Obj.) | Tech. | W |

**Abb. 5.4.1** Methoden zur prozessorientierten Modellierung in der Haupt- und Detailstudie (siehe auch Abb. 4.2.5.1)

Die Menge von exisitierenden Methoden zur prozessorientierten Modellierung ist nicht erstaunlich, geht es doch auch in der Detailstudie um ein Informationssystem für Geschäfts*prozesse* im Unternehmen.

Die Modellierungsmethoden sind für die Reorganisation von betrieblichen Abläufen gedacht (Anwendungsfokus: ReOrg), und zwar diesmal für die detaillierte Gestaltung von Prozessen. Aufgrund dieses Anwendungsfokus entstammen sie zunächst aus den Berufen der Unternehmensorganisation (Herkunft: Org). Da es insbesondere in der Detailstudie um die Gestaltung des Informationssystems und die Vorbereitung der Informatikstützung geht, entstammen neuere Methoden auch den Berufen der Informatik (Herkunft: Inf).

Auf der Ebene der Detailstudie behandeln die Modelle je einen kleineren und damit übersichtlicheren Ausschnitt aus dem Unternehmensgeschehen. Dadurch kann man es sich leisten, eine etwas kompliziertere Modellierungsmethode einzusetzen, die dafür mehrere Sichten berücksichtigt und damit den Ausschnitt umfassender modelliert. Die duale Funktions- bzw. Aufgabensicht steht dabei als Sekundärsicht im Vordergrund. Da in dieser Phase oft auch ein objektorientiertes Modell erstellt oder analysiert wird, berücksichtigen viele der Methoden auch die Objektsicht als Tertiärsicht mehr oder weniger gut.

Die Methoden *SADT / ICAM-IDEF0* und *Petri-Netz* entstammen der Welt der Software-Entwicklung, der CAx-Anwendungen in der Produkt- und Prozessentwicklung und Maschinensteuerung, typischerweise dem CAD (Computer Aided Design) und dem CAM (Computer Aided Manufacturing). Diese

Methoden berücksichtigen deshalb als Quartärsicht die Techniksicht, durch die man die für einen Prozessschritt eingesetzten Betriebsmittel angeben kann.

Eine probleminhärente Anforderung zur effektiven Modellierung von Prozessen ist die Abbildung der Zeitachse, insbesondere der sich abwechselnden Aktionszustände und Wartezustände. Einige Modellierungsmethoden berücksichtigen diese Anforderung (in der Kolonne * mit „W" bezeichnet).

### 5.4.1 Flow Chart

Ein *"Flow Chart"* (zu deutsch etwa *"Flussplan"*) ist eine Darstellung von Tätigkeiten und Entscheidungen, aus denen ein Prozess besteht, sowie der Flüsse zwischen den Tätigkeiten bzw. Entscheidungen.

Flow Chart ist eine sehr bekannte Methode zur Modellierung von Prozessen. Die Darstellungssymbole sind heute durch DIN 66001 und ISO genormt. Norm und Bekanntheitsgrad führen dazu, dass Flow Charts manchmal auch für die Hauptstudie zum Einsatz kommen. Die Darstellungssymbole sind in der Abb. 5.4.1.1 aufgeführt.

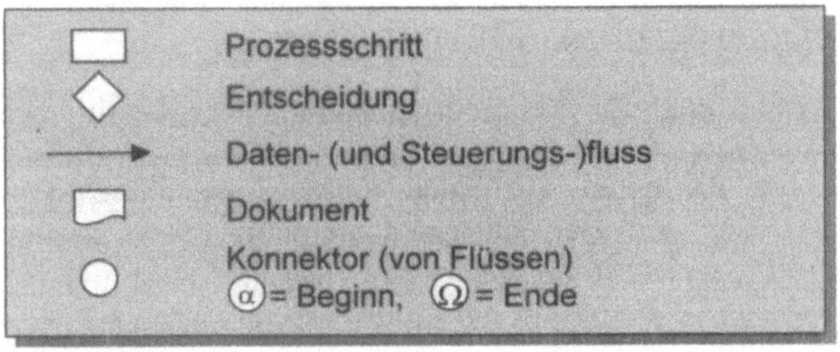


**Abb. 5.4.1.1** Symbole des Flow Chart

Die Abb. 5.4.1.2 zeigt den Ablauf der Verkaufsauftragsbearbeitung mit Flow Chart.

Der grosse Vorteil der Flow Charts liegt in ihrer Einfachheit und vor allem auch ihrem Bekanntheitsgrad. Ferner erlauben sie auf sehr natürliche Weise das Abbilden von Entscheidungen im Fluss sowie auch der Wiederholung von Teilen des Flusses. Der Nachteil der Flow Charts liegt darin, dass sie für grosse Modelle sehr bald unübersichtlich werden, vor allem dann, wenn viele Verzweigungen und unstrukturierte Wiederholungen aufgeführt sind.

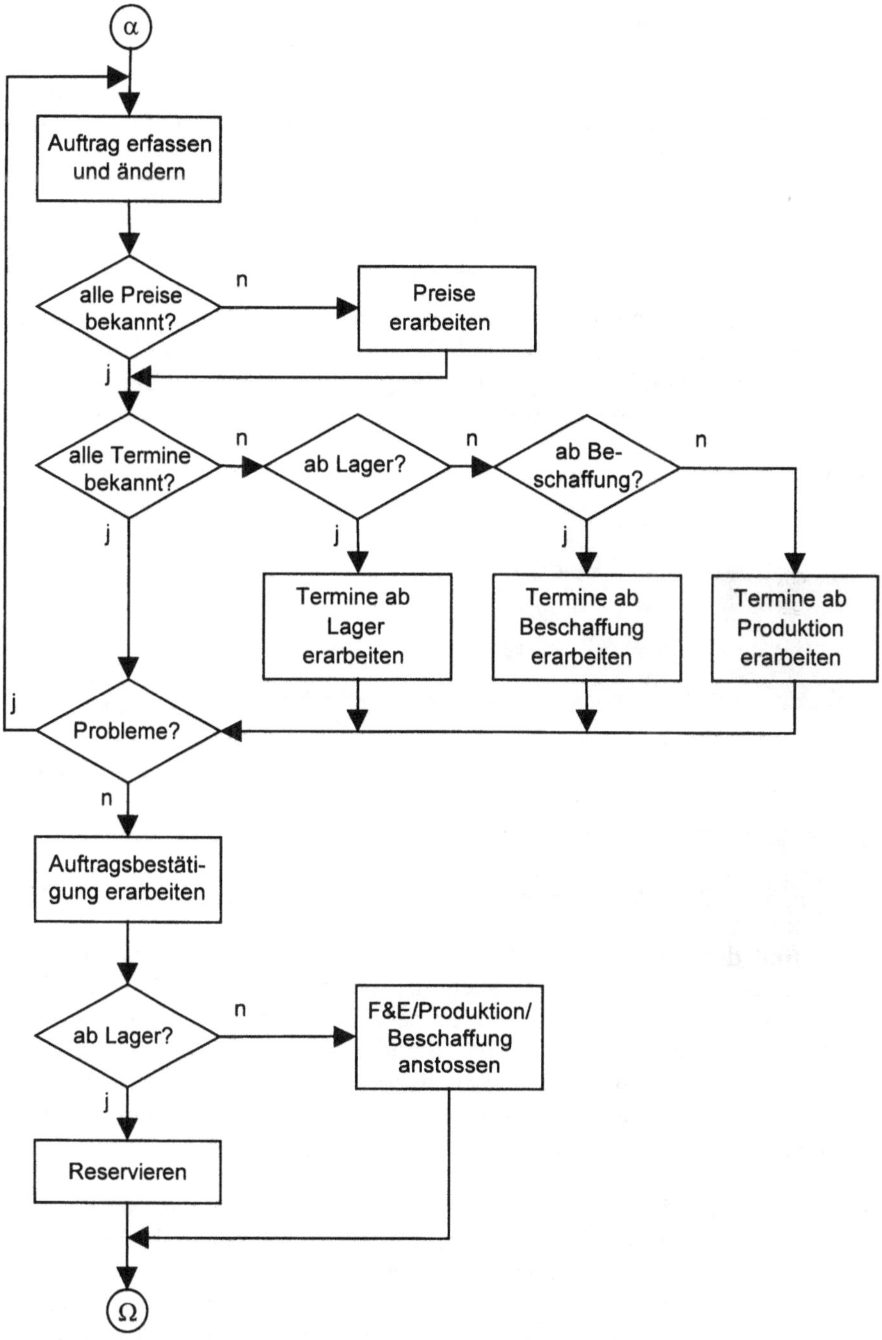


**Abb. 5.4.1.2** Flow Chart (Bsp. *Verkaufsauftragsbearbeitung*)

## 5.4.2 Ereignisorientierte Prozesskette (EPK)

Die *Ereignisorientierte Prozesskette* (*EPK*) besteht aus Ereignissen, welche Tätigkeiten bzw. Funktionen anstossen. Diese ergeben weitere Ereignisse, welche ihrerseits weitere Tätigkeiten bzw. Funktionen anstossen können. Die Ketten sind mit logischen Konnektoren verbunden („oder", „und", „entweder-oder"). Eine EPK beginnt und endet mit einem Ereignis. Siehe dazu [Sche98.2].

Die Ereignisorientierte Prozesskette ist im Prinzip eine Weiterentwicklung des Datenflussdiagramms. Als zusätzliche Information wird der Wartezustand (hier mit dem Ereignis gleichgesetzt) festgehalten. Verknüpfungsoperatoren dienen dem Abbilden von Verzweigungen und Wiederholungen von Flüssen.

Die Darstellungssymbole sind in der Abb. 5.4.2.1 aufgeführt.

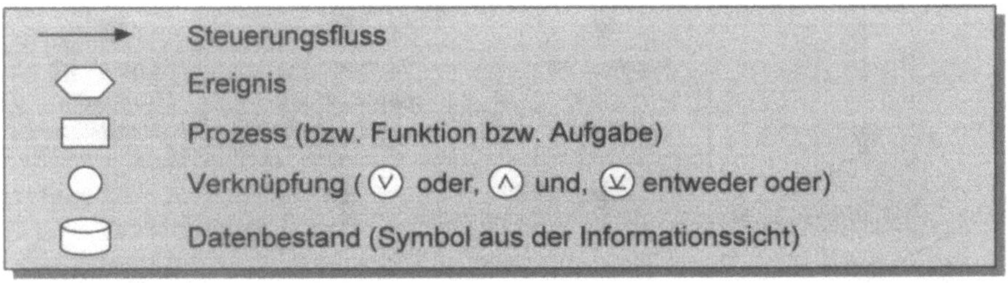


**Abb. 5.4.2.1** Symbole der Ereignisorientierten Prozesskette (EPK)

Die Abb. 5.4.2.2 zeigt den Ablauf der Verkaufsauftragsbearbeitung mit EPK.

Der Vorteil der EPK ist ihre Möglichkeit zur vollständigen Abbildung von Steuerflüssen. Sie kann damit auch als Grundlage zur Ablaufsimulation dienen. EPK wurde in enger Zusammenarbeit mit den Entwicklern von SAP/R3 aufgebaut und hat als Standard-Vorbereitung der SAP/R3-Einführungen einen grossen Bekanntheitsgrad erreicht. Ein weiterer Vorteil in der Realisierung mit dem Aris Tool Set ist die einfache Verknüpfung mit den anderen Sichten auf das Informationssystem gemäss Kap. 4.1.3.

Der Nachteil der EPK liegt wie bei den Flow Charts darin, dass sie für grosse Modelle bald unübersichtlich werden, vor allem bei vielen Verzweigungen und unstrukturierten Wiederholungen. Zudem sind die Entscheidungen nicht so einfach dokumentierbar wie beim Flow Chart. Unglücklich ist auch das Symbol für die Ereignisse: Die Raute wird beim bekannteren Flow Chart für die Entscheidung genutzt und bedeutet intuitiv etwas anderes als beim EPK.

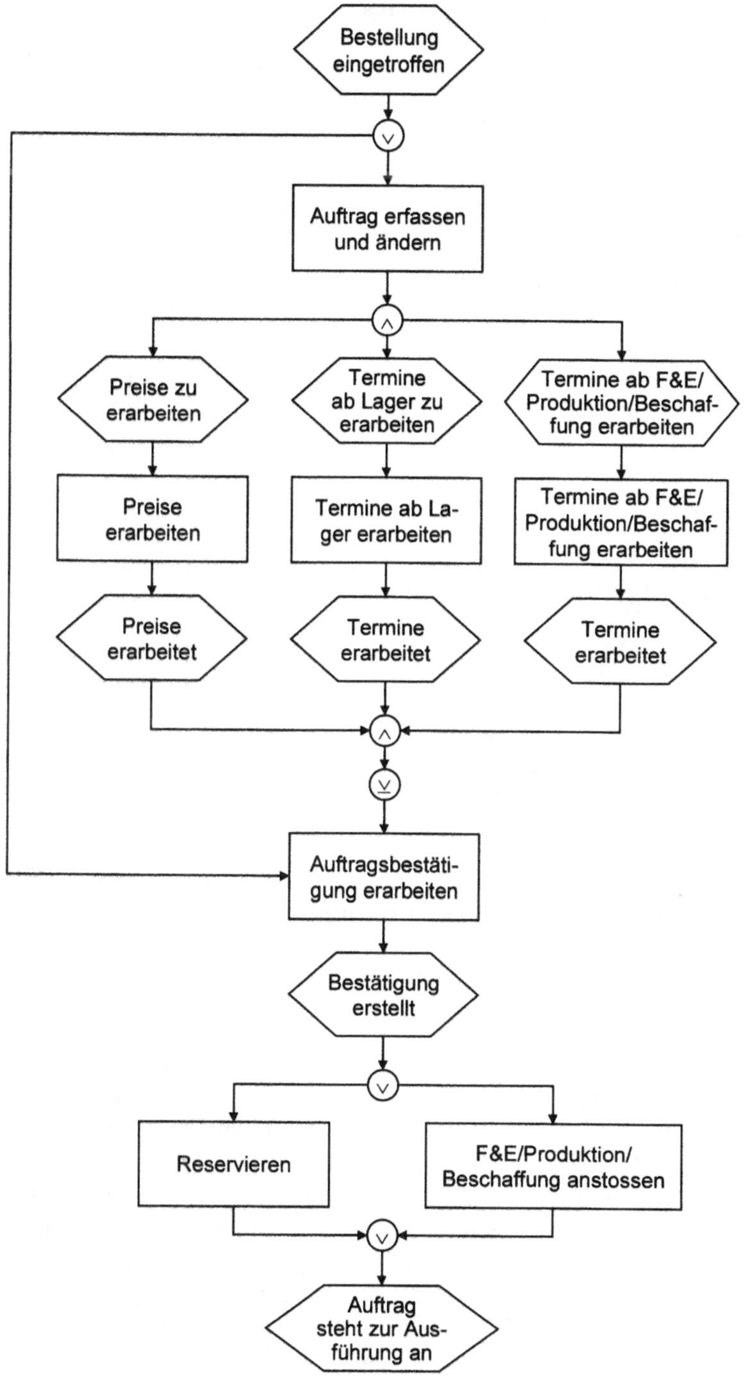


**Abb. 5.4.2.2** Ereignisorientierte Prozesskette (Bsp. *Verkaufsauftragsbearbeitung*)

### 5.4.3 Tätigkeitsdiagramm in der UML

Ein *Tätigkeitsdiagramm* besteht aus Tätigkeiten (Aktionszustand genannt) und Steuerflüssen.

Im *Tätigkeitsdiagramm mit Tätigkeit-Objekt-Fluss* werden auch die Objekte und der Objektfluss (zwischen Tätigkeiten und Objekten) aufgeführt.

Das Tätigkeitsdiagramm wurde den verschiedenen Methoden der Objektorientierten Modellierung hinzugefügt, als klar wurde, dass diese bisher nur die Daten bzw. Objektsicht berücksichtigten. In der UML [UML99] führte man deshalb 1997 eine Notation für die Prozesssicht ein. Die Darstellungssymbole und deren Verknüpfung sind in der Abb. 5.4.3.1 aufgeführt.

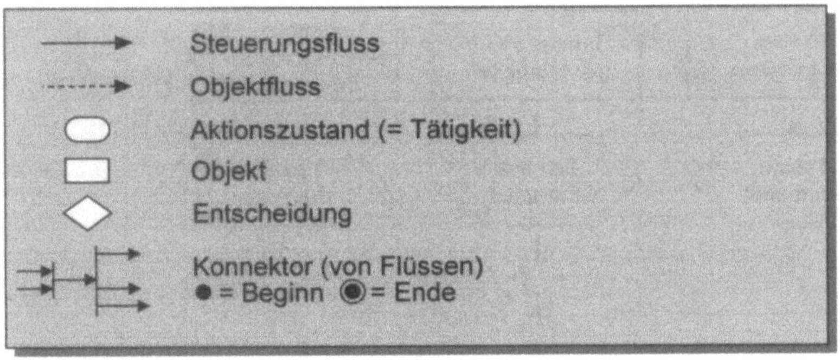


**Abb. 5.4.3.1** Symbole des Tätigkeitsdiagramms (UML)

Die Abb. 5.4.3.2 zeigt den Ablauf der Verkaufsauftragsbearbeitung mit dem Tätigkeitsdiagramm. Die Tätigkeiten sind dabei nach sogenannten *Schwimmbahnen* getrennt, die die Fläche in Partitionen aufteilen. Diese entsprechen oft dem Aufbau organisatorischer Einheiten in einem Unternehmen.

Das Tätigkeitsdiagramm ähnelt dem Datenflussdiagramm aus Kapitel 5.3.4 und enthält Elemente des Stellenorientierten Ablaufdiagramms (Kap. 5.1.8). Die reichhaltige Symbolik vereinigt somit die Prozesssicht als Primärsicht mit der Aufgaben- oder Organisationssicht als Sekundärsicht. Je nachdem, ob die Objekte im Fluss mit modelliert sind, ist auch die Daten- bzw. Objektsicht als Tertiärsicht vorhanden. Die vielen Symbole erlauben eine reichhaltige Semantik. Übrigens kann der Steuerungsfluss weggelassen werden, wenn der Objektfluss zu einem Output führt, der gleichzeitig Input für eine darauffolgende Tätigkeit ist. Das Objekt übernimmt damit selbst eine steuernde Funktion und wird allenfalls in einem Ablaufspeicher aufbewahrt.

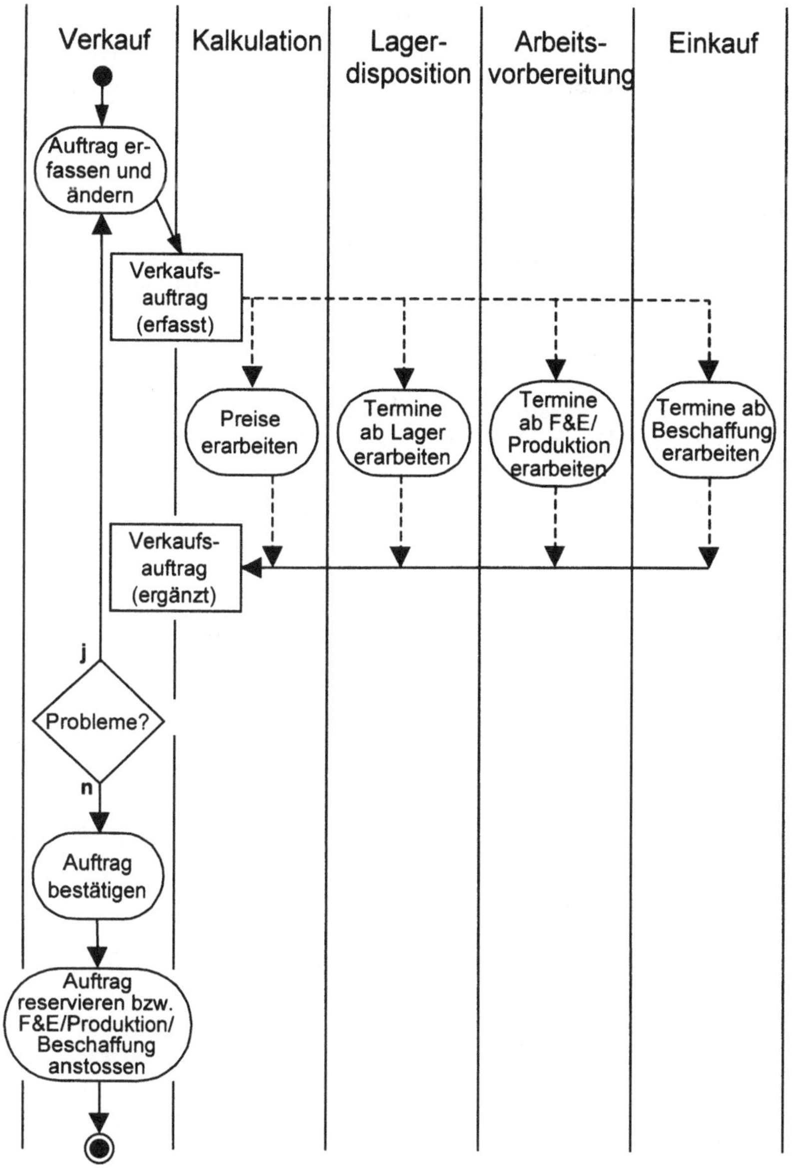


**Abb. 5.4.3.2** Tätigkeitsdiagramm mit Schwimmbahnen und Tätigkeit-Objekt-Fluss (Bsp. *Verkaufsauftragsbearbeitung*)

Der Nachteil des Tätigkeitsdiagramms liegt gerade auch in der umfassenden Symbolik. Für grosse Modelle besteht die Gefahr, dass das Diagramm an Übersichtlichkeit verliert. In der Literatur ist zudem im Unterschied zum Datenflussdiagramm das Vorgehensprinzip vom Groben zum Detail nicht vorgesehen, d.h. dass eine Tätigkeit nicht in einem eigenen Tätigkeitsdiagramm auf einer tieferen Stufe wiederum in detailliertere Tätigkeiten aufgebrochen werden kann. Die Symbolik liesse das hingegen ohne weiteres zu. Gerade die Vermischung der verschiedenen Sichten erhöht jedoch auch die Komplexität der Diagramme.

### 5.4.4 Medils-Ablaufdiagramm

*Medils* fasst die Teilprozesse eines logistischen Systems und die verschiedenen Arten von Flüssen (Güter-, Daten- und Steuerungsflüsse) mit den Wartezuständen auf einem Schema zusammen.

Medils ist damit eine Methode zur Beschreibung von integrierten logistischen Systemen ("Method for Description of Integrated Logistic Systems"). Siehe dazu [Schö00, Kap. 1.3.3]. Die Symbolik ist genügend breit, um das Werkzeug sowohl für die Gestaltung von ganzen Geschäftsprozessen einzusetzen (siehe Kap. 5.1.8) als auch für die hier gezeigte detaillierte Abbildung von Teilprozessen.

Die Darstellungssymbole sind in der Abb. 5.4.4.1 aufgeführt.

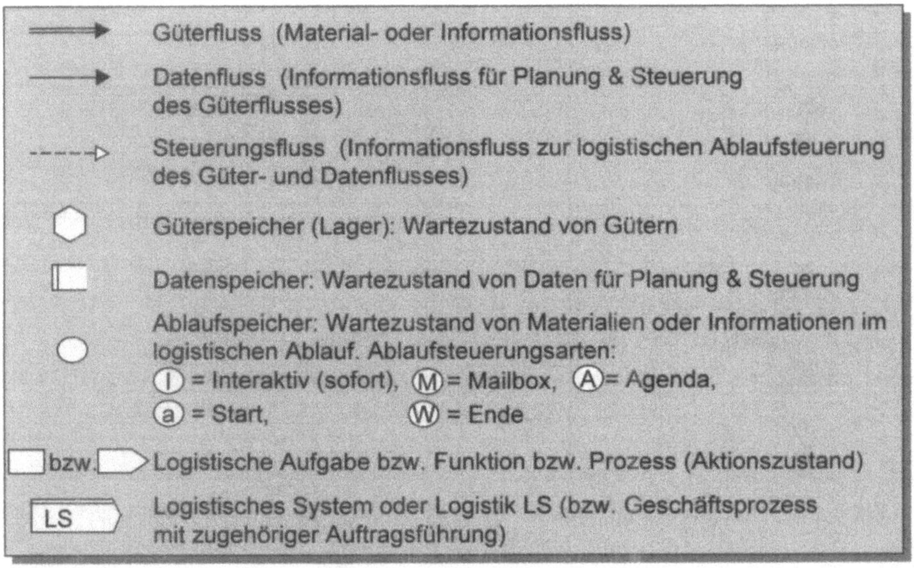


**Abb. 5.4.4.1** Symbole des Medils

Die Verknüpfung der Symbole erfolgt gemäss Abb. 5.4.4.2. Wichtig ist, dass zwischen zwei Aufgaben oder (Teil-)Prozessen (d.h. zwei Aktionszuständen) immer ein Speicher (d.h. ein Wartezustand) liegt. Fehlt dieser, so wird von einem Ablaufspeicher mit der Ablaufspeichersteuerungsart *interaktiv (sofort)* ausgegangen (siehe dazu Abb. 5.5.2.1).

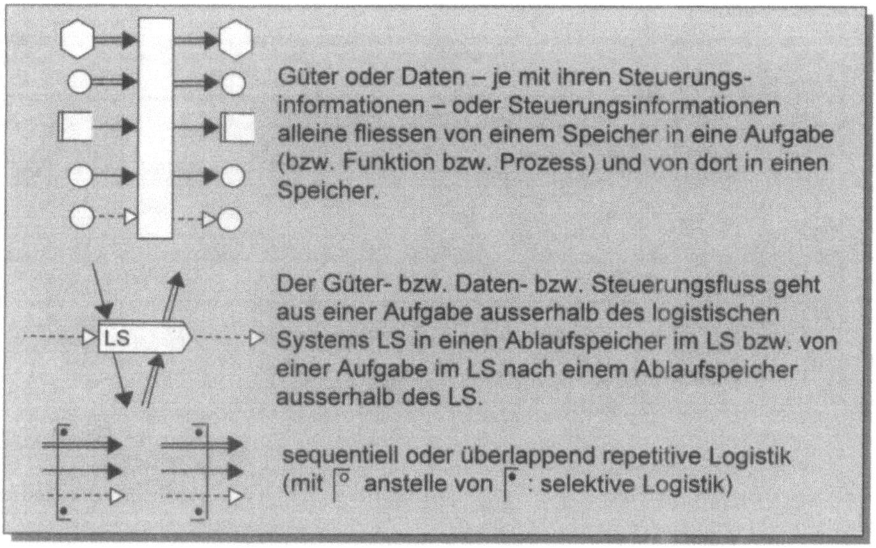


**Abb. 5.4.4.2** Verknüpfung der Symbole bei Medils

Die Abb. 5.4.4.3 zeigt die Verkaufsauftragsbearbeitung mit Medils.

Medils würde übrigens auch erlauben, das logistische System senkrecht zu zeichnen. Dann könnte man die Prozesspfeile im Innern des Systems durch Rechtecke für die Funktion bzw. Aufgabe ersetzen. Die Darstellung würde dann der EPK recht nahe kommen.

Der Vorteil von Medils ist die Kombination von Güter-, Daten- und Steuerungsfluss mit einer natürlichen Symbolik auf einer einzigen Darstellung. Ein weiterer Vorteil liegt in der Kombination des Symbols für logistische Netze (die analog den Wertschöpfungsketten für die Vor- und Hauptstudie verwendet werden können) mit Symbolen zur detaillierteren Beschreibung in der Detailstudie. Dazu gehören insbesondere auch die Ablauf- oder Steuerungsspeicher, deren gespeicherte Objekte den Ereignissen der EPK entsprechen. Ein weiterer Vorteil ist die strikte Ausrichtung auf die Zeitachse: Durch das Klammersymbol können auch bei Wiederholung von Teilabläufen Flüsse vermieden werden, die gegen die Zeitachse fliessen. Dadurch lassen sich unstrukturierte Verzweigungen oder Wiederholungen (d.h. "*Spaghetticode*") umgehen.

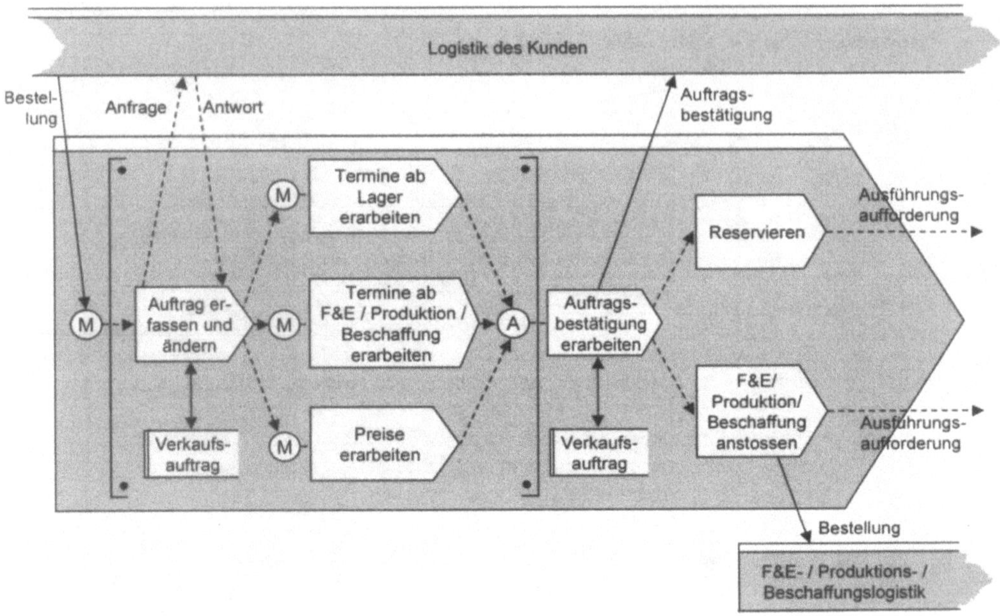


**Abb. 5.4.4.3** Medils (Bsp. *Verkaufsauftragsbearbeitung*)

Der Nachteil der detaillierten Symbolik des Medils liegt in einer gewissen Kompliziertheit, gerade aufgrund einer grösseren Anzahl verschiedener Symbole. Auch gibt es noch keine verbreiteten Werkzeugkästen, die diese Methode enthalten.

## 5.4.5 SADT / ICAM - IDEF0

*SADT* (Structured Analysis and Design Technique) ist eine Methode zur Darstellung von Prozessen und den dazu gehörigen Informationsflüssen. *ICAM* (Integrated Computer Aided Manufacturing) *-IDEF* (ICAM Definition Method) ist eine Familie von Werkzeugen. Dabei entspricht *IDEF0* in der Art der Darstellung den SADT-Diagrammen und dient auch demselben Zweck.[27]

Zu SADT siehe [MaMc88] oder [Ross85]. Zu IDEF siehe [Ross85]. Die Darstellungssymbole sind in der Abb. 5.4.5.1 aufgeführt.

[27] Des weitern dient IDEF1 bzw. IDEF1X zur Modellierung der Daten und Objekte und IDEF2 zur Modellierung des dynamischen Verhaltens von Systemen.

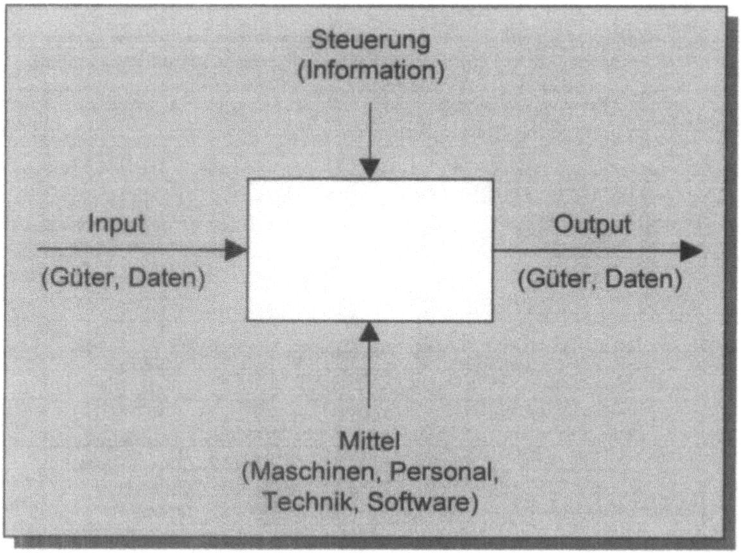


**Abb. 5.4.5.1** SADT / ICAM-IDEF0: Symbole

Die Abb. 5.4.5.2 zeigt als Beispiel den Ablauf der Verkaufsauftragsbearbeitung.

Es erstaunt deshalb nicht, dass neben Eingangs- und Ausgangsinformation sowie der Steuerinformation (engl. „control") auch die (Betriebs-)Mittel (engl. „Mechanism") in die Modellierung einbezogen werden. Dies entspricht dem Berücksichtigen der im Kap. 4.2.3 eingeführten Techniksicht. Die heutigen Standards erlauben auch das Vorgehensprinzip "vom Groben zum Detail". Im Sinne der Bestandteilhierarchie kann der durch den Kasten definierte Prozess auf einer tieferen Konkretisierungsebene in seine Teilprozesse zerlegt werden.

SADT kann als Weiterentwicklung der bekannten Methode HIPO (Hierarchical Input Process Output) aufgefasst werden. HIPO versteht sich als Entwurfsmethode und Dokumentationstechnik für die klassische prozedurale Programmierung (siehe dazu [HIPO74]). HIPO empfiehlt, die zu programmierende Funktion „top-down" zu entwickeln (Hierarchy). Dabei soll auf jeder Ebene zuerst Input und Output beschrieben werden. Darauf ist der Prozess zu entwickeln, der die Funktion ergibt.[28] Dabei auftretende Teilfunktionen können vorerst wieder als „Black Box" empfunden werden, um dann auf einer tieferen Ebene weiter detailliert zu werden.

---

[28] Mit Blick auf die Diskussion in Kap. 5.3.1 wird auch bei HIPO die Funktionssicht laufend mit der Prozesssicht abgeglichen.

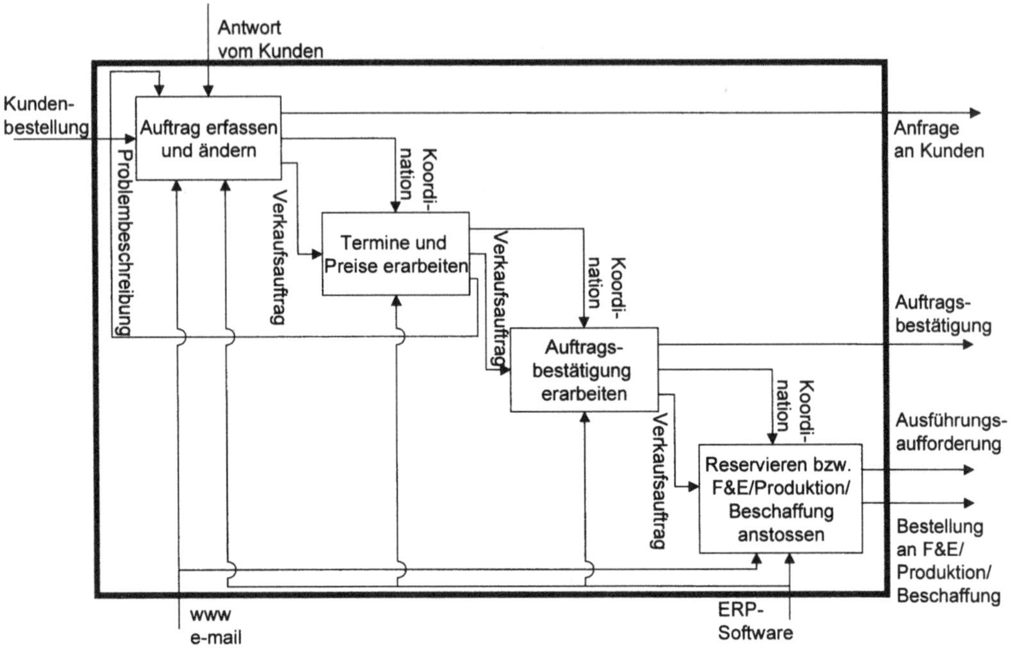


**Abb. 5.4.5.2** SADT / ICAM-IDEF0 am Beispiel *Verkaufsauftragsbearbeitung*

SADT stammt damit aus der Welt des Software-Engineerings. Die klare Strukturierung und der Zwang zum methodischen Vorgehen erstaunt deshalb nicht. Die Methode wurde über die Schiene der CAD/CAM-Entwicklungen in die Welt der Produkt- und Prozessentwicklung getragen. Wenn also Leute aus F&E der Methode IDEF0 zur Modellierung der Prozesssicht auch von Informationssystemen zur Stützung von Geschäftsprozessen (insbesondere der F&E-Logistik) nahe stehen, verwundert dies nicht.

Trotz des methodischen Vorgehens und der einfachen Symbolik ergeben sich in der Praxis der Modellierung von Geschäftsprozessen jedoch schnell komplizierte und unübersichtliche Darstellungen. Im gewählten Beispiel in der Abb. 5.4.5.2 befindet man sich in der gleichen Situation wie beim Wertschöpfungskettendiagramm in der Abb. 5.1.3.1: der Teilprozess *Termine und Preise erarbeiten* müsste in drei parallele Teilprozesse Aktionszustände aufgeteilt werden, so wie z.B. in den Abb. 5.4.1.2, 5.4.2.2, 5.4.4.3. Die Methode stützt jedoch idealerweise nur einfache Sequenzen, da sie die für die Darstellung von Parallelitäten nötige vertikale Dimension zugunsten einer Unterscheidung der Flüsse in Input, Output, Steuerung und Mittel „verschenkt".

Zur sauberen Ausformulierung der parallelen Teilprozesse müssten in der Abb. 5.4.5.2 weitere Kästen in der horizontalen Dimension eingefährt werden. Deren Parallelität im Ablauf wäre dann wohl durch die Führung der Pfeile formal ersichtlich, könnte aber intuitiv nur mit Mühe nachvollzogen werden. Da man im Umfeld der Produkt- und Prozessentwicklung heute durchaus Personen finden kann, die mit der Methode eingehend vertraut sind, kann man sie beschränkt für die Modellierung insbesondere des Geschäftsprozesses *F&E-Logistik* empfehlen.

## 5.4.6 Petri-Netz

Ein *Petri-Netz* dient zur Darstellung von dynamischen, parallel ablaufenden Prozessen.

Zum Petri-Netz siehe [Petr62], [Petr79] oder [Abel90]. Die Darstellungssymbole des einfachsten Typs eines Petri-Netzes sind in der Abb. 5.4.6.1 aufgeführt.[29]

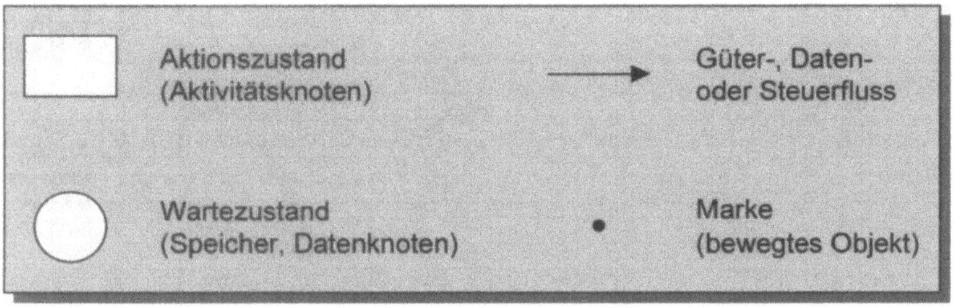


**Abb. 5.4.6.1** Petri-Netz: Symbole

Viereck, Kreis und Pfeilsymbol dienen der Abbildung der statischen Struktur des Systems. Wichtig ist wie bei z.B. Medils oder der EPK, dass zwischen zwei Aktionszuständen (d.h. zwei Teilprozessen) immer ein Wartezustand (d.h. ein Speicher) liegt. Das dynamische Verhalten des Systems wird in Form von Marken dargestellt (z.B. Auftrag). Der Fluss der Marken (z.B. die Auftragsabwicklung) unterliegt dann einer sogenannten Schaltregel. Diese besagt z.B., dass ein Aktionszustand erst dann möglich ist, wenn alle vorherigen Wartezustände mit einer Marke belegt sind und alle nachgelagerten Wartezustände eine Marke aufnehmen können.

Nebst Wartezuständen wird im Petri-Netz of auch die Techniksicht in einer ähnichen Weise wie auch schon bei SADT / ICAM-IDEF0 berücksichtigt.

---

[29] Im Laufe der Zeit wurden auch komplexere Grundtypen von Petri-Netzen definiert, die sich vornehmlich in den Modellierungselementen und den damit verbundenen syntaktischen und semantischen Ausdrucksmöglichkeiten unterscheiden.

Die Abb. 5.4.6.2 zeigt als Beispiel wieder die Verkaufsauftragsbearbeitung.

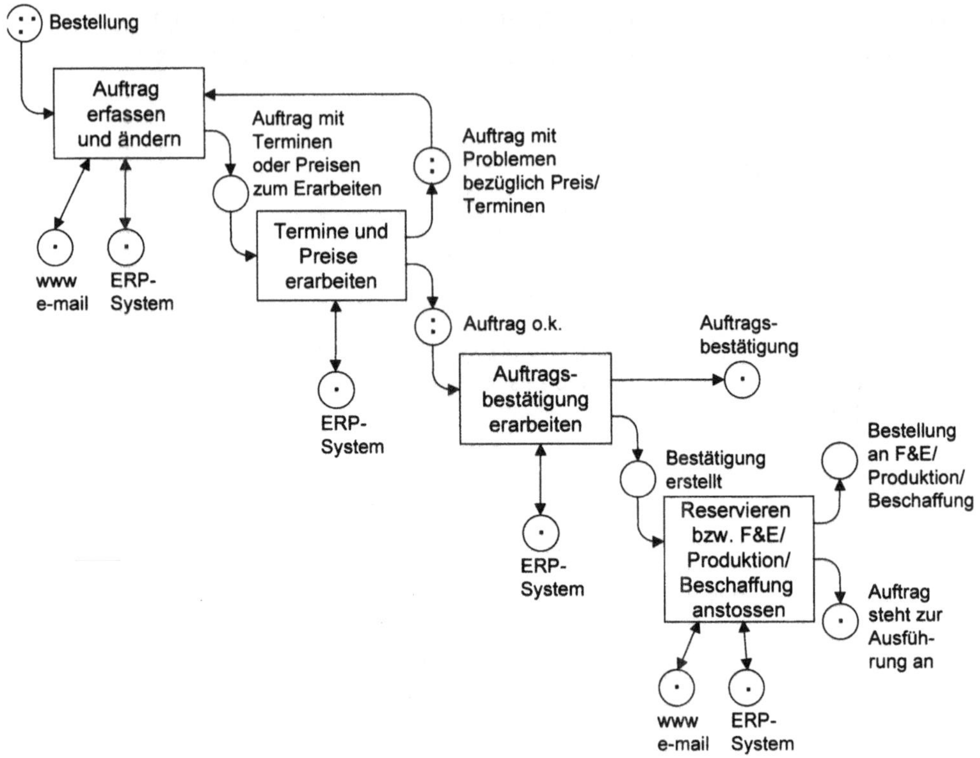


**Abb. 5.4.6.2** Petri-Netz am Beispiel *Verkaufsauftragsbearbeitung*

Das Petri-Netz war ursprünglich zur Steuerung von Automaten, z.B. zur Maschinensteuerung, nicht zur Koordination von Menschen gedacht. Trotzdem hat es auch positive Eigenschaften für die Modellierung von Geschäftsprozessen, allem voran die mathematische Genauigkeit. Die Wartezustände und die Marken sind besonders nützlich, wenn die Modellierungsmethode zur Simulation und zum Entwurf der Steuerung eines Materialflusssystems herangezogen wird, also insbesondere in der Detailstudie und im Systembau. Aufgrund der einfachen Symbolik ergeben sich jedoch schnell komplizierte und unübersichtliche Darstellungen. Dies umso mehr dann, wenn keine sukzessive hierarchische Detaillierung der Aktionszustände genutzt werden kann.

Im gewählten Beispiel befindet man sich in der gleichen Situation wie beim Wertschöpfungskettendiagramm in der Abb. 5.1.3.1: der Aktionszustand *Termine und Preise erarbeiten* müsste in drei parallele Aktionszustände aufgeteilt werden, so wie z.B. in den Abb. 5.4.1.2, 5.4.2.2, 5.4.4.3. Die saubere Ausformulierung als Petri-Netz bedingt dann aber zusätzliche Warte-

und Aktionszustände, sowie Petri-Netze höherer Funktionalität mit u.a. Bedingungen und eben der Darstellung der Hierarchie von Systemen.

In der Praxis können und müssen Menschen nicht wie Automaten, z.B. Maschinen gesteuert werden. Menschen können auch unvollständig beschriebene Prozessinformation mit ihrem Erfahrungswissen und mit Analogieschlüssen richtig interpolieren, verlieren jedoch in kompliziertem Umfeld leicht die Übersicht. Deshalb ist u.U. eine weniger detaillierte, dafür wesentlich übersichtlichere Methode zur Modellierung von Informationssystemen zur Stützung von umfassenden Geschäftsprozessen effektiver und effizienter. Auf der anderen Seite sind auch im Falle der Petri-Netze gerade Personen aus dem Umfeld der Produkt- und Prozessentwicklung mit der Methode vertraut und durchaus imstande, sie effektiv und effizent auch für die Modellierung insbesondere des Geschäftsprozesses *F&E-Logistik* zu nutzen.

## 5.5 Modellierung von Wartezuständen in der prozessorientierten Modellierung

In der Abb. 4.1.3.1 wurde das Begriffspaar *Zustand* und *Ereignis* eingeführt: Zwischen zwei Teilaufgaben oder Teilprozessen (Aktionszuständen) eines Geschäftsprozesses muss ein Prozessübergang erfolgen. Dieser Übergang kann sofort bzw. interaktiv durch einen Menschen oder einen Automaten geschehen. Falls die Fortsetzung der Bearbeitung nicht sofort erfolgt, mündet der Übergang vorerst in einen *Wartezustand*, der in einem sogenannten Ablauf- oder Steuerungsspeicher festgehalten werden muss. Als Beispiel für einen solchen Speicher kann man sich ein Pufferlager oder auch einen Postkorb im Büro vorstellen. Das *Ereignis* ist dann ein spezieller Prozess, bei dem ein Mensch oder ein Sensor einen Wartezustand feststellt, bzw. gemäss der Herkunft des Wortes (siehe Abb. 4.1.3.1) *"eräugt"* und daraufhin den nächsten Prozess bzw. die nächste Aufgabe anstösst.

Jede Methode zur prozessorientierten Modellierung berücksichtigt natürlicherweise die Modellierung der Aktionszustände, d.h. eben der Prozessschritte. Aber nur einige dieser Methoden berücksichtigen auch die Modellierung der Wartezustände. Dazu gehören die Methoden *Ereignisorientierte Prozesskette (EPK), Ablaufdiagramm in Medils* und *Petri-Netz* (siehe dazu auch die Abb. 5.4.1).

### 5.5.1 Die besondere Rolle der Ablauf- bzw. Steuerungsspeicher zur Prozessverbesserung

Jeder Wartezustand in einem Ablauf ist a priori kritisch: Für durchgängige Abläufe muss man nämlich festlegen, wie der Prozess aus diesem Aktionszustand in die nächste Aufgabe oder den nächsten Teilprozess übergehen kann. Bereits in der Abb. 1.3.2.1 waren dafür verschiedene prinzipielle Möglichkeiten aufgeführt, die im folgenden Ablaufsteuerungsarten genannt werden.

1. Sofort und interaktiv: Ein Aktionszustand geht ohne dazwischenliegenden Wartezustand in den nächsten Wartezustand über.

2. Der Prozess verharrt eine Zeit lang in einem Wartezustand, und zwar in einem Ablauf- bzw. Steuerungsspeicher. Darunter kann man sich Ware in einem Pufferlager oder auch einen Brief in einem Postkorb im Büro vorstellen. Für die Organisation des Wartezustandes gibt es im Prinzip zwei Möglichkeiten, die Mailbox und die Agenda.

Die Ablaufsteuerungsarten *Mailbox* und *Agenda* haben eine gewisse Komplexität und bremsen den Auftragsdurchlauf. Für eine wirkliche Prozessorientierung ist es damit unerlässlich, die Ablaufsteuerungsarten bereits in der Hauptstudie, spätestens aber in der Detailstudie festzulegen (wie bei den Methoden EPK, Medils oder Petri-Netze) und im Systembau und Systembetrieb eine entsprechende Organisation einzurichten.

Effiziente Abläufe sind natürlich solche mit möglichst wenigen Ablaufsteuerungsarten *Mailbox* und *Agenda*. Insbesondere müssen dabei Mailboxen mit unbegrenzter Reaktionszeit möglichst vermieden werden. Sie entstehen, wenn zwei Personen asynchron arbeiten: Hier müssen klare Vorkehrungen in der Ablauforganisation geschaffen werden. Hierbei kann es sich z.B. um Vorschriften über die maximale Dauer bis zur Bearbeitung der anstehenden Nachrichten durch eine Person handeln. Diese Vorschriften können durch Mess- und Anreizsysteme für eine möglichst kurze Verweildauer von Nachrichten in Mailboxen ergänzt werden.

Die Effizienz kann gesteigert werden, wenn weniger verschiedene organisatorische Einheiten an einem Prozess beteiligt sind. Hier liegen Chancen für Gruppenarbeitsmodelle. Die Bestrebung des Geschäftsprozessmanagements ist nun gerade auch die Reduktion der Anzahl verschiedener am Geschäftsprozess beteiligter organisatorischer Einheiten. Eine Methode wie das Stellenorientierte Ablaufdiagramm ist hierzu eine geeignete Darstellungsmethode. Für die verbleibenden Nahtstellen ist dann die geeignete Ablaufsteuerungsart zu finden.

Für die Definition des Workflow, für Berechnungen der Durchlaufzeit und für die Simulation eines Prozesses ist die Modellierung der Wartezustände geradezu Voraussetzung. Entsprechende Werkzeuge enthalten denn auch Gestaltungselemente für die Ablaufsteuerungsarten *Mailbox* und *Agenda.* Eine unbegrenzte Verweildauer in einer Mailbox ergibt sich jedoch nicht aus dem ablaufenden Prozess, sondern sie wird nach statistischen Annahmen festgelegt. Diese Vereinfachung liegt in der Natur der Simulation - und ist gleichzeitig eine ihrer Schwächen.

### 5.5.2 Ablaufsteuerungsart *sofort und interaktiv*

Bei der *Ablaufsteuerungsart sofort und interaktiv* geht ein Aktionszustand ohne dazwischenliegenden Wartezustand in den nächsten Wartezustand über.

Die auf eine Aufgabe $A_v$ folgende nächste Aufgabe $A_n$ wird sofort, „in einem Zug" behandelt. Siehe dazu die Abb. 5.5.2.1.

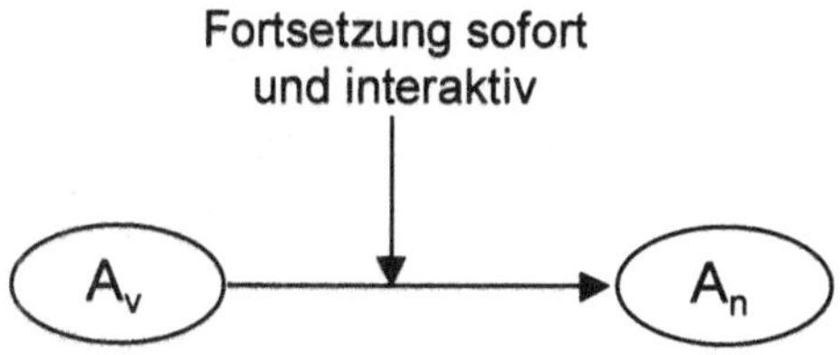


**Abb. 5.5.2.1** Ablauf- bzw. Steuerungsspeicher: Ablaufsteuerungsart *sofort und interaktiv*

Der sofortige Übergang ist dann möglich, wenn die Menschen bzw. Automaten, welche die Aufgaben $A_v$ und $A_n$ ausführen, in interaktiver Zusammenarbeit stehen oder es sich - idealerweise - sogar um dieselbe Person oder denselben Automaten handelt.

Für diese Art Steuerung ist übrigens auch ein Ereignis nötig, das die Verbindung zwischen den beiden Aufgaben herstellt. Allerdings ist dieses derart evident, dass es kein spezieller Gegenstand in der Modellierung ist. Handelt es sich um dieselbe Person, dann ist es einfach das - meistens durch Schulung gebildete - Bewusstsein, dass nach $A_v$ auch noch $A_n$ ausgeführt werden muss. Ein Automat wird dazu programmiert. Zwei verschiedene Personen müssen während der Interaktion die Aufgabe explizit übergeben, ebenso ein Automat an eine Person. Soll $A_n$ durch einen Automaten ausgeführt werden, dann wird er wieder dazu programmiert, u.U. durch den Menschen, der $A_v$ gerade ausgeführt hat.

### 5.5.3 Ablaufsteuerungsart *Mailbox*

Bei der *Ablaufsteuerungsart Mailbox* verharrt der Prozess zwischen den Aufgaben $A_v$ und $A_n$ während einer *unbestimmten und im Prinzip unbegrenzten Zeit* im Wartezustand. Ein Ereignis irgendeiner Art, z.B. auch ein Zeitgeber oder ein selbständiger Anstoss, führt zur Sichtung und zur Aktivierung des Inhalts der Mailbox.

Der Anstoss kann z.B. durch einen Menschen gegeben sein, der Briefe in seiner Mailbox sieht, d.h. „eräugt". Es kann sich aber auch um ein Programm handeln, das aufgrund einer bestimmten Regel angestossen wurde und nun die Einträge im Ablaufspeicher abarbeitet. In diesem Fall garantiert natürlich jede sinnvolle Regel, dass der Wartezustand des Prozesses nur eine begrenzte Zeit dauert. Siehe dazu die Abb. 5.5.3.1.

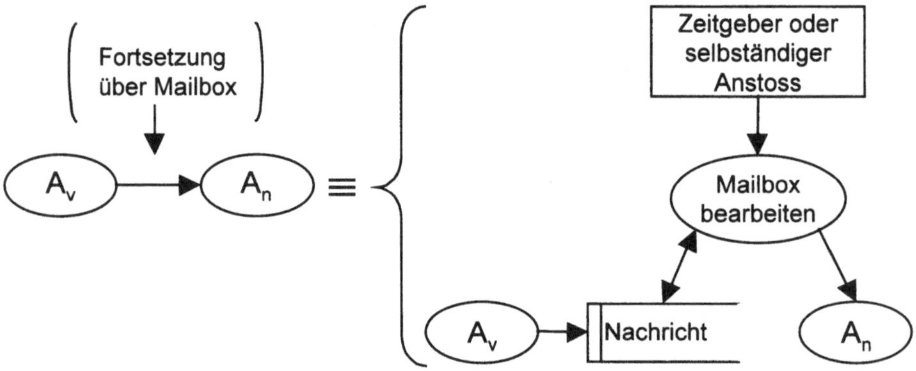


**Abb. 5.5.3.1** Ablauf- bzw. Steuerungsspeicher: Ablaufsteuerungsart *Mailbox*

Mit Ausnahme der Methoden EPK in Kap. 5.4.2, Medils in Kap. 5.4.4 und Petri-Netz in Kap. 5.4.6 kennen die übrigen bisher besprochenen Methoden zur Modellierung aus Prozess-, Aufgaben- und Funktionssicht das Gestaltungselement *Wartezustand* bzw. *Ereignis* nicht. Man nimmt somit einfach an, dass für die Übergänge eine effiziente Nahtstelle geschaffen werden kann. Im Unterschied zur Methode Medils findet sich auch bei der Methode EPK keine Äusserung über die Art, wie das Ereignis aus dem implizit vorhandenen Wartezustand entsteht. Aber gerade in der Gestaltung dieser Übergänge sind in der Praxis die grossen Probleme festzustellen: Die Prozesse bleiben in Wartezuständen liegen. Bei der Ablaufsteuerungsart *Mailbox* wird nämlich der eigentliche Prozess unterbrochen, bis die Mailbox selber bearbeitet wird. Abb. 5.5.3.2 und Abb. 5.5.3.3 zeigen die ablaufende Informationsverarbeitung, wenn die Fortsetzung des Prozesses über eine Mailbox gesteuert wird. Sie zeigen damit, wofür eine Mailbox steht, und zwar in den beiden Methoden EPK und Medils.

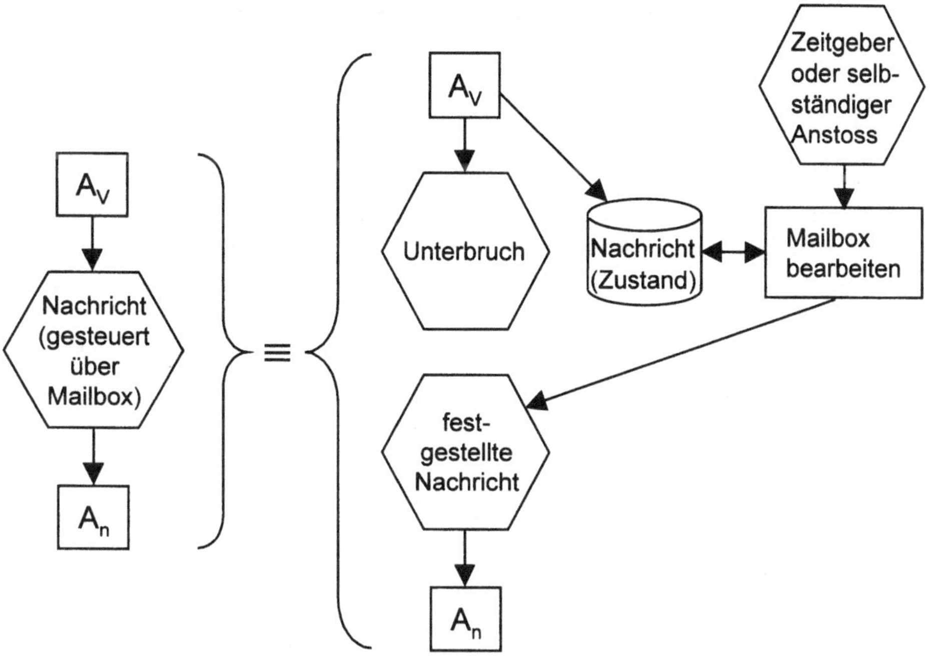


**Abb. 5.5.3.2** Ablauf- bzw. Steuerungsspeicher: Ablaufsteuerungsart *Mailbox* in einer EPK (für die Symbole vgl. Abb. 5.4.2.1)

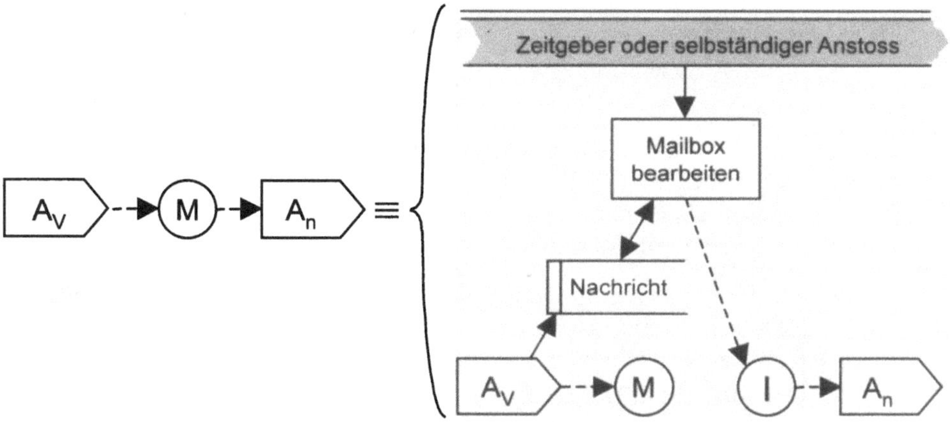


**Abb. 5.5.3.3** Ablauf- bzw. Steuerungsspeicher: Ablaufsteuerungsart *Mailbox* in Medils (vgl. für die Symbole die Abb. 5.4.4.1)

### 5.5.4 Programmablaufspeicher – Mailbox eines Computerprogramms

Ein *Programmablaufspeicher* (engl. *Program Message Queue*) enthält Wartezustände von Prozessen, die mit Hilfe von Computern abgewickelt werden.

Während die Funktionsweise des Ablaufspeichers *Mailbox* für Nachrichten an Menschen (auch im elektronischen Fall, d.h. bei E-Mail) genügend bekannt ist, ist weniger offensichtlich, dass Computerprogramme durch einen analog konstruierten Programmablaufspeicher gesteuert werden können. Die Abb. 5.5.4.1 zeigt einen Ausschnitt eines sogenannten *„Job Mix"*, also der Liste aller parallel laufenden Tätigkeiten eines Computers.

| Job-Nr. | Job-Identification | Status |
|---|---|---|
| 1 | Job/Program A | WAIT QUEUE |
| 2 | Job/Program B | RUN |
| 3 | Job/Program C | WAIT DELAY |
| 4 | Job/User 1 | RUN |
| 5 | Job/User 2 | WAIT DISPLAY |

**Abb. 5.5.4.1** Ausschnitt aus einer Job-Tätigkeitsliste („Job Mix") eines Computers

Die Jobs Nr. 1 - 3 beziehen sich auf Programme, die Ablaufspeicher überwachen. Sie betreffen die Ereignisart *Mailbox* und laufen im sogenannten Batch-Betrieb, also ohne Einwirkung eines Benutzers. Die daraus aufgerufenen Programme sind ihrerseits Batch-Programme.

- Job 1 ist *warteschlangenorientiert*, d.h. er wird sobald wie möglich aktiviert, wenn eine Nachricht in der Warteschlange eintrifft. Genaueres dazu weiter unten.
- Der Job 2 ist in Durchführung.
- Job 3 ist *zeitintervallorientiert*, d.h. er wartet, bis ein bestimmtes Zeitintervall verstrichen ist, um dann aktiv zu werden. Genaueres dazu weiter unten.

Die Jobs 4 und 5 betreffen die Ablaufsteuerungsart sofort und interaktiv. Sie sind Benutzern zugeordnet, die im Dialog auf die Daten- und Regelbank zugreifen.

- Job 4 ist in Durchführung, d.h. ein Benutzer hat eine Eingabe gemacht, die jetzt verarbeitet wird.
- Job 5 ist in Wartestellung, d.h. er wartet auf eine Benutzereingabe am Bildschirm.

Zur Konstruktion der dazu notwendigen Informatik-Objekte *Mailbox* siehe das Kap. 6.4.1. Die oben erwähnten unterschiedlichen Orientierungen sind dabei wie folgt definiert:

- *Warteschlangenorientierung:* Der entsprechende Job ist nach dem Warteschlangenprinzip konzipiert, d.h. er „schläft", solange die Warteschlange leer ist. Das ist jedoch nur der Effekt nach aussen, denn der Job prüft laufend, nach einem bestimmten und meist kurzen Zeitintervall, ob eine Mitteilung in der Warteschlange angekommen ist. Falls ja, werden alle Eingänge in der Warteschlange verarbeitet. Nachrichten werden damit „nach Erhalt" ausgeführt, d.h. so schnell wie möglich. Es handelt sich um ein First-in-first-out-Verfahren, wobei im Falle einer längeren Warteschlange Nachrichten mit einer höheren Priorität solche mit einer tieferen Priorität überholen können. Typische Beispiele dafür sind sogenannte Druckauswertungen, d.h. Listen in irgendeiner Form.

- *Zeitintervallorientierung:* Nach einer Anzahl von Zeitintervallen oder zu einem bestimmten Zeitpunkt werden alle anstehenden Nachrichten in einer bestimmten Reihenfolge abgearbeitet. Danach geht das Programm wieder in Wartestellung über, und zwar bis erneut die Wartezeit abgelaufen ist. Diese Methode wird etwa bei der Bedarfsrechnung von Artikeln angewendet: Es hat keinen Sinn, diese Rechnung für einen bestimmten Artikel auszuführen, wenn schon nach einigen Minuten wiederum eine Transaktion auf denselben Artikel erfolgt. Der dadurch entstehende doppelte oder mehrfache Rechenaufwand würde den Computer zu stark belasten. Es lohnt sich deshalb, die Rechnung prinzipiell nur periodisch, z.B. einmal pro Stunde auszuführen. Dieses Verfahren benötigt damit auch eine Methode, um eine gleiche Nachricht in einer bestehenden Liste von Anforderungen aufzufinden. Technisch gesehen ist es damit nicht mit einer reinen First-in-first-out-Warteschlange für Mitteilungen zu lösen, sondern mit einem eigenen Speicher, in welchem die Nachrichten für das Programm gesammelt und nach Ablauf der Wartezeitintervalle alle abgearbeitet werden.

### 5.5.5 Ablaufsteuerungsart *Agenda*

Bei der *Ablaufsteuerungsart Agenda* stösst ein Zeitgeber einen Prozess an, der eine Liste von geplanten Aufgaben aktiviert. Eine solche Aufgabe kann nun typischerweise den Anstoss zum Abarbeiten einer Mailbox sein. Die Mailbox wird in der Folge abgearbeitet und der Prozess bleibt damit zwischen den Aufgaben $A_v$ und $A_n$ eine zwar *variable, aber begrenzte Zeit* in der Mailbox liegen.[30]

Zum Funktionsprinzip einer Agenda siehe die Abb. 5.5.5.1.

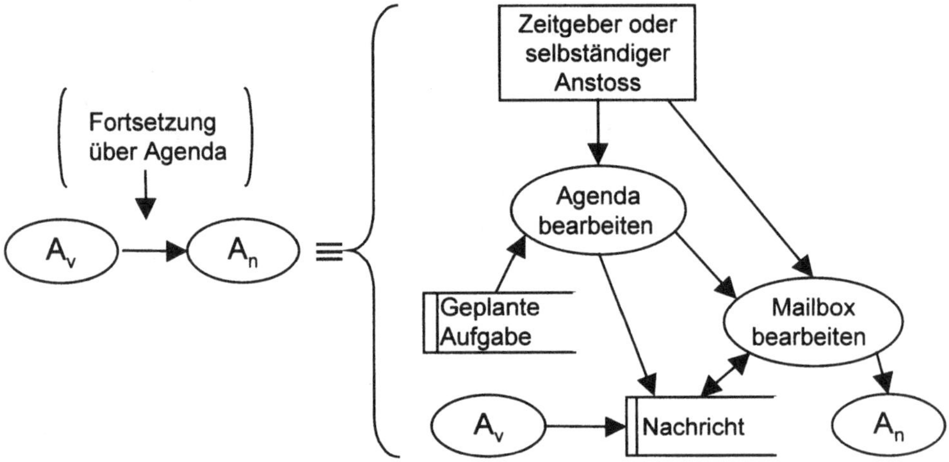


**Abb. 5.5.5.1** Ablauf- bzw. Steuerungsspeicher: Ablaufsteuerungsart *Agenda*

Analog zu den obenstehenden Abb. 5.5.2.3 und Abb. 5.5.3.3 kann man das entsprechende Schema für die Ablaufsteuerungsart *Agenda* in jeder Methode definieren.

### 5.5.6 Programmfahrplan – Agenda eines Computersystems

Während die Funktionsweise des Ablaufspeichers *Agenda* für Nachrichten an Menschen (auch im elektronischen Fall) genügend bekannt ist, ist weniger offensichtlich, dass Computersysteme durch einen analog konstruierten Ablaufspeicher gesteuert werden können.

---

30 Die Mailbox kann aber neben der hier erwähnten Methode auch weiterhin direkt durch einen Zeitgeber angestossen werden, wie in Kap. 5.5.3 gezeigt.

Ein *Programmfahrplan* (engl. *Task Schedule* bzw. *Work Schedule* oder *„Batch Program Schedule“*) ist eine Liste von Computerprogrammen, die nacheinander gestartet werden, d.h. im *Batch-Modus*, also ohne Eingriff eines Benutzers.

Ein Computerprogramm eines Programmfahrplans ist häufig einfach ein Programm, das einen Programmablaufspeicher abarbeitet. Die Abb. 5.5.6.1 zeigt einen Ausschnitt aus einem Programmfahrplan.

Eine solche Agenda wird typischerweise für bestimmte, periodisch aufzurufende Programmen geführt. Es geht z.B. darum, dass am Ende jedes Tages oder auch an bestimmten Wochentagen, am Ende einer Woche, eines Monats, eines Quartals, eines Halbjahres oder sogar eines Jahres eine bestimmte Anzahl von Programme in einer bestimmten Reihenfolge abzulaufen haben. Das sind einerseits Listenauswertungen, andererseits statistische Auswertungen, Reorganisationen und Verwaltung von Aufträgen oder ganzen Klassen und ähnliches mehr.

| Periodizitäts-code | Sequenz Nr. | Programm-Id. | Programm-beschreibung |
|---|---|---|---|
| Tagesende | 110 | A1 | Rechnungen drucken |
| Tagesende | 111 | F20 | Neue Termine rechnen für Produktionsaufträge |
| Tagesende | 112 | F21 | Terminieren Produktionsaufträge |
| | usw. | | |
| Montags | 25 | Q12 | Liefertermin-Verfallliste |
| Dienstags | 28 | F16 | Verfallene Auftragsnachmeldungen |
| Donnerstags | 25 | Q12 | Liefertermin-Verfallliste |
| | usw. | | |
| Wochenende | 400 | A7 | Netto-Fakturaumsatz |
| Wochenende | 2600 | K12 | Reorganisation / Auftragsklassen |
| | usw. | | |
| Monatsende | usw. | | |
| Quartalsende | usw. | | |
| Halbjahresende | usw. | | |
| Jahresende | usw. | | |
| | usw. | | |

**Abb. 5.5.6.1** Ausschnitt aus einem “Batch Program Schedule”

Bei einer solchen Agenda muss natürlich für jeden Arbeitstag klar sein, um welchen Wochentag es sich handelt, ob an diesem Tag die Bedingung Wochenende, Monatsende, Quartalsende usw. erfüllt ist. Ein Wochenende kann z.B. auch nach einem Donnerstag oder einem Mittwoch beginnen, genauso wie das Monatsende im Prinzip auch am 20. anstelle des 31. sein kann (z.B. bei Betriebsferien). Ein Zeitgeber oder auch der verantwortliche Benutzer, z.B. der Operator, stösst das Programm zur Bearbeitung der Agenda an. Dieses wählt die für einen bestimmten Tag geplanten Aufgaben aus und stellt sie als Nachrichten in eine spezifische Mailbox. Vgl. dazu auch die Abb. 5.5.5.1. Daraufhin stösst es die Mailboxen an, wodurch die betreffenden Programme eines nach dem anderen abgearbeitet werden.

## 5.6 Methoden zur prozessorientierten Modellierung in Detailstudie / Systembau

Die Abb. 5.6.1 fasst die in diesem Teilkapitel behandelten Methoden zur prozessorientierten Modellierung zusammen. Sie entspricht wiederum einem Teil der Abb. 4.2.5.1.

| Modellierungsmethode | Anwendungs-Fokus | Herkunft | Übrige Sichten der Modellierung 2. | 3. | 4. | * |
|---|---|---|---|---|---|---|
| Pseudocode | InfStü | Inf | Fnkt. | | | |
| Jackson + | InfStü | Inf | Fnkt. | | | |
| Struktogramm + | InfStü | Inf | Fnkt. | | | |

**Abb. 5.6.1** Methoden zur prozessorientierten Modellierung in Detailstudie und Systembau (siehe auch Abb. 4.2.5.1)

Die Menge von existierenden Methoden zur prozessorientierten Modellierung ist nicht erstaunlich, geht es doch auch in der Detailstudie um ein Informationssystem für Geschäfts*prozesse* im Unternehmen.

Im Systembau und auch schon teilweise in der Detailstudie geht es um die Vorbereitung und schliesslich die Realisierung der Informatikstützung (Anwendungsfokus: InfStü) der Geschäfts*prozesse.* Die entsprechenden Methoden entstammen verständlicherweise den Berufen der Informatik (Herkunft: Inf) und sind primär prozessorientiert. Als Sekundärsicht steht die duale Funktionssicht im Vordergrund. Daneben steht in den meisten Fällen ein entsprechendes Datenmodell oder objektorientiertes Modell (siehe Kap. 6).

Die Modellierungsmethoden in dieser Phase dienen insbesondere auch dem „sauberen" Programmieren: Ursprünglich wurde zum Entwurf eines Computerprogramms oft ein Flow Chart wie in Kap. 5.4.1 gezeichnet. Die unstrukturierten Verzweigungen führten bei grossen Programmen bald zum unübersichtlichen „Spaghetticode“. Die folgenden Methoden vermeiden dies, indem sie nur in bestimmter Weise strukturierte Verzweigungen zulassen. Deshalb entwickelte man den sogenannten *Strukturierten Funktionsablauf*.

### 5.6.1 Pseudocode

*Pseudocode* in seiner strukturierten Form ist eine streng algorithmische Darstellung des Ablaufs der Informationsbehandlung[31].

Pseudocode dient zum detaillierten Beschreiben des Ablaufs einer Funktion. Er wird z.B. in allen oben erwähnten Methoden gerne dann eingesetzt, wenn eine Funktion nicht mehr weiter mit der Methode detailliert werden soll, aber dem Informatiker trotzdem eine Information darüber gegeben werden soll, wie man sich den Funktionsablauf etwa vorstellt. Die meisten Case Tools erlauben Zusatztext zur näheren Beschreibung des Funktionsablaufs.

Das Verfahren beginnt mit einer Auflistung der einzelnen Grundinstruktionen, die sehr wohl präzise sein müssen, aber nicht unbedingt sehr detailliert. Der Algorithmus kann in der Umgangssprache beschrieben werden. Die dabei verwendeten Sätze müssen dabei jedoch die Form einer Instruktion haben: Tu dies oder mach jenes. Durch jede Instruktion wird sukzessive gezeigt, wie aus einem bestimmten Teil des Inputs ein bestimmter Teil des Outputs produziert wird.

In einem weiteren Schritt wird dann Instruktion für Instruktion behandelt, indem jede Instruktion in mehrere Teilinstruktionen aufgebrochen wird, unter Verwendung der im folgenden noch zu zeigenden formalen Elemente des Pseudocodes. Vor allem muss dabei versucht werden, qualitative Elemente in den Instruktionen durch quantitative Argumente zu ersetzen.

Der Prozess des sukzessiven Verfeinerns oder Detaillierens von Instruktionen wird solange durchgeführt, bis eine Ebene der Klarheit erreicht ist, welche es dem Informatiker erlaubt, diesen Algorithmus ohne Interpretationsprobleme in eine durch den Computer lesbare Sprache zu übersetzen.

Die Sequenz der einzelnen Instruktionen ist dabei für den Ablauf des Algorithmus bindend. Als formale Elemente im Pseudocode werden nebst der Sequenz insbesondere Verzweigungen und Schleifen eingebaut. Diese drei Elemente werden formal ausgedrückt.

---

[31] Für die Definition des Begriffs *Algorithmus* sei auf das Kapitel 1.3.1 verwiesen. Im Wesentlichen geht es um die Angabe des Verfahrens, wie von einer gegebenen Situation (Input) durch endlich viele Schritte ein Ergebnis (Output) erreicht werden kann.

Das Element der *Sequenz* hat die in Abb. 5.6.1.1 gegebene Form.

```
SEQUENZ
          Instruktion 1
          Instruktion 2
          ...
          ...
          Instruktion n
ENDE (Sequenz)
```

**Abb. 5.6.1.1** Pseudocode-Strukturelement *Sequenz*

Das Element einer *Verzweigung* ist gesamthaft gesehen eine Instruktion und hat die in Abb. 5.6.1.2 definierte Form.

```
FALLS (logischer Ausdruck), DANN
          Sequenz 1
ANDERNFALLS
          Sequenz 2
ENDE (Verzweigung)
```

**Abb. 5.6.1.2** Pseudocode-Strukturelement *Verzweigung*

Auch das Element der *Schleife* ist gesamthaft gesehen eine Instruktion und hat die Form gemäss Abb. 5.6.1.3.

```
WIEDERHOLE, SOLANGE (logischer Ausdruck)
          Sequenz
ENDE (Schleife)
```

**Abb. 5.6.1.3** Pseudocode-Strukturelement *Schleife*

Jeder Funktionsablauf kann mit den Elementen *Sequenz* und *Schleife* beschreiben werden. Dies wurde durch Dijkstra bewiesen [DaDi78].

Diese Grundelemente können erweitert werden. Wichtige Elemente sind z.B.

- eine Verzweigung, die mehrere Fälle entscheiden lässt: FALL (logischer Ausdruck1) Sequenz1 ENDE, FALL (logischer Ausdruck2) Sequenz2 ENDE, ........... , ÜBRIGE_FÄLLE Sequenz ENDE (Verzweigung)
- eine Schleife, die einen Ausdruck erst am Ende testet und damit mindestens einmal durchlaufen wird: WIEDERHOLE, SOLANGE BIS (logischer Ausdruck) Sequenz ENDE (Schleife)

Eine wichtige und spezifische Instruktion ist diejenige des *Aufrufs eines Moduls* oder eines Teilsystems des durch den Algorithmus geschriebenen Systems. Diese Instruktion hat die in Abb. 5.6.1.4 definierte Form.

| |
|---|
| AUFRUF (Modulname) [Inputdaten / Input-Output-Daten] |

**Abb. 5.6.1.4** Pseudocode-Strukturelement *Aufruf eines Moduls*

Das Modul selbst ist dann wieder ein Algorithmus in der gleichen Form des Pseudocodes, wobei die erste Instruktion diejenige des Empfangens des Inputs (inklusive seiner Beschreibung) und die letzte Instruktion das Zurücksenden des Outputs darstellt. Die in den eckigen Klammern erwähnten Daten werden des öfteren auch *Parameterliste* genannt. Die reine Input-Parameterliste dient dazu, dass der aufgerufene Algorithmus strukturell gleiche Daten unter dem gleichen Namen behandeln kann, obwohl verschiedene Objekte behandelt werden. Bei der zweiten Parameterliste der Input-Output-Daten handelt es sich aber um Objekte, die unter dem gleichen Namen sowohl vom aufrufenden als auch vom aufgerufenen Algorithmus behandelt werden. Die erste Parameterliste mit reinen Inputdaten ist vor allem bei rekursivem Aufruf der Algorithmen von Belang. Ein rekursiver Aufruf liegt dann vor, wenn ein Algorithmus über solche Aufrufinstruktionen sich selber entweder direkt oder indirekt über dazwischenliegende Algorithmen aufruft.

Der im folgenden entwickelte Algorithmus zeigt beispielhaft den Ablauf der Funktion „Verkaufsauftrag bearbeiten“, so wie sie auch schon in den Abb. 5.3.5.1, 5.4.1.2, 5.4.2.2, 5.4.3.2 und 5.4.4.2 konzipiert wurde. Die Funktion wird zuerst mit ihren Grundinstruktionen spezifiziert. Eine Möglichkeit dazu ist in Abb. 5.6.1.5 gegeben.

```
MODUL (Verkaufsauftrag bearbeiten)
        Auftrag erfassen und ändern
        Termine und Preise erarbeiten
        Auftrag bestätigen
        Weiterbearbeitung anstossen
ENDE (Verkaufsauftrag bearbeiten)
```

**Abb. 5.6.1.5** Pseudocode: Grundinstruktionen (Bsp. *Verkaufsauftrag bearbeiten*)

Eine erste Detaillierung in der Ablaufüberlegung ergibt den Algorithmus in Abb. 5.6.1.6: Die ersten beiden Instruktionen werden in eine Schleife gebracht, die mindestens einmal durchlaufen wird.

```
MODUL (Verkaufsauftrag bearbeiten)
        WIEDERHOLE, SOLANGE BIS keine Probleme mehr vorhanden sind
                Auftrag erfassen und ändern
                Termine und Preise erarbeiten
        ENDE (Schleife)
        Auftrag bestätigen
        Weiterbearbeitung anstossen
ENDE (Verkaufsauftrag bearbeiten)
```

**Abb. 5.6.1.6** Pseudocode: Detailliertere Grundinstruktionen (Bsp. *Verkaufsauftrag bearbeiten*)

Ein sukzessives Detaillieren der Instruktionen und Ersetzen von qualitativ orientierten Teilsätzen in die Form von quantitativen Ausdrücken ergibt z.B. den Algorithmus in Abb. 5.6.1.7.

Jede ursprüngliche Instruktion kann dabei zur besseren Übersicht in geschweiften Klammern vor den zugehörigen detaillierten Instruktionen aufgeführt bleiben. Die Funktion "Auftrag erfassen und ändern" soll als eigenes Modul konzipiert werden und wird deshalb auf einem separaten Blatt beschrieben. Die übrigen verbleibenden Instruktionen müssten im folgenden noch weiter detailliert werden.

```
MODUL (Verkaufsauftrag bearbeiten)
    WIEDERHOLE, SOLANGE BIS keine Probleme mehr vorhanden sind
        {Auftrag erfassen und ändern}
        AUFRUF (Auftrag erfassen/ändern) [- / Auftrag]
        {Termine und Preise erarbeiten}
        FALLS nicht alle Preise bekannt sind, DANN
            Preise erarbeiten
        ENDE (Verzweigung)
        FALLS nicht alle Termine bekannt sind, DANN
            FALLS Auftrag ab Lager, DANN
                Termine ab Lager erarbeiten
            ANDERNFALLS
                FALLS Auftrag ab Beschaffung, DANN
                  Termine ab Beschaffung erarbeiten
                ANDERNFALLS
                  Termine ab F&E bzw. Produktion erarbeiten
                ENDE (Verzweigung)
            ENDE (Verzweigung)
        ENDE (Verzweigung)
    ENDE (Schleife)
    Auftrag bestätigen
    {Weiterbearbeitung anstossen}
    FALLS Auftrag ab Lager, DANN
        Auftragspositionen reservieren
    ANDERNFALLS
        F&E / Produktion / Beschaffung anstossen
    ENDE (Verzweigung)
ENDE (Verkaufsauftrag bearbeiten)
```

**Abb. 5.6.1.7** Pseudocode: Detaillierte Instruktionen (Bsp. *Verkaufsauftrag bearbeiten*)

## 5.6.2 Jackson+

Der strukturierte Ablauf im Pseudocode ergibt sich einerseits durch das Versetzen der Instruktionen nach rechts bei jedem formalstrukturellen Element und andererseits durch die Instruktion des Aufrufes, wo der Datenfluss kontrolliert wird. Beim Pseudocode handelt es sich damit letztlich um eine logische Strukturierung von Instruktionen. Logik kann aber immer auch in graphischer Form dargestellt werden.

*Jackson+* ist ein dem Pseudocode entsprechender strukturierter Funktionsablauf in graphischer Form. Siehe dazu auch [Jack75].

Die ursprünglich von Jackson vorgestellte Version wird für unsere Zwecke durch die Instruktion des Aufrufs eines Moduls ergänzt. Daher das „+“ im Namen „Jackson+“. Dank dieser Erweiterung kann auf die Einführung einer weiteren Methode verzichtet werden, etwa derjenigen von Yourdon (Structured Design, siehe [YoCo94]).

Die Abb. 5.6.2.1 zeigt die formalen Elemente eines Jackson-Diagramms.

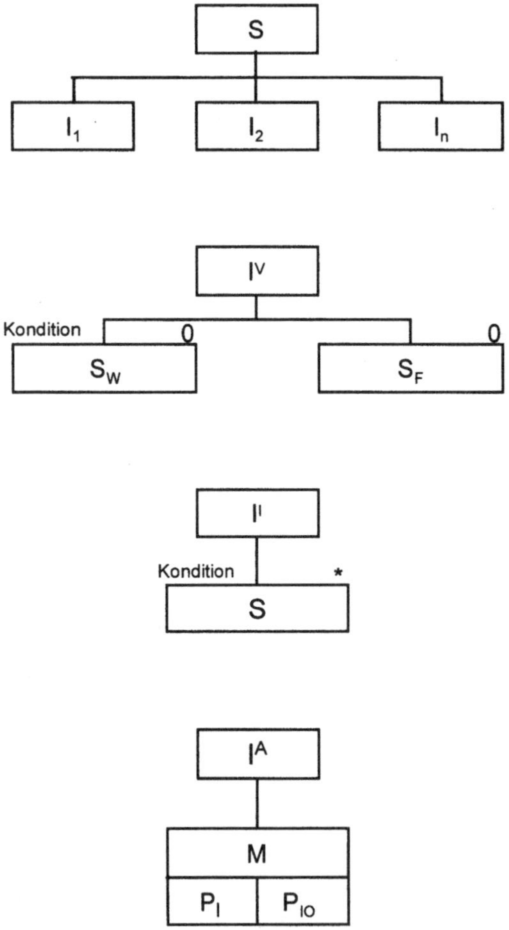


Sequenz S von Instruktionen $I_1, I_2, \ldots, I_n$

Verzweigungs-Instruktion $I^V$ : Ist die Kondition wahr, so wird die Sequenz $S_W$ ausgeführt, andernfalls die Sequenz $S_F$ (Der "andernfalls"-Teil ist fakultativ).

Iterations-Instruktion $I^I$ einer Sequenz S. Die Instruktionen der Sequenz werden solange wiederholt, wie die Kondition wahr ist.

Aufruf-Instruktion $I^A$ eines Moduls M. Die Parameterliste $P_I$ enthält die Input-Attribute, die Parameterliste $P_{IO}$ die Input-Output-Attribute.
*Bemerkung:* Dieses Strukturelement wurde den Jackson-Originalelementen hinzugefügt.

**Abb. 5.6.2.1** Jackson+: Strukturelemente

- Die Sequenz wird durch Kästchen von links nach rechts auf einer gleichen Ebene wiedergegeben. Innerhalb eines jeden Kästchens steht eine Instruktion der Sequenz.
  - Das Kästchen für die Sequenz kann leer sein. Die Sequenz hat dann keinen Namen, sondern wird nur durch die einzelnen Instruktionen in den ihr untergeordneten Kästchen beschrieben.
- Handelt es sich um eine Verzweigungsinstruktion, dann wird oberhalb des Kästchens der logische Ausdruck zum Entscheid für die Verzweigung angegeben. Rechts auf dem Kästchen steht dann eine Null.
  - Steht daneben ein Kästchen ohne übergelagerten logischen Ausdruck, aber mit einer Null rechts, so ist damit der Instruktionsteil „andernfalls“ abgehandelt.
- Ist die Instruktion ihrerseits eine Schleife, dann steht auf dem Kästchen oben links der logische Ausdruck, der zum Entscheid dient, ob die Schleife ein weiteres Mal durchlaufen werden soll oder nicht und rechts auf dem Kästchen steht ein Stern.
- Die Instruktion des Aufrufs wird durch ein Kästchen wiedergegeben, in dessen oberem linken Teil die Daten der ersten Parameterliste stehen, in dessen oberem rechten Teil die Daten der zweiten Parameterliste und in dessen unterem Teil der Name der aufgerufenen Teilfunktion erwähnt wird.
  - Die aufgerufene Funktion selbst wird dann auf einer separaten Darstellung nach den gleichen Methoden entwickelt, wobei im obersten Start- oder Wurzelkästchen der Name der Funktion sowie die beiden Parameterlisten wiederholt werden.

Die Abb. 5.6.2.2 zeigt das gleiche Beispiel wie in der Abb. 5.6.1.7, aber diesmal in Jackson-Form: die Bearbeitung des Verkaufsauftrags.

Die Strukturierung ergibt sich insofern, als dass jedesmal, wenn der Pseudocode nach rechts versetzt wird, im Jackson-Diagramm die Kästchen eine Ebene tiefer angeordnet werden. Die Sequenz geht beim Pseudocode von oben nach unten, bei Jackson von links nach rechts. Die Strukturierung im Funktionsablauf ergibt sich damit in Darstellen von oben nach unten und im Aufruf weiterer Jackson-Diagramme durch die Instruktion des Funktionsaufrufs. Wird die Struktur des Pseudocode an der 315°-Achse gespiegelt, so erhält man genau die Struktur des entsprechenden Jackson-Diagramms.

Die im Verlaufe des sukzessiven Detaillierens erhaltenen Instruktionen (vgl. dazu die Abb. 5.6.1.5 und 5.6.1.6) lassen sich sehr schön als Inschriften in den nach dem Vorgehensprinzip "vom Groben zum Detail" entwickelten Kästen nachvollziehen.

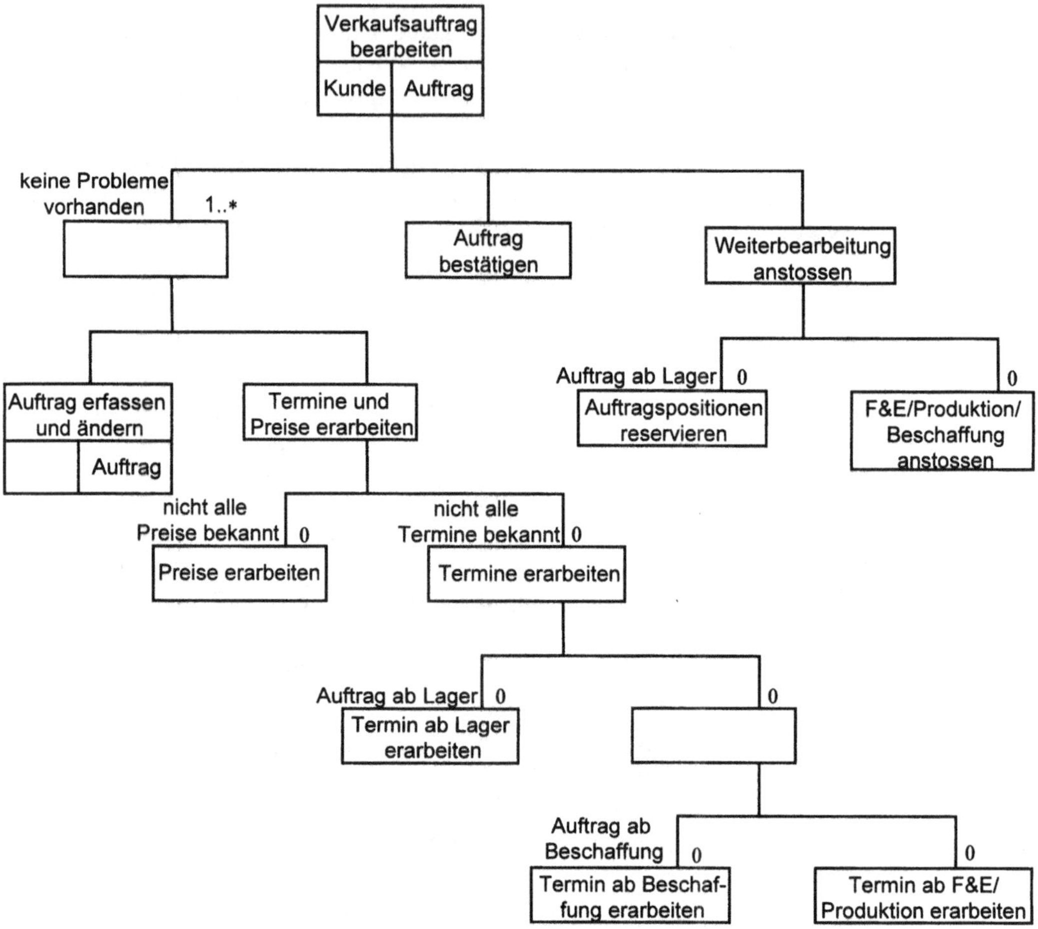


**Abb. 5.6.2.2** Jackson+ (Bsp. *Verkaufsauftrag bearbeiten*)

## 5.6.3 Struktogramm+

*Struktogramm+* ist ein dem Pseudocode entsprechender strukturierter Funktionsablauf in graphischer Form. Siehe dazu auch [NaSh73].

Diese – Nassi/Shneiderman zugeschriebene – Entwurfsmethode wird wie der Pseudocode und die Jackson-Diagramme für die Detailstudie eingesetzt und ist im Prinzip nichts anderes als eine weitere Ausdrucksform für jene zwei. Es handelt sich ebenfalls um eine Repräsentation, in der die Logik von Schleifen und Verzweigungen durch graphische Elemente wiedergegeben wird. Die Abb. 5.6.3.1 zeigt die formalen Elemente eines Struktogramms.

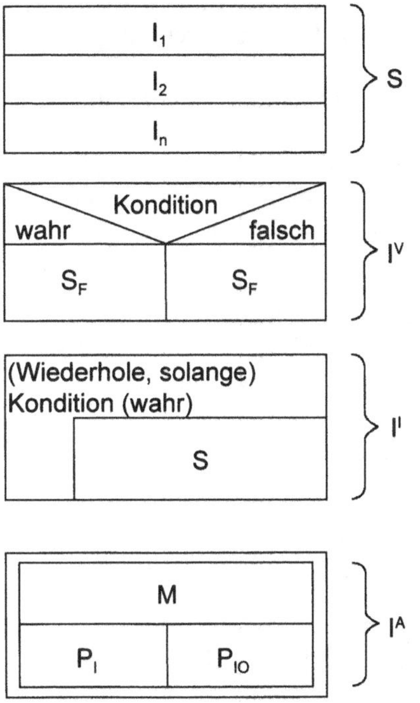


Sequenz S von Instruktionen $I_1, I_2, \ldots, I_n$.

Verzweigungs-Instruktion $I^V$:
Ist die Kondition wahr, so wird die Sequenz $S_W$ ausgeführt, andernfalls die Sequenz $S_F$.
(Der „andernfalls"-Teil ist fakultativ)

Iterations-Instruktion $I^I$ einer Sequenz.
Die Instruktionen der Sequenz werden so lange wiederholt, wie die Kondition wahr ist.

Aufruf-Instruktion $I^A$ eines Moduls M.
Die Parameterliste $P_I$ enthält die Input-Attribute, die Parameterliste $P_{IO}$, die Input-Output-Attribute.
*Bemerkung:* Dieses Strukturelement wurde den Nassi/Shneiderman Originalelementen hinzugefügt.

**Abb. 5.6.3.1** Nassi/Shneiderman+: Strukturelemente

Der ganze Algorithmus wird in einem Kasten dargestellt. Unterteilt in waagrechte Segmente, bietet er Platz für jede einzelne Instruktion einer Sequenz.

Die Funktion einer Verzweigung wird dadurch gebildet, dass der entsprechende Kasten in der Mitte senkrecht unterteilt wird. Im linken Teil folgt die Sequenz von Instruktionen, die durch die Verzweigung ablaufen soll. Im eventuellen rechten Teil sind die Instruktionen aufgeführt, die zum „andernfalls" gehören. Zuoberst im betreffenden Kasten wird der logische Ausdruck zur Entscheidung über die Richtung der Verzweigung aufgeführt.

Für die Schleife gibt man wiederum in der obersten Zeile den logischen Ausdruck an, der entscheidet, ob die Schleife ein weiteres Mal durchlaufen werden soll. Die Sequenz der Schleife selbst wird dann in einem in der horizontalen Ausdehnung reduzierten Kasten in einzelne Instruktionen aufgeteilt.

Wie bei Jackson umfasst die ursprüngliche Darstellung von Nassi/Shneiderman die Instruktion des Aufrufs eines Moduls nicht. In der vorgeschlagenen Version wird diese Instruktion durch einen Kasten mit doppelten Wänden dargestellt. Auf der Seite des Kastens wird der Name des aufgerufenen Moduls erwähnt, dann wird der Kasten senkrecht aufgeteilt: Auf der linken Seite sind die Input-Daten, auf der rechten Seite die Output-Daten aufgeführt.

Die Abb. 5.6.3.2 zeigt den strukturierten Funktionsablauf für die Bearbeitung des Verkaufsauftrags in Form eines Struktogramms.

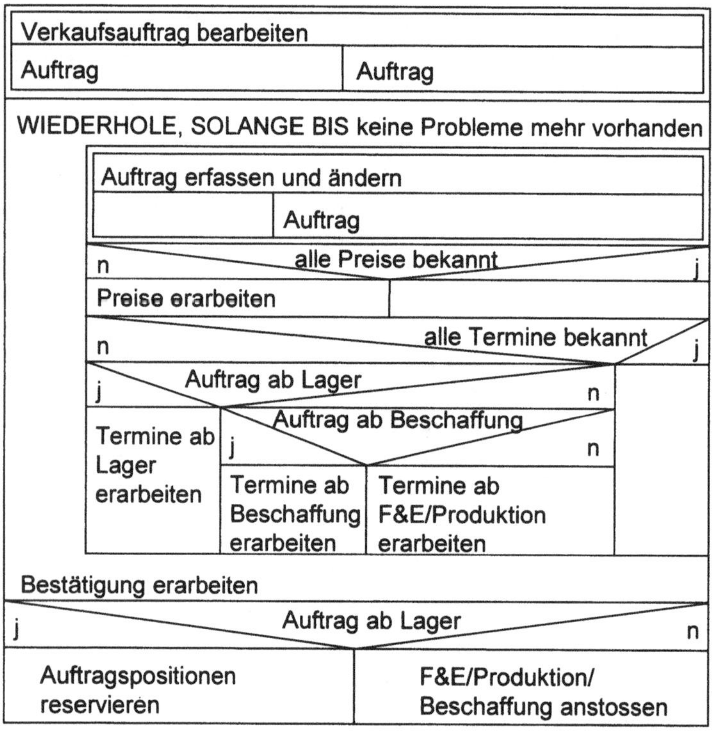


**Abb. 5.6.3.2** Nassi/Shneiderman+ (Bsp. *Verkaufsauftrag bearbeiten*)

Die Struktogramme in der gezeigten Definition haben damit eine eindeutige und entsprechende Beziehung zur Jackson-Darstellung oder zum Pseudocode.

Auch diese Form kann durch sukzessives Detaillieren aus Grundinstruktionen erzielt werden. Vgl. dazu Abb. 5.6.1.5 und 5.6.1.6 mit 5.6.1.7. Eine grundsätzliche Schwierigkeit des Verfahrens bildet dabei die Entscheidung der zu Beginn zu wählenden Figurenbreite.

## 5.7 Zusammenfassung

Im Kap. 5 wurden die Methoden zur Modellierung aus Prozess-, Funktions- und Aufgabensicht behandelt. Diese Sichten sind in ihrer Denkweise nicht so weit voneinander entfernt wie jeweils von der Daten- und Objektsicht.

Die Methoden zur Modellierung in der Vor- und Hauptstudie wurden nach Primärsicht getrennt. Da es sich um die Modellierung von Informationssystemen zur Stützung umfassender Geschäfts*prozesse* handelt, stehen die Methoden prozessorientierten Modellierung im Vordergrund. Dazu gehören Prozesslandkarte und Wertschöpfungspfeil, das Medils-Netz von logistischen Systemen, das Wertschöpfungskettendiagramm, das Stellenorientierte Ablaufdiagramm und die Auftragskaskaden.

Als Methoden zur aufgabenorientierten Modellierung wurden das Organigramm und das Diagramm zum Stellenorientierten Informationsfluss besprochen.

Zu den Methoden zur funktionsorientierten Modellierung zählten der Hierarchische Funktionsaufbau, das Funktionen-Blockdiagramm, das System-Blockdiagramm, die Paketbildung in der UML und das Datenflussdiagramm. Das Datenflussdiagramm ist besonders auch deswegen verbreitet, weil es als Sekundärsicht die Objektsicht berücksichtigt und damit einen Übergang zu den Daten- oder objektorientierten Modellierungen erlaubt.

Bereits historisch wichtige Diagramme sind das Stellenorientierte Ablaufdiagramm und das Diagramm zum Stellenorientierten Informationsfluss. Beide sind kombinierte Diagramme, die eine Sekundärsicht berücksichtigen.

Die Primärsicht aller vorgestellten Methoden zur Modellierung in der Haupt- und Detailstudie sowie im Systembau ist die Prozesssicht. Diese wiederum deswegen, weil es um die Informatik-Stützung von Geschäftsprozessen geht. Die behandelten Methoden sind „Flow Chart", „Ereignisorientierte Prozesskette (EPK)", „Tätigkeitsdiagramm in der UML", „Medils-Ablaufdiagramm", „SADT / ICAM - IDEF0", „Petri Netz". In allen Fällen berücksichtigen diese Methoden auch eine Sekundärsicht, nämlich die Aufgaben- oder die Funktionssicht. Sie sind deshalb in der Tendenz komplizierter als die Methoden zur Vor- und Haupstudie, werden dafür aber eher zur Modellierung eines kleineren und damit übersichtlicheren Ausschnitts aus dem Unternehmensgeschehen herangezogen. In den meisten Fällen kann man sogar die Objektsicht als Tertiärsicht mehr oder weniger gut berücksichtigen. Die beiden letzten Methoden erlauben auch die Berücksichtigung einer Techniksicht, die die einzusetzenden Betriebsmittel abbildet.

Die Methoden „Ereignisorientierte Prozesskette (EPK)", „Medils-Ablaufdiagramm" und „Petri Netz" haben eigene Symbole zur Darstellung der besonderen Rolle der Wartezustände, d.h. der Ablauf- bzw. Steuerungsspeicher bzw. Ereignisse. Ein solcher Speicher regelt den Anstoss einer der nachfolgenden Aufgaben. Verschiedene Möglichkeiten für diesen Anstoss führen auf die Definition der Ablaufsteuerungsart. Bei der Ablaufsteuerungsart *sofort und interaktiv* stehen die Personen bzw. Automaten, welche zwei aufeinanderfolgende Aufgaben ausführen, in interaktiver Zusammenarbeit oder sind sogar dieselben. Zur Darstellung von wartenden Prozessen werden die beiden Ablaufsteuerungsarten *Mailbox* und *Agenda* besprochen. Sie entsprechen typischen Gegebenheiten in der betrieblichen Ablauforganisation.

Die Primärsicht aller vorgestellten Methoden zur Modellierung in der Haupt- und Detailstudie sowie im Systembau ist die Prozessicht. Zur Vorbereitung und Realisierung der Informatik-Stützung in der Detailstudie und dem Systembau stehen wiederum verschiedene prozessorientierte Methoden zur Verfügung, die als Sekundärsicht die Funktionssicht berücksichtigen. Vorgestellt wurden „Pseudocode", „Jackson+" und „Struktogramm+". Diese drei Methoden können als logisch und in der Mächtigkeit als äquivalent bezeichnet werden.

# 6 Modellierung aus Daten- und Objektsicht

Mit der Einführung der Informatik-Stützung hat die Modellierung von Informationssystemen aus Daten- und Objektsicht an Bedeutung entscheidend hinzugewonnen. Das Speichern von Daten über betriebliche Objekte beschränkt sich nicht mehr bloss auf eine mehr oder weniger geschickte Anordnung von Karteien, sondern umfasst eine recht komplexe Strukturierung einer Vielzahl von verschiedenen Klassen von Datenbeständen. Die Gestaltung von Daten- und Objektmodellen muss dabei vielen Ansprüchen genügen. Erstens müssen die Anwender ein solches Modell verstehen, sollen sie es im praktischen Betrieb auch effizient nutzen können. Zweitens müssen solche Modelle auf dem Computer implementierbar sein; sie müssen also Ansprüchen an Präzision und Eindeutigkeit genügen.

Im Laufe der Jahre wurden verschiedene Ansätze zur Modellierung von Informationssystemen aus Daten- und Objektsicht entwickelt. Eine besonders schwierige Herausforderung ist dabei die Nähe zu den Anwendern und der Realität. Gerade unter diesem Aspekt kann der heute in der Diskussion dominierende objektorientierte Ansatz nicht mit Erfolg zum Einsatz kommen, ohne die über Jahrzehnte erlangten Erfahrungen früherer Ansätze zu berücksichtigen.

Nach einer Einführung in die verschiedenen Generationen von Entwurfsmethoden werden die grundlegenden Entwurfselemente von Daten- und Objektmodellen vorgestellt. Ein Ergebnis aus der Forschung über Daten- und Objektmodelle sind sodann eine Anzahl von semantischen Konstrukten, die wichtige, in der Praxis vorkommende Fälle beschreiben. Deren detaillierte Herleitung und Begründung bildet den Hauptteil des Kapitels. Schliesslich wird ein praktisches Vorgehen für die objektorientierte Modellierung von grossen und erweiterbaren Informationssystemen vorgestellt.

## 6.1 Einführung und Definitionen

Die Abb. 6.1.1 fasst die in diesem Teilkapitel behandelten Methoden zur Daten- und objektorientierten Modellierung zusammen. Sie entspricht wiederum einem Teil der Abb. 4.2.5.1.

| Modellierungsmethode | Anwen-dungs-Fokus | Her-kunft | Übrige Sichten der Modellierung 2. | 3. | 4. | * |
|---|---|---|---|---|---|---|
| Objektklassendiagramm in UML | InfStü | Inf | | | | |
| Entity-Relationship-Model (ERM) | InfStü | Inf | | | | |
| Umfassendes Objektklassendiagramm | InfStü | Inf | F | | | |

**Abb. 6.1.1** Methoden zur Daten- und objektorientierten Modellierung in der Haupt- und Detailstudie (siehe auch Abb. 4.2.5.1)

Besonderes in der Detailstudie, aber oft schon in der Hauptstudie wird im Hinblick auf die Vorbereitung und schliesslich die Realisierung der Informatikstützung (Anwendungsfokus: InfStü) ein daten- oder objektorientiertes Modell erstellt. Die entsprechenden Methoden entstammen verständlicherweise dem Bereich Informatik (Herkunft: Inf) und sind primär prozessorientiert.

Da die Programme und Programmteile (auch Prozeduren genannt) i. Allg. als Funktionen aufgefasst werden, ist es nur sehr vorteilhaft, dass im umfassenden Objektklassendiagramm als Sekundärsicht die Funktionssicht berücksichtigt wird. Gerade diese Tatsache lässt die objektorientierte Modellierung als Fortschritt gegenüber der Datenmodellierung erscheinen.

### 6.1.1 Generationen von Entwurfsmethoden für daten- und objektorientierte Modelle

Zu den Elementen eines Informationssystems zählen gemäss Kap. 1.1.2 u.a. die *Informationsspeicher*, d.h. die Sammlungen von zusammengehörigen Informationen. Bei Informatik-gestützten Informationssystemen handelt es sich hier um elektronische Speicher, welche die Information in geeigneter Form halten können. Eines der Probleme des Informationsmanagements ist die Art, wie diese Sammlung auf dem Speichermedium dargestellt werden kann. Die Information selbst ist in Form von Daten und Regeln gegeben. Das Resultat solcher Darstellungsbemühungen wird in datenorientierten Modellen ausgedrückt. Verschiedene Methoden zum Entwurf solcher Daten- und Objektmodelle haben sich im Verlauf der letzten Jahrzehnte angeboten. In historischer Reihenfolge sind dies:

- Der *dateiorientierte Ansatz*: Die Beschreibung erfolgt durch Datenfelder ("Fields"), Datensätze ("Records") und Dateien ("Files").
- Der *entitätsorientierte Ansatz* zum Entwurf mit Datenbanken. Die wichtigsten Vertreter davon sind heute relationale Datenbankmodelle.
- Der *objektorientierte Ansatz*, der in entsprechenden Programmiersprachen zum Einsatz kommt und zu objektorientierten Datenbanken führt.

Die Abb. 6.1.1.1 zeigt eine vergleichende Begriffssammlung der jeweils verwendeten Entwurfselemente. Englische Übersetzungen sind beigefügt, wenn diese nicht den deutschen Begriffen entsprechen oder wenn mehrere Begriffe für dasselbe Konzept stehen.

| Dateiorientierter Ansatz | Entitätsorientierter Ansatz | Objektorientierter Ansatz |
|---|---|---|
| Datei ("File") | Entitätsklasse ("(Entity) Class") | Klasse ("Class") |
| Datensatz ("Record") | Entität ("Entity", "Occurrence of Class") | Objekt ("Object", "Instance of Class") |
| Datenfeld ("Field") | Attribut | Attribut |
| (Teil des Programm-codes) | (Teil des Programm-codes) | Methode "(Method", "Service") |
| (Teil des Programm-codes) | (Teil des Programm-codes) | Nachricht ("Message (Connection)") |
| | Assoziation (Association", "Instance Connection") | Assoziation ("Association", "Instance Connection") |
| | Zugriffsfunktion | (Assoziations-)Rolle ("Association Role") |
| | Generalisierung / Spezialisierung | Generalisierung / Spezialisierung |
| | Entitäten-Relation ("Entity-Relationship") | Assoziationsklasse |
| | Aggregation | Aggregation |
| | | Komposition ("Whole Part") |
| | | Paket ("Package") |

**Abb. 6.1.1.1** Einander entsprechende Begriffe bei verschiedenen Generationen von Entwurfsmethoden

Die bei den Entwurfsmethoden dieser drei Ansätze verwendeten Entwurfselemente haben wohl unterschiedliche Bezeichnungen, aber nicht unbedingt verschiedene Bedeutung. Dies gilt besonders für den Begriff, der den Ansätzen den Namen gegeben hat. Für die betrieblichen Gegebenheiten bedeuten die verschiedenen Begriffe *Objekt*, *Entität* und *Datensatz* lediglich verschiedene Aspekte desselben "Etwas" (für die genauen Definitionen siehe Kap. 6.2.1).

Ein leerer Eintrag bedeutet, dass das Konzept im entsprechenden Ansatz noch nicht explizit formuliert worden ist. Die geschichtliche Entwicklung und die prinzipielle Gegenüberstellung der Begriffe werden in Kap. 6.1.2 genauer erklärt. In den folgenden Unterkapiteln wird die semantische Bedeutung der Begriffe definiert und mit Beispielen belegt.

### 6.1.2 Zeitliche Entwicklung der Sichtweise auf Daten und Objekte

In der ersten Generation standen die Begriffe *Datenmodell bzw. Objektorientiertes Modell* und *Datenmodellierung* bzw. *objektorientierte Modellierung* im Hintergrund. Die Abb. 6.1.2.1 zeigt Dateien als zeitüberbrückende Speicher von Informationen, welche durch die Programme verarbeitet worden sind. Im Zentrum der Betrachtung des dateiorientierten Ansatzes stehen jedoch die Funktionen.

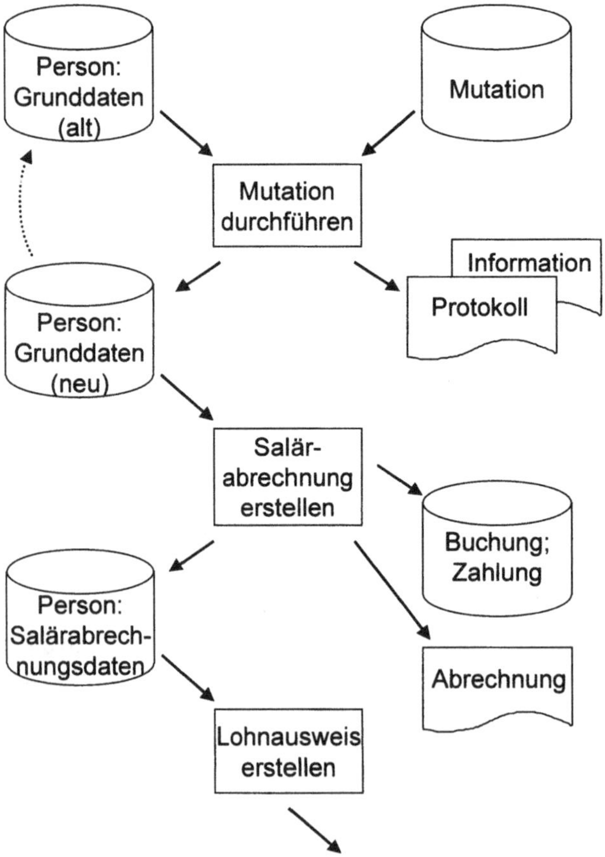


**Abb. 6.1.2.1** Entwurfsmethoden für Daten- und Objektmodelle: Dateiorientierter Ansatz

Die Beschreibungen dieser Dateien, d.h. ihre Records oder Datensätze mit den zugehörigen Datenfeldern, befanden sich ausschliesslich im Deklarationsteil eines Programms, existierten mithin nicht unabhängig von den Programmen oder Methoden.

Bei der Entwicklung von Datenbanken wurden die Informationen in strukturierter Form von einem sogenannten Datenbankverwaltungssystem umgeben.

Ein *Datenbankverwaltungssystem* (engl.: "Data Base Management System", DBMS) organisiert und schützt die Daten und erlaubt, sie nach bestimmten Kriterien auszuwerten. Es regelt den Zugang zu den Daten durch verschiedene zeitlich konkurrenzierende Benutzer über diverse Zugriffswege und Selektionskriterien.

Eine *Datenbankdefinitionssprache* (engl.: "Data Definition Language", DDL) ist eine Menge von Funktionen, um die Beschreibung der Daten auf der Datenbank durchführen zu können (statischer Teil).

Eine *Datenbankmanipulationssprache* (engl.: "Data Manipulation Language", DML) ist eine Menge von Funktionen, um die Verwaltung der Daten auf einer Datenbank durchführen zu können. Dazu gehört das Speichern und Wiederauffinden der Daten (dynamischer Teil).

Die Abb. 6.1.2.2 zeigt das Beispiel der Abb. 6.1.2.1 gemäss diesem Konzept. Hier stehen die Entitäten, d.h. die Objekte im Zentrum. Die verarbeitenden Programme sind um sie herum angeordnet.

Die verschiedenen Funktionen des Datenbankverwaltungssystems waren bis dahin Teile von Programmen oder Methoden. Sie sind ein für allemal in der Funktionalität des Datenbankverwaltungssystems zusammengefasst worden. Durch parametrierten Aufruf einer Funktion des Datenbankverwaltungssystems wird eine entsprechende Verwaltung der Daten erreicht. Informationen und Datenbankverwaltungssystem bestehen jetzt unabhängig von Benutzer oder Anwendungsprogramm. In den Programmen selbst wird in geeigneter Weise auf die betreffenden Elemente referenziert, und zwar mit übersetzbaren Instruktionen in die Syntax der entsprechenden DML.

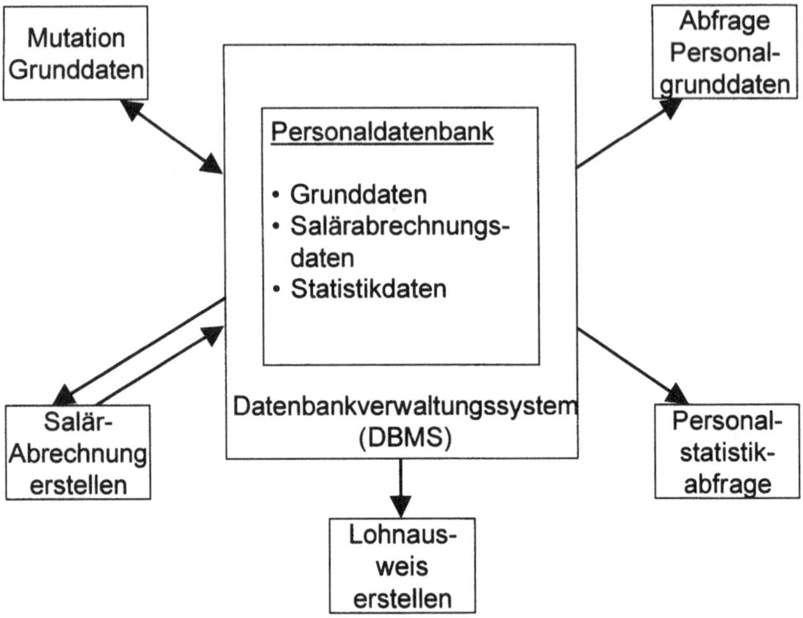


**Abb. 6.1.2.2** Entwurfsmethoden für Daten- und Objektmodelle: Entitätsorientierter Ansatz mit Datenbank

Im objektorientierten Ansatz wird die Einkapselung der Daten noch weiter getrieben. Es wird postuliert, dass Funktionen (bisher in Programmen zusammengefasst) und Daten (bisher in Datenbanken zusammengefasst) nicht mehr getrennt werden, sondern sinnvoll zusammengefasst zu Objekten verschmelzen. Die Abb. 6.1.2.3 zeigt das Beispiel der Abb. 6.1.2.1 gemäss diesem Konzept.

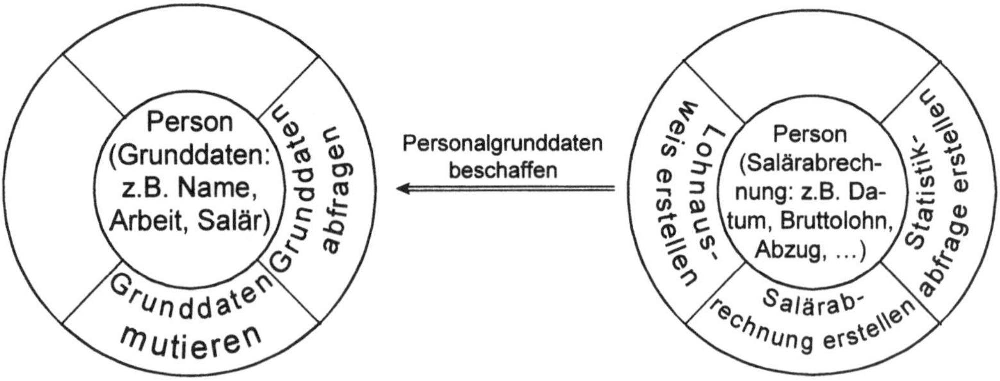


**Abb. 6.1.2.3** Entwurfsmethoden für Daten- und Objektmodelle: Objektorientierter Ansatz

Eine *Methode* (engl. *"Method"*) oder ein *Dienst* (engl. *"Service"*) ist in der objektorientierten Modellierung eine zu einem Objekt gehörende Funktion.

Eine *Nachricht* (engl. *"Message"*) ist in der objektorientierten Modellierung ein Anstoss einer Methode *von aussen*, d.h. durch eine Methode eines anderen Objektes. Nach Beendigung können Daten an die aufrufende Methode zurückgeführt werden.

Auf die Daten (Attribute) eines Objektes kann nur mittels einer entsprechenden Methode zugegriffen werden. Umgekehrt bezieht sich jede Funktion im Wesentlichen auf ein Objekt und leistet für dieses Objekt einen Dienst oder eine Methode bzw. führt eine Funktion aus. Damit werden letztlich Funktionen oder Methoden auf Daten aufgesetzt. Sie existieren dann nicht mehr unabhängig von diesen.

- Beispiel aus einem automatischen Fahrstuhlsteuerungssystem: Für das Objekt *Fahrstuhltüre* gibt es die Methoden *Fahrstuhltüre öffnen* und *Fahrstuhltüre schliessen.* Daneben kann man sich auch noch spezielle Methoden wie *Fahrstuhltüre instandhalten* vorstellen.

Die Ausführung einer Methode erfordert u.U. die Beihilfe von Methoden anderer Objekte, welche durch entsprechende Nachrichten angestossen werden. Siehe dazu auch das Kap. 6.5.4. Nachrichten werden typischerweise durch Aufruf- bzw. "Call"-Instruktionen der Funktionen angestossen (vgl. Abb. 5.6.1.4). Sie können je nach Modellierungsmethode ebenfalls im daten- oder objektorientierten Modell festgehalten werden. Siehe dazu z.B. [CoYo91].

- Beispiel: Zur Ausführung der oben erwähnten Methode *Fahrstuhltüre öffnen* benötigt man u.U. von einer bediendenden Person einen gültigen Eingabecode, den *Fahrstuhlschlüssel.* Nachdem der Code von der Person eigegeben worden ist, kann eine Nachricht nun *Fahrstuhlschlüssel prüfen* heissen. Es sei angenommen, dass die gültigen Schlüssel als Objekte der Klasse *Fahrstuhlschlüssel* hinterlegt sind. Die Nachricht ruft damit eine geeignete Methode dieser Klasse auf.

Noch mehr als bereits bei einigen entitätsorientierten Modellen gelten übrigens die Nahtstellen zum Benutzer als Objekte, insbesondere Listenformate oder eine Bildschirmmaske.

## 6.2 Grundlegende Entwurfselemente

Entwurfselemente für Daten- und Objektmodelle richten sich nach den zu beschreibenden Gegebenheiten. Die nachfolgenden Begriffe stammen aus der Umgangssprache. Sie sollen auch so verstanden werden und dienen damit der Verständigung zwischen Anwendern und Herstellern von Informationssystemen. Sie gehören zur konzeptionellen Nahtstelle zwischen diesen beiden Gruppen von Personen.

### 6.2.1 Objekt, Attribut und Objektklasse

Eine *Entität* bezeichnet gemäss [DuFr90] ein Ding, eigentlich "das Dasein eines Dings". Es kann sich dabei um ein reales Ding (z.B. eine Person, eine Sache), aber auch um ein irreales Ding (z.B. ein Konzept, eine Idee) handeln.

Ein *Objekt* ist gemäss [DuHe89] ein Gegenstand oder Inhalt der Vorstellung, ein Ziel, auf das sich eine Tätigkeit oder ein Handeln erstreckt. Verwandte Begriffe sind Ding oder Gegenstand.

Die Entität beschreibt also die Existenz eines Dings, das Objekt eher das Ding als Gegenstand der Betrachtung. Bei Informationssystemen für Geschäftsprozesse existiert der eine Aspekt nicht ohne den anderen, so dass beide Begriffe synonym verwendet werden können.

Ein *Attribut* bezeichnet gemäss [DuFr90] eine Eigenschaft, ein Merkmal oder eine nähere Bestimmung einer Substanz.

Ein *Wertebereich* (engl.: "*Domain*") enthält die möglichen Werte eines Attributes.

Zu jedem Objekt oder jeder Entität gehört also eine Menge von Attributen. Jedes Attribut beschreibt das Ding in einer bestimmten Art und Weise, es zeigt einen Aspekt des Dings. Die Menge der Attribute enthält die gesamte interessierende Information über die Entität bzw. das Objekt im zu betrachtenden Zusammenhang. Für jedes Attribut gibt es den entsprechenden Wertebereich, wobei verschiedene Attribute durchaus den gleichen Wertebereich haben können.

*Daten* sind gemäss [DuFr90] (siehe Kap. 1.1.1) Informationen über reale Gegenstände, Ereignisse, Gegebenheiten usw., die zum Zwecke der Auswertung kodiert wurden.

Ein *Datenfeld* (engl.: "*Field*") ist ein mit einem Wert versehenes Attribut eines Objekts.

Ein *Datensatz* (engl.: "*Record*") enthält die zu einem Objekt gehörenden Daten.

Daten eines Objekts sind somit die codierten Informationen über das Objekt bzw. die Entität, d.h. der Datensatz oder die Menge aller Datenfelder eines Objekts bzw. einer Entität.

Eine *Objektklasse* bzw. eine *Entitätsklasse*, abgekürzt *Klasse*, ist eine Menge von Entitäten oder Objekten, welche in ihren wesentlichen Eigenschaften durch die gleichen Attribute beschrieben werden.

Eine *Datei* (engl.: "*File*") ist gemäss [DuFr90] ein nach zweckmässigen Kriterien geordneter, zur Aufbewahrung geeigneter Bestand an sachlich zusammengehörenden Belegen oder anderen Dokumenten. In der Datenverarbeitung enthält eine Datei alle Datensätze der zu einer Klasse gehörenden Objekte bzw. Entitäten.

Der Begriff *Entität* oder *Objekt* beschreibt damit die einzelne Ausprägung, d.h. ein Auftreten oder eine Instanz einer Klasse, z.B. eine Person innerhalb der Klasse aller Angestellten eines Unternehmens.

- Im entitätsorientierten Ansatz bezieht sich der Begriff *Entität* in der Praxis jedoch leider sowohl auf die Datenstruktur (d.h. "Entität = Menge von Attributen") als auch auf die konkrete Ausprägung (d.h. "Entität = Menge von Attributswerten"). So ist mit der Entität *Person* sowohl ein Überbegriff für die Menge der zur Entität gehörenden Attribute als auch eine bestimmte Person, d.h. ein bestimmter Wert für jedes Attribut gemeint.
- Im objektorientierten Ansatz kennzeichnet der Begriff *Objekt* (engl.: "instance") nur die konkrete Ausprägung, während die Attribute der Klasse zugeordnet sind. Die Klasse ist damit ein struktureller Begriff, der auch ohne konkrete Objekte definiert sein kann.

Tabelle (engl.: "*Table*") ist ein anderer Begriff für die Klasse im wohl bekanntesten Modell des entitätsorientierten Ansatzes, dem relationalen Datenbankmodell.

Die Kolonnen einer Tabelle entsprechen den verschiedenen Attributen, die Zeilen den verschiedenen Entitäten einer Klasse. Die Abb. 6.2.1.1 enthält das Beispiel einer (Entitäts-)Klasse *Kunde* mit den Attributen *Kunden-Id.* (Kürzel für Identifikation, siehe unten), *Name*, *Vertreter*, *Umsatz*, *Branche* und *Ort*. Übrigens lassen sich sowohl die Objekte einer Klasse im objektorientierten Ansatz als auch die Datensätze einer Datei im dateiorientierten Ansatz als Tabelle darstellen.

| Kunden-Id. | Name | Vertreter | Umsatz | Branche | Ort |
|---|---|---|---|---|---|
| 3001 | Novartis | Meier | 4.000.000 | Chemie | Basel |
| 3002 | La Roche | Müller | 3.000.000 | Chemie | Basel |
| 3003 | CS | Hofmann | 6.000.000 | Bank | Genf |
| 3004 | IO | Oldenkott | 1.500.000 | Verlag | Zürich |
| 3005 | Migros | Alberti | 3.600.000 | Lebensmittel | Bern |
| 3006 | Int. Discount | Dossenbach | 2.400.000 | Elektronik | Aarau |
| 3007 | UBS | Sauter | 500.000 | Bank | Zug |
| 3008 | Continental | Zuber | 340.000 | Versicherung | Zug |
| 3009 | Hey | Gübeli | 70.000 | Textilien | Zürich |

**Abb. 6.2.1.1** Die Klasse *Kunde* als Tabelle im relationalen Modell

Die Wiedergabe in Form einer Tabelle entspricht einer angemessenen und verbreiteten Praxis. So stellen die Mitarbeitenden in einem Unternehmen eine Klasse, also "eine Menge von Entitäten oder Objekten, die in ihren wesentlichen Eigenschaften durch die gleichen Attribute beschrieben werden", dar. Übrigens kann man sowohl die Objekte einer Klasse im objektorientierten Ansatz als auch die Datensätze einer Datei im dateiorientierten Ansatz als Tabelle darstellen.

Im relationalen Datenbankmodell wird für die Tabelle – d.h. für die Entitätsklasse – der Begriff *Relation* gebraucht.

Eine *Relation* ist im Prinzip ein mathematischer Begriff: Für die Mengen $D_1$, $D_2$, ..., $D_n$ (nicht unbedingt distinkte Mengen) ist R eine Relation auf diesen n Mengen, wenn R eine Teilmenge des kartesischen Produkts $D_1 * D_2 * ... * D_n$ ist, oder - äquivalent - eine Menge U von n-Tupeln $u_1$, $u_2$, ..., $u_m$ der Form ($d_1$, $d_2$, ..., $d_n$), wobei $d_j \in D_j$ für $1 \leq j \leq n$.

Die *Kardinalität einer Relation* ist die Anzahl m der n-Tupel, d.h. die Anzahl Entitäten (oder Zeilen der Tabelle).

Der *Grad einer Relation* ist die Anzahl n der Attribute (oder die Anzahl der Kolonnen der Tabelle).

Die Mengen $D_i$, $1 \leq i \leq n$ entsprechen übrigens den Wertebereichen der Attribute. Die Abb. 6.2.1.2 zeigt die obigen Definitionen in grafischer Form.

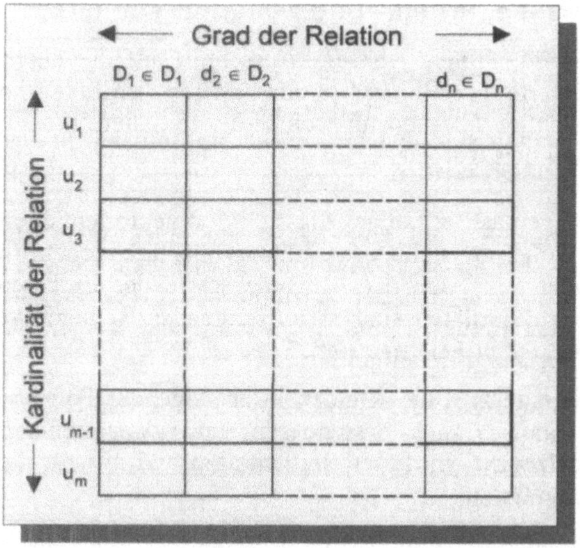


**Abb. 6.2.1.2** Die *Relation* sowie Grad und Kardinalität der Relation im relationalen Datenbankmodell

Genauso wie die Attributswerte im Laufe der Lebensdauer einer Entität ändern können (z.B. der Ort eines Kunden), wird sich die Relation R im Laufe der Zeit insofern verändern, als dass sie eine andere Teilmenge des kartesischen Produktes darstellt.

Die drei beschriebenen Entwurfselemente *Klasse*, *Entität / Objekt* und *Attribut* sind der Terminologie der Datenbankwelt bzw. den objektorientierten Sprachen entnommen. Sie werden in der Phase des "Systems Analysis" möglichst realitätsbezogen definiert und beschrieben, damit sie wirklich als effiziente Schnittstelle zwischen Betriebsingenieur und Informatikingenieur dienen können. Für die weitere Realisierung wird der Informatikingenieur diese Elemente zusammen mit den nachfolgend beschriebenen logischen Strukturen umsetzen, und zwar

- in der Phase des System Design unter Berücksichtigung formaler Anforderungen eines bestimmten Datenmodells oder von Laufzeit-überlegungen. In diese Phase fällt z.B. auch der Normalisierungs-prozess nach Codd (siehe [Codd71]).
- während des Systembaus in die DDL eines Datenbanksystems. Ist für die Realisierungsebene keine Datenbank vorhanden, dann werden in den meisten Fällen im Rahmen des Designs Entitätsklassen in Files und Entitäten in Datensätze und Attribute in Felder umgesetzt.

### 6.2.2 Sicht auf eine Klasse, Primär- und Sekundärschlüssel

Die *Sicht auf eine Klasse* (engl.: "*View*") ist ein Ausschnitt auf die durch Entitäten und Attribute definierte Tabelle, in der nur gewisse Attribute und bestimmte Entitäten berücksichtigt sind und für welche die Entitäten in einer bestimmten Reihenfolge präsentiert werden.

Der Begriff *Sicht* kann sinngemäss auf eine Klasse im objektorientierten Ansatz übertragen werden, wobei an Stelle von Entitäten Objekte stehen. In der Abb. 6.2.1.1 ist die Sicht bezüglich der Attribute sowie der Entitäten vollständig. Die verschiedenen Entitäten sind in aufsteigender Reihenfolge nach dem Wert des Attributs *Kunden-Id.* aufgeführt.

- Eine andere Sicht könnte z.B. die Kunden in absteigender Folge in bezug auf das Attribut *Umsatz* präsentieren, und zwar nur die Attribute *Name* und *Umsatz* (in dieser Reihenfolge) und nur für die Kunden an bestimmten Orten.
- Eine weitere Sicht könnte die Entitäten in aufsteigender Reihenfolge nach dem Attribut *Vertreter* präsentieren, und zwar nur die Attribute *Vertreter*, *Name* und *Kunden-Id.*
- Eine bekannte Datenbankmanipulationssprache heisst SQL (Standard Query Language. Die Klauseln eines SQL-Befehls entsprechen im Prinzip der Definition einer Sicht. Die SQL-Instruktionen für die beiden vorherigen Beispiele lauten:
  - SELECT *Name*, *Umsatz* FROM *Kunde* BY *Umsatz* WHERE *Ort* ∈ {"Zürich", "Basel"}
  - SELECT *Vertreter*, *Name*, *Kunden-Id* FROM *Kunde* BY *Vertreter*

Die Sicht auf eine Klasse ist in der praktischen Anwendung zum wohl wichtigsten Konstrukt der elektronischen Datenverarbeitung geworden. In der Tat sind die meisten Informationsbedürfnisse als – einfache oder komplexe – Sichten auf gewisse Datenbestände formulierbar. Pointiert gesagt: Die Hauptaufgabe von Informationssystemen für Geschäftsprozesse besteht im Sortieren und Selektieren von Objekten. Ganz besonders gilt dies im Falle einer Informatik-Stützung.

Ein weiteres wichtiges Entwurfselement bildet der Primärschlüssel einer Klasse. Er wird auch Identifikationsschlüssel genannt und mit Id.-Schlüssel abgekürzt.

Ein *Primärschlüssel* bzw. ein *Identifikationsschlüssel* einer Klasse (auch *Id.-Schlüssel* oder einfach *Id.* genannt) ist eine minimale Menge von Attributen, die zusammen ein Objekt eindeutig identifizieren. Formaler gesagt, ist er eine

Teilmenge X von Attributen der Klasse, welche die folgenden Bedingungen jederzeit, d.h. für jede vorkommende Kombination von Entitäten erfüllt:

- X bestimmt alle Attribute der Klasse, d.h. für jeden Wert von X existiert ein eindeutiger Wert für die restlichen Attribute, oder – äquivalent – alle Entitäten bzw. Objekte, die für X einen gleichen Wert besitzen, haben auch für die restlichen Attribute denselben Wert (d.h. es handelt sich um die gleiche Entität bzw. das gleiche Objekt);
- Es gibt keine Teilmenge Y von X, $Y \neq \phi$, derart, dass Y bereits die restlichen Attribute bestimmt (Minimalitätseigenschaft).

Die Bestimmung der Identifikationsschlüssel einer Klasse ist im Prinzip für keinen der drei Ansätze notwendig. Sowohl im dateiorientierten als auch im entitätsorientierten Ansatz hat sich jedoch schliesslich dasjenige Modell durchgesetzt, welches die Identifikationsschlüssel als wichtiges Entwurfselement einsetzt.

- Die indexsequentielle Fileorganisation kommt im Vergleich zur sequentiellen und zur relativen Fileorganisation weit häufiger zum Einsatz.[32] Der Grund liegt darin, dass dadurch das Sortieren und Selektieren von Datenbeständen, d.h. die hauptsächlichen Aufgaben in Informationssystemen für Geschäftsprozesse, wesentlich flexibler konzipiert und abgewickelt werden können.

- Das relationale Datenbankmodell hat sich gegenüber dem hierarchischen und dem Netzwerk-Datenbankmodell klar durchgesetzt.[33] Der Hauptgrund liegt dabei in der für den Anwender wesentlich einfacher verständlichen Semantik bei der Modellierung der realen Welt.

Es ist damit abzusehen, dass Identifikationsschlüssel im objektorientierten Ansatz immer mehr als wichtiges Entwurfselement erkannt werden. Bereits ist nämlich klar geworden, dass in der Objektorientierung die Tendenz besteht, falsche Konstrukte einzusetzen: Insbesondere das Konstrukt der Vererbung (Spezialisierung) wurde aufgrund seiner Effizienz in der Programmierung viel zu häufig eingesetzt, was zu praktisch unlösbaren Situationen in der Erweiterung der Modelle führte. Im Folgenden wird gezeigt, dass gerade die

---

32 Auf die weitere Darstellung der verschiedenen Fileorganisationen wird hier verzichtet. Langjährige Praktiker können i. Allg. das Argument der Wichtigkeit der Id.-Schlüssel nachvollziehen. Studierende sollen das Entwurfselement Id.-Schlüssel insoweit einsehen, als dass die Identifikation eines Dings erfahrungsgemäss zu den grundlegenden Aspekten seiner Beschreibung und Differenzierung von anderen Dingen zählt.

33 Auf die weitere Darstellung der verschiedenen Datenbankmodelle wird hier ebenso verzichtet.

Bestimmung der Identifikationsschlüssel dies vollumfänglich vermieden hätte. Siehe dazu auch das Kap. 6.5.1.

Ein *Sekundärschlüssel* einer Klasse ist eine Teilmenge von Attributen der Klasse, durch welche die Objekte einer Klasse für eine bestimmte Sicht sortiert werden.

Ein Sekundärschlüssel unterscheidet sich von einem Primärschlüssel insbesondere dadurch, dass er ein Objekt nicht eindeutig identifiziert. Hingegen bestimmt er eine Sicht auf die Klasse so, dass er die Reihenfolge der Objekte festlegt.

### 6.2.3 Verschiedene Notationen für Objekt, Attribut, Objektklasse, Sicht und Schlüssel

Die Abb. 6.2.3.1 zeigt das Entitätsklassendiagramm. Im entitätsorientierten Ansatz stellt man die Klassen in Form von Rechtecken dar. Der Klassenname steht dabei innerhalb des Rechtecks. Ein Identifikationsschlüssel der Klasse kann unterklammert mit dem Klassensymbol verbunden sein.

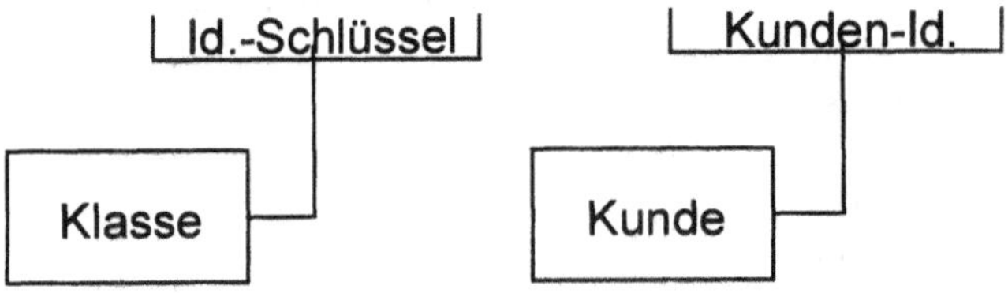


**Abb. 6.2.3.1** Darstellung einer Klasse in entitätsorientierter Kastenform (mit Beispiel)

Die Abb. 6.2.3.2 zeigt das Objektklassendiagramm in der Notation nach [UML99]. Die Attribute werden hier nebst dem Klassennamen geführt. Sind Objekte der Klasse gemeint (in der Abb. rechts aussen), so ist der Name unterstrichen. Das Diagramm zeigt dann meistens Beispiele möglicher Daten eines Objekts. Das Diagramm führt zudem die Methoden bzw. Funktionen auf, die der Klasse zugeordnet werden können.

In der hier gezeigten – im Vergleich zu UML erweiterten Notation – wird das Primärschlüsselattribut unterstrichen. Mehrere Attribute können zusammen einen Primärschlüssel definieren. Mehrere mögliche Primärschlüssel werden dabei durch geeignete Aufzählung unterschieden. Eine Sicht auf die Klasse wird durch gestricheltes Unterstreichen des Attributs bzw. der Attribute, nach denen die Sicht geordnet ist, gekennzeichnet. In der Abb. 6.2.3.2 ist z.B. eine Sicht nach dem Attribut *Vertreter* definiert.

**Abb. 6.2.3.2** Darstellung einer Klasse im objektorientierten Ansatz (mit Beispiel) sowie Darstellung eines Objekts

Eine andere Form des Entitätsklassendiagramms – diesmal mit den Attributen – wird in der Abb. 6.2.3.3 gezeigt. Es handelt sich hier um eine tabellarische Form, die man besonders zur schnellen Darstellung ohne Einsatz von Grafik bei einem relationalen Datenbankmodell anwendet.

(Entitäts-) Klasse
(Id.-Schlüssel-Attribut; Attribut, Attribut, ...)

Kunde
(Kunden-Id.; Kundenname, Vertreter, Umsatz, Branche, Ort)

**Abb. 6.2.3.3** Darstellung einer Entitätsklasse in tabellarischer Form (mit Beispiel)

In der ersten Zeile steht der Name der Klasse. In einer zweiten und weiteren von Klammern eingeschlossenen Zeilen steht die Liste der Attribute der Klasse. Schlüsselattribute führt man zusammen in der Klassierungsreihenfolge auf und trennt sie durch ein Semikolon (;) von der Liste der übrigen Attribute.

Die Information über die Schlüsselattribute wird in den verschiedenen Darstellungen besonders hervorgehoben. Im objektorientierten Ansatz und in der tabellarischen Form geschieht dies durch Unterstreichen der Schlüsselattribute. Die entitätsorientierte Form (Abb. 5.2.2.1) eignet sich am wenigsten dafür.

Ist ein Primärschlüssel aus mehreren Attributen zusammengesetzt, so ist oft die Sicht auf die Klasse nach jeder beliebigen Teilmenge der Attribute gefragt. Jede Teilmenge der Primärschlüsselattribute bildet dann einen Sekundärschlüssel. Die Abb. 6.2.3.4 zeigt dies für das Beispiel *Verkaufsauftrag*.

Kundenauftrag
(Kunden-Id., Bestelldatum; Lieferadresse, Lieferdatum, ...)

a) Sicht nach Kunden-Id.: Alle Bestellungen eines bestimmten Kunden

b) Sicht nach Bestelldatum: Alle Bestellungen zu einem bestimmten Datum

**Abb. 6.2.3.4** Mögliche Sichten bei einem zusammengesetzten Primärschlüssel

## 6.2.4 Assoziation und (Assoziations-)Rolle

Eine *Assoziation* ist gemäss [DuFr90] eine Verknüpfung, eine Vereinigung oder ein Zusammenschluss. In der daten- und objektorientierten Modellierung handelt es sich um eine Verknüpfung von Klassen, genauer der Objekte bzw. Entitäten dieser Klassen.[34]

Eine *binäre Assoziation* bzw. *zweiseitige Assoziation* ist die Verknüpfung von genau zwei Klassen, genauer von je einem Objekt bzw. einer Entität der beiden Klassen.

Eine *reflexive Assoziation* ist die Verknüpfung einer Klasse mit sich selbst, genauer eines Objekts der Klasse mit einem anderen Objekt derselben Klasse.

Es gibt auch Verknüpfungen zwischen drei oder mehr Klassen. Diese treten in der betrieblichen Praxis verhältnismässig selten auf und können zudem immer auf ebenfalls interessierende binäre Verknüpfungen zurückgeführt werden. Auch reflexive (binäre) Assoziationen sind selten. Eine wichtige und später noch zu behandelnde reflexive Assoziation ist jedoch die oft vorkommende hierarchische Verknüpfung, z.B. Vorgesetzter zu Untergebener (Klasse *Person*), Baugruppe zu Komponente (Klasse *Artikel*), Konzern zu Konzerntochter (Klasse *Geschäftspartner*).

Eine Verknüpfung äussert sich über die gegenseitige Zuordnung der Elemente von Klassen. Gemäss Kap. 1.1.2 bilden Assoziationen somit einen wichtigen Aspekt der Beziehungen im Informationssystem. Beim Entwerfen von Daten- und Objektmodellen geht es darum, diese Assoziationen festzustellen und in geeigneter Form grafisch auszudrücken. Die Abb. 6.2.4.1 zeigt die (binäre) Assoziation der Klassen *Buch* und *Kunde* im Bibliothekswesen.

---

[34] In diesem Fall wird also der aus dem Lateinischen stammende englische Begrif *„Association"* nicht übersetzt. Er ist im deutschen Sprachgebrauch üblich geworden und erscheint auch im Duden.

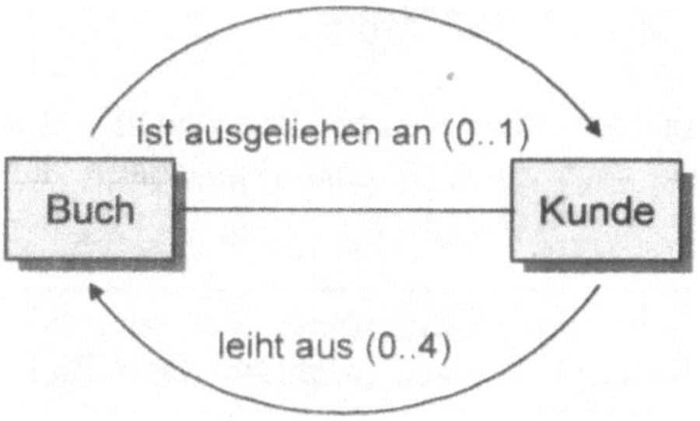


**Abb. 6.2.4.1** Die Assoziation der Klassen *Buch* und *Kunde* im Bibliothekswesen

Der hier ausgedrückte Sachverhalt ist intuitiv verständlich: Einerseits wird ein Buch an maximal einen Kunden ausgeliehen; es kann aber auch *nicht* ausgeliehen sein. Andererseits kann ein Kunde maximal vier Bücher gleichzeitig ausleihen. Zu einem bestimmten Zeitpunkt kann er aber auch kein Buch ausleihen.

Die in der Abb. 6.2.4.1 erwähnten Sachverhalte *ausleihen* und *ausgeliehen sein* führen zum Begriff der Rolle bzw. Zugriffsfunktion.

Eine *(Assoziations-)Rolle* ist eine Aussage über die Art bzw. den Grund der Verknüpfung eines Objekts bzw. einer Entität der Ausgangsklasse in einer Assoziation mit einem Objekt bzw. einer Entität der Zielklasse.

Eine *Abrial'sche Zugriffsfunktion* (siehe [DeAd82]) ist eine binäre Relation (im mathematischen Sinne!), die von einer Ausgangsklasse zu einer Zielklasse führt.

Die Abrial'sche Zugriffsfunktion ist die formale Definition einer Rolle. Der Formalismus wird in der Abb. 6.2.4.2 am meistens vorliegenden Fall der binären Assoziation zwischen den Klassen X und Y gezeigt. f und g sind binäre Relationen, wobei g die Umkehrrelation zu f ist. f führt von der Klasse X zur Klasse Y, und g umgekehrt von Y nach X.

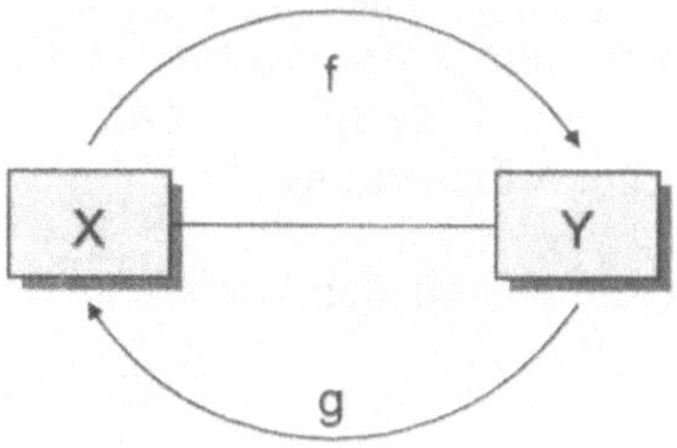


**Abb. 6.2.4.2** Die Abrial'sche Zugriffsfunktion

### 6.2.5 Name, Wertigkeit und Striktheit einer Rolle

Mit jeder Assoziation sind zwei oder mehrere Rollen verbunden. Die wichtigen Eigenschaften der Assoziation sind mit den Charakteristiken der Rollen gegeben.

> Der *Rollenname* bzw. die *Bezeichnung der Zugriffsfunktion* ist der passende Teilsatz der Rollenaussage, um das Subjekt des Satzes (nämlich das Objekt bzw. die Entität der Ausgangsklasse) mit dem Objekt des Satzes (nämlich dem Objekt bzw. der Entität der Zielklasse) zu verbinden.

Der Rollenname bzw. die Bezeichnung der Zugriffsfunktion enthält somit mindestens ein Verb und meistens die notwendige Präposition des Objekts.

> Die *Wertigkeit*: Eine Rolle bzw. eine Zugriffsfunktion ist *einwertig*, wenn die Auswertung höchstens einen Wert liefert. Sie ist *mehrwertig*, wenn ihre Auswertung mehr als einen Wert liefern kann.
>
> *Maximale Kardinalität* ist ein anderer Begriff für die Wertigkeit.

In der Praxis ist der Unterschied zwischen der maximalen Kardinalität 1 einerseits und >1 andererseits sehr wichtig für die Datenmodellierung bzw. die objektorientierte Modellierung. Der Unterschied zwischen grösseren maximalen Kardinalitäten ist jedoch praktisch nicht von Bedeutung.

> Die *Striktheit*: Eine Rolle bzw. eine Zugriffsfunktion ist *strikt* bzw. *total*, wenn jedes Objekt bzw. jede Entität der Ausgangsklasse zu mindestens einem Objekt bzw. einer Entität in der Zielklasse führt. Sie ist *nicht strikt* bzw. *partiell*, wenn es Objekte bzw. Entitäten in der Ausgangsklasse gibt, welche zu keinem Objekt bzw. keiner Entität in der Zielklasse führen.
>
> *Minimale Kardinalität* ist ein anderer Begriff, der anstelle der Striktheit verwendet werden kann.

In der Praxis ist der Unterschied zwischen der minimalen Kardinalität 0 (Partialität) einerseits und >0 (Totalität) andererseits sehr wichtig für die daten- bzw. objektorientierte Modellierung. Der Unterschied zwischen grösseren minimalen Kardinalitäten ist von geringerer Bedeutung.[35]

Striktheit und Wertigkeit werden i. Allg. zusammen mit dem Rollennamen nach folgenden Regeln notiert:

---

[35] Eine Funktion in der Mathematik ist übrigens eine einwertige und totale Zugriffsfunktion.

- Minimale und maximale Kardinalitäten stehen in Klammern und durch zwei waagrechte Punkte getrennt neben dem Rollennamen: Rollenname (minimale Kardinalität .. maximale Kardinalität)
- Ist als maximale Kardinalität n oder * notiert, so ist eine im Prinzip unbestimmte maximale Kardinalität >1 gemeint.
- Fehlt der Rollenname, so wird das Verständnis über die Bedeutung der Rolle vorausgesetzt. Die Kardinalitäten stehen dann ohne Klammern.[36]

Zusätzliche Abmachungen erlauben dabei eine sparsame und gleichzeitig übersichtliche Notation:

1 ⇔ 1..1: Ist nur eine Kardinalität notiert, dann ist die minimale Kardinalität gleich der maximalen Kardinalität. Dieser Fall ist sehr wichtig, wenn als Kardinalität die 1 steht: Dadurch werden Hierarchien angezeigt.

n ⇔ 0..n Ist als einzige Kardinalität n oder * notiert, so ist die minimale Kardinalität 0 und eine im Prinzip unbestimmte maximale Kardinalität >1 gemeint. Dieser Fall tritt sehr häufig ein. Umgekehrt ist im Zusammenhang mit der unbestimmten maximalen Kardinalität praktisch immer Partialität gegeben.

### 6.2.6 Assoziationstypen

Der *Assoziationstyp* ist eine abkürzende Charakterisierung der Wertigkeit der beiden Rollen bzw. Zugriffsfunktionen.

Für eine binäre Assoziation wurden vier Assoziationstypen definiert:

- Die *"1 zu 1"-Assoziation*: Beide Rollen bzw. Zugriffsfunktionen sind einwertig.
- Die *"1 zu n"-Assoziation*: Die Zugriffsfunktion f bzw. die eine Rolle ist mehrwertig, die Umkehrfunktion bzw. Umkehrrolle ist einwertig.
- Die *"n zu 1"-Assoziation*: Die Zugriffsfunktion f bzw. die eine Rolle ist einwertig, die Umkehrfunktion bzw. Umkehrrolle ist mehrwertig.

---

[36] Die Rollennamen fehlen i. Allg. in Schemata, welche Zusammenfassungen von bereits vorher eingeführten detaillierten Schemata bilden. Zudem fehlen sie auch in standardisierten hierarchischen Beziehungen, die aus dem Kontext verständlich sind.

- Die *"n zu n"-Assoziation*: Beide Rollen bzw. Zugriffsfunktionen sind mehrwertig.

Die Abb. 6.2.6.1 zeigt Beispiele für die verschiedenen binären Assoziationen und führt gleichzeitig die Notation ein. Die Verbindung der beiden Klassen steht dabei für beide Rollen bzw. Zugriffsfunktionen. Jeder Rollenname steht jedoch zusammen mit seiner minimalen und maximalen Kardinalität neben der Zielklasse der Rolle. Die ersten beiden Beispiele sind "1 zu 1"-Assoziationen, das dritte und vierte "1 zu n"-Assoziationen, das fünfte und sechste "n zu 1"-Assoziationen und die übrigen "n zu n"-Assoziationen.

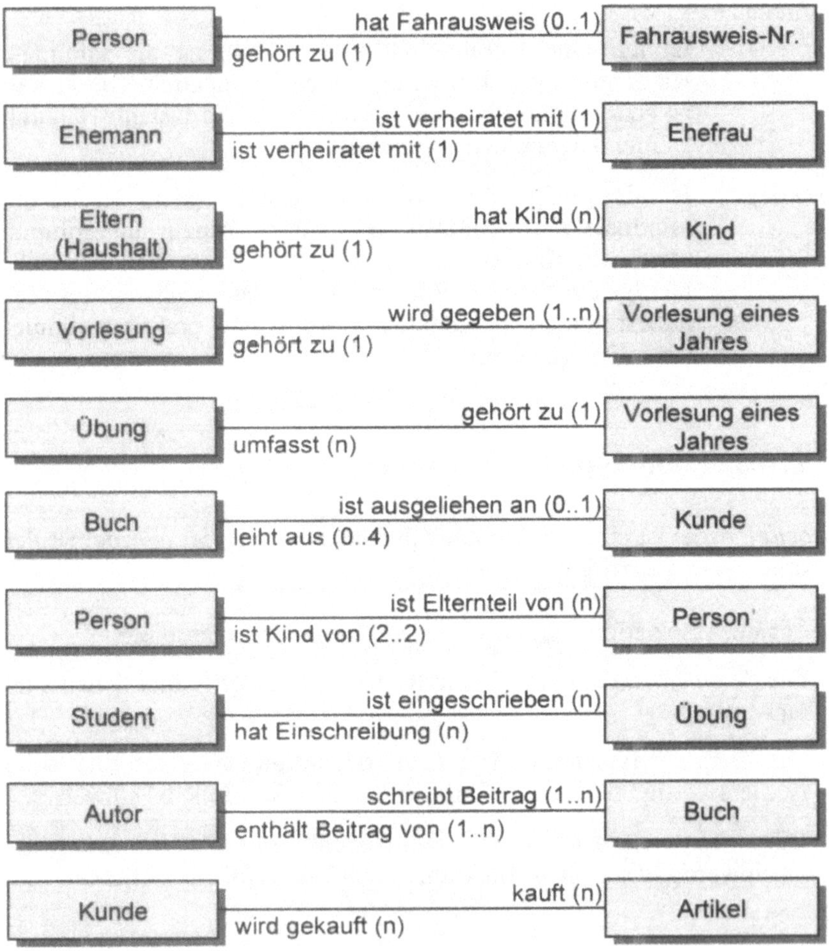


**Abb. 6.2.6.1** Beispiele von verschiedenen binären Assoziationstypen

### 6.2.7 Aufbrechen einer “n zu n”-Assoziation

Jede “n zu n”-Assoziation kann in zwei Assoziationen aufgebrochen werden, und zwar in eine “1 zu n”-Assoziation und in eine “n zu 1”-Assoziation. Dies geschieht durch Einführen einer neuen Klasse. Diese ist in einigen Fällen auf natürliche Weise gegeben. In anderen Fällen muss sie zuerst künstlich postuliert werden, wobei man oft erst im nachhinein feststellt, dass sie, wenn auch versteckt, in der Realität durchaus existiert oder eine Bedeutung hat. Diese Bedeutung wird insbesondere dann klar, wenn Attribute auftauchen, die keiner der ursprünglichen Klassen zugeordnet werden können, für welche sich aber die neue Klasse anbietet.

Die Abb. 6.2.7.1 zeigt die letzten drei Beispiele aus der Abb. 6.2.6.1 mit der mit dem Aufbrechen eingeführten neuen Klasse.

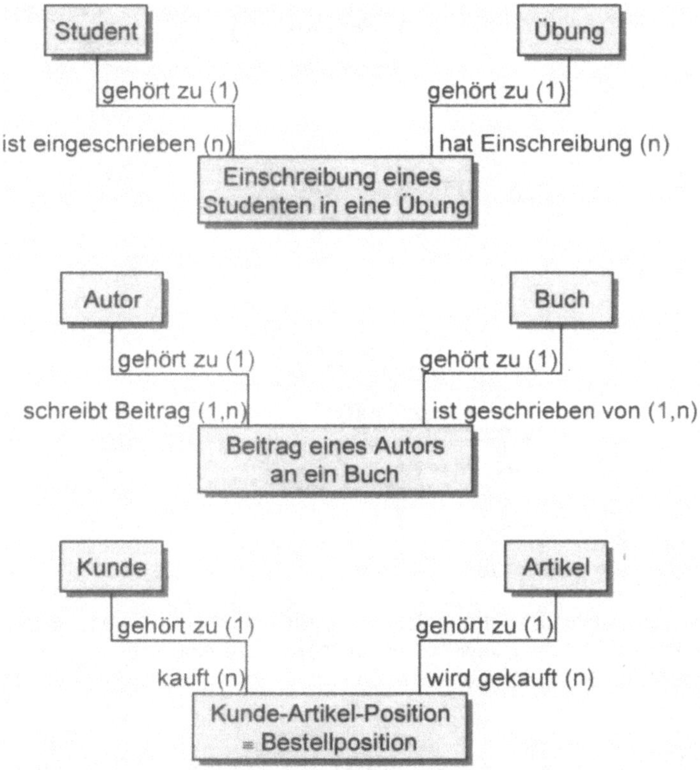


**Abb. 6.2.7.1** Aufbrechen einer “n zu n”-Assoziation in eine “1 zu n”-Assoziation und eine “n zu 1”-Assoziation

Charakteristisch für dieses wichtige Phänomen des Aufbrechens ist, dass von der neuen Klasse immer jeweils eine strikte und einwertige Rolle zu den beiden ursprünglichen Klassen führt. Als Rollenname kann zudem immer auch „gehört zu“ gewählt werden. Die beiden ursprünglichen Rollen erscheinen wieder, und zwar führen sie von den beiden ursprünglichen Klassen zur neuen Klasse.

### 6.2.8 Verschiedene Notationen und der Re-Identifikationsschlüssel

In der Abb. 6.2.8.1 wird eine verbreitete Notation für den entitätsorientierten Ansatz gezeigt.

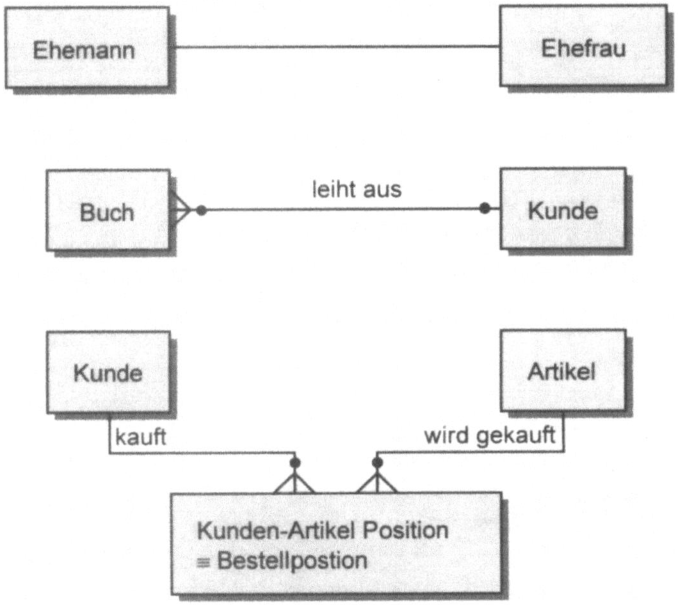


**Abb. 6.2.8.1** Eine verbreitete Darstellung der Assoziationen im entitätsorientierten Ansatz: Auffächerungssymbol für die Mehrwertigkeit und ausgefüllter Punkt für die Partialität.

In der Charakteristik der Assoziation dominiert hier die mehrwertige Funktion, indem nur der mehrwertige Rollenname aufgeführt ist. Voraussetzung ist, dass sich der Name der einwertigen Rolle aus der Eigenschaft der verknüpften Klassen ableiten lässt. Das Symbol des Auffächerns der physischen Verbindung in Richtung der Zielklasse zeigt die Mehrwertigkeit der Rolle an (die Angabe der maximalen Kardinalität fehlt). Eine nicht strikte Rolle zeigt man durch einen ausgefüllten Kreis vor dem Auffächerungssymbol an.

In der tabellarischen Form sind die Assoziationen zwischen den Klassen weniger klar. Dafür können einige wichtige Charakteristiken der Attribute besser ausgedrückt werden. Insbesondere im relationalen Datenbankmodell führt jede "1 zu n"-Assoziation dazu, dass der Identifikationsschlüssel der Ausgangsklasse als Attributsmenge innerhalb der Zielklasse aufgenommen wird. Dort definiert er einen Sekundärschlüssel. Damit ist eine Sicht auf die Zielklasse nach dem Schlüsselkriterium der Ausgangsklasse der "1 zu n"-Assoziation definiert. Ein solcher Sekundärschlüssel wird in der tabellarischen Darstellung jeweils gestrichelt unterstrichen.

Die Abb. 6.2.8.2 zeigt eine andere Notation für den entitätsorientierten Ansatz.

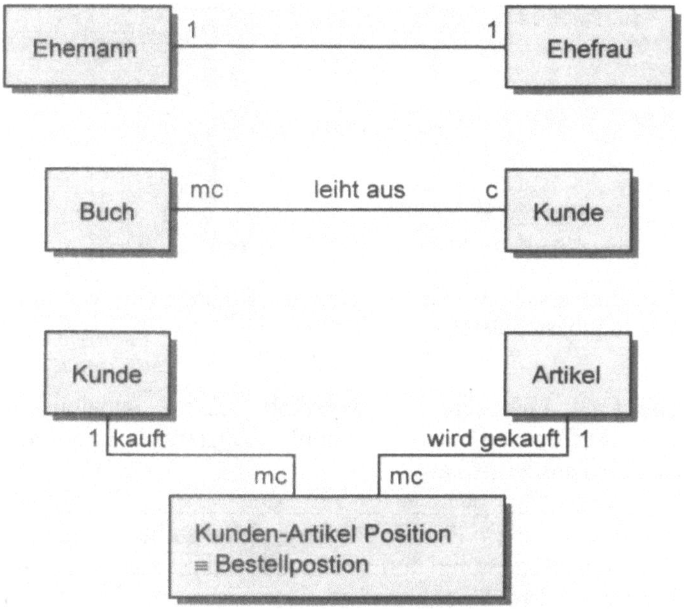


**Abb. 6.2.8.2** Eine verbreitete Darstellung der Assoziationen im entitätsorientierten Ansatz: „m" für die Mehrwertigkeit und „c" für die Partialität.

Das Auffächerungssymbol wird durch den Buchstaben m (für "many") ersetzt. Er steht für den Buchstaben n der "1 zu n"-Assoziation. Eine 1 steht für strikte, einwertige Rolle. Ist die Rolle nicht strikt, so wird dies durch den Buchstaben c (für "conditional") neben dem Auffächerungssymbol angezeigt. Der Buchstabe m ohne c steht – im Unterschied zu obiger Definition des alleinigen Buchstabens n – für die strikte Rolle, mc für die nicht strikte, mehrwertige Rolle. Natürlich tritt mc sehr häufig, m alleine jedoch praktisch gar nie auf.

Die Abb. 6.2.8.3 zeigt die obigen Beispiele in der tabellarischen Form. Das Attribut *Kunden-Id.* der Klasse *Kunde* ist aufgrund der "1 zu n"-Assoziation zwischen *Kunde* und *Buch* Attribut der Klasse *Buch* und definiert einen Sekundärschlüssel. Ebenso wird das Attribut *Artikel-Id.* der Klasse *Artikel* aufgrund der "1 zu n"-Assoziation zwischen *Artikel* und *Bestellposition* Attribut der Klasse *Bestellposition* und definiert einen Sekundärschlüssel.

Buch
(Standort-Nr. ; Titel, Kunden-Id., ...)

Kunde
(Kunden-Id. ; Name, Ort, Branche, Umsatz, ...)

Artikel
(Artikel-Id. ; Beschreibung, Einheit, Preis, Umsatzgruppe, ...)

Bestellposition
((Kunden-Id., Artikel-Id. ) ≡ Bestellpos.-Id.; Menge, Termin, ...)

**Abb. 6.2.8.3** Tabellarische Darstellung von Assoziationen, Sekundärschlüssel und Re-Identifikationsschlüssel

Die Abb. 6.2.8.3 zeigt (wie auch schon in der Abb. 6.2.8.1) speziell für Klassen, welche zum Aufbrechen einer "n zu n"-Assoziation eingeführt werden, das Phänomen der Re-Identifikation.

Ein *Re-Identifikationsschlüssel* ist ein Primärschlüssel, der aus einem einzigen Attribut besteht und in der Bedeutung äquivalent zu einem aus mehreren Attributen zusammengesetzten Primärschlüssel ist.

Die Re-Identifikation drückt sich meistens schon im Namen der Klasse aus und wird in der Liste der Attribute mit dem entsprechenden Symbol "≡" angezeigt. Die zu einer Re-Identifikation Anlass gebenden Schlüsselattribute werden umklammert.

Die Abb. 6.2.8.4 zeigt die Darstellung einer aufgebrochenen "n zu n"-Assoziation in der UML, ergänzt durch die Notation für die Primär- und Sekundärschlüssel sowie die Re-Identifikation. Die einwertigen Rollen können, wie oben erwähnt, aufgrund des Aufbrechens "gehört zu" genannt werden.

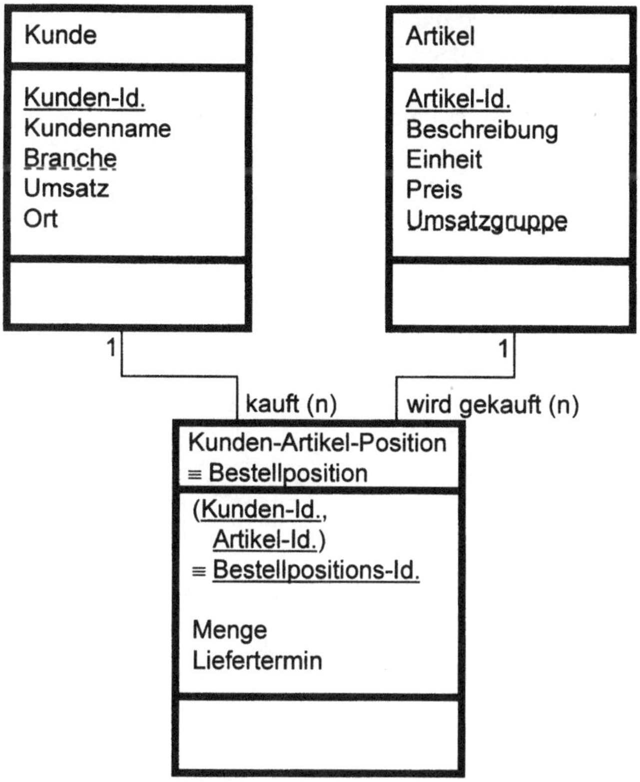


**Abb. 6.2.8.4** Darstellung von Assoziationen: objektorientierte Form

## 6.3 Wichtige hierarchische Konstrukte

### 6.3.1 Generalisierung/Spezialisierung: eine Spezialisierungshierarchie

Eine besondere "1 zu 1"-Assoziation wird durch eine konstruktive Überlegung gebildet: die Generalisierung/Spezialisierung.

Eine erste Klasse ist eine *Spezialisierung* oder *Unterklasse* einer zweiten Klasse, wenn die erste Klasse aus einer Teilmenge der Entitäten bzw. Objekte der zweiten Klasse besteht, für welche weitere, spezifische Informationen gegeben sind. Die zweite Klasse wird dann *Generalisierung* oder *Oberklasse* bzw. *Überklasse* der ersten Klasse genannt.[37]

Die Generalisierung/Spezialisierung ist damit eine Spezialisierungshierarchie. Die Abb. 6.3.1.1 zeigt das Beispiel einer einfachen Baumstruktur, die durch mehrfache Operationen mit diesem semantischen Konstrukt erreicht werden kann.

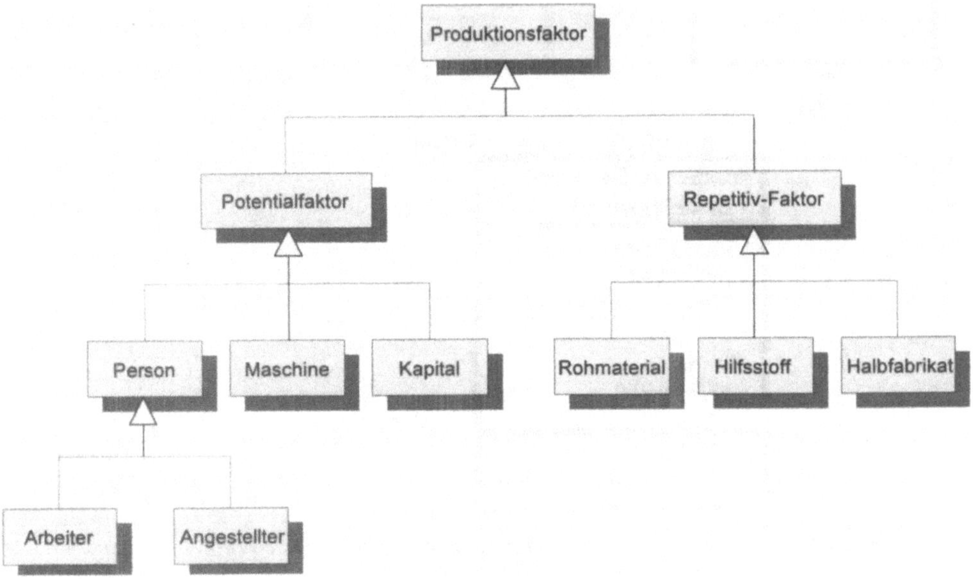


**Abb. 6.3.1.1** Generalisierung/Spezialisierung: einfache Struktur

Die Assoziation zeigt mit einem Pfeil in Richtung der Generalisierung. Durch die Operation der Spezialisierung kann man Entitäten bzw. Objekte einer Klasse in verschiedene Teilmengen unterteilen. Die Verschiedenheit kann sich in Teilbereichen des Wertebereichs eines Attributes oder mehreren Attributen ausdrücken. Diese zusammengehörigen Assoziationen *Generalisierung/ Spezialisierung* können zusammengeführt werden und münden dann mit dem gleichen Pfeil in die Überklasse.

Für die spezialisierten Klassen können dann jeweils zusätzliche Attribute definiert werden, die in den anderen Klassen keine Bedeutung haben. So macht z.B. in der Abb. 6.3.1.1 ein Attribut *Lieferant* in der Klasse *Maschine* sehr wohl einen Sinn, nicht aber in der Klasse *Person*.

37 Das Prinzip der Generalisierung/Spezialisierung kann auch für weitere Entwurfselemente verwendet werden.

Gelangt man von Spezialisierungen zu einer Generalisierung, so sieht man die Entitäten bzw. Objekte der spezialisierten Klassen unter einem bestimmten Gesichtspunkt als gleich oder von gleichem Typ und bildet damit eine generalisierte Klasse. Die Gleichheit bezieht sich i. Allg. auf gemeinsame Attribute oder Methoden. Die generalisierte Klasse enthält alle diese gemeinsamen Attribute oder Methoden.

Die Definition der Generalisierung/Spezialisierung wird auch *generische Regel* genannt: Jedes Objekt in einer Unterklasse ist ein (engl. "is a") Objekt der Überklasse, und zwar während seiner gesamten Lebensdauer. In der englisch orientierten Literatur findet man dafür den Begriff *"is a"-Association.*

Die Bestimmung der Primärschlüssel erlaubt übrigens eine Verifikation darüber, ob das semantische Konstrukt *Generalisierung/Spezialisierung* korrekt zum Einsatz kommt. Aufgrund der generischen Regel muss ein möglicher Primärschlüssel der Unterklasse immer der Primärschlüssel der Überklasse sein können, und zwar während der ganzen Lebensdauer eines Objektes der Unterklasse. Ein Objekt der Unterklasse ist ja aufgrund der generischen Regel ein Objekt der Überklasse. Also muss es auch gleich identifiziert werden können.

Die zu einer "1 zu 1"-Assoziation Generalisierung/Spezialisierung gehörenden Rollen heissen immer gleich und haben die gleichen Eigenschaften bezüglich Striktheit:

Aufgrund der generischen Regel heisst die Rolle in Richtung der Überklasse einfach "is a", also *"ist ein"*. Sie ist strikt bzw. total. Die Rolle in Richtung der Unterklasse heisst *„kann sein ein"* und ist *„nicht strikt"* oder partiell.

Da diese Eigenschaften immer gelten, müssen die Rollennamen und die Kardinalitäten auf der Notation nicht noch zusätzlich eingezeichnet werden. Das Fehlen der 0..1-Angabe für die Wertigkeit und die Partialität der Rolle in Richtung der Unterklasse erlaubt, das wichtige Konstrukt der Generalisierung sofort von den nicht strikten, einwertigen Rollen zu unterscheiden, die anderen Assoziationen zugrunde liegen, an denen die Klasse auch beteiligt ist.

### 6.3.2 Rekursivität, Vollständigkeit, Diskjunktheit und Vererbung in der Generalisierung / Spezialisierung

Die Operation mit dem semantischen Konstrukt Generalisierung / Spezialisierung ist *rekursiv*: Jede spezialisierte Klasse kann wiederum eine generalisierte Klasse für eine weitere Spezialisierung sein. Umgekehrt kann jede generalisierte Klasse wiederum Spezialisierung einer oder mehrerer Oberklassen sein.

I. Allg. entsteht eine mehrstufige Baumstruktur, wie sie in der Abb. 6.3.1.1 gezeigt ist.

Durch die Operation mit dem semantischen Konstrukt *Generalisierung / Spezialisierung* können aber auch komplexere Strukturen erreicht werden, wie dies etwa in der Abb. 6.3.2.1 gezeigt wird.

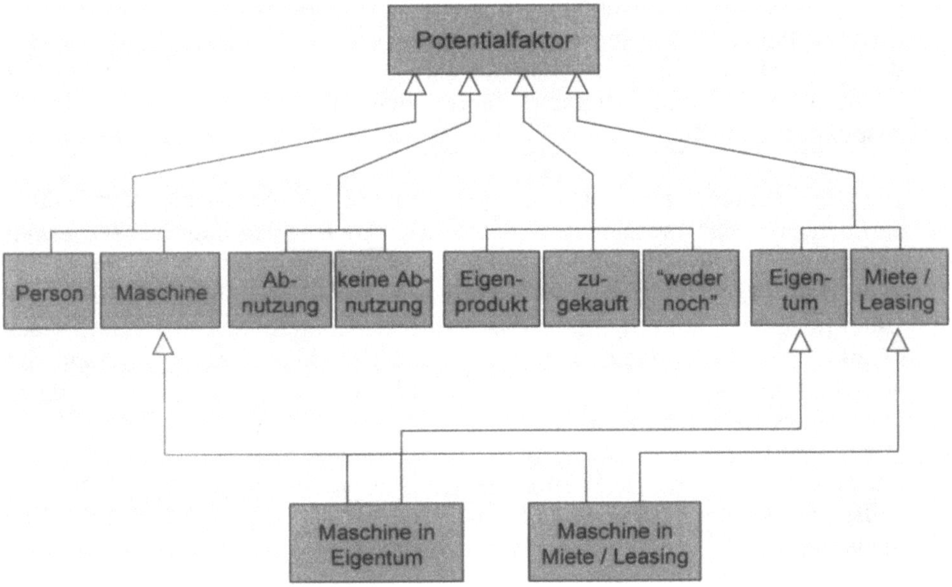


**Abb. 6.3.2.1** Generalisierung / Spezialisierung: komplexe Struktur, Vollständigkeit

Ein Attribut *Einstandspreis* macht für eine Klasse *Maschine* nur dann einen Sinn, wenn es sich um eine Maschine im Eigentum handelt. Für eine gemietete Maschine macht hingegen ein Attribut *monatliche Miete* Sinn. Deswegen kann man zwei Spezialisierungen der Klasse *Maschine* bilden, die diesen Sachverhalt unterscheiden. Die entstehenden Spezialisierungen sind gleichzeitig aber auch Spezialisierungen der Klassen *Eigentum* und *Miete*. So gesehen entsteht ein Netzwerk von Assoziationen.[38]

Unterklassen zu einer Überklasse kann man sich prinzipiell für verschiedene Werte jeden Attributs vorstellen, da die Objekte bzw. Entitäten sich ja gerade dadurch als voneinander verschieden kennzeichnen lassen. Ob die

[38] Die praktisch darstellbare Komplexität ist jedoch beschränkt. Führen – durch mehrfache Rekursivität – zu viele Kombinationen von Attributen zu einer exponentiell wachsenden Menge von Unterklassen, so ist der Einsatz des UML-Konstrukts *Abhängigkeit* (engl. *"Dependency"*) zu prüfen.

Spezialisierung in eigenen Unterklassen ausgedrückt wird, hängt aber davon ab, ob die entsprechenden Teilmengen von Objekten bzw. Entitäten auch ein wirklich unterschiedliches "Leben" im Informationssystem führen. So mag z.B. im Problembereich der Produktionsplanung eine Spezialisierung der Klasse *Person* in der Abb. 6.3.1.1 in die Klassen *Arbeiter* und *Angestellter* nicht notwendig sein, da diese beiden Kategorien von Personen bezüglich der Produktionsplanung keine unterschiedlichen Eigenschaften haben. Ist der Problembereich jedoch die Lohn- und Gehaltsabrechnung, so verhalten sich diese beiden Teilmengen sehr wohl verschieden voneinander. Dies drückt sich durch zusätzliche, unterschiedliche Attribute aus, aber auch durch unterschiedliche Methoden für die Unterklassen.

Die Abb. 6.3.2.2 zeigt eine mögliche tabellarische Darstellung der Struktur, welche durch die Operation mit dem semantischen Konstrukt *Generalisierung / Spezialisierung* entsteht. Die spezialisierten Klassen sind durch Kommas abgetrennt und in geschweiften Klammern eingeschlossen. Ein gleichschenkliges Dreieck pfeilt dann von der Klammer auf die generalisierte Klasse.

| | |
|---|---|
| Produktionsfaktor | ◁ {Potentialfaktor, Repetitivfaktor} |
| Potentialfaktor | ◁ {Person, Maschine, Kapital} |
| Repetitivfaktor | ◁ {Rohmaterial, Hilfsstoff, Halbfabrikat} |
| Person | ◁ {Arbeiter, Angestellter} |
| Maschine | ◁ {Maschine in Eigentum, Maschine in Miete/Leasing} |

**Abb. 6.3.2.2** Generalisierung / Spezialisierung: Tabellarische Darstellung

Die Abb. 6.3.2.3 zeigt ein bekanntes Beispiel, in dem die Klassen *Lieferant* und *Kunde* als Spezialisierungen der Klasse *Geschäftspartner* zusammengefasst sind.

Die UML-Notation zeigt die gemeinsamen und die unterschiedlichen Attribute und Methoden der Unterklassen, wobei die gemeinsamen Attribute und Methoden entsprechend der Bedeutung in der jeweiligen Unterklasse reidentifiziert wurden.

In einer Generalisierung / Spezialisierung kann man die beiden folgenden Einschränkungen oder Regeln zusätzlich verlangen:

- Die *Vollständigkeit* (engl. *"Completeness"*): Alle Unterklassen wurden definiert, d.h. jedes Objekt bzw. jede Entität der Überklasse muss in einer Unterklasse vorkommen.

Um die Vollständigkeit zu erreichen, ist es manchmal nötig, eine künstliche Unterklasse einzuführen. Siehe z.B. die Unterklasse “weder–noch” in der Abb. 6.3.2.2: Sie ist notwendig, da eine Person als Potentialfaktor weder ein Eigenprodukt, noch zugekauft sein kann. Bilden die Spezialisierungen in der Phase des Systems Design keine eigenen Klassen, sondern nur ein Attribut zur Überklasse, dann drückt sich die Einschränkung der Vollständigkeit in künstlichen Werten für das Attribut aus, wie z.B. “weder - noch”.

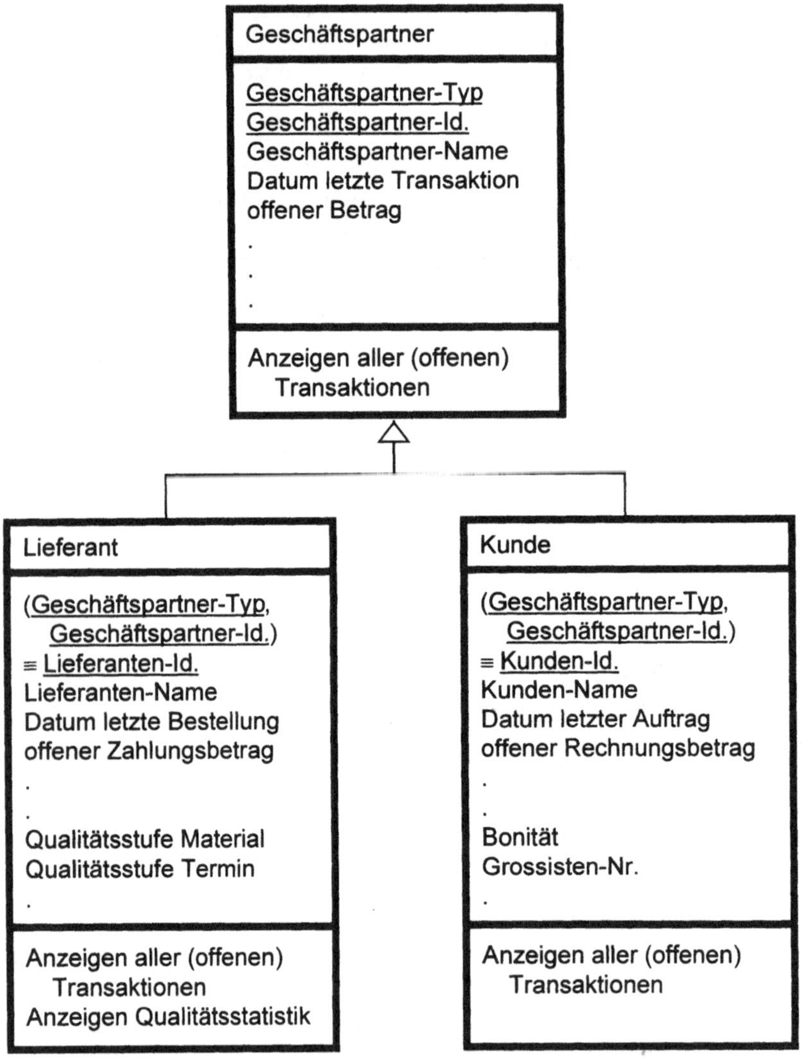


**Abb. 6.3.2.3** Generalisierung / Spezialisierung: Objektorientierter Ansatz, Disjunktheit

- Die *Disjunktheit* oder *Überschneidungsfreiheit*: Jedes Objekt bzw. jede Entität der Überklasse darf nur in einer Unterklasse vorkommen.

Um die Disjunktheit zu erreichen, mag es nötig sein, eine weitere Unterklasse "sowohl–als auch" hinzuzufügen. Gibt es im Beispiel der Abb. 6.3.2.3 Geschäftspartner, die sowohl Lieferant als auch Kunde sind, könnte dafür eine eigene Unterklasse *Kunde und Lieferant* gebildet werden. Eine andere Möglichkeit wird direkt in der Abb. 6.3.2.3 gezeigt: Man hält zwei Objekte bzw. Entitäten in der Überklasse. Zur Unterscheidung wird ein geeignetes Attribut hinzugefügt, welches Teil des Primärschlüssels wird. Im Beispiel wurde das Attribut *Geschäftspartnertyp* dem Schlüssel hinzugefügt. Der Wertebereich besteht aus *Kunde* und *Lieferant*. Ein bestimmter *Geschäftspartner* mit einer bestimmten Identifikation kann so mit zweimal in der Überklasse vertreten sein, das eine Mal als *Lieferant* und das andere Mal als *Kunde*.[39]

Zwischen den Unterklassen besteht übrigens bei Disjunktheit keine Assoziation im Zusammenhang mit der Operation der Spezialisierung. Eventuell besteht aber eine Assoziation aus einem anderen Gesichtspunkt (siehe dazu Abb. 6.3.8.1).

Es ist das semantische Konstrukt *Generalisierung / Spezialisierung*, das im objektorientierten Ansatz die oft diskutierte Vererbung erlaubt.

*Vererbung* in der Generalisierung / Spezialisierung ist die implizite Übertragung aller Attribute und Methoden der Überklasse in die Unterklassen, und zwar in dem Sinne, dass sie dort nicht neu deklariert oder definiert werden müssen.[40]

In der Abb. 6.3.2.3 müssten demnach die Attribute und Methoden der Überklasse in den Unterklassen gar nicht mehr aufgeführt werden. Sie wären aufgrund der Vererbung trotzdem implizit definiert (insbesondere die Primärschlüsselattribute). Wenn sie dort aber trotzdem noch einmal aufgeführt sind, so geschieht dies im Hinblick auf ihre Re-Identifikation. Die Unterklassen enthalten hingegen zusätzliche Attribute und Methoden, die nur für sie gelten.

---

[39] Im konkreten Fall wird die Verdopplung in der Praxis häufiger benützt als das Einführen einer zusätzlichen Unterklasse.

[40] Eigentlich ist hier der Begriff *Vererbung* schlecht gewählt. Er suggeriert, dass die Überklasse wie eine Elternklasse zur Unterklasse wirkt. Die Objekte der Unterklasse sind jedoch nicht Kinder der Objekte der Überklasse, sondern diese Objekte selber. Der neutralere Begriff *Übertragung* würde wohl zu weniger Missverständnissen führen.

### 6.3.3 Assoziationsklasse: eine Bestimmungshierarchie

Unter den “1 zu n”-Assoziationen gibt es solche, die aus einer konstruktiven Überlegung oder Operation hervorgegangen sind. Das erste dieser semantischen Konstrukte wird Assoziationsklasse genannt.

Eine *Assoziationsklasse* ist eine Klasse, die aus einer Assoziation hervorgegangen ist. Sie ist eigentlich eine Assoziation, die die Eigenschaften einer Klasse hat. Ihr werden also Attribute und Methoden zugeordnet.

Die Operation mit dem semantischen Konstrukt Assoziationsklasse ist *rekursiv*: Jede Assoziationsklasse kann zusammen mit einer anderen Klasse wiederum eine Assoziation bilden, aus der ihrerseits eine Assoziationsklasse hervorgeht. Die Abb. 6.3.3.1 zeigt die so entstehende Hierarchie in der um die Schlüsselattribute erweiterten UML-Notation im Falle von binären Assoziationen.[41]

Das Aufbrechen einer “n zu n”-Assoziation gemäss Abb. 6.2.8.4 ist damit gleichbedeutend mit dem Bilden einer Assoziationsklasse.

Die Bestimmung der Primärschlüssel erlaubt zu verifizieren, ob das semantische Konstrukt *Assoziationsklasse* korrekt zum Einsatz kommt. Ein möglicher Primärschlüssel der Assoziationsklasse muss nämlich immer als Vereinigungsmenge der Attribute der Primärschlüssel von denjenigen Klassen gewählt werden können, die der Assoziation zugrunde liegen – allenfalls um einen Zähler erweitert. Der so zusammengesetzte Schlüssel kann durch eine Re-Identifikation ersetzt werden. Der Id.-Schlüssel jeder der Assoziation zugrunde liegenden Klasse bildet einen Teil- oder Sekundärschlüssel und führt damit zu einer Sicht auf die Assoziationsklasse (vgl. dazu Abb. 6.2.3.4).

Analog kann eine Assoziationsklasse auch aus einer Assoziation zwischen drei und mehr Klassen hervorgehen. Im Beispiel der Abb. 6.3.3.1 wäre die Klasse *Verkaufsauftragsposition Artikel* direkt eine Assoziationsklasse der drei Klassen *Zeit*, *Kunde* und *Artikel*.

Die Assoziationsklasse wird durch die Rollen der Assoziation zu den Klassen charakterisiert, aus denen sie hervorgegangen ist. Durch den Besitz der Assoziation *hat* (engl. “has”) ein Objekt der die Assoziation eingehenden

---

[41] UML kennt auch noch eine spezielle Notation, bei welcher die Assoziationsklasse durch eine gestrichelte Linie mit der Assoziation verbunden ist, aus der sie hervorgeht. Die hier gewählte Notation erlaubt im Folgenden, die formgebenden und einschränkenden Rollenverhältnisse in diesem semantischen Konstrukt besser zu beschreiben.

Klasse das aus der Assoziation hervorgegangene Objekt der Assoziationsklasse. Im Englischen findet man dafür den Begriff *"has"-Association.*

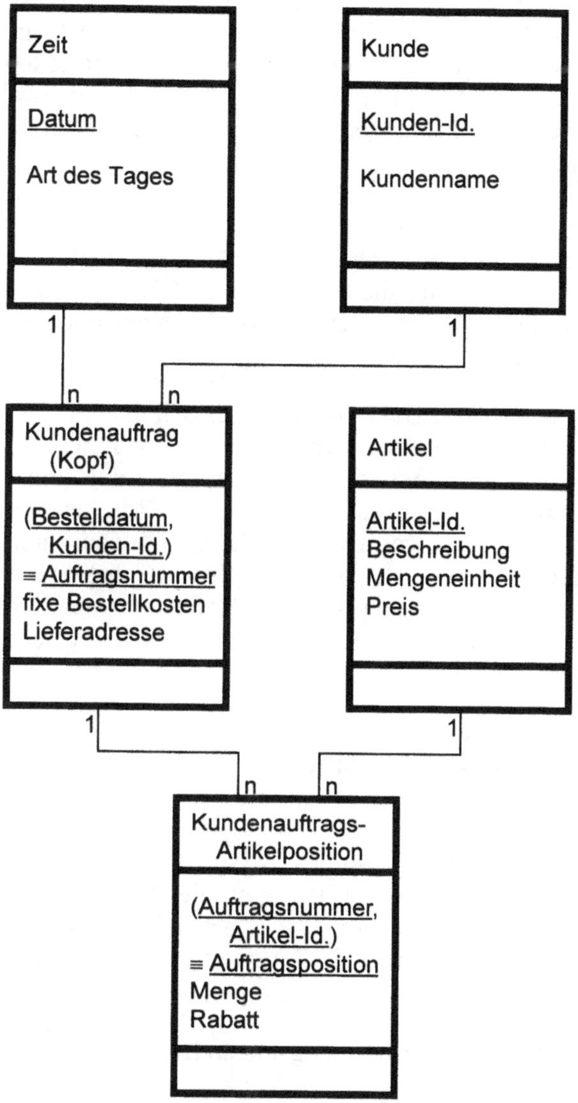


**Abb. 6.3.3.1** Hierarchie mit Assoziationsklassen, die aus binären Assoziationen hervorgegangen sind

Die Rolle in Richtung der Assoziationsklasse muss immer "has", also *"hat"* heissen können. Meistens wird jedoch dafür der Rollenname der Assoziation selbst gewählt. Diese Rolle ist nicht strikt oder partiell, da nicht jedes Objekt aus einer der Assoziation zugrunde liegenden Klasse an einer Assoziation beteiligt sein muss. Sie ist mehrwertig, da ein Objekt aus einer der Assoziation zugrunde liegenden Klasse an mehreren Assoziationen beteiligt sein kann.

Die Rolle in Richtung einer der Assoziation zugrunde liegenden Klasse muss immer als *gehört zu* oder *gründet auf* bezeichnet werden können (sie kann aber auch anders heissen). Sie ist strikt bzw. total und einwertig, da jedes Objekt der Assoziationsklasse aus genau einer Assoziation hervorgegangen ist und dadurch mit genau je einem Objekt aus jeder der Assoziation zugrunde liegenden Klasse verknüpft ist.

Die nicht strikte mehrwertige Rolle in der einen Richtung und vor allem die strikte und einwertige Rolle in der anderen Richtung sind für den Entwurf des Informationssystems formgebend. Die Striktheit der Rolle in Richtung einer der Assoziation zugrunde liegenden Klasse identifiziert das Konstrukt der Assoziationsklasse als Bestimmungshierarchie.

Diese Striktheit zieht auch eine charakteristische Einschränkung im praktischen Betrieb des Informationssystems nach sich: "Hat" nämlich ein Objekt einer Klasse Objekte einer Assoziationsklasse, die aus einer Assoziation mit ihm hervorgegangen sind, so verhindert die Striktheit der *gehört-zu-* bzw. *gründet-auf-*Rolle, dass das Objekt gelöscht werden kann, bevor die betreffenden Objekte der Assoziationsklassen gelöscht wurden. Die Objekte der Assoziationsklassen müssen dabei durch die dafür vorgesehenen Methoden gelöscht werden. Diese Methoden können nicht von der gerade anstehenden Löschung aus aufgerufen werden.

### 6.3.4 Entity-Relationship-Diagramm: eine Bestimmungshierarchie

Der Gedanke der Assoziationsklasse wurde übrigens bereits im entitätsorientierten Ansatz eingeführt. Bekannt ist dazu die Notation von Chen, der dafür den Begriff *"Entity Relationship Model"* (*ERM*) geprägt hat. Siehe dazu [Chen76] oder [Mart76]. Die Abb. 6.3.4.1 zeigt das Beispiel aus Abb. 6.3.3.1 in der Notation von Chen.

Auch das ERM-Konstrukt ist damit eine Bestimmungshierarchie.

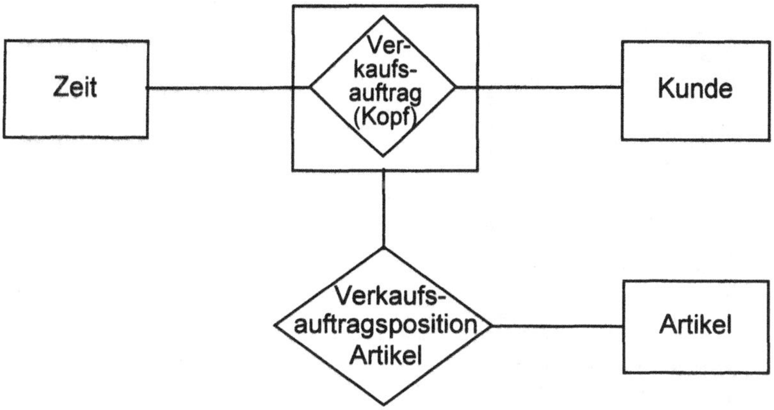


**Abb. 6.3.4.1** Mehrstufiges „Entity Relationship Model" nach Chen

Auch für die Assoziationsklasse bzw. das ERM kann man eine tabellarische Form wählen, wie es die Abb. 6.3.4.2 beispielhaft zeigt. Die der Assoziation zugrunde liegenden Klassen werden innerhalb von geschweiften Klammern aufgeführt und mit einem Multiplikationszeichen verknüpft. Ein liegendes "T" zeigt dann von den geschweiften Klammern zur Assoziationsklasse hin.

Verkaufsauftrag(Kopf) —| {Zeit (Datum) * Kunde}

Verkaufsauftragsposition Artikel —| {Zeit (Datum) * Kunde * Artikel}

**Abb. 6.3.4.2** Tabellarische Form der Komposition / Dekomposition

### 6.3.5 Die klassische Hierarchie als Assoziationsklasse, die aus der Assoziation mit einer Zählerklasse hervorgeht

Eine Assoziationsklasse kann auch aus der Assoziation zwischen einer Klasse und einer nicht explizit aufgeführten Zählerklasse hervor gehen. Damit sind auch klassische Hierarchien mit dem semantischen Konstrukt *Assoziationsklasse* ohne weiteres und sinnvoll beschreibbar. Die Abb. 6.3.5.1 gibt ein Beispiel dafür.

Dieses Konstrukt ist korrekt eingesetzt, wenn ein möglicher Primärschlüssel der Assoziationsklasse immer als der um den Zähler erweiterte Primärschlüssel derjenigen Klasse gewählt werden kann, die der Assoziation zugrunde liegt. Der so zusammengesetzte Schlüssel kann wieder durch eine Re-Identifikation ersetzt werden.

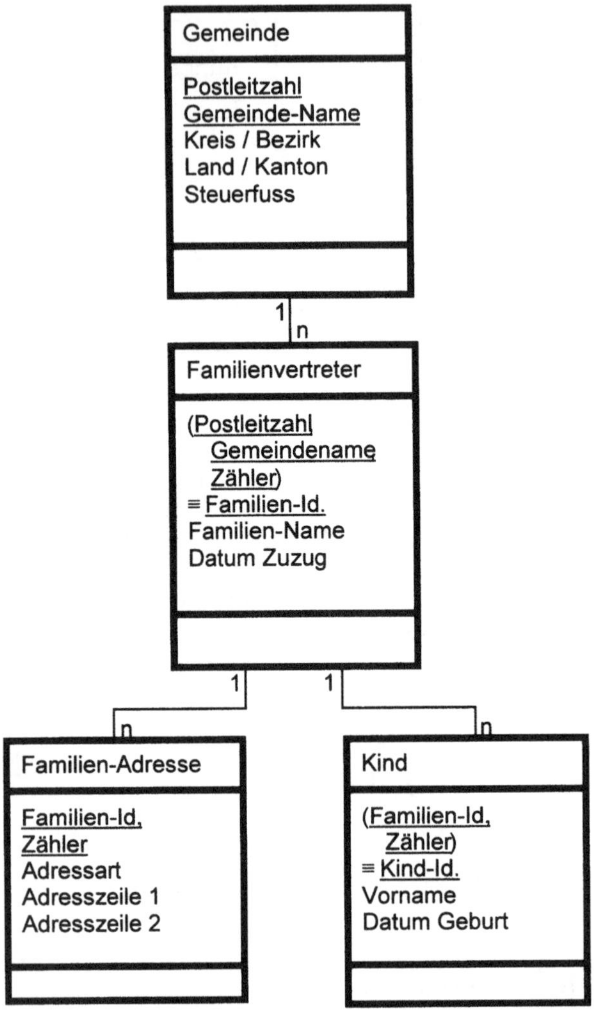


**Abb. 6.3.5.1** Hierarchie mit Assoziationsklassen, die aus Assoziationen mit einer Zählerklasse hervorgegangen sind

### 6.3.6 Die klassische Hierarchie als Aggregation: eine der Bestandteilhierarchie ähnliche Form

Eine *Aggregation* ist gemäss [DuFr90] eine Vereinigung von Molekülen zu einer Molekülverbindung. Eine Aggregation ist also eine Zusammenfassung von Elementen, die als ein Ganzes empfunden oder gesehen wird. Die Aggregation enthält oder umfasst die Elemente.

Eine Aggregation enthält oder umfasst dabei ein bestimmtes Element nicht exklusiv. Beispiele:

- Jede Klasse kann als eine Aggregation von Attributen gesehen werden. Ein bestimmtes Attribut kann jedoch in mehreren Klassen vorkommen.
- Jede Assoziation bzw. jede Assoziationsklasse kann als Aggregation aus den der Assoziation zugrunde liegenden Klassen empfunden werden. Jede dieser Klassen kann jedoch an mehreren Assoziationen beteiligt sein.

Die Aggregation kann damit – zumindest in gewissen Fällen – als der Bestandteilhierarchie ähnlich empfunden werden. Die Begriffe „enthalten" oder „umfassen" zeigen jedoch, dass nicht von einer Zusammensetzung im strengen Sinn gesprochen werden kann.

Die Abb. 6.3.6.1 zeigt das Empfinden der Assoziationsklasse als Aggregation anhand des Beispiels der Abb. 6.3.3.1. Die Aggregation wird als hohler Rhombus auf der Seite der Aggregationsklasse notiert.

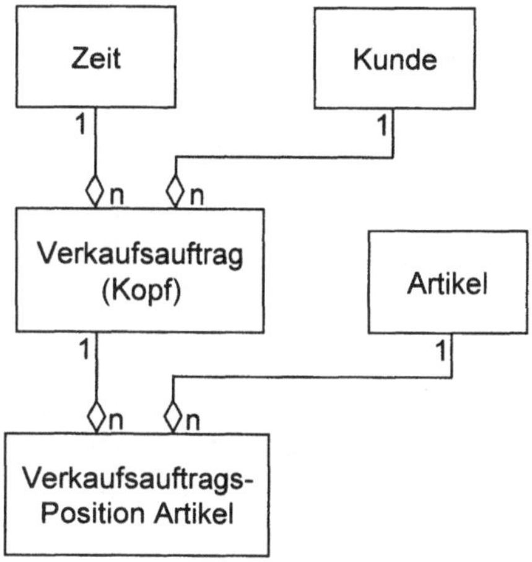


**Abb. 6.3.6.1** Die Assoziationsklasse als Aggregation

Eine Aggregation kann aber auch in der umgekehrten Richtung einer "1 zu n"-Assoziation, also in Richtung der klassischen Hierarchie "nach oben" empfunden werden. Die Abb. 6.3.6.2 zeigt dies anhand des Beispiels der Abb. 6.3.5.1. Die Gemeinde wird hier als Aggregation von Bürgern (hier Familienvertretern) empfunden.

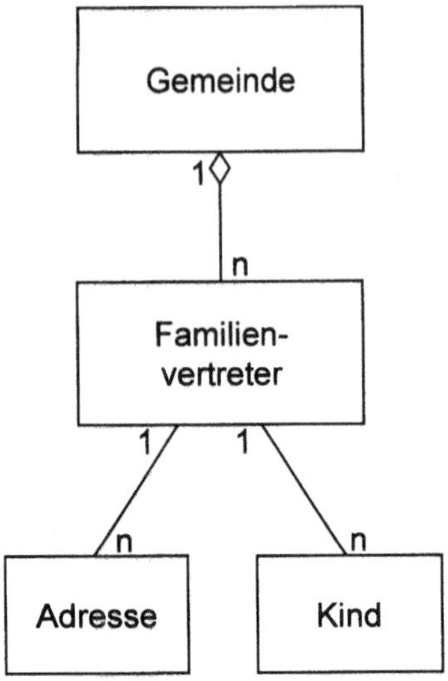


**Abb. 6.3.6.2** Aggregation in Richtung der klassischen Hierarchie "nach oben"

Mit viel Phantasie könnte auch der Familienvertreter als Aggregation von Kindern oder sogar Adressen gesehen werden. Beide Beispiele zeigen, dass die Aggregation selten ein zwingendes oder besonders formgebendes semantisches Konstrukt ist.

Von der Aggregation zu einem Element muss einzig der Rollenname mit *enthält* bzw. *umfasst* bezeichnet werden können (er kann aber auch anders heissen). Die Rollen können ansonsten strikt oder nicht strikt sein, einwertig oder mehrwertig.

Auch die Primärschlüssel müssen keine Beziehung untereinander aufweisen. Eine Aggregation als solches zieht auch keine charakteristische Einschränkung im praktischen Betrieb des Informationssystems nach sich (höchstens eine damit verbundene strikte Rolle wie in der Abb. 6.3.6.2).

### 6.3.7 Komposition ("Whole-Part"): eine Bestandteilhierarchie

Mehr formgebend als die Aggregation ist das semantische Konstrukt der *Komposition* bzw. der *"Whole-Part"*.

Eine *Komposition* ist gemäss [DuFr90] eine Zusammensetzung von Elementen. Es handelt sich damit um eine strenge Form der Aggregation, auch *"Whole-Part"* genannt. Die Aggregation ("Whole") besteht aus den Elementen ("Parts") oder ist daraus zusammengesetzt. Ein Element ist damit nur innerhalb der Aggregation daseinsberechtigt.

Eine Komposition enthält oder umfasst ein bestimmtes Element exklusiv, da es eben daraus zusammengesetzt ist. Ein "Part" ist zudem mit genau einem "Whole" verbunden. Die Komposition ist eine Bestandteilhierarchie.

Die Abb. 6.3.7.1 zeigt eine Komposition aus dem Beispiel der Abb. 6.3.3.1.

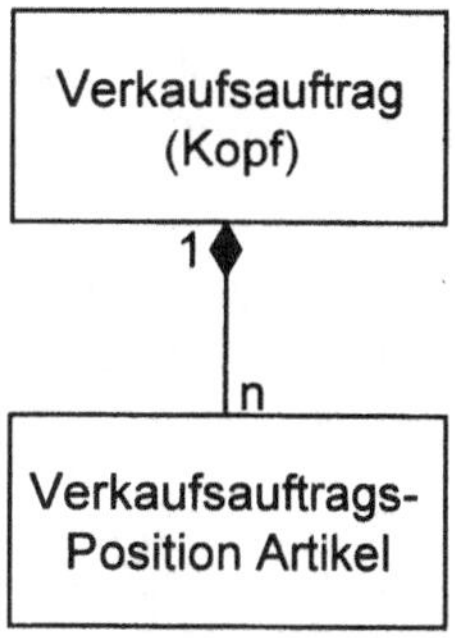


**Abb. 6.3.7.1** Komposition ("Whole-Part")

Von "Whole" zu "Part" muss der Rollenname mit *ist zusammengesetzt aus* bzw. *besteht aus* bezeichnet werden können (er kann aber auch anders heissen). Die Rolle von "Part" nach "Whole" muss strikt bzw. total und einwertig sein, die andere Rolle unterliegt i. Allg. keiner Beschränkung.

Die strikte und einwertige Rolle von "Part" nach "Whole" ist für den Entwurf des Informationssystems formgebend. Zusammen mit der Definition der Komposition zieht sie nun eine charakteristische Einschränkung im praktischen Betrieb des Informationssystems nach sich: Wird nämlich ein Objekt der "Whole"-Klasse gelöscht, so würde ja die Striktheit der Rolle von "Part" nach "Whole" verhindern, dass das Objekt gelöscht werden kann, bevor alle "Part"-Objekte gelöscht wurden. Da ein Element nur innerhalb der Aggregation daseinsberechtigt ist, können jedoch ohne weiteres alle "Part"-Objekte automatisch gelöscht werden.

Wie in der Abb. 6.3.5.1 sorgt auch bei der Komposition die strikte einwertige Rolle von "Part" nach "Whole" für einen Test der Korrektheit des Ansatzes: Ein möglicher Primärschlüssel von "Part" muss immer als die Vereinigungsmenge der Attribute der Primärschlüssel von "Whole" und gegebenenfalls anderer Klassen – allenfalls um einen Zähler erweitert – gewählt werden können. Der so zusammengesetzte Schlüssel kann wieder durch eine Re-Identifikation ersetzt werden.

### 6.3.8 Überlagerung von hierarchischen Konstrukten

Der Vergleich der Abb. 6.3.7.1 mit der Abb. 6.3.6.1 zeigt ein Problem. Die Verknüpfung der beiden Klassen *Verkaufsauftrag (Kopf)* und *Verkaufsauftragsposition Artikel* kann im Prinzip nach beiden Richtungen als Aggregation empfunden werden:

- Ein Verkaufsauftrag (empfunden als ein ganzes Dossier) *ist zusammengesetzt aus* Verkaufsauftragspositionen (Komposition bzw. "Whole-Part").
- Eine Verkaufsauftragsposition *umfasst* einen Verkaufsauftrag (empfunden als Ausdruck des Kaufwillens eines Kunden zu einem bestimmten Zeitpunkt) und einen Artikel.

Diese beiden Empfindungen widersprechen sich offensichtlich, wie die Aggregation an den beiden verschiedenen Enden der Assoziation anzeigt. Die Überlagerung der beiden verschiedenen Empfindungen ist nicht möglich, man wird sich für die eine oder die andere Empfindung entscheiden müssen.

Hingegen folgt aus denselben Abbildungen, dass für beide möglichen Aggregations-Konstrukte die Überlagerung mit dem semantischen Konstrukt *Assoziationsklasse* ohne Probleme möglich ist.

Die Abb. 6.3.8.1 zeigt eine Überlagerung des semantischen Konstrukts *Generalisierung / Spezialisierung* mit einer "1 zu n"-Assoziation.

Eine Rechtpersönlichkeit ist entweder eine juristische oder eine natürliche Person. Die Generalisierung / Spezialisierung weist damit Disjunktheit auf. In diesem Fall besteht gemäss Kap. 6.3.1 zwischen den Unterklassen keine Assoziation. Im Beispiel besteht aber eine in beide Richtungen nicht strikte "1 zu n"-Assoziation zwischen der Klasse *Juristische Person* und der Klasse *Natürliche Person.* Die "1 zu n"-Assoziation hat aber mit der "1 zu 1"-Assoziation der Generalisierung / Spezialisierung nichts zu tun, sondern überlagert diese aus einem anderen Aspekt.[42]

Daten- und objektorientierte Modelle können aufgrund der *Rekursivität in der Überlagerung der semantischen Konstrukte* und aufgrund der möglichen Überlagerung recht flexibel, aber u. U. auch mit einer gewissen Komplexität aufgebaut werden. I. Allg. dominieren nebst der einfachen Assoziation bzw. der Rolle die Konstrukte *Assoziationsklasse* und *Generalisierung / Spezialisierung* (in dieser Reihenfolge der Häufigkeit). Das "Whole-Part"-

---

[42] Anstelle einer "1 zu n"-Assoziation hätte man zwischen *Juristische Person* und *Natürliche Person* auch eine "n zu n"-Assoziation ansetzen können. Das Attribut *Firma* könnte dann nicht Teil der Klasse *Natürliche Person* sein.

Konstrukt ist weniger oft ansetzbar. Die Aggregation trägt in der Praxis wegen ihrer nicht sehr strengen Semantik zur Modellierung eher wenig bei und wird entsprechend wenig eingesetzt.

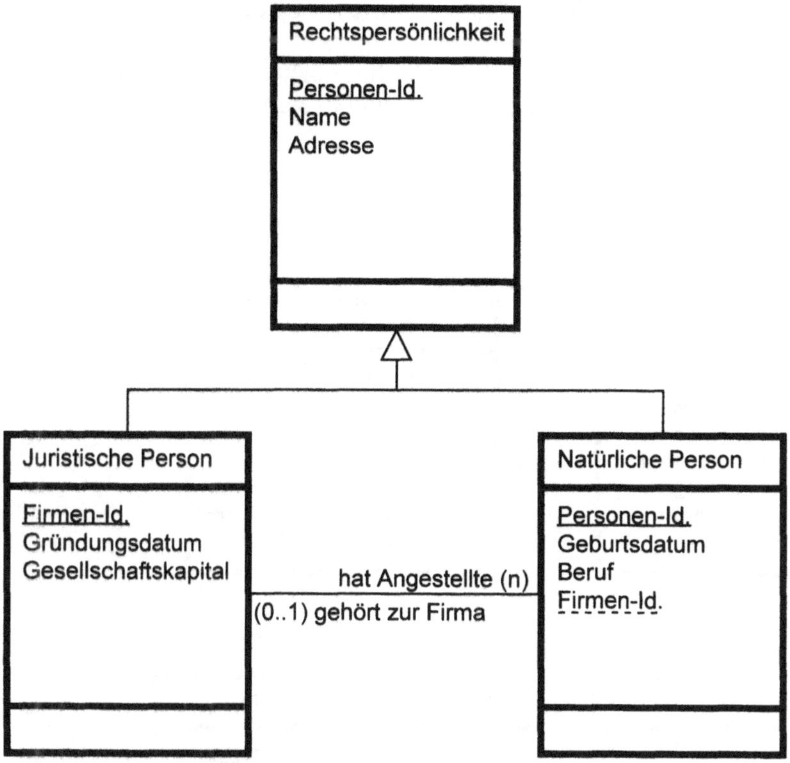


**Abb. 6.3.8.1** Überlagerung einer Generalisierung / Spezialisierung mit einer "1 zu n"-Assoziation.

## 6.4 Modellierung der Ablauf- bzw. Steuerungsspeicher

Im Kap. 5.4.5 war die besondere Rolle der Ablauf- bzw. Steuerungsspeicher Gegenstand der Betrachtung. Falls der Prozessübergang zwischen zwei Aufgaben oder Teilprozessen (Zuständen) nicht sofort erfolgt, mündet der Übergang vorerst in einen *Wartezustand*, der in einem Ablauf- oder Steuerungsspeicher festgehalten werden muss. Als mögliche Ablaufsteuerungsarten für Wartezustände wurden die Mailbox oder die Agenda besprochen. Diese Ablaufspeicher sind nun ihrerseits Objekte bzw. Entitäten und müssen als solche in einem daten- oder objektorientierten Modell festgehalten werden.

### 6.4.1 Klassen für die Ablaufsteuerungsart *Mailbox*

Die Abb. 6.4.1.1 zeigt die Klassen, die für die Ablaufsteuerungsart *Mailbox* benötigt werden. Vergleiche dazu die Diskussion in Kap 5.5.

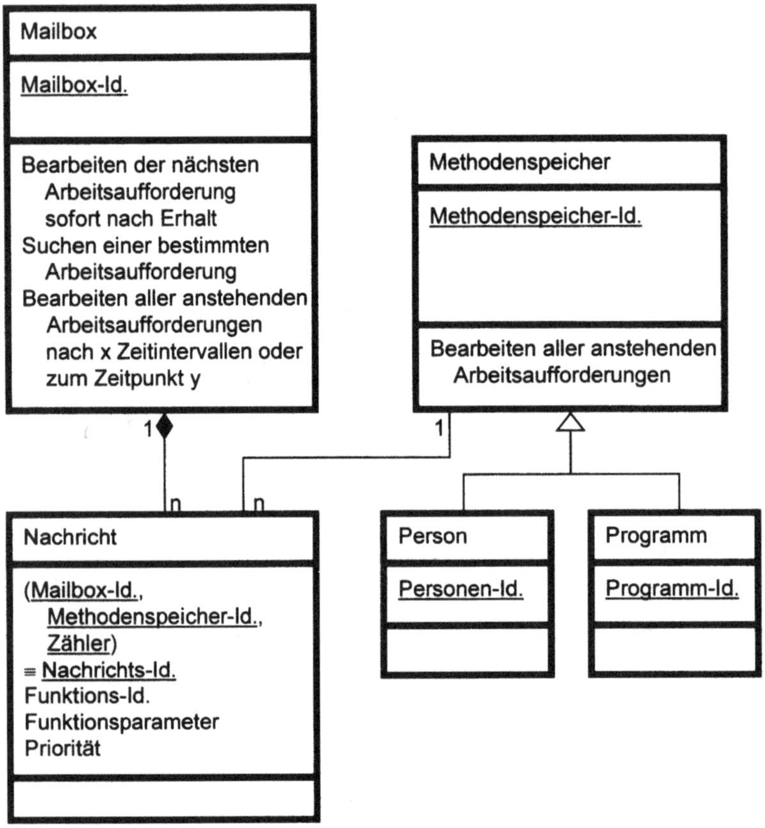


**Abb. 6.4.1.1** Klassen für die Ablaufsteuerungsart Mailbox

Eine Mailbox ist zusammengesetzt aus Nachrichten. Eine Nachricht bezieht sich zudem auf einen Methodenspeicher bzw. ist an ihn adressiert. Gemäss Kap. 1.2.1 und Kap. 1.3.2 kann es sich dabei um eine Person oder einen Automaten (ein Computerprogramm) handeln. Eine Nachricht kann eine genauere Beschreibung der zu bearbeitenden Aufgabe enthalten und der Aufgabe zudem Inputparameter übergeben.

Nach dem Attribut *Priorität* kann eine Sicht auf die Klasse definiert werden. So können wichtigere Nachrichten schneller zur Bearbeitung gelangen. Es entsteht damit ein Warteschlangenproblem für den Steuerungsfluss, wie es auch in den Werkstätten für den Güterfluss bekannt ist.

Jeder Ablaufspeicher enthält Methoden, um die Nachrichten zu verwalten und in den Anstoss von Prozessen umzusetzen. Ebenso hält der Methodenspeicher, insbesondere eine Person, entsprechende Methoden.

Nachrichten für Personen können in sehr verschiedener Art gegeben sein. Einerseits sind dies Schreiben von aussen, andererseits innerbetriebliche Notizen. Es kann sich aber auch um Listenauswertungen handeln, die aus einem informationsverarbeitenden System ausgedruckt werden und via interne Post in eine Mailbox an den Arbeitsplatz gelangen. Mehr und mehr wird die interne und externe Post auch durch die elektronische Post und die elektronische Mailbox ergänzt.

Nachrichten für Automaten bzw. Computerprogramme haben eine grosse Bedeutung. Die Abb. 5.5.4.1 zeigte einen Ausschnitt eines sogenannten *„Job Mix"*, also der Liste aller parallel laufenden Tätigkeiten eines Computers. Diese Jobs sind im Prinzip durch Programmablaufspeicher der Ablaufsteuerungsart Mailbox gesteuert. Eine Vielzahl von Arbeiten erfordern jedoch keinen interaktiven Dialog mit einem Benutzer, sondern sind nach einem entsprechenden Anstoss selbständig vom Computer ausführbar. Dazu gehören

- das Erstellen jeglicher Art von Listen, z.B. auch von Lieferscheinen oder Fakturen. Bei letzteren wird z.B. die Verkaufsauftrags-Id. als Funktionsparameter übergeben.
- das Auslösen von Standardfabrikationsaufträgen. Auch hier wird u.a. die Verkaufsauftrags-Id. als Funktionsparameter übergeben.
- die Brutto-/Nettobedarfsrechnung für einen Artikel. Hier wird die Artikel-Id. als Funktionsparameter übergeben.

Natürlich können solche Arbeiten auch durch einen Benutzer im interaktiven Betrieb durchgeführt werden. Sie führen jedoch zu langen und unnötigen Wartezeiten, weil der Benutzer in seiner weiteren Arbeit ja nicht vom Resultat dieser Arbeiten abhängig ist. Man delegiert deshalb solche Arbeiten an weitere "Jobs", die unabhängig vom interaktiven Benutzer-"job" laufen.

### 6.4.2 Klassen für die Ablaufsteuerungsart *Agenda*

Die Abb. 6.4.2.1 zeigt die Klassen, die für die Ablaufsteuerungsart *Agenda* benötigt werden.

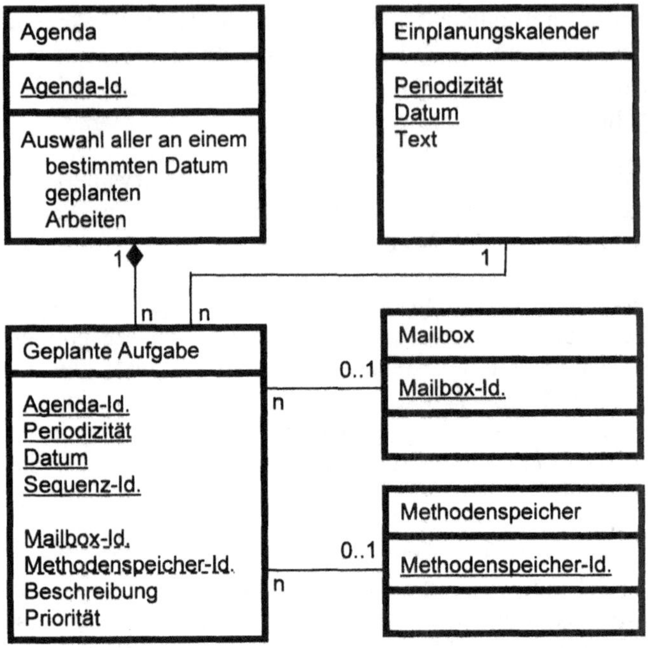


**Abb. 6.4.2.1** Klassen für die Ablaufsteuerungsart Agenda

Eine Agenda ist zusammengesetzt aus geplanten Arbeiten. Jede geplante Arbeit bezieht sich auf eine Mailbox, in die sie einzustellen ist, oder auf einen Methodenspeicher für den Prozessanstoss. Die einzelnen geplanten Arbeiten sind durch eine bestimmte Periodizität gekennzeichnet (z.B. *Tagesende, montags, dienstags, Wochenende, Monatsende, Quartalsende, Jahresende*). Ist keine Priorität angegeben, dann kennzeichnet sich die geplante Arbeit durch ein Datum und evtl. eine Uhrzeit zu ihrer Ausführung. Eine Sequenznummer ordnet dabei die geplanten Arbeiten nach einer zwingenden Reihenfolge.

Agenden (für Personen) sind in der persönlichen Arbeitsablauforganisation besonders für periodisch wiederkehrende oder lange im Voraus geplante Aufgaben praktisch. Eine Agenda wird z.B. täglich konsultiert und die ausgewählten Aufgaben als Nachricht in Mailboxen jeglicher Art gestellt (z.B. auch Notizzettel). Die Agenda selbst bleibt bestehen. Dass heisst, die abgerufene Arbeit wird u. U. gemäss ihrer Periodizität erneut als geplante Arbeit geführt. Implizit postuliert wird natürlich auch eine Methode, um eine Agenda selbst à jour zu halten, d.h. neue, periodisch anfallende Arbeiten zu definieren, die Periodizität zu modifizieren oder Arbeiten aus der Agenda zu entfernen.

Agenden für Automaten, z.B. Computerprogramme, haben eine grosse Bedeutung und funktionieren im Prinzip gleich wie Agenden für Personen. Die Abb. 5.5.6.1 zeigte einen Ausschnitt aus einer Agenda, eines Task

Schedule bzw. eines sogenannten *"Batch Program Schedule"*, also einem Programmfahrplan für Batch-Programme. Es geht im im Wesentlichen darum, dass am Ende jedes Tages oder auch an bestimmten Wochentagen, am Ende einer Woche, eines Monats, eines Quartals, eines Halbjahres oder sogar eines Jahres eine bestimmte Anzahl von Programmen in einer bestimmten Reihenfolge abzulaufen haben. Siehe dazu den weiteren Text nach der Abb. 5.5.6.1.

Die aufgerufenen Programme können einerseits umfassende Aufgaben abhandeln: Das sind die klassischen Batch-Programme. Mehr und mehr werden aber solche Programme derart aufgebaut, dass sie nur eine bestimmte Anzahl Objekte einer Klasse auswählen und aus ihnen Nachrichten mit Parametern für Funktionsaufrufe in Mailboxen stellen. Diese stossen dann die eigentlichen verarbeitenden Programme an. Somit erkennt man Parallelen zwischen der Umsetzung der persönlichen Agenda und der Agenda für Automaten.

## 6.5 Vorgehen für die Modellierung von grossen und erweiterbaren Modellen

In der Literatur gibt es zahlreiche Methoden, die für die Modellierung von Informationssystemen für Geschäftsprozesse aus Daten- oder Objektsicht geeignet sein sollen. Der Nachweis für die Gültigkeit des Praxisanspruchs wird aber selten angetreten. Schulbeispiele sollen bestimmte Aspekte verständlich machen. Es überrascht deshalb nicht, dass die Methoden im praktischen Einsatz zu kurz greifen. Im besten Falle werden sie dann nach und nach mit geeigneten zusätzlichen Notationen oder Methodenbausteinen ergänzt.

Auch die objektorientierten Ansätze sind hier keine Ausnahme. Sie versuchen zu oft, in destruktiver Weise andere Ansätze schlecht zu machen, ohne aber ihrerseits umfassende Lösungen anbieten zu können. Insbesondere wollte man Objektorientierung als Allerheilmittel für die Modellierung darstellen. Spätestens mit der Einführung der UML musste man jedoch zugeben, dass die prozess-, aufgaben- und funktionsorientierte Modellierung nicht durch die daten- und objektorientierte Modellierung ersetzt werden kann. Die an reinen Programmierproblemen orientierten Use-Case-Diagramme mussten durch Tätigkeitsdiagramme ergänzt werden, welche sich im Prinzip nicht von anderen Methoden zur prozess, aufgaben- und funktionsorientierten

Modellierung unterscheiden. Aber auch der heutige Stand der UML ist für grosse und erweiterbare Informationssysteme noch nicht genügend. Dieses Unterkapitel geht auf weitere nötige Methodenbausteine ein.

### 6.5.1 Erweiterungen des objektorientierten Ansatzes durch Primärschlüssel

Die *erste Erweiterung* des ursprünglichen objektorientierten Ansatzes ist das Definieren von Primär- oder Identifikationsschlüsseln. Da der objektorientierte Ansatz im ersten Moment ohne die Definition von Id.-Schlüsseln auskommt, haben Vertreter der Objektorientierung gerade dagegen polemisiert und das Denken mit Id.-Schlüsseln als veraltetes Überbleibsel des relationalen Datenbankmodells abserviert. Aus demselben Grund wird auch heute noch postuliert, dass man das Denken in Assoziationsklassen zugunsten des alleinigen Denkens in Rollen verlassen sollte.

Man übersieht dabei jedoch leicht, dass diese Diskussion bereits während der Entwicklung des entitätsorientierten Ansatzes geführt wurde: Vertreter der Netzwerk-Datenbanken wiesen oft auf den Vorteil hin, dass diese im Gegensatz zum relationalen Modell gerade in Assoziationsklassen ohne Schlüssel auskommen würden und deshalb "besser" seien. Wie bereits aus Kap. 6.2.2 hervorgeht, in welcher der Schlüsselbegriff definiert wurde, haben Identifikationsschlüssel jedoch für den Anwender zu einer wesentlich einfacher verständlichen Semantik in der Modellierung der realen Welt beigetragen. Da die Modellierung auch als Nahtstelle zwischen Anwendern in der betrieblichen Organisation und Informatikern dient (siehe Kap. 3.2.1), ist dieser Aspekt absolut entscheidend für den Erfolg im Einsatz von solchen Werkzeugen. In der Phase des Systems Analysis, also in der Vor- und Hauptstudie, steht die reale Welt im Vordergrund. Erweiterungen des Modells aus der Sicht der Informatik werden damit i. Allg. nötig sein, müssen aber auf die Phase des Systems Design, also in die Detailstudie verschoben werden.

Beim entitätsorientierten Ansatz hat sich die Praxis schliesslich klar für das relationale Modell entschieden. Dies ist auch beim objektorientierten Ansatz zu erwarten. Das Bedürfnis, Objekte durch Attribute zu identifizieren, entspricht dem natürlichen Denken der Menschen und sollte damit als Beitrag zur Klarheit von Modellen nicht unterschätzt werden. So kann, wie dies die Kap. 6.2 und 6.3 gezeigt haben, mit der Definition der Id.-Schlüssel in den meisten Fällen sehr gut entschieden werden, ob ein semantisches Konstrukt der Generalisierung / Spezialisierung vorliegt oder aber eher eine Assoziationsklasse. In der Euphorie der objektorientierten Programmierung wurden wegen der Bequemlichkeiten der Vererbung möglichst alle Klassen als Spezialisierungen von anderen definiert. Sehr bald folgten aber unlösbare Modifikationsprobleme bei Erweiterungen des Modells. Eine ernüchternde und genaue Analyse zeigte, dass das bequeme Vererben leider in eher wenigen

Fällen nachhaltig zum Zuge kommen kann, wenn die Erweiterbarkeit beibehalten werden soll.

Wie im Kap. 6.3.1 gezeigt, hätte die Bestimmung der Primärschlüssel von Anfang an ohne weiteres eine Verifikation darüber erlaubt, ob das semantische Konstrukt *Generalisierung / Spezialisierung* korrekt zum Einsatz kommt. Aufgrund der generischen Regel muss ein möglicher Primärschlüssel der Unterklasse immer der Primärschlüssel der Überklasse sein können. Ein Objekt der Unterklasse ist ja aufgrund der generischen Regel ein Objekt der Überklasse. Also muss es auch gleich identifiziert werden können.

- Hier noch eine Präzisierung zu dieser Verifikationsregel: Ein bestimmtes Attribut des Id.-Schlüssels der Oberklasse muss nicht immer zum Id.-Schlüssel der Unterklasse gehören. Dies ist dann der Fall, wenn das Attribut für alle Objekte der Unterklasse denselben Wert aufweist, wenn also die Teilmengenbildung in die Unterklassen gerade aufgrund der unterschiedlichen Werte dieses Attributs vorgenommen wurde. Ein solches Beispiel ist das Attribut *Geschäftspartner-Typ* in der Abb. 6.3.2.3. Sein Wertebereich umfasst gerade die beiden Werte *Kunde* und *Lieferant*, so dass alle Objekte einer Subklasse in diesem Attribut denselben Wert aufweisen.

Ist für den Schlüssel einer Unterklasse im praktischen Zusammenhang jedoch der Primärschlüssel der Überklasse nicht geeignet, so handelt es sich in der Semantik mit grösster Wahrscheinlichkeit eben nicht um das Konstrukt *Generalisierung / Spezialisierung*, sondern z.B. um eine normale Assoziation oder ein Konstrukt *Assoziationsklasse*. Für dieses können zwar die Vererbungsregeln nicht in ihrer Gesamtheit angewendet werden, hingegen wird das Modell auch in Zukunft flexibel erweiterbar bleiben.[43]

Die Abb. 6.5.1.1 zeigt ein Beispiel für eine Modellierung, die durch eine einfache Betrachtung der Primärschlüssel als nicht korrekt erkannt werden kann. Die Überklasse sei zum Beispiel *Familie*. Eine Unterklasse sei *Mitglied einer Familie*. Man könnte nun sagen, dass ein *Mitglied einer Familie* ein spezielles Objekt der Klasse *Familie* sei, getreu dem Grundsatz: "Der Hans (z.B. der Sohn der Familie Huber) ist halt ein echter Huber". Die Meinung ist zudem eben die, dass Hans Eigenschaften der Familie Huber geerbt hat. In dieser Situation stechen die Wendungen "Hans ist ein echter Huber" und "Hans erbt Eigenschaften der Familie" hervor und deuten allesamt auf das semantische Konstrukt *Generalisierung / Spezialisierung* hin, wie es in der Abb. 6.5.1.1 links eingezeichnet ist.

---

[43] Für die Möglichkeit zur teilweisen Vererbung von Attributen und Methoden ist der Einsatz des UML-Konstrukts *Abhängigkeit* (engl. *"Dependency"*) zu prüfen.

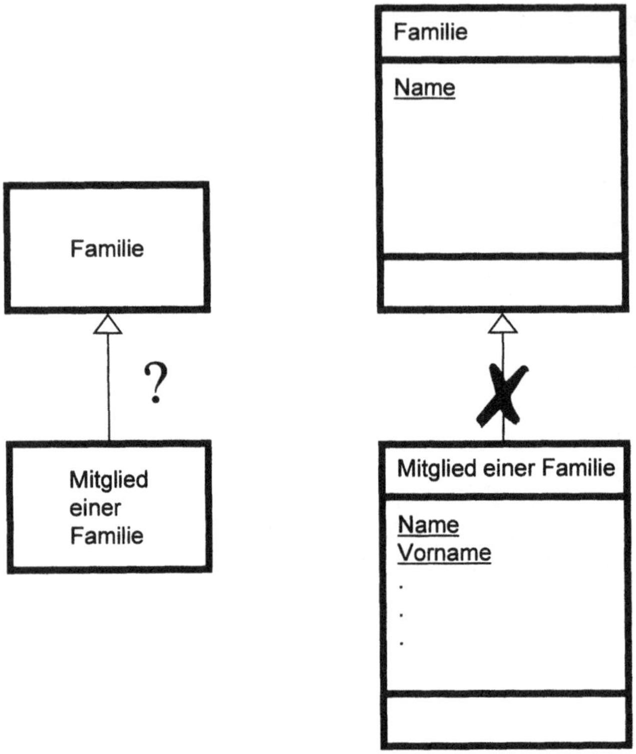


**Abb. 6.5.1.1** Beispiel für ein nicht korrektes Ansetzen des Konstrukts *Generalisierung / Spezialisierung*

Auf der rechten Seite der Abb. 6.5.1.1 sind die Primärschlüssel hinzugefügt. Es sei angenommen, dass der Name die Klasse *Familie* identifiziert.[44] Weil es aber i. Allg. viele verschiedene Mitglieder einer Familie gibt, die alle denselben Wert im Attribut Name haben, kann dieses Attribut ein bestimmtes Mitglied nicht identifizieren. Gefordert sind mindestens ein weiteres Attribut, z.B. der Vorname und gegebenenfalls noch weitere, wie das Geburtsdatum usw. Gemäss der Schlüsselbildungsregel kann damit keine Generalisierung / Spezialisierung vorliegen. Es handelt sich um eine "1 zu n"-Assoziation. *Mitglied einer Familie* kann auch als Assoziationsklasse verstanden werden. Die Begriffe haben irregeführt. Das Beispiel zeigt übrigens eindrücklich, dass der Begriff Vererbung im Zusammenhang mit der objektorientierten Modellierung eher ungeschickt gewählt ist, da er zu falschen Assoziationen verführen kann.

---

[44] Diese Annahme kann ohne weiteres getroffen werden, da man sonst zum Namen zusätzliche identifizierende Attribute hinzufügen und die Vereinigungsmenge dieser Attribute einfach durch '*Name*' reidentifizieren könnte.

Hier noch ein Beispiel einer problematischen Situation für die Modellierung. Es betont, dass gemäss Definition die "is a"-Assoziation zwischen dem Objekt der Unterklasse und dem Objekt der Überklasse während der gesamten Lebensdauer der Objekte zutreffen muss: In einem Unternehmen erhalten Kunden einen Vertreter zugeordnet, der sich um die Akquisition neuer Aufträge kümmert und den Kunden direkt betreut. Für jede Region ist einer der Vertreter gleichzeitig der Vertriebsleiter, der die anderen Vertreter koordiniert und sich selbst um die drei wichtigsten Kunden (Key accounts) kümmert. Welche semantischen Konstrukte sind zwischen Vertreter und Vertriebsleiter anzusetzen? Die Abb. 6.5.1.2 zeigt zwei Möglichkeiten, eine naheliegende und eine im Hinblick auf die Lebensdauer der Objekte korrekte.

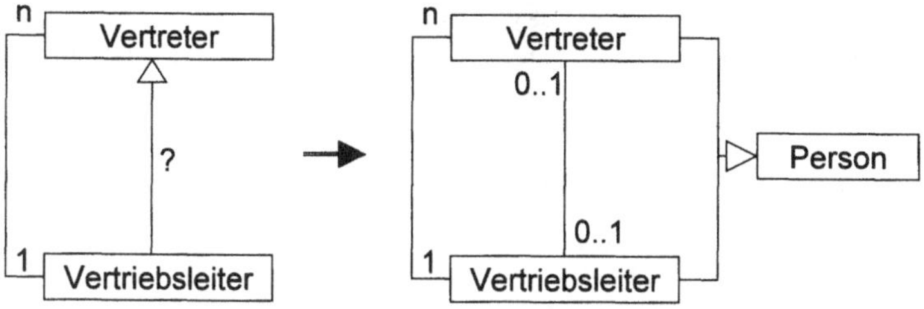


**Abb. 6.5.1.2** Beispiel für ein korrektes Konstrukt anstelle der *Generalisierung / Spezialisierung*

- Zum ersten besteht eine "1 zu n"-Assoziation aufgrund der Unterstellung der Vertreter unter den Vertriebsleiter.

- Zum zweiten kann wegen der Tatsache, dass ein Vertriebsleiter auch ein Vertreter ist, zunächst abgeleitet werden, dass *Vertriebsleiter* als eine Unterklasse zur Klasse *Vertreter* konzipiert werden könnte. Hingegen dürfte aus der Kenntnis der betrieblichen Anwendung schwieriger einzusehen sein, dass ein Vertriebsleiter in einer Unternehmensorganisation immer gleich identifiziert werden muss wie ein Vertreter: Ein Vertriebsleiter könnte sich ja auch vom operativen Geschäft zurückziehen und wäre dann eben kein Vertreter mehr. So gesehen sind *Vertreter* und *Vertriebsleiter* wohl Unterklassen der Klasse *Person*. Sie stehen jedoch nebeneinander, nicht untereinander. Es besteht wohl eine "1 zu 1"-Assoziation. Beide Rollen der Assoziation sind jedoch nicht strikt: Gewisse Vertriebsleiter sind auch Vertreter, jedoch nicht alle, und umgekehrt. Für eine Generalisierung / Spezialisierung müsste eine der beiden Rollen strikt sein.

### 6.5.2 Erweiterungen des objektorientierten Ansatzes durch Duplikate

Die zweite *Erweiterung* des ursprünglichen objektorientierten Ansatzes: Bei grossen Datenmodellen zeigt es sich in der Praxis, dass insbesondere grundlegende Klassen, z.B. Kunde, Lieferant, Artikel, mit sehr vielen anderen Klassen eine Assoziation eingehen können. Die Verbindungslinien, welche die Assoziationen bezeichnen, häufen sich in einem Masse, dass die ganze Darstellung sehr unübersichtlich wird. Zur Abhilfe wird das Strukturelement des Duplikats eingeführt.

> Ein *Duplikat einer Klasse* vertritt eine Klasse, die an einem anderen Ort im Modell definiert ist. Die beiden Klassensymbole sind in diesem Fall durch eine Verbindungslinie verknüpft, die auf beiden Seiten ein Gleichheitszeichen trägt.

Die Abb. 6.5.2.1 stellt das Duplikat anhand der Klasse Kunde vor.

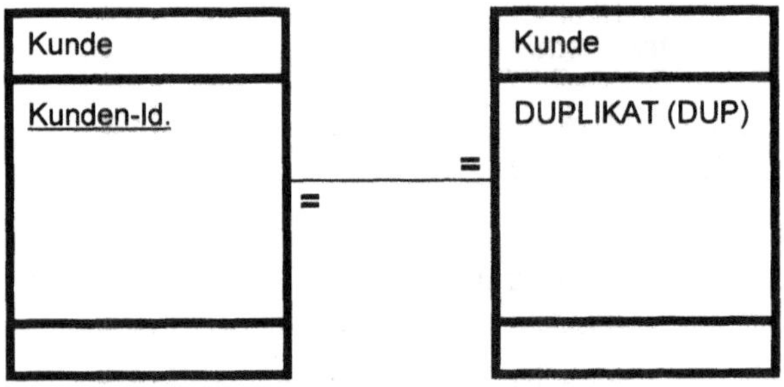


**Abb. 6.5.2.1** Duplikat der Klasse "Kunde"

Auf diese Weise ist es möglich, sehr viele Verbindungslinien, die sonst physisch im Modell gezeichnet werden müssen, quasi zu bündeln. Dies erhöht die Übersichtlichkeit des Modells deutlich.

### 6.5.3 Elementare und nicht elementare Methoden: die Funktionssicht als Sekundärsicht im umfassenden Objektklassendiagramm

Der objektorientierte Ansatz vereinigt Methoden und Daten. Die Objektsicht schliesst damit auch Aspekte der Funktionssicht ein. Charakteristisch für den objektorientierten Ansatz ist nämlich, dass jede Funktion, das heisst jede Methode, sich auf ein Objekt beziehen muss, beziehungsweise einen Dienst für dieses Objekt leistet. Umgekehrt kann auf die Daten, das heisst auf die

Attributswerte eines Objektes, nur über eine Methode zugegriffen werden. Daten können auch nur über Methoden verwaltet werden. Die Daten sind so durch Methoden eingekapselt.

Die Liste von Methoden, die einem Objekt zugeordnet werden können, wird im untersten Teil des Klassensymbols aufgeführt. Siehe dazu etwa die Abb. 6.2.3.2 und die Abb. 6.3.2.3. Dabei kann die Ausführung jeder Methode noch durch zusätzliche Einschränkungen begrenzt werden.

Eine *elementare Methode* ist eine in jeder Klasse unabhängig vom Inhalt der Klasse vorhandene Methode.

Zu den elementaren Methoden gehören folgende:

- das Anlegen und Löschen eines Objekts.
- das Abfragen und Modifizieren der Attributswerte eines Objekts.
- das Auswerten einer mehrwertigen Assoziation, d.h.
    - das Bestimmen des ersten assoziierten Objekts.
    - das Bestimmen des nächsten assoziierten Objekts.
    - die rollende Anzeige der n assoziierten Objekte und die Auswahl eines dieser Objekte.

Die elementaren Methoden machen bereits den weitaus grössten Teil aller denkbaren Methoden aus. In Informationssystemen für Geschäftsprozesse sind dies im allgemeinen mehr als 90% aller Methoden.

Die Objektmodelle in den Kap. 7 bis 12 werden gemäss der Abb. 4.3.3.1 nach einer Menge von Detaillierungsschritten aus Prozess- und Funktionsmodellen gewonnen. Um die Kohärenz herzustellen und mit Sicht auf ein intergriertes Modell wird nach der folgenden Regel vorgegangen:

Jeder Teilprozess im detaillierten Prozessmodell bzw. jede Funktion im detaillierten Funktionsmodell ist als eine (nicht elementare) Methode im Objektmodell aufzuführen.

### 6.5.4 Weglassen von elementaren Methoden und Nachrichten in den Objektmodellen

Die Menge der Methoden kann nun ein grosses Ausmass annehmen, so dass zur Übersichtlichkeit des Modells Vereinfachungen notwendig sind.

Die wohl wirksamste Vereinbarung, um Klarheit in Objektmodellen zu erreichen, ist damit folgende: Elementare Methoden werden gar nicht explizit aufgeführt, sondern implizit als gegeben angenommen.

Eine Methode für ein Objekt kann unter Umständen komplexerer Natur sein in dem Sinne, dass sie Daten anderer Objekte benötigt. Im objektorientierten Ansatz kann eine Methode nicht direkt auf Daten eines anderen Objektes zugreifen, sondern muss einer Methode des betreffenden Objektes eine *Nachricht* zusenden. Siehe dazu die Definition in Kap. 6.1.2. Eine durch ein Objekt versandte Nachricht kann damit in der Konzeption die Definition von zusätzlichen Methoden auf anderen Klassen nach sich ziehen, falls die gewünschte Information nicht bereits durch bestehende Methoden aufgearbeitet wurde.

Die Abb. 6.5.4.1 zeigt ein Beispiel für den Einsatz des Konstrukts *Nachricht*. Für die Ausgestaltung der Methode *Umsatz bestimmen* für einen bestimmten Kunden gibt es im im Wesentlichen zwei Möglichkeiten:

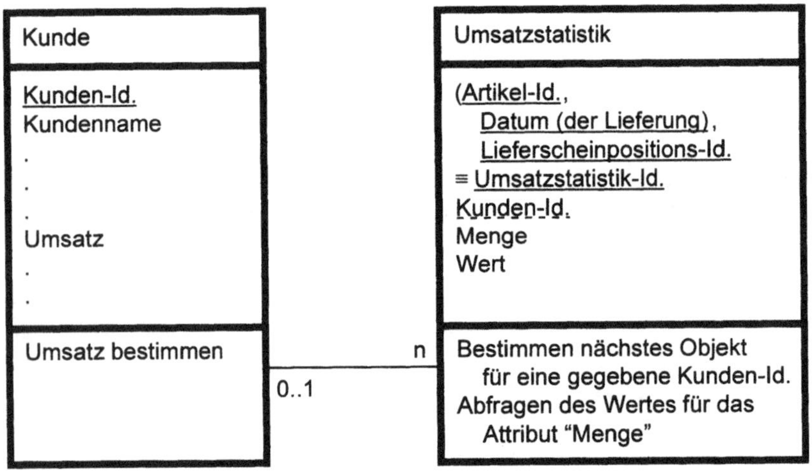


**Abb. 6.5.4.1** Aufruf von Methoden durch Nachrichten ("messages")

1. Der Umsatz wird als Attributswert des entsprechenden Objekts der Klasse *Kunde* gelesen. Es handelt sich damit um eine elementare Methode und hätte gar nicht aufgelistet werden müssen.

2. Der Umsatz wird aus der Klasse *Umsatzstatistik* bestimmt, indem alle entsprechenden Objekte gelesen und die jeweiligen Mengen bzw. Werte zusammengezählt werden. Die Methode bildet dann eine Summe von detaillierten Umsätzen. Für jeden Summand wird eine Nachricht vom Objekt der Klasse *Kunde* zur Klasse *Umsatzstatistik* gesandt. Mitgeliefert wird der Wert des Attributes *Kunden-Id.*.

Rückgeführt werden soll der Wert des Attributes *Menge* des nächsten mit dem Objekt der Klasse *Kunde* assoziierten Objekts der Klasse *Umsatzstatistik.* Eigentlich werden in diesem Fall zwei Methoden beansprucht: Die erste verknüpft das nächste assoziierte Objekt, die zweite liefert den Wert des Attributs *Menge* für dieses Objekt. Beide sind aber elementare Methoden der Klasse *Umsatzstatistik* gemäss den oben gegebenen Kriterien und bräuchten deshalb nicht explizit aufgelistet zu werden.

Für die Art der Spezifikation von Methoden gibt es verschiedene Möglichkeiten. Hier seien die in den Kap. 5.6.1, 5.6.2 und 5.6.3 besprochenen besonders hervorgehoben. Nachrichten können mit der dort definierten Instruktion *Aufruf eines Moduls* spezifiziert werden (Call ...). Der Modulname entspricht dann dem aufgerufenen Objekt und der verlangten Methode, die Parameterlisten den übergebenen und rückzuliefernden Attributen mit ihren Werten. Aufrufinstruktionen sind also insbesondere bei den komplexen Funktionen oder Methoden zu definieren, und zwar zumindest immer dann, wenn in der Methode Informationen benötigt oder erstellt werden, die sich auf ein anderes Objekt - meistens einer anderen Klasse - beziehen.

Die Verbindung zwischen zwei Klassen steht für die Assoziation zwischen den Klassen. Sie kann ohne weiteres auch stellvertretend für alle Nachrichten stehen, da sie ja über diese Verknüpfungen ablaufen. Damit muss für die Nachricht kein eigenes Symbol definiert werden, was die Übersichtlichkeit der Darstellung fördert.

### 6.5.5 Nutzung der hierarchischen Konstrukte ausgehend von elementaren Objektklassen: das generische Modell

Die Abb. 6.3.2.2 und Abb. 6.3.2.3 sowie die Abb. 6.3.3.1 zeigen die Macht der verwendeten Konstruktionsoperatoren *Generalisierung / Spezialisierung, Assoziationsklasse* und *Komposition.* In der Phase des Systems Analysis, also während der Vor- und Hauptstudie des Systems kann man ausgehend von sehr wenigen, grundlegenden Klassen ein unternehmensweites daten- oder objektorientiertes Modell generieren. Man spricht deshalb auch von einem *generischen Modell* oder von *generischen Objekten* (engl.: "generic objects", fr.: "objets génériques"). Im Problemlösungszyklus des Systems Engineering ist dieser generische Konstruktionsprozess Teil der Synthese. Die wichtigsten grundlegenden Klassen eines industriellen Unternehmens sind in der Abb. 6.5.5.1 aufgeführt.

| Grundlegende Klasse | Mögliche Unterklassen (Spezialisierungen) |
|---|---|
| Geschäftspartner | Kunde, Lieferant |
| Artikel | Endprodukt, Halbfabrikat, Rohmaterial, Hilfsstoff |
| Zeit | Datum, Kalender, Uhrzeit |
| Person | Angestellter, Arbeiter |
| Kapazität | interne (Montage, Teilefertigung, Lager), externe |
| Anlage | Werkzeug, Maschine, Vorrichtung |
| Ort | Lagerort, Produktionsstandort, Büroarbeitsplatz |
| Konto | Finanzkonto, Betriebskonto |
| Zähler | Arbeitsplan-Nr., Arbeitsplanposition, Stücklistenposition, Parameter-Nr., Sequenz-Nr. |
| Code | * (siehe Erklärung) |

**Abb. 6.5.5.1** Grundlegende Klassen und mögliche Unterklassen (Spezialisierungen)

Die Klasse *Code* generalisiert viele “kleine” Klassen. Deren Id.-Schlüssel besteht aus einer Benennung und einem nach irgendwelchen Kriterien organisierten Zähler. Die Attributsmenge besteht aus z.B. zwei oder drei Attributen, deren Wertebereich eine einfache Sequenz von numerischen oder alphanumerischen Zeichen ist. Es handelt sich dabei beispielsweise um Klassen, für die sich aufgrund ihrer wenigen Attribute eine eigene Klasse nicht lohnen würde (z.B. Lagerort). Oft handelt es sich aber auch nur um die Definition des Wertebereichs von Attributen (z.B. Zahlungsziel, Kostenart).

Während der Detailstudie, spätestens aber in der Phase des Systembaus, überlegt man, wie das entworfene objektorientierte Modell sinnvoll in Daten- oder Objektdefinitionssprachen von Computern übersetzt werden kann. Dabei wird das gewählte Modell geprüft und ergänzt. Die folgenden Überlegungen sind für das praktische Laufzeitverhalten in der Betriebsphase und die flexible Erweiterbarkeit des Modells aus Informatikersicht von entscheidender Wichtigkeit, nicht aber für das anwendungsorientierte Entwerfen von Modellen:

- Gibt es Klassen, die aus der Konstruktionsoperation *Generalisierung / Spezialisierung* gewonnen wurden und eher als Attribute der Überklasse geführt werden sollen? Oder umgekehrt? In dieser Phase geschieht dies nicht aus konzeptionellen, sondern aus technischen Gründen.

- Müssen Klassen als Rollen gesehen werden und damit als Subklassen von abstrakten Klassen, die mit den Gegebenheiten in der Realität wenig zu tun haben?
- Müssen Methoden oder Wartezustände in den Prozessen selbst als Klassen geführt werden, insoweit dies nicht schon aus der Definition der Ablaufspeicher klar ist?
- Ist das gewählte datenorientierte Modell normalisiert, z.B. im Sinne der Normalisierungstheorie von Codd (vgl. [Codd71])?

## 6.6 Zusammenfassung

Im Laufe der Jahre wurden drei verschiedene Generationen von Entwurfsmethoden für Daten- und Objektmodelle entwickelt: der dateiorientierte, der entitätsorientierte und der objektorientierte Ansatz. Die grundlegenden Entwurfselemente entsprechen sich dabei. Sie werden heute Klasse, Objekt und Attribut genannt. Die verschiedenen Entwurfsmethoden folgten einer zeitlichen Entwicklung der Sichtweise auf Daten und Objekte. Zu den grundlegenden Entwurfselementen von Daten- und Objektmodellen gehören neben Objekt, Attribut und Klasse auch die Sicht auf eine Klasse sowie die Bestimmung von Primär- bzw. Identifikationsschlüsseln. Eine weithin akzeptierte Form der Darstellung einer Klasse ist die Relation. Aus Anwendersicht ist dies einfach eine zweidimensionale Tabelle, wo in der Horizontalen die Attribute und in der Vertikalen die Objekte einer Klasse aufgezeichnet sind. Die verschiedenen Generationen von Entwurfsmethoden führen zu unterschiedlichen Notationen für Objekte, Attribute, Klassen, Sicht und Schlüssel.

Klassen, genauer Objekte von Klassen, können miteinander Assoziationen bilden. Meistens sind dabei genau zwei Klassen verknüpft. Eine solche binäre Assoziation ist beschreibbar durch zwei Rollen. Rollen sind Aussagen über die Art bzw. den Grund der Verknüpfung, und zwar in jeweils eine Richtung. Rollen werden auch Zugriffsfunktionen genannt. Eine Rolle bzw. eine Zugriffsfunktion kann einwertig oder mehrwertig sein. Maximale Kardinalität ist ein anderer Begriff für die Wertigkeit. Eine Rolle bzw. eine Zugriffsfunktion kann strikt bzw. total sein, oder aber auch nicht strikt bzw. partiell. Die minimale Kardinalität ist ein anderer Begriff, der anstelle der Striktheit verwendet werden kann. Falls beide Rollen bzw. Zugriffsfunktionen einwertig sind, spricht man von einer "1 zu 1"-Assoziation.

Bei Mehrwertigkeit einer Rolle gibt es auch die "1 zu n"-Assoziation, die "n zu 1"-Assoziation und die "n zu n"-Assoziation. Jede "n zu n"-Assoziation kann in eine "1 zu n"-Assoziation und eine "n zu 1"-Assoziation aufgebrochen werden. Dies geschieht durch Einführung einer neuen Klasse, die in einigen Fällen auf natürliche Weise gegeben ist, in anderen Fällen aber zuerst künstlich postuliert werden muss. Der Primärschlüssel der neuen Klasse kann dabei die Vereinigungsmenge der Primärschlüssel der beiden die "n zu n"-Assoziation bildenden Klassen sein. Ein derart zusammengesetzter Primärschlüssel kann durch einen Re-Identifikationsschlüssel ersetzt werden.

Neben der Assoziation gibt es weitere wichtige semantische Konstrukte für die daten- und objektorientierte Modellierung. Eine besondere "1 zu 1"-Assoziation ist die Generalisierung / Spezialisierung. Eine Überklasse wird dabei in mehrere Unterklassen aufgeteilt. Man spricht dabei von einer "is a"-Assoziation: Jedes Objekt in einer Unterklasse *ist ein* Objekt der Überklasse, und zwar während seiner gesamten Lebensdauer. Zusätzlich kann man die Einschränkungen der Vollständigkeit und der Disjunktheit verlangen. In einer Generalisierung / Spezialisierung werden implizit alle Attribute und Methoden der Überklasse in die Unterklassen "vererbt". Daraus folgt, dass sie dort nicht neu deklariert oder definiert werden müssen.

Eine Assoziationsklasse ist aus einer Assoziation hervorgegangen. Sie ist eigentlich eine Assoziation, die die Eigenschaften einer Klasse hat, der also Attribute und Methoden zugeordnet werden. Das Aufbrechen einer "n zu n"-Assoziation ist gleichbedeutend mit dem Bilden einer solchen Assoziationsklasse. In der englisch orientierten Literatur findet man auch den Begriff "has"-Assoziation. Die Assoziationsklasse entspricht dem Konzept *"Entity-Relationship"* des entitätsorientierten Ansatzes von Chen.

Eine Aggregation ist eine Zusammenfassung von Elementen, die als ein Ganzes empfunden oder gesehen werden. Die Komposition ist eine strenge Form der Aggregation auch *"Whole-Part"* genannt. Die Aggregation (whole) besteht dann aus den Elementen (part) oder ist daraus zusammengesetzt; die Lebensdauer der Elemente und der Aggregation fallen zusammen.

Das Erarbeiten der Primärschlüssel kann als Hilfe dazu dienen, die richtigen semantischen Konstrukte anzusetzen. Semantische Konstrukte können sich auch überlagern. Auch Ablauf- bzw. Steuerungsspeicher sind übrigens Objekte: Sowohl für die Ablaufsteuerungsart *Mailbox* als auch die Abläufe der Steuerungsart *Agenda* können entsprechende Klassen konzipiert werden.

Für den objektorientierten Ansatz kommt die Methode der UML zum Zug. Für die Modellierung von grossen und erweiterbaren Informationssystemen wird die UML jedoch durch Schlüsselattribute und Duplikate erweitert. Zudem lässt man elementare Methoden und Nachrichten in den Objektmodellen weg. Dies erlaubt das Beibehalten der Übersichtlichkeit auch bei grossen Modellen.

# Teil B Modellierung von Informationssystemen für umfassende Geschäftsprozesse

Die Kap. 1 bis 3 behandelten die verschiedenen Bestandteile des Informationsmanagement im Unternehmen, nämlich – gemäss Kap.1.4.1 – das strategische und operationelle Management 1.) der Informationen selbst, 2.) des Lebenszyklus' von Informationssystemen und 3.) der Informatik-Ressourcen.

In den Kapiteln 4 bis 6 wurde die konzeptionelle Kompetenz im Integralen Informationsmanagement gemäss Abb. 1.4.2.1 behandelt. Die Modellierung von Informationssystemen schloss verschiedene Dimensionen und Sichten ein.

Gemäss Abb. 1.2.4.2 können das Analyse- und Planungssystem, das Abrechnungs- und Kontrollsystem, das Administrations- und Dispositionssystem sowie das technisch-industrielle System als Untersysteme des Informationssystems zur Stützung umfassender Geschäftsprozesse eines Unternehmens angesetzt werden. Die Kapitel 7 bis 12 behandeln nun die Modellierung der Prozesssicht, der Funktionssicht und der Objektsicht des Untersystems *Administration und Disposition.*

Integrales Informationsmanagement in der Modellierung heisst zum einen, eine durchgängige Modellierung zu erreichen, die Geschäftsprozesse als Ganzes, umfassend, stützt. Ziel ist demnach ein *horizontal und vertikal integriertes Informationssystem* gemäss der Abb. 1.2.2.1. Die Praxis der Informatik-Stützung, z.B. durch Logistik-Software wie PPS (Produktionsplanung und -steuerung) oder ERP (Enterprise Resource Planning) zeigte in der Vergangenheit insbesondere in der Objektsicht Defizite. Diese Sicht hat naturgemäss nicht die erste Priorität bei den Organisatoren sowie den Betriebs- und Wirtschaftsingenieuren, ist aber für integrale und integrierte Informationssysteme unabdingbar. Diese Problematik der Nahtstelle zwischen Organisation und Informatik wurde ja bereits im Kap. 3.2.1 behandelt.

Das Vorgehen zur Modellierung entspricht dabei dem Prinzip in Abb. 4.3.3.1, d.h.

1. Detaillierung des Gesamtsystems in Aufgaben mittels Methoden der prozess- und funktionsorientierten Modellierung
2. Umsetzen der Untersysteme in ein Konzept mit objektorientiertem Ansatz
3. Vervollständigung durch Anwendung der semantischen Konstrukte der objektorientierten Modellierung
4. Stufenweise Integration der objektorientierten Modelle der Untersysteme.

Als Ausgangspunkt dient dabei das Kontextdiagramm des Systems *Administration und Disposition* (siehe Abb. B.1).

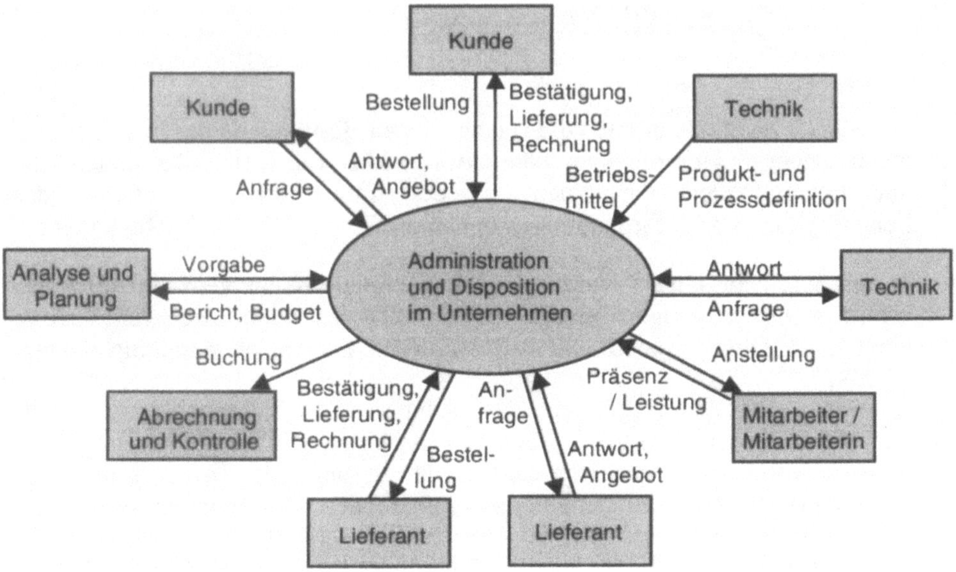


**Abb. B.1** Kontextdiagramm des Systems *Administration und Disposition* (reproduziert aus Abb. 4.3.1.1)

Die erste Detaillierung des Gesamtsystems erfolgt entlang der in Abb. 1.2.4.2 definierten Untersysteme des Systems *Administration und Disposition*. Die nachfolgenden Kapitel entwickeln dementsprechend der Reihe nach das Informationssystem zur Verkaufs- und Vertriebslogistik, zum Lager- und Ressourcenmanagement, zur Produktionslogistik, zur Beschaffungslogistik, zur Personallogistik und zur F&E-Logistik.

Die Behandlung der F&E-Logistik im letzten Kapitel ist dabei aus rein didaktischen Gründen so gewählt. In den meisten Unternehmen werden Produkte und Prozesse unabhängig von vorliegenden Kundenaufträgen entwickelt. Die Prozesse in F&E und besonders auch die daraus entstehenden Objekte sind eine Grundlage für das Integrale Informationsmanagement und stehen insbesondere für den Informatiker weit vorne im Interesse. Es ist deshalb durchaus auch möglich das entsprechende Kapitel 12 als erstes zu lesen. Die Reihenfolge beginnend mit Kapitel 7 folgt hingegen der Auftragsabwicklung beginnend mit dem Kundenauftrag.

# 7 Verkaufs- und Vertriebslogistik-Informationssystem

Ein *Verkaufs- und Vertriebslogistik-Informationssystem* liefert Elemente zum Planen und Steuern des Absatzes von Artikeln oder Arbeitsleistungen nach aussen, das heisst zu Kunden.

Instrumente für den Absatz von Artikeln sind im Wesentlichen die gleichen wie diejenigen für den Absatz von Arbeiten (z.B. Dienstleistungen). Dies gilt sowohl für die Planungsphase als auch für die Steuerungsphase. Man kann von einer Dualität zwischen Materialmanagement und Kapazitätsmanagement sprechen.

In der Folge kommen vor allem die Medils-Auftragskaskaden und -Ablaufdiagramme für die prozessorientierte Modellierung und die Datenflussdiagramme für die funktionsorientierte Modellierung zum Einsatz.

Das Umsystem des Systems *Verkaufs- und Vertriebslogistik* kann ausgehend vom Kontextdiagramm in Abb. B.1 sowohl aus der Prozess- als auch aus der Funktionssicht betrachtet werden. Die Abb. 7.1 zeigt die Prozesslandkarte des Umsystems *Administration und Disposition.*

**Abb. 7.1** Prozesslandkarte des Systems *Administration und Disposition* (reproduziert aus Abb. 5.1.1.1)

Die Abb. 7.2 zeigt die Verkaufs- und Vertriebslogistik im Datenflussdiagramm des Umsystems *Administration und Disposition.* Die Beziehungen mit dem Umfeld wurden bereits im Kontext-Diagramm festgehalten, und die Datenflüsse der verschiedenen Teilsysteme wurden mit der Abb. 5.3.4.2 entwickelt. Das in diesem Kapitel behandelte Teilsystem ist hervorgehoben.

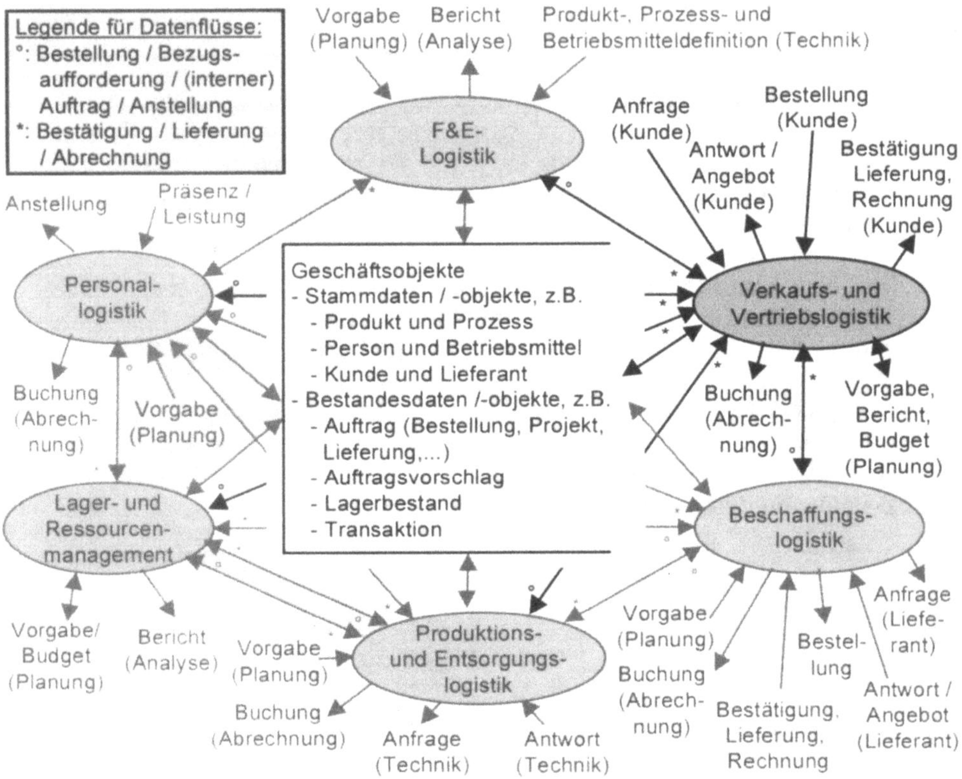


**Abb. 7.2** Datenflussdiagramm des Systems *Administration und Disposition* (reproduziert aus Abb. 5.3.4.2)

## 7.1 Grobe Prozess- und Funktionsanalyse des Informationssystems

Zum vollen Verständnis der Prozesssicht genügt die Prozesslandkarte aus Abb. 7.1 i. Allg. nicht. Für das Integrale Informationsmanagement sind präzisere Diagramme nötig, welche den Zusammenhang des Geschäftsprozesses *Verkaufs- und Vertriebslogistik* mit verschiedenen Geschäftsprozessen der Umsysteme im Verlaufe der Zeit präzise aufzeigen. Dazu eignen sich die Auftragskaskade (eine Form des stellenorientierten Ablaufdiagramms) besonders gut, aber auch das Diagramm der strategisch übergeordneten Prozesse.

Zur groben Prozessanalyse wird sodann die Auftragskaskade in die nächste Stufe der Detaillierung überführt. Die Teilprozesse werden als (Teil-) Aufgaben aufgefasst und entsprechend beschrieben. Die Ergebnisse derselben (Teil-)aufgaben können sodann als Teilfunktionen aufgefasst werden und zur groben Funktionsanalyse herangezogen werden. Die sich so ergebende Detaillierung des Datenflussdiagramms aus Abb. 7.2 liefert schliesslich eine erste Vorstellung über die beteiligten Objekte, also die Objektsicht.

### 7.1.1 Zusammenhang des Logistischen Systems mit dem Umsystem aus Prozesssicht

Die Abb. 7.1.1.1 zeigt die prozessorientierte Modellierung des Systems Verkaufs- und Vertriebslogistik mit der *mehrstufigen Auftragskaskade* aus Kap. 5.1.9.

Die Auftragsbeziehung zwischen Kunden und Lieferanten erhält damit eine besondere Beachtung. Die Verkaufs- und Vertriebslogistik ist das Logistische System zur Erfüllung eines Kundenauftrages. Dafür wird über einen internen Auftrag ein weiteres Logistisches System angestossen, nämlich die Lager-, die F&E-, die Produktions- oder die Beschaffungslogistik. Letztere Logistiken handeln jedoch wie selbständige Auftragnehmer gegenüber der Vertriebslogistik. Alle Auftragswesen bestehen parallel, d.h. mehrere disponierende Personen kümmern sich parallel um die Wertschöpfung. Im Hinblick auf Termintreue „ziehen“ auftraggebende Personen durch laufende Koordination mit auftragnehmenden den Auftrag in der Kaskade nach oben. Damit ist garantiert, dass „nichts vergessen wird“.[45]

---

[45] Wie im Kap. 5.1.9 erwähnt, entspricht das Ganze einer *Ziehlogistik („Pull“-Logistik)*.

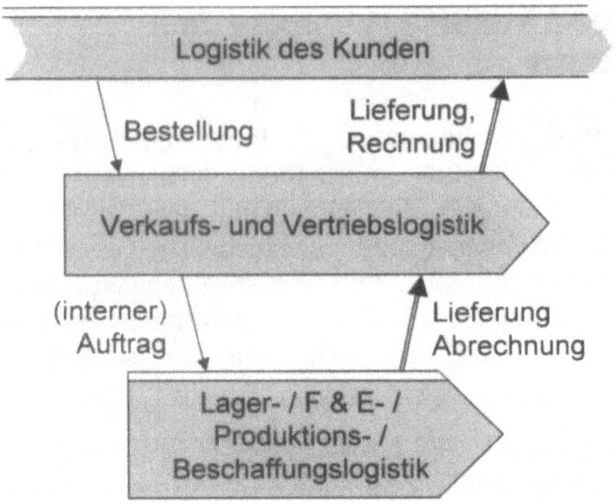


**Abb. 7.1.1.1** Verkaufs- und Vertriebslogistik-Informationssystem: Auftragskaskade (reproduziert aus Abb. 5.1.9.1)

Die Abb. 7.1.1.2 zeigt den Einfluss *strategisch übergeordneter Prozesse* auf den Geschäftsprozess *Verkaufs- und Vertriebslogistik.* Sie sind letzterem quasi „vorgelagert".

**Abb. 7.1.1.2** Verkaufs- und Vertriebslogistik: Strategisch übergeordnete Prozesse (reproduziert aus Abb. 5.1.5.1)

In der Tat kann die Marketingpolitik Regeln festlegen, durch die die Möglichkeiten in der Gestaltung und der Wirkung der Verkaufs- und Vertriebslogistik weitgehend vorbestimmt werden. Als Beispiel kann man sich Regeln für den Internet-Auftritt denken. Das Gleiche kann durch die langfristige Unternehmensplanung der Fall sein, indem z.B. sortimentsspezifische Budgets festgelegt werden.

Die senkrecht gezeichneten Pfeile zeigen diese bestimmende Beeinflussung. Die Beeinflussung kann einerseits nicht mit einem Prozessinput verglichen werden, wenn sie kontinuierlich, d.h. dem ganzen Prozess entlang wirkt und nicht nur durch einen ein- oder mehrmaligen Prozessinput. Andererseits können strategische Vorgaben die Ursache sein, dass bestimmte Teilprozesse des Geschäftsprozesses spontan starten, d.h. ohne Anstoss durch einen Kundenauftrag. Bei der detaillierten Besprechung eines solchen Teilprozesses wird jeweils auf solche „Selbststarts" hingewiesen. Meistens ist ein Eintrag in einem Ablaufspeicher der Art *Agenda* für den Start verantwortlich.

### 7.1.2 Das Logistische System und seine Teilsysteme

Die Abb. 7.1.2.1 zeigt das prozessorientierte Modell des Untersystems *Verkaufs- und Vertriebslogistik*, d.h. die nächste Stufe der Detaillierung der Darstellung aus Abb. 7.1.1.1.

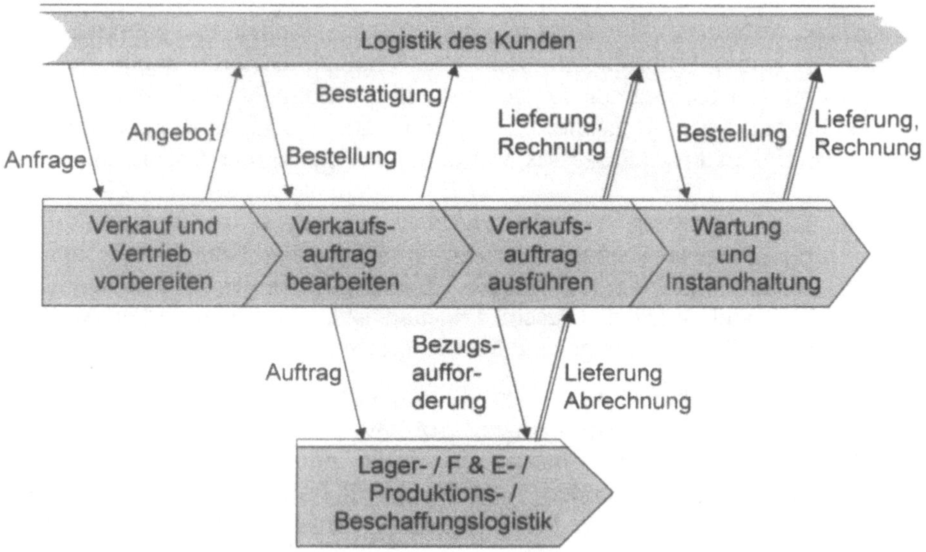


**Abb. 7.1.2.1** Verkaufs- und Vertriebslogistik: prozessorientiertes Modell (reproduziert aus Abb. 5.1.9.2)

Die *Aufgaben*, die während des Prozesses ausgeführt werden, sind die folgenden:

- Zur Verkaufs- und Vertriebsvorbereitung gehören alle dem eigentlichen Verkauf vorgelagerten Aufgaben. Dazu zählen das Festlegen von Kunden- bzw. Vertreterbudgets und das Überwachen ihrer Einhaltung durch die Kundenstatistiken, das Erstellen und Verwalten von Verkaufsangeboten sowie das Verwalten der Versandtouren und Transportmittel.

- Die Verkaufsauftragsbearbeitung umfasst das Bearbeiten der Verkaufsaufträge, das Erstellen der Auftragsbestätigung sowie die Reservierung bzw. den Anstoss der F&E-, Produktions- oder Beschaffungsaufträge.
- Die Verkaufsauftragsausführung umfasst die Überwachung einer allenfalls zur Erfüllung des Verkaufsauftrags nötigen Entwicklung, Produktion und Beschaffung, sowie die Lieferung und die Fakturierung des Verkaufsauftrags.
- Zur Wartung und Instandhaltung zählt alles, was nach der Lieferung und Fakturierung an Dienstleistungen angeboten wird, vom Service bis zur Entsorgungsvorbereitung. Dieses Untersystem ist in vielen Fällen sehr unternehmensspezifisch und wird im Folgenden nicht weiter behandelt.

Für die *Ablaufsteuerung* legt diese grobe Darstellung als Geschäftsprozess nahe, alle Aufgaben unter einer organisatorischen Einheit zu vereinigen, um möglichst wenig Nahtstellenprobleme zu erhalten. Dadurch kann man die administrative Durchlaufzeit für den Datenfluss möglichst klein halten, ohne dabei die operative Kontrolle zu verlieren. Die genauere Betrachtung der Durchgängigkeit dieses Prozesses bestimmt auch die Art der Ablaufspeicher:

- Der Teilprozess *Verkaufs- und Vertriebsvorbereitung* umfasst Aufgaben, die untereinander in keinem direkten Ablauf stehen. Z.B. können Kunden- und Vertreterbudgets unabhängig von der Angebotstätigkeit behandelt werden. Diesem Umstand ist in der detaillierten Analyse dieses Teilsystems genaue Beachtung zu schenken.
- Die Angebotstätigkeit im Teilprozess *Verkaufs- und Vertriebsvorbereitung* ist in einigen (hoffentlich möglichst vielen) Fällen erfolgreich. Dann muss sie direkt mit der Verkaufsauftragsbearbeitung verbunden werden. Ein Ablaufspeicher ist dabei nicht unbedingt nötig, da der Teilprozess *Verkaufsauftrag bearbeiten* i. Allg. durch einen Steuerungsfluss des Kunden angestossen wird. Die Verkaufsauftragsbearbeitung wird durch die Bestellung des Kunden ausgelöst (Ziehlogistik). Sie wird nicht durch die *Verkaufs- und Vertriebsvorbereitung* angeschoben (Schiebelogistik). Hingegen muss u.U. recht viel Information von den Angebotsbearbeitenden zu den Auftragsbearbeitenden fliessen, so dass der Zusammenarbeit an dieser Nahtstelle besondere Aufmerksamkeit zu schenken ist.
- Der Teilprozess *Verkaufsauftrag ausführen* erfolgt i. Allg. ohne einen weiteren Steuerungsfluss durch den Kunden. Das heisst, dass er durch den Teilprozess *Verkaufsauftrag bearbeiten* angeschoben werden muss (Schiebelogistik). Hier ist in der Konzeption des Geschäftsprozesses bzw. des Informationssystems unbedingt ein Ablauf-

speicher vorzusehen. Je nach Auftragsart kann es sich dabei um die Ablaufsteuerungsart *sofort und interaktiv* (z.B. bei sofortiger Auslieferung ab Lager) oder *Agenda* (z. B. bei Auslieferung auf Termin) handeln.

- In der Praxis erfolgt die Teillogistik *Wartung und Instandhaltung* nicht unmittelbar nach der Teillogistik *Auftragsausführung*. Sie wird vielmehr durch einen separaten Steuerungsfluss des Kunden nach sich gezogen (Ziehlogistik). Zwischen diesen beiden Teilprozessen ist damit auch kein Ablaufspeicher vorzusehen. Falls aufgrund der Grösse des Problems eine Grenze in der Aufbauorganisation nötig wäre, würde sie hier wohl am wenigsten stören.

Die Abb. 7.1.2.2 zeigt das funktionsorientierte Modell des Untersystems *Verkaufs- und Vertriebslogistik* aus Abb. 7.2, d.h. die Detaillierung in seine Teilfunktionen.

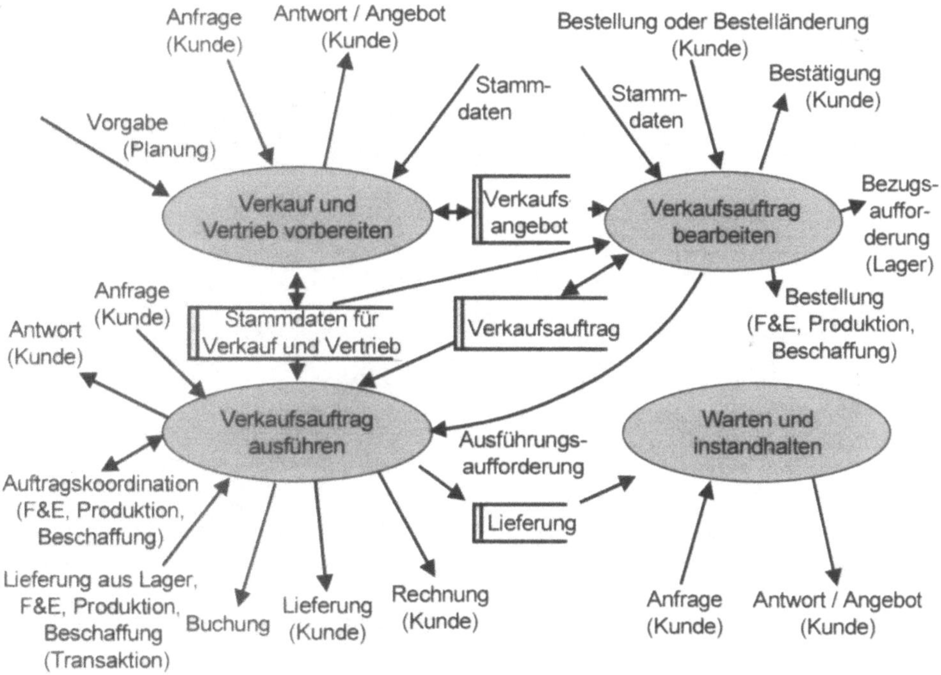


**Abb. 7.1.2.2** Verkaufs- und Vertriebslogistik: funktionsorientiertes Modell (reproduziert aus Abb. 5.3.4.3)

Als *Objekte* zeigt dieses Datenflussdiagramm die folgenden ersten Überlegungen:

- Diese Ebene enthält die grobe Angabe, dass man *Stammdaten für Verkauf und Vertrieb* erarbeitet und benötigt. Auf einer tieferen Stufe werden sie genauer beschrieben.
- *Verkaufsangebot, Verkaufsauftrag* und *Lieferung* sind hingegen bereits offensichtliche Spezialisierungen des generalisierten Objekts *Auftrag.*

## 7.2 Verkaufs- und Vertriebsvorbereitung

Zur *Verkaufs- und Vertriebsvorbereitung* gehören alle dem eigentlichen Verkauf vorgelagerten Aufgaben.

Die Abb. 7.2.1 zeigt einen Prozess so, wie er wohl in den meisten Fällen abläuft.

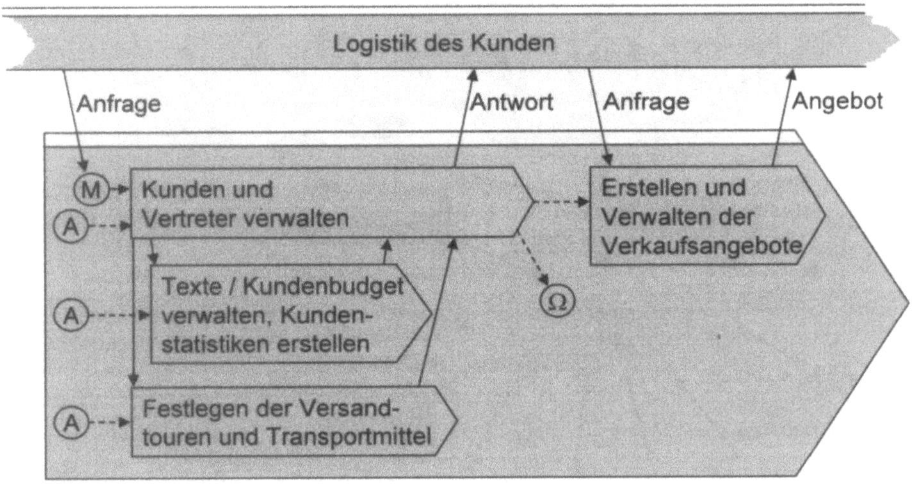


**Abb. 7.2.1** Verkaufs- und Vertriebsvorbereitung: prozessorientiertes Modell

Die *Aufgaben,* die während des Prozesses ausgeführt werden, sind die folgenden:

- Die *Kunden- und Vertreterverwaltung* legt fest, wie die Kontakte zu den Kunden erfolgen sollen. Hier verwaltet man Kundenkontakte und erarbeitet die Sicht auf Konzernstrukturen.

- *Textverwaltung, Kundenbudgetverwaltung und Kundenstatistikerstellung.* Das Festlegen von Kunden- bzw. Vertreterbudgets gehört zur Verkaufsvorbereitung.[46] Ihre Einhaltung wird z.B. über die Kundenstatistiken überwacht. In vielen Fällen wird auch auf der Ebene der Artikel und sogar der Artikel je Kunde budgetiert und überwacht.

- *Verkaufsangebotserstellung und -verwaltung:* Angebote können pauschal oder aber sehr detailliert erstellt sein. Es kann sich auch um Rahmenangebote handeln.

- Die *Versandtouren- und Transportmittelfestlegung* umfasst die prinzipielle Zuordnung von Kunden und Transportmitteln zu Touren sowie von Transportvorrichtungen zu Transportmitteln.

Für die *Ablaufsteuerung* gelten die folgenden Überlegungen:

- Die erwähnten Aufgaben sind i. Allg. keine voneinander abhängigen Teilprozesse des Prozesses Verkaufs- und Vertriebsvorbereitung. Sie können höchstens insofern in eine Sequenz gebracht werden, als der Teilprozess *Kunden und Vertreter verwalten* vor den Teilprozessen *Texte / Kundenbudgets verwalten und Kundenstatistiken erstellen* oder *Verkaufsangebote erstellen und verwalten* ablaufen sollte.

- Es ist kein Ablaufspeicher zwischen den Teilprozessen *Kunden und Vertreter verwalten* und *Erstellen und Verwalten der Verkaufsangebote* zu konzipieren, da der erste Teilprozess auch ablaufen kann, ohne dass er einen der beiden anderen nach sich zieht.

  Der Ablauf kann jedoch durchaus auch umgekehrt vor sich gehen: Ein Verkaufsangebot soll erstellt werden, ohne dass der Kunde bereits erfasst wurde. In diesem Fall müsste zwischen den beiden Teilprozessen ein Ablaufspeicher in der Art einer *Mailbox* stehen: Die Kundendaten müssen nachträglich erfasst werden.

- Aufgrund von Vorgaben der stategischen Planung oder des Marketings können Ablaufspeicher der Art *Agenda* periodisch die Teilprozesse starten.

Das funktionsorientierte Modell gemäss Abb. 7.2.2 legt auch die Objekte fest, die durch die einzelnen Teilprozesse erstellt bzw. wieder benötigt werden.

---

46 Ein anderer Bestandteil der Verkaufsvorbereitung ist natürlich die Verkaufsplanung. Sie wird in Zusammenhang mit dem Übergang zur Produktionsplanung, d.h. dem Erarbeiten der Vorhersagen für den Primärbedarf, in Kap. 8.3 behandelt.

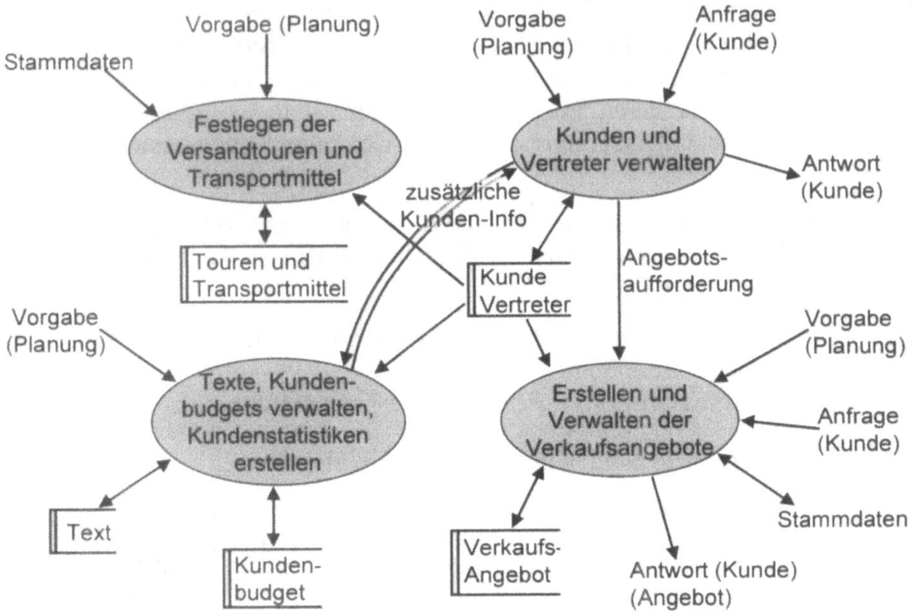


**Abb. 7.2.2** Verkaufs- und Vertriebsvorbereitung: funktionsorientiertes Modell

Als *Objekte* zeigt dieses Datenflussdiagramm die folgenden Überlegungen:

- Die in der Abb. 7.1.2.2 postulierten *Stammdaten für Verkauf und Vertrieb* werden hier in die zu den einzelnen Aufgaben gehörenden spezifischen Objektklassen detailliert. Sie werden in der Folge noch genauer beschrieben.
  - Wieder erscheint *Verkaufsangebot* als Spezialisierung der generalisierten Objektklasse *Auftrag*.

## 7.2.1 Kunden- und Vertreterverwaltung

Die *Kunden- und Vertreterverwaltung* legt fest, wie die Kontakte zu den Kunden erfolgen sollen. Kundenkontakte werden festgehalten. Die Sicht auf Konzernstrukturen wird erarbeitet.

Vertreter und Verkäufer bilden das Rückgrat der Verkaufslogistik. Sie sind es, die innerhalb der Verkaufsorganisation die einzelnen Kontakte zu den Kunden halten.

Das prozessorientierte Modell trägt in diesem Fall nichts Entscheidendes zum Verständnis bei. Die meisten *Teilaufgaben,* die durch die Teilprozesse erfüllt werden, können nämlich unabhängig voneinander ablaufen. Auf die entsprechende Modellierung und eine Diskussion der notwendigen Ablaufspeicher wird deshalb verzichtet.

Die Abb. 7.2.1.1 zeigt direkt das funktionsorientierte Modell zur Verwaltung von Kunden und Vertretern.

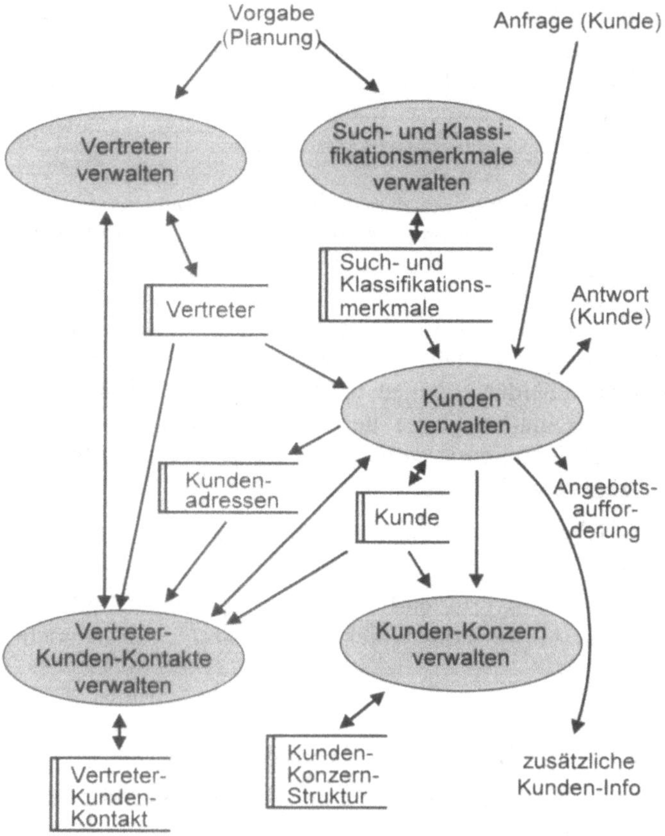


**Abb. 7.2.1.1** Kunden- und Vertreterverwaltung: funktionsorientiertes Modell

Die *Aufgaben,* die während des Prozesses ausgeführt werden, bestehen im Wesentlichen in der Verwaltung von detaillierten Objekten von *Stammdaten für Verkauf und Vertrieb* (siehe die Abb. 7.2.2) und können wie folgt beschrieben werden:

- Mit der Verwaltung der Stammdaten über Kunden und Vertreter werden wesentliche Informationen zur Verkaufs- und Vertriebslogistik festgehalten.

- Wegen der potentiell grossen Anzahl von verschiedenen Kunden ist in den meisten Fällen eine Funktion *Such- und Klassifikationsmerkmale verwalten* notwendig, durch welche Kunden nach sprechenden Kriterien, wie etwa Name, Adresskomponenten, Branchen, Länder, Vertreterkategorien usw. gesucht werden können.
- Wie übrigens auch für die Lieferanten sind Kunden sehr oft Tochterfirmen eines Konzerns. Es ist dann notwendig, die Struktur des Konzerns abzubilden. Dies erlaubt z.B. die Lieferung an eine Tochterfirma, jedoch die Fakturierung an einen zentralen Ort im Konzern. Ebenfalls sind auf diese Weise konzernweite Zusammenzüge in Form von Budgets und Statistiken möglich.

Dieses Ergebnis wird zur objektorientierten Modellierung herangezogen. Die Abb. 7.2.1.2 zeigt das daraus resultierende objektorientierte Modell zur Verwaltung von Kunden und Vertretern.

Ein Kunde wird wie in der Abb. 6.3.2.3 als Spezialisierung eines Geschäftspartners aufgefasst. Zudem möchte man einen bestimmten Kunden je Werk eines Unternehmens unterscheiden können. Man konzipiert deshalb die Objektklasse *Kunde* als Assoziationsklasse der beiden Objektklassen *Werk* und *Geschäftspartner*. Die Vereinigung von deren Primärschlüsselattributen ergibt die *Kunden-Id.*. Weitere wichtige Attribute sind:

- *Vertreter-Id.*, welche eine Assoziation zur Objektklasse *Vertreter* definiert
- *Kundenart* (steht stellvertretend für verschiedene mögliche Klassifikationen der Objekte der Objektklasse *Kunde*, z.B. Branche, Land, Region)
- *Name* und *Stammadresse* des Kunden
- *Kommunikation* mit dem Kunden (z.B. Telefon, Telefax usw.)
- *Zahlungsverkehr* (z.B. Bankadressen, Zahlungsfristen, Skonti usw.)
- *Besteuerungsangaben* (z.B. Mehrwertsteuer-Nr.)
- *Initialwerte* für Verkaufsangebote und -aufträge (z.B. Bonität, Grundrabatt, Priorität des Kunden)

Die Objektklassen *Sach- und Klassifikationsmerkmal* zur Suche des Kunden sowie die aus einer Assoziation dieser Klasse zusammen mit der Objektklasse *Kunde* hervorgegangene Objektklasse *Kunden-Such- und Klassifikationsmerkmal* ist eine typische Konstruktion zur Suche von Objekten.

Etwas schwieriger wird die Darstellung der Beziehung zwischen dem Konzern und seinen Tochterfirmen. Ein Konzern und auch jede seiner Tochterfirmen sind für das Unternehmen je ein Kundenobjekt.

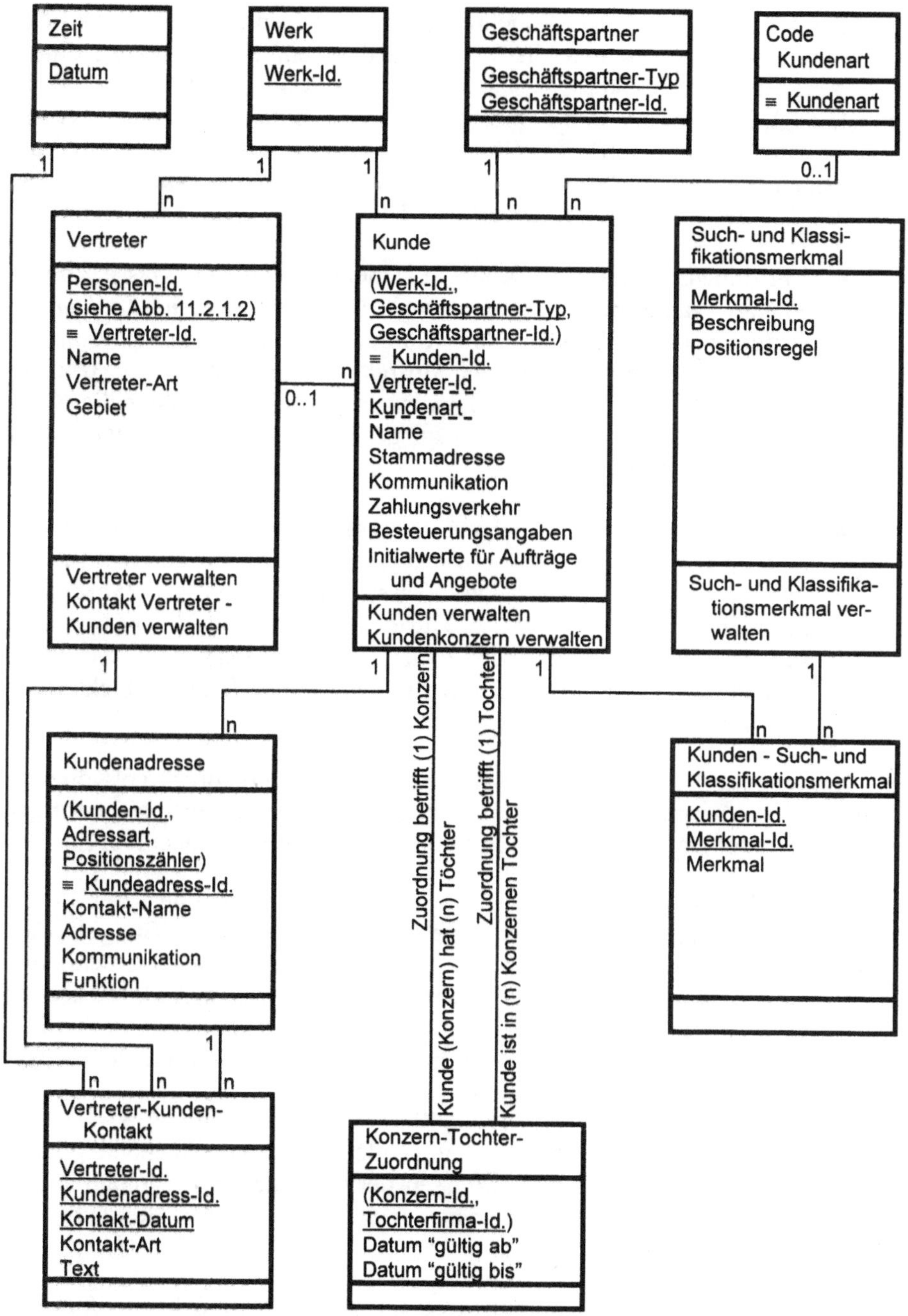


**Abb. 7.2.1.2** Kunden- und Vertreterverwaltung: objektorientiertes Modell

Ein Konzern kann natürlich mehrere Tochterfirmen aufweisen. Zudem wechseln Firmen oft schnell die Hand, so dass ein Kunde bis zu einem bestimmten Datum Tochter eines Konzerns sein kann, nach diesem Datum jedoch Tochter eines anderen Konzerns wird. Somit handelt es sich hier um eine "n zu n"-Assoziation der Objektklasse *Kunde* mit sich selbst. Ihr Aufbrechen gemäss der Regel in Abb. 6.2.7.1 ergibt die Assoziationsklasse *Konzern-Tochter-Zuordnung* in der Abb. 7.2.1.2:

- Von einem bestimmten Konzern, einem Objekt der Klasse *Kunde*, gelangt man über die Rolle *Kunde (Konzern) hat (n) Töchter* zu verschiedenen Objekten der Klasse *Konzern-Tochter-Zuordnung*. Jedes dieser Objekte führt als Attribut die *Tochterfirma-Id.*. Dies ist aber nichts anderes als eine *Kunden-Id.*, mit der man über die Rolle *Zuordnung betrifft (1) Tochter* zu genau einem Kundenobjekt, eben der Tochterfirma, gelangt.

- Von einer bestimmten Tochterfirma, einem Objekt der Klasse *Kunde*, gelangt man über die Rolle *Kunde ist in (n) Konzernen Tochter* zu verschiedenen Objekten der Klasse *Konzern-Tochter-Zuordnung*. Jedes dieser Objekte führt als Attribut die *Konzern-Id.*. Dies ist aber nichts anderes als eine *Kunden-Id.*, mit der man über die Rolle *Zuordnung betrifft (1) Konzern* zu genau einem Kundenobjekt, eben dem Konzern, gelangt.

Ein Konzern kann zudem wieder Subkonzern eines übergeordneten Konzerns sein, so dass eine mehrstufige Struktur entsteht, analog zu einer mehrstufigen Stückliste in der Darstellung eines Produkts aus seinen Komponenten.

Objekte der Klasse *Vertreter* sind all diejenigen Mitarbeiter eines Werkes, die mit Kunden in direkter Beziehung stehen bzw. für welche Budgets oder Statistiken zusammengezogen werden (z.B. für eine Provisionsabrechnung). Da die Objektklasse *Vertreter* als Assoziationsklasse aus den Objektklassen *Werk* und *Person* konzipiert wird, kann derselbe Mitarbeiter für verschiedene Werke eines Unternehmens tätig sein. Im Informationssystem handelt es sich dann jedesmal um ein anderes Objekt.

In der Objektklasse *Kundenadresse* werden alle Adressen der Kundenkontakte gehalten. Dazu zählen auch alle Adressen der verschiedenen Einkäufer oder Konstrukteure einer Kundenfirma, mit denen Vertreter oder Verkäufer des Unternehmens Kontakte pflegen.

Die eigentlichen Kontakte werden in einer aus der Objektklasse *Kundenadresse*, *Vertreter* und *Datum* gebildeten Assoziationsklasse *Vertreter-Kundenkontakt* verwaltet. Nebst der formellen Klassifikation der Kontakte in verschiedene Arten bildet vor allem ein informeller Text den wesentlichen Gehalt dieser Objektklasse.

### 7.2.2 Textverwaltung, Kundenbudgetverwaltung und Kundenstatistikerstellung

Durch *Textverwaltung* werden Texte verschiedener Art einem Objekt einer Klasse zugeordnet.

Die *Kundenbudgetverwaltung* ordnet jedem Kunden ein strukturiertes Verkaufsbudget zu.

Die *Kundenstatistikerstellung* ist ein Zusammenzug von Transaktionen, die sich auf einen bestimmten Kunden beziehen.

Texte, Kundenbudgets und Kundenstatistiken zählen zu den Basisdaten für die Verkaufs- und Vertriebsvorbereitung. Diese Aufgaben werden i. Allg. nicht in einem Ablauf ausgeführt. Das prozessorientierte Modell trägt damit auch hier nichts Entscheidendes zum Verständnis bei. Auf die entsprechende Modellierung wird deshalb verzichtet. Die notwendigen Funktionen hingegen werden in Abb. 7.2.2.1 aufgeführt.

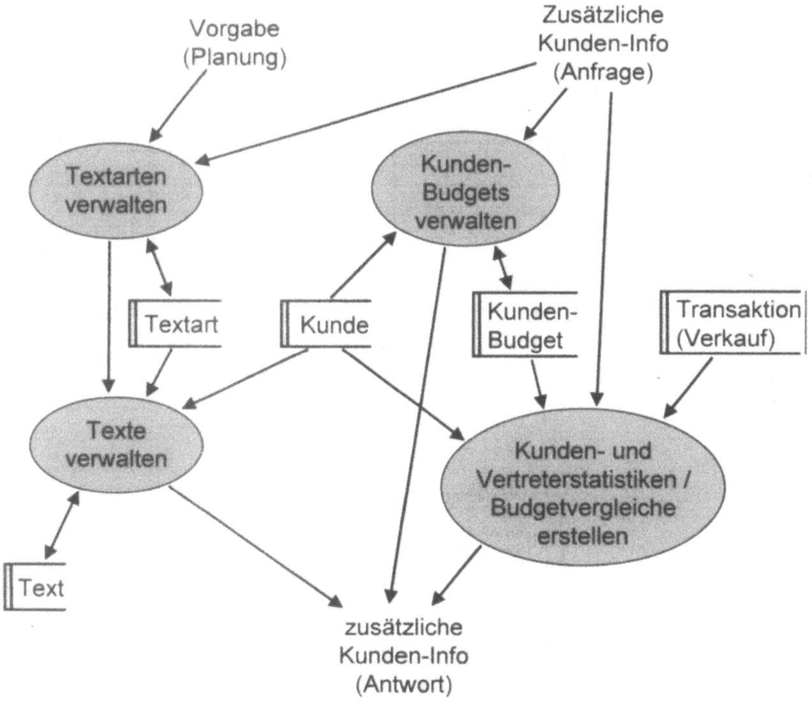


**Abb. 7.2.2.1** Textverwaltung, Kundenbudgetverwaltung und Kundenstatistikerstellung: funktionsorientiertes Modell

Verschiedene Auswertungen bezüglich Budgets und Statistiken von Kundengruppen sind nach Vertretern und Verkäufern geordnet. Entsprechende Funktionen bzw. Teilaufgaben und Objektklassen sind im funktionsorientierten Modell vorgeschlagen.

Abb. 7.2.2.2 zeigt die entsprechenden Objektklassen, Attribute und Assoziationen des objektorientierten Modells.

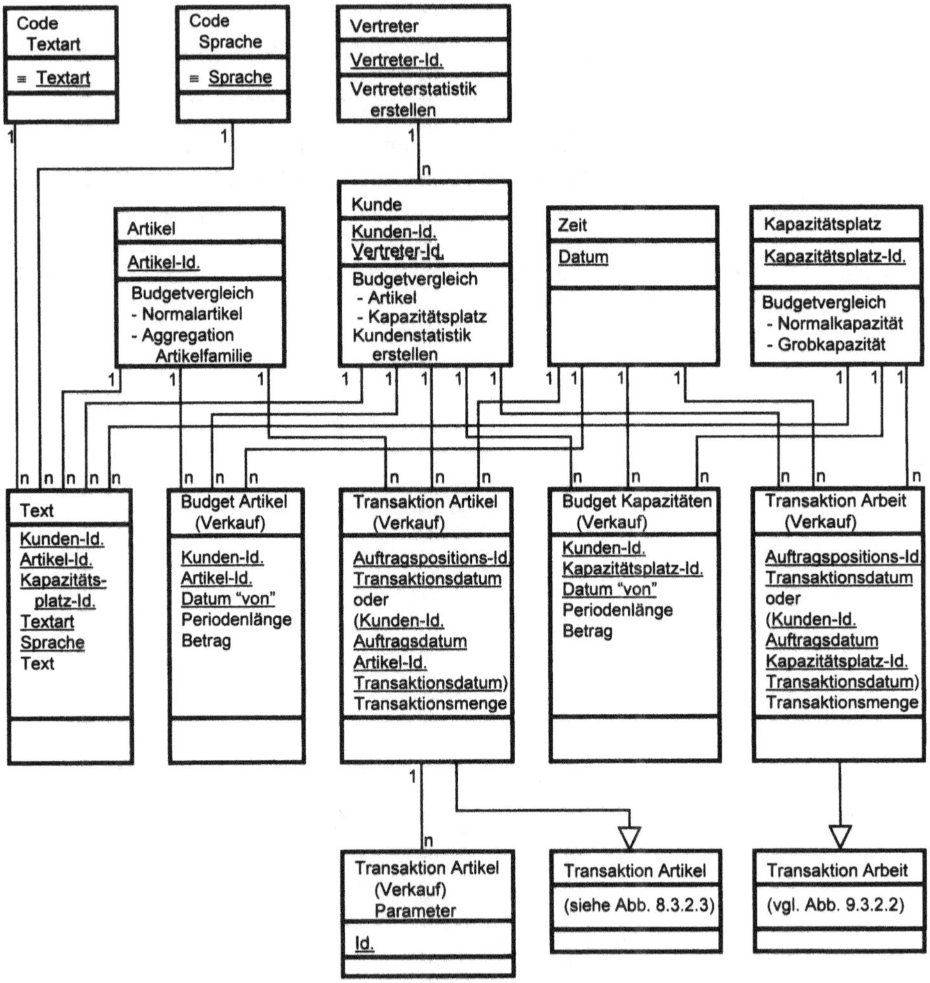


**Abb. 7.2.2.2** Textverwaltung, Kundenbudgetverwaltung und Kundenstatistikerstellung: objektorientiertes Modell

Wie das objektorientierte Modell zeigt, können Texte auf Kunden, auf Artikel, auf Kapazitäten oder auf eine Kombination davon bezogen sein. Auch *Textart* und *Sprache* gehören zu den Objektklassen, die der Assoziation zugrunde liegen.

- Auf den Kunden allein bezogene Texte sind etwa Zeilen, die im Kopf eines Auftrages oder an dessen Fusszeile erscheinen, z.B. allgemeine Verkaufsbedingungen oder Texte, die der Kunde auf den ihn betreffenden Auftragspapieren sehen möchte.
- Artikelbezogene Texte sind etwa für alle Kunden geltende Beschreibungen und Abmachungen für den Artikel.
- Zur Kombination *Kunde/Artikel* gehörende Texte sind etwa Abmachungen mit einem Kunden für einen spezifischen Artikel, z.B. auch die Artikel-Id. und Beschreibung des Artikels beim Kunden.

Eine wichtige Aufgabe der Verkaufsvorbereitung ist das Planen und Verwalten von Budgets sowie das Überwachen dieser Budgets durch die Verkaufs- oder Lieferstatistiken.

- Solche Budgets und Statistiken werden sowohl für verkaufte Artikel (Objektklasse *Verkaufsbudget Artikel*) als auch für verkaufte Arbeiten (Objektklasse *Verkaufsbudget Kapazitäten*) geführt.
- Budgets können entweder gesamthaft für einen Kunden vorgegeben werden oder aber detailliert, bezogen auf Artikel bzw. Kapazitäten und Zeitintervalle. Dies wird durch die entsprechenden Assoziationsklassen in der Abb. 7.2.2.2 gezeigt.

Die Objektklassen *Transaktion Artikel (Verkauf)* bzw. *Transaktion Arbeit (Verkauf)* sind Spezialisierungen der entsprechenden allgemeinen Objektklassen zur Speicherung der Transaktionen im Unternehmen. Die Erfassung solcher Transaktionen als Teil der Betriebsdatenerfassung ist die Grundlage jeder statistischen Auswertung sowie der Budgetvergleiche.

Attribute wie *Artikel-Id.* bzw. *Kapazitäts-Id.* und vor allem das spezialisierte Attribut *Kunden-Id.* in den erwähnten Objektklassen erlauben die Assoziation zu den Objektklassen *Artikel* bzw. *Kapazitätsplatz* und *Kunde*.

Für jede dieser Objektklassen können Budgetvergleiche angestellt werden. Dies geschieht entweder für einzelne Objekte oder auch, z.B. für die Grobplanung, für sämtliche Grobartikel und Grobkapazitäten. Diese Methoden sind in den entsprechenden Objektklassen in der Abb. 7.2.2.2 definiert. Analog dazu sorgt die Methode *Vertreterstatistik erstellen* für den Zusammenzug aller Statistiken der einem Vertreter zugeordneten Kunden.

### 7.2.3 Verkaufsangebotsbearbeitung

Die *Verkaufsangebotsbearbeitung* umfasst alle Aufgaben im Rahmen einer Kundenangebotsphase.

Das Erstellen von Verkaufsangeboten, auch Offertstellung genannt, und deren Überwachung ist eine wichtige Aufgabe der Verkaufsvorbereitung.

Die Abb. 7.2.3.1 zeigt das prozessorientierte Modell zur Verkaufsangebotsbearbeitung.

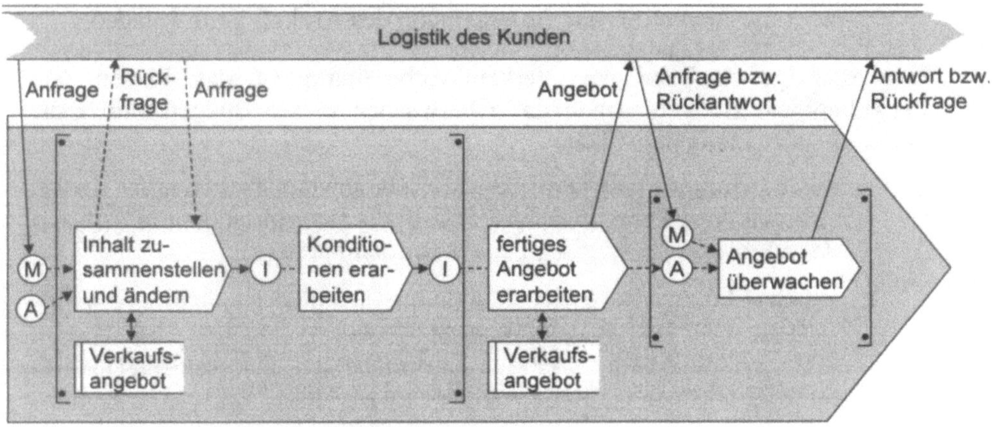


**Abb. 7.2.3.1** Verkaufsangebotsbearbeitung: prozessorientiertes Modell

Die *Aufgaben,* die während des Prozesses ausgeführt werden, sind die folgenden:

- Den Anlass zum Erstellen eines Verkaufsangebots geben Anfragen von Kunden bzw. gezielte Aktionen eines Vertreters, eines Verkäufers oder des Marketings.
- Als Nächstes werden die Konditionen erarbeitet. Meistens handelt es sich um Absprachen bezüglich des Preises oder der Lieferfrist für bestimmte Mengen oder Qualitäten. Inhalt und Zusammenstellung können mehrmals geändert und neu konditioniert werden. Dies ist meistens mit Rückfragen an den Kunden verbunden.
- Die Wiederholklammern zeigen an, dass Inhalt und Zusammenstellung so lange geändert und neu konditioniert werden können, bis das fertige Angebot zuhanden des Kunden erstellt werden kann.

- Schliesslich werden alle Angebotspositionen in ein fertiges Verkaufsangebot gebracht und dem Kunden via Brief, Fax oder EDI/Internet übermittelt. Gleichzeitig werden die Angebotspositionen als Transaktionen festgehalten. Dieser Messpunkt wird auch *Angebotsstatistik* genannt.
- In der Folge werden Angebote der Überwachung zugeführt, um bei Bedarf selbständig oder auf Anfrage des Kunden zu agieren mit dem Ziel, das Angebot in einen Verkaufsauftrag zu überführen.

Für die *Ablaufsteuerung* gelten die folgenden Überlegungen:

- Während die ersten vier der erwähnten Aufgaben in einem Zug ablaufen, so wird die Aufgabe *Angebot überwachen* über die Ablaufsteuerungsart *Agenda* gesteuert: Sie wird in bestimmten Zeitabständen oder auf einen bestimmten Zeitpunkt hin angestossen.
- Auch der Kunde kann durch eine Anfrage den Teilprozess aktivieren, und zwar über die Ablaufsteuerungsart *Mailbox.* Wie die Klammern anzeigen, kann diese Aufgabe für ein bestimmtes Angebot mehrmals aufgerufen werden.

Die Abb. 7.2.3.2 zeigt das funktionsorientierte Modell. Die Prozesssicht als Tertiärsicht ist auf dieser detaillierten Stufe gut ersichtlich.

Als *Objekte* zeigt dieses Datenflussdiagramm das Ergebnis der folgenden Überlegungen:

- Ein *Verkaufsangebot* ist aus *Verkaufsangebotspositionen* zusammengesetzt. Dafür werden *Stammdaten* benötigt: Artikel um Artikel wird mit seiner Bestellmenge als Angebotsposition (Artikel) erfasst. Ebenfalls wird Arbeit für Arbeit (z.B. eine Dienstleistung) mit Vorgabemenge und Kapazitätsplatz als Angebotsposition (Arbeit) erfasst. Unter Umständen können zusammengesetzte Produkte (z.B. in Form von Stücklisten) oder ganze Arbeitspläne zum Angebot gelangen.
- Verschiedene Stati des Verkaufsangebots begleiten den Ablauf.

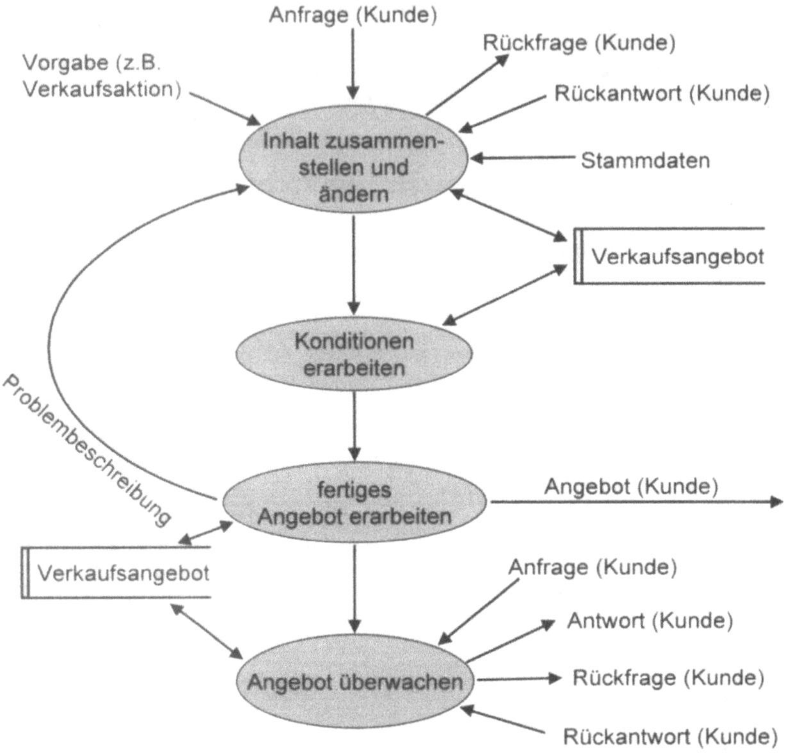


**Abb. 7.2.3.2** Verkaufsangebotsbearbeitung: funktionsorientiertes Modell

Die Abb. 7.2.3.3 zeigt das objektorientierte Modell zur Verkaufsangebotsbearbeitung. Das Objekt Verkaufsangebot wird dabei genau analysiert.

Ein Verkaufsangebot kann ohne weiteres als Spezialisierung eines allgemeinen Auftragsobjekts wie folgt konzipiert werden.

- Das *Verkaufsangebot* (bzw. der *Verkaufsangebots-Kopf*) ist eine Assoziationsklasse, hervorgegangen aus der Assoziation der grundlegenden Objektklassen *Kunde* und *Zeit* (dem Anfragedatum).[47]
- Das Objekt Verkaufsangebot ist des Weiteren als Komposition von *Verkaufsangebotspositionen* konzipiert.
- Ein möglicher Primärschlüssel der Verkaufsangebotsposition ist damit die um einen Zähler erweiterte Verkaufsangebots-Id.

---

[47] Zum Begriff *grundlegende Klasse* siehe das Kap. 6.5.5.

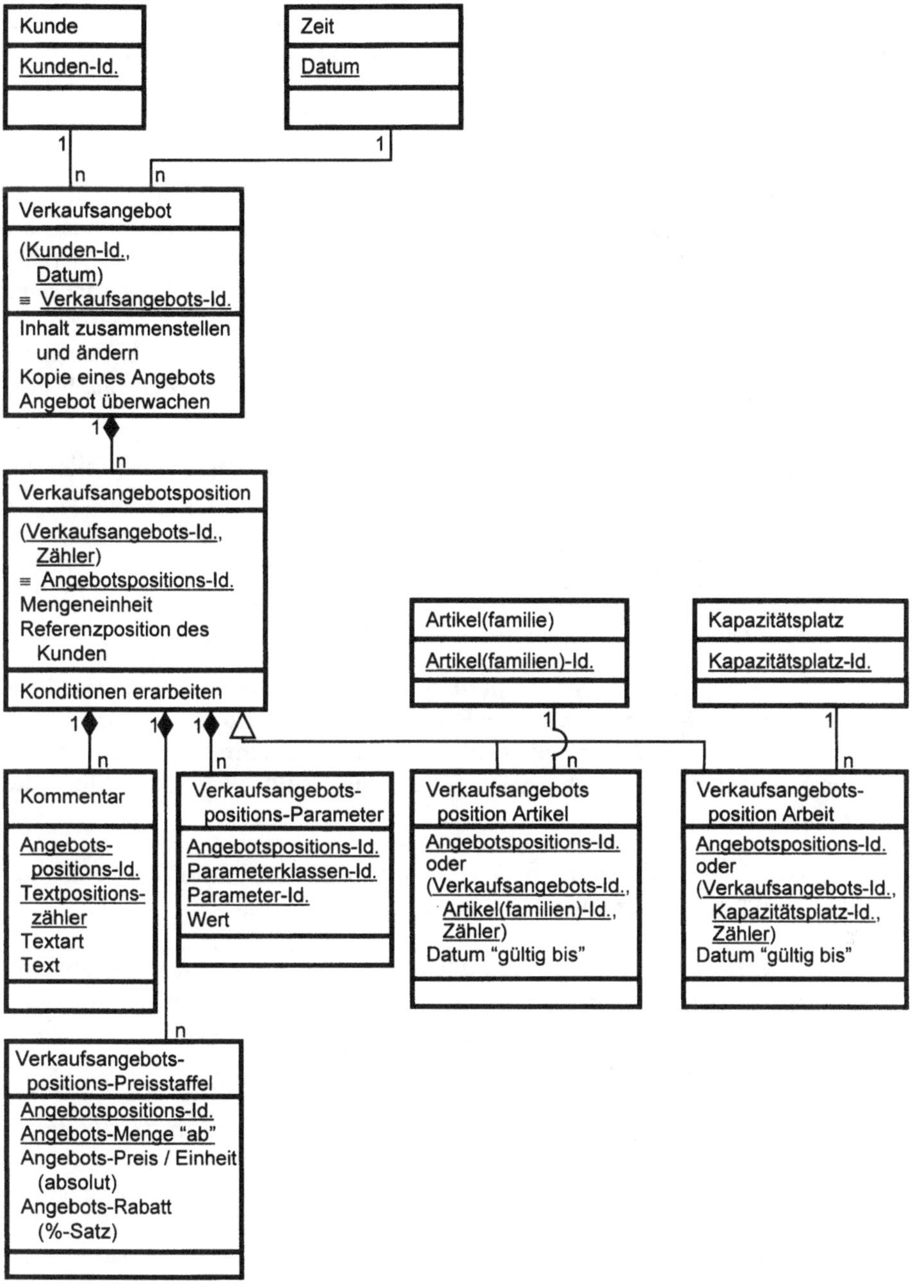


**Abb. 7.2.3.3** Verkaufsangebotsbearbeitung: objektorientiertes Modell

- Bei einer Verkaufsangebotsposition kann es sich um eine *Verkaufsangebotsposition Artikel* oder *Arbeit* handeln.

- Zu jeder Verkaufsangebotsposition gehören unter Umständen *Kommentarpositionen.* In der Verkaufsangebotsposition kann man die Referenzposition des Kunden vermerken.

Eine Verkaufsangebotsposition kann spezialisiert werden in

- eine *Verkaufsangebotsposition Artikel.* Sie kann auch als Assoziationsklasse aufgefasst werden, hervorgegangen aus der Assoziation der Objektklassen *Verkaufsangebots-Kopf* und *Artikel.* Ein alternativer Primärschlüssel dieser beiden Objektklassen ist dann die Vereinigung der Attribute *Auftrags-Id.* mit *Artikel-Id.*, gegebenenfalls erweitert um einen *Zähler*. Bei parametrierten Artikeln (Artikelfamilien) ist der *Verkaufsangebotsposition Artikel* auch eine Menge von Parameterwerten zugeordnet.
- eine *Verkaufsangebotsposition Arbeit.* Sie kann ebenfalls als Assoziationsklasse aufgefasst werden, hervorgegangen aus der Assoziation der Objektklassen *Verkaufsangebots-Kopf* und *Kapazität.* Ein alternativer Primärschlüssel dieser beiden Objektklassen ist dann die Vereinigung der Attribute *Auftrags-Id.* mit *Kapazitäts-Id.*, gegebenenfalls erweitert um einen *Zähler*.

Die Aufgabe *Verkaufsangebotserstellung und -verwaltung* als Ganzes, bzw. die einzelnen Aufgaben respektive Funktionen des Prozesses *Erstellen und Verwalten der Verkaufsangebote* sind als nicht elementare Methoden[48] direkt den einzelnen Objekten zugeordnet. Wie immer sind elementare Methoden nicht aufgeführt.

Aus der Analyse ergibt sich ein Objekt, das nicht aus den bisher gemachten prozess- und funktionsorientierten Überlegungen hervorgeht:

| |
|---|
| Eine *Preisstaffel* hält für eine Verkaufsangebotsposition fest, welcher absolute Verkaufspreis ab einer bestimmten Menge für das Angebot gelten soll. Eine andere Möglichkeit ist die Angabe eines Rabatts, bezogen auf einen Grundpreis sowie einer Menge, ab welcher der Rabatt gewährt wird. |

Mit dem vorliegenden Modell können für jede Kombination *Kunde/Artikel* verschiedene Preisstaffeln definiert werden. Natürlich kann es auch Preisstaffeln geben, die für beliebige Kunden gültig sind. Dafür kann man z.B. ein Angebot einem Kunden hinterlegen, der innerhalb einer bestimmten Kundengruppe als „allgemein gültiger Geschäftspartner" definiert ist. Ist dann für einen bestimmten Kunden kein spezifisches Angebot für einen Artikel definiert, kann jenes allgemeingültige Angebot für die Bestimmung des Preises beigezogen werden.

48 Zum Begriff *elementare Methode* siehe die Kap. 6.5.3 und 6.5.4.

### 7.2.4 Versandtouren- und Transportmittelfestlegung

Die *Versandtouren- und Transportmittelfestlegung* umfasst die Definition von Versandtouren, Transportgruppen und Transportmitteln sowie die prinzipielle Zuordnung von Kunden zu Touren, von Transportmitteln zu Touren und von Transportvorrichtungen zu Transportmitteln.

Diese Aufgaben gehören zur Vertriebsvorbereitung. Die meisten davon können unabhängig voneinander ausgeführt werden, also i. Allg. nicht in einem Ablauf. Wie schon bei der Kunden- und Vertreterverwaltung trägt deshalb das prozessorientierte Modell auch hier nichts Entscheidendes zum Verständnis bei. Auf die entsprechende Modellierung wird deshalb verzichtet. Die Abb. 7.2.4.1 zeigt direkt das funktionsorientierte Modell.

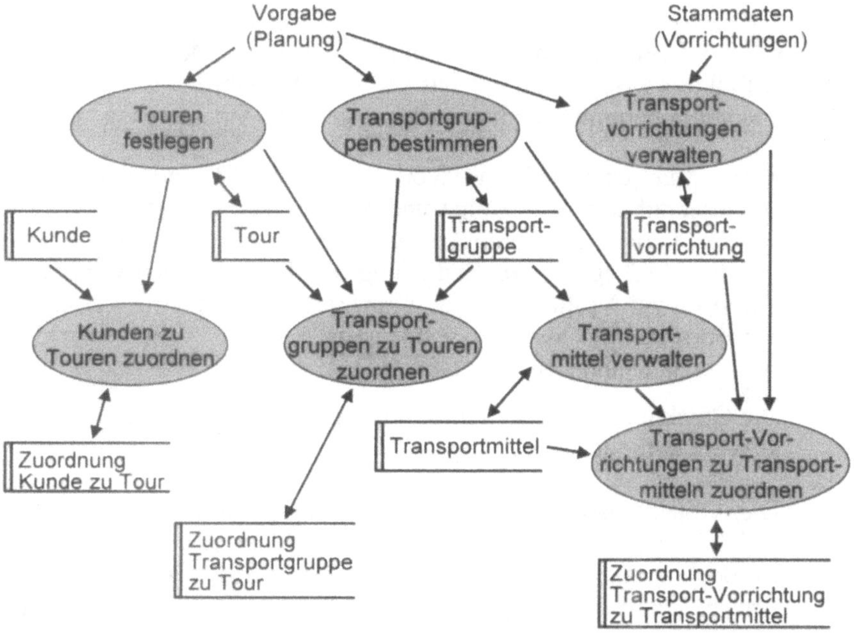


**Abb. 7.2.4.1** Versandtouren- und Transportmittelfestlegung: funktionsorientiertes Modell

Die *Aufgaben,* die durch die Teilprozesse erfüllt werden, bestehen im Wesentlichen in der Verwaltung von detaillierten Objekten von *Stammdaten für Verkauf und Vertrieb* (siehe die Abb. 7.2.2) und können wie folgt beschrieben werden:

- Zuerst geht es darum, grundlegende Objekte zu verwalten:

  - Eine *Versandtour* bzw. eine *Tour* steht für die Vertriebsweise in einer bestimmten geographischen Region.
  - Die Tour wird von möglichen *Transportgruppen* bedient, z.B. von der Eisenbahn, einer Transportfirma oder der eigenen Versandfahrzeugflotte.
  - Eine Transportgruppe besteht aus einer Anzahl von *Transportmitteln*, z.B. Eisenbahnwagen, Lastwagen oder Lieferwagen.
  - *Transportvorrichtungen* sind z.B. Paletten, Gestelle oder Kisten, die, beladen mit den zu transportierenden Gütern, in die Transportmittel eingeführt werden.
- In der Folge geht es darum, Kunden und Transportgruppen Touren zuzuordnen und umgekehrt. Ebenfalls legt man fest, welche Transportvorrichtungen für welche Transportmittel eingesetzt werden können.

Die Abb. 7.2.4.2 zeigt ein mögliches objektorientiertes Modell, welches die bereits im funktionsorientierten Modell aufgeführten Objekte (es handelt sich um Stammdaten) übernimmt und die sich ergebenden Assoziationen aufzeigt.

Touren werden für jedes liefernde Werk bestimmt. Sie sind charakterisiert durch eine Beschreibung, eine Länge und eine Frequenz. Jeder Tour werden dann mögliche Kunden zugeordnet sowie die Transportzeit zum Kunden, ausgehend vom Tourbeginn. Zur Bedienung der Touren stehen verschiedene Transportgruppen zur Verfügung. Jede Transportgruppe ist eine Komposition von Transportmitteln, welche ihrerseits durch ein bestimmtes Fassungsvermögen charakterisiert sind.

- Die Objektklassen Tour, Transportgruppe und Transportmittel können je Werk definiert werden.

- Die Objektklasse Zuordnung Transportgruppe zu Tour legt fest, welche Transportgruppen potentiell zu welchen Touren hinzugezogen werden dürfen. Es kann auch festgelegt werden, welche maximale Anzahl Transportmittel in dieser Zuordnung verwendet werden darf.

- Zwischen den Transportmitteln und den zu liefernden Artikeln stehen die Transportvorrichtungen. Eine Transportvorrichtung ist eine Spezialisierung der Objektklasse Vorrichtung, siehe dazu Abb. 12.2.2.2.

- Die Objektklasse Zuordnung Transportvorrichtung zu Transportmittel hält fest, welche Transportvorrichtungen einem bestimmten Transportmittel zugeordnet werden können und mit welcher maximalen Anzahl.

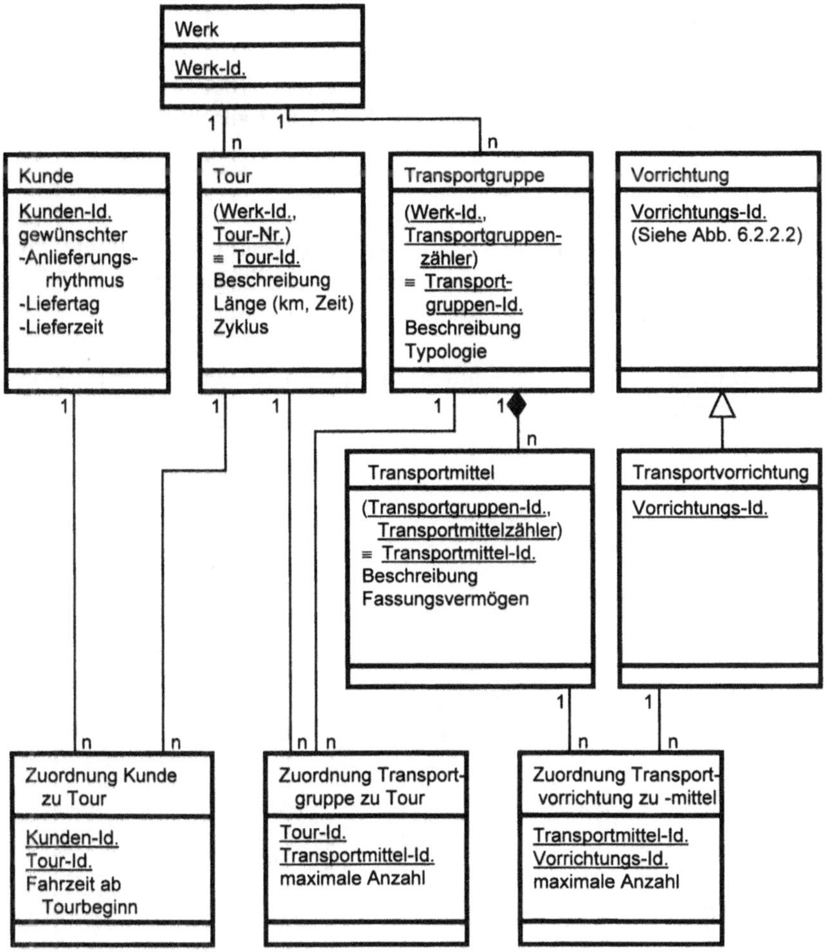


**Abb. 7.2.4.2** Versandtouren- und Transportmittelfestlegung: objektorientiertes Modell

Die Zuordnungsklassen innerhalb dieses objektorientierten Modells beschreiben allesamt die *möglichen* Zuordnungen. Für ein bestimmtes Auftragsvolumen müssen dann u.U. komplizierte Tourenalgorithmen bestimmen, welche Verkaufsauftragspositionen zu einem bestimmten Zeitpunkt welcher Tour zugeordnet werden und welche Transportmittel für die Tour einzusetzen sind. Mehr zu diesem Thema in Kapitel 7.4.2.

## 7.3 Verkaufsauftragsbearbeitung

Verkaufsaufträge sind die Folge von akzeptierten Angeboten oder von direkten Bestellungen. Es kann sich auch um den Abruf aus Rahmenaufträgen handeln.

> Die *Verkaufsauftragsbearbeitung* umfasst das Bearbeiten der Verkaufsaufträge, das Erarbeiten der Auftragsbestätigung sowie die Reservation bzw. das Anstossen von allenfalls zur Auftragserfüllung nötigen F&E-, Produktions- oder Beschaffungsaufträgen.

Zur Detaillierung des Prozesses werden in der Folge verschiedene Typen unterschieden, die in der Abb. 7.3.1 gezeigt sind.

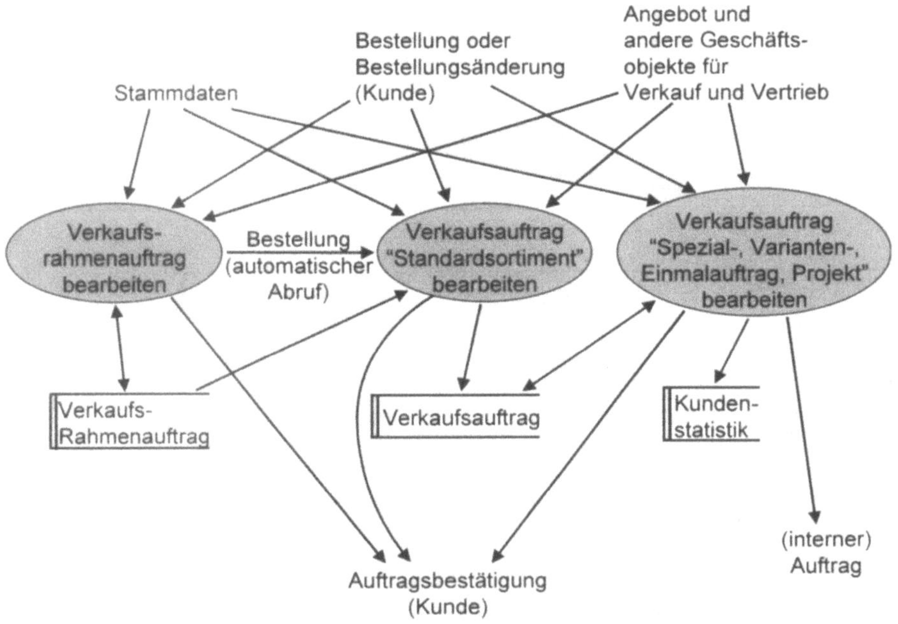


**Abb. 7.3.1** Verkaufsauftragsbearbeitung: funktionsorientiertes Modell für verschiedene Typen von Aufträgen

- Aufträge können das *Standardsortiment* betreffen und gelten dann als *Standardaufträge.* Sie sind unter Bezugnahme auf einen Katalog einfach zu handhaben und ziehen feste und bekannte Abläufe im Unternehmen nach sich.
- Aufträge können aber auch komplizierte und vor allem nicht ständig wiederkehrende und damit bekannte Abläufe im Unternehmen nach

sich ziehen. Es kann sich dabei um *Spezialaufträge* handeln, vor allem aber um Varianten- und Einmalaufträge sowie um eigentliche Projekte.

- Es kann sich auch um *Verkaufsrahmenaufträge* handeln, die keine sofortige Lieferung nach sich ziehen, für welche aber besondere Abklärungen getroffen werden müssen, um die spätere Lieferbereitschaft sicherzustellen.

Die Abb. 7.3.2 zeigt ein mögliches prozessorientiertes Modell für die erwähnten verschiedenen Typen von Aufträgen.

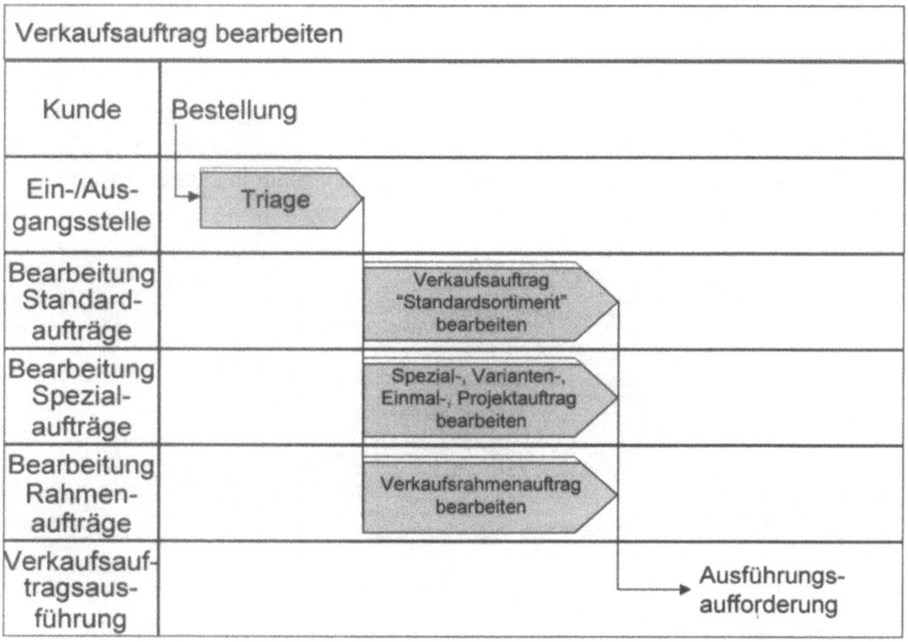


**Abb. 7.3.2** Verkaufsauftragsbearbeitung: Stellenorientiertes Ablaufdiagramm für verschiedene Typen von Aufträgen

Das Stellenorientierte Ablaufdiagramm ist geeignet, um aufzuzeigen, dass nach einer ersten Triage die verschiedenen Typen von Aufträgen durch verschiedene Personen abgewickelt werden können. Dies mag z.B. nötig sein,

- um die Bearbeitung von Standardaufträgen nicht durch komplizierte Abklärungen für einen Spezialauftrag zu bremsen.
- um speziell geschultes bzw. erfahreneres Personal nur für die komplizierteren Aufträge einzusetzen.

Eine solche Segmentierung findet man aus den gleichen Gründen auch in der Güterproduktion: Standardmaschinen stellt man auf einer anderen Produktionslinie her als Prototypen.

### 7.3.1 Bearbeitung von Standardverkaufsaufträgen

Ein *Standardverkaufsauftrag* bezeichnet für unsere Zwecke einen wiederholenden Auftrag, mit dem Artikel bzw. Arbeiten aus einem Standardsortiment verkauft werden.

Ein *Standardsortiment* wird z.B. in einem Katalog festgehalten. Artikel aus einem Standardsortiment werden in der Regel kundenauftragsunabhängig produziert bzw. beschafft.

Standardaufträge sind unter Bezugnahme auf einen Katalog einfach zu handhaben und ziehen feste und bekannte Abläufe im Unternehmen nach sich. Die Abb. 7.3.1.1 zeigt das zur Bearbeitung von Standardverkaufsaufträgen gehörende prozessorientierte Modell.

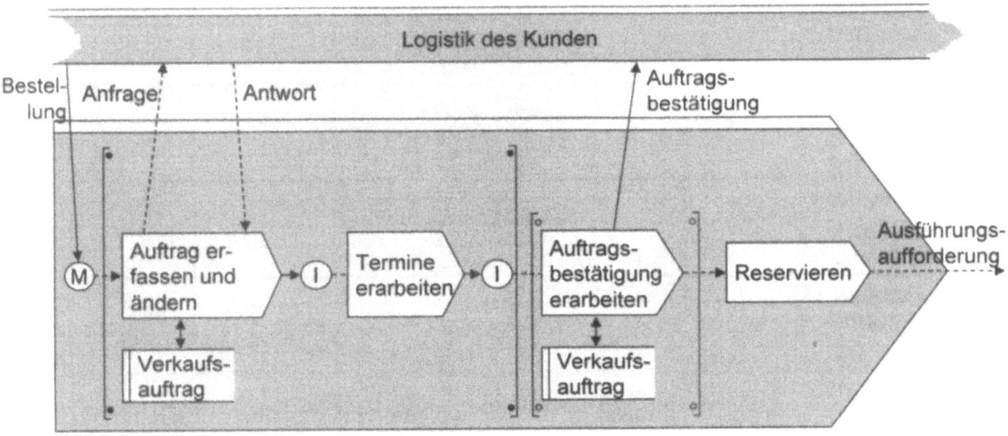


**Abb. 7.3.1.1** Bearbeitung von Standardverkaufsaufträgen: prozessorientiertes Modell

Die *Aufgaben,* die während des Prozesses ausgeführt werden, sind die folgenden:

- Zuerst wird der Verkaufsauftrag als Ganzes erfasst. Je nach der Politik des Lieferrhythmus werden die Wunschtermine je Auftragsposition korrigiert.

- Als Nächstes werden die Termine erarbeitet. Bei einem Artikel werden die Bestände, die erwarteten Zugänge und die bereits reservierten Abgänge aus anderen Aufträgen in die Verfügbarkeitsrechnung einbezogen. Bei einer Arbeit werden für die geplante Zeitperiode die bereits aufgrund von anderen Auftragspositionen 'Arbeit' vorgesehene summierte Belastung mit der summierten Kapazität für dieselbe Zeitperiode verglichen.

- Je nach Ergebnis der Prüfung ergibt sich ein Problem, zu dessen Lösung die gewünschten Termine als Ganzes oder für Teilmengen verschoben werden müssen. Dazu ist der Auftrag gegebenenfalls zu ändern: Auftragspositionen müssen in verschiedene Teilaufträge zusammengefasst und jeweils mit einem unterschiedlichen Liefertermin versehen werden.

- In der Folge werden Mengen und Termine in eine *Auftragsbestätigung* gebracht und dem Kunden via Brief, Fax oder EDI/Internet übermittelt. Gleichzeitig werden die jetzt rechtlich gültigen Verkäufe als Transaktionen festgehalten. Dieser Messpunkt wird auch Auftragsbestätigung bzw. *Verkaufsstatistik* genannt.

- Gleichzeitig mit der Auftragsbestätigung werden die bestellten Mengen auch fest reserviert. Im Falle von Arbeiten heisst dies, dass die Belastung in die summierte Belastung der entsprechenden Zeitperiode einbezogen wird.

Für die *Ablaufsteuerung* gelten die folgenden Überlegungen:

- I. Allg. wird über den ganzen Prozess die Ablaufsteuerungsart "sofort und interaktiv" gewählt. Das heisst insbesondere, dass für einen bestimmten Auftrag ein und dieselbe Person den ganzen Ablauf betreuen sollte.

- Die Wiederholklammern zeigen an, dass der Auftrag so lange geändert und neu disponiert wird, bis die Auftragsbestätigung erarbeitet werden kann.

Das funktionsorientierte Modell für die Bearbeitung von Standardverkaufsaufträgen wird in Abb. 7.3.1.2 als Datenflussdiagramm gezeigt.

Die *Objekte* dieses Datenflussdiagrammes sind das Ergebnis folgender Überlegungen:

- Diese Ebene enthält die grobe Angabe, dass man *Stammdaten für Verkauf und Vertrieb* benötigt. Diese werden im Folgenden genau beschrieben. Ebenfalls können Angebote und Rahmenaufträge das Erarbeiten von Angeboten auslösen.

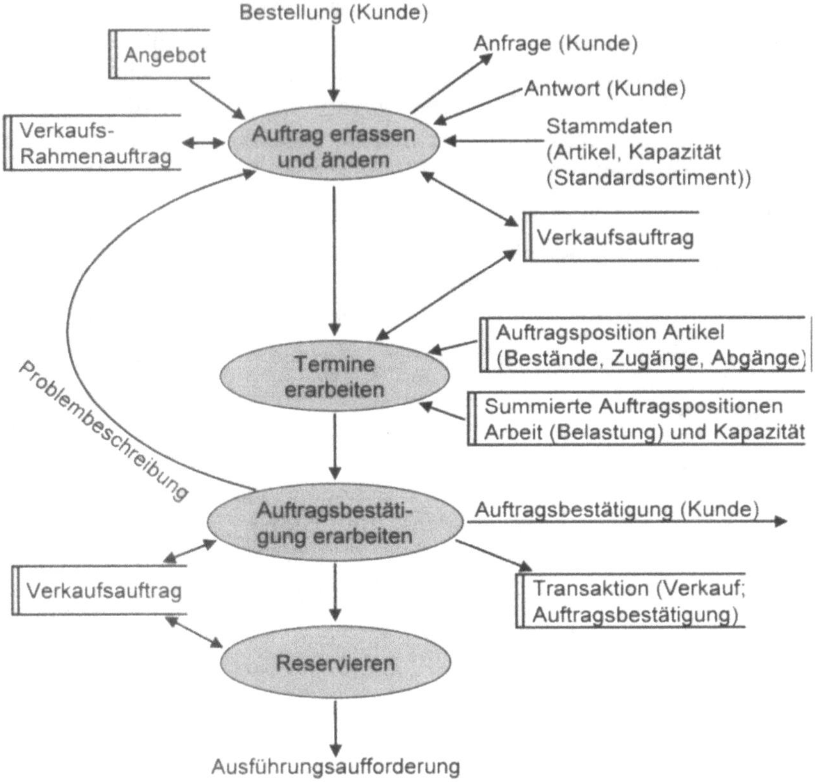


**Abb. 7.3.1.2** Bearbeitung von Standardverkaufsaufträgen: funktionsorientiertes Modell

- Ein *Verkaufsauftrag* ist aus *Verkaufsauftragspositionen* zusammengesetzt.
- Bei direkten Bestellungen wird Artikel um Artikel mit seiner Bestellmenge als *Auftragsposition Artikel* bzw. Arbeit für Arbeit mit Vorgabemenge und Kapazitätsplatz als *Auftragsposition Arbeit* erfasst. Bei akzeptierten Verkaufsangeboten werden ganze Angebote oder Teile davon als Verkaufsauftrag kopiert. Bei Abrufen von Verkaufsrahmenaufträgen werden die entsprechenden Verkaufsrahmenauftragspositionen mit der Teilmenge und dem gewünschten Termin versehen als Verkaufsauftragsposition eingestellt.
- Verschiedene Stati der Objektklasse *Verkaufsauftrag* begleiten den Ablauf.

Die Abb. 7.3.1.3 zeigt das zur Bearbeitung von Standardverkaufsaufträgen gehörende objektorientierte Modell.

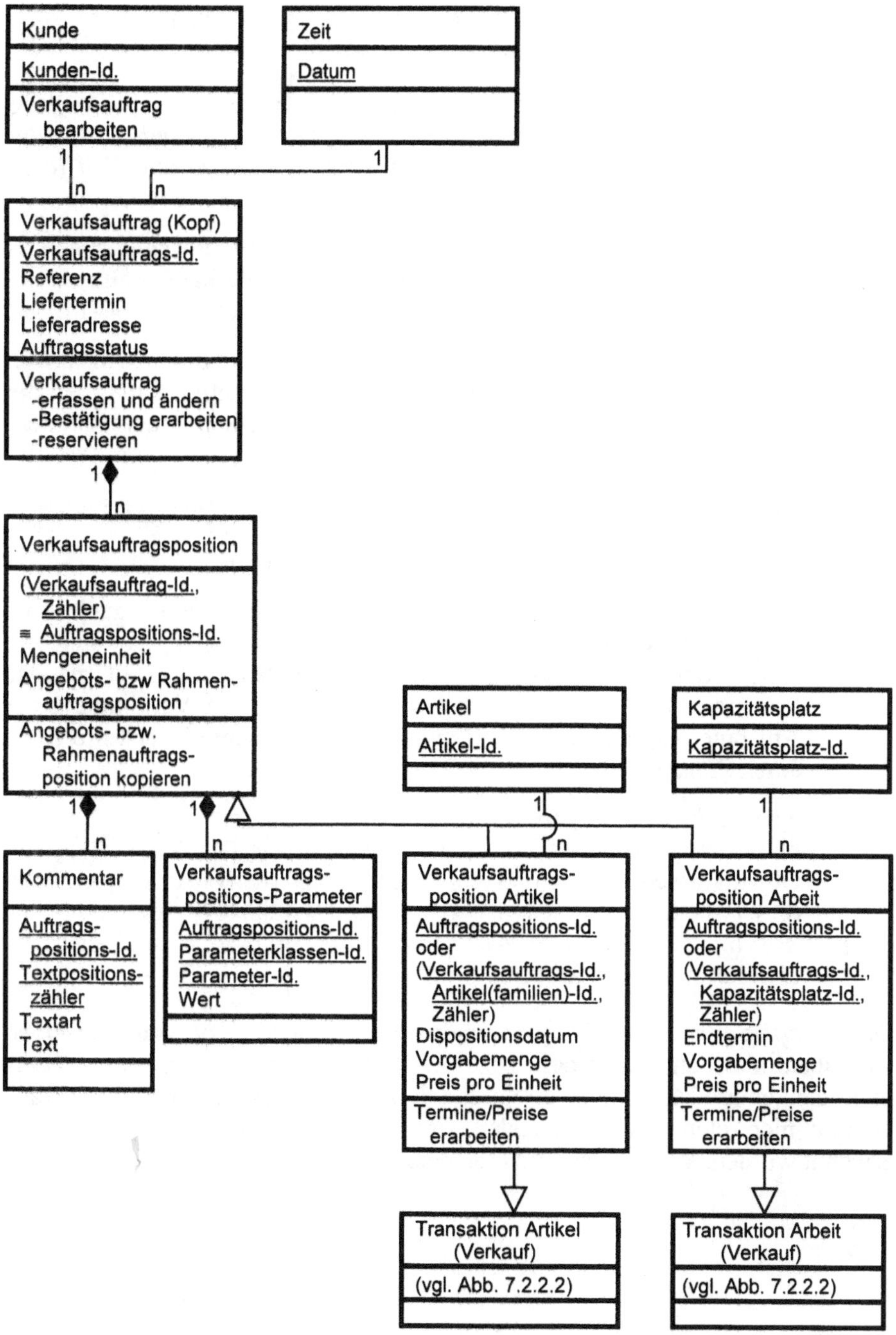


**Abb. 7.3.1.3** Bearbeitung von Standardverkaufsaufträgen: objektorientiertes Modell

Ein Verkaufsauftrag ist wie das Verkaufsangebot als Spezialisierung eines allgemeinen Auftragsobjekts wie folgt konzipiert:

- Das Objekt *Verkaufsauftrag* bzw. genauer der *Verkaufsauftrag (-Kopf)* ist eine Assoziationsklasse, hervorgegangen aus der Assoziation der grundlegenden Objektklassen *Kunde* und *Zeit* (dem Bestelldatum).[49]
- Ein Verkaufsauftrag ist eine Komposition von *Verkaufsauftrags-positionen.* Ein möglicher Primärschlüssel der Verkaufsauftragsposition ist damit die um einen Zähler erweiterte Verkaufsauftrags-Id.
- Zu jeder Verkaufsauftragsposition gehören unter Umständen *Kommentarpositionen.* In der Verkaufsauftragsposition kann man die Referenzposition des Kunden sowie die Angebots- oder Rahmen-auftragsposition vermerken.
- Die Verkaufsauftragsposition kann durch *Parameter* ergänzt sein.

Eine Verkaufsauftragsposition kann spezialisiert werden in

- eine *Verkaufsauftragsposition Artikel.* Sie kann auch als Assoziationsklasse aufgefasst werden, hervorgegangen aus der Assoziation der Objektklassen *Auftrag* und *Artikel.* Ein alternativer Primärschlüssel dieser beiden Klassen ist dann die Vereinigung der Attribute *Auftrags-Id.* mit *Artikel-Id.*, gegebenenfalls erweitert um einen *Zähler*.
- eine *Verkaufsauftragsposition Arbeit.* Sie kann auch als Assoziations-klasse aufgefasst werden, hervorgegangen aus der Assoziation der Objektklassen *Auftrag* und *Kapazität.* Ein alternativer Primärschlüssel dieser beiden Klassen ist dann die Vereinigung der Attribute *Auftrags-Id.* mit *Artikel-Id.* bzw. *Kapazitäts-Id.*, gegebenenfalls erweitert um einen *Zähler*.

Die Aufgabe *Verkaufsauftragsbearbeitung* als Ganzes bzw. die einzelnen Aufgaben oder Funktionen des Prozesses *Verkaufsauftrag bearbeiten* sind als nicht-elementare Methoden[50] direkt den einzelnen Objekten zugeordnet. Auch weitere nicht-elementare Methoden sind eingezeichnet, soweit sie bereits erwähnt wurden. Wie immer sind elementare Methoden nicht aufgeführt.

---

[49] Zum Begriff *grundlegende Klasse* siehe das Kap. 6.5.5.

[50] Zum Begriff *elementare Methode* siehe das Kap. 6.5.4.

### 7.3.2 Bearbeitung von Spezial-, Varianten-, Einmal- oder Projektaufträgen

Ein *Spezialauftrag* bezeichnet für unsere Zwecke einen Auftrag, der so nicht ohne weiteres wieder zu erwarten ist. Er zieht i. Allg. komplizierte und vor allem nicht ständig wiederkehrende, das heisst nicht a priori bekannte betriebliche Abläufe nach sich.

Ein *Variantenauftrag* lässt sich durch Modifikation aus einem schon vorgekommenen Auftrag ableiten. Gewisse Auftragspositionen ändern sich, andere bleiben gleich. Eine Variante ist meistens eine einzelne Ausprägung einer Produktfamilie. Die Ausprägung kann dabei von vornherein im Produktkonzept vorgesehen sein oder aber ad hoc in Zusammenarbeit mit dem Kunden definiert werden.

Ein *Einmalauftrag* ist ein Auftrag, der in dieser Form nicht wiederkehrt.

Insbesondere bei Dienstleistungen kann auch ein *Projekt* bzw. ein *Projektauftrag* vorliegen. Das ist ein Vorhaben, das durch eine Menge von Arbeiten beschrieben wird, die in einen bestimmten Ablauf einzuplanen sind.

Die Abb. 7.3.2.1 zeigt das prozessorientierte Modell für solche Verkaufsaufträge.

Im Vergleich mit der Verarbeitung eines Standardauftrags (siehe die Abb. 7.3.1.1 und die dortige Beschreibung der Aufgaben) zeichnen sich ein Spezial-, ein Varianten-, ein Einmal- oder ein Projektauftrag i. Allg. durch eine kompliziertere Erstellung des Verkaufsauftrages aus. Dies betrifft sowohl das Erfassen und Ändern des Auftrages (seines Inhalts und Zusammensetzung) als auch die Erarbeitung von Preisen und Terminen. Manchmal müssen diese beiden Teilaufgaben mehrere Male unter Rücksprache mit dem Kunden iteriert werden, .

Zur *Ablaufsteuerung*: Die Kompliziertheit eines Spezial-, Varianten-, Einmal- oder Projektauftrags kann sich auch im Ablauf selber ausdrücken, indem mehrere Personen daran beteiligt sind.

- Z.B. kann eine Person mit der Definition des Auftragsinhalts beschäftigt sein, eine andere mit dem Festlegen der Preise und wieder eine andere mit der Erarbeitung der Termine. Zwischen diesen Personen liegen Ablaufspeicher der Art Mailbox. In diesen Ablaufspeichern liegt ein Grund für mögliche Verluste in der administrativen Auftragsdurchlaufzeit durch Wartezeiten.

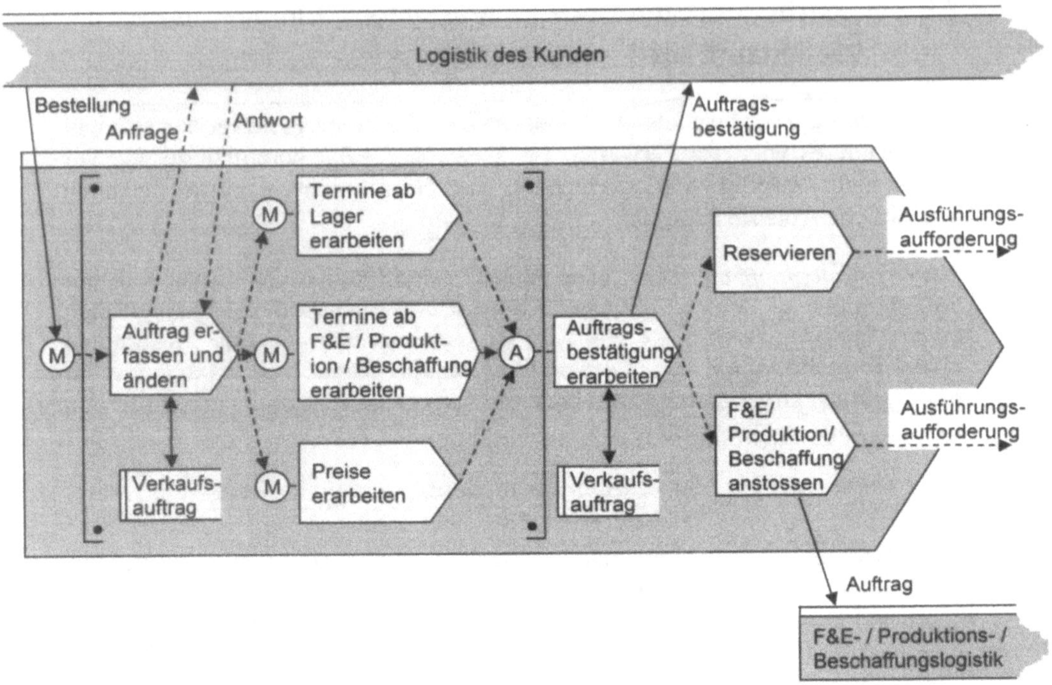


**Abb. 7.3.2.1** Bearbeitung von Spezial-, Varianten-, Einmal- oder Projektaufträgen: prozessorientiertes Modell

- Auch Programmablaufspeicher spielen hier eine Rolle. In gewissen Fällen ist der Produktionsauftrag vollumfänglich durch die Verkaufsauftragsposition definiert. Ist der Ablaufspeicher zum Aufruf des Computerprogramms für die Produktionsauftragsbearbeitung (also ein Ablaufspeicher der Art *Mailbox*) auf dem Computersystem aktiv, so kann die Erstellung des Produktionsauftrags umgehend erfolgen. Als Ergebnis können dann die Arbeitspapiere direkt in die Produktion gegeben werden.

Die Abb. 7.3.2.2 zeigt das funktionsorientierte Modell für solche Verkaufsaufträge. Auch hier fällt die wesentlich komplexere Form des Erstellens des Verkaufsauftrages aus. Im Vergleich zur Standardauftragsbearbeitung in der Abb. 7.3.1.2 fallen auch die zusätzlichen Objekte im Datenflussdiagrammn auf.

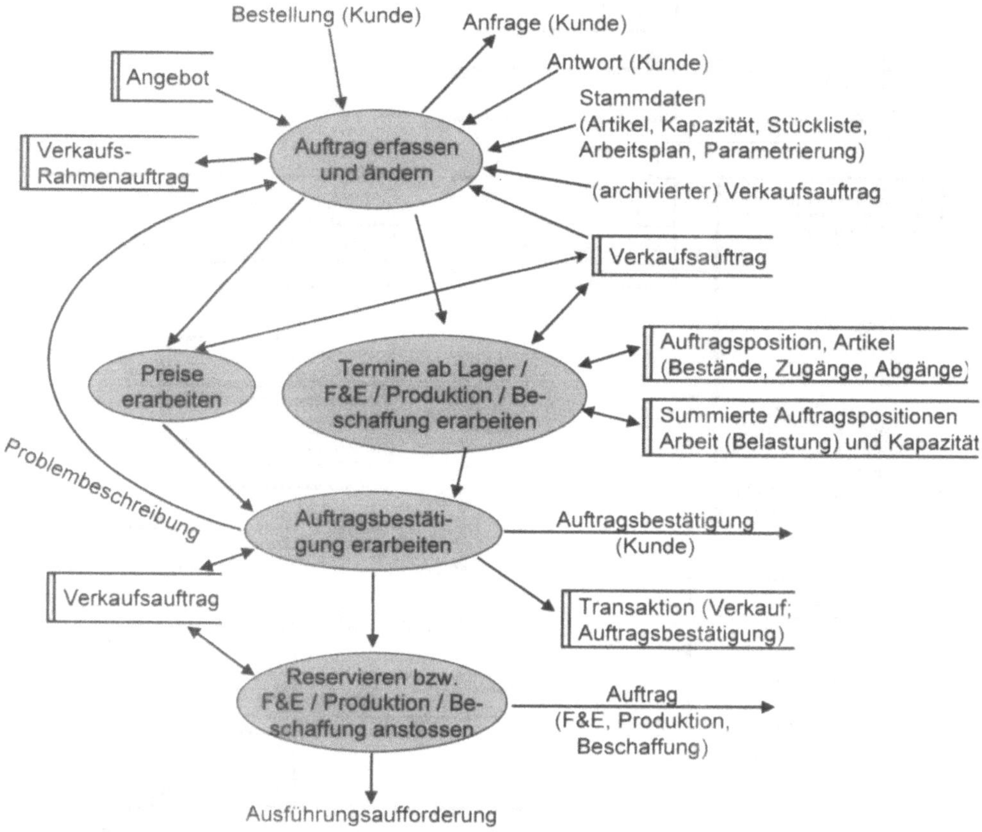


**Abb. 7.3.2.2** Bearbeitung von Spezial-, Varianten-, Einmal- oder Projektaufträgen: funktionsorientiertes Modell

Die Abb. 7.3.2.3 zeigt das entsprechende objektorientierte Modell. Die erwähnten Objekte werden darin ebenfalls aufgeführt und nachfolgend näher beschrieben.

Im Vergleich zur Standardauftragsbearbeitung in Abb. 7.3.1.3 fallen die folgenden Erweiterungen auf:

- Die Objektklasse *Auftragsmerkmal* und die Assoziationsklasse *Verkaufsauftragsmerkmal*: Spezialaufträge können gegebenenfalls aus einer Kopie von früher abgewickelten Verkaufsaufträgen abgeleitet werden. Die Verkaufsaufträge werden dazu nach bestimmten Auftragsmerkmalen durchsucht. Diese Konstruktion entspricht derjenigen zur Suche von Artikeln, Lieferanten, Kunden usw.

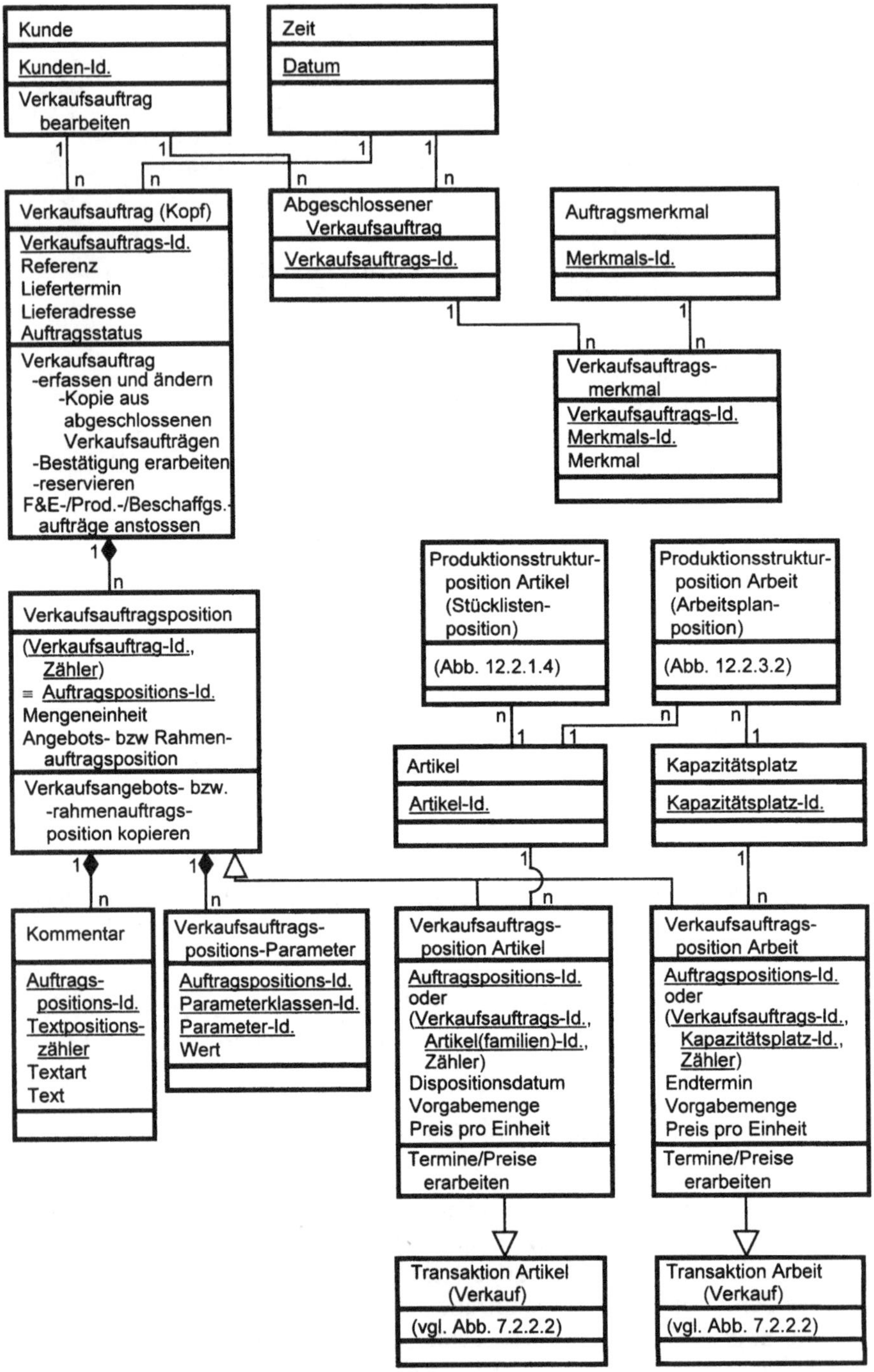


**Abb. 7.3.2.3** Bearbeitung von Spezial-, Varianten-, Einmal- oder Projektaufträgen: objektorientiertes Modell

- Bei Kommissionieraufträgen kann der Kunde einen Satz von Artikeln bzw. Arbeiten "bestehend aus" einzelnen Endprodukten bzw. einzelnen Arbeiten beziehen. Dies bedeutet das Abarbeiten der Positionen einer Stückliste bzw. eines Arbeitsplans. Die gestrichelte Assoziationslinie in der Abb. 7.3.2.3 soll anzeigen, dass die Verbindung vom Artikel (=Produkt) nicht direkt zu den Objektklassen *Stücklistenposition* bzw. *Arbeitsplanposition (Arbeitsgang)* führt, sondern indirekt über die Produktionsstruktur. Für Variantenaufträge können die *Auftragspositionen Artikel* und *Arbeit* durch Konfiguration aus parametrierten Produktionsstrukturen einer Produktfamilie abgeleitet werden. Siehe dazu Kap. 12.3.2.

Die Disponibilität einer *Verkaufsauftragsposition Artikel* wird, wie schon in Kapitel 7.3.1 beschrieben, durch Verrechnen der Zugänge und Abgänge anderer Auftragspositionen für denselben Artikel geprüft. Die Disponibilität einer *Verkaufsauftragsposition Arbeit* wird unter Bezugnahme auf die Kapazität und bereits vorhandene Auftragspositionen für denselben Kapazitätsplatz geprüft. Bei Spezialaufträgen ist i. Allg. jedes Mal eine Auftragsbestätigung zu erstellen.

Ein Charakteristikum von Spezialaufträgen sind sodann die F&E-, Produktions- und Beschaffungsaufträge, die direkt bezogen auf eine Verkaufsauftragsposition hin angestossen werden. Falls alle Details schon in der Verkaufsauftragsbearbeitung abgeklärt wurden, können zugehörige verkaufsauftragsbezogene F&E-, Produktions- und Beschaffungsaufträge gegebenenfalls automatisch erstellt und in der Folge freigegeben werden.

### 7.3.3 Verkaufsrahmenauftragsbearbeitung und -überwachung

| |
|---|
| Ein *Verkaufsrahmenauftrag* ist eine langfristige Vereinbarung mit einem Kunden über eine Anzahl von Lieferungen. |

Das Ziel des Ressourcenmanagements in der langfristigen Planung, also im Rahmen der Programmplanung, ist nicht das Freigeben von Beschaffungsaufträgen, sondern vielmehr das Vorbereiten der Kanäle für die spätere Beschaffung.

Langfristaufträge für grössere Mengen über einen längeren Zeitraum liegen im beiderseitigen Interesse. Für den Kunden geht es dabei um günstigere Konditionen und einen höheren Lieferbereitschaftsgrad des Lieferanten. Der Lieferant wiederum hat eine Mindestabnahmemenge und eine bessere Planbarkeit seiner Herstellung im Auge. Man unterscheidet folgende zwei Arten von Verkaufsrahmenaufträgen:

- Mit einem *Rahmenauftrag auf Güter* vereinbart man im Logistiknetzwerk langfristig verbindliche Vereinbarungen über Produkte und deren Komponenten. Dazu ist eine sichere Absatzmöglichkeit erforderlich, die z.B. bei gleichmässiger Verbrauchernachfrage gewährleistet ist. Ist die Mindestabnahmemenge Null, dann handelt es sich nur um eine Vorhersage. Ist diese Vorhersage einigermassen zuverlässig, so können die Partner im Logistiknetzwerk ihre eigene Produktion besser planen als ohne Vorhersage. Prognosen werden z.B. bei sporadischer Verbrauchernachfrage zur langfristigen Planung eingesetzt.

- Mit einem *Rahmenauftrag auf Kapazitäten* vereinbart man im Logistiknetzwerk langfristig verbindliche Vereinbarungen über zu reservierende Kapazitäten. Die Vereinbarung kann sich z.B. auf eine Produktfamilie beziehen, für die eine zumindest reguläre Verbrauchernachfrage gewährleistet ist und der ein im Wesentlichen gleicher Herstellungsprozess zugrunde liegt. Kurzfristig werden dann die Produkte bestellt, die mit der reservierten Kapazität konkret innerhalb der Lieferfrist hergestellt werden sollen. Ist die Mindestabnahmemenge Null, dann gilt die gleiche Bemerkung wie oben.

Die Abb. 7.3.3.1 zeigt das dazugehörige prozessorientierte Modell.

Zur Erfassung und Änderung eines Verkaufsrahmenauftrags benötigt man etwa die gleichen Arbeitsschritte wie für gewöhnliche Verkaufsaufträge. Als Erweiterung sind die folgenden *Aufgaben* zu sehen:

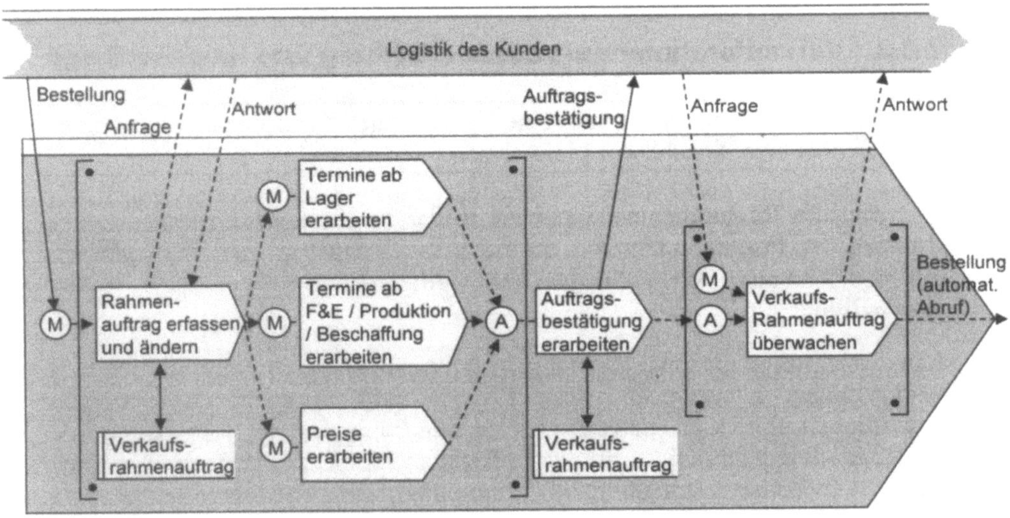


**Abb. 7.3.3.1** Verkaufsrahmenauftragsbearbeitung und -überwachung: prozessorientiertes Modell

- Ein klassischer Verkaufsrahmenauftrag umfasst für jede Position Teilmengen, die zu einem bestimmten Termin ausgeliefert werden müssen. Die Teilmengen werden auf diesen Termin hin ausgeliefert, ohne dass sie der Kunde nochmals explizit bestellen muss.
- In vielen Fällen äussert sich ein Rahmenauftrag jedoch nur über eine Richtmenge während einer Zeitperiode der langfristigen Planung. Um eine gewisse Planungssicherheit zu ermöglichen, hält man Abweichungen der Liefermenge nach oben und nach unten fest. Ist die Abweichung nach unten kleiner als die Richtmenge, dann ist implizit eine Mindestabnahmemenge während der Zeitperiode abgemacht.

  In der Mittelfristplanung werden die Rahmenaufträge nach und nach präzisiert. Die Bestellmengen pro Periode der mittelfristigen Planung (z.B. für das nächste Quartal, den übernächsten Monat, den nächsten Monat) werden mit abnehmender Abweichungsbreite angegeben. Ab einem bestimmten Moment wird aus dem z.B. auf den nächsten Monat festgelegten Teil des Rahmenauftrages ein Abrufauftrag.

Aufgrund der letzten Bemerkung wird die Überwachung von Verkaufsrahmenaufträgen zu einer wichtigen Aufgabe:

- Bei einem klassischen Rahmenauftrag muss jede Teilmenge zum vorgesehenen Termin ohne Anstoss durch den Kunden, also durch einen automatischen Abruf, in einen Verkaufsauftrag überführt werden. Das Überwachen und Überführen kann entweder automatisch durch ein Computerprogramm oder aber aufgrund einer Entscheidung von Fall zu Fall durch einen Sachbearbeiter ausgeführt werden. Für einen solchen *Abrufauftrag* ist die Bestellmenge für eine bestimmte Zeitperiode fix. Die Bestelltermine für seine Teilaufträge werden durch ein geeignetes Bereichssteuerungsverfahren des Kunden festgelegt. Ein solcher kurzfristiger, definitiver Teilauftrag eines Abrufauftrags wird *Lieferabruf* genannt. Er gibt die maximale Menge, beispielsweise pro Woche oder pro Anzahl Tage an. Siehe dazu [Schö00], Kap. 4.5.3. Die eigentliche Lieferung kann dann vom Kunden sogar produktionssynchron verlangt werden, z.B. auf das Montageband eines Automobilherstellers oder eines Maschinenherstellers.
- Das System von Rahmen- und Abrufaufträgen mit Richtmengen für Zeitperioden wird rollierend, z.B. monatlich, fortgeschrieben. Damit muss der Verkäufer regelmässig die Einhaltung der Rahmen- oder Abrufbedingungen überprüfen, insbesondere der Mindest- und Maximalabnahmemengen.

Für die *Ablaufsteuerung* gelten die folgenden Überlegungen:

- Den Ablaufspeicher *Agenda* vor der Aufgabe *Verkaufsrahmenauftrag überwachen* kann man auch als *Programmfahrplan* realisieren. In diesem Fall startet periodisch ein Computerprogramm, das die zu liefernden Mengen von klassischen Rahmenaufträgen ermittelt und automatisch das Verkaufsauftragsbearbeitungsprogramm startet. Meistens sind alle Daten vorhanden, so dass das Programm ohne Eingriff eines Sachbearbeiters direkt die Verkaufsauftragsausführung anstossen kann.

Die Abb. 7.3.3.2 zeigt die notwendigen Funktionen auf.

Die im Vergleich mit dem Datenflussdiagramm in Abb. 7.3.1.2 gezeigten zusätzlichen Funktionen entsprechen den oben beschriebenen Aufgaben.

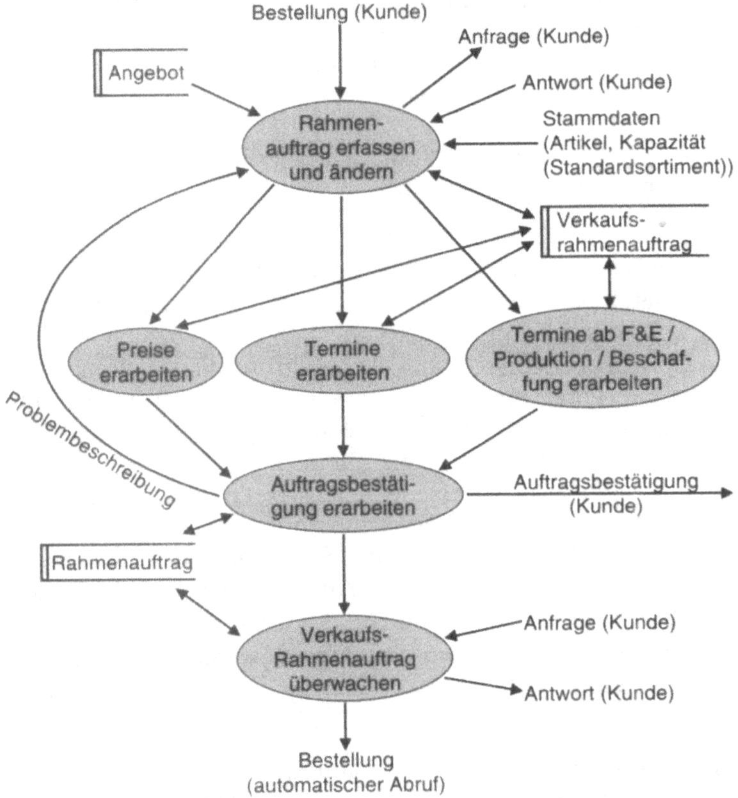


**Abb. 7.3.3.2** Verkaufsrahmenauftragsbearbeitung und -überwachung: funktionsorientiertes Modell

Die Objekte werden mit dem zugehörigen objektorientierten Modell in Abb. 7.3.3.3 beschrieben.

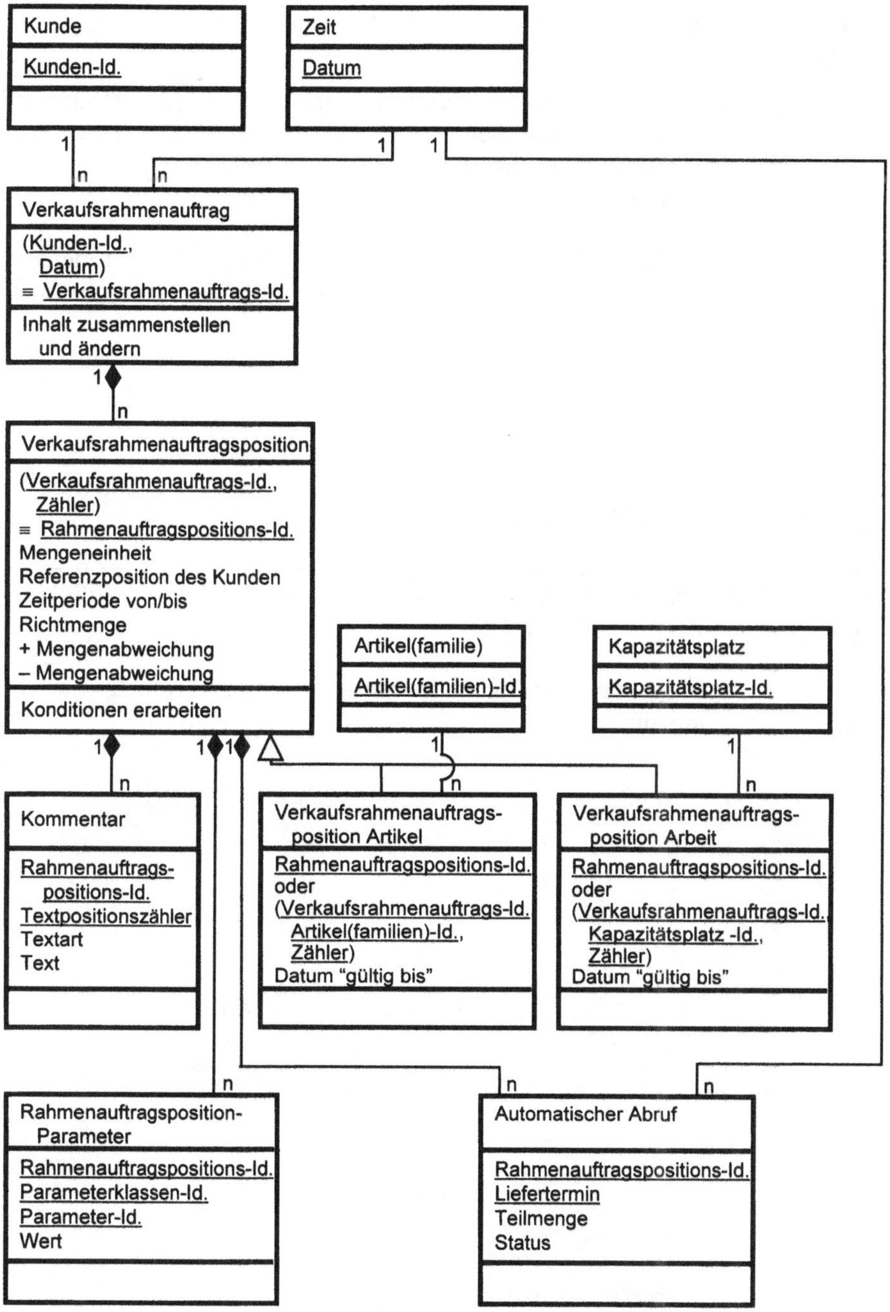


**Abb. 7.3.3.3** Verkaufsrahmenauftragsbearbeitung und -überwachung: objektorientiertes Modell

In Erweiterung zu den Objekten zur Standardauftragsbearbeitung (Abb. 7.3.1.3) fallen auf:

- Ein Objekt *Verkaufsrahmenauftrag* ist aus Verkaufsrahmenauftragspositionen zusammengesetzt. Man unterscheidet dabei eine *Verkaufsrahmenauftragsposition Artikel* von einer *Verkaufsrahmenauftragsposition Arbeit.*

- In der Objektklasse *automatischer Abruf* werden die Teilmengen festgehalten, die zu einem bestimmten Termin ausgeliefert werden müssen.

## 7.4 Verkaufsauftragsausführung

Die *Verkaufsauftragsausführung* umfasst die Überwachung, die Lieferung und die Fakturierung des Verkaufsauftrags.

Die Abb. 7.4.1 zeigt ein mögliches prozessorientiertes Modell für die Verkaufsauftragsausführung.

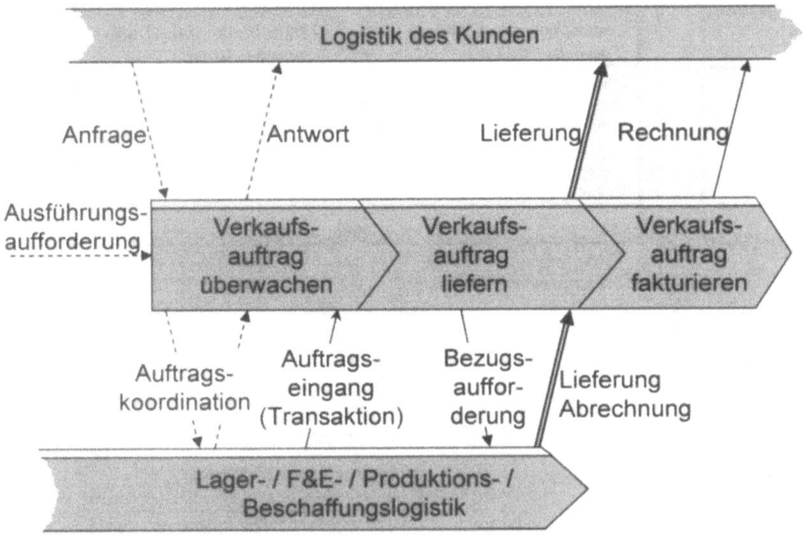


**Abb. 7.4.1** Verkaufsauftragsausführung: prozessorientiertes Modell

Die *Aufgaben*, die während des Prozesses ausgeführt werden, sind die folgenden:

- Die *Verkaufsauftragsüberwachung* steuert den Anstoss zur Auslieferung. Sie ist vor allem für Aufträge auf Termin nötig. Zu den Aufgaben gehört insbesondere die Koordination mit allfälligen zur Erfüllung des Verkaufsauftrags nötigen F&E-, Produktions- bzw. Beschaffungsaufträgen.
- Die *Lieferung eines Verkaufsauftrags* umfasst die Bereitstellung der Lieferung, das Zusammenstellen der Versandtouren und der Lade- und Packungslisten, die Lieferung selbst sowie das Erbringen der direkten Dienstleistung beim Kunden.
- Die *Fakturierung eines Verkaufsauftrags* umfasst das Überführen von Lieferscheinen in Rechnungen an den Kunden sowie das Erstellen der nötigen Buchungen zuhanden des Rechnungswesens.

Diese Aufgaben sind in der Abb. 7.4.2 in einem Datenflussdiagramm zusammengefasst.

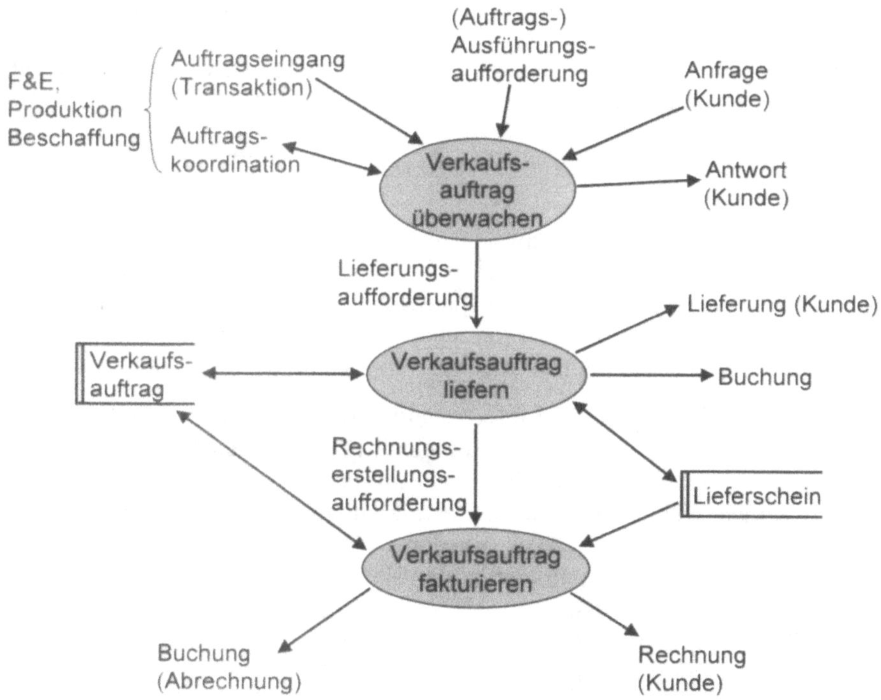


**Abb. 7.4.2** Verkaufsauftragsausführung: funktionsorientiertes Modell

Das Datenflussdiagramm bietet in diesem Fall mehr Information als die mehrstufige Auftragskaskade in Abb. 7.4.1. Zudem bringt es die Prozesssicht ebenso gut zum Ausdruck.

## 7.4.1 Verkaufsauftragsüberwachung

Die *Verkaufsauftragsüberwachung* umfasst alle Aufgaben der Koordination mit allenfalls zur Erfüllung des Verkaufsauftrags nötigen F&E-, Produktions- bzw. Beschaffungsaufträgen. Auch die Vorbereitung und Entscheidung über die Lieferfreigabe von Verkaufsauftragspositionen oder Teillieferungen davon sind enthalten.

Die Verkaufsauftragsüberwachung steuert damit den Anstoss zur Auslieferung. Sie ist vor allem für Verkaufsaufträge auf Termin nötig. Eine Überwachung kann auch für Verkaufsaufträge von Artikeln ab Lager notwendig sein, sofern diese nicht verfügbar sind und damit einen Lagerergänzungsauftrag abwarten müssen. Zwischen Verkauf und Lieferung kann eine sehr kurze Zeit verstreichen, z.B. bei Lieferung ab Lager oder bei reinen Handelsbetrieben. Dazwischen kann aber auch eine Produktion liegen, die sich über Tage, Wochen, Monate oder sogar Jahre erstrecken mag.

Die Abb. 7.4.1.1 zeigt ein mögliches prozessorientiertes Modell für die Verkaufsauftragsüberwachung.

Die *Aufgaben,* die während des Prozesses ausgeführt werden, sind die folgenden:

- Die Auftragskoordination: Damit ist das allfällige Verschieben von Lieferterminen aufgrund einer veränderten Verfügbarkeit gemeint, z.B. infolge von verspäteten F&E-, Produktions- oder Beschaffungsaufträgen oder aber infolge von geänderten Auslieferungsprioritäten bei Bevorzugung von wichtigeren Kunden.
- Die Vorbereitung der Lieferfreigabe prüft beim Eingang eines F&E-, Produktions- oder Beschaffungsauftrages, welche Kundenaufträge davon betroffen sind. Geht es um einen Lagernachfüllauftrag, so können u.U. jetzt mehrere Positionen von verschiedenen Verkaufsaufträgen ausgeliefert werden. Das kann aufgrund einer Verfügbarkeitsrechnung für den betreffenden Artikel entschieden werden. Bei verspäteten oder unvollständigen Eingängen von F&E-, Produktions- und Beschaffungsaufträgen muss man u.U. entscheiden, ob eine partielle Auslieferung sinnvoll ist. In diesem Fall muss der Verkaufsauftrag für die Restmenge weiter koordiniert werden.
- Der Anstoss zur Lieferung wird Lieferfreigabe genannt. Sie enthält als wesentliche Arbeit die Definition des Lieferumfangs in Form eines

Lieferscheins mit seinen Positionen. Lieferscheine sind hier im weitesten Sinne zu verstehen. Nebst der Lieferung von Ware, d.h. Produkten oder Artikeln, kann man sich auch die Lieferung von Arbeit bzw. Dienstleistung vorstellen. Das Liefern von Arbeit kann mit einem Güterfluss versehen sein (z.B. bei Veredelungen, d.h. im Ausführen einer Arbeitsplanposition des Kunden) oder aber als reiner Informationsfluss verstanden werden (z.B. bei Beratungs- oder Installationsarbeiten).

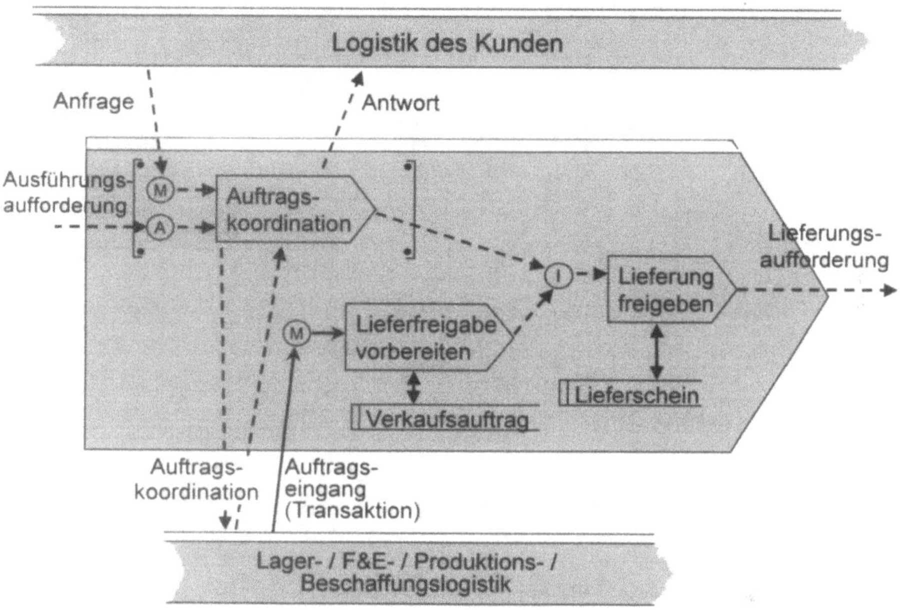


**Abb. 7.4.1.1** Verkaufsauftragsüberwachung: prozessorientiertes Modell

In die *Ablaufsteuerung* sind die folgenden Überlegungen eingeflossen:

- In den meisten Fällen werden der Verkaufssachbearbeiter bzw. der Verkäufer oder Vertreter periodisch oder durch Einwirken des Kunden darauf aufmerksam gemacht, dass Verkaufsaufträge zur Lieferung fällig sind oder in nächster Zeit fällig sein werden. Der Gestaltung der entsprechenden Ablaufspeicher der Art *Mailbox* bzw. *Agenda* ist besondere Aufmerksamkeit zu schenken, da hier erfahrungsgemäss Aufträge ohne Grund liegenbleiben.
- Dasselbe gilt für den Anstoss zur Vorbereitung der Lieferfreigabe aufgrund von Eingängen von F&E-, Produktions- und Beschaffungsaufträgen. Auch hier kann man unnötig Zeit verlieren.

Die beschriebenen Aufgaben sind in der Abb. 7.4.1.2 in einem Datenflussdiagramm zusammengefasst.

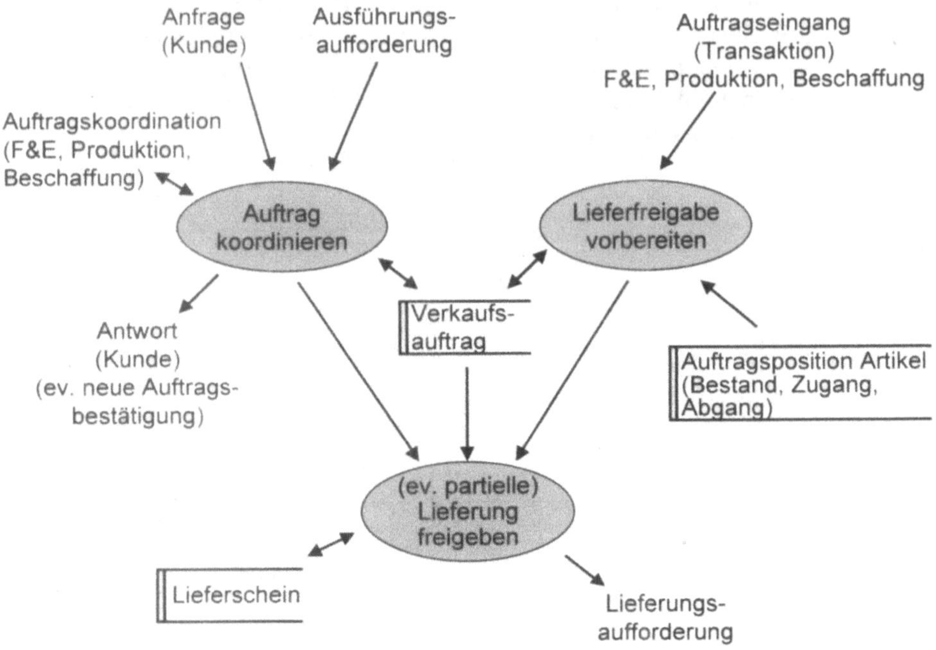


**Abb. 7.4.1.2** Verkaufsauftragsüberwachung: funktionsorientiertes Modell

Die *Objekte* sind das Ergebnis der folgenden Überlegungen:

- Für die Lieferfreigabe müssen die Objekte der Klasse *Auftragsposition Artikel* herangezogen werden, die den gleichen Artikel betreffen wie derjenige, zu dem ein Auftragseingang (Transaktion) vorliegt.
- Als neues Objekt tritt hier zum ersten Mal der Lieferschein auf. Er ist auch schon in der Objektsicht der Auftragskaskade in Abb. 7.4.1.1 aufgeführt.

Die Abb. 7.4.1.3 zeigt schliesslich das zugehörige objektorientierte Modell.

Folgende Eigenheiten fallen dabei besonders auf:

- Ein Lieferschein kann ohne weiteres als Spezialisierung eines allgemeinen Auftragsobjekts konzipiert werden. Die Objektklasse *Lieferschein* ist dabei eine Komposition der Objektklasse *Lieferscheinposition.*

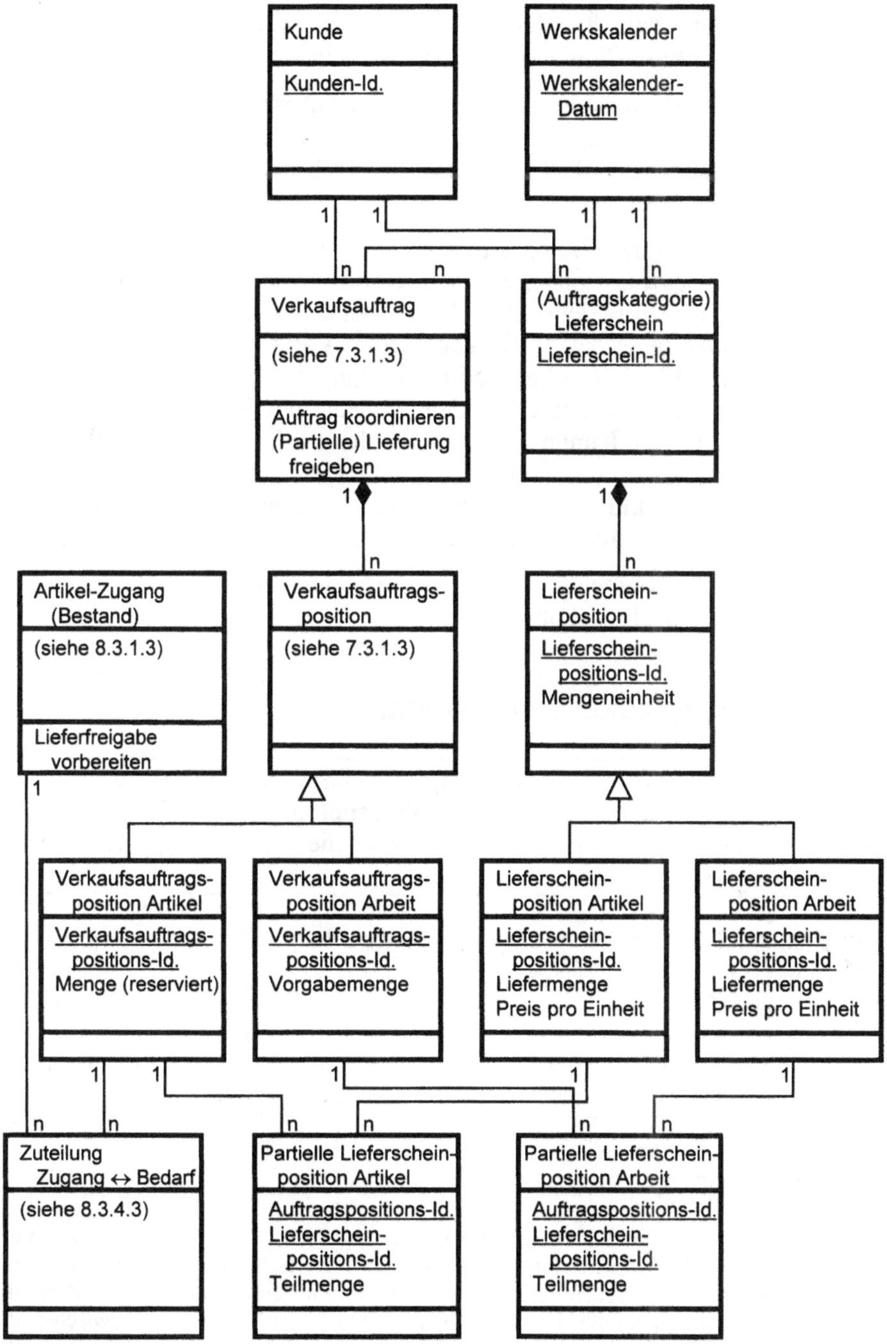


**Abb. 7.4.1.3** Verkaufsauftragsüberwachung: objektorientiertes Modell

- Zwischen zwei Objekten der Klassen *Verkaufsauftragsposition* und *Lieferscheinposition* besteht tatsächlich eine "n zu n"-Assoziation:
  - Eine Verkaufsauftragsposition wird mit mehreren *Teillieferungen* (*partiellen Lieferungen*) zu verschiedenen Zeitpunkten ausgeliefert, z.B. wegen mangelnder Verfügbarkeit der gesamten Bestellmenge.
  - Eine Lieferscheinposition kann mehrere Verkaufsauftragspositionen desselben Kunden für denselben Artikel bzw. dieselbe Arbeit zufriedenstellen. Es handelt sich dann um eine *Sammellieferung.* Z.B. kann eine Verkaufsauftragsposition für einen Handelsartikel aufgrund mangelnder Verfügbarkeit nicht ausgeliefert werden. Vor dem Eingang des Beschaffungsauftrages bestellt der Kunde erneut eine Menge desselben Artikels. Beim Eingang des Beschaffungsauftrages ist dann genügend Lagerbestand vorhanden, um beide Auftragspositionen gleichzeitig ausliefern zu können.

  Die Objektklasse *partielle Lieferscheinposition* ist demnach als Assoziationsklasse konzipiert.[51]

### 7.4.2 Lieferung eines Verkaufsauftrags

| |
|---|
| Die *Lieferung eines Verkaufsauftrags* umfasst die Bereitstellung der Lieferung, das Zusammenstellen der Versandtouren und der Lade- und Packungslisten, die Lieferung selbst sowie die Erbringung der direkten Dienstleistung beim Kunden. |

Die Abb. 7.4.2.1 zeigt das prozessorientierte Modell für das Bearbeiten der Lieferung.

---

[51] Bemerkung: Die Lieferscheinklassen sind in konkreten Realisierungen nicht immer eigenständige Klassen. Manchmal erweitert man einfach die Verkaufsauftragsposition um das Attribut Lieferscheinpositions-Id. Dadurch wird eine Sicht über die Verkaufsauftragspositionen gebildet. Es besteht dann eine "1 zu n"-Assoziation zwischen der Klasse Verkaufsauftragsposition zu sich selbst, die ausdrückt, welche Verkaufsauftragspositionen durch eine Lieferscheinposition abgedeckt werden. Teillieferungsobjekte können hier nicht mehr abgebildet werden. Bei Teillieferungen muss man damit eine Verkaufsauftragsposition vor der Lieferung in zwei Positionen splitten, wobei eine dann genau der Teillieferung entsprechen muss.

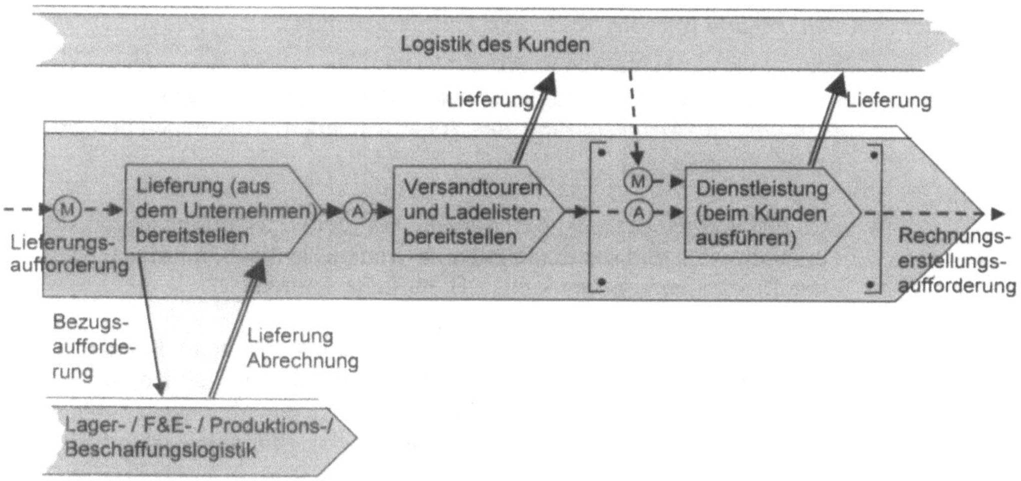


**Abb. 7.4.2.1** Lieferung eines Verkaufsauftrags: prozessorientiertes Modell

Die *Aufgaben,* die während des Prozesses ausgeführt werden, sind die folgenden:

- Das physische Ausfassen der Lieferscheinpositionen aus dem Produktelager oder direkt aus dem Durchgangslager am Ende der Produktion oder bei der Warenannahme hat über die Datenerfassung eine Modifikation der entsprechenden Bestandesdaten zur Folge. Jetzt muss auch der Verbrauch an Verpackungen erfasst werden.

- Als nächstes müssen die Versandtouren zusammengestellt werden. Im Rahmen der Touren- und Transportmittelplanung werden jetzt die Transportmittel der Tour zugeordnet, ausgehend von möglichen Transportgruppen. Sodann stellt man die Lade- und Packungslisten zusammen. Als Ergebnis entstehen Tourenlisten, Beladungslisten der Transportmittel und auch der Transportvorrichtungen. Die Packungslisten dienen als Versandpapiere ferner der Identifikation des Inhalts, z.B. für die Verzollung. Gegebenenfalls sind spezielle Zollformulare bereitzustellen. Hierauf kann die physische Lieferung erfolgen.

- Schliesslich gibt es Arbeiten, die direkt beim Kunden auszuführen sind. Dies sind z.B. Dienstleistungen am Kunden selbst, aber auch Installationsarbeiten für gelieferte Produkte. In der Dienstleistungsbranche ist dieser Teilprozess der wichtigste und aufwendigste. Allfällige Lieferungen von Gütern aus dem Unternehmen betreffen dann z.B. Verbrauchsmaterialien, die für die Dienstleistung notwendig sind (Bsp.: im Spitalwesen oder in der Reinigungsbranche, aber auch bei Instandhaltungsaufträgen für Investitionsgüter).

Der *Ablaufsteuerung* gilt hier besondere Aufmerksamkeit:

- Für einen schnellen Ablauf ist es wichtig, dass die Lieferanforderungen umgehend bearbeitet werden. Hier kommt es auf die konkrete Ausgestaltung des entsprechenden Ablaufspeichers der Art *Mailbox* an.

- Der Ablaufspeicher der Art *Agenda* vor dem Zusammenstellen der Versandtouren und der Ladelisten ist weniger kritisch, da hier i. Allg. klare Rhythmen gegeben sind, z.B. tägliche Touren.

- Die termingerechte Ausführung der Dienstleistung beim Kunden ist von der Flexibilität in der Bereitstellung der notwendigen Kapazitäten abhängig. Hier geht es somit im Prinzip um die gleichen Probleme wie in der Produktion im Unternehmen selbst. Siehe dazu das Kap. 9 über die Kapazitätswirtschaft. Die Probleme werden noch erschwert durch die Einwirkung des Kunden selbst, der seine spezifischen Wünsche oft relativ spät anmeldet oder kurzfristig terminliche Verschiebungen veranlassen möchte.

Die Abb. 7.4.2.2 zeigt das funktionsorientierte Modell für das Bearbeiten der Lieferung.

Als *Objekte* zeigt dieses Datenflussdiagramm das Ergebnis der folgenden Überlegungen:

- Verpackungen sind ihrerseits Objekte der Klasse *Artikel*.

- Alle ausgefassten Lieferscheinpositionen und die Verpackungen werden bei der Bereitstellung der Lieferung auch als Transaktionen festgehalten. Dieser Messpunkt im Verkaufswesen wird auch Lieferung bzw. *Lieferstatistik* genannt.

- Ausgelieferte Positionen werden wertmässig als Buchungen in den Sachkonti festgehalten (gelieferte, aber noch nicht fakturierte Werte).

- Die Lieferung von Dienstleistungen, die beim Kunden ausgeführt werden, werden z.B. als Arbeitsrapporte oder Berichte über erfolgte Leistungen erfasst. Die ausgeführten Arbeiten werden sodann ebenfalls als Transaktionen in der *Lieferstatistik* festgehalten.

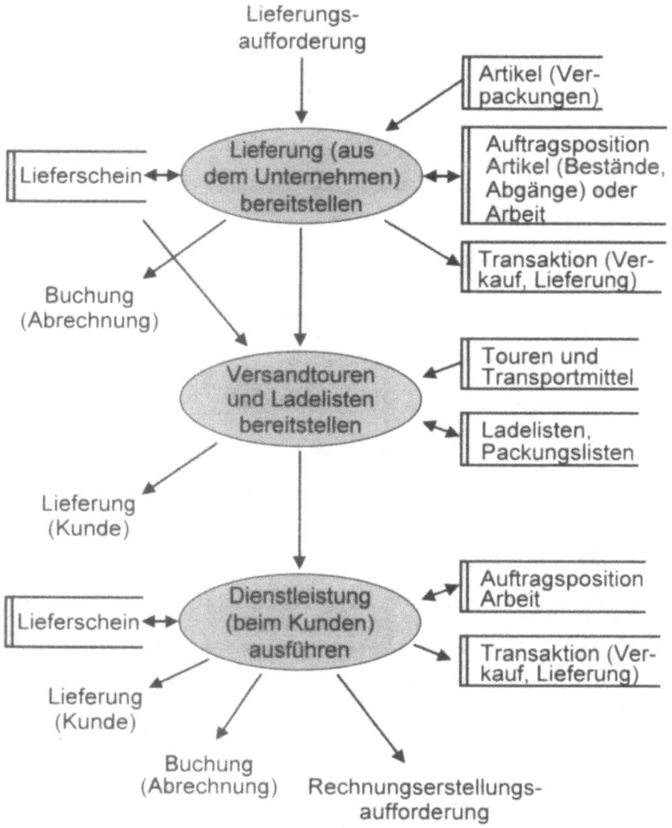


**Abb. 7.4.2.2** Lieferung eines Verkaufsauftrags: funktionsorientiertes Modell

Die Abb. 7.4.2.3 zeigt das objektorientierte Modell für das Bearbeiten der Lieferung.

Besonders fällt dabei die Objektklasse *partielle Lieferscheinposition* auf:

- Eine partielle Lieferscheinposition kann im Wesentlichen gleichzeitig als Objekte der Klasse *Transaktion Artikel (Verkauf)* bzw. *Transaktion Arbeit (Verkauf)* dienen.
- Ein alternativer Schlüssel weist auf diese Objektklassen in ihrer Eigenschaft als Spezialisierung der Objektklasse *Transaktion (Verkauf)* im Kap. 7.2.2 hin.

Für die Zusammenstellung der Transporttouren und Ladelisten braucht man verschiedene neue Objektklassen, die alle als Assoziationsklassen konzipiert werden können.

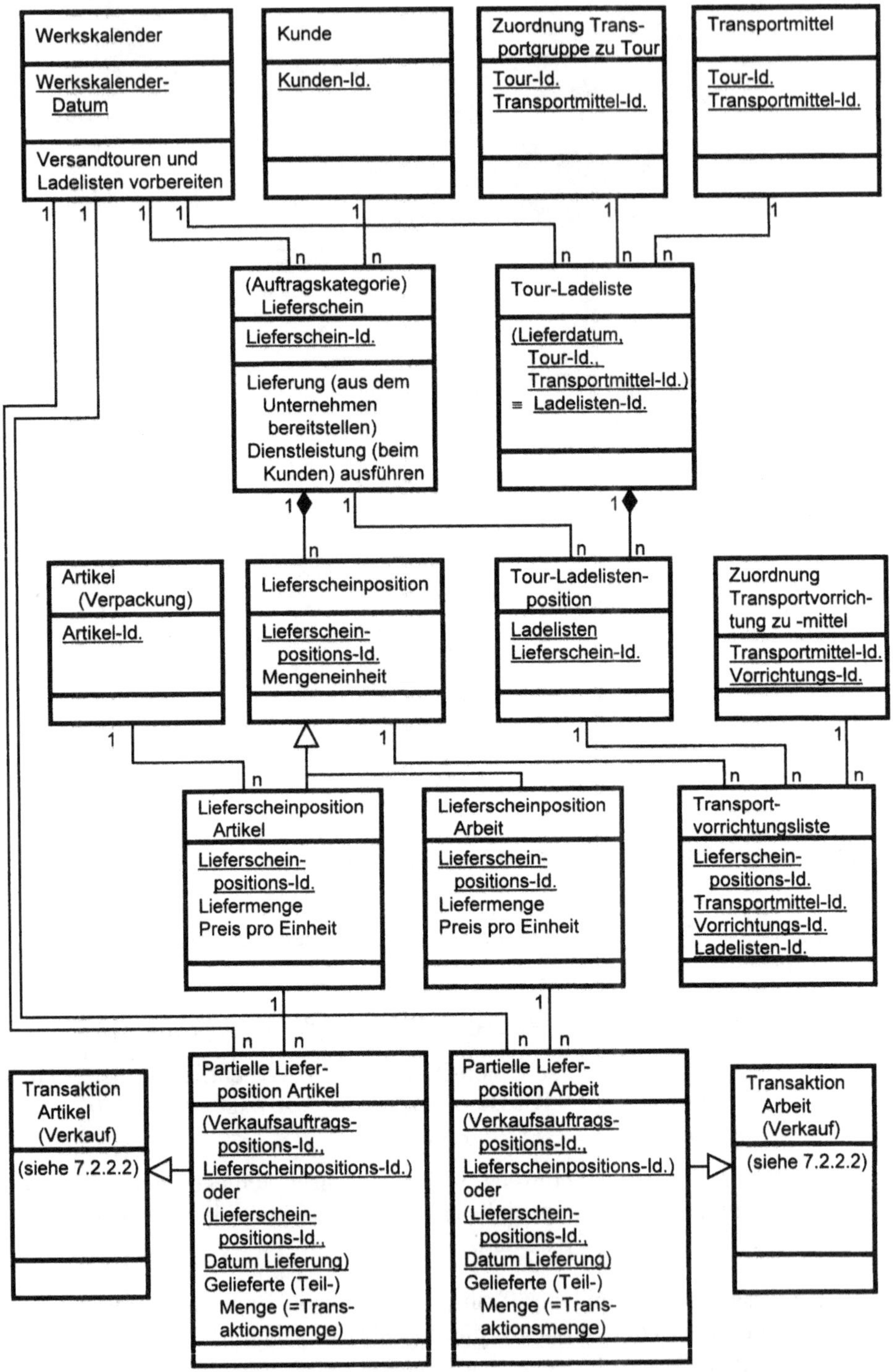


**Abb. 7.4.2.3** Lieferung eines Verkaufsauftrags: objektorientiertes Modell

- Der Assoziationsklasse *Tour-Ladeliste* liegen die Objektklassen *Zuordnung Transportgruppe zu Tour*, *Transportmittel* und *Werkskalender* (genauer: Lieferdatum) zugrunde.
- Der Assoziationsklasse *Tour-Ladelistenposition* liegen die Objektklassen *Tour-Ladeliste* und *Lieferschein* mit zugrunde. Eine *Tour-Ladeliste* ist zudem eine Komposition von *Tour-Ladelistenpositionen.*
- Der Assoziationsklasse *Transportvorrichtung-Ladeliste* liegen die Objektklassen *Tour-Ladelistenposition* und *Lieferscheinposition sowie Zuordnung Transportvorrichtung zu Transportmittel* zugrunde.

Für ein bestimmtes Datum im Werkskalender muss man über eine Methode *Versandtouren und Ladelisten zusammenstellen* verfügen.

- Dabei handelt es sich um einen mehr oder weniger komplizierten Algorithmus, auf den im Moment nicht weiter eingegangen werden soll. Hier kommen oft Verfahren des Operations Research zum Einsatz.
- Man kann sich den Algorithmus auch mit Komponenten eines Expertensystems bestückt oder als eigentliches DSS (Decision Support System) konzipiert vorstellen. Bei letzterem würde der Tour-Manager interaktiv in die Entscheidungsfindung eingebunden, um seine intuitiven Erfahrungen in die Vorschlagsbildung einzubeziehen.

### 7.4.3 Fakturierung eines Verkaufsauftrags

Die *Fakturierung eines Verkaufsauftrags* umfasst das Überführen von Lieferscheinen in Rechnungen an den Kunden sowie das Erstellen der nötigen Buchungen zuhanden des Rechnungswesens.

Da die Aufgabe *Verkaufsauftrag fakturieren* (siehe Abb. 7.4.1 und Abb. 7.4.2) nicht mehr weiter detailliert wird, entsteht dafür auch kein detaillierteres Funktions- und prozessorientiertes Modell.

Für die *Ablaufsteuerung* gelten die folgenden Überlegungen:

- Der Steuerungsfluss Rechnungsstellungsaufforderung (siehe Abb. 7.4.2.) mündet i. Allg. in einen Ablaufspeicher der Art *Mailbox* eines Fakturaerstellungsprogramms. Die Mailbox ist dann ein Programm-briefkasten. Ist dieser auf dem Computersystem aktiv, so kann die Erstellung der Faktur umgehend erfolgen.
- Eine andere Möglichkeit ist diejenige, ein Programm über einen Ablaufspeicher der Art *Agenda* periodisch, z.B. täglich zu starten,

welches alle zur Fakturierung bereiten Aufträge ermittelt und dann für jeden dieser Auftrag direkt das Fakturaerstellungsprogramm aufruft.

Die Abb. 7.4.3.1 zeigt das zugehörige objektorientierte Modell.

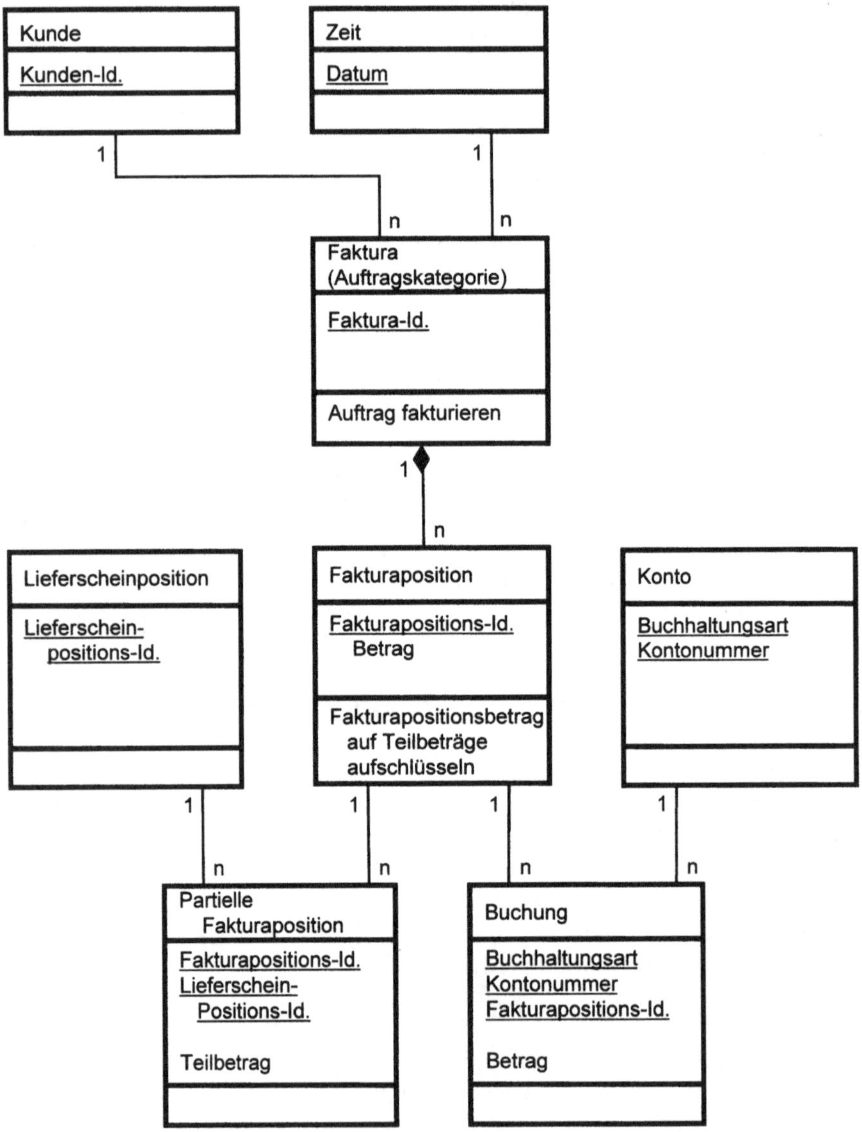


**Abb. 7.4.3.1** Fakturierung eines Verkaufsauftrags: objektorientiertes Modell

Folgende Eigenheiten fallen dabei besonders auf:

- Die Objektklasse *Faktura* ist als Spezialisierung der generellen Auftragsstruktur konzipiert. Sie ist eine Komposition von *Fakturapositionen.*
- Beim ersten Hinsehen besteht zwischen einer *Lieferscheinposition* und einer *Fakturaposition* eine "1 zu 1"-Assoziation. Dies ist jedoch nicht immer so:
  - Bei *Sammelfakturierung* kann eine Fakturaposition ohne weiteres auch mehrere Lieferscheinpositionen zusammenfassen. Je nach der mit den Kunden abgemachten Fakturapolitik muss nämlich nicht jede Lieferscheinposition einzeln fakturiert werden. Die Fakturaposition kann vielmehr "blockweise" erstellt werden, z.B. für alle im laufenden Monat gelieferten Positionen, oder aber für alle Lieferungen eines Verkaufsauftrags gesamthaft.
  - Häufig trifft auch der umgekehrte Fall zu: Eine Lieferscheinposition wird nur gestaffelt in Fakturapositionen überführt. Es handelt sich um partielle Fakturierung (z.B. bei Teilzahlungsgeschäften).

  Zwischen zwei Objekten der Klassen *Lieferscheinposition* und *Fakturaposition* besteht damit tatsächlich eine "n zu n"-Assoziation: Die Objektklasse *partielle Fakturaposition* ist demnach als Assoziationsklasse konzipiert.[52]

Jede Fakturaposition erzeugt Belastungen auf dem Konto in der Debitorenbuchhaltung und parallele Entlastungen auf denjenigen Sachkonti, die durch die Lieferung an den Kunden belastet wurden. Damit können gelieferte, aber noch nicht fakturierte Werte von fakturierten, aber noch nicht bezahlten Werten unterschieden werden. Ist der Fakturabetrag unterschiedlich in Bezug auf den Betrag der Auftragsbestätigung, so entsteht eine entsprechende Abweichung auf den Sachkonti.

---

[52] Bemerkung: Die Fakturaklassen sind in konkreten Realisierungen nicht immer eigenständige Klassen. Manchmal erweitert man einfach die Lieferscheinposition um das Attribut Fakturapositions-Id. Dadurch wird eine Sicht über die Lieferscheinpositionen gebildet. Es besteht dann eine Sicht auf die Klasse Lieferscheinposition, die ausdrückt, welche Lieferscheinpositionen durch eine Fakturaposition abgedeckt werden. Teilfakturobjekte können hier nicht mehr abgebildet werden. Bei partieller Fakturierung muss man damit eine Lieferscheinposition vor der Fakturierung in zwei Positionen splitten, wobei dann eine genau der Teilfakturierung entsprechen muss.

## 7.5 Zusammenfassung und Integration des objektorientierten Modells

Die Abb. 7.5.1 zeigt, wie die objektorientierten Modelle der in Kapitel 7 erwähnten Teilsysteme des Verkaufs- und Vertriebslogistik-Informationssystems in ein integriertes Modell überführt und angeordnet werden. Das detaillierte Modell dazu wird in der Abb. 7.5.2 gezeigt, die nachfolgend als Faltblatt eingefügt ist. Wichtig ist die Nahtstelle zum F&E-Logistik-Informationssystem (Kap. 12), das die Stamm-Geschäftsobjekte bereitstellt, und zum Ressourcenmanagement-Informationssystem (Kap. 8).

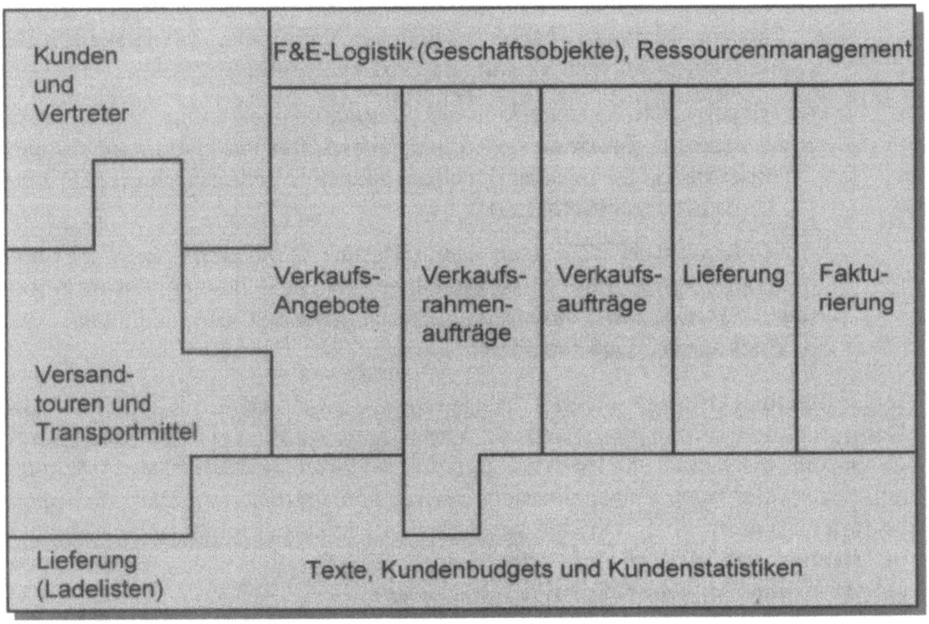


**Abb. 7.5.1** Verkaufs- und Vertriebslogistik-Informationssystem: Anordnung zur Integration des objektorientierten Modells

Um die Übersicht zu behalten, wurden nur Schlüsselattribute in die Darstellung der Objekte aufgenommen, weil sie zum Verständnis der aufgeführten Assoziationen beitragen. Ebenso wurden auch die Methoden (Funktionen) weggelassen. Generalisierte Objektklassen allgemeiner Natur, wie Codes, Zähler oder Numerierungen und deren Assoziationen zu den verbleibenden Objektklassen wurden aus Gründen der Übersichtlichkeit wiederum weggelassen.

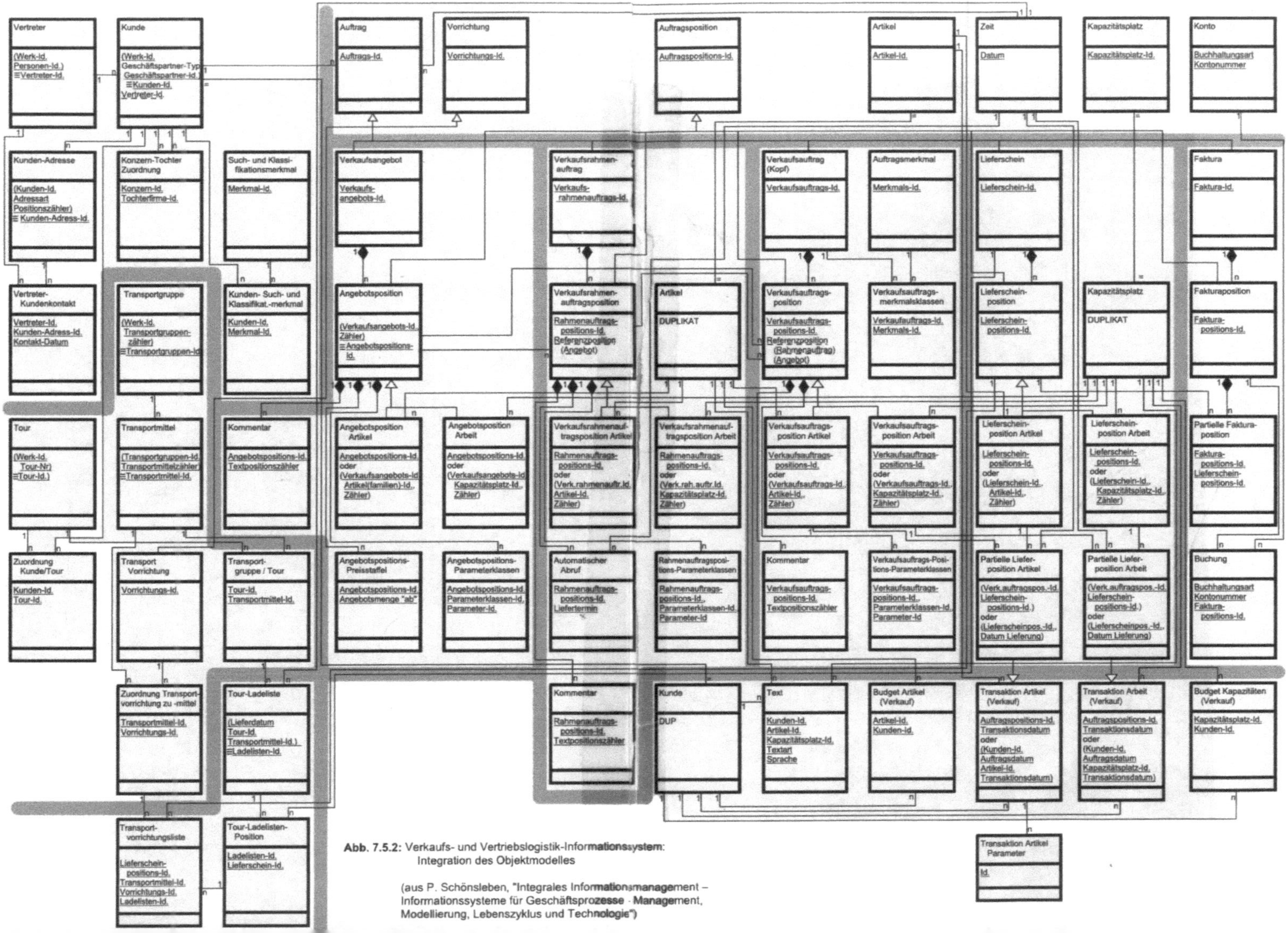


**Abb. 7.5.2:** Verkaufs- und Vertriebslogistik-Informationssystem: Integration des Objektmodelles

(aus P. Schönsleben, "Integrales Informationsmanagement – Informationssysteme für Geschäftsprozesse · Management, Modellierung, Lebenszyklus und Technologie")

# 8 Lager- und Ressourcenmanagement-Informationssystem

Das Umsystem des Informationssystems *Lager- und Ressourcenmanagement* kann ausgehend vom Kontextdiagramm in Abb. B.1 sowohl aus der Prozess- als auch aus der Funktionssicht betrachtet werden. Die Abb. 8.1 zeigt die Prozesslandkarte des Umsystems *Administration und Disposition.*

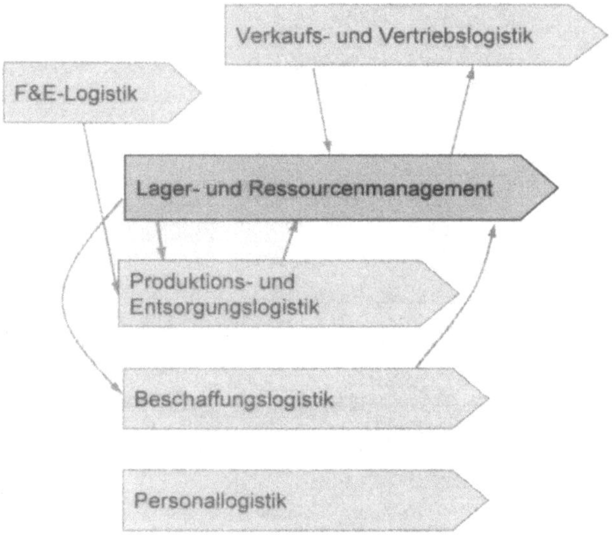


**Abb. 8.1** Prozesslandkarte des Systems *Administration und Disposition* (reproduziert aus Abb. 5.1.1.1)

*Ressourcenmanagement* wird hier wie in [Schö00, Kap. 4.1.4] als Zusammenfassung der klassischen Aufgaben der Planung & Steuerung verstanden, nämlich

- dem *Materialmanagement* (soll die zur Deckung der Nachfrage nötigen Güter (z.B. Endprodukte, Halbfabrikate, Einzelteile, Rohmaterial und Informationen) kostengünstig und termingerecht zur Verfügung stellen),
- dem *Zeit- und Terminmanagement* sowie dem *Kapazitätsmanagement* (sollen die notwendige Kapazität zur Deckung der durch die Aufträge auftretenden Belastung der Personen und der Produktionsinfrastruktur kostengünstig und termingerecht sicherstellen).

*Lagermanagement* bzw. *Lagerhaltung* umfasst die Aufgaben um das Lagern von Gütern. Dazu zählen aber auch sämtliche Aufgaben des Lagerführungsprozesses innerhalb des Logistiknetzwerks, d.h. das Liefern von gelagerten Gütern an verbrauchende Stellen sowie das Besorgen der Lagerauffüllung.

Zu den prinzipiellen Aufgaben der Lagerführung siehe auch [Schö00, Kap. 1.4.3].

Die Abb. 8.2 zeigt das *Lager- und Ressourcenmanagement* im Datenflussdiagramm des Umsystems *Administration und Disposition.* Die Beziehungen mit dem Umfeld wurden bereits im Kontext-Diagramm festgehalten, und die Datenflüsse der verschiedenen Teilsysteme wurden mit der Abb. 5.3.4.2 entwickelt. Das in diesem Kapitel behandelte Teilsystem ist hervorgehoben.

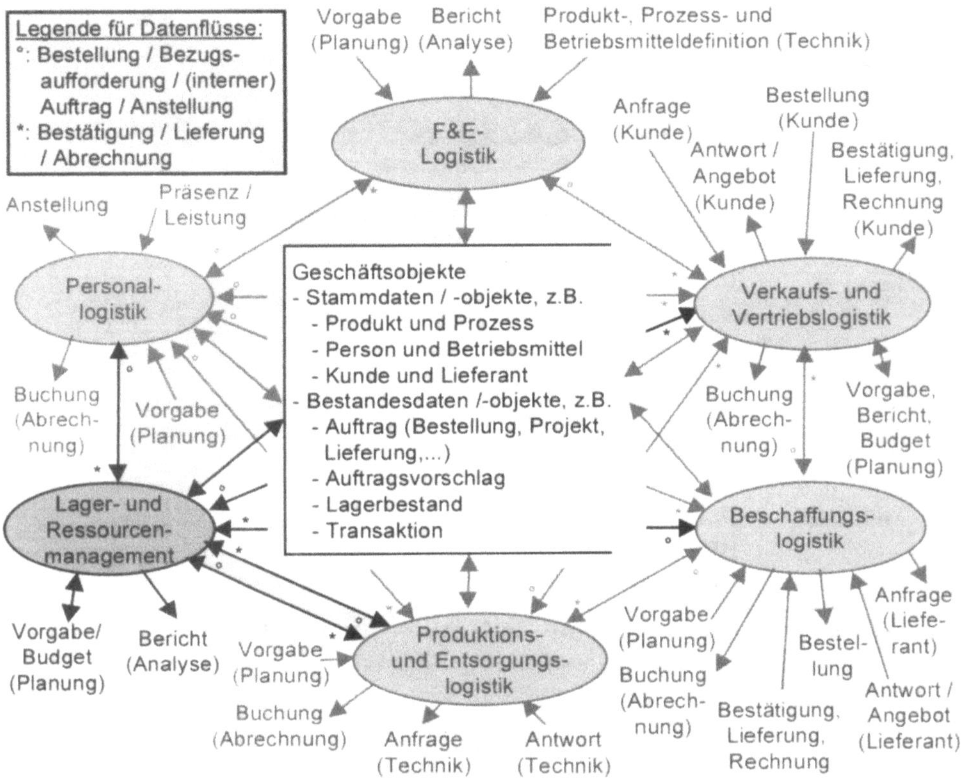


**Abb. 8.2** Datenflussdiagramm des Systems *Administration und Disposition* (reproduziert aus Abb. 5.3.4.2)

Traditionelle, aus dem industriellen Rechnungswesen stammende und etwas einschränkende Begriffe für die oben eingeführten sind:[53]

- *Materialwirtschaft* für Materialmanagement (engl. „*Materials Management*"),
- *Zeitwirtschaft* für Zeitmanagement (engl. „*Time Management*" ist weniger im Gebrauch),
- *Terminplanung und -rechnung* für Terminmanagement (engl. „*Scheduling*"),
- *Kapazitätswirtschaft* für Kapazitätsmanagement (engl. „*Capacity Management*").

## 8.1 Grobe Prozess- und Funktionsanalyse des Informationssystems

Ressourcenmanagement wird in Unternehmen i. Allg. in mehreren Fristigkeiten betrieben. In vielen Fällen sind es die drei folgenden:

- langfristig in der Langfrist-, Haupt- oder Programmplanung
- mittelfristig in der Bereichsplanung
- kurzfristig in der Bereichssteuerung

Die Modelle des Ressourcenmanagements sind für die Belange der Langfrist-, Haupt- oder Programmplanung und für die auftragsorientierte Bereichsplanung recht ähnlich. Aus diesem Grunde werden sie gemeinsam behandelt. Die speziellen Aspekte der langfristigen Planung werden in einem eigenen Unterkapitel zur Langfrist- oder Programmplanung hervorgehoben.

Als erstes soll der Zusammenhang des Geschäftsprozesses *Lager- und Ressourcenmanagement* mit verschiedenen Geschäftsprozessen der Umsysteme im Verlaufe der Zeit präzise aufgezeigt werden. Dazu eignet sich wieder die Auftragskaskade (eine Form des stellenorientierten Ablaufdiagramms) besonders gut, aber auch das Diagramm der strategisch übergeordneten Prozesse.

Zur groben Prozessanalyse wird sodann die Auftragskaskade in die nächste Stufe der Detaillierung überführt. Die Teilprozesse werden als (Teil-)

---

[53] Der englische Begriff „Management" deutet auf die Erweiterung des Gesichtspunktes von der reinen Kostenüberlegung auf die umfassendere Aufgabe der Leistungsfähigkeit hin (siehe dazu [Schö00, Kap. 1.2.1]).

Aufgaben aufgefasst und entsprechend beschrieben. Deren Ergebnisse können sodann als Teilfunktionen aufgefasst werden und zur groben Funktionsanalyse herangezogen werden. Die sich so ergebende Detaillierung des Datenflussdiagramms aus Abb. 8.2 liefert schliesslich eine erste Vorstellung über die beteiligten Objekte, also die Objektsicht.

### 8.1.1 Zusammenhang des Logistischen Systems mit dem Umsystem aus Prozesssicht

Die Abb. 8.1.1.1 zeigt die prozessorientierte Modellierung des Systems *Lager- und Ressourcenmanagement* mit der *mehrstufigen Auftragskaskade* aus Kap. 5.1.9.

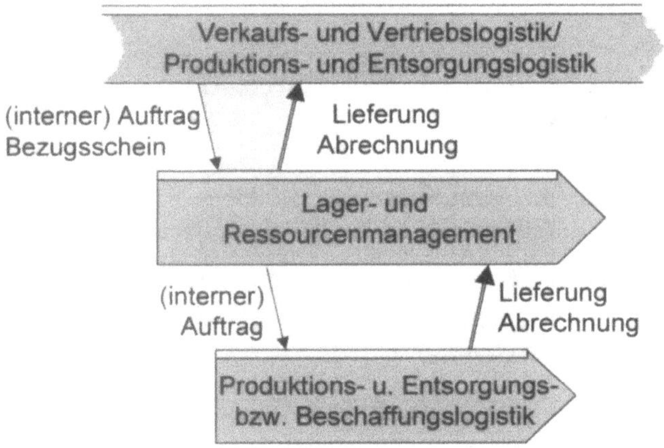


**Abb. 8.1.1.1** Lager- und Ressourcenmanagement-Informationssystem: Auftragskaskade

Die Auftragsbeziehung zwischen Kunden und Lieferanten erhält damit eine besondere Beachtung. Das Lagermanagement ist das Logistische System zur Erfüllung eines Bedarfes ab Lager für einen Kunden- oder einen Produktionsauftrag [Schö00, Kap. 1.4.3]. Zur Wiederauffüllung des Lagers oder auch zur direkten Erfüllung der Bedarfe von Kundenaufträgen werden über das Ressourcenmanagement interne Aufträge geplant und freigegeben, die ein weiteres Logistisches System anstossen, nämlich die Produktions- oder die Beschaffungslogistik. Letztere Logistiken handeln jedoch wie selbständige Auftragnehmer gegenüber dem Lager- und Ressourcenmanagement.

Lager- und Ressourcenmanagement erlauben damit je nach Lagerpolitik entweder das Entkoppeln von Bedarfen von den beschaffenden Aufträgen über ein Lager oder aber gerade das Gegenteil: die Konzentration der beschaffenden Aufträge mit den Bedarfen.

Die Abb. 8.1.1.2 zeigt den Einfluss des *strategisch übergeordneten Prozesses* der Unternehmensplanung auf den Geschäftsprozess *Lager- und Ressourcenmanagement.*

**Abb. 8.1.1.2** Lager- und Ressourcenmanagement: Strategisch übergeordneter Prozess

In der Tat kann die langfristige Unternehmensplanung Regeln festlegen, durch die die Möglichkeiten in der Gestaltung und der Wirkung des Lager- und Ressourcenmanagements weitgehend vorbestimmt werden. Als Beispiel kann man sich die Politiken für die Lagerhaltung sowie die Beschaffung denken.

Ebenso beeinflusst das Marketing die Methoden zur Bedarfsvorhersage, die Absatzplanung sowie die Lagerplanung (zu den Begriffen siehe z.B. [Schö00, Kap. 4.1.2]).

Die senkrecht gezeichneten Pfeile zeigen diese bestimmende Beeinflussung. Die Beeinflussung wirkt zum einen kontinuierlich, d.h. den ganzen Prozess entlang, und zum anderen durch strategische Vorgaben zum spontanen Start bestimmter Teilprozesse des Geschäftsprozesses, d.h. ohne Anstoss durch einen Kunden- oder Produktionsauftrag. Bei der detaillierten Besprechung eines solchen Teilprozesses wird jeweils auf solche „Selbststarts" hingewiesen. Meistens ist ein Eintrag in einem Ablaufspeicher der Art *Agenda* für den Start verantwortlich.

## 8.1.2 Das Logistische System und seine Teilsysteme

Die Abb. 8.1.2.1 zeigt das prozessorientierte Modell des Untersystemes *Lager- und Ressourcenmanagement*, d.h. die nächste Stufe der Detaillierung der Darstellung aus Abb. 8.1.1.1.

Die *Aufgaben,* die während des Prozess ausgeführt werden, sind die folgenden:

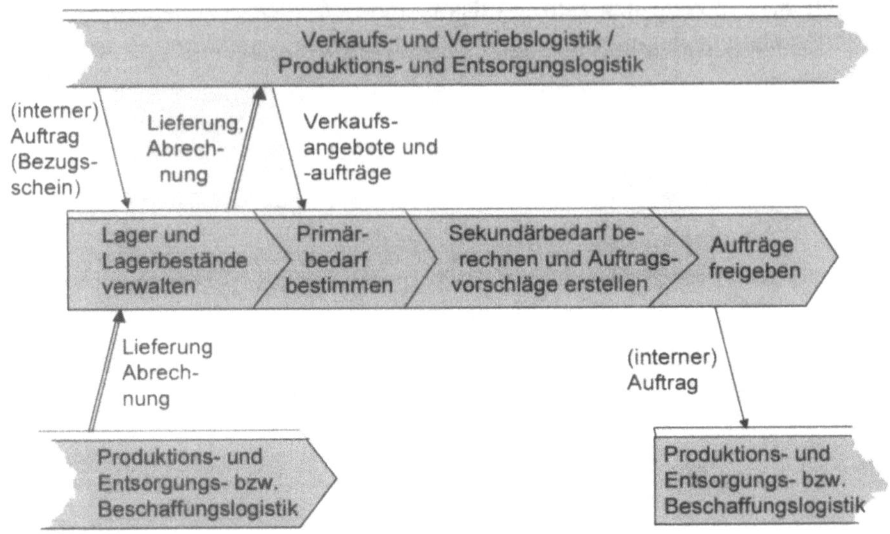


**Abb. 8.1.2.1** Lager- und Ressourcenmanagement: prozessorientiertes Modell

- Die *Lager-* und *Lagerbestandesverwaltung* umfasst einerseits die Aufgaben der Lagerorganisation, die Zu- und Abgangsbuchhaltung sowie das Verändern der Bestände an Lager durch die Lagertransaktionen.
- Die *Bestimmung des Primärbedarfs bzw. des unabhängigen Bedarfs* umfasst die Bestimmung des Bedarfs, welcher keine Beziehung zum Bedarf eines anderen Gutes hat. Unabhängig ist unternehmensexterner Bedarf, also Kundenbedarf an Endprodukten oder Ersatzteilen, aber auch Eigenbedarf, z.B. an Büromaterial oder – teilweise – Hilfsmaterial. Die Bestimmung des Primärbedarfs erfolgt über Vorhersagen sowie Kundenbedarfe.
- Die *Berechnung des Sekundärbedarfs bzw. des abhängigen Bedarfs* für ein Gut ist ein Bedarf, der einen direkten Bezug zum Bedarf eines anderen Gutes hat oder von diesem Bedarf abgeleitet werden kann. Abhängig ist z.B. Bedarf an Baugruppen, Halbfabrikaten, Komponenten, Rohmaterial und – teilweise – Hilfsmaterial. Die Sekundärbedarfsrechnung schliesst die Erstellung von Produktions- bzw. Beschaffungsvorschlägen ein.
- Die *Auftragsfreigabe* umfasst die notwendigen Vorarbeiten und den Entscheid zur Ausführung von vorgeschlagenen Aufträgen.

Mit Bezug auf die *Ablaufsteuerung* zeigt diese grobe Darstellung als Geschäftsprozess, dass man, wenn möglich, alle Teilaufgaben einer einzigen organisatorischen Einheit unterstellen sollte. Die genauere Betrachtung der

Durchgängigkeit dieses Prozesses bestimmt auch die Art der Ablaufspeicher: Diesem Umstand ist in der detaillierten Analyse genauere Beachtung zu schenken.

- Allerhöchstens kann man die *Lager-* und *Lagerbestandesverwaltung* einer von den drei anderen Teilaufgaben getrennten Organisationseinheit unterstellen. Dies erstens deshalb, weil die meisten Beziehungen mit den abnehmenden und den zuliefernden Prozessen stattfinden. Zweitens wird die Primärbedarfsbestimmung nicht in der gleichen Periodizität durchgeführt, mithin nicht jedes Mal durch eine Lager- bzw. *Lagerbestandesverwaltung* angestossen.
- Die *Bestimmung des Primärbedarfs* zieht ebenfalls nicht automatisch die *Berechnung des Sekundärbedarfs* nach sich. Auch in diesem Fall muss den Ablaufspeichern auf der detaillierteren Ebene noch genauere Aufmerksamkeit geschenkt werden.
- Die *Berechnung des Sekundärbedarfs* hingegen hat zum Ziel, die Zweckmässigkeit von freigegebenen und vorgeschlagenen von Produktions- bzw. Beschaffungsvorschlägen in Bezug auf Inhalt, Termin und Menge zu überprüfen. *Auftragszusammenstellung* und *Auftragsfreigabe* sollten deshalb unmittelbar aufeinanderfolgend durch dieselbe Organisationseinheit im Unternehmen durchgeführt werden.

Die Abb. 8.1.2.2 zeigt das funktionsorientierte Modell des Untersystems *Lager- und Ressourcenmanagement* aus Abb. 8.2, d.h. die Detaillierung in seine Teilfunktionen.

Als *Objekte* zeigt dieses Datenflussdiagramm die folgenden ersten Überlegungen:

- *Verkaufsangebot, Verkaufsauftrag,* Produktionsauftrag, Einkaufsauftrag, Beschaffungsvorschlag, Primärbedarf, Rahmenauftrag usw. sind offensichtliche Spezialisierungen des generalisierten Objekts *Auftrag.* Zudem können sie zumindest den Status *geplant* oder *freigegeben* aufweisen. Die Menge dieser Spezialisierungen legt nahe, die verschiedenen Auftragsarten und Auftragsstati genauer zu analysieren, was im folgenden Teilkapitel geschieht.

- Zur Primärbedarfsrechnung müssen *Statistiken* über geeignet zusammengefasste Verbrauchsdaten sowie Daten über Angebots- und Verkaufstätigkeit herangezogen werden. Zur Sekundärbedarfsrechung sind *Stammdaten* aus der F&E-Logistik nötig. Zur Auftragszusammenstellung und Freigabe sind geeignete Ausnahmemeldungen nötig, die während der Sekundärbedarfsrechnung erstellt werden. Auch benötigt man einen Vorschlag, wie Bedarfe durch Zugänge aus Produktions- bzw.

Beschaffungsaufträgen gedeckt werden. Umgekehrt ist die Information darüber nötig, wie diese Zugänge für Bedarfe verwendet werden.

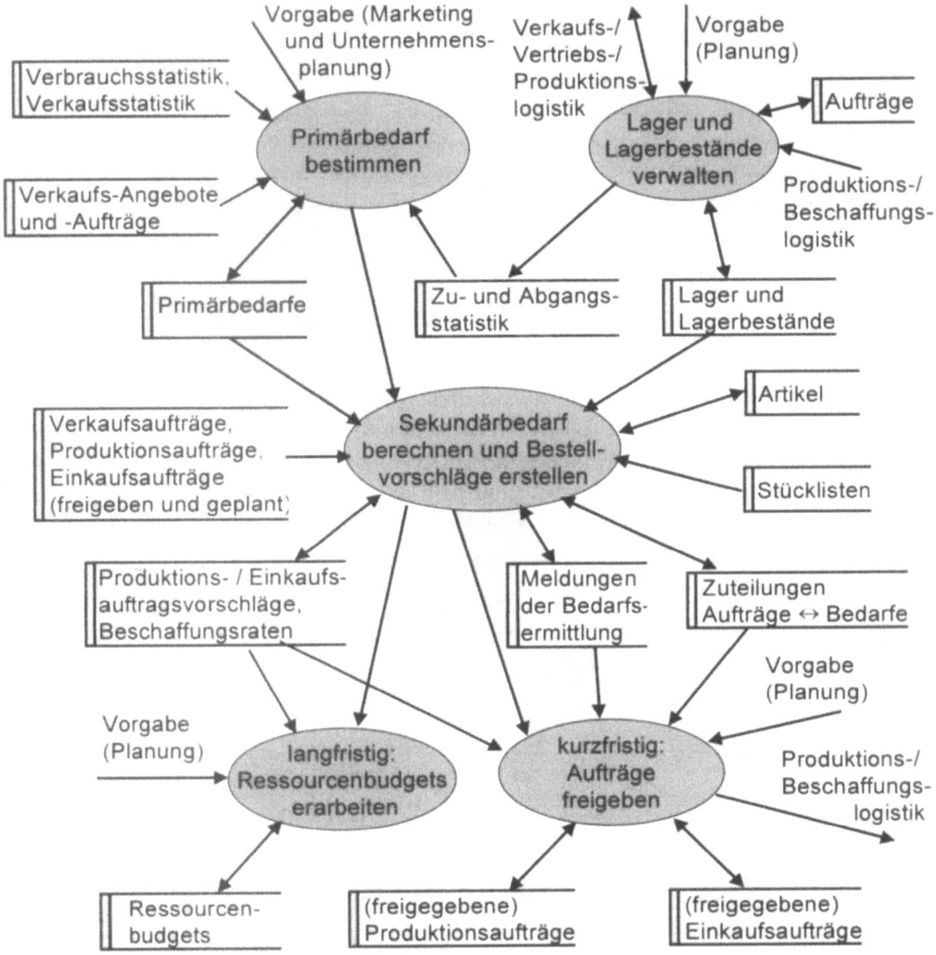


**Abb. 8.1.2.2** Lager- und Ressourcenmanagement: funktionsorientiertes Modell

Das funktionsorientierte Modell zeigt zudem, dass der Prozess in der Langfrist- oder Programmplanung nicht in der Auftragsfreigabe mündet, sondern in der Erarbeitung von Ressourcenbudgets zuhanden der Produktion (Kapazitätsbudget), der Beschaffung (Materialbudget), der Personallogistik (Personalbudget) und dem Finanzwesen (Kostenbudget). Das prozess-orientierte Modell aus der Abb. 8.1.2.1 wird dann zum Modell in Abb. 8.4.1.

## 8.2 Aufträge

Aufträge spielen im Lager- und Ressourcenmanagement eine zentrale Rolle. Sie beschreiben sowohl den Ressourcenverzehr als auch die Beschaffung und Erarbeitung von Ressourcen. Gleichzeitig bilden sie Bestände in Arbeit, ähnlich wie Artikel an Lager zu Beständen an Lager führen. Die genauere Behandlung der verschiedenen Kategorien von Aufträgen sowie die Erarbeitung einer generalisierten Auftrags- bzw. Bestandesstruktur ist deshalb Gegenstand dieses Teilkapitels.

### 8.2.1 Auftragsarten

Es hat sich als vorteilhaft erwiesen, das tägliche Geschehen auf der operationellen Informationsebene eines Betriebes durch ein durchgehendes Konzept von Aufträgen abzubilden: Für jegliche zu messende oder zu verfolgende betriebliche Leistung wird ein Auftrag vergeben. So gesehen entstehen verschiedene *Auftragsarten* für die verschiedenen organisatorischen Bereiche oder Themenstellungen der Aufträge. Die Abb. 8.2.1.1 zeigt diese Auftragsarten als Objekte in Form einer Spezialisierungshierarchie vom Standpunkt eines generellen Auftrags her gesehen.

Ein *Auftragshalter* dient als charakteristischer Identifikator eines Auftrages. Es handelt sich um dasjenige Objekt in einem Unternehmen, dem ein Auftrag einer Kategorie sinnvollerweise zugeordnet werden kann:

- Verkaufsauftrag bzw. -angebot sind einem Kunden (d.h. dem Auftraggeber) zugeordnet.
- Einkaufsauftrag bzw. -angebot sind einem Lieferanten (d.h. dem Auftragnehmer) zugeordnet.
- am Lager gehaltene Bestände (z.B. in Form von Chargen) sind einem Artikel zugeordnet.
- Primärbedarfsvorhersagen, direkte Bedarfe, direkte Aufträge, Einkaufsvorschläge sind einem Artikel zugeordnet.

Für einen Produktionsauftrag mag es verschiedene Auftragshalter geben (siehe dazu Kap. 9.2.1):

- ein Artikel für Lageraufträge oder KANBAN-Produktionsraten
- ein Artikel oder ein Projekt für Kundenproduktionsaufträge
- eine Anlage (Maschine, Werkzeug, Vorrichtung) für einen Anlagen-auftrag
- eine Kostenstelle für einen Gemeinkostenauftrag.

Das Denken in Aufträgen und Auftragsarten entstammt zwar im Wesentlichen der Produktionssteuerung sowie dem operativen Verkauf und Einkauf. Es hat sich jedoch als sehr praktisch erwiesen, die gleiche Denkart auch in der langfristigen Planung und im Lager- und Ressourcenmanagement, ja sogar in einer „auftragslosen“ Kanban-Steuerung anzuwenden. Gerade bei einer vertikal und horizontal integrierten Informationsverarbeitung treten die Vorteile dieser einheitlichen Denkart sehr rasch zutage.

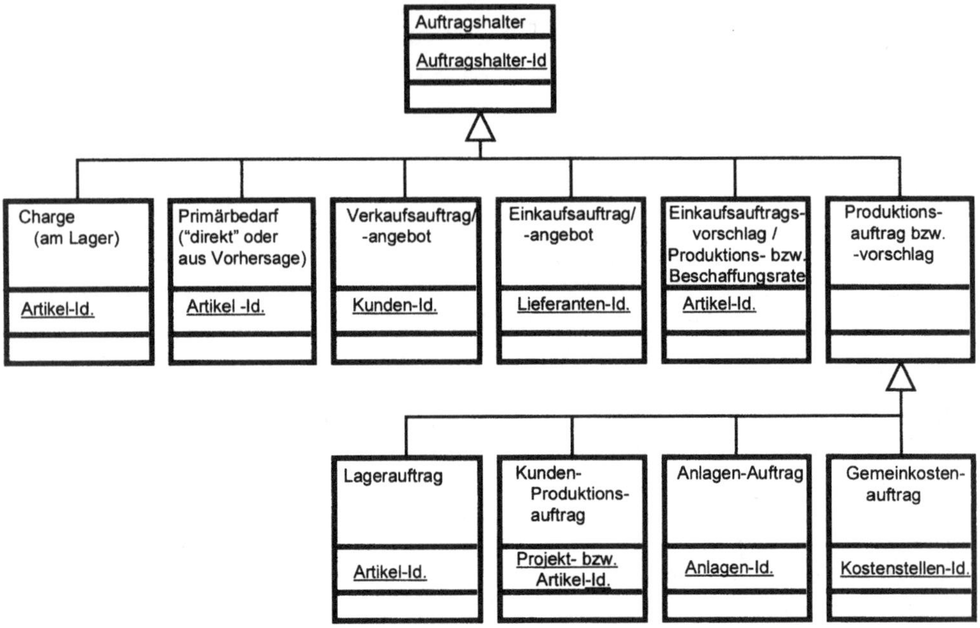


**Abb. 8.2.1.1** Lager- und Ressourcenmanagement-Informationssystem: Objektorientiertes Modell der Auftragsarten und ihrer Halter

## 8.2.2 Der Auftrag als komplexes, zusammengesetztes Geschäftsobjekt

Ein *Auftrag* ist ein komplexes Geschäftsobjekt. Zu seiner Existenz braucht es mindestens je ein „einfaches“ Geschäftsobjekt *Auftragshalter* (neben dem Unternehmen selbst) und einen *Termin*. Ein Auftrag äussert sich damit unter anderem verbindlich und obligatorisch über die folgenden Gegebenheiten:

- Welches ist die Auftragsart (gemäss Kap. 8.2.1)?
- Wer ist der Auftragshalter (gemäss Kap. 8.2.1)?
- Wann wird der Auftrag erteilt bzw. welches ist der *Auftragsgültigkeitstermin*?
- Welches ist die Zeitperiode zur Abwicklung des Auftrags, d.h. welches ist der *Auftragsendtermin* und welches der *Auftragsstarttermin*?

Je nach Zweck äussert sich ein Auftrag zudem mit einer Anzahl *Auftragspositionen* verbindlich über mindestens eine der folgenden Gegebenheiten:

- Die Produkte (Identifikation, Menge und Termin), die hergestellt bzw. beschafft werden müssen.
- Die Komponenten (Identifikation, Menge und Termin), die zum Verbrauch bzw. zum Einbau bereitgestellt werden müssen.
- Die auszuführenden Arbeiten (wann und in welcher Reihenfolge). Dies schliesst auch Transporte, Prüfungen und dergleichen mehr ein.
- Die Verbindung des Auftrags bzw. seiner Arbeiten mit anderen Aufträgen.

Die Abb. 8.2.2.1 zeigt eine generelle Auftragsstruktur.

Der Auftrag erscheint damit als ein ziemlich komplexes, zusammengesetztes Objekt, nämlich als Assoziationsklasse der Objekte

- Gültigkeitsdatum
- Auftragsart
- Auftragshalter
- Identifikation des Produktionsplanes (siehe dazu auch das Kap. 8.4.1)

Der zusammengesetzte Schlüssel wird reidentifiziert durch eine Auftragsidentifikation (Auftrags-Id.).

Im Sinne eines integrierten Konzeptes gilt diese generalisierte Definition des Objekts *Auftrag* für alle Auftragsarten gemäss Kap. 8.2.1, d.h. in Verkauf, Einkauf und Produktion, und auch für alle betriebsinternen Aufträge (z.B. Entwicklung, Instandhaltung usw.), sowohl in der Industrie als auch in der Dienstleistung. Sie gilt auch für Bestände an Lager, wie dies im folgenden Kap. 8.3.1 noch genauer gezeigt werden wird. Sie gilt auch für alle Auftragsstati.

Der *Auftragsstatus* ist eine Lebensphase in der Abwicklung des Auftrags. Man unterscheidet

1. den Planungs- bzw. Angebotsstatus,
2. den Status der Ausführung und
3. den Status der Abrechnung (Kalkulation oder Faktur).

Während die Auftragsdaten im 1. Status Projektionen darstellen, sind sie im 2. zuerst Projektionen (z.B. Budgets oder Vorkalkulationen), die nach und nach durch echte Daten ersetzt werden. Im 3. Status finden sich die effektiven, dem konkreten Auftrag entsprechenden Daten, die durch irgendeine Art von Betriebsdatenerfassung erhoben wurden. Typische mögliche Unterwerte der drei hauptsächlichen Auftragsstati sind folgende: erstellt, in Ausführung, in Wartestellung, storniert, rückgemeldet, erledigt, in Abrechnung, zu löschen.

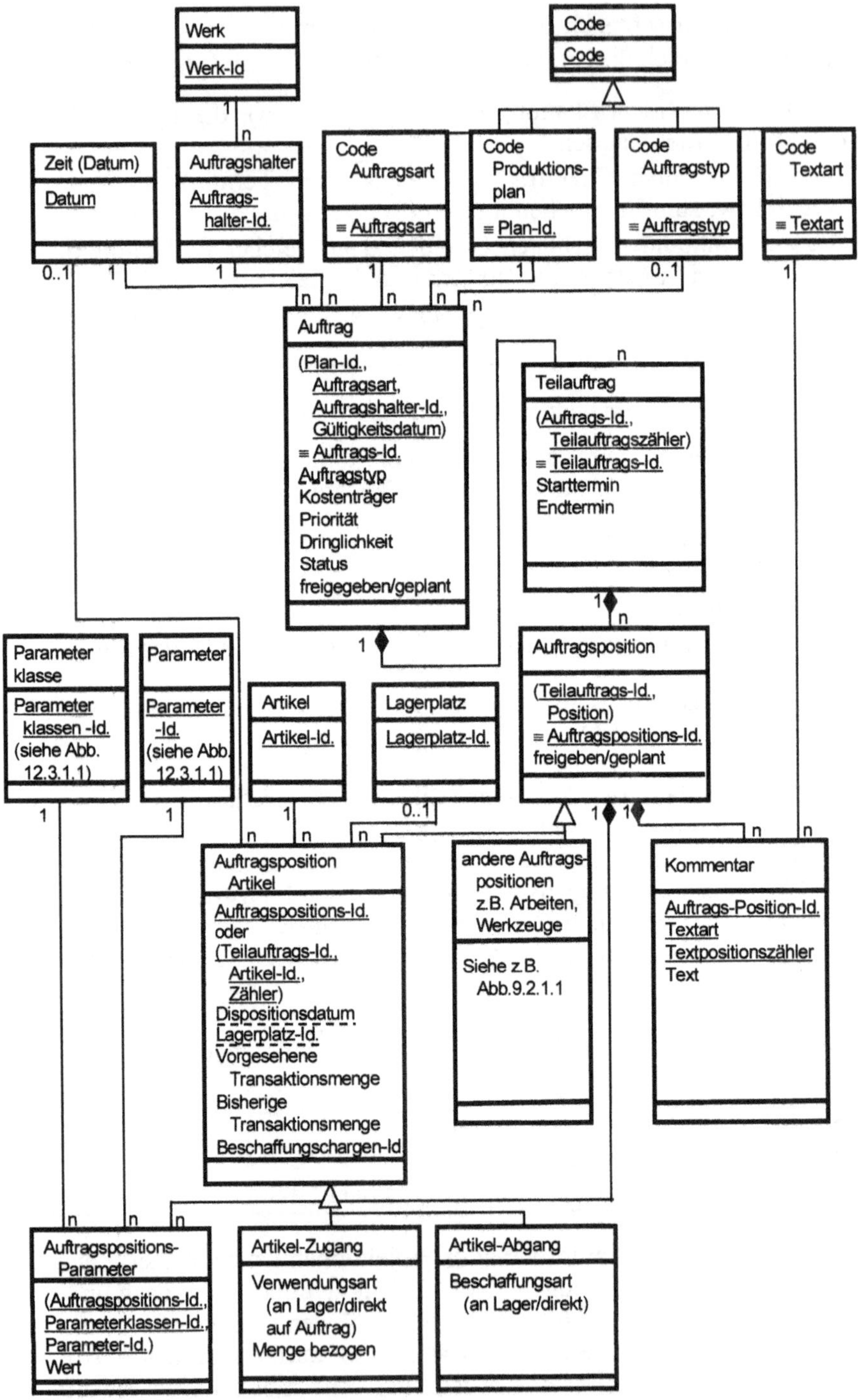


**Abb. 8.2.2.1** Lager- und Ressourcenmanagement-Informationssystem: Objektorientiertes Modell der Auftragsstruktur

Nicht jede Objektklasse ist für eine bestimmte Auftragsart notwendig. Beim Besprechen der jeweiligen Auftragsart wird erwähnt werden, auf welche Objektklassen und weshalb im spezifischen Fall verzichtet werden kann:

Die wohl typischste Charakteristik eines Auftrages ist die Klasse *Zeit*, die angibt, wann ein operatives Ereignis eintritt. Die Zeit kann gegeben sein durch ein Datum und eventuell eine Uhrzeit. Die Zeitachse ist natürlich das wesentliche Element einer jeglichen Planung. Die fundamentale Wichtigkeit der Klasse *Zeit* für einen Auftrag ist dadurch hervorgehoben, dass sie viele Objektklassen mit bestimmt, welche als Assoziationsklassen aus dem Objekt Zeit mit einem anderen Objekt hervorgegangen sind, also über eine Bestimmungshierarchie.

Wesentliche Attribute der Klasse *Auftrag* sind

- der Auftragstyp (z.B. Neuauftrag, Reparaturauftrag, Ersatzauftrag, im Falle der Auftragsart *Verkaufsauftrag*).
- der Kostenträger: ein Begriff des Rechnungswesens zur Belastung der mit dem Auftrag verbundenen Kosten auf ein entsprechendes Konto.
- die Priorität: eine von aussen dem Auftrag beigegebene Wichtigkeit (entspricht etwa den verschiedenen Farben der Auftragsbegleitpapiere).
- die Dringlichkeit: ein Element für die nachfolgende Terminplanung.
- freigegeben/geplant: die grundsätzliche Angabe über die Aktualität eines Auftrages.
- der Auftragsstatus (siehe oben).

Ein Auftrag kann als Komposition von mehreren *Teilaufträgen* konzipiert werden. Damit sind verschiedene, logisch zusammengehörige Untermengen eines Auftrages gemeint. Die Unterscheidung in Teilaufträge ergibt sich meistens aufgrund unterschiedlicher Termine dieser Untermengen.

Jeder Teilauftrag setzt sich seinerseits aus einer bestimmten Anzahl von *Auftragspositionen* zusammen. Dies sind die mengen- oder zeitmässig ins Gewicht fallenden Komponenten des Auftrages. Diese Klasse kann spezialisiert werden in

- Auftragsposition Artikel
- andere Auftragspositionen, z.B. Arbeiten (Operationen), Werkzeuge, Vorrichtungen usw. (siehe dazu auch das Kap. 9).

Jeder Auftragsposition können *Kommentare* als beschreibender Zusatz zugefügt sein.

Eine *Auftragsposition Artikel* ist im Wesentlichen gekennzeichnet durch ihre Identifikation. Im generischen Sinne wäre wohl die Klasse *Auftragsposition*

*Artikel* eine Assoziationsklasse der beiden Objekte *Auftrag* und *Artikel*. In der Praxis hat es sich aber als besser erwiesen, sie als eine Komposition der Klasse *Teilauftrag* mit einem nicht sprechenden Positionszähler zu konzipieren. Dies hat den Vorteil, dass der gleiche Artikel mehrere Male als Komponente in einer Auftragsteileposition für den gleichen Teilauftrag vorkommen kann, und dies erst noch in einer beliebigen gewünschten und durch den Positionszähler bestimmten Reihenfolge.

Im Falle der gewählten Modellierung verweist das Attribut *Artikel-Id.* in der Klasse *Auftragsposition Artikel* damit auf eine "n zu 1"-Assoziation mit der Klasse *Artikel*. Damit ist eine implizite Sicht auf die Klasse *Auftragsposition Artikel* nach dem Attribut *Artikel-Id.* gegeben. Das Dispositionsdatum, d.h. das vorhergesehene Transaktionsdatum für diese Artikelposition, und der Lagerplatz, d.h. der vorgesehene Entnahme- oder Einlagerungsplatz für diese Transaktion, können weiteren Sichten zugrunde liegen.

Weitere Attribute sind

- die vorhergesehene Transaktionsmenge
- die bisher ausgeführte Transaktionsmenge
- die Identifikation der Beschaffungscharge, sofern diese über alle Stufen der Produktion mitgezogen werden soll.

Die Klasse *Auftragsposition Artikel* kann ihrerseits spezialisiert werden in *Artikel-Zugänge* und *Artikel-Abgänge*:

- Bei einem Artikel-Zugang muss angegeben werden, ob eine externe Verwendungsart vorliegt (an Lager oder an Kunden) oder aber eine interne Verwendungsart (d.h. im gleichen Auftrag, z.B. durch einen anderen Teilauftrag verwendet). Ebenso muss auch die auf den Zugang bereits bezogene Menge angegeben werden.

- Für einen Artikel-Abgang ist die Angabe der Beschaffungsart erforderlich:
  - ab Lager (ab einer Lagercharge)
  - direkt auf Auftrag, z.B. durch einen anderen Teilauftrag innerhalb des gleichen Auftrages oder durch einen anderen Auftrag (z.B. einen Einkaufsauftrag).

Die Kosten eines Auftrages können dann gemäss einem zu bestimmenden Aufteilungsschlüssel allen Artikel-Zugängen zugeordnet werden.

Im Falle von parametrierten Artikelstrukturen werden in der Klasse *Auftragsposition-Parameter* die für diesen Auftrag gültigen Parameterwerte festgehalten. Eine Liste kann *pro Auftragsposition Artikel* gegeben sein, z.B. im Falle eines Verkaufs- oder Einkaufsauftrags, oder aber *pro Teilauftrag*, z.B. im Falle eines Produktionsauftrages (in diesem Fall wird einfach die Position auf Null gesetzt). Zur Parametrierung von Produkt- oder Artikelfamilien siehe auch das Kap. 12.3.

## 8.3 Aufgaben des Lager- und Ressourcenmanagements

Dieses Kapitel behandelt das mittel- und kurzfristige Materialmanagement. Zusammen mit dem Materialmanagement gehört auch das Termin- und Kapazitätsmanagement zum Ressourcenmanagement eines produzierenden Unternehmens. Die Tatsache, dass die dazu gehörenden Aufgaben mit der Produktionslogistik im Kap. 9 besprochen werden, zeigt die enge Verknüpfung der beiden Gebiete an. Je nach Organisation eines Unternehmens kann man die in der Folge detailliert besprochenen Aufgaben als Teil des Produktionsmanagements oder aber des Ressourcenmanagements sehen. Der eigentliche Grund, warum diese Aufgaben im nachgelagerten Kapitel über Produktionsmanagement behandelt werden, ist didaktischer Natur: Die Modelle in diesem Kapitel wären sonst überladen gewesen.

Natürlich besitzt Materialmanagement im Planungsablauf bei nicht zeitkritischer Produktion oder Beschaffung ein zeitliches Primat. Im klassischen MRPII-Konzept unterscheidet man diese Aufgaben denn auch derart streng, dass der Arbeitsplan im Materialmanagement nicht vorkommt. Für das Materialmanagement gibt es einzig und allein die „Beschaffungsfrist" bzw. „Durchlaufzeit", die jedem Gut als Attribut hinzugefügt ist. Diese Ansicht kam auch der früher sehr beschränkten Rechenkapazität von Computern entgegen, brauchte doch allein der Planungslauf für das Materialmanagement (das MRP-Verfahren, siehe Kap. 8.3.3) im Falle einer grösseren Firma ein ganzes Wochenende. Der Planungslauf für das Termin- und Kapazitätsmanagement (auch *CRP-Verfahren* genannt) brauchte dann nochmals soviel Zeit. Er musste damit separat vom Materialmangement betrieben werden können.

### 8.3.1 Lager und Lagerbestandesverwaltung

Die *Lager-* und *Lagerbestandesverwaltung* umfasst einerseits die Aufgaben der Lagerorganisation, die Zu- und Abgangsbuchhaltung sowie das Verändern der Bestände an Lager durch die Lagertransaktionen

Das Halten von Lagerbeständen spielt – auch bei einer Just-in-Time-Produktion – eine Rolle, und zwar über alle Stufen der Produktion, vom Rohmaterial über die Halbfabrikate bis hin zu Endprodukten. Je nach Branche und Art der hergestellten Produkte sowie dem Prinzip des Ressourcenmanagements und der Produktionssteuerung spielen Bestände an Lager eine grössere oder kleinere Rolle. In der Abb. 8.3.1.1 werden die notwendigen Teilprozesse skizziert.

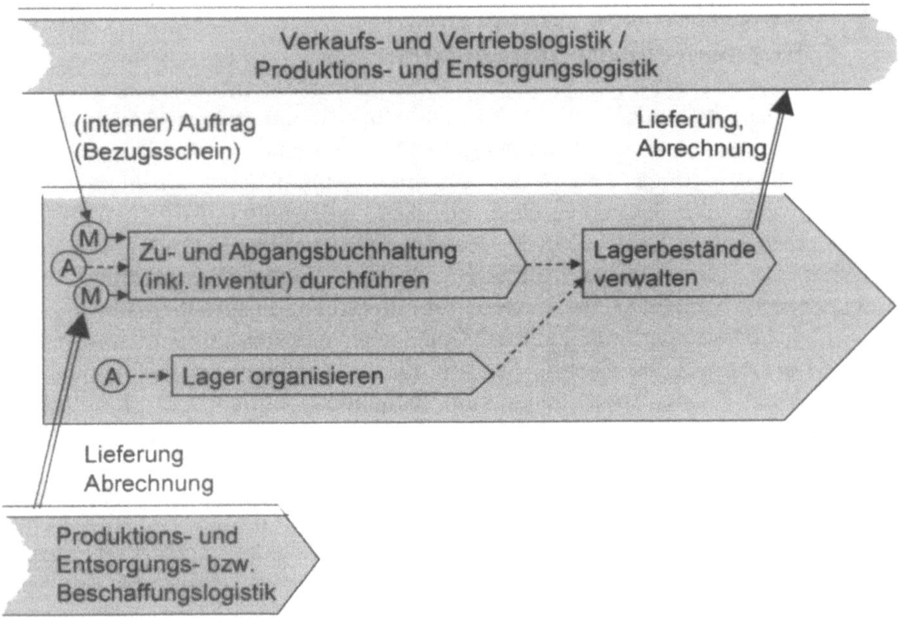


**Abb. 8.3.1.1** Lager- und Lagerbestandesverwaltung: prozessorientiertes Modell

Die *Aufgaben,* die während des Prozesses ausgeführt werden, sind die folgenden:

- Die *Lagerorganisation* umfasst (siehe z.B. [Schö00, Kap. 10.1.1] u.a.
  - die *(Lager-)Bestandesorganisation* (Einlagerorganisation, Mehrlagerorganisation, Variantenlagerorganisation),
  - die *Einbettung (des Lagers) im Güterfluss* (abgetrenntes Lager, Pufferlager oder Handlager),
  - das *Führungsprinzip (des Lagers)* (geordnetes Lager bzw. ein Lager auf Sicht, chaotisches Lager),
  - das *Entnahmeprinzip (des Lagers)* (ungeordnetes Lagerentnahmeprinzip, FIFO-(„first in - first out“) oder LIFO-(„last in - first out“)Lagerentnahmeprinzip.

- Die *Zu- und Abgangsbuchhaltung*. Eine genaue und nachgeführte Lagerbuchhaltung ist die Grundlage für jedes Lagermanagement. Durch geeignete organisatorische Massnahmen muss es möglich sein, auch bei Tausenden von Transaktionen pro Woche und mehreren Angestellten die Buch- und Lagerbestände à jour zu halten. So sollte der Buchbestand dem physischen Bestand entsprechen bzw. kontrollierbar und nachvollziehbar davon abweichen. Massnahmen sind u.a. das Sicherstellen, dass kein Abgang oder Zugang unkontrolliert erfolgt, die Garantie der Identifikation der Ware, korrekte Identifikation des Artikels, korrekte Mengenerfassung.

  Die Zu- und Abgangstransaktionen werden zum Aufstellen einer entsprechenden Statistik herangezogen, die ihrerseits wiederum für eine vergangenheitsbasierte Vorhersagerechnung hinzugezogen wird, die ihrerseits wiederum für eine vergangenheitsbasierte Vorhersagerechnung hinzugezogen wird.

  Eine Transaktion, die nur Bestände von Lager zu Lager verschiebt oder zur Inventur dient, ist auftragsneutral im Sinne der Auftragsarten in Abb. 8.2.1.1. Da für solche Transaktionen trotzdem ein klarer Handlungsbedarf besteht, kann man auch in diesem Fall von Aufträgen - eben *Lagertransaktionsaufträgen* - sprechen, und sie als Substruktur gemäss Abb. 8.2.2.1 konzipieren, mindestens mit der Klasse *Auftragsposition Artikel.*

- Die *Lagerbestandesverwaltung*: die Veränderung der Lagerbestände durch die erfassten Lagertransaktionen, z.B. das Ausliefern einer Kundenbestellung, der Eingang eines Produktions- oder Beschaffungsauftrags, das Ausfassen einer Reservierung, die ungeplante Rückgabe bzw. Entnahme von Material, die physische Inventur.

Für die *Ablaufsteuerung* gelten die folgenden Überlegungen:

- Die Lagerorganisation wird durch langfristige Überlegungen bestimmt und periodisch überprüft und verändert. Dieser Prozess wird deshalb durch die Ablaufsteuerungsart Agenda angestossen.
- Die Zu- und Abgangsbuchhaltung wird durch die einzelnen Geschäftsvorgänge angestossen, meistens über einen Ablaufspeicher der Art Mailbox. Die Inventur wird periodisch durchgeführt, und damit durch die Ablaufsteuerungsart Agenda angestossen.

In der Abb. 8.3.1.2 wird das funktionsorientierte Modell skizziert.

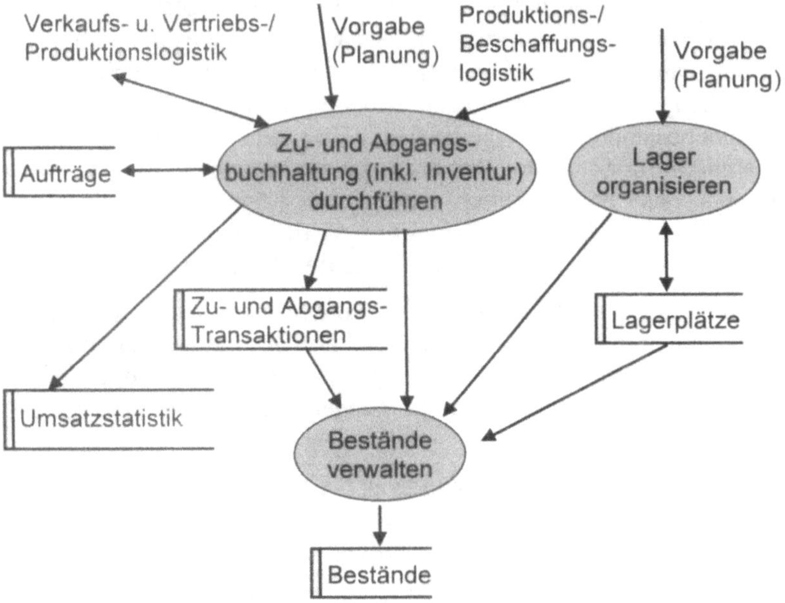


**Abb. 8.3.1.2** Lager- und Lagerbestandesverwaltung: funktionsorientiertes Modell

Das Datenflussdiagramm zeigt die wesentlichen Objekte, die durch die Lager- und Lagerbestandesverwaltung erstellt werden. Zu- und Abgangstransaktionen werden zusammen mit der Artikelstatistik über Zu- und Abgänge nicht zuletzt zur Bedarfsvorhersage verwendet. Siehe dazu die Abb. 8.3.2.2.

Die Abb. 8.3.1.3 zeigt das zugehörige objektorientierte Modell für Lager und Lagerbestände. Zu- und Abgangstransaktionen und die Umsatzstatistik werden im Modell für die Vorhersageverfahren aufgeführt werden (Abb. 8.3.2.3), wofür sie u.a. herangezogen werden.

Die Praxis in den Unternehmen führt zu einem relativ komplexen Modell, durch welches die verschiedenen möglichen Organisationen, Führungs- und Entnahmeprinzipien abgebildet werden können. Das Modell stellt damit den allgemeinen Fall dar. In einfachen Fällen der Lagerführung mag eine Teilmenge der vorgeschlagenen Objekte bereits genügen.

- Variantenlagerorganisation: Verschiedene Varianten liegen ähnlich wie Chargen unterscheidbar am Lager. Sollen keine Chargen gebildet werden, so wird der Zugang einfach den Beständen der bestehenden Variante hinzufügt, je nach Lagerplatz. Dieses auftragsunabhängige Lager wird in der Folge bewirtschaftet (siehe Kap. 1.3.3).

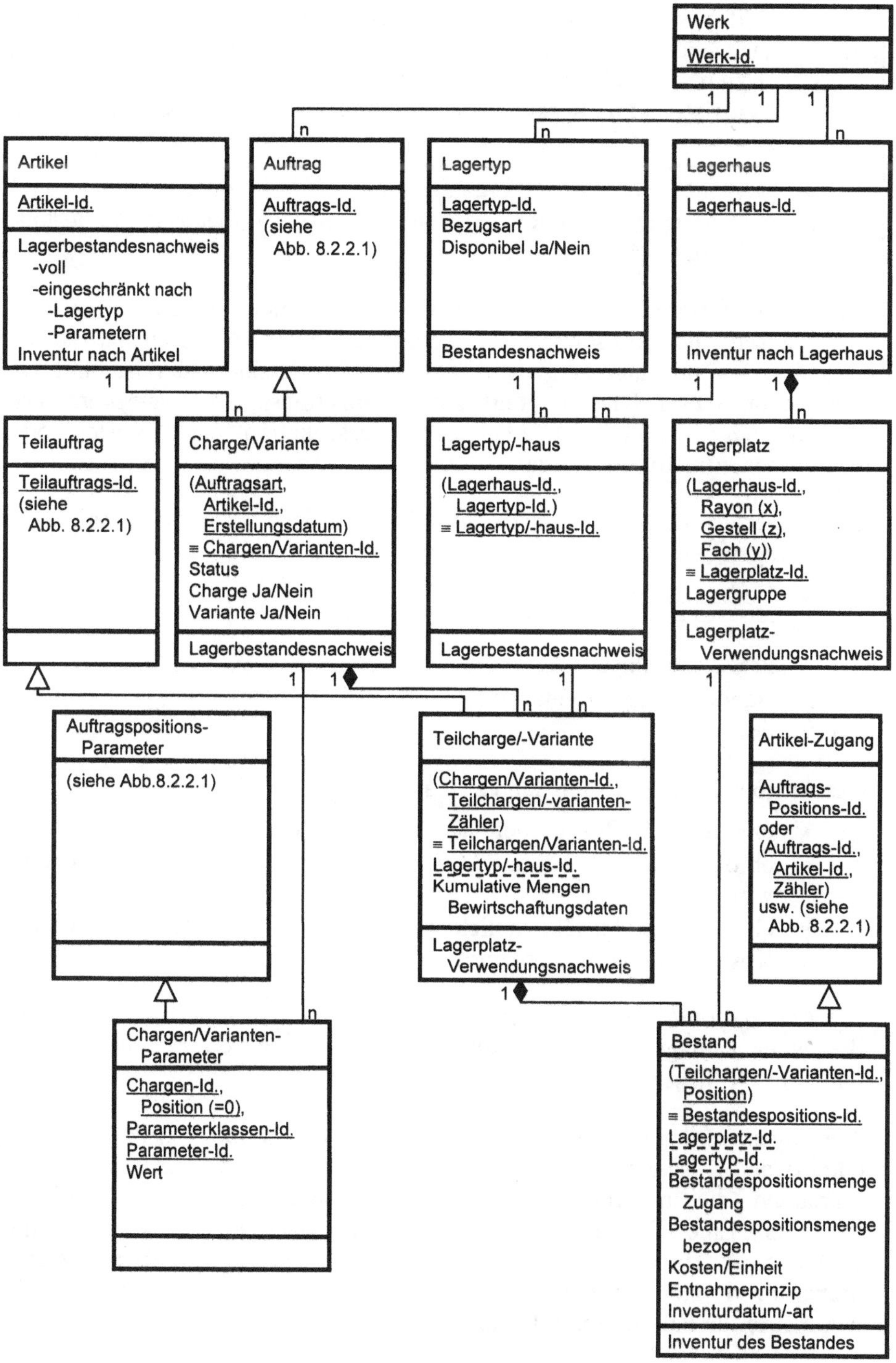


**Abb. 8.3.1.3** Lager- und Lagerbestandesverwaltung: objektorientiertes Modell

- Sind weder Varianten noch Chargen zu halten, handelt es sich höchstens um eine einfache Mehrlagerorganisation. Dann wird die "1 zu n"-Assoziation zwischen Artikel und Charge zu einer "1 zu 1"-Assoziation. Die Klasse *Chargenparameter* fällt dann sinnvollerweise weg.
- Liegt nur eine Einlagerorganisation vor, dann werden die "1 zu n"-Assoziationen zwischen den Klassen *Charge*, *Teilcharge* und *Bestand* zu "1 zu 1"-Assoziationen.

Ein Werk umfasst – gemäss diesem allgemeinen Ansatz – mehrere Lagerhäuser, die ihrerseits die Lagerplätze halten. Als Beispiel ist die Organisation eines Lagerhauses mit drei räumlichen Koordinaten gewählt. Die Assoziation dieser Klassen führt zur Assoziationsklasse *Lagerplatz*. Das Attribut *Lagergruppe* gibt z.B. eine Klassifikation nach Kosten oder technischer Infrastruktur wieder.

Der Lagertyp definiert verschiedene Lagerzwecke oder organisatorische Aufteilungen, wie z.B.

- Verkaufslager
- Ersatzteillager
- Produktionslager
- Handlager am Arbeitsplatz
- usw.

Das Attribut *Bezugsart* kann dann z.B. aussagen,

- ob mit einem Bezugschein auf Auftrag bezogen wird,
- ob ohne Bezugschein auf Auftrag (Ist-Menge = Soll-Menge) bezogen wird,
- ob ein unter Umständen nicht genau inventarisierter Bestand auf einer Kostenstelle verbraucht wird.

Die Assoziationsklasse *Lagertyp pro Haus* gibt die generelle Lagerpolitik an. Bei einer Einlagerung kann somit geprüft werden, ob der vorgesehene Lagertyp für dieses Haus überhaupt geplant war.

Am Lager werden – gemäss diesem allgemeinen Ansatz – Artikel gehalten, und zwar in sogenannten Produktions- oder Beschaffungschargen bzw. -varianten, die in ihrer Struktur eine Spezialisierung der Klasse *Auftrag* darstellen. Eine Charge erlaubt das Ausfassen nach FIFO oder LIFO und zudem einen Herkunftsnachweis der verbauten oder ausgelieferten Waren. Siehe dazu z.B. [Schö00, Kap. 7.2.3]. Jede Charge/Variante ist im parametrierten Fall mit ihren Parametern versehen.

Die Charge/Variante wird beim Einlagern in Teilchargen/-varianten unterteilt, je nachdem, ob sie für verschiedene Lagertypen und Häuser vorgesehen ist. Das Attribut *Lagertyp/-haus-Id.* kann durch einen Teilchargenzähler reidentifiziert und ersetzt werden. Eine Teilcharge/-Variante ist damit eine Spezialisierung der Klasse *Teilauftrag*.

Die Teil-Charge besteht ihrerseits aus den eigentlichen Beständen. Ein Bestand ist damit eine Spezialisierung einer *Auftragsposition Artikel*, und zwar eines *Artikelzugangs* (siehe dazu die Abb. 8.2.2.1). Entsprechend finden wir die Attribute

- zugegangene Menge der Charge
- bezogene Menge der Charge
- Kosten pro gelagerte Einheit.

Jede Teilcharge kann an mehreren Lagerplätzen gehalten werden, umgekehrt kann ein Lagerplatz auch mehrere Chargen halten. Mit dem Attribut *Entnahmeprinzip* können besondere Lagerhaltungstechniken, wie etwa LIFO, FIFO oder Durchschnittspreisbildungen festgehalten werden. Jeder Bestand wird periodisch nach gewissen Kriterien inventiert.

In der Praxis findet man typische Methoden, die zur Beantwortung von Fragen herangezogen werden:

- ein *Lagerplatzverwendungsnachweis*, d.h. eine Übersicht über alle an einem bestimmten Lagerplatz gehaltenen Bestände.
- ein *Lagerbestandesnachweis für einen Artikel*. Dies ist eine Liste von allen an verschiedenen Lagern gehaltenen Chargen mit ihren Beständen. Im Falle einer parametrierten Artikeldefinition sollte der Bestandesnachweis auch nach gegebenen Parameterwerten nachgewiesen werden können (z.B. alle Artikel mit einer bestimmten Länge).

### 8.3.2 Primärbedarfsbestimmung

*Unabhängiger Bedarf* oder *Primärbedarf* für ein Gut ist ein Bedarf, welcher keine Beziehung zum Bedarf eines anderen Gutes hat.

Unabhängig ist unternehmensexterner Bedarf, also Kundenbedarf an Endprodukten oder Ersatzteilen, aber auch Eigenbedarf, z.B. an Büromaterial oder – teilweise – Hilfsmaterial.

Der Primärbedarf fasst den Produktionsplan und Beschaffungsplan für direkt absetzbare Produkte zusammen. Der *Produktionsplan* sowie der *Beschaffungsplan für direkt absetzbare Produkte* sind das Ergebnis von Absatz- und

Lagerplanung. Sie sagen aus, welche *absetzbaren* (d.h. an Kunden zu liefernde) Produktfamilien (Produkt- und Artikelgruppen, Optionen und Merkmale usw.) in welcher Menge in längerfristigen Planungsperioden (z.B. monatliche Produktions- oder Beschaffungsraten) produziert oder zugekauft werden sollen.[54]

Liegt der Primärbedarf nicht aufgrund von Kundenbestellungen vor, so wird er mit einer Vorhersagemethode prognostiziert. Siehe dazu z.B. [Schö00, Kap. 9].

Die *Vorhersage des Bedarfs* ist eine Abschätzung des zukünftigen Bedarfs.

Ein *Vorhersageverfahren* ist eine Vorgehenssystematik zur Bedarfsvorhersage nach einer bestimmten Modellvorstellung.

Die Abb. 8.3.2.1 zeigt das prozessorientierte Modell.

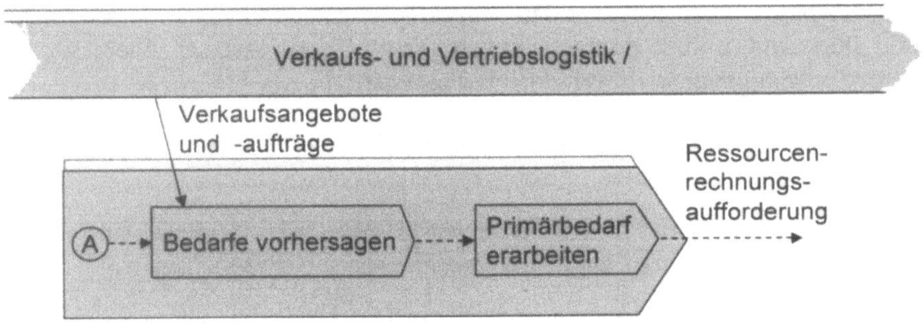


**Abb. 8.3.2.1** Primärbedarfsbestimmung: prozessorientiertes Modell

Verfahren zur Bedarfsvorhersage können wie folgt unterteilt werden:

- *Vergangenheitsbasierende* oder *„passéistische" Vorhersageverfahren* sagen aus dem Verbrauch in der Vergangenheit die zukünftige Nachfrage vorher, z.B. aufgrund von Verbrauchsstatistiken.

- *Zukunftsbasierende* oder *„futuristische" Vorhersageverfahren* berücksichtigen bereits vorhandene Informationen über die zukünftige Nachfrage, z.B. Verkaufsangebote, feste Bestellungen oder solche in der Abschlussphase, oder Befragungen über das Verhalten der Kunden.

---

[54] Das *Produktionsprogramm* (engl. *Master production schedule, MPS*) ist die Detaillierung des Produktionsplans in spezifische Produkte, Konfigurationen, Mengen und Daten.

Die Ergebnisse der Bedarfsvohersage (Erwartungswert und Standardabweichung) erlauben das Erarbeiten des Primärbedarfs, den man schliesslich als Objekt festhält. Es ist aber jederzeit möglich, Primärbedarfe auch ohne irgendwelche Vorhersageverfahren direkt zu verwalten. Dies ist insbesondere beim Fehlen einer Kundenauftragsverwaltung praktisch, bildet doch jede Verkaufsauftragsposition einen Primärbedarf. Man spricht dann von sogenannten „direkten" Primärbedarfen. Fehlt auf der anderen Seite eine Einkaufsauftragsverwaltung, so kann man analog vorgehen: jede Einkaufsauftragsposition bildet einen „direkten" Primärbedarf, jedoch mit umgekehrten Vorzeichen.

Das zugehörige funktionsorientierte Modell ist in Abb 8.3.2.2 gezeigt.

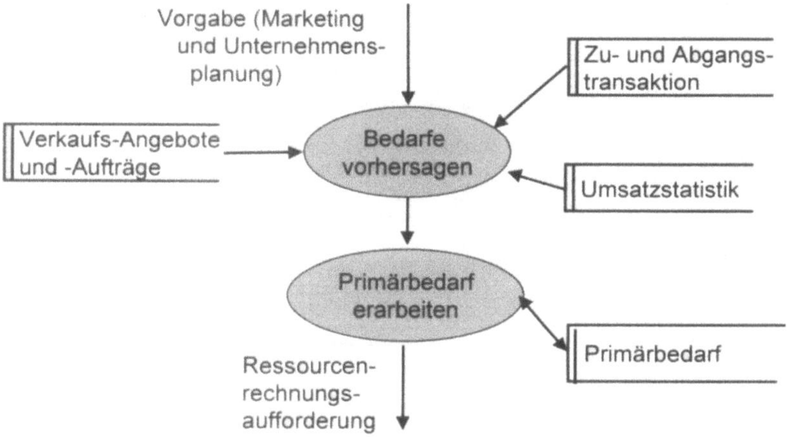


**Abb. 8.3.2.2** Primärbedarfsbestimmung: funktionsorientiertes Modell

Diese Darstellung gibt eine erste Idee über die Objekte, die mit dieser Aufgabe verbunden sind. Für das vergangenheitsbasierende Vorhersageverfahren zieht man Zu- und Abgangsstatistiken sowie Verkaufsstatistiken (erstellt aus den Verkaufstransaktionen, siehe z.B. Abb. 7.3.1.3 und Abb. 7.2.2.2) herzu. Für zukunftsbasierende Vorhersageverfahren zieht man z.B. für die Hochrechnung die aktuellen Verkaufsangebote und die Verkaufsaufträge hinzu.

Die Abb. 8.3.2.3 zeigt ein objektorientiertes Modell, welches als Grundlage für die vergangenheitsbasierende Bedarfsvorhersage dient.

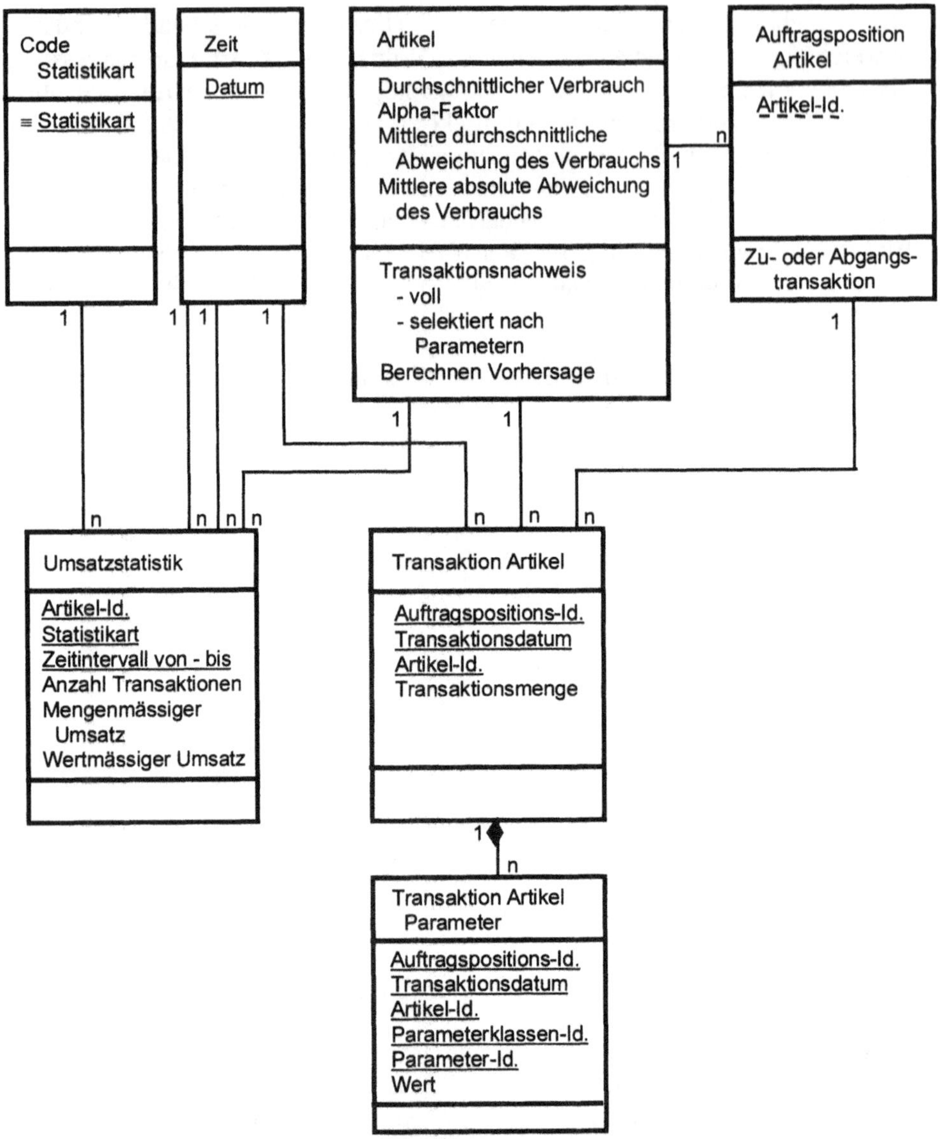


**Abb. 8.3.2.3** Primärbedarfsbestimmung: objektorientiertes Modell für die vergangenheitsbasierende Bedarfsvorhersage

Eine Zu- oder Abgangstransaktion ist eine ausgeführte *Transaktion Artikel* (siehe dazu auch Abb. 7.2.2.2).

Eine Auswertung aus der Menge aller Lagerabgangstransaktionen wird auch *Verbrauchsstatistik* oder *Lieferstatistik* genannt.

Siehe dazu z.B. [Schö00, Kap. 10.2.1]. Jede Transaktion hält dafür mindestens die Attribute *Artikel-Id.*, *Transaktionsdatum* und *Transaktionsmenge* fest. Bei parametrierten Artikeln (Artikelfamilien) wird eine ausgeführte *Transaktion Artikel* durch die entsprechenden Parameterwerte ergänzt.

I. Allg. ist die Anzahl der erfassten Transaktionen sehr gross. So ist es in der Praxis oft unmöglich, auch ältere Transaktionen für irgendwelche „Online"-Abfragen zur Verfügung zu stellen. Ausserdem würde die Antwortzeit für gewisse Abfragen viel zu lange dauern, vor allem für solche, die sich auf bestimmte Gruppen von Artikeln beziehen.

Eine *Umsatzstatistik* verdichtet die wichtigsten Daten der Lagertransaktionen, um schnell die wichtigsten Fragen über die Bewegungen eines Artikels beantworten zu können.

Die Umsatzstatistik wird z.B. täglich durch die Transaktionen des betreffenden Tages nachgeführt. Für jeden Artikel kann man die Umsätze der letzten Statistikperioden verwalten, z.B. der letzten 24 Monate und zudem der drei vorhergehenden Jahre. Für alle diese Perioden werden die folgenden Daten als Attribute geführt:

- gesamte Abgänge
- partielle Abgänge gemäss irgendeinem Kriterium (z.B. ungeplante Abgänge, die nicht für die Bedarfsvorhersage herangezogen werden)
- Abgänge, die verkauft wurden
- gesamte Zugänge
- partielle Zugänge, wiederum gemäss einem Kriterium (z.B. ungeplante Zugänge)
- Zugänge, die eingekauft wurden.

Für alle diese Attribute verwaltet man wenn möglich und je nach Bedarf und Speicherkapazität des Systems

- die Anzahl der Transaktionen
- den mengenmässigen Umsatz
- den wertmässigen Umsatz.

Man kann sich verschiedene *Statistikarten* vorstellen, etwa eine Angebotsstatistik, eine Verkaufsstatistik oder eben eine Lieferstatistik.

Die Umsatzstatistik ist die Grundlage für eine vergangenheitsbasierte Vorhersage. Andere Daten, die zur vergangenheitsbasierten Vorhersage hinzugezogen werden, sind etwa der (z.B. exponentiell geglättete) durchschnittliche Verbrauch, der Alphafaktor, der MAD (engl. „mean average deviation"). Sie sind Attribute der Klasse *Artikel*.

Die Abb. 8.3.2.4 zeigt das objektorientierte Modell für die Primärbedarfe.

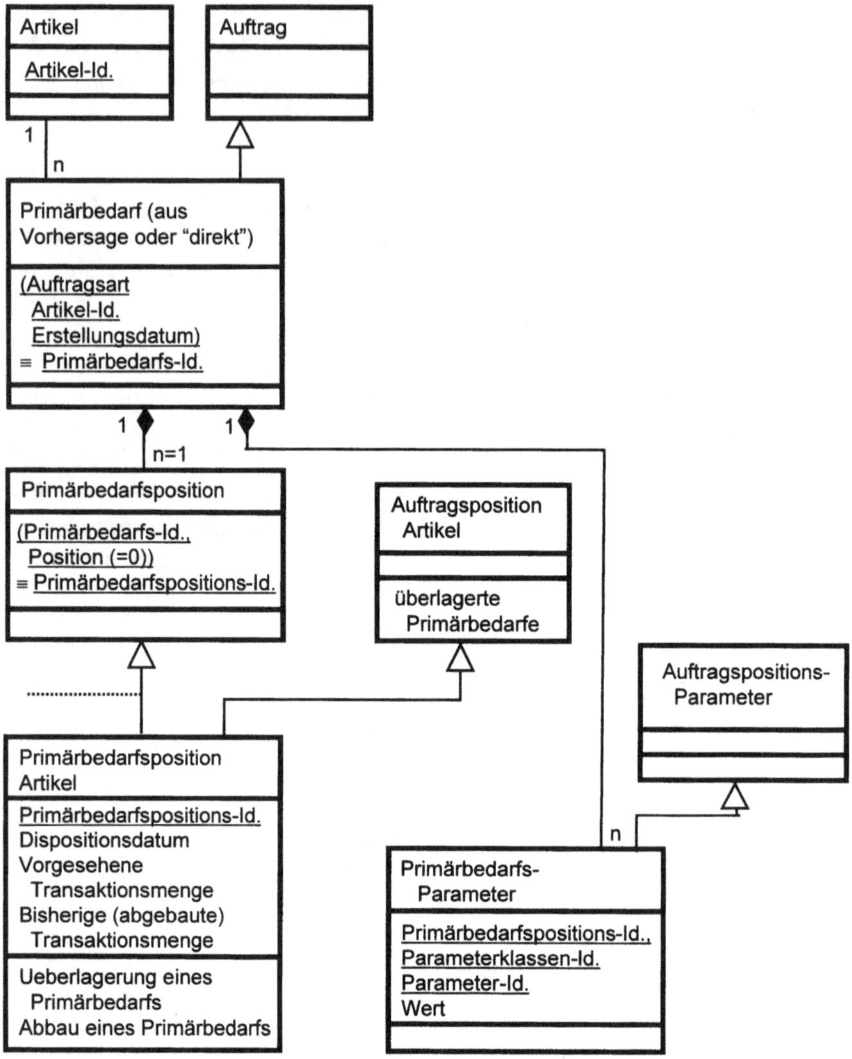


**Abb. 8.3.2.4** Primärbedarfsbestimmung: objektorientiertes Modell für die Primärbedarfe

Es handelt sich hier um spezialisierte Klassen in Bezug auf die in Kap. 8.2.2 gezeigten generellen Auftragsstrukturen. Effektiv notwendig ist die Klasse *Primärbedarfsposition Artikel*, wo das Dispositionsdatum, die vorgesehene Transaktionsmenge und auch die bisher eventuell abgebaute Transaktionsmenge festgehalten werden. Bei parametrierter Artikelbeschreibung ist der Primärbedarf durch Parameterwerte zu ergänzen.

Eine besondere Art von Primärbedarfen bilden diejenigen Vorhersagen, gegen die effektive Verkaufsauftragspositionen gespielt werden, welche also durch Verkaufsaufträge abgebaut werden. Siehe dazu z.B. [Schö00, Kap. 11.2.2]. Solche abbaubaren Primärbedarfe werden quasi durch Verkaufsaufträge überlagert. Es muss deshalb eine Funktion oder Methode vorhanden sein, welche die überlagerten Primärbedarfe (und damit den Primärbedarfabbau) ausweisen kann.

### 8.3.3 Sekundärbedarfsrechnung und Auftragsvorschlagserstellung

*Abhängiger Bedarf* oder *Sekundärbedarf* für ein Gut ist ein Bedarf, der einen direkten Bezug zum Bedarf eines anderen Gutes hat oder von diesem Bedarf abgeleitet werden kann.

Abhängig ist z.B. Bedarf an Baugruppen, Halbfabrikaten, Komponenten, Rohmaterial und – teilweise – Hilfsmaterial. Sekundärbedarf tritt also typischerweise bei Produktionsaufträgen auf. Die Abb. 8.3.3.1 zeigt das prozessorientierte Modell.

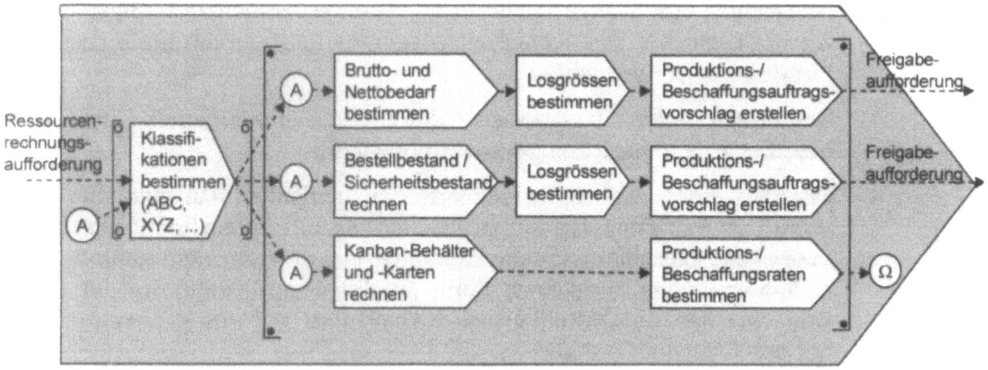


**Abb. 8.3.3.1** Sekundärbedarfsrechnung und Auftragsvorschlagsrechnung: prozessorientiertes Modell

Die erste *Aufgabe,* die während des Prozesses ausgeführt wird, ist die Bestimmung von Klassifikationen, die in den weiteren Teilaufgaben hinzugezogen werden.

- Die *Pareto-Klassifikation* oder *ABC-Klassifikation* teilt eine Gesamtmenge von Artikeln in drei Gruppen, nämlich A, B und C ein. Die A-Gruppe wird durch beispielsweise 20 % der Artikel gebildet, welche 75 % des Umsatzes ausmachen. 30 bis 40 % der Artikel, welche etwa

15 % des Umsatzes ausmachen, sind in der Gruppe B zusammengefasst. Die übrigen Artikel, also ungefähr 40 bis 50 %, machen nur etwa 10 % des Umsatzes aus und sind damit C-Artikel.

- Die *XYZ-Klassifikation* unterscheidet Artikel mit regelmässiger (regulärer) oder sogar kontinuierlicher Nachfrage (X-Artikel) von solchen mit völlig unregelmässiger, sporadischer oder einmaliger Nachfrage (Z-Artikel). Y-Artikel liegen dazwischen.

Je nach Politik der Auslösung eines Produktions- und Beschaffungsauftrags sind die weiteren Aufgaben der *Sekundärbedarfsrechnung* und *Auftragsvorschlagserstellung* von unterschiedlichem Inhalt. Siehe dazu z.B. [Schö00, Kap. 11.3, 10.3 und 5.3].

- Die obere Folge von Aufgaben betrifft die Auftragsauslösung nach Nachfrage bzw. Prognose, wofür das *MRP-Verfahren* zur Berechnung von abhängigem Bedarf im deterministischen Fall bzw. im quasideterministischen Fall eingesetzt wird. Es läuft für jeden so bewirtschafteten Artikel gemäss der folgenden Beschreibung ab (siehe auch die folgende Diskussion der Ablaufspeicher und die Abb. 8.3.3.2):

    1. Bestimmen des Bruttobedarfs, d.h. der Summe aller Primär- und Sekundärbedarfe.
    2. Bestimmen des Nettobedarfs durch Berücksichtigen des physischen Bestandes, des Sicherheitsbestandes und der terminierten Eingänge in der Zeitachse.
    3. Bestimmen der Losgrössen durch Zusammenfassen der Nettobedarfe je nach Losgrössenbildungspolitik.
    4. Erstellen eines Auftragsvorschlags, d.h. geplanten Auftrags für jedes Los. Für einen geplanten Produktionsauftrag bestimmt man zudem die Durchlaufzeit, die Sekundärbedarfe (d.h. den Bedarf an Komponenten, berechnet durch Stücklistenauflösung, auf der Zeitachse um die Durchlaufzeit vorversetzt) und die Belastung auf den Kapazitätsplätzen.

- Die mittlere Folge von Aufgaben betrifft die Auftragsauslösung nach Verbrauch unter Einsatz des Bestellbestand-Verfahrens.

    - Der *Bestellbestand* oder *Bestellpunkt* berechnet sich daher aus dem Sicherheitsbestand und dem zu erwartenden Bedarf während der Beschaffungsfrist des Einkaufsauftrages bzw. der Durchlaufzeit des Produktionsauftrages.
    - Der *Sicherheitsbestand* dient zum Auffangen der Abweichungen von der Durchlaufzeit bzw. der Beschaffungsfrist sowie vom Bedarf während der Durchlaufzeit bzw. der Beschaffungsfrist.

Im zweiten Fall berechnet er sich daher aus dem zu erwartenden Bedarf während einer Sicherheitsfrist. Im ersten Fall berechnet er sich daher aus dem Produkt von Sicherheitsfaktor mal Standardabweichung des Bedarfs während der Durchlaufzeit bzw. der Beschaffungsfrist. Der *Sicherheitsfaktor* ist die Umkehrfunktion zur Integralverteilungsfunktion des Verbrauchs.

- Die *Losgrösse* wird unter Berücksichtigung von Bestellvorgangskosten und Rüstkosten einerseits sowie von Lagerhaltungskosten andererseits z.B. nach der Andler-Formel berechnet.
- Gilt die Formel „Lagerbestand + Σ Terminierte Eingänge < Bestellbestand ", so ist ein neuer Produktions- bzw. Einkaufsauftrag auszulösen. Dafür wird ein Auftragsvorschlag mit der berechneten Losgrösse erstellt.

- Die untere Folge von Aufgaben betrifft die Auftragsauslösung nach Verbrauch unter Einsatz des Kanban-Verfahrens.
  - Der Inhalt eines Kanban-Behälters bestimmt sich durch die Eigenschaften des Produkts und des Prozesses. Nach der Bestimmung des Inhaltes kann man die Anzahl der Kanban-Karten berechnen. Im Moment der Bestellung, also des Absendens eines Transportloses von (leeren) Behältern, muss die gesamte Menge am Pufferlager oder in Arbeit – das heisst, die Anzahl der Kanban-Karten mal den Inhalt eines Behälters – *dem zu erwartenden Verbrauch während der Durchlaufzeit bzw. Beschaffungsfrist* entsprechen. Zu der so berechneten Anzahl Karten kommen noch die Anzahl der Behälter des Transportloses selbst sowie eine Anzahl Sicherheitskarten (zum Auffangen der Abweichungen einerseits von Durchlaufzeit bzw. Beschaffungsfrist sowie andererseits vom Erwartungswert des Verbrauchs).
  - *Produktionsraten* bzw. *Beschaffungsraten* sind einfache Mengenangaben pro Zeitperiode. Bei Kanban-Ketten rechnen sich die Produktions- bzw. Beschaffungsraten einer Komponente durch Abarbeiten ihres Verwendungsnachweises, Multiplikation der Produktionsraten der übergeordneten Artikel mit der Einbaumenge und durch zeitliches Verschieben um die Durchlaufzeit bzw. Beschaffungsfrist. Diese Raten entsprechen den Auftragsvorschlägen. Sie sind zwar zum Einsatz des Kanban-Verfahrens nicht nötig, geben aber das Auftragsvolumen an, das ein bestimmter Produktionsplan verursacht. Diese Information kann sowohl für die interne Planung der Ressourcen genutzt werden als auch zur Weitergabe an externe Lieferanten.

Für die *Ablaufsteuerung* gelten die folgenden Überlegungen:

- Die Klassifikationsrechnungen und auch die drei Sequenzen der übrigen Teilaufgaben werden periodisch durchgeführt und deshalb durch die Ablaufsteuerungsart Agenda angestossen.
- Klassifikationsrechnungen, Bestell- und Sicherheitsbestandsrechnung und die zugehörige Losgrössenrechnung sowie die Kanban-Behälter und -Kartenrechnung werden nur durchgeführt, wenn die Statistikdaten nachgeführt wurden, z.B. am Ende einer Statistikperiode. Die zugehörigen Produktions- bzw. Einkaufsauftragsvorschläge sowie die Produktions- und Beschaffungsraten werden z.B. täglich erstellt.
- Das MRP-Verfahren für einen Artikel wird nach der Veränderung der Prognosen durchgeführt, die ihrerseits neu berechnet werden, sobald die Statistikdaten nachgeführt wurden.
- Das MRP-Verfahren für einen Artikel wird auch durchgeführt, sobald sich seine Nachfrage ändert und diese nicht durch eine Prognose bereits berücksichtigt wurde. Dies geschieht gerade im deterministischen Fall laufend, sobald ein Kundenauftrag für diesen Artikel eingeht oder sich verändert. Die Teilprozesse des MRP-Verfahrens ziehen dann die Veränderung des Sekundärbedarfs der Komponenten des Endprodukts nach sich. Wieder muss der Ablaufspeicher für diese Komponenten sofort aktiv werden. Damit werden die vier Schritte des MRP-Verfahrens auch für jede der Komponenten durchgeführt. Ist eine Komponente ihrerseits ein Halbfabrikat, dann verändert sich auch der Bedarf an Komponenten des Halbfabrikats, worauf die vier Schritte des MRP-Verfahrens auch für jede der Komponenten des Halbfabrikats durchgeführt werden müssen, usw. So ergibt sich eine laufende Aktualisierung der Auftragsvorschläge und auch der Vorschläge zur Veränderung bereits laufender Aufträge, und zwar bis auf die Ebene der zugekauften Artikel. Die Abb. 8.3.3.2 zeigt die schematische Darstellung des geschilderten MRP-Verfahrens.
- Der Ablaufspeicher für das MRP-Verfahren ist deshalb mit besonderer Sorgfalt zu gestalten. Für jede *Transaktion Artikel*, die den verfügbaren Bestand verändert, wird die Artikel-Id. dem Ablaufspeicher hinzugefügt, worauf dieser baldmöglichst aktiviert werden sollte.[55]

---

[55] Bis zum Beginn der 1980er Jahre erfolgte die Aktivierung wöchentlich, da das MRP-Verfahren für das ganze Artikelsortiment einige Stunden Rechenarbeit auf dem Computer verursachte. Seit langem arbeiten die meisten Software-Pakete jedoch mit unmittelbarer Aktivierung: das Bedarfsrechnungsprogramm wird im Batch-Modus aufgerufen, sobald der Ablaufspeicher einen Eintrag erhält.

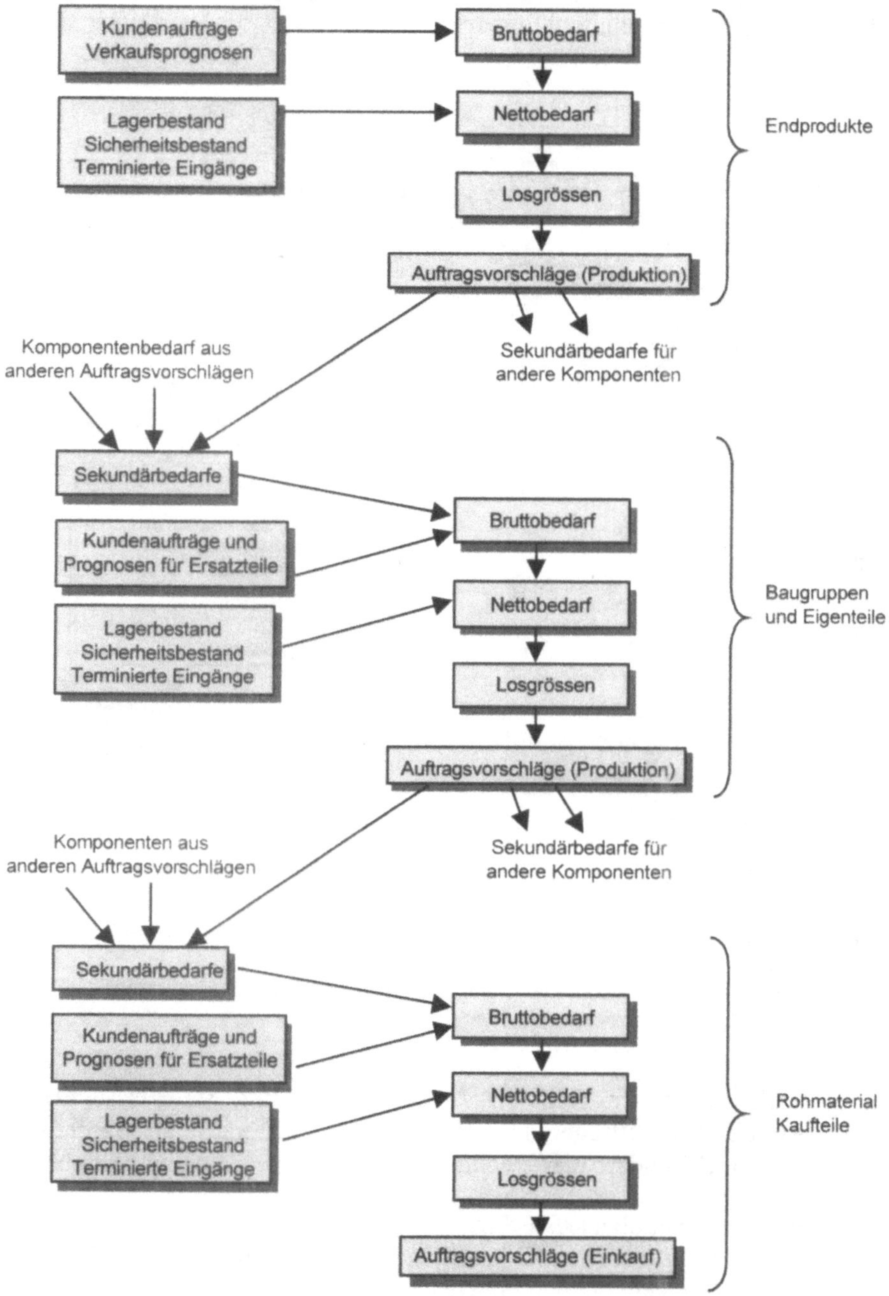


**Abb. 8.3.3.2** Schematische Darstellung des MRP-Verfahrens

Die Abb. 8.3.3.3 zeigt das Funktionsmodell zur Sekundärbedarfsrechnung und Auftragsvorschlagserstellung.

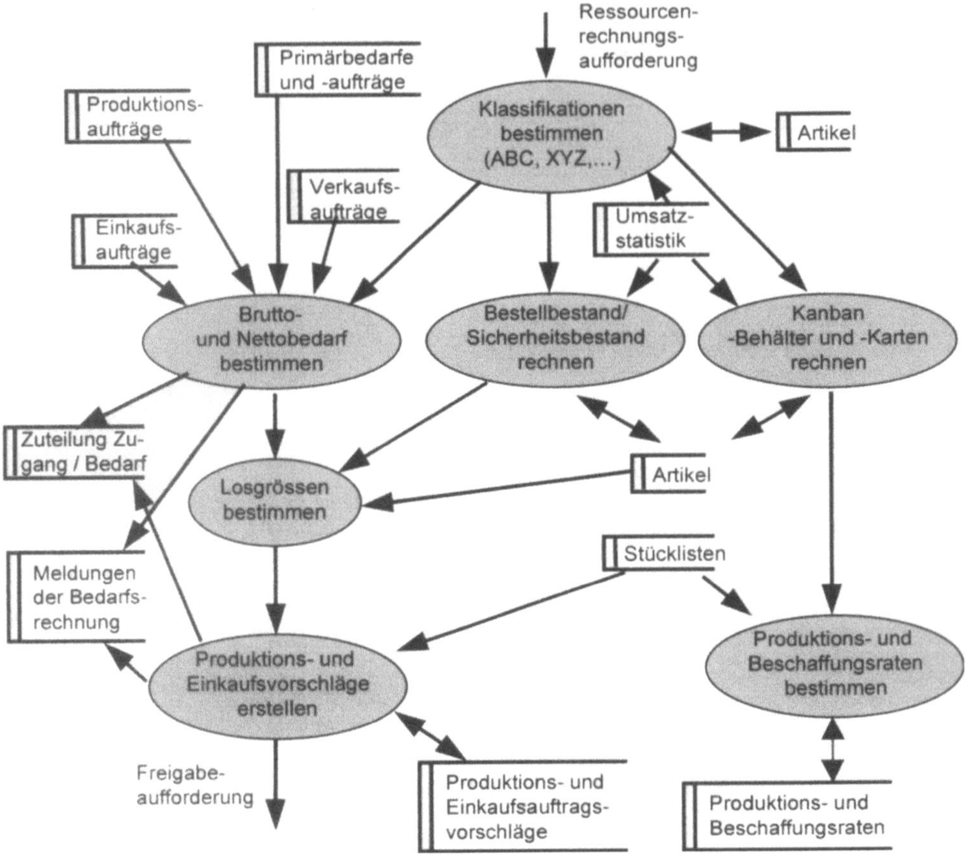


**Abb. 8.3.3.3** Sekundärbedarfsrechnung und Auftragsvorschlagsrechnung: funktionsorientiertes Modell

Das Datenflussdiagramm zeigt die Umsatzstatistik und die Klasse *Artikel* sowie die laufenden Aufträge und natürlich die Primärbedarfe als wesentliche Datenquelle zur Sekundärbedarfsrechnung und Auftragsvorschlagsrechnung.

Die Brutto- und Nettobedarfsrechnung erstellt Ausnahmemeldungen sowie provisorische Zuteilungen von Aufträgen und Auftragsvorschlägen zu Bedarfen. Diese Objekte werden im nächsten Teilkapitel vorgestellt.

Die Abb. 8.3.3.4 zeigt ein objektorientiertes Modell zur Sekundärbedarfsrechnung und Auftragsvorschlagsrechnung.

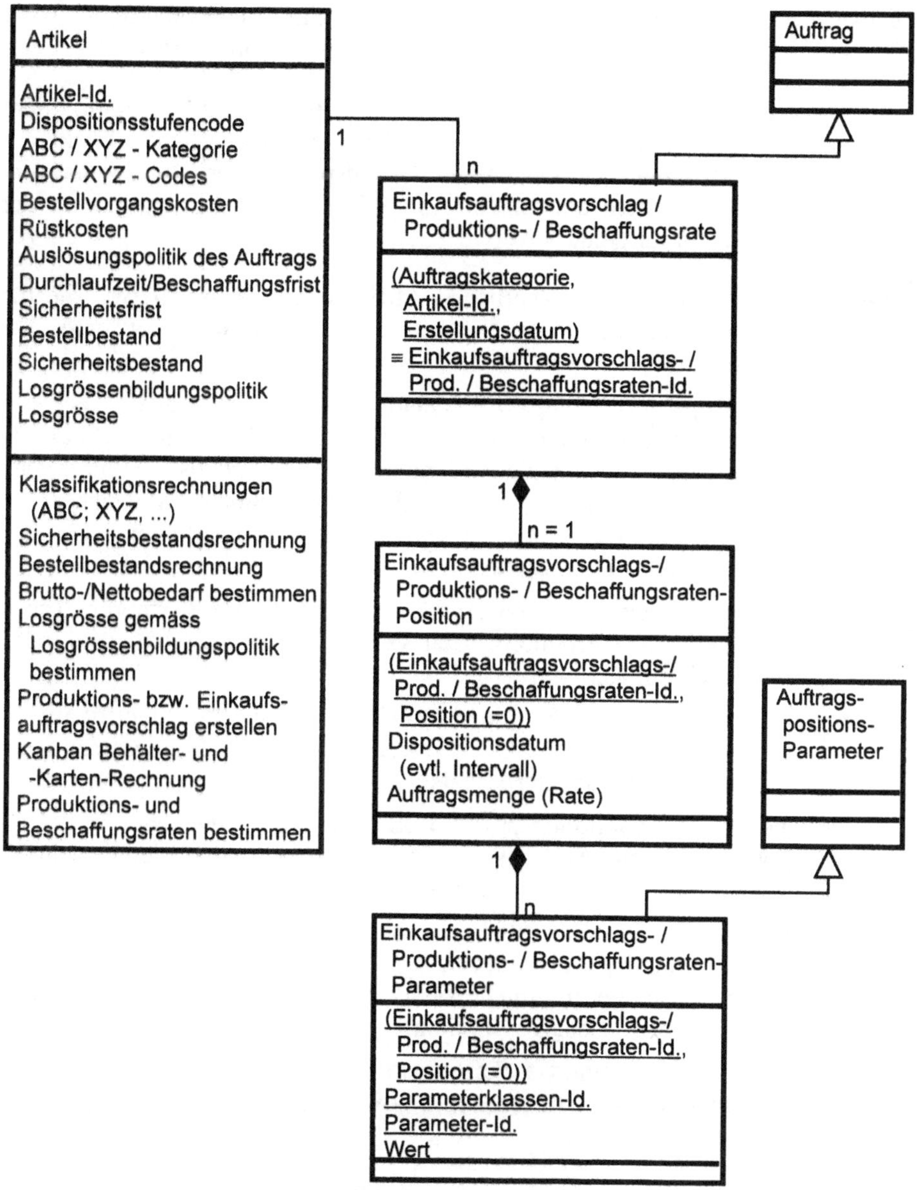


**Abb. 8.3.3.4** Sekundärbedarfsrechnung und Auftragsvorschlagsrechnung: objektorientiertes Modell

Ein *Einkaufsauftragsvorschlag* ist wie eine Produktions- oder Beschaffungsrate eine spezialisierte Auftragsstruktur gemäss Abb. 8.2.2.1. Ähnlich wie bei den Primärbedarfen sind nur die Klassen *Auftragsposition*

*Artikel* und ggf. *Auftragspositions-Parameter* nötig. Die Produktions- bzw. Beschaffungsrate entspricht in ihrer Struktur einem Einkaufsvorschlag.

Ein Produktionsauftragsvorschlag entspricht in seiner Struktur dem Produktionsauftrag. Da der Produktionsauftrag das wesentliche Objekt der Produktionslogistik darstellt, erscheinen die entsprechenden Objekte nicht in der Abb. 8.3.3.4, sondern erst in der Abb. 9.2.1.1. Er entspricht jedoch der vollen Auftragsstruktur gemäss Abb. 8.2.2.1.

Die Abb. 8.3.3.4 zeigt die wesentlichen Attribute der Klasse *Artikel*, die für das Ressourcenmanagement zu erarbeiten sind und allenfalls berechnet werden können.

- Der *Dispositionsstufencode* (engl. „low level code“) ist der Zahlenwert des untersten Niveaus, in welchem ein Artikel als Komponente in irgendeiner mehrstufigen Stückliste vorkommen kann. Dieser Code wird zur Reihenfolge benutzt, in welcher das MRP-Verfahren die Artikel des Sortiments bearbeitet: von den Endprodukten zu den Zukaufsartikeln und den Rohmaterialien.
- Die *Auslösungspolitik des Auftrags* zur Wahl des Verfahrens (nach Nachfrage, nach Prognose, nach Verbrauch mit Bestellbestand, nach Verbrauch mit Kanban).
- Die *ABC-Kategorie* und die *XYZ-Kategorie* sind die Identifikationskriterien der zu einer ABC- bzw. zu einer XYZ-Rechnung zusammengefassten Artikel des Sortiments.
- Die Losgrössenbildungspolitik (z.B. „Make to order”, optimale Losgrösse, optimale Abdeckungszeit [time bucket], Ausgleichsmethode usw.).
- Bestellvorgangs- und Rüstkosten sowie der Lagerhaltungskostensatz zur Berechnung der optimalen Losgrösse; minimale Menge, maximale Menge, minimale Verschiebungszeit zwischen zwei Losen usw. für diverse Losgrössenbildungspolitiken.
- Durchlaufzeiten und Beschaffungsfristen zur Berechnung von Bestellbestand und Sicherheitsbestand sowie der Termine der Sekundärbedarfe.

Bei Variantenlagerhaltung sowie verschiedenen Lagertypen und Lagerhäusern kann man sich vorstellen, dass verschiedene Bewirtschaftungsdaten für die verschiedenen Lager gespeichert werden müssen. Die Attribute sind dann direkt der Klasse *Teilcharge / -variante* gemäss der Abb. 8.3.1.2 hinzuzufügen.

### 8.3.4 Auftragsfreigabe

*Auftragsfreigabe* umfasst die notwendigen Vorarbeiten und den schliesslichen Entscheid zur Ausführung von Auftragsvorschlägen.

Die Abb. 8.3.4.1 zeigt das prozessorientierte Modell.

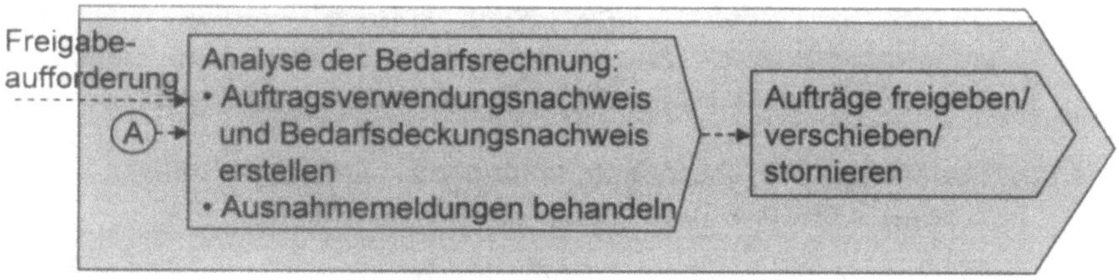


**Abb. 8.3.4.1** Auftragsfreigabe: prozessorientiertes Modell

Die *Aufgaben,* die während des Prozesses ausgeführt werden, sind die folgenden:

- Die *Analyse der Bedarfsrechnung* wertet verschiedene Sachverhalte aus, deren Grundlagen und Datenstrukturen neben den Auftragsvorschlägen als zusätzliche Ergebnisse der Brutto- / Nettobedarfsbestimmung und der Bestellbestandsrechnung erarbeitet wurden:
  - Der *Auftragsverwendungsnachweis* (engl. „*Pegging*“) bestimmt die Primärbedarfe, die einen Produktions- oder Einkaufsauftrag oder einen Sekundärbedarf verursachen. Für verspätete Aufträge z.B. beantwortet er die Frage, ob die verursachenden Primärbedarfe Kundenaufträge sind oder ob es sich allenfalls nur um eher unsichere Vorhersagen im Programmplan handelt.

  - Umgekehrt bestimmt der *Bedarfsdeckungsnachweis* alle (Sekundär-)Bedarfe oder Aufträge, die durch einen bestimmten (Primär-)Bedarf zumindest teilweise verursacht werden. Ein Bedarfsdeckungsnachweis kann beispielsweise notwendig sein, wenn Termin oder Menge eines Primärbedarfes (z.B. eines Kundenauftrages) verändert werden müssen und man die Konsequenzen abschätzen möchte.

  - *Ausnahmemeldungen* verweisen auf folgende Sachverhalte:
    - Geplante Aufträge, für welche der Starttermin verfallen ist.
    - Geplante Aufträge, für welche der Starttermin in die unmittelbare Zukunft fällt, z.B. die nächste Woche.
    - Offene Aufträge, welche beschleunigt oder gebremst werden sollen, weil sich entweder die Disponibilität verändert hat oder

weil sich der Produktions- oder Beschaffungsauftrag verspätet oder zu schnell fortschreitet.

- Die *Auftragsfreigabe im engeren Sinn* umfasst die Prüfung der Disponibilität aller Ressourcen zur Ausführung des Auftrages, insbesondere der Komponenten und Kapazitäten. Sind die Ressourcen verfügbar, löst sie den Güterfluss aus. Im erweiterten Sinn können auch Aufträge verändert oder sogar storniert werden, wenn z.B. Ausnahmemeldungen dies anzeigen und die dazu gehörigen Kundenaufträge sowie die nötigen Ressourcen dies zulassen.

Zur *Ablaufsteuerung*: Die Ausnahmemeldungen werden periodisch – z.B. täglich – bearbeitet, und zwar unmittelbar vor der Auftragsfreigabe.

Die Abb. 8.3.4.2 zeigt das funktionsorientierte Modell.

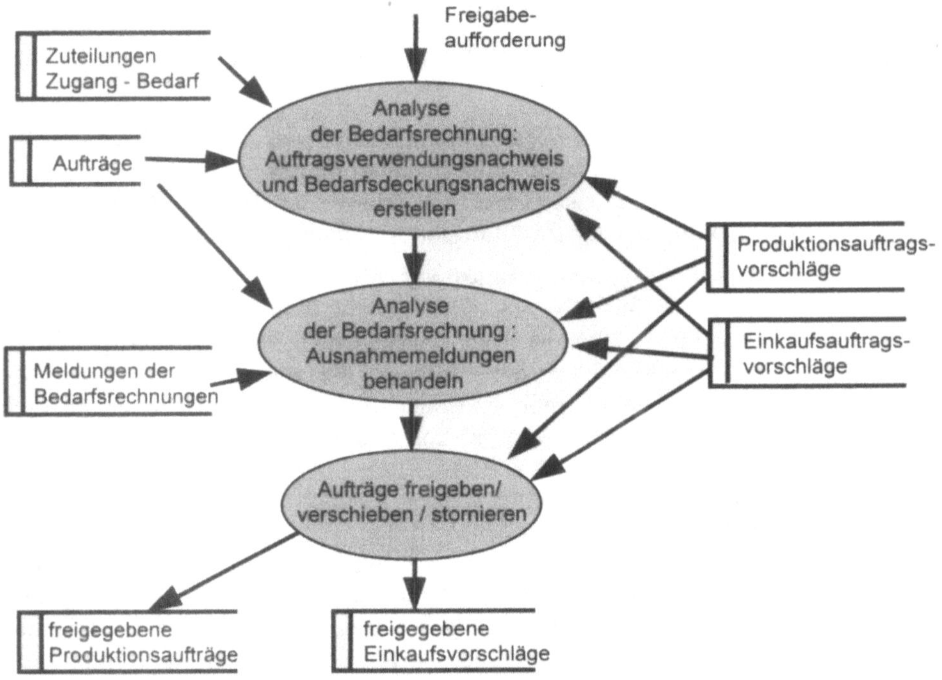


**Abb. 8.3.4.2** Auftragsfreigabe: funktionsorientiertes Modell

Das Datenflussdiagramm zeigt, dass die Zuteilungen Aufträge-Bedarf zur Bildung des Auftragsverwendungsnachweises und des Bedarfsdeckungsnachweises herangezogen werden. Ferner werden die Meldungen der Bedarfsrechnung zur Behandlung der Ausnahmemeldungen herangezogen.

Je nach Resultat der Analyse verschieben sie dann Aufträge oder geben Auftragsvorschläge frei.

Die Abb. 8.3.4.3 zeigt das objektorientierte Modell.

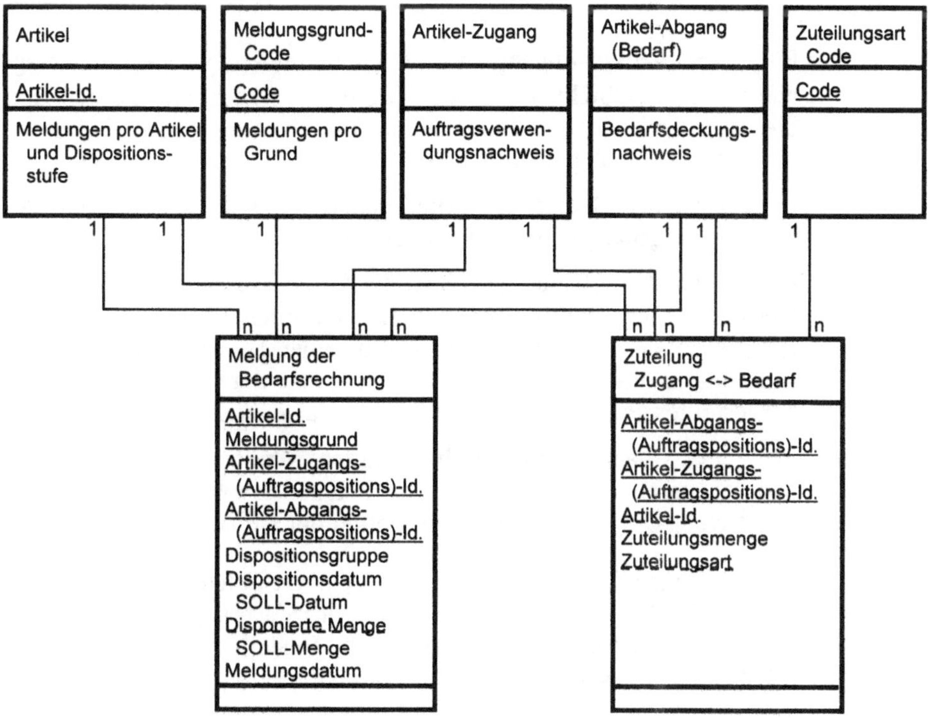


**Abb. 8.3.4.3** Auftragsfreigabe: objektorientiertes Modell

Eine Meldung der Bedarfsrechnung ist demnach eine Assoziationsklasse, der die Klassen *Artikel*, *Meldungsgrund* und *Artikel-Zugang* zugrundeliegen. Für die praktischen Auswertungen werden die Artikel ihrerseits nach vernünftigen Dispositionsgruppen klassiert. Nach einem passenden Kriterium müssen auch dringliche von nicht dringlichen Meldungen unterschieden werden können.

Eine Schlüsselrolle in der Analyse der Bedarfsrechnung und der Auftragsvorschläge bildet die Klasse *Zugang ↔ Bedarf*. Sie ist eine Assoziationsklasse, der die Klassen *Artikel-Zugang* und *Artikel-Abgang* (beides Spezialisierungen der *Auftragsposition Artikel*, siehe Abb. 8.2.2.1) zugrunde liegen. Sie wird im Verlaufe der Bestimmung des Nettobedarfs durch ein nach dem Dispositionsdatum sortiert ablaufendes Matchingverfahren erstellt. Zuteilungen können dabei auch „von Hand" fixiert oder als „fest" gekennzeichnet werden. Der Bedarf muss dann durch einen ganz bestimmten Zugang gedeckt werden. Eine solche feste Zuteilung wird mit der entsprechenden Zuteilungsart gekennzeichnet. Mit dieser Struktur ist es nun jederzeit möglich, den Auftragsverwendungsnachweis bzw. den Bedarfsverwendungsnachweis über eine oder mehrere Stufen zu berechnen.

Der Algorithmus für einen Auftragsverwendungsnachweis ist grob gesagt der folgende:

1. Für jeden Artikel-Zugang (z.B. auch für einen Auftragsvorschlag) werden durch Objekte der Klasse *Zugang ↔ Bedarf* alle Bedarfe und die entsprechende Zuteilungsmenge festgehalten, welche durch den Artikel-Zugang abgedeckt werden.
2. Ist ein solcher Bedarf ein Primärbedarf, so wird er als Ende des Verwendungsnachweises gekennzeichnet.
3. Ist ein solcher Bedarf ein Sekundärbedarf, dann kann aus dem Verhältnis der Zuteilungsmenge zur gesamten Bedarfsmenge des entsprechenden Artikel-Abgangs, d.h. einer Komponente in einem Produktionsauftrag, auch der Anteil des durch diesen Auftrag hergestellten Produkts berechnet werden, also eines Artikel-Zugangs.
4. Für einen nach Punkt 3 bestimmten Artikel-Zugang auf der nächsthöheren Produktionsstufe wird unter graphischem Versetzen der Zugangsverwendungsnachweis ab Punkt 1 erstellt.

Gemäss dem analogen Verfahren kann auch ein Bedarfsdeckungsnachweis erstellt werden. So kann z.B. für einen Primärbedarf angegeben werden, welche Bestellvorschläge oder freigegebenen Bestellungen mit welcher Menge zur Deckung dieses Primärbedarfes beitragen.

Die beiden Verfahren (Auftragsverwendungsnachweis und Bedarfsdeckungsnachweis) sind in ihrer Art dem Verwendungsnachweis bzw. der Stücklistenexposition über mehrere Stufen ähnlich wie sie in Kap. 12.2 behandelt werden. Hier beziehen sich die Algorithmen auf Auftragsstrukturen, dort auf Stammdatenstrukturen.

## 8.4 Langfrist- oder Programmplanung

Die *langfristige Planung* erfolgt oft mehrere Monate, manchmal sogar mehr als ein Jahr vor der Realisierung. Ihr Ziel ist, die gesamte Nachfrage an Produkten bzw. Prozessen abzuschätzen, die von aussen an das Unternehmen oder von Verbrauchern an das Logistiknetzwerk herangetragen wird. Die zur Erfüllung des Bedarfs notwendigen Ressourcen sind daraus abzuleiten und sicherzustellen. Sie können Personen, Produktionsinfrastruktur oder Zulieferungen von Dritten betreffen.

*Programmplanung* oder *Hauptplanung* sind andere Begriffe für die langfristige Planung. Sie betonen, dass mit dieser Planung wesentliche Eckpfeiler für die Logistik festgelegt sind. Für die kürzerfristige Planung ergeben sich somit bestimmte Randbedingungen und Einschränkungen.

Eine *Grobplanung* bezieht sich auf grobe Geschäftsobjekte. Eine *detaillierte Planung* bezieht sich auf detaillierte Geschäftsobjekte.

Die Grobplanung von Gütern dient insbesondere zum schnellen Bestimmen der Beschaffungssituation von kritischen Artikelfamilien. Eine Grobplanung ist bei sehr vielen zu planenden Aufträgen unverzichtbar. Sie erlaubt auch das schnelle Durchrechnen von verschiedenen Varianten von Primärbedarfen, um ein optimales Programm langfristig zu planen.

Allgemein steigt der Detaillierungsgrad der Planung mit der abnehmenden Fristigkeit. Grobplanung kommt meistens bei der langfristigen Planung zum Zuge, detaillierte Planung bei der kurzfristigen. Dem muss aber nicht so sein. Zumindest Teile der kurzfristigen Planung können als Grobplanung erledigt werden. So kann im Verkauf durch die Betrachtung der Auslastung von Grobkapazitätsplätzen und durch die Verfügbarkeitsprüfung auf Rohmaterial-Artikelfamilien rasch über die Annahme eines Kundenproduktionsauftrages entschieden werden. Umgekehrt gibt es sehr wohl Fälle, wo die Langfristplanung als detaillierte Planung durchgeführt werden muss, z.B. in Bereichen der Prozessindustrie.

Grobplanung basiert auf vergröberten Geschäftsobjekten. Die Rechnung läuft dabei meistens über verdichtete bzw. vergröberte Stücklisten, Arbeitspläne und Betriebsmittellisten. Siehe dazu auch das Kap. 12.4. Eine Vorhersage kann nämlich oft nur für Produktfamilien oder Artikelfamilien abgegeben werden und nicht unbedingt für detaillierte Produkte oder Artikel.

Die Abb. 8.4.1 zeigt das prozessorientierte Modell.

Die Aufgaben bleiben im Prinzip dieselben wie bereits in der Abb. 8.1.2.1 beschrieben (ohne die Lager- und Lagerbestandesverwaltung). Die Sekundärbedarfsrechnung ist eine reine Bruttorechnung, d.h. sie berücksichtigt weder die Lagerbestände noch die offenen Aufträge noch die Stückelung des Primärbedarfs im Laufe der Zeitachse.

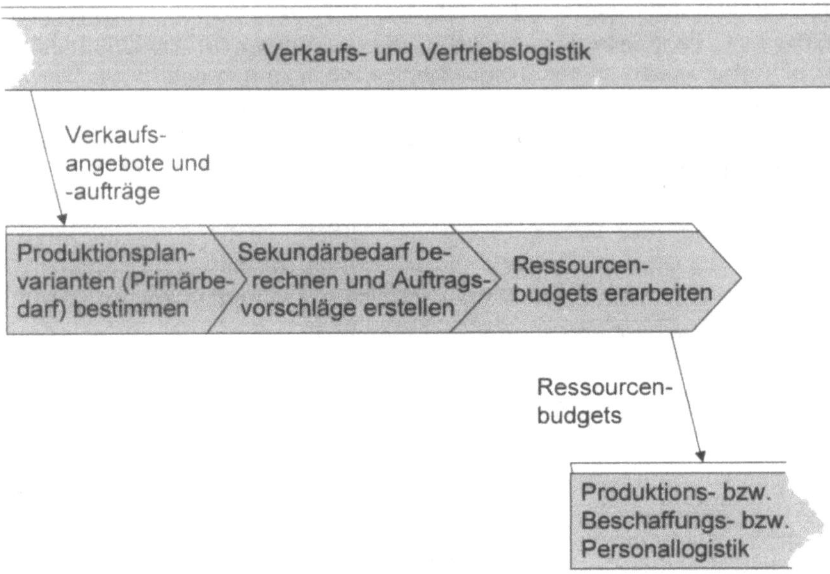


**Abb. 8.4.1** Langfrist- oder Programmplanung: prozessorientiertes Modell

Die Aufgaben werden in einem Zug durchgeführt, und zwar für verschiedene Varianten von Produktionsplänen, die sich im Rahmen einer Verkaufs-, Produktions- und Beschaffungsplanung ergeben.

- Als *Primärbedarfe* können dabei für jede Produkt- bzw. Artikelfamilie andere Mengen oder Termine eingestellt werden.

- Die nachfolgende *Sekundärbedarfsrechnung* berechnet dann Produktions- und Einkaufsauftragsvorschläge, die sich wiederum auf grobe Geschäftsobjekte beziehen, wie z.B. Produkt- und Artikelfamilen oder Grob-Kapazitätsplätze.

- *Ressourcenbudgets* erarbeiten bedeutet schliesslich das Bereitstellen der notwendigen Planungsvorgaben zuhanden der Produktion (Kapazitätsbudget), der Beschaffung (Materialbudget), der Personallogistik (Personalbudget) und dem Finanzwesen (Kostenbudget, inkl. Gemeinkosten).

Die Ressourcenbudgets werden für jede Variante eines Produktionsplans mit den echt zur Verfügung stehenden oder in der notwendigen Zeit realisierbaren

Ressourcen abgeglichen. Die beste Variante wird dann als gültiger Produktionsplan deklariert.

Die Abb. 8.4.2 zeigt das funktionsorientierte Modell:

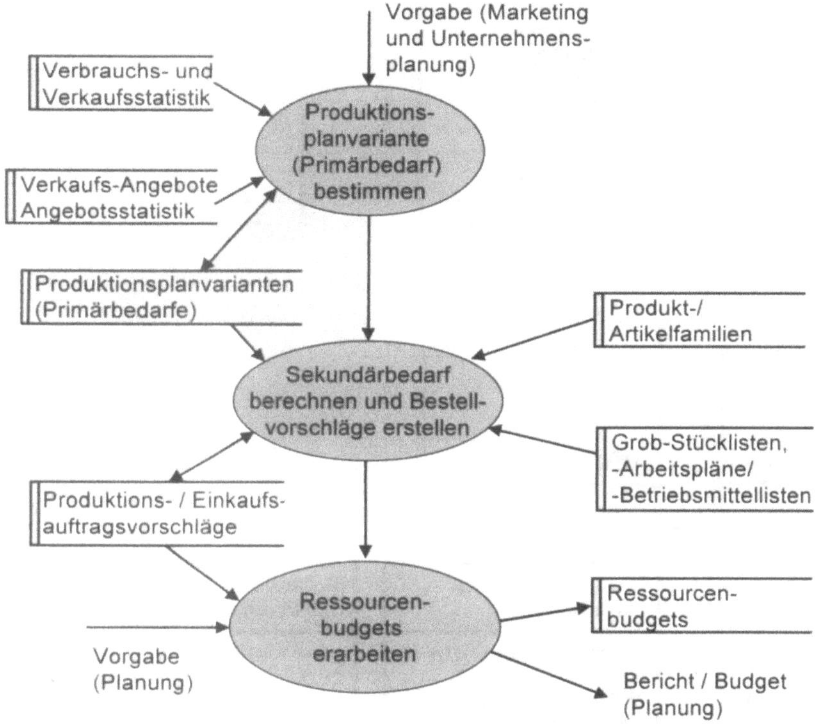


**Abb. 8.4.2** Langfrist- oder Programmplanung: funktionsorientiertes Modell

Das Datenflussdiagramm zeigt die grundsätzliche Idee, die Programmplanung auch im Falle einer Grobplanung mit den prinzipiell gleichen Strukturen zu behandeln wie eine detaillierte Planung. Zu den Vorteilen, die sich dadurch ergeben, zählen unter anderem:

- Die Geschäftsmethoden müssen nur einmal definiert werden und sind für beide Arten von Planung gültig.
- Grobplanung und detaillierte Planung arbeiten nach der gleichen Philosophie, was Vorteile sowohl für die Aufbau- wie auch die Ablauforganisation in einer Unternehmung bringt.

Das objektorientierte Modell in der Abb. 8.4.3 zeigt den Ansatz, die generelle Auftragsstruktur gemäss Abb. 8.2.2.1 in Grobauftrag und Normalauftrag zu spezialisieren.

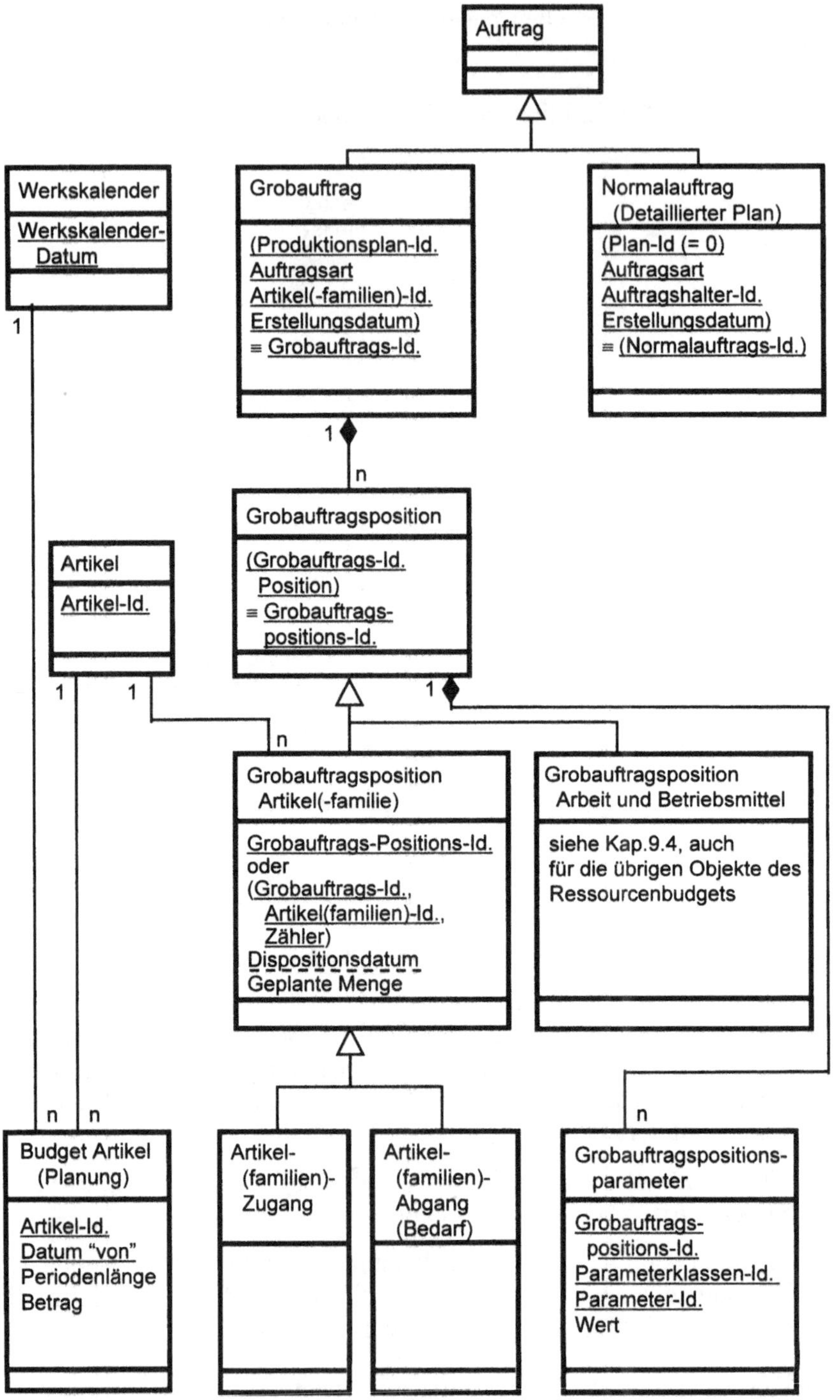


**Abb. 8.4.3** Langfrist- oder Programmplanung: objektorientiertes Modell

Der Unterschied der Programmplanung im Vergleich mit der kürzerfristigen Planung besteht darin, dass

- sie sich nur auf grobe Geschäftsobjekte bezieht, wie Produkt- und Artikelfamilien, Grobstücklisten, -Arbeitspläne und -Betriebsmittelliste
- verschiedene Produktionsplanvarianten in Ressourcenbedarfe umgebrochen werden können.

Der Vorschlag für einen Einkaufs-Rahmenauftrag entspricht überdies in seiner Struktur einem Einkaufsvorschlag.

Jede Variante eines Produktionsplans wird mit einer entsprechenden Identifikation versehen. Für den als definitiv erklärten Produktionsplan wandelt man schliesslich die Primärbedarfe auf Produktegruppen in Primärbedarfe auf detaillierte Produkte um. Dies geschieht nach einem bestimmten Verteilungsschlüssel. Das Ergebnis ist dann ein detaillierter Produktionsplan, der die Id. Null oder „leer" erhält. Dieser dient dann für die detaillierte Planung.

Die Programmplanung erfolgt im übrigen zyklisch im Rahmen einer rollenden Planung. Pro Zyklus dieser rollenden Planung werden jeweils nur diejenigen Primärbedarfe von Produktfamilien in Primärbedarfe der einzelnen Produkte für die detaillierte Planung umgebrochen, die ihrerseits in den kürzerfristigen Planungshorizont zu liegen kommen.

## 8.5 Zusammenfassung und Integration des objektorientierten Modells

Die Abb. 8.5.1 zeigt, wie die objektorientierten Modelle der in Kapitel 8 erwähnten Teilsysteme des Lager- und Ressourcenmanagement-Informationssystems in ein integriertes Modell überführt und angeordnet werden. Das detaillierte Modell dazu wird in der Abb. 8.5.2 gezeigt, die nachfolgend als Faltblatt eingefügt ist.

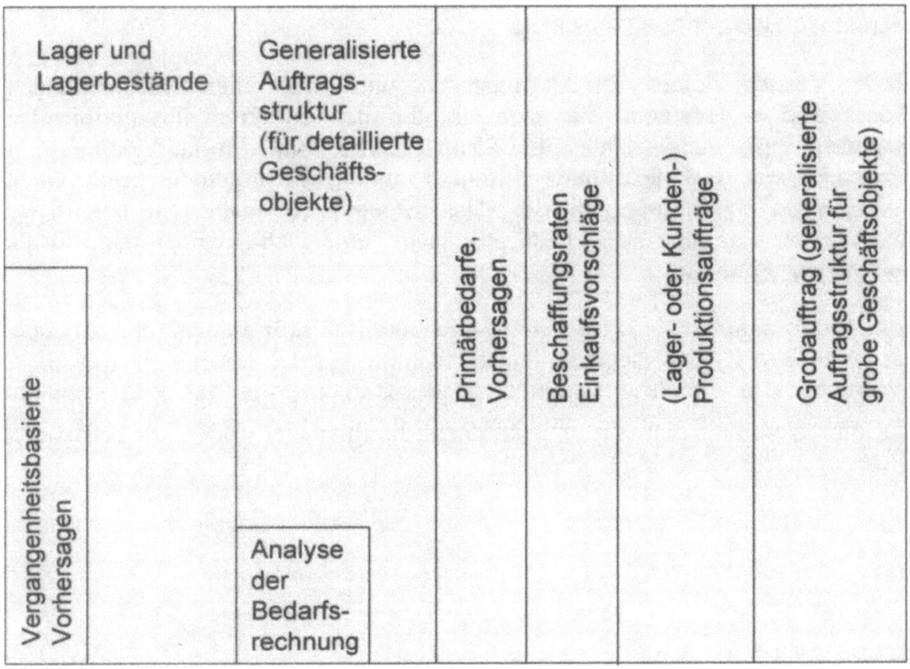


**Abb. 8.5.1** Lager- und Ressourcenmanagement-Informationssystem: Anordnung zur Integration des objektorientierten Modells

Die Topographie erwähnt die einzelnen Teilsysteme gemäss den in diesem Kapitel aufgeführten Unterkapiteln. Um die Übersicht zu behalten, wurden wie im Faltblatt des Kap. 7 nur Schlüsselattribute in die Darstellung der Objekte aufgenommen, weil sie zum Verständnis der aufgeführten Assoziationen beitragen. Auch wurden die Methoden (Funktionen) weggelassen. Generalisierte Objektklassen allgemeiner Natur wie Codes, Zähler oder Numerierungen und deren Assoziationen zu den verbleibenden Objektklassen wurden aus Gründen der Übersichtlichkeit wiederum weggelassen.

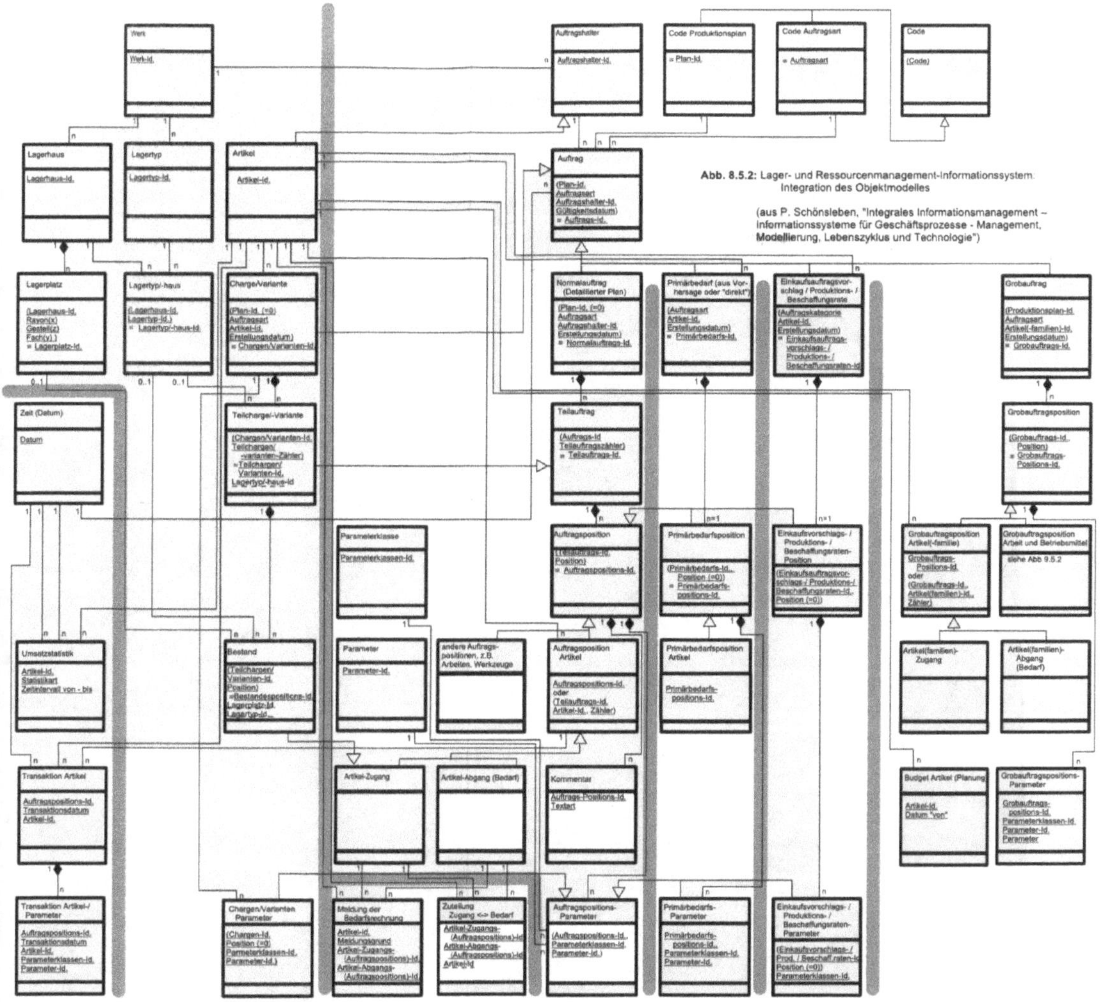


**Abb. 8.5.2:** Lager- und Ressourcenmanagement-Informationssystem: Integration des Objektmodelles

(aus P. Schönsleben, "Integrales Informationsmanagement – Informationssysteme für Geschäftsprozesse - Management, Modellierung, Lebenszyklus und Technologie")

# 9 Produktionslogistik-Informationssystem

Typisch für ein produzierendes Unternehmen sind Verfahren und Prozesse zur Herstellung von Produkten sowie die damit verbundenen Personen, Maschinen, Werkzeuge und Vorrichtungen. Wie die Zeit selbst sind Personen und Produktionsinfrastruktur (Betriebsmittel) in beschränkter Menge vorhanden.

Ein *Produktionslogistik-Informationssystem* unterstützt das Zeit- und Terminmanagement, das Kapazitätsmanagement sowie die Produktionssteuerung.

Durch Betreiben dieser Aufgaben möchte man im Wesentlichen sicherstellen, dass Kapazitäten, d.h. die dazu gehörenden Mitarbeitenden und die Produktionsinfrastruktur (Betriebsmittel) im Planungsprozess richtig dimensioniert und im Steuerungsprozess kostengünstig eingesetzt werden, um die Aufträge termingerecht abwickeln zu können.

Das Umsystem des Systems *Produktionslogistik* kann ausgehend vom Kontextdiagramm in Abb. B.1 sowohl aus der Prozess- als auch aus der Funktionssicht betrachtet werden. Die Abb. 9.1 zeigt die Prozesslandkarte des Umsystems *Administration und Disposition.*

**Abb. 9.1** Prozesslandkarte des Systems *Administration und Disposition* (reproduziert aus Abb. 5.1.1.1)

Die Abb. 9.2 zeigt die *Produktions- (und Entsorgungs-)logistik* im Datenflussdiagramm des Umsystems *Administration und Disposition.* Darin ist das in diesem Kapitel behandelte Teilsystem hervorgehoben. Die Beziehungen mit dem Umfeld wurden bereits im Kontext-Diagramm festgehalten, und die Datenflüsse der verschiedenen Teilsysteme wurden mit der Abb. 5.3.4.2 entwickelt.

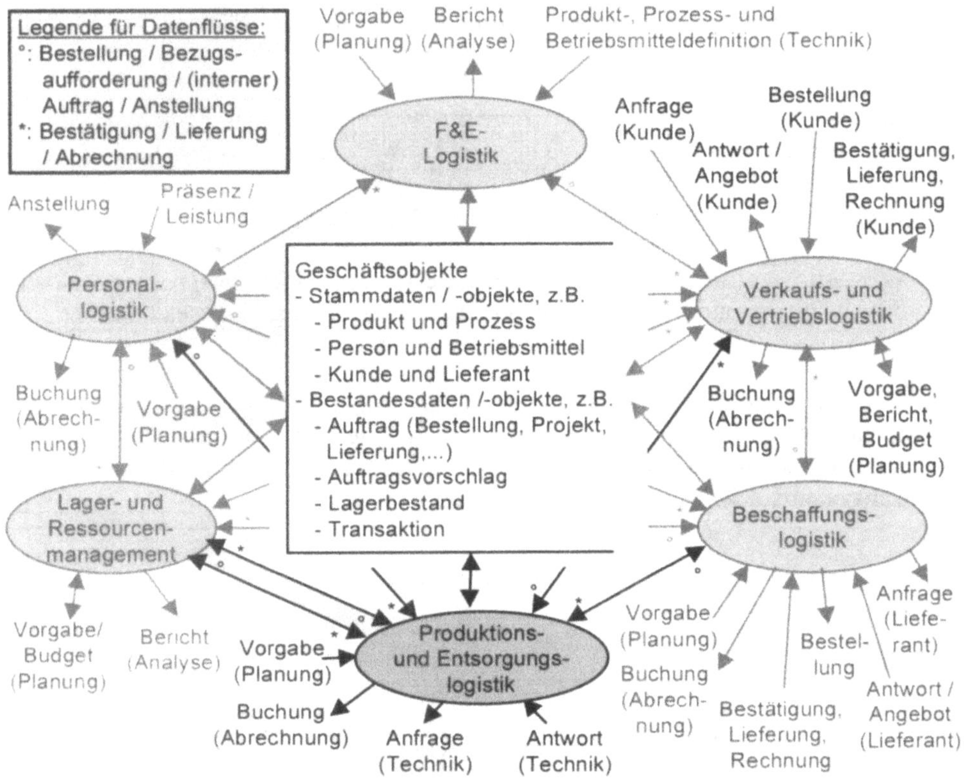


**Abb. 9.2** Datenflussdiagramm des Systems *Administration und Disposition* (reproduziert aus Abb. 5.3.4.2)

Die zur Produktion notwendigen Mittel werden auf zwei Ebenen betrachtet:

- in zusammengehörigen Einheiten, auch Kapazitätsplätze genannt, für welche in der Planungsphase die Belastung mit der zur Verfügung stehenden Kapazität verglichen wird
- als einzelne Betriebsmittel für die detaillierte Produktionssteuerung, für finanzielle Aspekte (Abschreibung) und zur Instandhaltungsplanung.

Immer mehr besteht die Tendenz, nicht nur betriebsinterne Kapazitäten zu planen, sondern auch Zulieferanten bzw. Unterakkordanten, welche bestimmte Arbeitsgänge im Produktionsprozess ausführen, in die Planung mit einzubeziehen. Im Extremfall gibt es sogar Unternehmen, welche als klassische Handelshäuser bekannt sind, die aber die Herstellung der Produkte, die sie vertreiben, über mehrere Stufen planen und steuern. Die Produktion wird dabei in ihrer Gesamtheit von Drittfirmen wahrgenommen.

## 9.1 Grobe Prozess- und Funktionsanalyse des Informationssystems

Wie schon das Materialmanagement, wird auch das Termin- und Kapazitätsmanagement in allen drei Planungsfristigkeiten betrieben:

- langfristig in der Langfrist-, Haupt- oder (Produktions-) Programmplanung
- mittelfristig in der Produktionsplanung
- kurzfristig in der Produktionssteuerung

Es ist müssig, in diesem Zusammenhang allgemeingültig postulieren zu wollen, wie die beschriebenen Funktionen im Falle von Informatik-gestützten Informationssystemen auf verschiedenen Plattformen verteilt sein sollen. Jedes Unternehmen kann sich hier vom anderen ohne weiteres unterscheiden! Wichtig ist hingegen ein zusammenhängendes prozess-, funktions- und objektorientiertes Modell, das eine horizontale und vertikale Integration erlaubt. Eine solche Konzeption ist denn auch das Ziel dieses Kapitels.

Die Modelle zum Termin- und Kapazitätsmanagement sind wiederum für die Belange der Langfrist- oder Hauptplanung und für die auftragsorientierte Produktionsplanung praktisch identisch und werden in diesem Kapitel gemeinsam behandelt. Spezielle Aspekte der langfristigen Planung der Kapazitäten, insbesondere der Grobplanung, werden dabei, wie schon beim Kap. 8, in einem eigenen Unterkapitel zur Langfrist- oder Programmplanung hervorgehoben.

Als Erstes soll der Zusammenhang des Geschäftsprozesses *Produktionslogistik* mit verschiedenen Geschäftsprozessen der Umsysteme im Verlaufe der Zeit präzise aufgezeigt werden. Dazu eignet sich wieder die Auftragskaskade besonders gut. Zur groben Prozessanalyse wird sie in die nächste Stufe der Detaillierung überführt. Die Teilprozesse werden als (Teil-) Aufgaben aufgefasst und entsprechend beschrieben. Die Ergebnisse derselben (Teil-)Aufgaben können sodann als Teilfunktionen aufgefasst und zur groben

Funktionsanalyse herangezogen werden. Die sich so ergebende Detaillierung des Datenflussdiagramms aus Abb. 9.2 liefert schliesslich eine erste Vorstellung über die beteiligten Objekte, also die Objektsicht.

### 9.1.1 Zusammenhang des Logistischen Systems mit dem Umsystem aus Prozesssicht

Die Abb. 9.1.1.1 zeigt die prozessorientierte Modellierung des Systems *Produktionslogistik* mit der *mehrstufigen Auftragskaskade* aus Kap. 5.1.9.

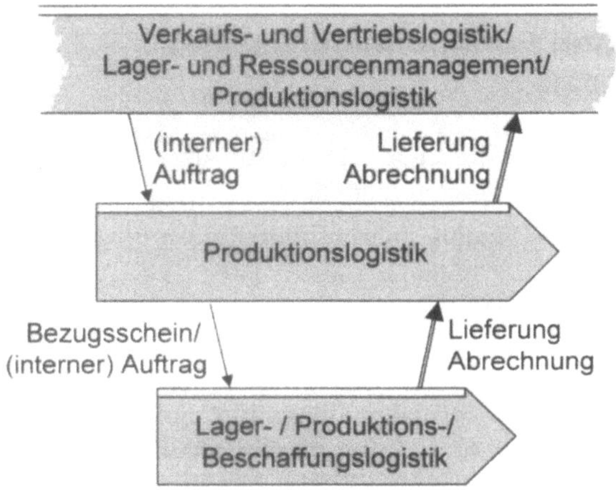


**Abb. 9.1.1.1** Produktionslogistik-Informationssystem: Auftragskaskade

Die Produktionslogistik ist das Logistische System zur Erfüllung eines Bedarfes ab Produktion für einen Kundenauftrag, einen Lagernachfüll- oder einen Produktionsauftrag auf übergeordneter Stufe. Zur Produktion werden Halbfabrikate oder Rohmaterialien benötigt, die mit einem Bezugsschein (auch in Form einer Pendelkarte) vom Lagermanagement oder über interne Aufträge entweder über die Produktionslogistik von internen Zulieferern oder über die Beschaffungslogistik von externen Zulieferern bezogen werden. Letztere Logistiken handeln jedoch gegenüber der Produktionslogistik, die den Bedarf formuliert, wie selbständige Auftragnehmer.

Die Abb. 9.1.1.2 zeigt den Einfluss des *strategisch übergeordneten Prozesses* der Unternehmensplanung auf den Geschäftsprozess *Produktionslogistik.*

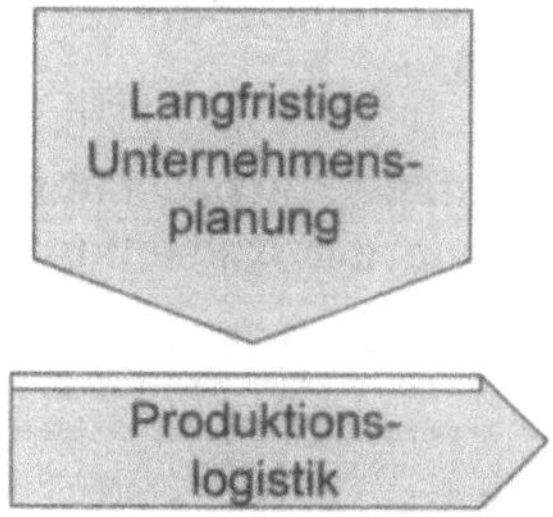


**Abb. 9.1.1.2** Produktionslogistik: Strategisch übergeordneter Prozess

Die langfristige Unternehmensplanung legt fest, welche Produktionsprozesse Kernfähigkeien umsetzen und welche Fachkräfte und Produktionsinfrastruktur dafür zur Verfügung stehen müssen. Die Unternehmensplanung legt ferner fest, was durch interne Produktion hergestellt und was durch Outsourcing von Geschäftspartnern beschafft wird. Zulieferer können ganze Komponenten herstellen oder auch nur einzelne Arbeitsgänge (z.B. die Oberflächenveredlung) ausführen. Ebenfalls wird festgelegt, ob im Fall von Engpässen mit Überzeit oder zusätzlichen Arbeitskräften von extern gearbeitet wird (Prinzip „verlängerte Werkbank").

Alle diese Vorgaben beeinflussen die Produktionslogistik entscheidend. Der senkrecht gezeichnete Pfeil zeigt diese bestimmende Beeinflussung. Die Beeinflussung wirkt zum einen kontinuierlich, d.h. dem ganzen Prozess entlang, und zum anderen durch strategische Vorgaben zum spontanen Start bestimmter Teilprozesse des Geschäftsprozesses, d.h. ohne Anstoss durch einen expliziten Auftrag. Dies ist besonders bei den Aufgaben der Fall, die eigentlich zum lang- und mittelfristigen Ressourcenmanagement gehören und damit auch unter Kap. 8 hätten aufgeführt werden können, also bei der Rechnung des Kapazitäts- und Betriebesmittelbedarfs.

Bei der detaillierten Besprechung eines solchen Teilprozesses wird jeweils auf solche „Selbststarts" hingewiesen. Meistens ist ein Eintrag in einem Ablaufspeicher der Art *Agenda* für den Start verantwortlich.

### 9.1.2 Das Logistische System und seine Teilsysteme

Das prozess- und das funktionsorientierte Modell in diesem Teilkapitel behandeln die Aufgaben in der mittel- und kurzfristigen Planung. Das prozess- und das funktionsorientierte Modell in der Langfrist- oder Programmplanung wurden bereits in Abb. 8.4.1 gezeigt. Die Langfrist- und Programmplanung münden nicht in der Auftragsfreigabe, sondern in der Erarbeitung von Ressourcenbudgets zuhanden der Produktion (Kapazitätsbudget), der

Beschaffung (Materialbudget), der Personallogistik (Personalbudget) und dem Finanzwesen (Kostenbudget). Siehe dazu auch das Kap. 9.4.

Die Abb. 9.1.2.1 zeigt das prozessorientierte Modell des Untersystemes *Produktionslogistik*, d.h. die nächste Stufe der Detaillierung der Darstellung aus Abb. 9.1.1.1.

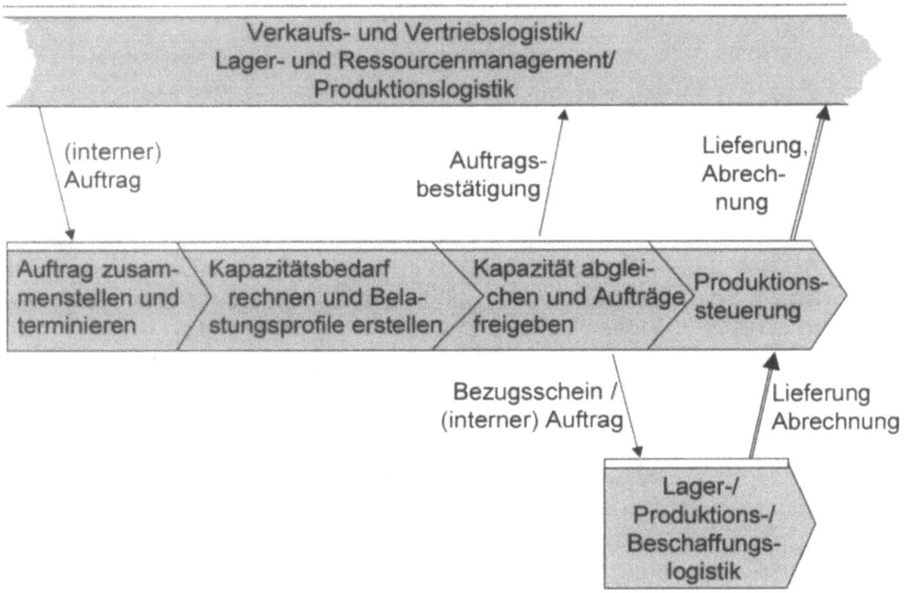


**Abb. 9.1.2.1** Produktionslogistik: prozessorientiertes Modell

Die *Aufgaben,* die während des Prozesses ausgeführt werden, sind die folgenden:

- Die *Auftragszusammenstellung* geht von einem Auftragsvorschlag aus dem Ressourcenmanagement oder von einer Bestellung eines externen oder internen Kunden aus und legt den Lieferumfang (Arbeit bzw. Produkt bzw. Produktfamilie, Menge und Termin) fest. Die *Terminierung* der Aufträge (auch Terminrechnung genannt) berechnet auf verschiedene Arten den Start- und den Endtermin jedes Arbeitsgangs. Am meisten verbreitet ist die Rückwärtsterminierung, die ausgehend vom spätesten Endtermin (z.B. dem Liefertermin des Kunden) den spätesten Starttermin und die spätesten Arbeitsgangtermine berechnet.

- Die *Berechnung des Kapazitätsbedarfs* berechnet die Belastung, die durch die Arbeitsgänge der Aufträge in der Zeitachse entsteht und durch verfügbare Kapazität gedeckt werden muss. Das

*Belastungsprofil* ist die Darstellung der Belastung und der Kapazität eines Kapazitätsplatzes in der Zeitachse.

- Der Begriff *Kapazitätsabgleich* steht für die Planung der Kapazitäten. Dabei passt man entweder die Kapazität in der Zeitachse der Belastung an (Planung in die unbegrenzte Kapazität) oder umgekehrt die Belastung in der Zeitachse der Kapazität an (Planung in die begrenzte Kapazität). Die *Auftragsfreigabe* umfasst die notwendigen Vorarbeiten und den Entscheid zur Ausführung der vorgeschlagenen Aufträge durch die Produktion.
- *Produktionssteuerung* meint hier den gut etablierten Ausdruck für die Regelung und Koordination der Produktionsaufträge zu deren erfolgreicher Abwicklung, bei denen es um die Begleitung des Güterflusses geht: von der Freigabe der Auftragsvorschläge über die Steuerung durch die wertschöpfenden Tätigkeiten bis hin zur Fertigstellung.

Mit Bezug auf die *Ablaufsteuerung* zeigt diese grobe Darstellung als Geschäftsprozess, dass man, wenn möglich, alle Teilaufgaben einer einzigen organisatorischen Einheit unterstellen sollte. Die genauere Betrachtung der Durchgängigkeit dieses Prozesses bestimmt auch die Art der Ablaufspeicher. Diesem Umstand ist in der detaillierten Analyse genauere Beachtung zu schenken.

- Bei geplanten Produktionsaufträgen erfolgt die *Auftragszusammenstellung* bereits während des Ressourcenmanagements (siehe Kap. 8.3.3). Die *Terminierung* kann dann unmittelbar danach erfolgen. Dies kann für eine genauere Sekundärbedarfsrechnung sogar Vorteile haben. Siehe dazu das Kap. 9.2.2.
- Dasselbe gilt für die *Kapazitätsbedarfsrechnung.* So kann u.U. gleich nach der Erstellung eines Auftragsvorschlags – z.B. durch die Verkaufs- und Vertriebslogistik oder das Ressourcenmanagement – entschieden werden, ob ein benötigter Produktionsauftrag im Prinzip zur vorgesehenen Zeit machbar ist. Damit kann man entweder Termine ab Produktion dem Kunden gegenüber sofort bestätigen, oder von vorneherein realistischere Endtermine ansetzen. Eine solche Prüfung ist z.B. dann nötig, wenn kritische, d.h. i. Allg. ausgelastete Kapazitätsplätze durch den Auftrag belastet werden.
- Je nach gewähltem Planungsverfahren können sogar *Kapazitätsabgleich* und *Auftragsfreigabe* für gewisse Auftragsvorschläge direkt nach den beiden oberen Schritten erfolgen.

Die Einbettung der Teilprozesse in den geschilderten Fällen in die Verkaufs- und Vertriebslogistik bzw. ins Ressourcenmanagement ist unkritisch. Es handelt sich nämlich um die Nutzung von Vollautomaten, d.h. von Computerprogrammen, die im *Batch-Modus*, also ohne Einwirkung eines Benutzers ablaufen. Alle wichtigen Steuerdaten für diese Programme werden durch die F&E- und die Produktionslogistik eingestellt, insbesondere die Daten für die Terminierung, nämlich die Arbeitspläne, die Arbeitsgangzwischenzeiten und die Kapazitäten. Aus der Verkaufs- und Vertriebslogistik bzw. dem Ressourcenmanagement stammen dann nur noch der End- bzw. Starttermin des Auftrags und die Auftragsmenge.

Die Abb. 9.1.2.2 zeigt das funktionsorientierte Modell des Untersystems *Produktionslogistik* aus Abb. 9.2, d.h. die Detaillierung der Marktfunktion ihre Teilfunktionen.

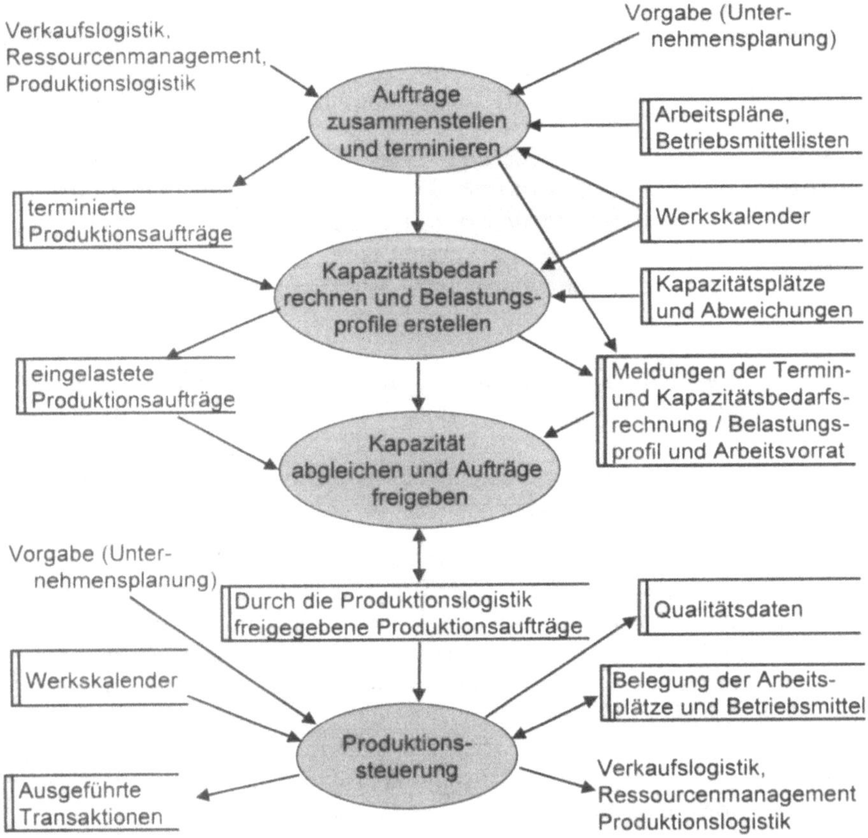


**Abb. 9.1.2.2** Produktionslogistik: funktionsorientiertes Modell

Als *Objekte* zeigt dieses Datenflussdiagramm die folgenden ersten Überlegungen:

- Ein *Produktionsauftrag* ist in allen seinen hier auftretenden Auftragsstati – geplant (Vorschlag), terminiert, eingelastet, durch die Produktionslogistik freigegeben – stets eine Spezialisierung des generalisierten Objekts *Auftrag.*

- Zur Terminierung, zur Kapazitätsbedarfsrechnungen und zum Kapazitätsabgleich benötigt man nebst den Aufträgen selbst auch *Stammdaten* aus der F&E-Logistik, z.B. *Werkskalender, Arbeitspläne, Kapazitätsplätze.* Zum Kapazitätsabgleich und zur Freigabe sind geeignete *Ausnahmemeldungen* nötig, die während der Kapazitätsbedarfsrechnung erstellt werden. Die dabei erstellen Objekte *Belastungsprofil* und *Belastungsnachweis* sind später noch zu detaillieren.

- In der Produktionssteuerung werden *Transaktionen* und *Qualitätsdaten* erstellt, die in Statistiken ausgewertet werden sollen. Ebenfalls entstehen Objekte, die die Belegung der Arbeitsplätze und der Betriebsmittel darstellen.

## 9.2 Aufgaben des Termin- und Kapazitätsmanagements

Wie bereits im Kap. 8.3 erwähnt, gehören das mittel- und kurzfristige Termin- und Kapazitätsmanagement zusammen mit dem Materialmanagement zum Ressourcenmanagement eines produzierenden Unternehmens. Hauptsächlich aus didaktischen Gründen – die Modelle wären sonst "überladen" gewesen – werden diese Aufgaben, inbesondere auch das *CRP-Verfahren,* nun in diesem Teilkapitel behandelt.

Bei kurzen Beschaffungsfristen und Durchlaufzeiten müssen jedoch alle Aufgaben zeitlich parallel in Abhängigkeit voneinander betrieben werden – aus einer umfassenden Sicht, eben als *integriertes Ressourcenmanagement.* Es erstaunt deshalb nicht, dass bei allen neueren Konzepten, sowohl dem Just-in-time-Konzept als auch den variantenorientierten Konzepten, dem verfahrensorientierten Konzept für die Prozessindustrie und dem SCM- bzw. APS-Konzept das Ressourcenmanagement integriert betrieben wird. Die Rechenleistung ist zudem kein Hindernis mehr, so dass man auch beim klassischen MRPII-Konzept umdenken könnte.

Zur ganzen Diskussion siehe auch [Schö00, Kap. 4.2 und 4.3]. Im Übrigen gehören alle in diesem Teilkapitel besprochenen Aufgaben – ohne die Auftragsfreigabe, die eine Art Zwischenstellung einnimmt – zur Planung, d.h.

sie begleiten keinen Güterfluss. Die kurzfristigen, den Güterfluss begleitenden Aufgaben der Produktionslogistik werden im Kap 9.3 aufgezeigt.

### 9.2.1 Auftragszusammenstellung: Produktionsauftrag und Produktionsauftragsvorschlag

In Abb. 8.2.1.1 wurde ein Produktionsauftrag als Spezialisierung einer generellen Klasse *Auftrag* konzipiert. Bei einem Produktionsauftrag kann es sich im Wesentlichen um folgende Kategorien handeln:

- Mit einem *Lagerauftrag* stellt man Produkte her, die grösstenteils zwischengelagert werden müssen, bevor sie einem Kunden zugeliefert werden können. Hier gibt es die beiden Unterkategorien

  - *Lagernachfüllauftrag:* Aufgrund der Nachfrage auf ein am Lager befindliches Produkt oder Material reagiert man, indem das Lager wieder aufgefüllt wird. Es handelt sich hier um eine *Produktion mit häufiger Wiederholung*, was bedeutet, dass ein Produktionsauftrag für das gleiche Produkt sehr oft erteilt wird. Dabei kann es sich auch um ein Produkt handeln, das in einem Pufferlager gehalten wird, z.B. bei Kanban-Steuerung – und zwar auf allen Produktionsstufen.

  - *Vorhersageauftrag:* Es liegt eine Abschätzung des zukünftigen Bedarfs vor, z.B. für eine Werkzeugmaschine. Die zugehörigen Kundenaufträge sind noch nicht eingetroffen. Deshalb wird ein Produktionsauftrag aufgeworfen, der die Vorhersage decken soll. Es handelt sich hier meistens um eine *Produktion mit seltener Wiederholung*, was bedeutet, dass ein Auftrag für das gleiche Produkt mit einer gewissen Wahrscheinlichkeit wieder erteilt werden wird.

  Die Produktstrukturen, d.h. die Stücklisten, Arbeitspläne und Betriebsmittellisten sind für Lageraufträge wohl definiert. Sie werden während des Ressourcenmanagements aus den entsprechenden Stammdaten kopiert und in Form von Auftragsvorschlägen festgehalten.

- *Kundenproduktionsauftrag:* Es liegt ein Kundenauftrag vor. Entweder handelt es sich um eine klassische *Einmalproduktion*, was bedeutet, dass ein Auftrag für das gleiche Produkt praktisch nicht mehr erteilt werden wird, z.B. für ein Automobil, oder aber um einen Rahmenauftrag, z.B. für die Herstellung einer elektronischen Komponente. Bei Produktfamilien leitet man Auftragsstückliste, Auftragsarbeitsplan und Auftragsbetriebsmittelliste entweder unter

Zuhilfenahme der Parametrierung (vgl. Kapitel 12.3) aus den Stammstrukturen ab oder setzt sie ausgehend von früheren abgeschlossenen Produktionsaufträgen ad hoc zusammen. Der Produktionsauftrag kann sich auch über mehrere Produktionsstufen erstrecken. Die einzelnen Teilaufträge bilden dann ein Auftragsnetz oder ein eigentliches Projekt. Der Auftragshalter ist in diesem Fall die Kundenauftragsposition, welcher der Produktionsauftrag zugeordnet wird.

- *Anlagenauftrag*: Hier geht es etwa um die Produktion von betriebseigenen Maschinen, Werkzeugen und Vorrichtungen. Es handelt sich i. Allg. um Einmalproduktion oder Produktion mit seltener Wiederholung, meistens mit Losgrösse 1. Die entsprechenden Stücklisten, Arbeitspläne und Betriebsmittellisten werden zum Teil aus Stammdaten oder früheren ähnlichen Aufträgen kopiert, zum Teil fallweise und Position um Position eingegeben. Anlagenaufträge werden in der Folge meistens in der betrieblichen Bilanz aktiviert. Insbesondere Werkzeugaufträge können ihrerseits wieder Teilaufträge eines übergeordneten Kundenproduktionsauftrags sein.
- *Gemeinkostenauftrag*: Hier handelt es sich meistens um periodisch wiederkehrende Aufträge, wie etwa für Reinigung, Instandhaltung und ähnliches. In diesem Fall sind die dazugehörigen Strukturen von allgemeiner Natur und bereits in den Stammdaten festgelegt. Andernfalls gibt man den Auftrag Position um Position ein.

Das prozess- und das funktionsorientierte Modell in Abb. 9.1.2.1 und in Abb. 9.1.2.2 werden hier nicht weiter detailliert. Die Abb. 9.2.1.1 zeigt das objektorientierte Modell zur *Auftragszusammenstellung* im Fall eines Produktionsauftrags oder eines Produktionsauftragsvorschlags.

Die Attribute der Klasse *Produktionsauftrag* wurden bereits in Abb. 8.2.2.1 beschrieben. Neu dazu kommen Start- und Endtermin, die entweder von Hand gesetzt oder aber aus den übergeordneten Kundenauftragspositionen bzw. Terminen der Nettobedarfe festgelegt sind. Ebenfalls aus der Abb. 8.2.2.1 können sämtliche Klassen übernommen werden, welche die *Auftragsposition Artikel* betreffen. Sie wurden in der Abb. 9.2.1.1 aus Platzgründen weggelassen.

Ein Produktionsauftrag kann auf verschiedene Weisen erstellt werden:

- Die Produktionsstruktur des herzustellenden Artikels, d.h. Stückliste, Arbeitsplan und Betriebsmittelliste werden aus den Stammdaten als Auftragspositionen unter den Teilauftrag kopiert. Die gestrichelte Assoziationslinie in der Abb. 9.2.1.1 soll anzeigen, dass die Verbindung vom Artikel (=Produkt) nicht direkt zu den Objektklassen *Stücklistenposition* bzw. *Arbeitsplanposition (Arbeitsgang)* führt, sondern indirekt über die Produktionsstruktur.

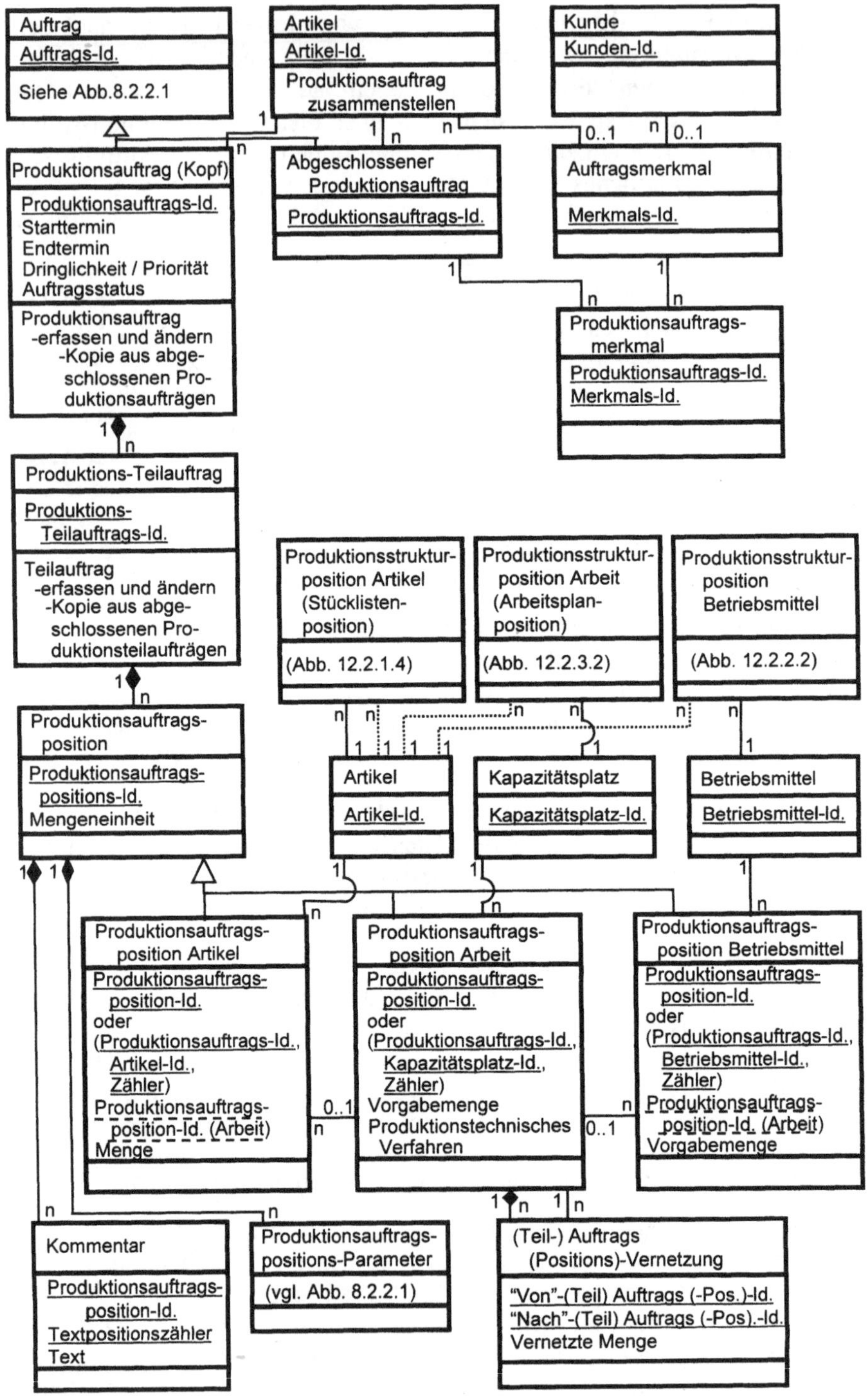


**Abb. 9.2.1.1** Auftragszusammenstellung: Objektorientiertes Modell

- Man erstellt eine Kopie aus einem (ggf. auch mehreren) bereits abgeschlossenen Produktionsaufträgen: Dabei geht es darum, aus der Menge aller abgeschlossenen Aufträge über bestimmte Merkmale denjenigen zu finden, aus welchem kopiert werden soll. Solche Merkmale sind z.B. die Artikel-Id. bzw. die Kunden-Id.

Teilaufträge entstehen in der Produktion dadurch, dass einzelne Produktionsstufen abgetrennt werden. Untergeordnete Produktionsstufen können dann z.B. parallel gefertigt werden und gemeinsam einen übergeordneten Teilauftrag, z.B. die Montage, bedienen. Die Produktionsstufe entspricht meistens einer Konstruktionsstufe. Sind Komponenten des Teilauftrages nicht am Lager vorrätig, so sind diese jeweils Ausgangspunkt zum Erstellen eines untergeordneten Teilauftrages zur Produktion der entsprechenden Menge an Komponenten. Die Produktionsstruktur der Komponente wird dann ihrerseits aus den Stammdaten als Auftragspositionen unter den Teilauftrag kopiert.

Im Allgemeinen können Verknüpfungen innerhalb und zwischen Aufträgen auftreten. Bekannt sind die folgenden Möglichkeiten:

- Jedes Objekt *Auftragsposition Artikel* ist über eine entsprechende Assoziation mit einem Auftragsarbeitsgang, d.h. einem Objekt *Auftragsposition Arbeit*, verknüpft. Dies gilt analog für eine *Auftragsposition Betriebsmittel.* Diese Verknüpfungen werden als Assoziationen festgehalten.

- Ein Auftrags-Arbeitsgang kann direkt Nachfolger oder Vorgänger von Arbeitsgängen anderer (Teil-)Aufträge sein. Ein Teilauftrag kann mit einem anderen (Teil-)Auftrag verknüpft sein. Diese werden in einer speziellen Klasse *(Teil-)Auftrags-(Positions-)Vernetzung* notiert.

Auch einem Auftragsarbeitsgang können Parameter zugeordnet sein, die sich von denjenigen des Teilauftrages unterscheiden können (siehe auch Abb. 8.2.2.1). Die Parameterklasse gehört dann zu einem bestimmten produktionstechnischen Verfahren. Einzelne Parameter dieser Klasse können ihren Wert natürlich aus den Parametern des Auftrags beziehen.

### 9.2.2 Terminierung bzw. Terminrechnung

Fertig zusammengestellte Produktionsaufträge können in der Folge terminiert werden, und zwar

- rückwärts, ausgehend vom Endtermin,
- vorwärts, ausgehend vom Starttermin,
- zwischen Start- und Endtermin gleichmässig verteilt,
- vorwärts und rückwärts, ausgehend von einer bestimmten Position (z.B. einer Engpasskapazität). Diese Option ist nur sinnvoll bei

sequentiellen, begrenzt auch bei baumstrukturartigen Abläufen, nicht aber bei beliebig vernetzten Strukturen.

In jedem Fall werden auch die Start- und Endtermine jedes einzelnen Arbeitsgangs und das Dispositionsdatum jeder Komponente berechnet. Diese werden nachfolgend für den Zeitpunkt der Belastung der Kapazitäten und der Reservation der Komponenten gebraucht.

Durch eine Terminrechnung kann man den Zeitpunkt der Sekundärbedarfe der Komponenten genau auf den Starttermin des Arbeitsgangs hin berechnen. Dies ist gerade auch beim MRP-Verfahren (siehe Kap. 8.3.3) wichtig. Die Abb. 9.2.2.1 zeigt das klassische Vorgehen des MRP-Verfahrens im Vergleich zum vorgeschlagenen, umfassenderen Vorgehen. Es geht um die Berechnung des Zeitpunktes der Sekundärbedarfe im Falle eines Produktes A, das aus den Komponenten B und C besteht.

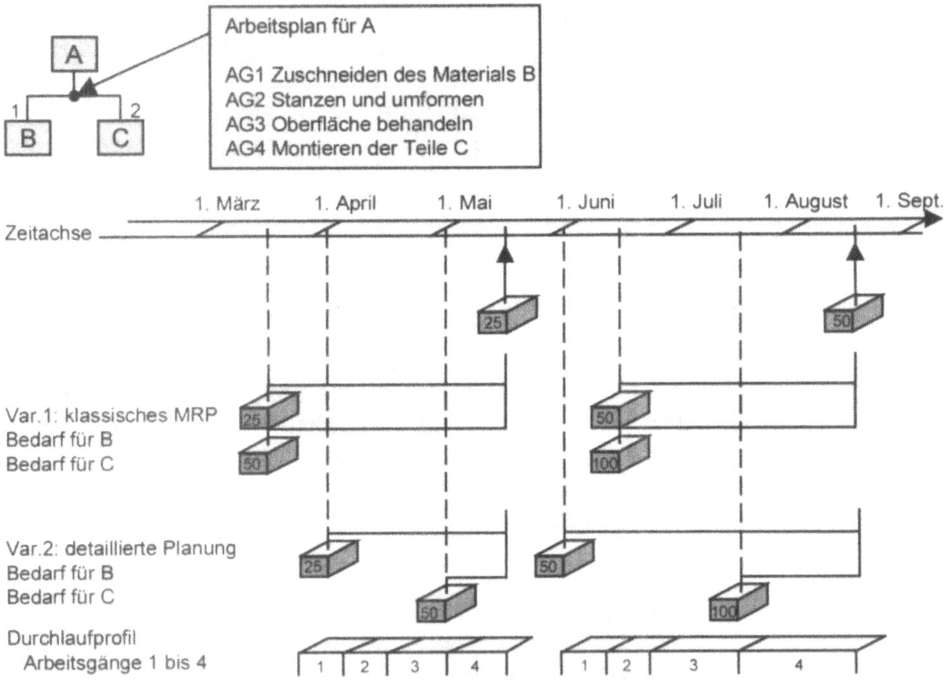


**Abb. 9.2.2.1** Berechnung des Zeitpunkts der Sekundärbedarfe

- Für die Variante 1 (das klassische Vorgehen des MRP-Verfahrens) wird angenommen, dass die durchschnittliche Beschaffungszeit des Produktes A zwei Monate beträgt. Der Zeitpunkt für die Sekundärbedarfe der Komponenten B und C berechnet sich aus dem geplanten Auftragsendtermin für A minus dessen durchschnittliche Durchlaufzeit.

- Die Variante 2 zeigt das umfassendere und detailliertere Vorgehen. Der Prozessplan für das Produkt A wird zur Berechnung hinzugezogen. Der erste Unterschied ergibt sich, indem die Beschaffungsfrist bei Losgrösse 25 nur 1,5 Monate beträgt. Bei Losgrösse 50 erreicht sie hingegen 2,5 Monate. Zudem fällt der Bedarf für C erst für den vierten Arbeitsgang an, der je nach Losgrösse einen halben bzw. einen ganzen Monat vor dem Auftragsendtermin starten soll.

Die Abb. 9.2.2.1 zeigt die Konsequenz für die Bestimmung des Zeitpunktes der Sekundärbedarfe in der Variante 2. Handelt es sich bei B und C um sehr teure Artikel, dann trägt das detaillierte Vorgehen dazu bei, die Komponenten genau zum benötigten Zeitpunkt in die Produktion einfliessen zu lassen. Dies kann die Ware in Arbeit sowohl volumenmässig als auch wertmässig stark reduzieren.

Der Vergleich der beiden Varianten zeigt, dass die gröbere Variante 1 zur (langfristigen) Programmplanung und auch zur Mittelfrist- bzw. Kurzfristplanung von billigen und nicht voluminösen Komponenten ohne weiteres herangezogen werden kann. In allen anderen Fällen ist die Variante 2 von Vorteil. Sie bedingt aber einen wesentlich grösseren Rechenaufwand sowie komplexere und gegebenenfalls auch fehleranfälligere Algorithmen.

Als Folge der Terminrechnung wird insbesondere die *Schlupfzeit* bekannt, d.h. die Differenz zwischen frühestmöglichem und spätestmöglichem Starttermin bzw. Endtermin. Ist diese Schlupf- oder Pufferzeit negativ, dann ist entweder der Endtermin zu verschieben oder aber die Arbeitsgangzwischenzeiten sind zu verkürzen. Entsprechende Meldungen der Terminrechnung werden erstellt.

In der Abb. 9.2.2.2 wird die *Rückwärtsterminierung* als Prozess in Pseudocode (siehe Kap. 5.6.1) gezeigt. (Die Vorwärtsterminierung ist analog aufgebaut.)

**„Rückwärtsterminierung": Problembeschreibung und Datendeklaration**

Gegeben sei ein Produktionsauftrag, bestehend aus einem Teilauftrag mit n Arbeitsgängen i, $1 \leq i \leq n$, und m Komponenten j, $1 \leq j \leq m$. Die Arbeitsgangnummern sind in einer Halbordnung: Falls $i_1 < i_2$, so wird der Arbeitsgang $i_1$ vor dem Arbeitsgang $i_2$ durchgeführt.

Ausgehend vom gesetzten „spätesten" Endtermin des Auftrages sollen die folgenden „spätesten" Daten berechnet werden:

- Start- und Endtermin des einzigen Teilauftrages
- Start- und Endtermin der einzelnen Arbeitsgänge
- Reservierungstermin (=Starttermin) der Komponenten
- Starttermin des Auftrages mit einer Ausnahmemeldung, falls dieser kleiner als ein gesetzter (frühester) Starttermin ist.

Bezeichne x den Auftrag, den Teilauftrag oder eine Position des Teilauftrages (Komponente oder Arbeitsgang). Die folgende Notation wird abgemacht:

| | | |
|---|---|---|
| - SET[x] | := | spätester Endtermin von x |
| - SST[x] | := | spätester Starttermin von x |
| - FST[x] | := | frühester Starttermin von x |
| - AGD[i] | := | Arbeitsgangdauer des Arbeitsganges i |
| - ZWIVOR[i] | := | Zwischenzeit vor Beginn des Arbeitsganges i |
| - ZWINAC[i] | := | Zwischenzeit nach dem Ende des Arbeitsganges i |
| - ZWITEC[i] | := | Technische Zwischenzeit nach dem Arbeitsgang i |
| - ADMTLABEG | := | Administrative Zeit des Teilauftrags zu Beginn |
| - ADMTLAEND | := | Administrationszeit des Teilauftrages am Ende |
| - prec(i) | := | Menge aller Arbeitsgänge, die dem Arbeitsgang i oder i=ENDE vorhergehen |
| - succ(i) | := | Menge aller Arbeitsgänge, die dem Arbeitsgang i oder i=BEGINN nachfolgen |

Bemerkungen:

- Im folgenden Algorithmus werden die definierten Datumsattribute des öfteren miteinander verglichen. Dafür wird die standardisierte „ISO"-Darstellung angenommen, das heisst „JJJJMMTT".
- Ein Datum kann entweder durch den Terminierungsalgorithmus berechnet oder aber als Ecktermin gegeben sein. Man unterscheidet den zweiten Fall vom ersten durch Beifügen von „(Eck)", zum Beispiel SET(Eck)[x].

**„Rückwärtsterminierung“: einfacher Algorithmus**

**0 Initialisieren des Starttermins des Auftrags**

FST[Auftrag] := max{FST(Eck)[Auftrag], „heute“}

**1 Behandlung zu Beginn des Teilauftrags**

a Berechnen des Endtermins des Teilauftrags:
- SET[Teilauftrag] := SET(Eck)[Teilauftrag].
- Falls SET(Eck)[Auftrag] < SET(Eck)[Teilauftrag], dann
  - SET[Teilauftrag] := SET(Eck)[Auftrag]

b Berechnen des Endtermins des letzten Arbeitsganges:
- SET[n] := SET[Teilauftrag]-ADMTLAEND-ZWINAC[n]-ZWITEC[n]}
- Falls SET(Eck)[n] < SET[n], dann SET[n] := SET(Eck)[n]

**2 Schleife: für den Arbeitsgang i, n ≥ i ≥ 1, in absteigender Reihenfolge**

a Berechnen des Starttermins des Arbeitsgangs:
- SST[i] := SET[i] - AGD[i]

b Falls i > 1, dann berechnen des Endtermins des vorhergehenden Arbeitsganges:
- SET[i-1] := SST[i] - ZWIVOR[i] - ZWINAC[i-1] - ZWITEC[i-1]
- Falls SET(Eck)[i-1] < SET[i-1], dann SET[i-1] := SET(Eck)[i-1]

c Andernfalls (i = 1) berechnen des Starttermins des Teilauftrags:
- SST[Teilauftrag] := SST[i] - ZWIVOR[i] - ADMTLABEG

**3 Behandlung am Ende des Teilauftrags**

a Berechnen des Starttermins des Auftrags:
- SST[Auftrag] := SST[Teilauftrag] - ADMAUF
- Falls SST[Auftrag] < FST[Auftrag], dann Meldung *Starttermin zu früh*

b Schleife: Für alle Komponenten j, 1 ≤ j ≤ m, berechnen des Reservierungsdatums (des Starttermins):
- i := Arbeitsgang, für welche die Komponente j benötigt wird
- FST[j] := SST[i] - ZWIVOR[i] - ADMTLABEG

**Ende des Algorithmus**

**Abb. 9.2.2.2** Terminierung bzw. Terminrechnung: Detailliertes prozessorientiertes Modell zur Rückwärtsterminierung in Pseudo-Code

Die vorgelegte Version der Rückwärtsterminierung ist didaktisch einfach gewählt. In der Praxis sind nicht nur einzelne Teilaufträge, sondern sämtliche Teilaufträge des Produktionsauftrages netzwerkartig zu terminieren. Auch sind teilweise begonnene Aufträge umzuterminieren, sowie komplexe Algorithmen oder Formeln zur Berechnung der Arbeitsgangdauer, der Arbeitsgangzwischenzeiten und der der Durchlaufzeit und noch vieles mehr zu berücksichtigen. Der Algorithmus wird dann um einiges komplizierter.

Das wichtigste Resultat der Rückwärtsterminierung ist – neben den spätesten Start- und Endterminen der Arbeitsgänge – der spätestmögliche Starttermin des Auftrages. Verglichen mit dem frühestmöglichen Starttermin des Auftrages (z.B. heute) ergibt dieser die notwendige Information über die technische Machbarkeit und die Dringlichkeit eines Produktionsauftrages.

- Die Abschätzung der Machbarkeit, welche durch den Terminierungsalgorithmus beurteilt wird, bezieht sich nur auf eine durchschnittliche Situation der Belastung an den Kapazitätsplätzen, indem in der Arbeitsgangzwischenzeit eine durchschnittliche Warteschlangenzeit berücksichtigt ist. Der Algorithmus plant damit in die sogenannte *unbegrenzte Kapazität.* Die Berücksichtigung der Kapazitätsgrenzen wird in den nächsten beiden Unterkapiteln behandelt.

- Die Dringlichkeit kann in einen sogenannten *Durchlaufzeitstreckungsfaktor* umgesetzt werden, mit dem die nichttechnischen *Arbeitsgangzwischenzeiten* (z.B. Transportzeiten und Warteschlangenzeiten) und die administrativen Zeiten multipliziert werden. Ein erneutes Durchlaufen des Algorithmus mit verändertem Faktor ergibt unter Umständen realistischere Start- und Endtermine. Auf diese Weise kann auch ein Durchlaufzeitstreckungsfaktor berechnet werden, der die einzelnen Arbeitsgänge gleichmässig zwischen Start- und Endtermin des Auftrags legt. Siehe dazu auch [Schö00, Kap. 12.3.5].

Werden Komponenten des Auftrages durch andere Produktionsaufträge gefertigt, so erfolgt die terminliche Verknüpfung über die Sekundärbedarfsermittlung und Auftragsvorschlagserstellung (siehe Kapitel 8.3.3). Die Klasse *Zuteilung Zugang ⇔ Bedarf* gibt implizit die Auftragsvernetzung (siehe Kapitel 8.3.4), wobei idealerweise der Endtermin des Auftrages des Artikelzugangs dem Starttermin (bzw. dem Dispositionstermin) der Auftragsposition des Artikelabgangs entsprechen sollte. Harmonieren die Termine nicht, so wird dies über Ausnahmemeldungen der Bedarfsrechnung bekanntgegeben.

Die Abb. 9.2.2.3 zeigt das objektorientierte Modell zur *Terminierung* bzw. Terminrechnung eines Produktionsauftrags oder eines -auftragsvorschlags.

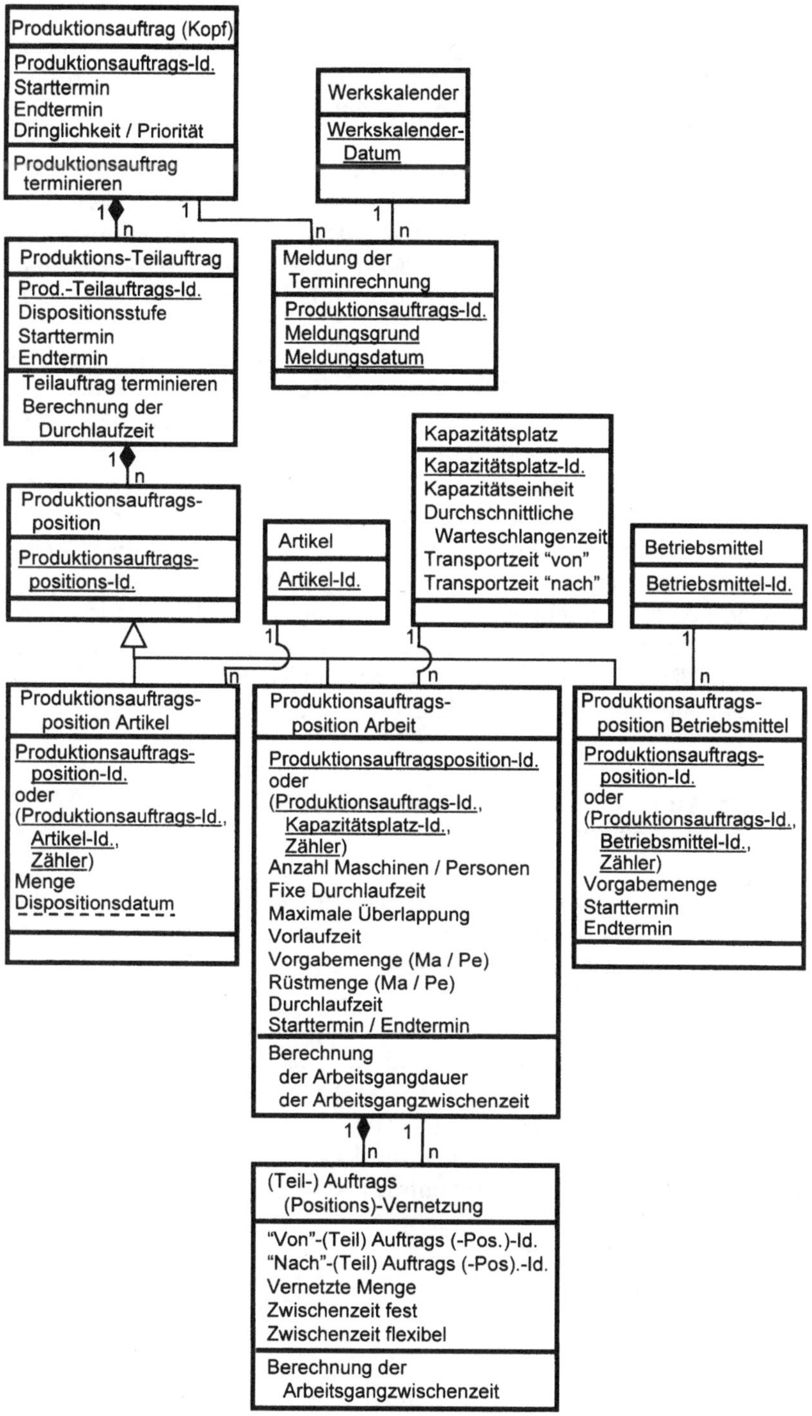


**Abb. 9.2.2.3** Terminierung bzw. Terminrechnung: Objektorientiertes Modell

Das Modell ist fast dasselbe wie in der Abb. 9.2.1.1. Zur Terminierung kommen mit Ausnahme der Meldungen der Terminrechnung keine neuen Objektklassen, nur Attribute und Methoden. Dafür werden Objektklassen, die für die Terminierung nicht weiter benötigt werden, weggelassen.

Ein besonderes Problem ist das Berechnen der Arbeitsgangdauer und, vor allem beim Vorliegen von Überlappung, der Arbeitsgangzwischenzeit. Die entsprechenden Methoden bzw. Funktionen sind deshalb dort explizit den Klassen *Auftragsposition Arbeit* und *(Teil-)Auftrags-(Positions-)Vernetzung* zugefügt, wo auch das Resultat der Berechnung notiert wird.

Um die Teilaufträge in der richtigen Reihenfolge zu terminieren, ist das Attribut *Dispositionsstufe* von entscheidender Bedeutung, vor allem für mehrstufige Produktionsaufträge. Im Fall der Rückwärtsterminierung ist dies absteigend nach der Dispositionsstufe, d.h. beginnend mit dem Endprodukt. Damit werden einmal terminierte Teilaufträge in der Folge nicht wieder Zulieferanten für später terminierte Teilaufträge. Das Einstellen einer richtigen Dispositionsstufe ist kein Problem, wenn die Aufträge entweder von früheren abgeschlossenen Aufträgen oder aber von den Stammdatenstrukturen kopiert werden. Bei ad-hoc-zusammengesetzten Aufträgen ist die Dispositionsstufe unter Umständen von Hand zu setzen. Zudem ist sicherzustellen, dass die Vernetzung nicht "im Kreis herum" führt, d.h. dass ein Teilauftrag nicht für sich selbst, d.h. direkt oder indirekt über andere Teilaufträge, Zulieferant ist.

### 9.2.3 Kapazitätsbedarfsrechnung und Erstellung von Belastungsprofilen

In der Terminierung werden Produktionsaufträge in Bezug auf ihre Machbarkeit auf der Terminachse geprüft. Eingeschlossen ist dabei eine durchschnittliche Wartezeit vor einem Kapazitätsplatz, d.h. die sogenannte durchschnittliche *Warteschlangenzeit.* Da die Belastung durch die Arbeitsgänge aber nie gleichmässig anfällt und überdies die Kapazität im Verlauf der Zeitachse ebenfalls ändern kann, ist es wichtig, Produktionsaufträge nicht nur in der Dimension der Zeitachse, sondern auch in der davon unabhängigen Dimension der Menge an zur Verfügung stehender Kapazität zu prüfen. Dies geschieht durch die Kapazitätsbedarfsrechnung und die anschliessende Darstellung der Ergebnisse als Belastungsprofile:

- Die *Kapazität* eines Kapazitätsplatzes ist sein Potential zum Ausstoss von Leistungen. Diese Menge wird jeweils auf eine Zeitperiode bezogen. Die Masseinheit wird *Kapazitätseinheit* genannt und ist meistens eine Zeiteinheit.

- Mit der *Kapazitätsbedarfsrechnung* bestimmt man die Belastung jedes Kapazitätsplatzes.

- Die *Belastung eines Kapazitätsplatzes* ist die Summe der Belastungen aller Arbeitsgänge von Aufträgen, die auf dem Kapazitätsplatz abgewickelt werden.

- Das *Belastungsprofil* eines Kapazitätsplatzes ist die Darstellung seiner Belastung und seiner Kapazität über die Zeitachse.

Die Abb. 9.2.3.1 zeigt das typische Bild für das Belastungsprofil, und zwar unter Annahme einer kontinuierlichen bzw. einer Rechteckverteilung innerhalb einer Zeitperiode.

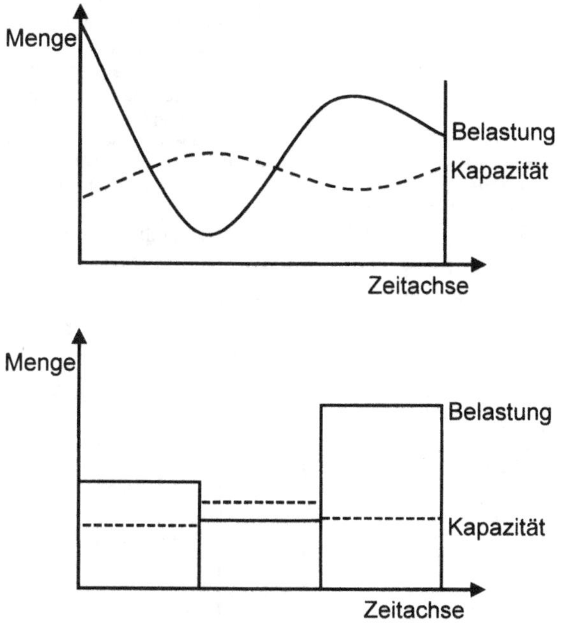


**Abb. 9.2.3.1** Das Belastungsprofil eines Kapazitätsplatzes (kontinuierliche und Rechteckverteilung)

Die Aufgabe *Kapazitätsbedarfsrechnung und Erstellung von Belastungsprofilen* im prozess- und im funktionsorientierten Modell in Abb. 9.1.2.1 bzw. in Abb. 9.1.2.2 wird hier nicht weiter detailliert. Das Ergebnis der Aufgabe sind eingelastete, d.h. mit der zur Verfügung stehenden Kapazität verglichene Produktionsaufträge. Sie sind aber immer noch geplant. In einem folgenden Schritt sind eventuell Konsequenzen entweder bezüglich der Terminachse oder aber der Mengenachse an Kapazität zu ziehen, falls die Summe der Belastungen über die Zeitachse wesentlich von der zur Verfügung gestellten Kapazität abweicht. Die Abb. 9.2.3.2 zeigt das entsprechende objektorientierte Modell.

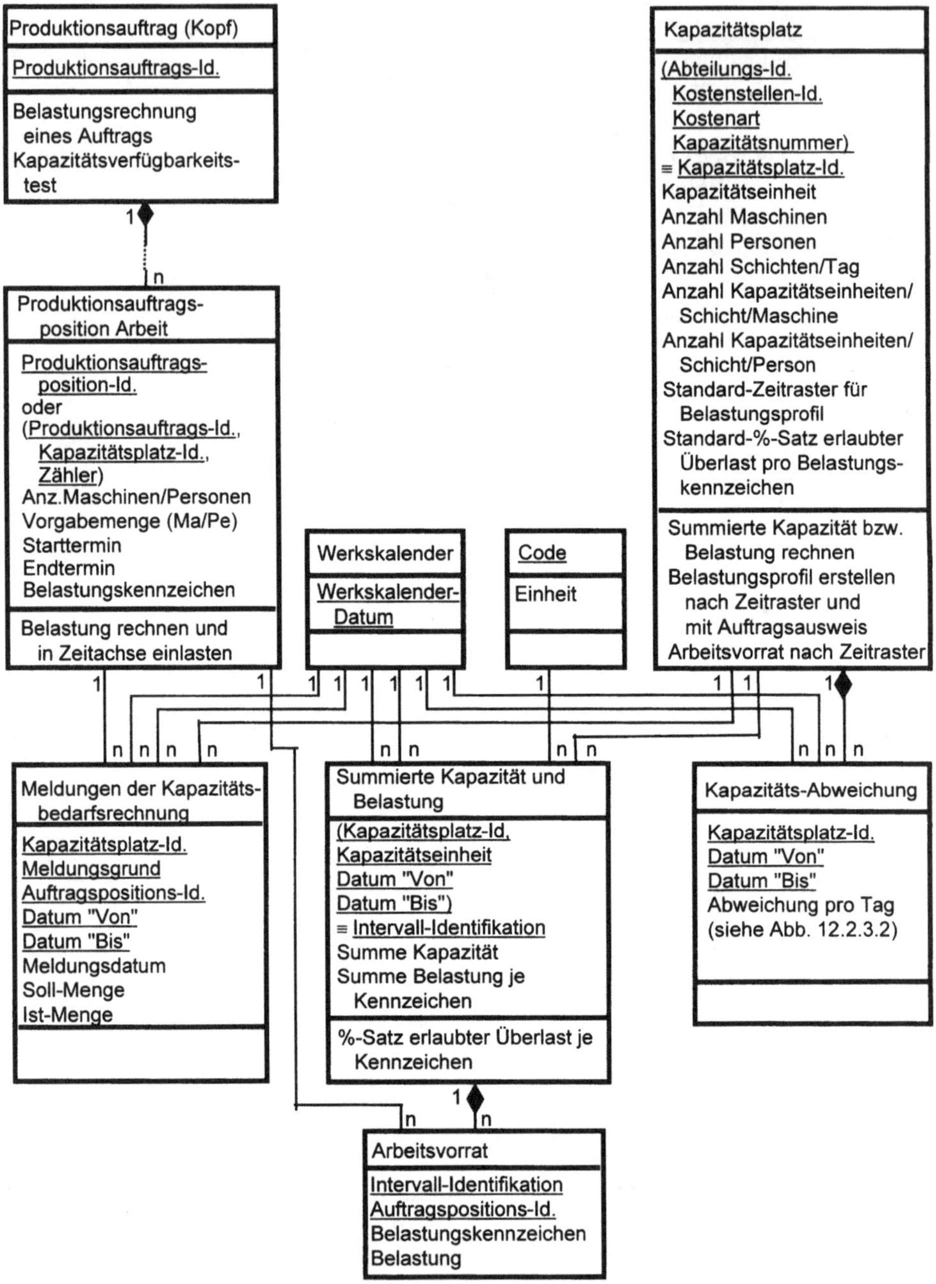


**Abb. 9.2.3.2** Kapazitätsbedarfsrechnung und Erstellung von Belastungsprofilen: Objektorientiertes Modell

Die Methode, welche die pro Zeitperiode zur Verfügung stehende Kapazität berechnet, darf in jedem Fall nur Arbeitstage berücksichtigen. Dies sowohl für die in der Klasse *Kapazitätsplatz* festgehaltenen Grundkapazitäten (pro Arbeitstag) als auch für die in der Klasse *Kapazitätsabweichung* festgehaltenen zusätzlichen oder verminderten Kapazitäten pro Zeitperiode. Der dahinterstehende Algorithmus wird aufgerufen, wenn

- die Grundkapazitäten ändern.
- eine Kapazitätsabweichung hinzugefügt, geändert oder gelöscht wird.
- im Werkkalender ein Tag bzw. ein Teil eines Tages von einem Nichtarbeitstag in einen Arbeitstag geändert wird und umgekehrt.

Die Klasse *Arbeitsvorrat* kann eigentlich als Sicht der Arbeitsgänge nach dem Attribut *Kapazitäts-Id.* und *Starttermin* konzipiert werden. Je nach Feinheit der zu messenden Zeitintervalle kann ein Arbeitsgang jedoch mehrere Objekte der Klasse *Arbeitsvorrat* erzeugen. Zur schnelleren Auswertung kann die Summe des Arbeitsvorrats pro Kapazitätsplatz in die Klasse *summierte Kapazität und Belastung* übertragen werden. Für das eigentliche Belastungsprofil dient dann die summierte Klasse, für detaillierte Auskünfte pro Zeitintervall der Arbeitsvorrat.

Bei konsolidierten Belastungsübersichten über mehrere Kapazitätsplätze ist insbesondere darauf zu achten, dass nur Mengen mit identischer Kapazitätseinheit konsolidiert werden. Sinnvollerweise ist bei der Konsolidierungsanfrage auch die gewünschte Kapazitätseinheit mitzugeben. Das entsprechende Attribut gehört deshalb zum Primärschlüssel.

Zur *Ablaufsteuerung*: Die Erstellung der summierten und detaillierten Klasse für das Belastungsprofil und den Arbeitsvorrat erfolgt entweder direkt nach der Terminierung oder aber im Batch-Hintergrundverfahren über einen Ablaufspeicher der Art Agenda. Bei einer Neuterminierung müssen die Klassen *Arbeitsvorrat* und *summierte Kapazität und Belastung* nachgeführt werden.

Das *Belastungsprofil*:

- Dieses ist eine geeignete Darstellung der Klasse *summierte Kapazität und Belastung*, entweder am Bildschirm oder auf Listen. Dabei werden die Zeitintervalle unter Umständen zu grösseren, sinnvollen Zeitintervallen zusammengezogen, d.h. zu einem Zeitraster, der meistens in der näheren Zukunft kleinere Intervalle und in der ferneren Zukunft grössere Intervalle aufweist. Dieser Zeitraster sollte ad hoc vom Benutzer abgeändert werden können.

- Für das Belastungsprofil ist es nützlich, die summierte Belastung in Teilsummen darzustellen. Jeder Auftragsarbeitsgang (d.h. jede *Produktionsauftragsposition Arbeit*) trägt dazu ein sog.

*Belastungskennzeichen,* das die Zugehörigkeit zu einer dieser Teilsummen anzeigt. Dieses Kennzeichen unterscheidet z.B.

- freigegebene Aufträge mit festem Endtermin
- freigegebene Aufträge mit provisorischem Endtermin
- geplante Aufträge mit festem Endtermin
- geplante Aufträge mit provisorischem Endtermin
- Offertaufträge mit beschränkter Erfolgswahrscheinlichkeit.

- Das Zusammenzählen der jeweiligen Teilsummen erfolgt dann z.B. in der obigen Reihenfolge. Für eine gute Übersichtlichkeit sollten nicht zu viele solcher verschiedenen Kennzeichen gewählt werden, z.B. vier oder fünf. Ein Überlastprozentsatz je Kennzeichen gibt an, um wieviel Prozent der Kapazität die bis und mit diesem Kennzeichen zusammengezählte Belastung überschreiten darf.

- Die *Ausnahmemeldungen der Kapazitätsbedarfsrechnung* können z.B. durch das Überschreiten dieser Grenzwerte aktiviert werden. So kann z.B. für die Belastung der freigegebenen Aufträge mit festem Endtermin eine 100 %-Marke gültig sein, für Offertaufträge hingegen eine solche mit 500 %, da ihre Realisierungswahrscheinlichkeit reduziert ist

Der *Kapazitätsverfügbarkeitstest* ist insbesondere für die kurzfristige Planung im Hinblick auf die Freigabe eines Produktionsauftrages eine wichtige Auskunft:

- Für sämtliche Auftragsarbeitsgänge wird geprüft, ob in den Zeitintervallen, in welche der Arbeitsgang fällt, sowie auch in den vorangehenden Zeitintervallen genügend Kapazität vorhanden ist.

- Als ungenügend erkannte Kapazitäten werden im Rahmen einer Meldung ausgewiesen.

- Das Belastungsprofil eines kritischen Kapazitätsplatzes kann dann unter besonderem Hervorheben des in Frage stehenden Auftrags erstellt werden.

Der zur Erstellung des Belastungsprofils notwendige Algorithmus kann natürlich auch direkt auf die Klassen *Kapazitätsplatz, Kapazitätsabweichung* und *Produktionsauftragsposition Arbeit* aufgesetzt werden, d.h. ohne die Klassen *Arbeitsvorrat* und *summierte Kapazität und Belastung* „dazwischenzuschalten".

- Vorteile: Der zu programmierende Funktionsumfang wird wesentlich kleiner, einfacher und damit weniger fehlerhaft. Der Bezug erfolgt auf die grundlegenden und damit aktuellsten Daten. Somit ist keine periodische Neurechnung nötig, selbst dann nicht, wenn sich der Werkkalender kurzfristig ändert, z.B. wegen kurzfristig anberaumten arbeitsfreien Tagen.

- Nachteil: Die lange Laufzeit eines solchen Algorithmus, insbesondere bei einer grossen Menge von Arbeitsgängen pro Kapazitätsplatz und auch im Falle der Notwendigkeit, begrenzte Kapazitäten sofort und interaktiv berücksichtigen zu müssen (siehe dazu auch das Kap. 9.2.4.). Dies kann in gewissen Fällen sogar gravierend sein, z.B. für eine schnelle Entscheidung darüber, ob ein Auftrag angenommen werden kann oder nicht.

Meistens kann man annehmen, dass die Betriebsmittel, die auf einem Kapazitätplatz eingesetzt werden, im Durchschnitt aufeinander abgestimmt sind. Kann man dies nicht annehmen, so kann man auf analoge Weise eine *Betriebsmittelbedarfsrechnung* durchführen und ein *Belastungsprofil eines Betriebsmittels* erstellen, wobei ein analoges, objektorientiertes Modell wie in der Abb. 9.2.3.2 entsteht. Anstelle der Klasse *Kapazitätsplatz* steht dann die Klasse *Betriebsmittel*, anstelle der Klasse *Auftragsposition Arbeit* steht die Klasse *Auftragsposition Betriebsmittel.*

## 9.2.4 Kapazitätsabgleich und Auftragsfreigabe

Eingelastete Produktionsaufträge bilden Belastungen auf den benötigten Kapazitätsplätzen. Weicht nun auf einem dieser Kapazitätsplätze die Belastung übermässig von der zur Verfügung stehenden Kapazität ab, dann wird diese Tatsache in einer Meldung zur Verfügung gestellt, worauf man gegebenenfalls einen *Kapazitätsabgleich* durchführen muss. Dies heisst, dass man in der Zeitachse Kapazitäten erhöhen oder reduzieren sowie Aufträge zeitmässig zu verschieben versucht. Nach erfolgtem Abgleich können die Aufträge in einem bestimmten Zeitfenster freigegeben werden. Die Abb. 9.2.4.1 zeigt das zugehörige funktionsorientierte Modell als Detaillierung der entsprechenden Aufgabe in Abb. 9.2.1.2.

Ein Kapazitätsabgleich kann, insbesondere bei Überlast, nur dann sinnvoll sein, wenn alle oder zumindest die meisten Kapazitäten einigermassen flexibel sind. Ist dies der Fall, dann gibt die Abb. 9.2.4.2 ein ergänzendes Modell zur Abb 9.2.3.2.

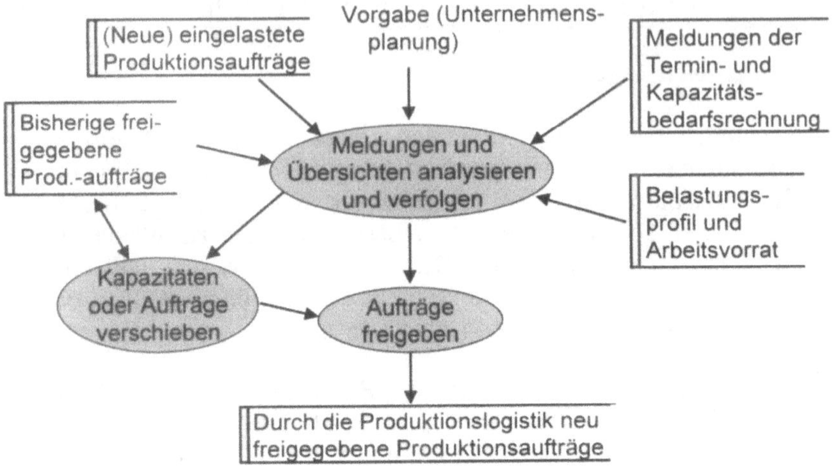


**Abb. 9.2.4.1** Kapazitätsabgleich und Auftragsfreigabe: funktionsorientiertes Modell

Es hat sich gezeigt, dass automatische Algorithmen zum Abgleich der Kapazitäten mit den Belastungen, insbesondere bei grossen Datenvolumen, nur selten zum Erfolg führen. Die menschliche Intuition, verbunden mit der geeigneten Darstellung von Kapazität und bisheriger Einlastung, erweist sich in einem interaktiven Prozess von Anzeigen und Umdisponieren wesentlich effizienter. Aufgrund einer Ausnahmemeldung kann sich der Planer ein Belastungsprofil anzeigen lassen, worauf er z.B. auf folgende Weise reagieren kann:

- Bei kurzfristigen Schwankungen, die sich ausgleichen: Als Beispiel kann etwa an einem Tag Überlast auftreten und am nächsten Tag eine entsprechende Unterlast. Wird der Zeitraster anders gewählt, in diesem Fall zwei Tage, dann würden solche Schwankungen gar nicht sichtbar werden. Schwankungsfrequenzen in der Grössenordnung einer Arbeitsgangzwischenzeit können so durch einfache Verlängerung der Periode in der Belastungsübersicht zum Verschwinden gebracht werden, ohne dass der Produktionsprozess dadurch gestört würde.

- Durch Kapazitätserhöhung bzw. Reduktion: In diesem Fall muss man der Klasse *Kapazitätsabweichung* geeignete Objekte hinzufügen bzw. ändern. Die Klassen *Arbeitsvorrat* und *summierte Kapazität und Belastung* sind dann nachzuführen. Die nächste Abfrage der Belastungsübersicht wird dann eine abgeglichene Situation vorweisen.

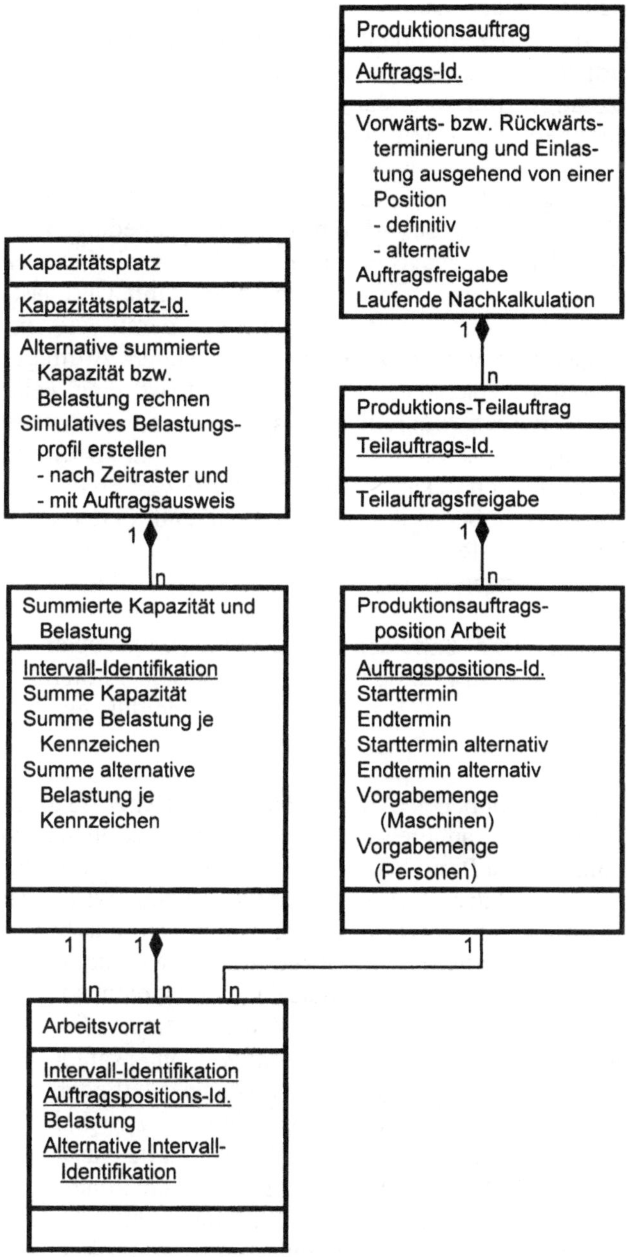


**Abb. 9.2.4.2** Kapazitätsabgleich und Auftragsfreigabe: objektorientiertes Modell

- Über Alternative Kapazitätsplätze: Gerade bei Engpasskapazitäten sind solche Kapazitätsplätze eventuell bereits vordefiniert. Es kann sich hier um gleiche Maschinen in anderen Abteilungen oder auch um externe Zulieferanten handeln. Die Objekte der Klasse *Arbeitsvorrat*, die hinter der entsprechenden Überlast stehen, werden mit einem alternativen Kapazitätsplatz versehen. Die Methode *stimulatives Belastungsprofil* zeigt dann die Kapazität im Vergleich zu der Summe der alternativen Belastungen.

- Durch Vor- oder Rückverschieben von Belastungen in der Zeitachse: Dies ist wohl die komplizierteste Aktion, die nicht unbedingt zum Erfolg führen muss. Der Arbeitsvorrat einer Überlast wird entweder rück- oder vorverschoben, und zwar in eine Periode mit Unterlast. Für alle betroffenen Auftragspositionen müssen damit die im Terminierungsnetzwerk davor- bzw. dahinter liegenden Auftragsarbeitsgänge ebenfalls verschoben werden. Damit ist eine neue Rückwärts- bzw. Vorwärtsterminierung, ausgehend von der zuerst verschobenen Auftragsposition, eventuell mit Durchlaufzeitstreckungsfaktor, anstehend. Daraus folgen alternative Start- und Endtermine für die verschobenen Arbeitsgänge und damit alternative Zeitintervalle für die betreffenden Objekte der Klasse *Arbeitsvorrat*. Die folgenden Konsequenzen sind denkbar:

  - Der späteste Starttermin bzw. der früheste Endtermin liegen vor dem frühesten Starttermin bzw. nach dem spätesten Endtermin. Dies wird durch entsprechende Ausnahmemeldungen der Terminierung angezeigt.

  - Die durch die verschobenen Arbeitsgänge betroffenen Kapazitätsplätze erhalten ein anderes Belastungsprofil, weisen jedoch unter Umständen neue Perioden mit Überlast auf. Sind nun viele Kapazitätsplätze relativ gut ausgelastet, dann wird der Verschiebungsalgorithmus oft im Kreis herumgehen, d.h. bereits bearbeitete und abgeglichene Kapazitätsplätze werden erneut zum Abgleich anstehen. Der Kapazitätsabgleich ist dann so nicht durchführbar. Vielmehr muss man dann bereits für die Terminierung die *begrenzten Kapazitäten* von Anfang an berücksichtigen. Dafür gibt es verschiedene Methoden zur *Planung in die begrenzte Kapazität* (siehe dazu [Schö00, Kap. 13.3 und 14.1.2 und 14.1.3]), die alle auf das objektorientierte Modell in Abb. 9.2.4.2 aufsetzen können. Es muss um geeignete Methoden und Attribute sowie um eine Objektklasse für Steuerungsparameter erweitert werden, was aber hier nicht weiter ausgeführt werden soll.

Nachdem alle Kapazitätsplätze genügend abgeglichen sind, und zwar für ein genügend langes Zeitfenster in der Zukunft, werden diejenigen Aufträge freigegeben, deren Starttermin innerhalb des Planungszyklus liegt. Nach der

Auftragsfreigabe ist besonders auch die *laufende Nachkalkulation* auf der Ebene des gesamten Produktionsauftrages interessant.

Bei der *Auftragsfreigabe* stellt sich bei allen beschriebenen Verfahren die Frage, wie detailliert die Verfügbarkeit der einzelnen eingesetzten Betriebsmittel zu prüfen ist. Kapazitätsplätze fassen ja i. Allg. viele Betriebsmittel zusammen. Die Planung der Kapazitäten sagt deshalb im Extremfall wenig über die einzelnen Betriebsmittel aus. Der hier nicht weiter beschriebene Algorithmus zur *Auftragsfreigabe* ist im Wesentlichen deshalb ein Test auf die Verfügbarkeit von

- *Komponenten*: Hier kann eine physische Verfügbarkeit am Lager gefordert werden oder aber zumindest eine dispositiv sichergestellte Verfügbarkeit für den Fall , wo Material erst für spätere Arbeitsgänge benötigt wird.

- *Maschinen*: Arbeitsgänge können auf spezifische Maschinen des Kapazitätsplatzes gezielt sein. Deren Verfügbarkeit ist hier nachzuprüfen.

- *Werkzeuge und Vorrichtungen*: Sind die Werkzeuge nicht unbedingt auf die Kapazitäten ausgerichtet bzw. benötigt der Arbeitsgang sehr spezifische Werkzeuge, so ist ein Verfügbarkeitstest bereits bei der Freigabe angebracht.

Die besprochenen Verfügbarkeitstest der einzelnen Betriebsmittel nehmen in einem gewissen Masse bereits das vorweg, was sonst in der eigentlichen Belegungsplanung im Rahmen der Produktionssteuerung gemacht wird. Siehe dazu das Kapitel 8.3.

## 9.3 Produktionssteuerung

In der Produktionssteuerung geht es darum, den Materialfluss möglichst optimal durch die Produktionsstätten zu steuern und die Verbräuche an Material, Zeit und Betriebsmitteln festzuhalten. Die laufende Betriebsdatenerfassung erlaubt dabei, für die Steuerung direkt die reale Situation herbeizuziehen. Dadurch ist eine Rückkopplung im Sinne einer Regelung in mittelfristige Planung möglich. Die Abb. 9.3.1 zeigt das zugehörige funktionsorientierte Modell als Detaillierung der entsprechenden Aufgabe in Abb. 9.2.1.2.

**Abb. 9.3.1** Produktionssteuerung: funktionsorientiertes Modell

Die *Aufgaben,* die dabei ausgeführt werden, sind die folgenden:

- Die Arbeitsverteilung und -steuerung sowie die Reihenfolgeplanung erlauben die detaillierte Belegungsplanung der einzelnen Arbeitsplätze bzw. Maschinen, der Personen und der übrigen Betriebsmittel.

- Die laufende Betriebsdatenerfassung dient einerseits der laufenden Nachkalkulation. Sie erlaubt zudem, für die laufend überprüfte kurzfristige Planung – eben die Produktionssteuerung – direkt die reale Situation herbeizuziehen. Ferner erlaubt sie eine Rückkopplung im Sinne einer Regelung in die mittelfristige Planung.

Als *Objekte* zeigt dieses Datenflussdiagramm die folgenden ersten Überlegungen:

- Mit der Arbeitsverteilung und -steuerung sowie der Reihenfolgeplanung erarbeitet man Objekte, die die Belegung der Arbeitsplätze und der Betriebsmittel darstellen.

- In der Betriebsdatenerfassung werden Transaktionen und Qualitätsdaten erstellt, die in Statistiken ausgewertet werden sollen, allen voran für die laufende Nachkalkulation.

## 9.3.1 Arbeitsverteilung und -steuerung sowie Reihenfolgeplanung

Der *Arbeitsvorrat* ist die Menge aller freigegebenen, aber noch nicht ausgeführten Auftragsarbeitsgänge.

Zum *direkten Arbeitsvorrat* gehören all diejenigen Arbeitsgänge, die bereits am Kapazitätsplatz anstehen.

Zum *indirekten Arbeitsvorrat* für die Produktionssteuerung gehören alle Arbeitsgänge, die zwar freigegeben sind, für welche aber vorhergehende Arbeitsgänge noch nicht abgearbeitet sind.

Alle Auftragsarbeitsgänge im Arbeitsvorrat sind mit einem Start- und Endtermin versehen, die etwas flexibel nach vorn oder nach hinten in der Zeitachse sind, und zwar in der Grössenordnung der Arbeitsgangzwischenzeit. Die Abb. 9.3.1.1 zeigt das funktionsorientierte Modell zur Arbeitsverteilung und -steuerung sowie zur Reihenfolgeplanung.

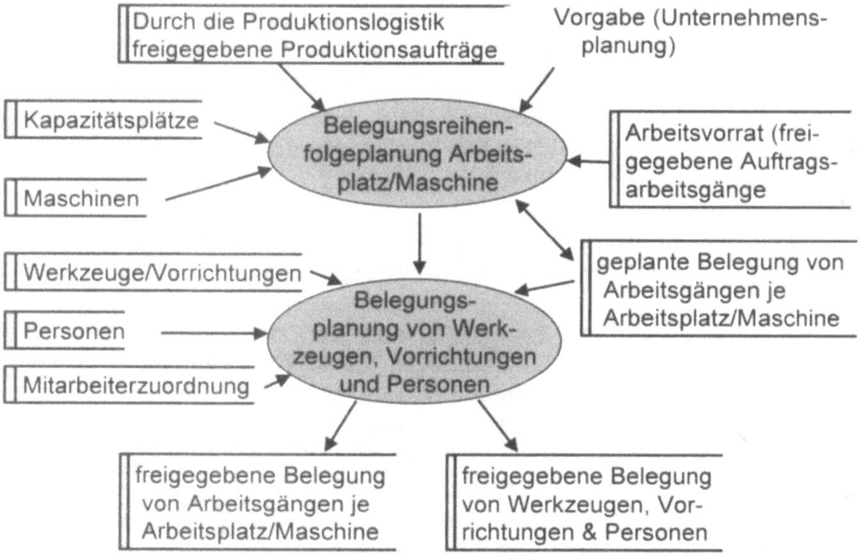


**Abb. 9.3.1.1** Arbeitsverteilung und -steuerung sowie Reihenfolgeplanung: funktionsorientiertes Modell

Die *Aufgaben,* die dabei ausgeführt werden, sind die folgenden:

- Zur *Belegungsreihenfolgeplanung* der einzelnen Arbeitsplätze bzw. Maschinen wird für jeden Kapazitätsplatz der ganze Arbeitsvorrat hinzugezogen. Im Idealfall wird für jede *Auftragsposition Arbeit* die Belegung einzeln vorgenommen.

    - Sind die einzelnen Maschinen gemäss der Anzahl einzusetzender Maschinen – z.B. als Teil der Information in der Betriebsmittelliste – vorgegeben, so werden genau diese

Maschinen, ausgehend vom Starttermin, entsprechend der Vorgabemenge, belegt.

- Ist die oder eine der Maschinen nicht verfügbar, so können u.a. folgende Entscheidungen in Erwägung gezogen werden:
  - Die ganze Belegung für die Auftragsposition wird terminlich verschoben, d.h. über alle eingesetzten Maschinen hinweg.
  - Für die betroffene Maschine wird eine Ersatzmaschine definiert.
  - Es wird eine weniger grosse Splittung vorgenommen, d.h. die Auftragsposition wird auf weniger Maschinen aufgeteilt, falls dies die Zwischenzeiten erlauben.

- Ist für die Auftragsposition nicht angegeben, auf welche spezifischen Maschinen sie verteilt werden soll, dann werden gemäss der vorgegebenen Anzahl Maschinen (= Splittfaktor) die einzelnen Maschinen nach Möglichkeit belegt. Bei Kollision mit bereits belegten Maschinen sind die vorherigen Überlegungen sinngemäss anzuwenden.

- Die *Belegungsplanung der Personen und Betriebsmittel* wird i. Allg. nach erfolgter Maschinenbelegung vorgenommen.[56]

  - Bei Werkzeugen erfolgt u.U. eine Auflösung eines Sammelwerkzeuges in seine Komponenten, die in einer Werkzeugstückliste festgehalten sind. Belegt werden dann die elementaren Werkzeuge. Die zugehörige Maschinen-Id. und ggf. die Sammelwerkzeug-Id. werden ebenfalls festgehalten, da damit ein Bezug zur zugehörigen Maschinenbelegung erreicht wird. Entstehen Konflikte in der Werkzeug- und Vorrichtungsbelegung, so muss versucht werden, die zugehörige Maschinenbelegung zu verändern. Dies kann im schlimmsten Fall sogar den mittelfristigen Kapazitätsabgleich betreffen. Falls also in der Mittelfrist- und in der Langfristplanung Werkzeuge nicht im richtigen Verhältnis zu den Maschinen beschafft worden sind, wird dieses Belegungsproblem unter Umständen gar nicht zu lösen sein. In diesem Falle bleibt meistens nur die Anordnung von Überzeit.

---

[56] Der in [Schö00, Kap. 13.3.1] gezeigte Algorithmus zur ablauforientierten Planung in die begrenzte Kapazität kann ebenfalls zur Belegungsplanung hinzugezogen werden. In dem dort gezeigten Sinne wird für jede Maschinenbelegung gleichzeitig geprüft, ob die Personen und die übrigen Betriebsmittel bereitstehen. Dieses Vorgehen eignet sich vor allem für eine grosse Menge von Auftragsarbeitsgängen, welche zur Belegung herangezogen werden müssen.

- Etwas flexibler ist oft die Belegungsplanung der Personen. Sie erfolgt gemäss der im Objekt *Auftragsposition Arbeit* festgehaltenen geplanten Anzahl Personen. Zusammen mit den dafür vorgesehenen Maschinen ist ohne weiteres die Anzahl der durch eine Person gleichzeitig bedienter Maschinen zu berechnen. Ist die Belegung kritisch, muss eine Verschiebung zusammen mit den entsprechenden Maschinenbelegungen erfolgen. Wenn dies die ganze Maschinenbelegung durcheinanderbringt, so sind etwa die folgenden Massnahmen denkbar:

  - Eine Person bedient mehr Maschinen als vorgesehen gleichzeitig.
  - Anordnung von gezielter Überzeit mit darauffolgender Kompensation.

*Zur Ablaufsteuerung*: Die beiden Aufgaben werden heute unmiteltbar nacheinander durch dieselbe Person durchgeführt, und zwar auf einem sogenannten Leitstand oder einer Plantafel.

Ein *Leitstand* bzw. eine *Plantafel* ist im Wesentlichen ein Balkendiagramm bei welchem auf der einen Achse die Zeitachse und in der anderen eine Liste sämtlicher Betriebsmittel aufgetragen ist. Die Balken werden durch die eingeplanten Arbeitsgänge gebildet.

An die Stelle der klassischen Plantafel kann ein elektronischer Leitstand treten. Durch Anklicken mit der Maus oder Antasten mit dem Finger können der hinter einem Balken liegende Arbeitsgang und die vor ihm bzw. hinter ihm liegenden Arbeitsgänge desselben Auftrags angezeigt werden. Auf dieselbe Weise kann ein Balken in der Zeitachse verschoben werden, wobei die Grenzen durch die davor- bzw. dahinter liegenden Arbeitsgangzwischenzeiten gegeben sind. Ist dieser einfache Abgleich innerhalb der Arbeitssteuerung nicht möglich, so sind die im Kapitel 8.2.4 beschriebenen Möglichkeiten zum Kapazitätsabgleich auch auf der Ebene Produktionssteuerung vorzunehmen. Falls Arbeitsgänge über das zulässige Mass verschoben werden müssen, so ist unter Umständen ein neuer Abgleich auf der Ebene der mittelfristigen Planung, welche insbesondere auch die Materialseite berücksichtigt, nötig. Es ist nicht in jedem Fall möglich, grobe Fehler in der Mittelfrist- und insbesondere in der Langfristplanung durch die Produktionssteuerung auszugleichen.

Die Abb. 9.3.1.2 zeigt das zur Arbeitsverteilung und -steuerung sowie zur Reihenfolgeplanung gehörende objektorientierte Modell. Auch daraus gehen die wesentlichen zwei Teilaufgaben hervor.

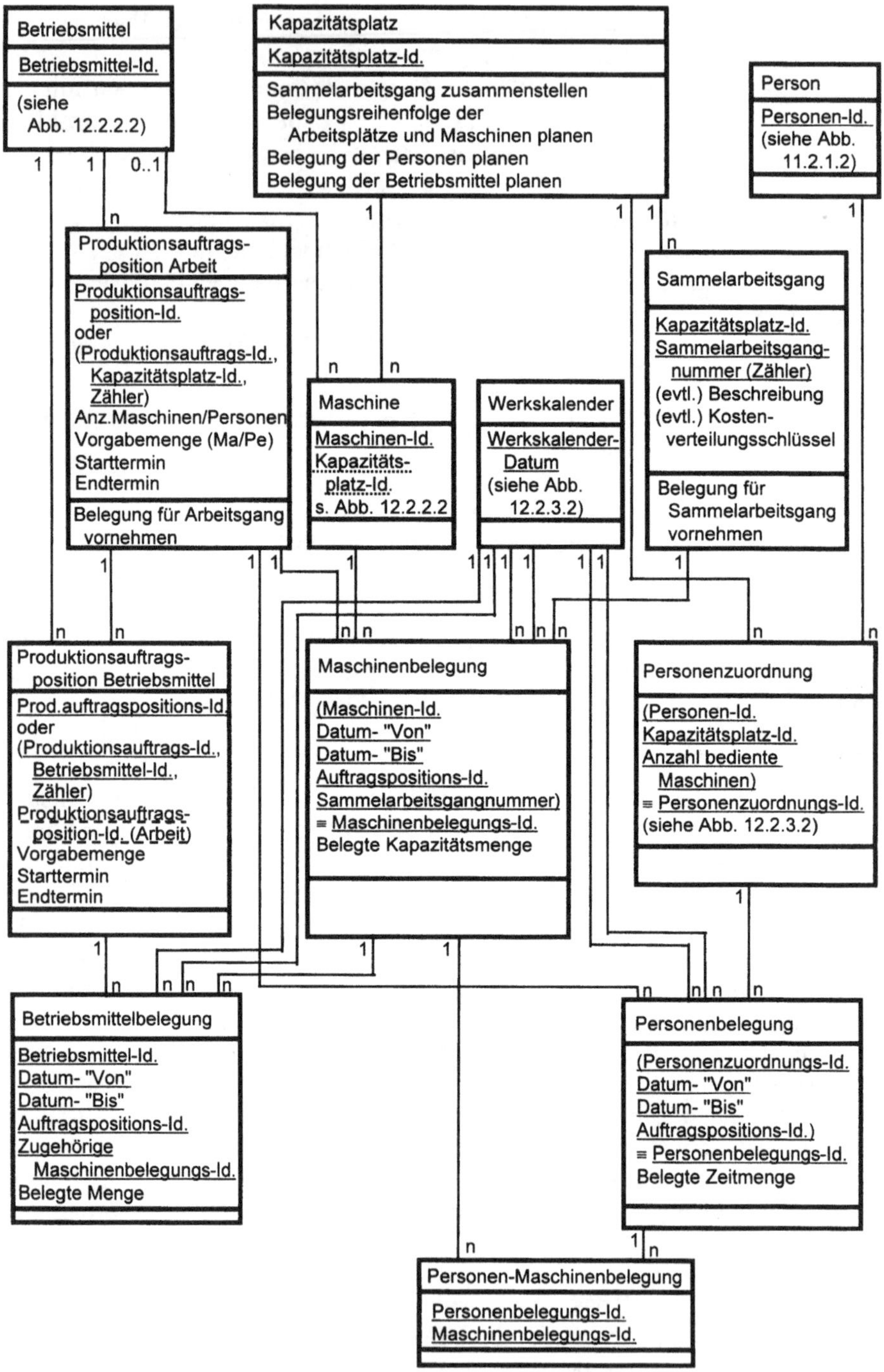


**Abb. 9.3.1.2** Arbeitsverteilung und -steuerung sowie Reihenfolgeplanung: objektorientiertes Modell

Ein Charakteristikum der Reihenfolgeplanung ist das Zusammenfassen von mehreren, zur Produktion anstehenden Arbeitsgängen in eine Sammel-Nr. Diese Zusammenfassung von Arbeitsgängen in eine zusammengehörende Sequenz wird unter anderem aus folgenden Gründen vorgenommen:

- *Rüstzeitoptimale Sequenzen von Arbeitsgängen*: Durch geschickte Wahl der Reihenfolge können Anteile von Umrüstzeiten eingespart werden. Dadurch kann man die Belastung reduzieren. Dies spart erstens Kosten und wirkt zweitens verkürzend auf die Wartezeit, wenn die Auslastung der Maschine vorher sehr hoch ist. Andererseits muss immer ein genügend grosser Arbeitsvorrat zur Bildung der optimalen Sequenz von Arbeitsgängen vorhanden sein, was natürlich die Durchlaufzeit verlängert. Das Bestimmen oder Berechnen der zusammengehörenden Arbeitsgänge geschieht entweder „von Hand" oder aber durch einen Optimierungsalgorithmus, der hier nicht näher beschrieben werden soll.

- *Ausnützen des Materials*: Gerade bei Zuschnittoperationen entsteht das Problem, das zugrundliegende Material möglichst gut auszunützen, d.h. möglichst wenige Reste und Abfall zu produzieren. Dies ist dann der Fall, wenn das zuzuschneidende Material in bestimmten Formaten vorliegt:

  - eindimensional im Fall von z.B. Stangenmaterial und Profilen
  - zweidimensional im Fall von z.B. Blechtafeln oder Glasflächen
  - dreidimensional im Fall von z.B. Holzzuschnitten.

  Besondere Zuschnittoptimierungsprogramme berechnen aus der vorliegenden Menge der zum *Artikel-Abgang* gehörenden Materialien oder aber den zusätzlichen, in den Arbeitsgangbeschreibungen enthaltenen Informationen den optimalen Layout der zuzuschneidenden Stücke auf dem Rohmaterial. Alle zugehörigen Objekte *Auftragsposition Arbeit* werden dann der gleichen Arbeitsgang-sammel-Nr. zugeteilt.

- *Kurze Arbeitsgänge*: Es ist nicht möglich, die Arbeitsgangdauer für einen kurzen Arbeitsgang mit vernünftigen Kosten zu erfassen. Die zusammengehörenden Arbeitsgänge werden durch optische Erfassung, z.B. mittels „Bar-Codes" einem *Sammelarbeitsgang* zugeordnet. Für diesen führt man dann die Belegungsplanung durch. Der gewählte Schlüssel der Klasse *Maschinenbelegung* erlaubt jederzeit, sowohl die zu einer *Auftragsposition Arbeit* gehörenden verschiedenen Sammelarbeitsgänge (z.B. bei Splittung) als auch die zu einem Sammelarbeitsgang gehörenden *Auftragspositionen Arbeit* zu identifizieren. Im Falle von Konflikten bei der Belegungsplanung für Sammelarbeitsgänge gelten die bereits erwähnten Ausweich- und Ausgleichstrategien. Die Ist-Zeit, d.h. die effektive Arbeitsgangdauer, wird dann wieder für den Sammelarbeitsgang erfasst. Nach dem festgelegten Verteilschlüssel werden dann die Ist-Zeiten auf die einzelnen Arbeitsgänge rückverteilt.

### 9.3.2 Betriebsdatenerfassung

Die *Betriebsdatenerfassung*, abgekürzt BDE, sorgt für die Meldung sämtlicher planungs- und abrechnungsrelevanter Ereignisse während der Wertschöpfung. Da daraus auch der genaue Zustand der Aufträge abgeleitet werden kann, dient sie darüber hinaus der Auftragskoordination zwischen zusammengehörenden Aufträgen in der Auftragsabwicklung.

Die Abb. 9.3.2.1 zeigt das funktionsorientierte Modell zur Betriebsdatenerfassung.

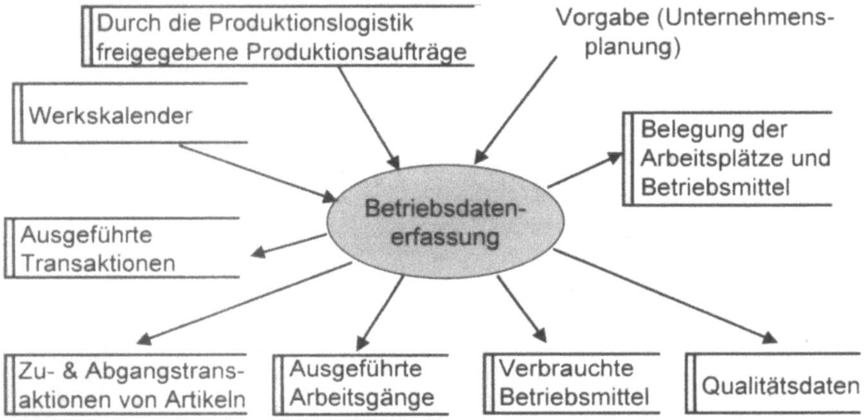


**Abb. 9.3.2.1** Betriebsdatenerfassung: funktionsorientiertes Modell

Die *Aufgaben,* die dabei ausgeführt werden, sind die folgenden:

- Die *Fortschrittskontrolle* ist die Prüfung der planmässigen Ausführung aller Arbeiten bezüglich Menge und Termintreue. Durch ein solches Erfassen des Arbeitsfortschritts kann man feststellen, welche Arbeitsgänge im Moment gerade in Arbeit sind.
- Zuhanden der laufenden Nachkalkulation werden u.a. die folgenden Verbräuche als ausgeführte Transaktionen erfasst:
  - Material und Komponenten (ausgeführte Artikeltransaktionen)
  - Maschinen- und Personenkapazitäten (ausgeführte Arbeitsgänge)

- Betriebsmittel (ausgeführte Betriebsmittelnutzung)

- Die *Qualitätsprüfung* prüft jeden produzierten oder zugekauften Artikel nach einem mehr oder weniger expliziten oder detaillierten Prüfplan. Ein *Prüfplan* ist eine Art Arbeitsplan. Die dafür erfassten Qualitätsdaten dienen der Qualitätssicherung, zur Kontrolle und zur Verbesserung des Produktions- und Beschaffungsprozesses

Die Betriebsdatenerfassung selbst erfolgt mit Mitteln verschiedener Art:

- „Von Hand", mit Hilfe von Belegen, die gegen eine Kartei oder direkt am Bildschirm gegen die Belegungen verarbeitet werden.

- Mit speziellen Techniken über Betriebsdatenerfassungsgeräte, z.B.

  - *Strichcodes* („Bar-Codes"): Ein lichtempfindlicher Stift liest die durch die Kombination dünner und dicker senkrechter Balken codierten Informationen und leitet sie an einen Computer weiter.

  - *„Badges":* Ein „Badge" ist meistens eine Karte mit Magnetstreifen, deren Information durch ein Gerät eingelesen und an einen Computer weitergeleitet wird.

- Mit *Sensoren*, welche die produzierten, zugekauften oder aus dem Lager entnommenen Güter automatisch zählen oder wägen und die mit dem Datenerfassungssystem verbunden sind. Das Messen der Zeitdauer ist durch das Festhalten von Anfangs- und Endzeiten mit der im System eingebauten Uhr möglich. Ein solches System kann interessant für irgendeine Art von Linienproduktion sowie eine CNC- oder Roboter-gestützte Produktion sein. Im Moment werden grosse Anstrengungen unternommen, um die Verbindung der physischen Ausführung der Arbeit mit dem Planungs- und Steuerungssystem zu garantieren. Damit würde auch das Erfassen einer produzierten oder verbrauchten Menge hinfällig.

- Mit *Transpondern*, um so die Präsenz eines Menschen oder eines Gutes an einem Arbeitsplatz dem Datenerfassungssystem mitzuteilen.

Das objektorientierte Modell zur Betriebsdatenerfassung in der Abb. 9.3.2.2 zeigt die erfassten Daten in detaillierter Form:

Die typischen Objektklassen zur Datenerfassung sind die folgenden:

- *Transaktionsdaten für Artikel*: Es handelt sich hier um Zu- oder Abgänge, sei dies aufgrund einer vorhergehenden Reservation oder aber als ungeplante Transaktion.

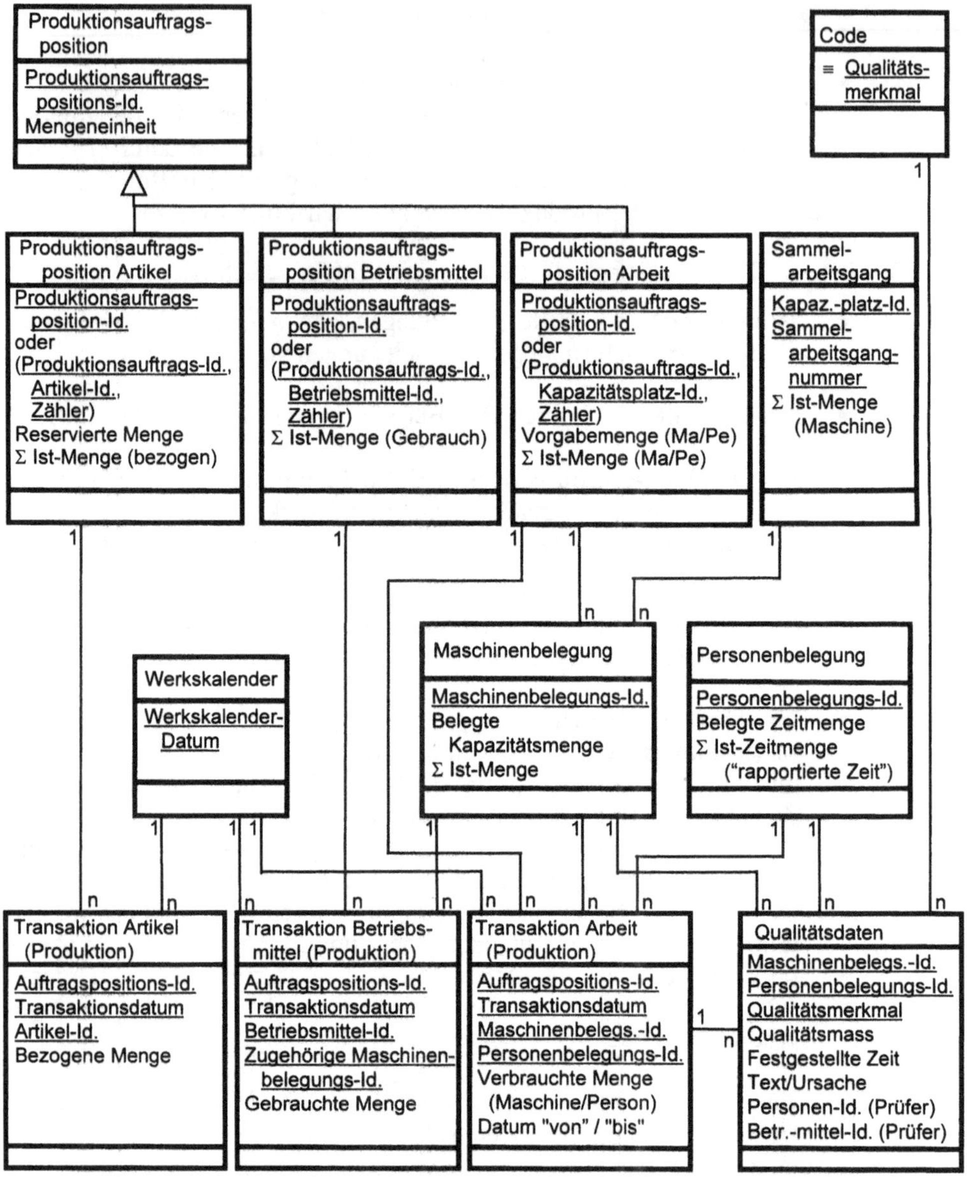


**Abb. 9.3.2.2** Betriebsdatenerfassung: objektorientiertes Modell

- *Transaktionsdaten bezüglich Nutzung von Betriebsmitteln*: Der Gebrauch von Werkzeugen wird z.B. in Form der Einsatzzeitdauer, der Einsatzmenge (z.B. der Anzahl der in der Operation gefertigten Artikel) oder aber umgerechnet in Kosten für die Menge gemessen. Ebenfalls wird festgehalten, mit welcher Maschinenbelegung der

Einsatz erfolgt ist. Diese Klasse ist auch Grundlage zur Instandhaltungsplanung der Betriebsmittel, indem die genutzten Mengen mit den geplanten Nutzungsmengen von Zeit zu Zeit verglichen werden.

- *Transaktionen für Arbeit*: Man hält die Kapazitäts-Id., die Id. der eingesetzten Maschinen und Personen fest, im detaillierten Fall sogar die ganzen Maschinen- und Personenbelegungs-Id. Mit einem genügend detaillierten Transaktionsdatum – ggf. unter Beigabe von Stunden, Minuten und Sekunden – kann man jeden Einsatz einer Person auf einer Maschine mit seiner Ausführungszeit separat festhalten. Diese Klasse von Objekten ist dann Grundlage sowohl zur Akkordabrechnung als auch für die Nachkalkulation und die Betriebsbuchhaltung.

- *Qualitätsdaten* müssen u.U. für jeden Einsatz einer Person auf einer Maschine festgehalten werden. Sie werden nach einer bestimmten Qualifikation von Qualitätsmerkmalen sortiert. Aufgrund der Schlüsselbildung besteht damit eine "n zu 1"-Assoziation zu den ausgeführten Arbeitstransaktionen: Jede Arbeitstransaktion kann bezüglich mehreren Qualitätsmerkmalen geprüft werden.

## 9.4 Langfrist- oder Programmplanung

Dieses Kapitel steht in engem Zusammenhang mit dem Kap. 8.4 und den dortigen Abbildungen. Das prozessorientierte Modell in Abb. 8.4.1 und das funktionsorientierte Modell in Abb. 8.4.2 sind bereits vollständig, indem sie das Ressourcenbudget als Gesamtes erarbeiten, also nicht nur das Materialbudget, sondern auch das Personalbudget, das Kapazitätsbudget und das Kostenbudget (inkl. das Gemeinkostenbudget).

Wie schon bei der Materialbedarfsermittlung handelt es sich hier um eine Bruttorechnung. Als Ergebnis entstehen so bezogen auf einen Primärbedarf die Entscheidungsgrundlagen für die Finanzplanung, für das Beschaffen von Maschinen- und anderen Betriebsmitteln sowie zur Personalplanung. Ebenfalls können zu diesem Zeitpunkt Rahmenaufträge an externe Zulieferanten (Unterakkordanten) vergeben werden. Die Langfrist- oder Programmplanung erfolgt wiederum rollend, d.h. unter laufender Ergänzung des Primärbedarfs, und erstreckt sich über einen Horizont, welcher mehr als die längste Durchlaufzeit des Unternehmens umfasst, jedoch mindestens so viel Zeit, wie es braucht, um das Personal und die Betriebsmittel zu beschaffen und einzuführen.

Wie schon im Kap. 8.4 erwähnt, ist es in vielen Fällen von Vorteil, die Langfrist- oder Programmplanung als Grobplanung durchzuführen. Die Abb. 9.4.1 zeigt in Ergänzung zur Abb. 8.4.3 eine erweiterte Grobauftragsstruktur.

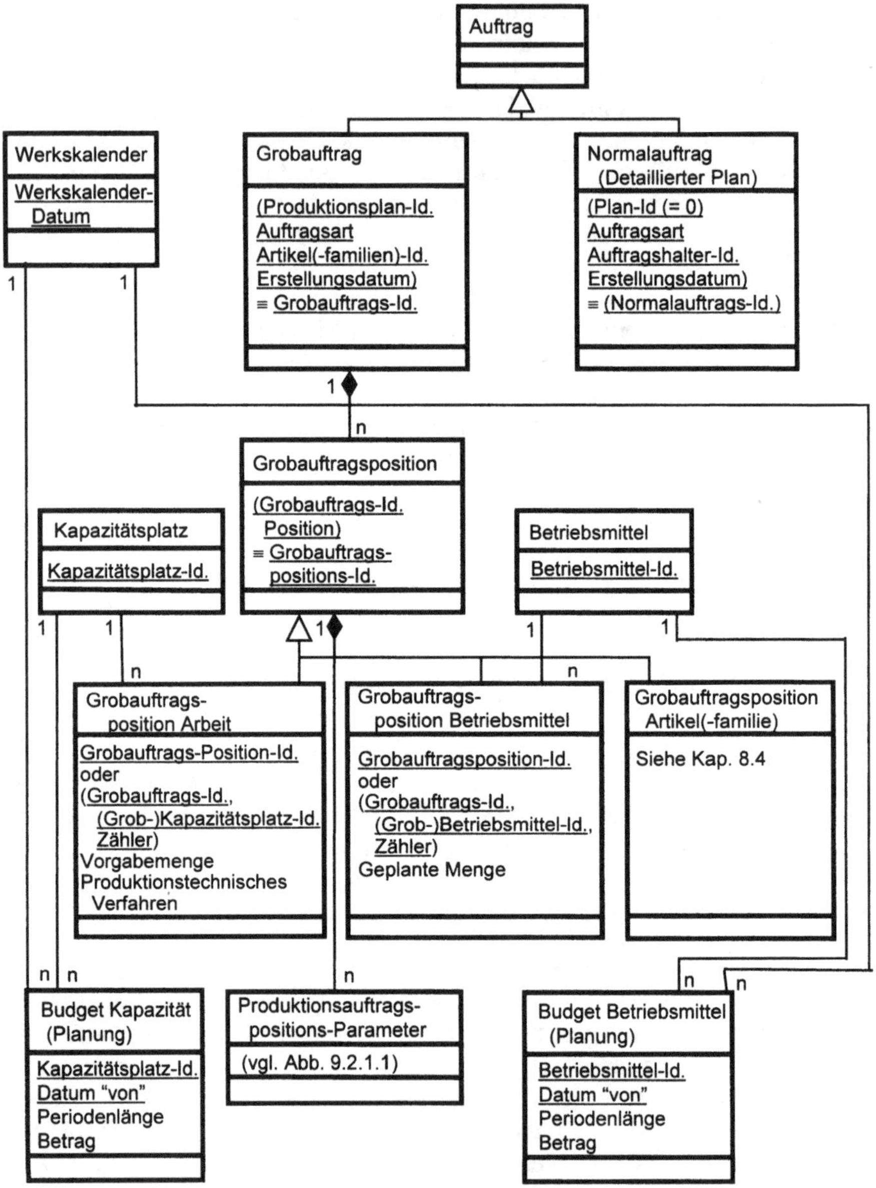


**Abb. 9.4.1** Langfrist- oder Programmplanung: Erarbeitung von Kapazität und Gemeinkostenbudgets: Objektorientiertes Modell

Für die grobe Kapazitätsbedarfs- und Betriebsmittelrechnung sind die Klassen *Grobauftragsposition Arbeit* und *Grobauftragsposition Betriebsmittel* notwendig. Diese Rechnung ist eine Grundlage für die Erarbeitung von Kapazität und Gemeinkostenbudgets.

Der Unterschied der Programmplanung im Vergleich zu der kürzerfristigen Planung besteht wieder darin, dass

- sie sich nur auf grobe Geschäftsobjekte, wie Produkt- und Artikelfamilien, Grobstücklisten, -Kapazitätsplätze, -Arbeitspläne und -Betriebsmittel bezieht.
- verschiedene Produktionsplanvarianten in Ressourcenbedarfe umgebrochen werden können.

Wiederum wird die beste Variante als gültiger Produktionsplan deklariert, daraufhin können die notwendigen (vergröberten) Rahmenaufträge vergeben werden.

Charakteristisch für Grobaufträge ist insbesondere die Einstufigkeit. Wie im Kap. 8.4 erwähnt, werden für die Grobplanung die bereits vergröberten Produktstrukturen auf eine Stufe zusammengezogen. Die Bedarfstermine für die Ressourcen werden dann mit Versatz- bzw. Vorlaufzeiten relativ zum gewünschten Endtermin versehen. Dies hat zur Folge, dass die Berechnung eines zusätzlichen (groben) Produktionsplans wenig Rechenzeit erfordert und so im Rahmen eines Planungshalbtages mehrere mögliche Produktionspläne durchgerechnet werden können.

Wie im Kap. 8.4 bereits erwähnt, erfolgt die Programmplanung zyklisch im Rahmen einer rollenden Planung. Pro Zyklus dieser rollenden Planung werden jeweils nur diejenigen Primärbedarfe von Produktfamilien in Primärbedarfe der einzelnen Produkte für die detaillierte Planung umgebrochen, die ihrerseits in den kürzerfristigen Planungshorizont zu liegen kommen.

## 9.5 Zusammenfassung und Integration des objektorientierten Modells

Die Abb. 9.5.1 zeigt, wie die objektorientierten Modelle der in Kapitel 9 erwähnten Teilsysteme des Produktionslogistik-Informationssystems in ein integriertes Modell überführt und angeordnet werden. Das detaillierte Modell dazu wird in der Abb. 9.5.2 gezeigt, die nachfolgend als Faltblatt eingefügt ist. Mit Blick auf ein integriertes Informationssystem sind die Nahtstellen zum F&E-Logistik-Informationssystem (Kap. 12), das die Stamm-Geschäftsobjekte bereitstellt, und zum Ressourcenmanagement-Informationssystem (Kap. 8) wichtig.

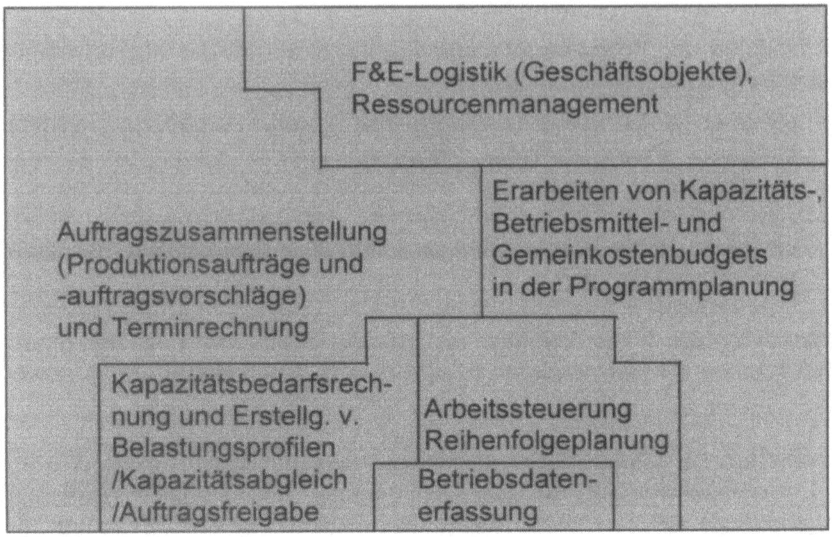


**Abb. 9.5.1** Produktionslogistik-Informationssystem: Anordnung zur Integration des objektorientierten Modells

Die Topographie erwähnt die einzelnen Teilsysteme gemäss den in diesem Kapitel aufgeführten Unterkapiteln. Um die Übersicht zu behalten, sind wie in früheren Faltblättern nur Schlüsselattribute in die Darstellung der Objekte aufgenommen worden, weil sie zum Verständnis der aufgeführten Assoziationen beitragen. Zudem sind auch die Methoden (Funktionen) weggelassen worden. Auch sind generalisierte Objektklassen allgemeiner Natur, wie Codes, Zähler oder Numerierungen und deren Assoziationen zu den verbleibenden Objektklassen aus Gründen der Übersichtlichkeit wiederum weggelassen worden.

**Abb. 9.5.2:** Produktionslogistik-Informationssystem: Integration des Objektmodelles

(aus P. Schönsleben, "Integrales Informationsmanagement – Informationssysteme für Geschäftsprozesse - Management, Modellierung, Lebenszyklus und Technologie")

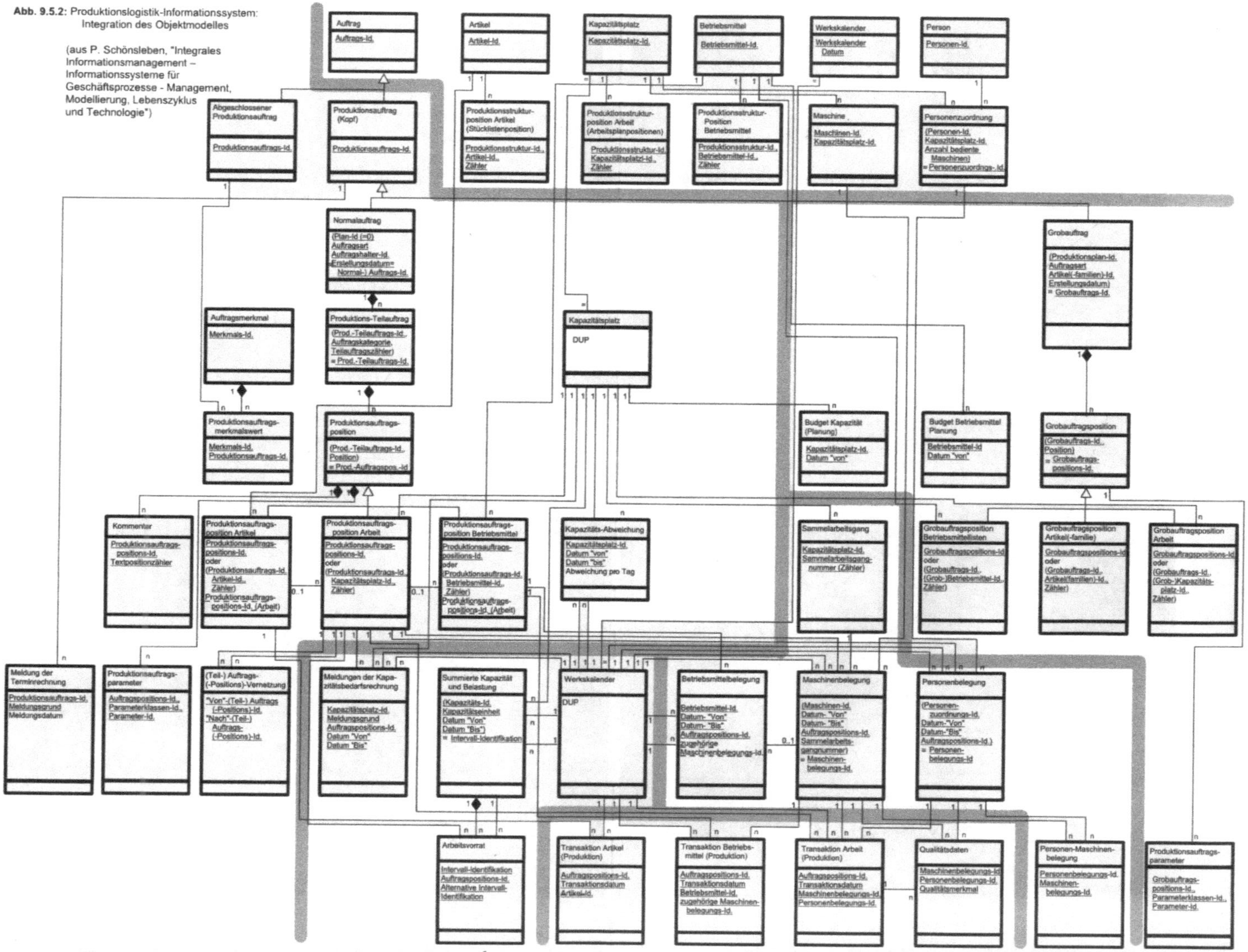

# 10 Beschaffungslogistik-Informationssystem

Ein *Beschaffungslogistik-Informationssystem* liefert Elemente zum Planen und Steuern des Zukaufs von Artikeln oder Arbeitsleistungen von aussen, das heisst von Zulieferern.

Instrumente für den Zukauf von Artikeln sind im Wesentlichen die gleichen wie diejenigen für den Zukauf von Arbeiten (z.B. von externen Arbeitsgängen oder Dienstleistungen). Dies gilt sowohl für die Planungsphase als auch für die Steuerungsphase. Wie beim Verkaufs- und Vertriebslogistik-Informationssystem kann man von einer Dualität zwischen Materialmanagement und Kapazitätsmanagement sprechen.

In der Folge kommen vor allem die Medils-Auftragskaskaden und -Ablaufdiagramme für die prozessorientierte Modellierung und die Datenflussdiagramme für die funktionsorientierte Modellierung zum Einsatz.

Das Umsystem des Systems *Beschaffungslogistik* kann ausgehend vom Kontextdiagramm in Abb. B.1 sowohl aus der Prozess- als auch aus der Funktionssicht betrachtet werden. Die Abb. 10.1 zeigt die Prozesslandkarte des Umsystems *Administration und Disposition.*

**Abb. 10.1** Prozesslandkarte des Systems *Administration und Disposition* (reproduziert aus Abb. 5.1.1.1)

Die Abb. 10.2 zeigt die *Beschaffungslogistik* im Datenflussdiagramm des Umsystems *Administration und Disposition.* Die Beziehungen mit dem Umfeld wurden bereits im Kontext-Diagramm festgehalten, und die Datenflüsse der verschiedenen Teilsysteme wurden mit der Abb. 5.3.4.2 entwickelt. Das in diesem Kapitel behandelte Teilsystem ist hervorgehoben.

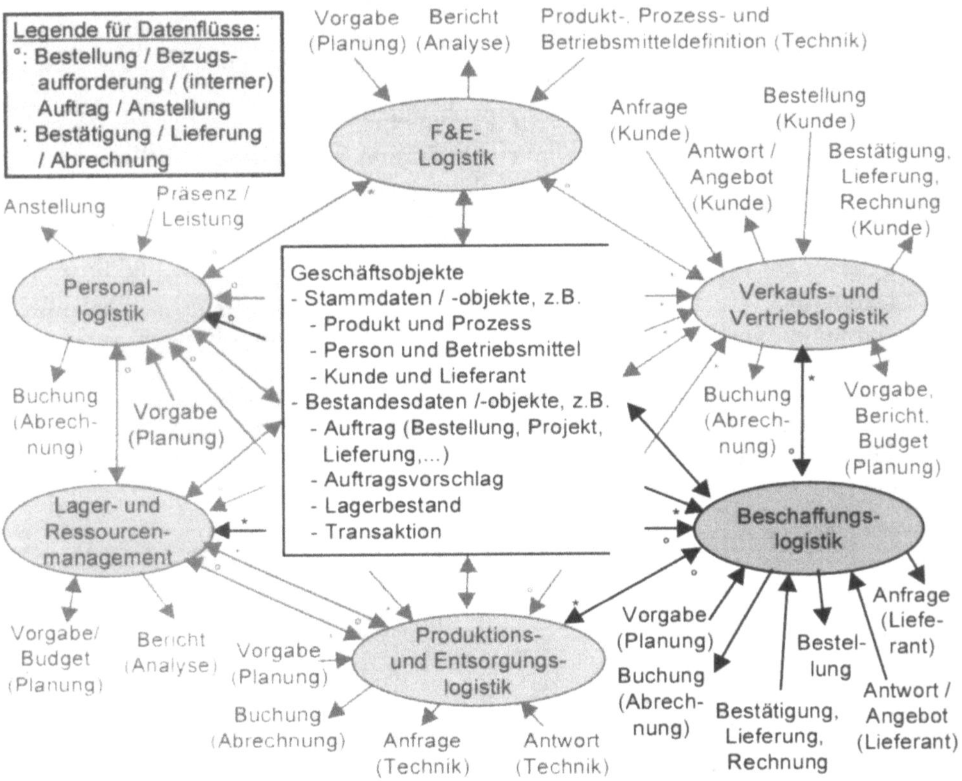


**Abb. 10.2** Datenflussdiagramm des Systems *Administration und Disposition* (reproduziert aus Abb. 5.3.4.2)

## 10.1 Grobe Prozess- und Funktionsanalyse des Informationssystems

Das Beschaffungslogistik-Informationssystem ist in weiten Bereichen dem Verkaufs- und Vertriebslogistik-Informationssystem ähnlich. Diese grundsätzliche Feststellung soll in der Folge genutzt werden. Die Vorteile sind insbesondere in der Realisierung des Systems offensichtlich, wenn gleiche Module in der Prozess- und Funktionsbeschreibung, in der Programmierung und in den Schulungsunterlagen genutzt werden können.

Analog zum Verkaufen und Vertreiben geht es auch beim Beschaffen einerseits um Artikel und andererseits um Arbeiten. Die operationellen Abläufe sind wie beim Verkauf und Vertrieb in beiden Fällen weitgehend die gleichen, was in ihrer parallelen Behandlung in diesem Kapitel zum Ausdruck kommt.

Im Verkehr mit den Lieferanten gelangen verschiedene Kommunikationstechnologien zum Einsatz: Fax, Edifact, E-Mail, WWW (über XML-Schnittstellen oder eigentliche elektronische Marktplätze). Die nachfolgend vorgestellte Modellierung der Prozesse, Funktionen und insbesondere der Objekte gilt i. Allg. unabhängig von der gewählten Kommunikationstechnologie.

## 10.1.1 Zusammenhang des Logistischen Systems mit dem Umsystem aus Prozesssicht

Die Abb. 10.1.1.1 zeigt die prozessorientierte Modellierung des Systems *Beschaffungslogistik* mit der *mehrstufigen Auftragskaskade* aus Kap. 5.1.9.

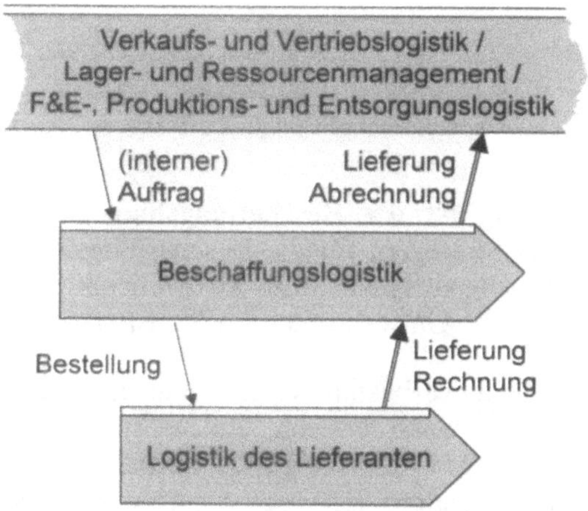


**Abb. 10.1.1.1** Beschaffungslogistik-Informationssystem: Auftragskaskade

Die Auftragsbeziehung zwischen dem Unternehmen und seinen Zulieferern erhält damit eine besondere Beachtung. Die Beschaffungslogistik ist das Logistische System zur Erfüllung eines Zukaufs von Leistungen.

Die Beschaffungslogistik wird über interne Aufträge entweder durch das Lager- und Ressourcenmanagement oder aber direkt durch den Verkauf oder die Produktion angestossen. Gegenüber diesen organisatorischen Einheiten im Unternehmen handelt die Beschaffungslogistik wie ein selbständiger Auftragnehmer. Über die Bestellung stösst die Beschaffungslogistik das Logistische System des Lieferanten an.

Alle Auftragswesen bestehen parallel, d.h. mehrere disponierende Personen kümmern sich parallel um die Wertschöpfung. Im Hinblick auf Termintreue „ziehen" auftraggebende Personen durch laufende Koordination mit auftragnehmenden den Auftrag in der Kaskade nach oben. Damit ist garantiert, dass „nichts vergessen wird".[57]

Die Abb. 10.1.1.2 zeigt den Einfluss des *strategisch übergeordneten Prozesses* der Unternehmensplanung auf die *Beschaffungslogistik.*

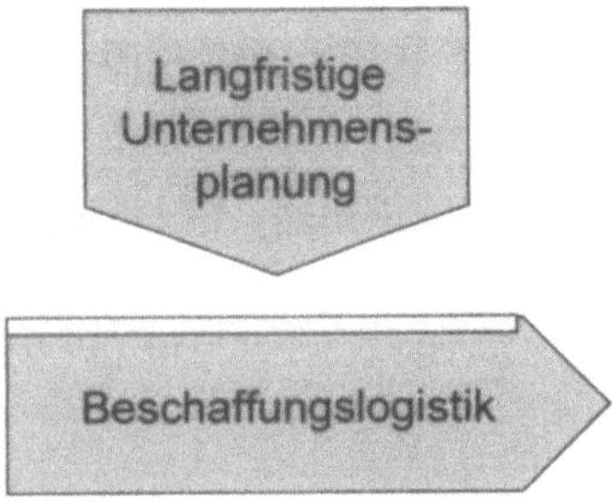


**Abb.10.1.1.2** Beschaffungslogistik: Strategisch übergeordnete Prozesse

Die langfristige Unternehmensplanung ist der Beschaffungslogistik quasi „vorgelagert". Sie legt die Ziele und Strategien für die Beschaffungslogistik fest, z.B. bezogen auf die Lieferantenauswahl, die Zusammenarbeit in Logistik- und Produktionsnetzwerken, die Umwelt- oder die Transportpolitik.

Der senkrecht gezeichnete Pfeil zeigt diese bestimmende Beeinflussung. Sie wirkt kontinuierlich, d.h. den ganzen Prozess entlang, und nicht nur durch einen ein- oder mehrmaligen Prozessinput. Eine strategische Vorgabe kann die Ursache dafür sein, dass bestimmte Teilprozesse des Geschäftsprozesses spontan starten, d.h. ohne Anstoss durch einen expliziten Auftrag. Bei der detaillierten Besprechung eines solchen Teilprozesses wird jeweils auf solche „Selbststarts" hingewiesen. Meistens ist ein Eintrag in einem Ablaufspeicher der Art *Agenda* für den Start verantwortlich.

---

[57] Wie im Kap. 5.1.9 erwähnt, entspricht das Ganze einer *Ziehlogistik („Pull"-Logistik).*

### 10.1.2 Das Logistische System und seine Teilsysteme

Die Abb. 10.1.2.1 zeigt das prozessorientierte Modell des Untersystems *Beschaffungslogistik*, d.h. die nächste Stufe der Detaillierung der Darstellung aus Abb. 10.1.1.1.

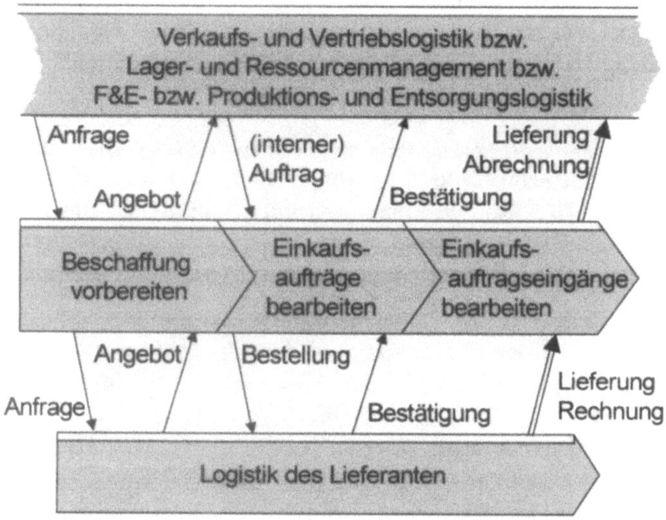


**Abb. 10.1.2.1** Beschaffungslogistik: prozessorientiertes Modell

Die *Aufgaben,* die während des Prozesses ausgeführt werden, sind die folgenden:

- Zur *Beschaffungsvorbereitung* gehören alle der eigentlichen Beschaffung vorgelagerten Aufgaben. Dazu zählen das Festlegen von Lieferantenbudgets und das Überwachen ihrer Einhaltung durch die Lieferantenstatistiken, das Einholen und Verwalten von Einkaufs-angeboten sowie das Verwalten der Prüfpläne.
- Die *Einkaufsauftragsbearbeitung* umfasst zuerst das Bearbeiten der Beschaffungsauftragsvorschläge aus dem Ressourcenmanagement. In der langfristigen Planung kommt die Verwaltung der Rahmenaufträge hinzu, in der kurzfristigen Planung und Steuerung das Bearbeiten der Einkaufsaufträge sowie deren Überwachung.
- Die *Einkaufsauftragseingangsbearbeitung* umfasst den Waren-eingang, dessen Prüfung und Verteilung zu den bedarfs-verursachenden Stellen sowie die Prüfung der Lieferantenrechnungen.

Für die *Ablaufsteuerung* legt diese grobe Darstellung als Geschäftsprozess nahe, alle Aufgaben unter einer organisatorischen Einheit zu vereinigen, um möglichst wenig Nahtstellenprobleme zu erhalten. Dadurch kann man die administrative Durchlaufzeit für den Datenfluss möglichst klein halten, ohne dabei die operative Kontrolle zu verlieren. Die genauere Betrachtung der Durchgängigkeit dieses Prozesses bestimmt auch die Art der Ablaufspeicher:

- Der Teilprozess *Beschaffungsvorbereitung* umfasst Aufgaben, die untereinander in keinem direkten Ablauf stehen. So können z.B. Lieferantenbudgets unabhängig vom Bearbeiten der Angebote behandelt werden. Diesem Umstand ist in der detaillierten Analyse dieses Teilsystems genaue Beachtung zu schenken.
- Im Teilprozess *Beschaffungsauftrag bearbeiten* erfolgt die Überwachung der Einkaufsaufträge i. Allg. ohne einen weiteren Steuerungsfluss durch die internen Kunden. Hier ist in der Konzeption des Geschäftsprozesses bzw. des Informationssystems unbedingt ein Ablaufspeicher der Steuerungsart *Agenda* vorzusehen.
- Wegen der geforderten kurzen Durchlaufzeiten kommt der Ablauforganisation sowohl für den Wareneingang und die Prüfung als auch für den Verkehr mit den Lieferanten besondere Bedeutung zu. Informatik-Stützung durch elektronischen Datenaustausch mittels Edifact[58] oder via Internet (mit Corba-[59] oder XML-Datenformatdefinitionen), eine automatisierte Betriebsdatenerfassung sowie Transpondern für die geografische Ortung des Einkaufsauftrages stehen dabei ganz vorne in der Diskussion.

Die Abb. 10.1.2.2 zeigt das funktionsorientierte Modell des Untersystems *Beschaffungslogistik* aus Abb. 10.2, d.h. die Detaillierung in seine Teilfunktionen.

Als *Objekte* zeigt dieses Datenflussdiagramm folgende erste Überlegungen:

- Diese Ebene enthält die grobe Angabe, dass man *Stammdaten für Beschaffung* erarbeitet und benötigt. Auf einer tieferen Stufe werden sie genauer beschrieben.
- *Einkaufsangebot*, *Einkaufsauftrag* und *Wareneingang* sind hingegen Spezialisierungen des generalisierten Objekts *Auftrag*.

---

[58] „Electronical Data Interchange for Administration, Commerce and Transport"
[59] „Common Object Request Broker Architecture"

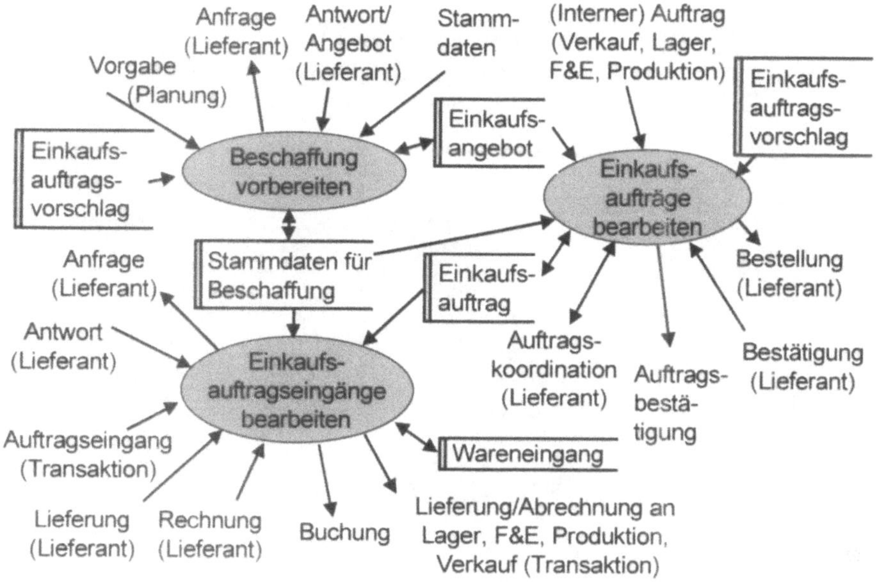


**Abb. 10.1.2.2** Beschaffungslogistik: funktionsorientiertes Modell

## 10.2 Beschaffungsvorbereitung

Zur *Beschaffungsvorbereitung* gehören alle der eigentlichen Beschaffung vorgelagerten Aufgaben. Dazu zählen das Festlegen von Lieferantenbudgets und das Überwachen ihrer Einhaltung durch die Lieferantenstatistiken, das Einholen und Verwalten von Einkaufsangeboten sowie das Verwalten der Prüfpläne.

Die Abb. 10.2.1 zeigt einen Prozess so, wie er wohl in den meisten Fällen abläuft.

Während des Prozesses werden die folgenden *Aufgaben* ausgeführt:

- *Lieferanten- und Einkäuferverwaltung*: Sie legt fest, wie die Kontakte zu den Zulieferern erfolgen sollen. Hier verwaltet man Lieferantenkontakte und erarbeitet die Sicht auf die Konzernstrukturen der Zulieferer.

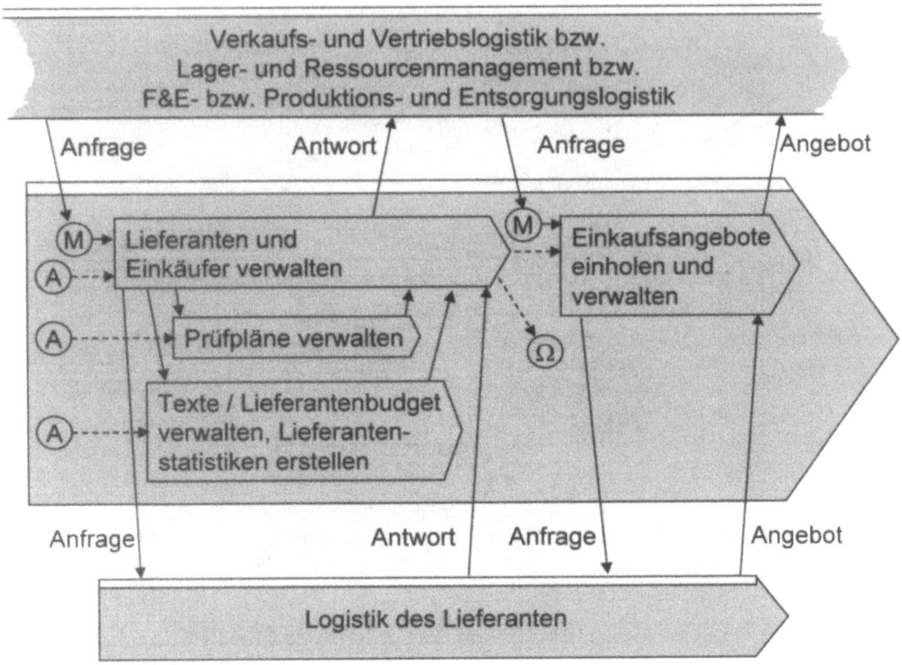


**Abb. 10.2.1** Beschaffungsvorbereitung: prozessorientiertes Modell

- *Textverwaltung, Lieferantenbudgetverwaltung und Lieferanten-statistikerstellung*: Das Festlegen von Lieferanten- bzw. Einkäufer-budgets gehört zur Beschaffungsvorbereitung. Ihre Einhaltung wird z.B. über die Lieferantenstatistiken überwacht. In vielen Fällen wird auch auf der Ebene der Artikel und sogar der Artikel je Zulieferer budgetiert und überwacht.
- *Einkaufsangeboteinholung und -verwaltung*: Einkaufsangebote können pauschal oder aber sehr detailliert erstellt sein. Es kann sich auch um Rahmenangebote handeln.
- *Prüfplanverwaltung*: Sie umfasst das Erarbeiten von Arbeitsplänen, um Artikel oder Arbeiten nach dem Wareneingang auf ihre Qualität zu überprüfen.

Für die *Ablaufsteuerung* gelten die folgenden Überlegungen:

- Die erwähnten Aufgaben sind i. Allg. keine voneinander abhängigen Teilprozesse des Prozesses Beschaffungsvorbereitung. Sie können höchstens insofern in eine Sequenz gebracht werden, als der Teilprozess *Lieferanten und Einkäufer verwalten* vor den Teilprozessen

*Texte / Lieferantenbudgets verwalten* und *Lieferantenstatistiken erstellen* oder *Einkaufsangebote einholen und verwalten* ablaufen sollte.

- Es ist kein Ablaufspeicher zwischen den Teilprozessen *Lieferanten und Einkäufer verwalten* und *Erstellen und Verwalten der Einkaufsangebote* zu konzipieren, da der erste Teilprozess auch ablaufen kann, ohne dass er einen der beiden anderen nach sich zieht.

  Der Ablauf kann jedoch durchaus auch umgekehrt vor sich gehen: Ein *Einkaufsangebot* soll erstellt werden, ohne dass der Lieferant bereits erfasst wurde. In diesem Fall muss zwischen den beiden Teilprozessen ein Ablaufspeicher in der Art einer *Mailbox* stehen: Die Lieferantendaten müssen nachträglich erfasst werden.

- Aufgrund von Vorgaben der strategischen Planung oder des Marketings können Ablaufspeicher der Art *Agenda* periodisch die Teilprozesse starten.

Im funktionsorientierten Modell gemäss Abb. 10.2.2 werden auch die Objekte festgelegt, die durch die einzelnen Teilprozesse erstellt bzw. wieder benötigt werden.

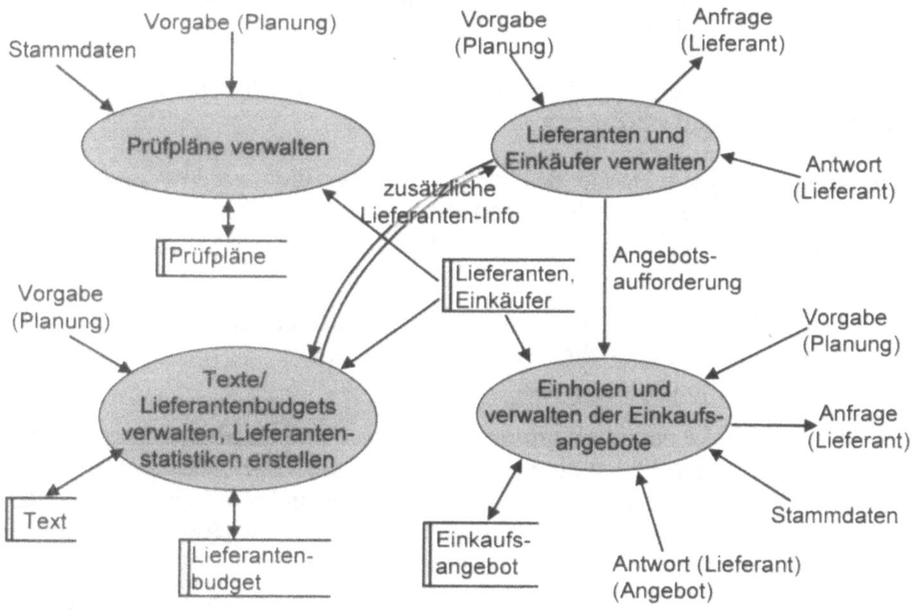


**Abb. 10.2.2** Beschaffungsvorbereitung: funktionsorientiertes Modell

Als *Objekte* zeigt dieses Datenflussdiagramm die folgenden Überlegungen:

- Die in der Abb. 10.1.2.2 postulierten *Stammdaten für Beschaffung* werden hier in die zu den einzelnen Aufgaben gehörenden spezifischen Objektklassen detailliert. Sie werden in der Folge noch genauer beschrieben werden.

- Wieder erscheint *Einkaufsangebot* als Spezialisierung der generalisierten Objektklasse *Auftrag*.

### 10.2.1 Lieferanten- und Einkäuferverwaltung

> Die *Lieferanten- und Einkäuferverwaltung* legt fest, wie die Kontakte zu den Zulieferern erfolgen sollen. Hier verwaltet man Lieferantenkontakte und erarbeitet die Sicht auf die Konzernstrukturen der Zulieferer.

Informationen über Lieferanten und Einkäufer bilden Grund- oder Basisdaten des Einkaufsinformationssystems.

Das prozessorientierte Modell trägt in diesem Fall nichts Entscheidendes zum Verständnis bei. Die meisten *Teilaufgaben,* die durch die Teilprozesse erfüllt werden, können nämlich unabhängig voneinander ablaufen. Auf die entsprechende Modellierung und eine Diskussion der notwendigen Ablaufspeicher wird deshalb verzichtet.

Die Abb. 10.2.1.1 zeigt direkt das funktionsorientierte Modell zur Verwaltung von Lieferanten und Einkäufern.

Die *Aufgaben,* die während des Prozesses ausgeführt werden, bestehen im Wesentlichen in der Verwaltung von detaillierten Objekten von *Stammdaten für Beschaffung* (siehe die Abb. 10.2.2) und können wie folgt beschrieben werden:

- Mit der Verwaltung der Stammdaten von Lieferanten und Einkäufern werden wesentliche Informationen eines Beschaffungslogistik-Informationssystems festgehalten.

- Wegen der potentiell grossen Anzahl von verschiedenen Kunden ist in den meisten Fällen eine Funktion *Such- und Klassifikationsmerkmale verwalten* notwendig, durch welche Kunden nach sprechenden Kriterien, wie etwa Name, Adressbestandteile, Branchen, Länder, Einkäuferkategorien usw. gesucht werden können.

- Wie übrigens auch die Kunden sind die Lieferanten sehr oft Tochterfirmen eines Konzerns. Es ist dann notwendig, die Struktur des Konzerns abzubilden. Die Lieferung kann z.B. durch eine Tochterfirma erfolgen, die Rechnung jedoch durch den Konzern.

Ebenfalls sind auf diese Weise konzernweite Zusammenzüge in Form von Budgets und Statistiken möglich.

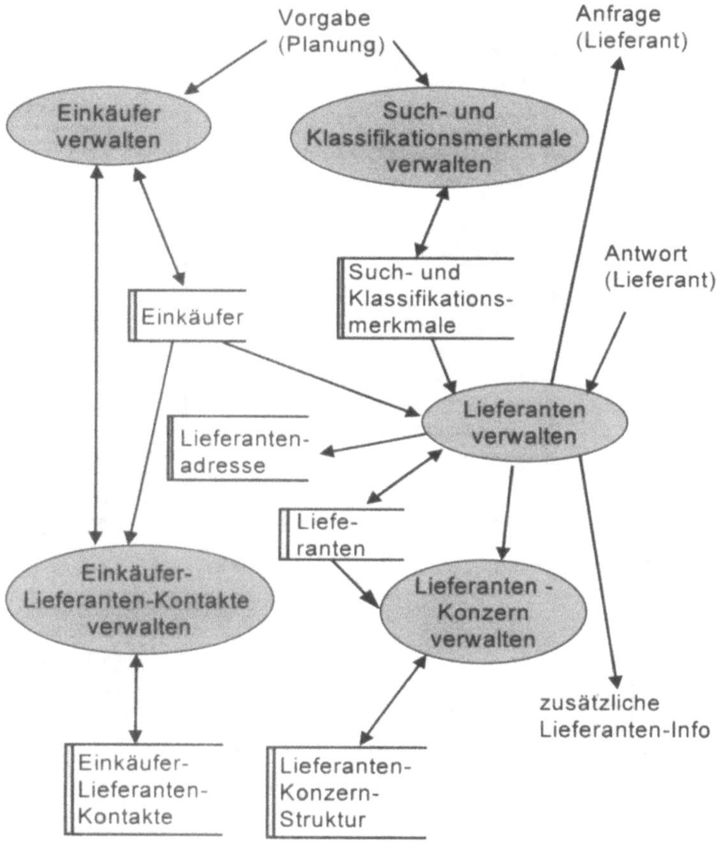


**Abb. 10.2.1.1** Lieferanten und Einkäuferverwaltung: funktionsorientiertes Modell

- Dem Einkäufer zugeordnet ist auch die Verwaltung der Lieferantenkontakte. Hierzu zählt man alle notwendigen formellen und informellen Daten über Beziehungen und Informationsaustausch mit Mitarbeitern des Lieferanten.

Dieses Ergebnis wird zur objektorientierten Modellierung herangezogen. Die Abb. 10.2.1.2 zeigt das daraus resultierende objektorientierte Modell zur Verwaltung von Lieferanten und Einkäufern.

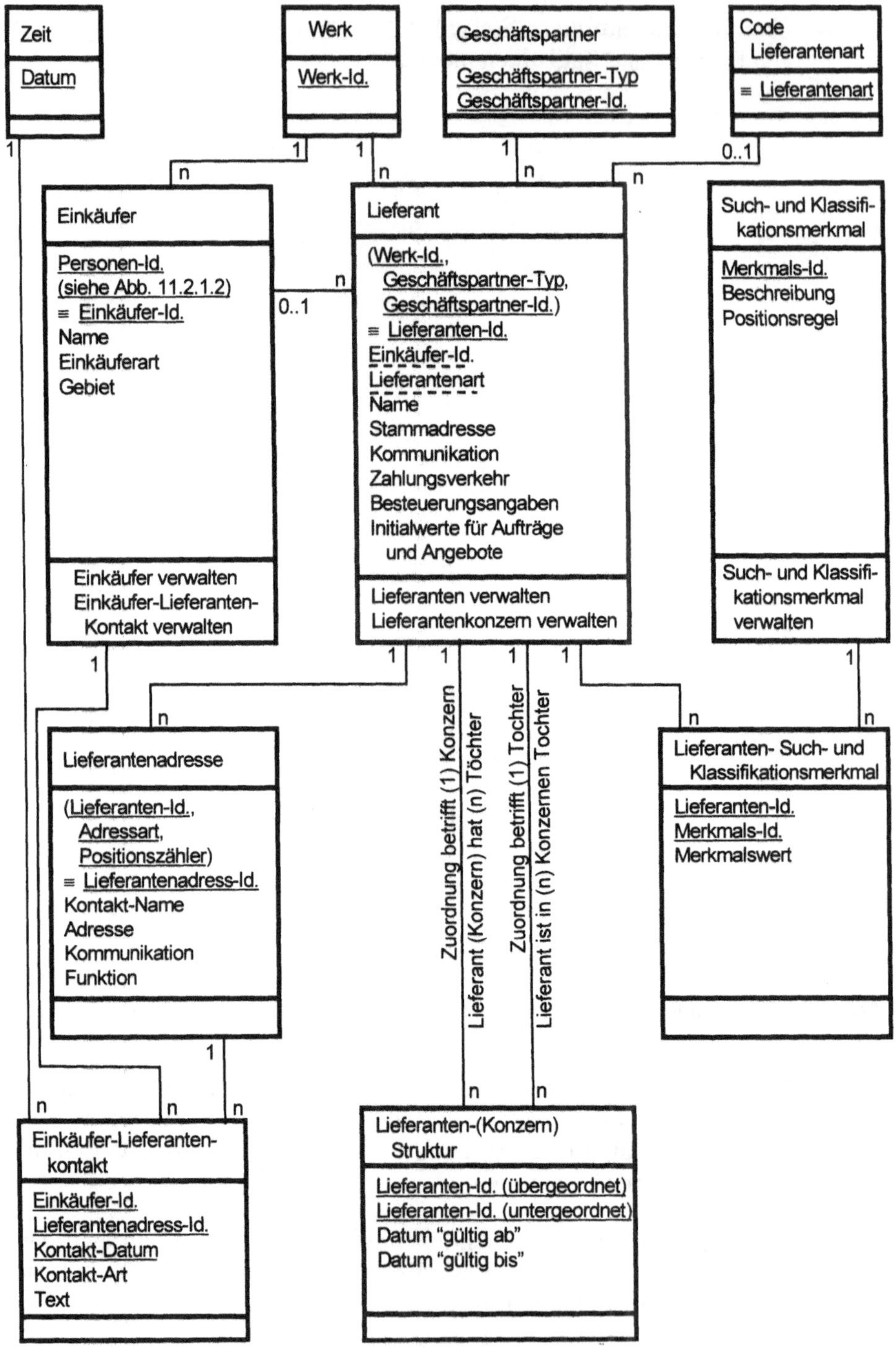


**Abb. 10.2.1.2** Lieferanten und Einkäuferverwaltung: objektorientiertes Modell

Ein Lieferant wird wie in der Abb. 5.3.1.4 als Spezialisierung eines Geschäftspartners aufgefasst. Zudem möchte man einen bestimmten Lieferanten je Werk eines Unternehmens unterscheiden können. Man konzipiert deshalb die Objektklasse *Lieferant* als Assoziationsklasse der beiden Objektklassen *Werk* und *Geschäftspartner*. Die Vereinigung von deren Primärschlüsselattributen ergibt die *Lieferanten-Id.*. Weitere wichtige Attribute sind:

- *Einkäufer-Id.*, welche eine Assoziation zur Objektklasse *Einkäufer* definiert
- *Lieferantenart* (steht stellvertretend für verschiedene mögliche Klassifikationen der Objekte der Objektklasse *Lieferant*, z.B. Branche, Land, Region)
- *Name* und *Stammadresse* des *Lieferanten*
- *Kommunikation* mit dem *Lieferanten* (z.B. Telefon, Telefax usw.)
- *Zahlungsverkehr* (z.B. Bankadressen, Zahlungsfristen, Skonti usw.)
- *Besteuerungsangaben* (z.B. Mehrwertsteuer-Nr.)
- *Initialwerte* für Einkaufsangebote und -aufträge (z.B. Bonität, Grundrabatt, Priorität des *Lieferanten*)

Die Objektklassen *Sach- und Klassifikationsmerkmal* zur Suche des *Lieferanten* sowie die aus einer Assoziation dieser Klasse zusammen mit der Objektklasse *Lieferant* hervorgegangene Objektklasse *Lieferanten-Such- und Klassifikationsmerkmal* ist eine typische Konstruktion zur Suche von Objekten.

Die Darstellung der Assoziation zwischen dem Konzern und seinen Tochterfirmen entspicht derjenigen im der Abb. 7.2.1.2. Die Erklärungen unmittelbar nach dieser Abbildung gelten analog im Falle der Lieferanten.

Objekte der Klasse *Einkäufer* sind Mitarbeiter, die mit Lieferanten in direkter Beziehung stehen bzw. für welche Budgets oder Statistiken zusammengezogen werden (z.B. für einen Qualitätsvergleich der Lieferungen). Da die Objektklasse *Einkäufer* als Assoziationsklasse aus den Klassen *Werk* und *Person* gilt, kann derselbe Mitarbeiter für verschiedene Werke tätig sein. Im Informationssystem handelt es sich dann jedesmal um ein anderes Objekt.

In der Objektklasse *Lieferantenadresse* werden alle Adressen der Lieferantenkontakte gehalten. Dazu zählen auch alle Adressen der verschiedenen Einkäufer oder Konstrukteure einer Lieferantenfirma, mit denen *Einkäufer* oder Verkäufer des Unternehmens Kontakte pflegen.

Die eigentlichen Kontakte werden in einer aus der Objektklasse *Lieferantenadresse*, *Einkäufer* und *Datum* gebildeten Assoziationsklasse *Einkäufer-Lieferantenkontakt* verwaltet. Nebst der formellen Klassifikation der Kontakte in verschiedene Arten bildet vor allem ein informeller Text den wesentlichen Gehalt dieser Objektklasse.

## 10.2.2 Textverwaltung, Lieferantenbudgetverwaltung und Lieferantenstatistikerstellung

Durch *Textverwaltung* werden Texte verschiedener Art einem Objekt einer Klasse zugeordnet.

Die *Lieferantenbudgetverwaltung* ordnet jedem Lieferanten ein strukturiertes Beschaffungsbudget zu.

Die *Lieferantenstatistikerstellung* ist ein Zusammenzug von Transaktionen, die sich auf einen bestimmten Lieferanten beziehen.

Texte, Lieferantenbudgets und Lieferantenstatistiken zählen zu den Basisdaten für die Beschaffungsvorbereitung. Diese Aufgaben werden i. Allg. nicht in einem Ablauf ausgeführt. Das prozessorientierte Modell trägt damit auch hier nichts Entscheidendes zum Verständnis bei. Auf die entsprechende Modellierung wird deshalb verzichtet. Die notwendigen Funktionen hingegen werden in Abb. 10.2.2.1 aufgeführt.

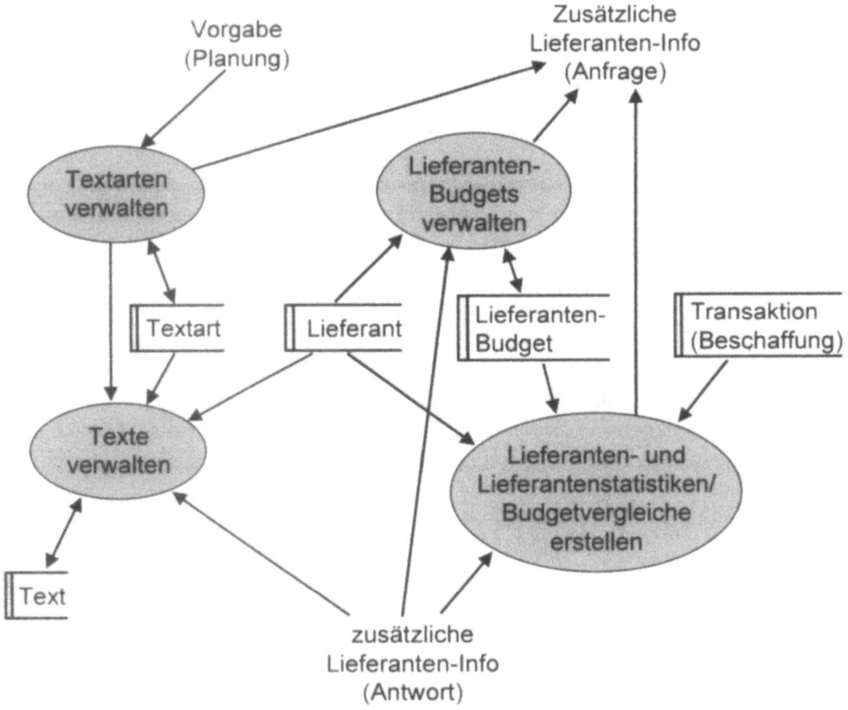


**Abb. 10.2.2.1** Textverwaltung, Lieferantenbudgetverwaltung und Lieferantenstatistikerstellung: funktionsorientiertes Modell

Verschiedene Auswertungen bezüglich Budgets und Statistiken von Lieferantengruppen sind nach Einkäufern geordnet. Entsprechende Funktionen bzw. Teilaufgaben und Objektklassen sind im funktionsorientierten Modell vorgeschlagen.

Die Abb. 10.2.2.2 zeigt die entsprechenden Objektklassen, Attribute und Assoziationen des objektorientierten Modells.

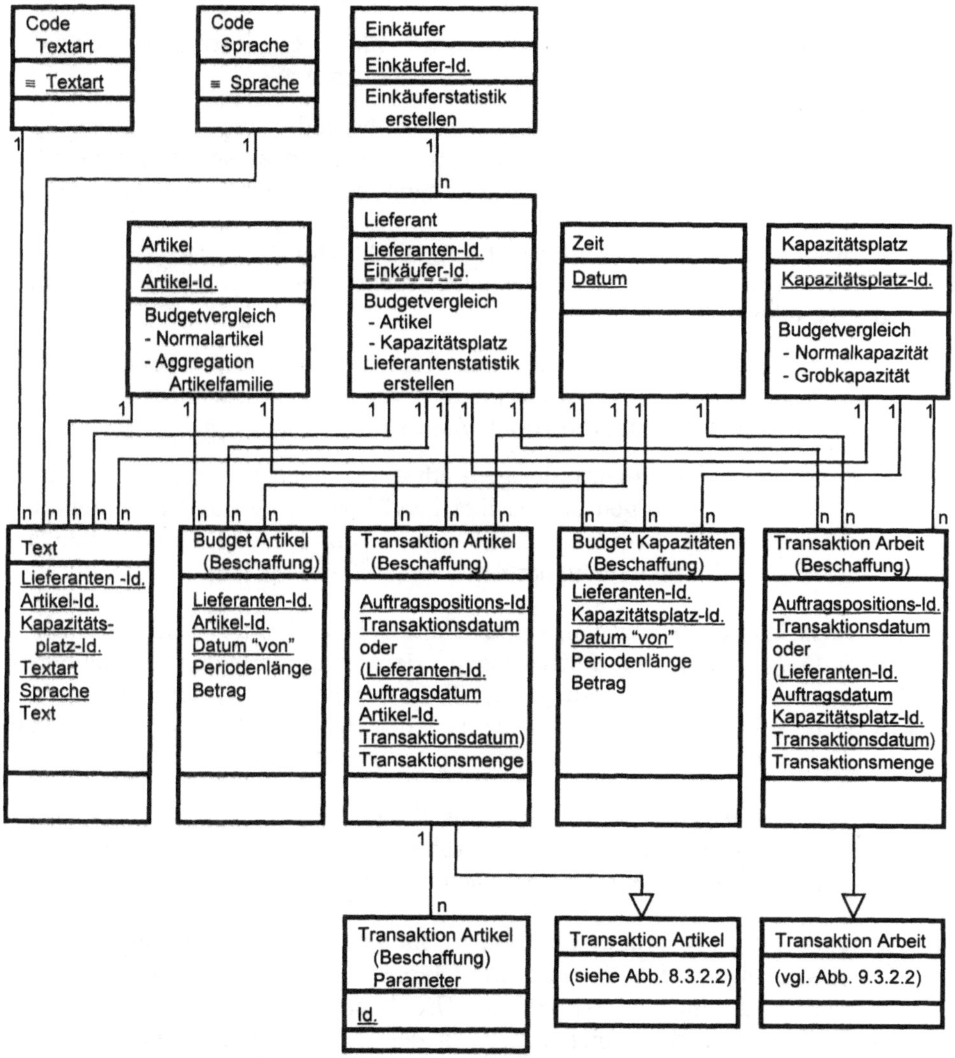


**Abb. 10.2.2.2** Textverwaltung, Lieferantenbudgetverwaltung und Lieferantenstatistikerstellung: objektorientiertes Modell

Wie das objektorientierte Modell zeigt, können Texte auf Lieferanten, auf Artikel, auf Kapazitäten oder auf eine Kombination davon bezogen sein. Auch *Textart* und *Sprache* gehören zu den Objektklassen, die der Assoziation zugrunde liegen:

- Auf den Lieferanten allein bezogene Texte sind etwa Zeilen, die im Kopf eines Auftrages oder an dessen Fusszeile erscheinen, z.B. allgemeine Einkaufsbedingungen oder Texte, die der Lieferant auf den ihn betreffenden Auftragspapieren sehen möchte.
- Artikelbezogene Texte sind etwa für alle Lieferanten geltende Beschreibungen und Abmachungen für den Artikel.
- Zur Kombination *Lieferant/Artikel* gehörende Texte sind etwa Abmachungen mit einem Lieferanten für einen spezifischen Artikel, z.B. auch die Artikel-Id. und Beschreibung des Artikels beim Lieferanten.

Eine wichtige Aufgabe der Beschaffungsvorbereitung ist das Planen und Verwalten von Budgets sowie das Überwachen dieser Budgets durch die Einkaufs- oder Lieferstatistiken.

- Solche Budgets und Statistiken werden sowohl für verkaufte Artikel (Objektklasse *Beschaffungsbudget Artikel*) als auch für verkaufte Arbeiten (Objektklasse *Beschaffungsbudget Kapazitäten*) geführt.
- Budgets können entweder gesamthaft für einen Lieferanten oder aber detailliert, bezogen auf Artikel bzw. Kapazitäten und Zeitintervalle vorgegeben werden. Dies wird durch die entsprechenden Assoziationsklassen in der Abb. 10.2.2.2 gezeigt.

Die Objektklassen *Transaktion Artikel (Beschaffung)* bzw. *Transaktion Arbeit (Beschaffung)* sind Spezialisierungen der entsprechenden allgemeinen Objektklassen zur Speicherung der Transaktionen im Unternehmen. Die Erfassung solcher Transaktionen als Teil der Betriebsdatenerfassung ist die Grundlage jeder statistischen Auswertung sowie der Budgetvergleiche.

Attribute wie *Artikel-Id.* bzw. *Kapazitäts-Id.* und vor allem das spezialisierte Attribut *Lieferanten-Id.* in den erwähnten Objektklassen erlauben die Assoziation zu den Objektklassen *Artikel* bzw. *Kapazitätsplatz* und *Lieferant.*

Für jede dieser Objektklassen können Budgetvergleiche angestellt werden. Dies geschieht entweder für einzelne Objekte oder auch, z.B. für die Grobplanung, für sämtliche Grobartikel und Grobkapazitäten. Diese Methoden sind in den entsprechenden Objektklassen in der Abb. 10.2.2.2 definiert. Analog dazu sorgt die Methode *Einkäuferstatistik erstellen* für den Zusammenzug aller Statistiken der einem Einkäufer zugeordneten Lieferanten.

## 10.2.3 Einkaufsangebotseinholung und -verwaltung

*Einkaufsangebotseinholung und -verwaltung*: *Einkaufsangebote* umfasst alle Aufgaben im Rahmen einer Lieferantenangebotsphase.

Einkaufsangebote können pauschal oder aber sehr detailliert erstellt sein. Es kann sich auch um Rahmenangebote handeln.

Den Anlass zum Einholen eines Angebotes geben Einkaufsvorschläge, die durch das Ressourcenmanagement erstellt werden, oder auch Mitteilungen der Konstruktion und der Produktionstechnik in Bezug auf einerseits neue oder zu revidierende Artikel und andererseits neue und extern zu vergebende Arbeiten oder deren Überprüfung.

Die Abb. 10.2.3.1 zeigt das prozessorientierte Modell zur Einkaufsangebotseinholung und -verwaltung.

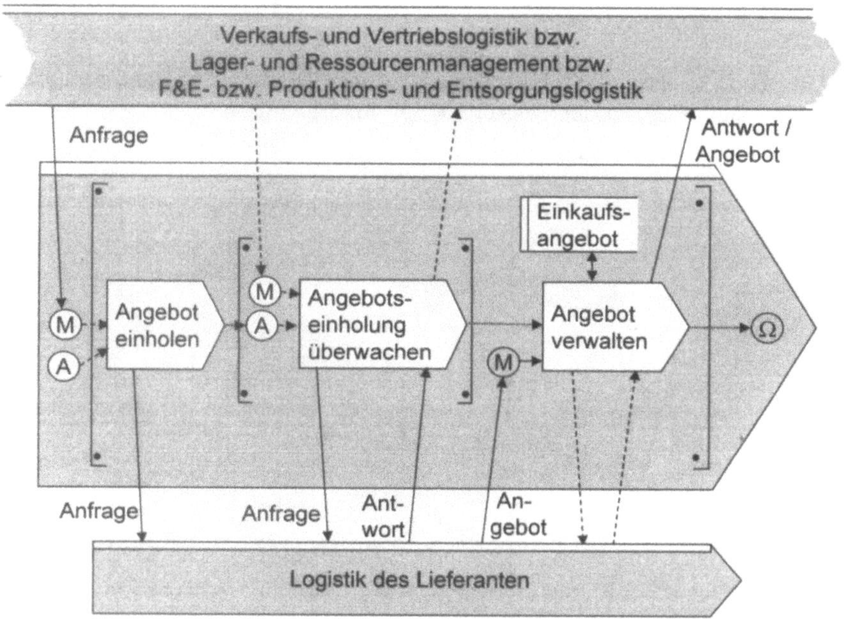


**Abb. 10.2.3.1** Einkaufsangebotseinholung und -verwaltung: prozessorientiertes Modell

Folgende *Aufgaben* werden während des Prozesses ausgeführt:

- Den Anlass zum Einholen eines *Einkaufsangebots* geben Anfragen aus dem Unternehmen, z.B. in Form von Einkaufsauftragsvorschlägen.

- In der Folge werden Angebote der Überwachung zugeführt, um bei Bedarf selbständig oder auf Anfrage des internen Anfragers hin zu agieren mit dem Ziel, das Angebot rechtzeitig zu erhalten.
- Nach Erhalt des Angebots vom Lieferanten wird dieses ergänzt und in die eigenen Bestände an Einkaufsangeboten übertragen. Die Wiederholklammern zeigen an, dass Inhalt und Zusammenstellung so lange geändert werden können, bis das Angebot den Vorstellungen des Unternehmens genügt.

Für die *Ablaufsteuerung* gelten die folgenden Überlegungen:

- Die Aufgabe *Angebot überwachen* wird über die Ablaufsteuerungsart *Agenda* gesteuert: Sie wird damit in bestimmten Zeitabständen oder auf einen bestimmten Zeitpunkt hin angestossen.
- Auch der interne Anfrager kann durch eine Anfrage den Teilprozess aktivieren, und zwar über die Ablaufsteuerungsart *Mailbox*. Die Wiederholklammern zeigen an, dass gegebenenfalls mehrmals rückgefragt werden muss.

Die Abb. 10.2.3.2 zeigt das funktionsorientierte Modell. Die Prozesssicht als Tertiärsicht ist auf dieser detaillierten Stufe gut ersichtlich.

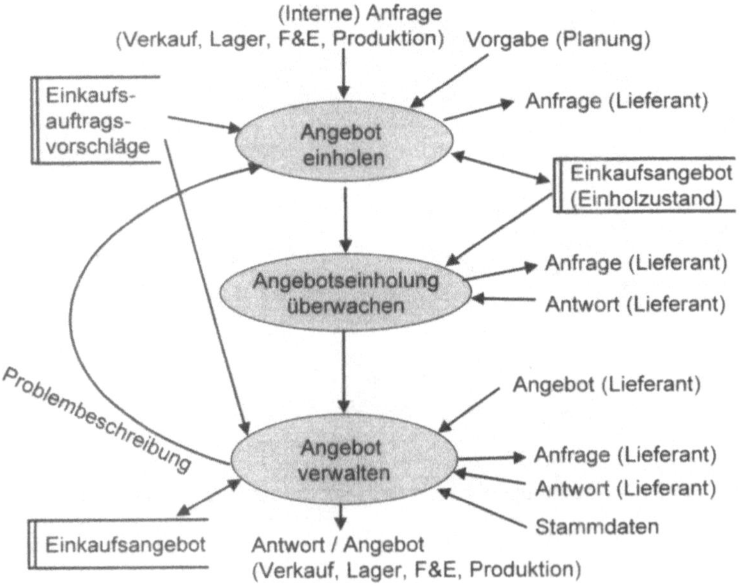


**Abb. 10.2.3.2** Einkaufsangebotseinholung und -verwaltung: funktionsorientiertes Modell

Als *Objekte* zeigt dieses Datenflussdiagramm das Ergebnis der folgenden Überlegungen:

- Ein Einkaufsangebot ist aus Einkaufsangebotspositionen zusammengesetzt. Wenn immer möglich können alle Positionen direkt vom Lieferantenangebot übertragen werden. Andernfalls muss man ausgehend von Stammdaten Artikel um Artikel mit seiner Menge sowie Arbeit für Arbeit (z.B. eine Dienstleistung) mit Vorgabemenge erfassen. Unter Umständen können Angebote für zusammengesetzte Produkte (z.B. in Form von Stücklisten) oder ganze Arbeitspläne eingeholt werden.

- Verschiedene Stati des Einkaufsangebots begleiten den Ablauf.

Die Abb. 10.2.3.3 zeigt das objektorientierte Modell zur Einkaufsangebotseinholung und –verwaltung.

Das Objekt *Einkaufsangebot* wird dabei genau analysiert. Es kann als Spezialisierung eines allgemeinen Auftragsobjekts wie folgt konzipiert werden:

- Die Objektklasse *Einkaufsangebot* ist eine Assoziationsklasse, hervorgegangen aus der Assoziation der grundlegenden Objektklassen *Lieferant* und *Zeit* (dem Angebotsdatum).[60] Sie ist des Weiteren als Komposition von *Einkaufsangebotspositionen* konzipiert.

- Ein möglicher Primärschlüssel der *Einkaufsangebotsposition* ist damit die um einen Zähler erweiterte *Einkaufsangebots-Id.*

- Bei einer Einkaufsangebotsposition kann es sich um eine *Einkaufsangebotsposition Artikel* oder *Arbeit* handeln.

- Zu jeder Einkaufsangebotsposition gehören unter Umständen *Kommentarpositionen.*

- Ein wichtiges Attribut der Einkaufsangebotsposition ist die *Referenzposition,* welche eine Assoziation zu derjenigen Auftragsposition zulässt, die das Angebot verursacht. Dabei kann es sich um eine Produktionsauftrags-, eine Verkaufsauftrags- oder eine Einkaufsauftragsvorschlagsposition handeln.

---

[60] Zum Begriff *grundlegende Klasse* siehe das Kap. 6.5.5.

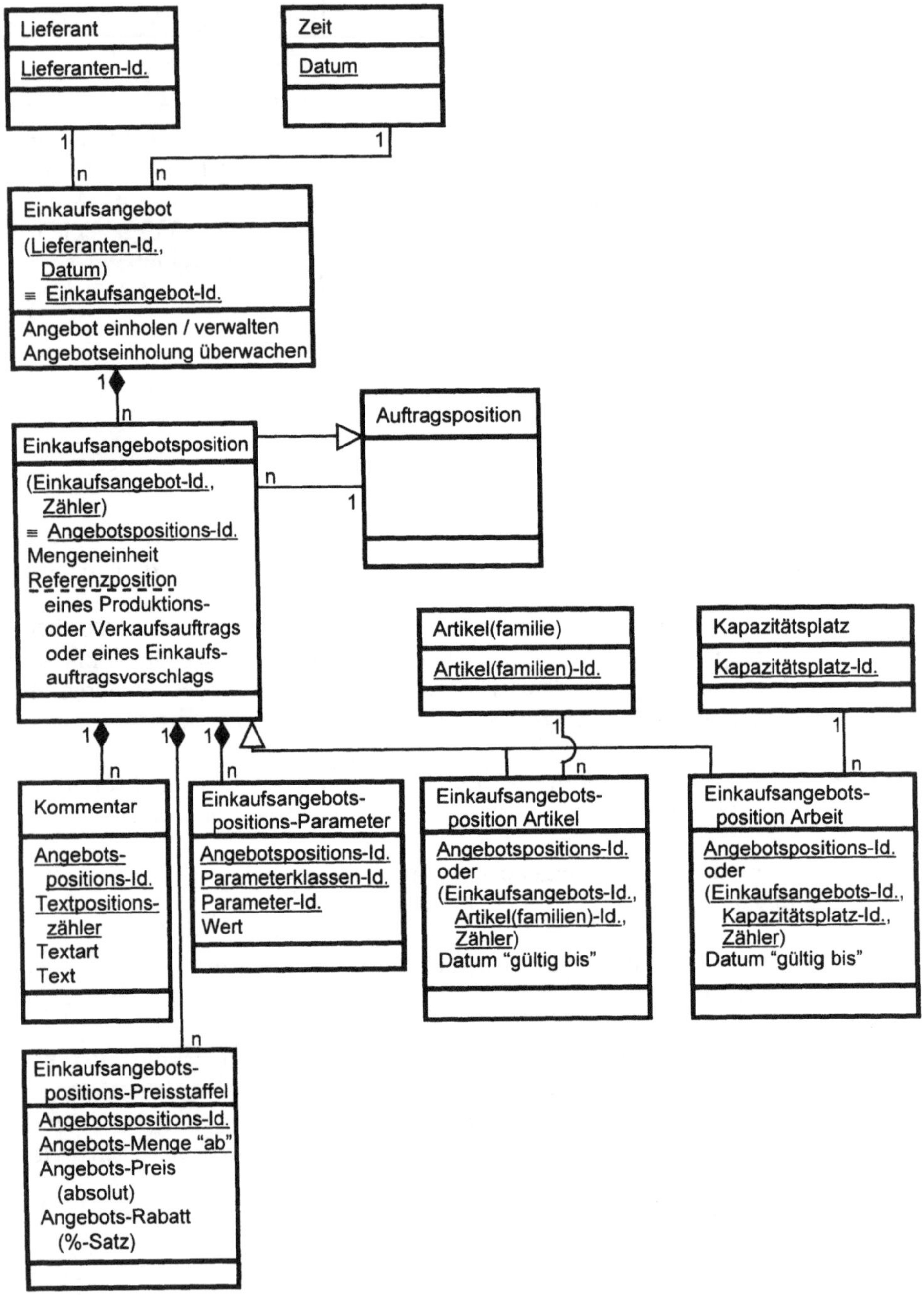


**Abb. 10.2.3.3** Einkaufsangebotseinholung und -verwaltung: objektorientiertes Modell

Eine Einkaufsangebotsposition kann spezialisiert werden in

- eine *Einkaufsangebotsposition Artikel*: Bei parametrierten Artikeln (Artikelfamilien) sind ihr auch Parameterwerte zugeordnet. Sie kann zudem als Assoziationsklasse aufgefasst werden, hervorgegangen aus der Assoziation der Objektklassen *Einkaufsangebots-Kopf* und *Artikel*. Ein alternativer Primärschlüssel dieser beiden Objektklassen ist dann die Vereinigung der Attribute *Auftrags-Id.* mit *Artikel-Id.*, gegebenenfalls erweitert um einen *Zähler*.
- eine *Einkaufsangebotsposition Arbeit*: Bei parametrierten Arbeiten ist ihr auch eine Menge von Parameterwerten zugeordnet. Sie kann auch als Assoziationsklasse aufgefasst werden, hervorgegangen aus der Assoziation der Objektklassen *Einkaufsangebots-Kopf* und *Kapazität*. Ein alternativer Primärschlüssel dieser beiden Objektklassen ist dann die Vereinigung der Attribute *Auftrags-Id.* mit *Kapazitäts-Id.*, gegebenenfalls erweitert um einen *Zähler*.

Die einzelnen Aufgaben respektive Funktionen des Prozesses *Einkaufsangebotseinholung und -verwaltung* sind als nicht elementare Methoden[61] direkt den einzelnen Objekten zugeordnet. Wie immer sind elementare Methoden nicht aufgeführt.

Aus der Analyse ergibt sich ein Objekt, das nicht aus den bisher gemachten prozess- und funktionsorientierten Überlegungen hervorgeht:

Eine *Preisstaffel* hält für eine Einkaufsangebotsposition fest, welcher absolute Einkaufspreis ab einer bestimmten Menge für das Angebot gelten soll. Eine andere Möglichkeit ist die Angabe eines Rabatts, bezogen auf einen Grundpreis sowie einer Menge, ab welcher der Rabatt gewährt wird.

Mit dem vorliegenden Modell können für jede Kombination *Lieferant/Artikel* verschiedene Preisstaffeln definiert werden.

### 10.2.4 Prüfplanverwaltung

Die *Prüfplanverwaltung* umfasst das Erarbeiten von Arbeitsplänen, um Artikel oder Arbeiten nach dem Wareneingang auf ihre Qualität zu überprüfen.

Für bestimmte Artikel aus der Beschaffung, z.B. für die Elektronikproduktion, ist eine Prüfung des Wareneingangs nötig, insbesondere wenn der Lieferant nicht von sich aus eine bestimmte Qualität garantiert und diese auch durch Erfahrung gesichert ist.

---

61 Zum Begriff *elementare Methode* siehe die Kap. 6.5.3 und 6.5.4.

Aufgrund einer solchen Prüfung ergeben sich u.U. mehrere Eingänge auf verschiedene Artikel-Id., die jeweils für unterschiedliche Qualitätszustände stehen. Andererseits können gewisse Teilmengen bei ungenügender Qualität dem Lieferanten zurückgesandt werden. Siehe dazu das Kap. 10.4.1.

Eine Prüfung kann auch nötig sein, wenn gewisse Arbeitsgänge extern ausgeführt werden. Auch Dienstleistungen können einer Prüfung unterliegen. Für jede Leistung dieser Art kann man z.B. einen Kapazitätsplatz definieren, der für den Lieferanten und die Arbeit steht.

Die Abb. 10.2.4.1 zeigt ein objektorientiertes Modell zur Prüfplanverwaltung.

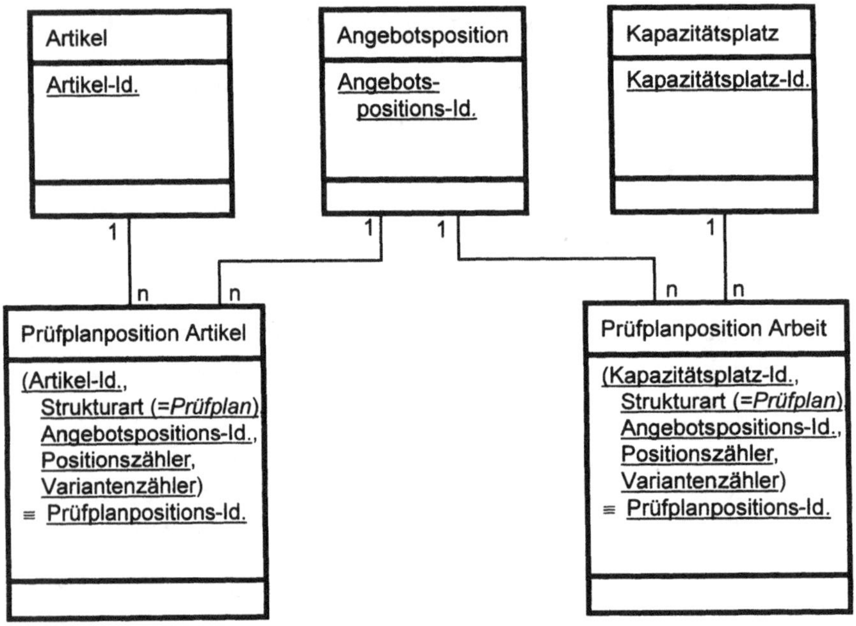


**Abb. 10.2.4.1** Prüfplanverwaltung: objektorientiertes Modell.

Die Klasse *Prüfplanposition* ist eine Assoziationsklasse, der die Klassen *Angebotsposition* und *Artikel* (bzw. *Kapazitätsplatz* für externe Arbeiten) zugrunde liegen. Dazu kommen die schon für die Klasse *Produktionsstrukturposition Arbeit* (d.h. die Arbeitsplanposition bzw. den Arbeitsgang) hinzugezogenen Code- und Zählerklassen *Strukturart* (in diesem Fall steht dann der Wert für *Prüfplan*), *Positionszähler* und *Variantenzähler* (vgl. Abb. 12.2.3.2). Die übrigen Attribute sind diejenigen, die auch für die Klasse *Produktionsstrukturposition Arbeit* definiert sind.

Zur Prüfplanposition gehört eine Prüfplanpositionsbeschreibung, die als Text gemäss dem Kap. 12.2.4 konzipiert werden kann.

Das Bestimmen des Prüfplanes durch die Angebotsposition ist natürlich nur eine Möglichkeit. Sie wird vor allem deshalb vorgeschlagen, weil Prüfpläne oft zusammen mit dem Angebot ausgehandelt werden bzw. eine integrale Bedingung zur Annahme des Lieferantenangebotes darstellen. Ein Prüfplan kann aber auch allgemein einem Artikel (für externe Arbeiten einem Kapazitätsplatz) angehängt sein. In diesem Fall ist die Angebotspositions-Id. *leer* zu setzen. In den Zusatztexten kann dann erwähnt werden, dass dieser Prüfplan für alle Lieferanten gültig ist.

## 10.3 Einkaufsauftragsbearbeitung

Die *Einkaufsauftragsbearbeitung* umfasst zuerst das Bearbeiten der Beschaffungsauftragsvorschläge aus dem Ressourcenmanagement. In der langfristigen Planung kommt die Verwaltung der Rahmenaufträge, in der kurzfristigen Planung und Steuerung das Bearbeiten der Abrufaufträge, der Einkaufsaufträge sowie deren Überwachung hinzu.

Die Abb. 10.3.1 zeigt die Detaillierung des Prozesses aus der Abb. 10.1.2.1.

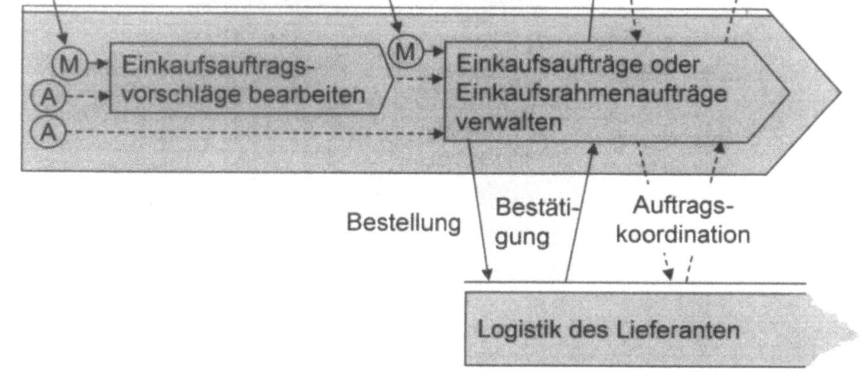


**Abb. 10.3.1** Einkaufsauftragsbearbeitung: prozessorientiertes Modell

Die *Aufgaben,* die während des Prozesses ausgeführt werden, sind die folgenden:

- Die *Einkaufsauftragsvorschlagsbearbeitung* umfasst die Selektion und Analyse der Einkaufsauftragsvorschläge, die Auswahl aus bestehenden Einkaufsangeboten oder -rahmenaufträgen sowie die definitive Lieferantenauswahl.
- Die *Einkaufsauftragsplatzierung und -verwaltung* umfasst die Platzierung, Überwachung und Verwaltung der Einkaufsaufträge. Die Platzierung erfolgt entweder ad hoc oder ausgehend von einem Einkaufsauftragsvorschlag und bezieht sich zudem auf ein Einkaufsangebot oder als Abrufauftrag auf einen Einkaufsrahmenauftrag.
- Die *Einkaufsrahmenauftragsplatzierung und -verwaltung* umfasst die Platzierung, Überwachung und Verwaltung von langfristigen Aufträgen, die keine sofortige Lieferung nach sich ziehen, die aber später in Abrufaufträge überführt werden sollen.

Die Abb. 10.3.2 zeigt das entsprechende funktionsorientierte Modell.

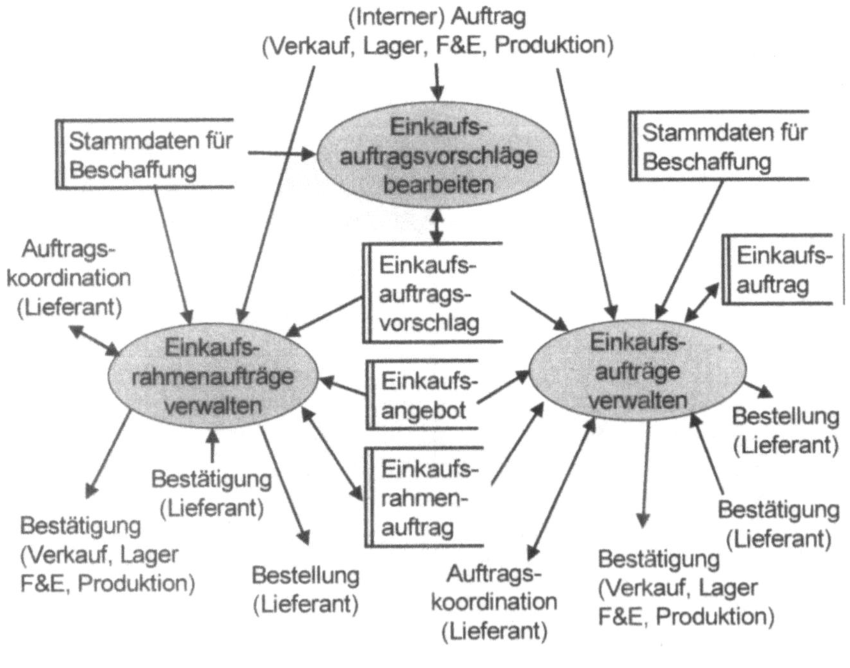


**Abb. 10.3.2** Einkaufsauftragsbearbeitung: funktionsorientiertes Modell

Für die *Ablaufsteuerung* gelten die folgenden Überlegungen:

- Alle Aufgaben können ablaufen, ohne dass ein interner Auftrag explizit erfolgt. Dies ist z.B. der Fall, wenn Auftragsvorschläge des Ressourcenmanagements automatisch freigegeben worden sind oder wenn offene Einkaufsaufträge oder Rahmenaufträge periodisch überwacht werden sollen.

Die *Objekte,* die durch diese Aufgaben bearbeitet werden, sind im Wesentlichen der *Einkaufsauftrag* und der *Einkaufsrahmenauftrag*, und zwar ausgehend von den Einkaufsauftragsvorschlägen (siehe Kap. 8.3.3).

### 10.3.1 Einkaufsauftragsvorschlagsbearbeitung

Die *Einkaufsauftragsvorschlagsbearbeitung* umfasst die Selektion und Analyse der Einkaufsauftragsvorschläge, die Auswahl aus bestehenden Einkaufsangeboten oder -rahmenaufträgen sowie die definitive Lieferantenauswahl.

In den meisten Fällen ist ein Einkaufsauftragsvorschlag die Grundlage einer Einkaufsauftragsbearbeitung. Dieser vorgelagert ist unter Umständen das Einholen eines Angebotes, wie in Kapitel 10.2.3 beschrieben.

Die Abb. 10.3.1.1 zeigt das funktionsorientierte Modell zur Einkaufsauftragsvorschlagsbearbeitung.

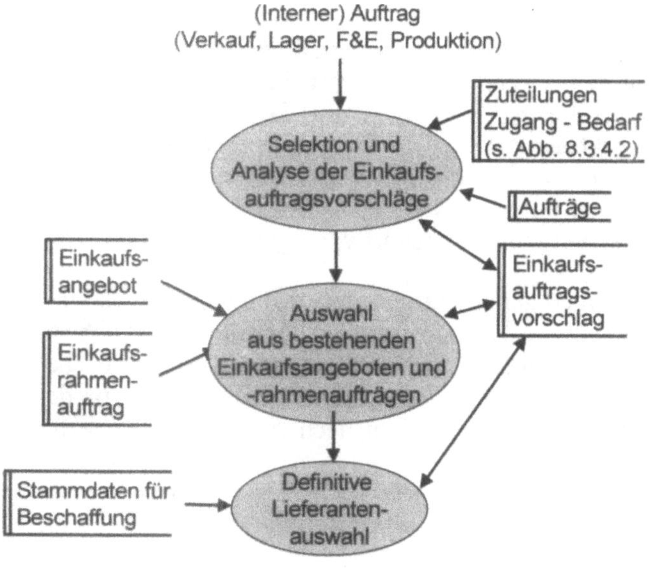


**Abb. 10.3.1.1** Einkaufsauftragsvorschlagsbearbeitung: funktionsorientiertes Modell

Dabei werden die folgenden *Aufgaben* ausgeführt:

- Die *Selektion und Analyse der Einkaufsauftragsvorschläge*: Der Einkäufer prüft die ihm zugeteilten freigegebenen Einkaufsauftragsvorschläge (siehe Abb. 8.3.3.4). Er verfügt dafür über dieselben Werkzeuge wie auch das Ressourcenmanagement, z.B. die Analyse der Bedarfsrechnung. Siehe dazu auch das Kap. 8.3.4.
- Die *Auswahl aus bestehenden Einkaufsangeboten oder -rahmenaufträgen*: Ein Einkaufsauftragsvorschlag wird mit vorhandenen Einkaufsangeboten verglichen oder bestehenden Rahmenaufträgen von Lieferanten gegenübergestellt. Ist eine solche Zuordnung möglich, wird der Einkaufsauftragsvorschlag durch die entsprechende Referenzangebots- oder -auftragsnummer ergänzt.
- Die definitive *Lieferantenauswahl*: Während der Einkäufer i. Allg. Menge und Termin eines Einkaufsauftragsvorschlags nicht ohne weiteres verändern darf, kann als Folge der Evaluation ein anderer Lieferant gewählt werden. Dazu überprüft man die Lieferantenbudgets und -statistiken. Solcherart bearbeitete Einkaufsauftragsvorschläge sind dann bereit für den eigentlichen Einkaufsauftragsvorgang.

Zur *Ablaufsteuerung*: Alle drei Aufgaben werden sinnvollerweise direkt hintereinander durch dieselbe Person ausgeführt.

Die Abb. 10.3.1.2 zeigt das objektorientierte Modell zur Einkaufsauftragsvorschlagsbearbeitung.

Ein Attribut der *Einkaufsauftragsvorschlagsposition* ist die sogenannte *Referenzposition.* Sie wird während des Bearbeitens durch eine *Einkaufsangebots- bzw. -rahmenauftragsposition* gefüllt. Damit ist eine Assoziation zum betreffenden Objekt hergestellt. Die Klasse *Transaktion Beschaffung* ist eine Spezialisierung der Klasse *Transaktion* mit dem spezialisierten Attribut *Lieferanten-Id.*. Damit ist eine Analyse der bisherigen Lieferanten in Bezug auf Qualität, bisheriges Auftragsvolumen usw. möglich.

Die analogen Überlegungen gelten übrigens unabhängig davon, ob ein Artikel oder eine Arbeit zugekauft wird. Eine zugekaufte Arbeit bezieht sich auf einen externen Kapazitätsplatz, der durch den Lieferanten und die spezifische Arbeit definiert ist; die benötigten Statistiken sind ihm zugeordnet. In der Abb. 10.3.1.2 wurde dementsprechend die Sicht nach Artikel und Kapazitätsplatz aufgeführt.

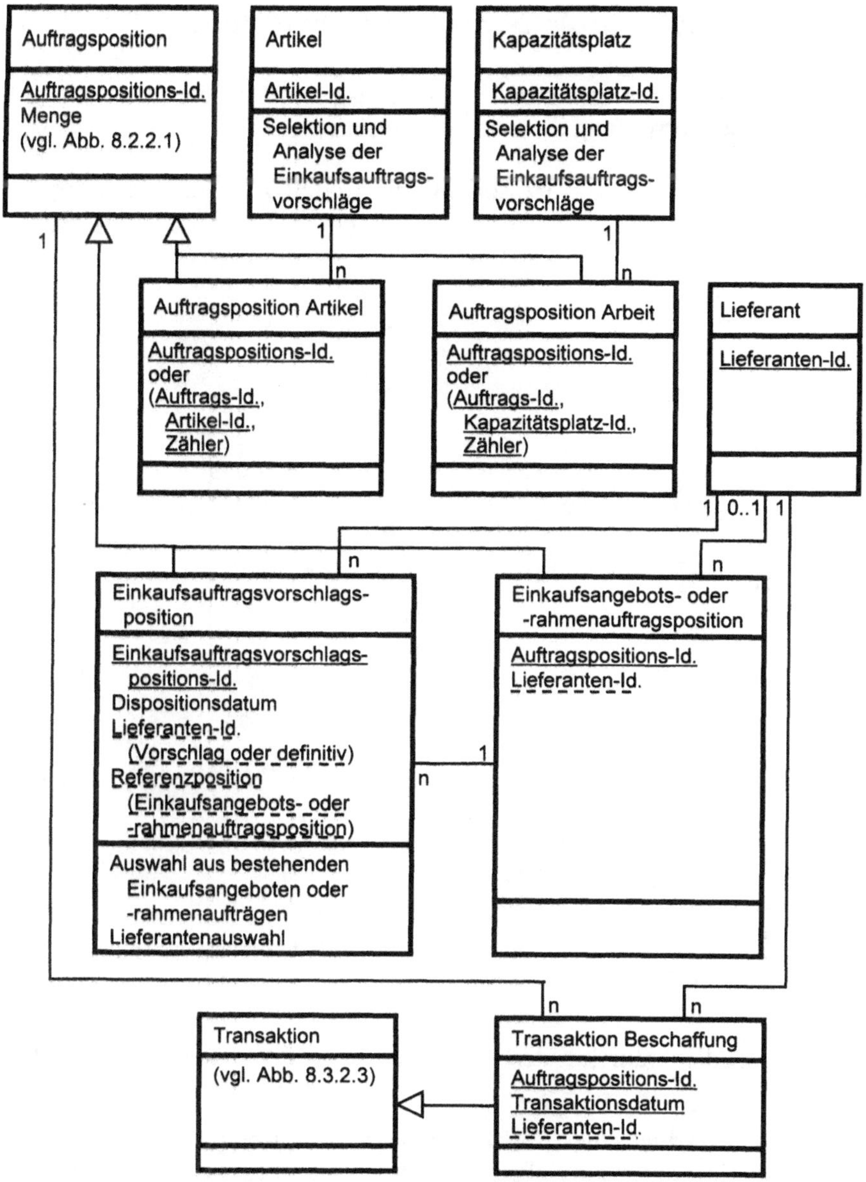


**Abb. 10.3.1.2** Einkaufsauftragsvorschlagsbearbeitung: objektorientiertes Modell

## 10.3.2 Einkaufsauftragsplatzierung und -verwaltung

Die *Einkaufsauftragsplatzierung und -verwaltung* umfasst die Platzierung, Überwachung und Verwaltung der Einkaufsaufträge.

Die Abb. 10.2.3.1 zeigt das prozessorientierte Modell zur Einkaufsauftragsplatzierung und -verwaltung.

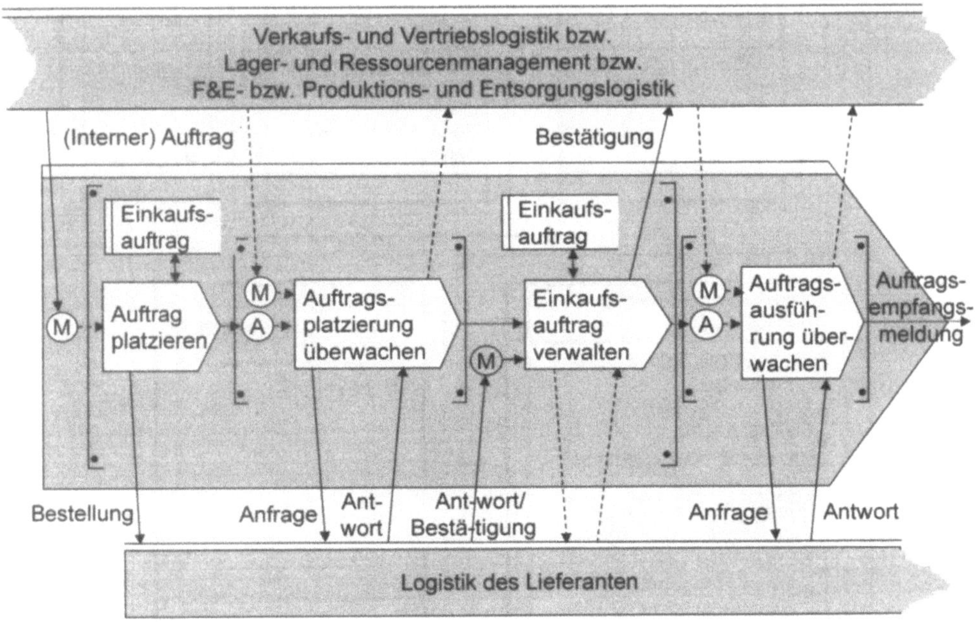


**Abb. 10.2.3.1** Einkaufsauftragsplatzierung und -verwaltung: prozessorientiertes Modell

Die *Aufgaben,* die während des Prozesses ausgeführt werden, sind die folgenden:

- Die *Platzierung eines Einkaufsauftrags* erfolgt entweder ad hoc aufgrund eines internen Auftrags aus dem Unternehmen oder ausgehend von einem Einkaufsauftragsvorschlag oder – als Abruf – von einem Einkaufsrahmenauftrag (siehe das Kap. 10.3.3.). Gegebenenfalls kann man Teile eines Einkaufsangebotes in den Einkaufsauftrag hinein kopieren. Bei einem Abruf kann man natürlich entsprechende Teile aus dem Einkaufsrahmenauftrag kopieren.
- *Auftragsplatzierungsüberwachung*: In der Folge werden die platzierten Aufträge überwacht, um bei Bedarf selbständig oder auf Anfrage

des internen Auftraggebers hin zu agieren, um die Bestätigung des Lieferanten rechtzeitig zu erhalten.

- *Einkaufsauftragsverwaltung*: Die grossen Wiederholklammern zeigen an, dass nach Erhalt der Antwort des Lieferanten der Einkaufsauftrag u.U. inhaltlich oder bezüglich der Termine solange geändert werden muss, bis der Lieferant den Auftrag bestätigen kann.

- *Auftragsausführungsüberwachung*: Nach der Auftragsbestätigung wird die Ausführung des Auftrags regelmässig aus eigenem Antrieb oder auf Verlangen des internen Auftraggebers hin überwacht. Verfalllisten zeigen dem Einkäufer an, welche laufenden Einkaufsaufträge fällig sind oder in nächster Zeit fällig werden. Bei Änderungen des Einkaufsauftrags (seitens Auftraggeber oder Auftragnehmer) kann der ganze Prozess von vorne ablaufen. Der regelmässige Kontakt mit dem Lieferanten erlaubt zu gegebener Zeit, dem Wareneingang den bevorstehenden Auftragsempfang zu melden.

Für die *Ablaufsteuerung* gelten die folgenden Überlegungen:

- Die Aufgaben *Auftragsplatzierung überwachen* bzw. *Auftragsausführung überwachen* werden über die Ablaufsteuerungsart *Agenda* gesteuert: Sie werden damit in bestimmten Zeitabständen oder auf einen bestimmten Zeitpunkt hin angestossen.

- Auch der interne Auftraggeber kann durch eine Anfrage den Teilprozess aktivieren, und zwar über die Ablaufsteuerungsart *Mailbox.* Die Wiederholklammern zeigen an, dass gegebenenfalls mehrmals rückgefragt werden muss.

Die Abb. 10.2.3.2 zeigt das funktionsorientierte Modell zur Einkaufsauftragsplatzierung und -verwaltung.

Als *Objekte* zeigt dieses Datenflussdiagramm das Ergebnis der folgenden Überlegungen:

- Ein Objekt der Klasse *Einkaufsauftrag* ist aus *Einkaufsauftragspositionen* zusammengesetzt. Wenn immer möglich können alle Positionen direkt vom Einkaufsangebot oder vom –rahmenauftrag übertragen werden. Gegebenenfalls muss man ausgehend von *Stammdaten* Artikel um Artikel mit seiner Menge sowie Arbeit für Arbeit (z.B. eine Dienstleistung) mit Vorgabemenge erfassen. Unter Umständen können Angebote für zusammengesetzte Produkte (z.B. in Form von Stücklisten) oder ganze Arbeitspläne eingeholt werden.

- Verschiedene Stati des Einkaufsauftrags begleiten den Ablauf.

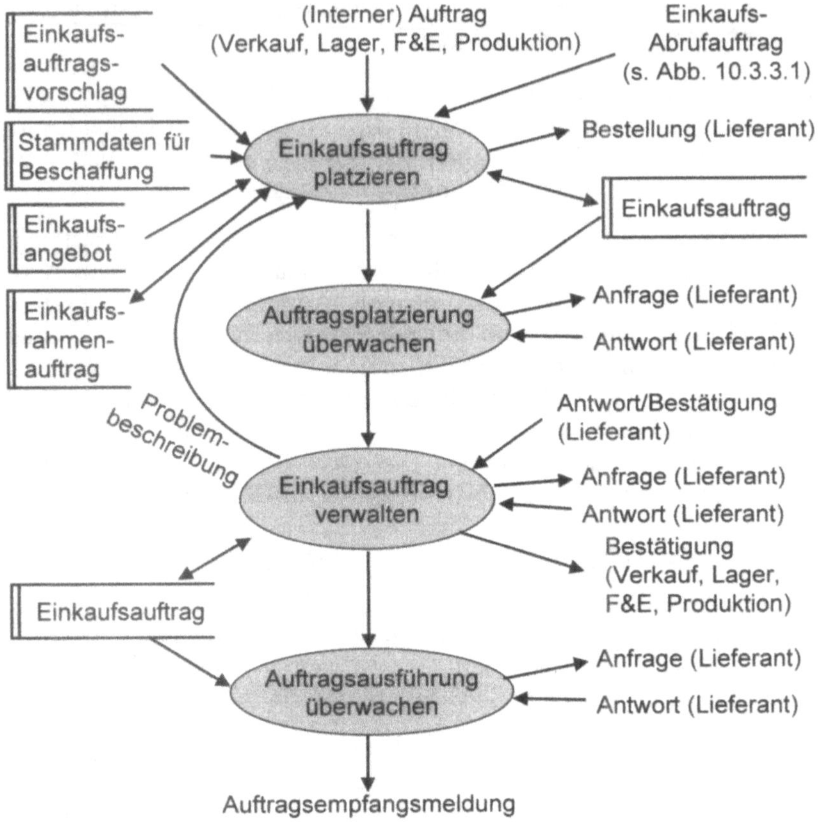


**Abb. 10.3.2.2** Einkaufsauftragsplatzierung und -verwaltung: funktionsorientiertes Modell.

Die Abb. 10.3.2.2 zeigt das objektorientierte Modell zur Einkaufsauftragsplatzierung und -verwaltung.

Ein Einkaufsauftrag wird hier als Spezialisierung der Auftragsstruktur, wie sie in Kap. 8.2.1 eingeführt wurde, dargestellt. Ein Einkaufsauftrag ist eine Assoziationsklasse, der die Klassen *Lieferant* und *Zeit* (das Bestelldatum) zugrunde liegen. Jeder *Einkaufsauftrag* besteht aus mehreren *Einkaufsauftragspositionen.* Jede *Einkaufsauftragsposition* kann in eine *Einkaufsauftragsposition Artikel* und eine *Einkaufsauftragsposition Arbeit* spezialisiert werden. Einer Einkaufsauftragsposition können Kommentare und eine Menge von Parameterwerten zugeordnet sein.

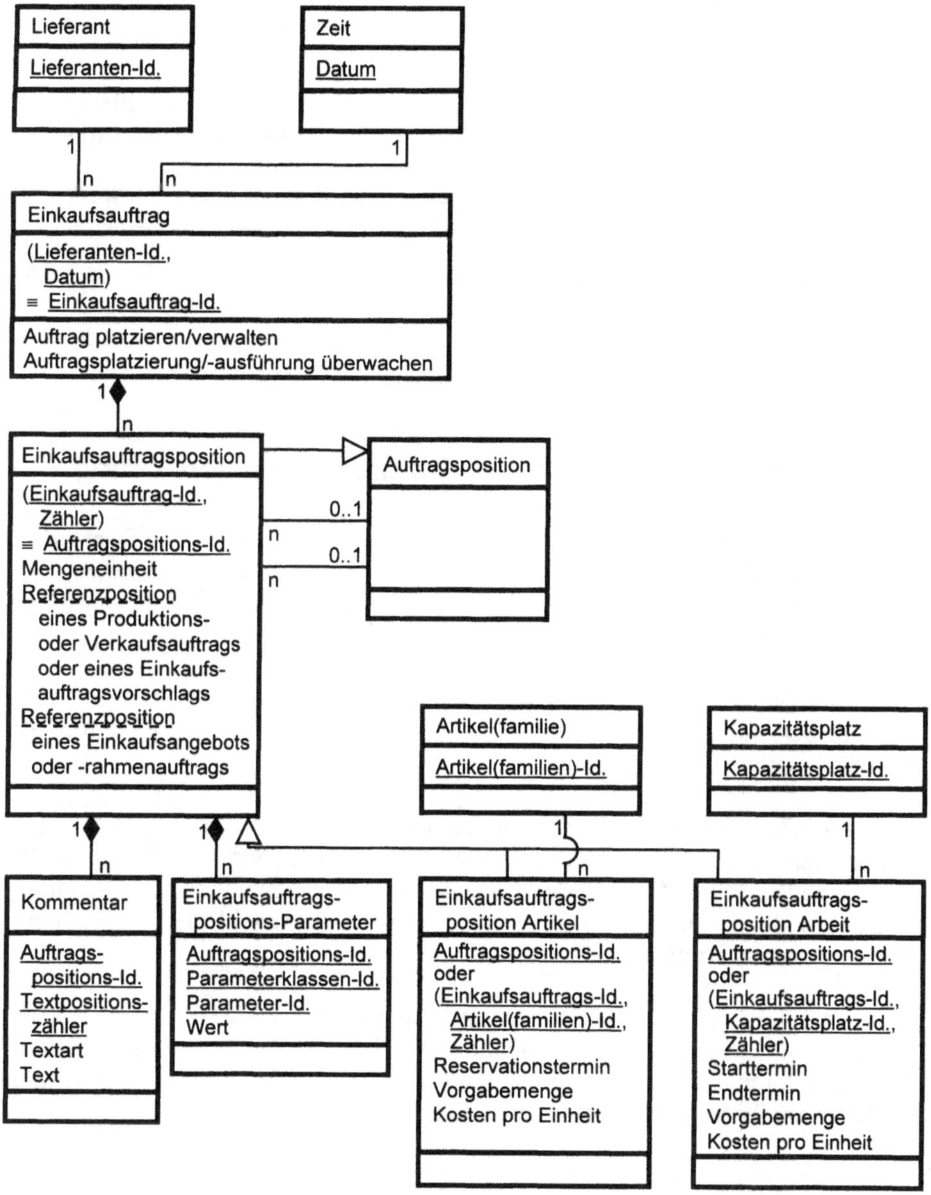


**Abb. 10.3.2.3** Einkaufsauftragsplatzierung und -verwaltung: objektorientiertes Modell

Attribute der Einkaufsauftragsposition sind gegebenenfalls

- die Referenzposition für die zu bedienende Position des Produktions- oder Verkaufsauftrags bzw. des Einkaufsauftragsvorschlags selbst (übernommen aus dem Angebot bzw. direkt aus dem Einkaufsauftragsvorschlag).

- die Referenzposition der Einkaufsangebots- oder -rahmenauftragsposition (übernommen aus der Einkaufsauftragsvorschlagsbearbeitung).

Beide Referenzpositionen definieren Assoziationen zu den jeweiligen Aufträgen und Auftragspositionen. Diese Referenzpositionen erlauben

- im Moment der Wareneinnahme eine sofortige Zuordnung zum wartenden Auftrag.
- im Falle der Rechnungsprüfung und Nachkalkulation eine direkte Zuordnung der Kosten zum entsprechenden Kostenträger.

### 10.3.3 Einkaufsrahmenauftragsplatzierung und -verwaltung

Die *Einkaufsrahmenauftragsplatzierung und -verwaltung* umfasst die Platzierung, Überwachung und Verwaltung von langfristigen Aufträgen, die keine sofortige Lieferung nach sich ziehen, die aber später in Abrufaufträge überführt werden sollen.

Ein Hauptzweck der Produktionsplanung ist nicht zuletzt das Ermitteln von Vorschlägen für die langfristige Einkaufsplanung. Einkaufsrahmenaufträge sind die logische Konsequenz.

Ein *Einkaufsrahmenauftrag* ist dabei eine langfristige Vereinbarung mit einem Lieferanten über eine bestimmte Abnahmemenge von Artikeln (Rahmenauftrag auf Güter) oder Kapazität (Rahmenauftrag auf Kapazitäten, siehe Kap. 7.3.3) im Verlauf einer Zeitperiode. Die Anzahl der Lieferungen, Abrufe genannt, ist dabei unbestimmt.

Rahmenaufträge liegen im beiderseitigen Interesse. Für den Kunden geht es dabei um günstigere Konditionen und einen höheren Lieferbereitschaftsgrad des Lieferanten. Der Lieferant wiederum hat eine Mindestabnahmemenge und eine bessere Planbarkeit seiner Herstellung im Auge.

In der mittelfristigen Planung werden die Einkaufsrahmenaufträge nach und nach präzisiert. Die Beschaffungsmengen pro Periode der mittelfristigen Planung (z.B. für in drei Monaten, für den übernächsten Monat, für den nächsten Monat) werden mit abnehmender Abweichungsbreite laufend vom Unternehmen zuhanden seines Lieferanten angegeben. Von einem bestimmten Moment an wird aus dem z.B. auf den nächsten Monat festgelegten Teil des Rahmenauftrages ein spezieller Einkaufsauftrag, nämlich ein Abrufauftrag.

Bei einem *Abrufauftrag* ist zuerst nur die Menge festgelegt. Die Beschaffungstermine für seine Teilaufträge werden nach und nach durch ein geeignetes Bereichssteuerungsverfahren des Unternehmens bestimmt.

Ein *Lieferabruf* ist ein kurzfristiger, definitiver Teilauftrag eines Abrufauftrags. Er gibt die maximale Menge, beispielsweise pro Woche oder pro Tag an.

Siehe dazu [Schö00], Kap. 4.5.3. Die eigentliche Lieferung kann dann vom Unternehmen sogar produktionssynchron verlangt werden, z.B. durch einen Systemlieferanten auf das Montageband eines Automobilherstellers oder Maschinenbauers.

Die Abb. 10.3.3.1 zeigt das funktionsorientierte Modell zur Einkaufsrahmenauftragsplatzierung und -verwaltung.

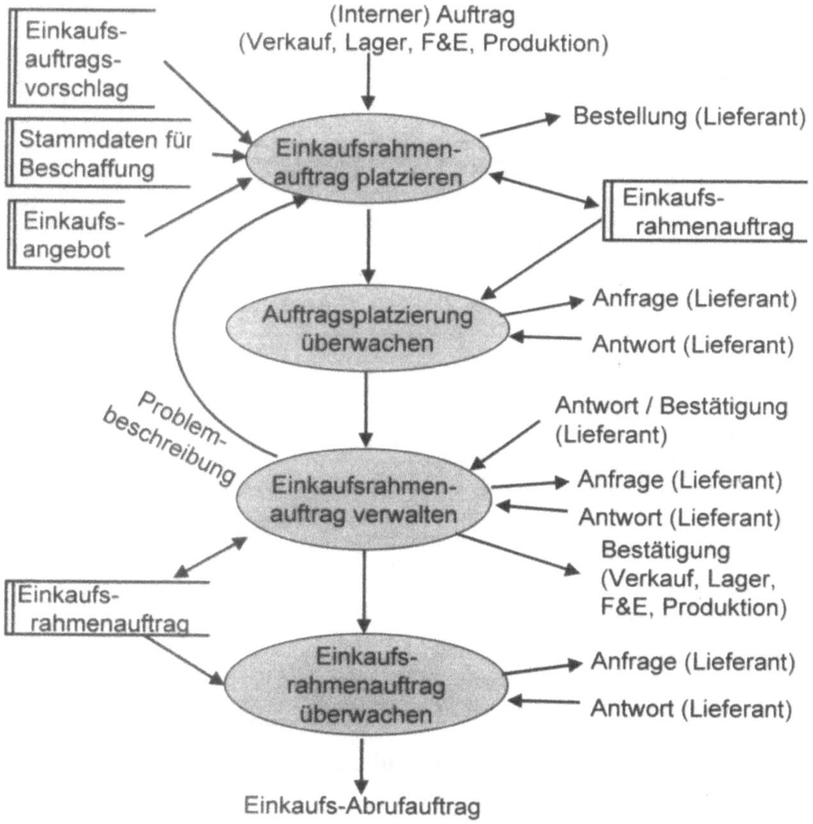


**Abb. 10.3.3.1** Einkaufsrahmenauftragsplatzierung und -verwaltung: funktionsorientiertes Modell.

Der Unterschied zur Einkaufsauftragsplatzierung und -verwaltung ist gering (siehe Abb. 10.3.2.2). Die Einkaufsrahmenauftragsüberwachung mündet nicht in einer Auftragsempfangsmeldung, sondern in einen Einkaufs-Abrufauftrag gemäss der obigen Beschreibung. Aufgrund des kleinen Unterschieds, der sich im Vergleich zur Abb. 10.3.2.3 ergibt, wird auf die Darstellung eines eigenen objektorientierten Modells verzichtet.

## 10.4 Einkaufsauftragseingangsbearbeitung

Die *Einkaufsauftragseingangsbearbeitung* umfasst den Wareneingang, dessen Prüfung und Verteilung zu den bedarfsverursachenden Stellen sowie die Prüfung der Lieferantenrechnungen.

Die Abb. 10.4.1 zeigt die Detaillierung des Prozesses aus der Abb. 10.1.2.1.

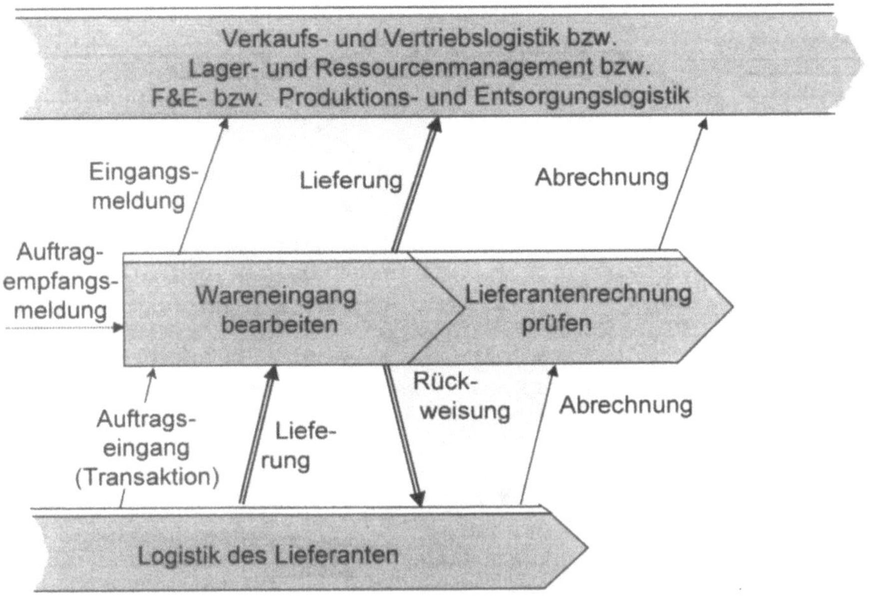


**Abb. 10.4.1** Einkaufsauftragseingangsbearbeitung: prozessorientiertes Modell

Die *Aufgaben,* die während des Prozesses ausgeführt werden, sind die folgenden:

- Die *Wareneingangsbearbeitung* umfasst den physischen Eingang von Artikeln und Arbeiten sowie deren Prüfung nach einem Prüfplan. Die als in Ordnung befundenen Artikel und Arbeiten werden an die bedarfsverursachenden Stellen weitergeleitet, die übrigen an den Lieferanten zurückgewiesen.
- Die *Lieferantenrechnungsprüfung* umfasst die Zuordnung der Lieferantenrechnung und ihrer einzelnen Positionen zu den Wareneingangspositionen.

Diese Aufgaben sind in der Abb. 10.4.2 in einem Datenflussdiagramm zusammengefasst.

**Abb. 10.4.2** Einkaufsauftragseingangsbearbeitung: funktionsorientiertes Modell

Das Datenflussdiagramm bietet in diesem Fall mehr Information als die mehrstufige Auftragskaskade in Abb. 10.4.1.

### 10.4.1 Wareneingangsbearbeitung

Die *Wareneingangsbearbeitung* umfasst den physischen Eingang von Artikeln und Arbeiten sowie deren Prüfung nach einem Prüfplan. Die als in Ordnung befundenen Artikel und Arbeiten werden an die bedarfsverursachenden Stellen weitergeleitet, die übrigen an den Lieferanten zurückgewiesen.

Die Abb. 10.4.1.1 zeigt das prozessorientierte Modell der Wareneingangsbearbeitung:

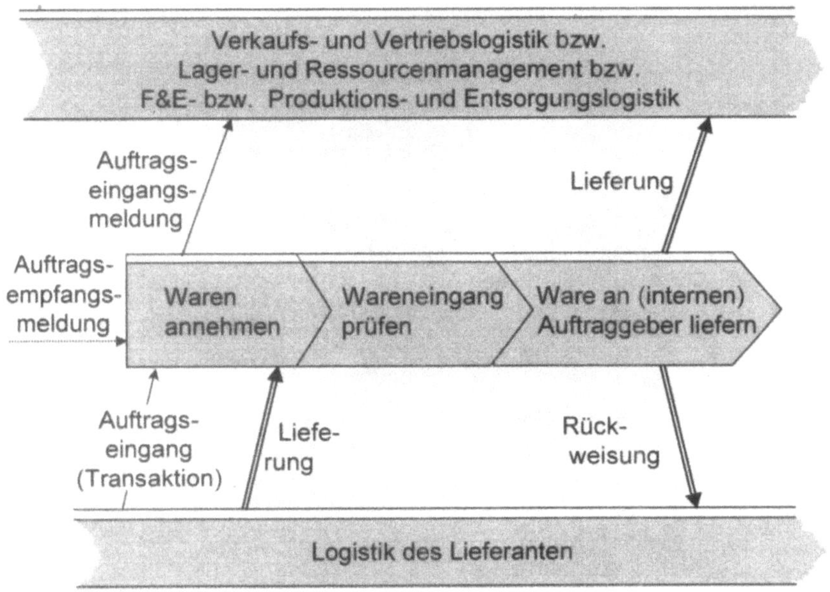


**Abb. 10.4.1.1** Wareneingangsbearbeitung: prozessorientiertes Modell

Während des Prozesses werden die folgenden *Aufgaben* ausgeführt:

- *Warenannahme*: Hauptzweck der Warenannahme ist das physische Inventarisieren der Lieferung sowie, falls immer möglich, das Identifizieren der Lieferung mit den getätigten Einkaufsaufträgen. Die Warenannahme behandelt den traditionellen *Wareneingang* von Artikeln, insbesondere (Bestand-)Teilen und Materialien, aber auch den Eingang von (externen) Arbeiten. Diese Arbeiten können mit einem gleichzeitigen Materialfluss verbunden sein (z.B. bei Veredelungen), können aber auch aus einer eigentlichen Dienstleistung (z.B. einem Arbeitsrapport) bestehen, so dass ein Informationsfluss ohne gleichzeitigem Warenfluss vorliegt. Bereits jetzt wird dem Bedarfsverursacher der Auftragseingang gemeldet.

- Die *Wareneingangsprüfung*: Für gewisse Artikel und Arbeiten setzt mit dem Wareneingang ein Prüfvorgang ein. Die im Rahmen des akzeptierten Angebotes oder unabhängig von einem Angebot in den Stammdaten festgehaltenen Prüfpläne gelangen nun für den Wareneingang zur Ausführung.
- *Warenlieferung an den (internen) Auftraggeber*: Als Ergebnis der vorherigen Aufgaben liegen entweder geprüfte Wareneingänge oder solche, die keiner Prüfung unterliegen müssen, vor. Die bei der Prüfung als nicht gut befundene Ware wird an den Lieferanten zurückgewiesen. Die als in Ordnung befundenen Artikel und Arbeiten (die "gute Menge") werden physisch an den Bedarfsverursacher weitergeleitet. Dabei kann es sich entweder direkt um einen Verkaufs- oder Produktionsauftrag (engl. "source to order", siehe Kap. 7.4.1 bzw. 9.1.2) oder aber um einen Lagernachfüllauftrag (engl. "source to stock", siehe Kap. 8.3.1) handeln. Akzeptierte und zugeordnete Wareneingänge ergeben Buchungen auf Sachkonti und werden der Transaktionsstatistik für den Messpunkt *Wareneingangsstatistik* hinzugefügt.

Die Abb. 10.4.1.2 zeigt das funktionsorientierte Modell der Wareneingangsbearbeitung:

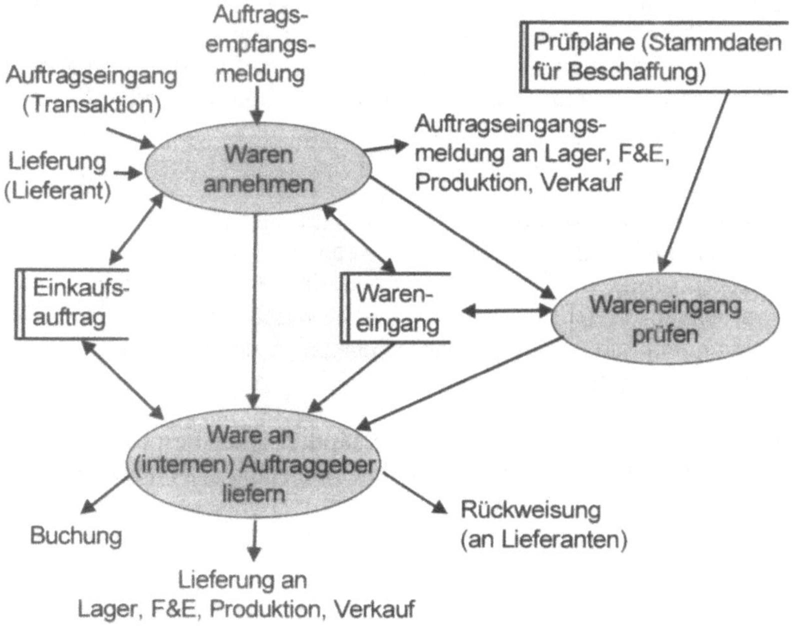


**Abb. 10.4.1.2** Wareneingangsbearbeitung: funktionsorientiertes Modell

Die Objektklasse *Wareneingang* ist für diese Aufgabe typisch. Sie kann ohne Weiteres als Spezialisierung einer Auftragsstruktur gemäss Abb. 8.2.2.1 konzipiert werden. Der Auftragshalter ist dabei, wie beim Einkaufsauftrag, der Lieferant.

Die Abb. 10.4.1.3 zeigt das objektorientierte Modell der Wareneingangsbearbeitung:

Ein Wareneingang besteht aus mehreren *Wareneingangspositionen Artikel* oder *Arbeit*. Jede Wareneingangsposition kann mehreren Einkaufsauftragspositionen zugeteilt sein. Umgekehrt kann eine Einkaufsauftragsposition durch mehrere Wareneingänge erfüllt werden. Die Teilmengen werden in der Assoziationsklasse *Partielle Wareneingangsposition Artikel* bzw. *Arbeit* festgehalten. Diese Klasse ist auch eine Spezialisierung der Klasse *Transaktion Artikel (Beschaffung)* bzw. *Transaktion Arbeit (Beschaffung)* (siehe Abb. 10.2.2.2).

In der zugeordneten Einkaufsauftragsposition kann man u.U. als Referenz eine Einkaufsangebotsposition ablesen. Damit kann man auf einen angebotsspezifischen Prüfplan zugreifen. Liegt kein Angebot vor, so kann man den Prüfplan u.U. direkt an die Klasse *Artikel* bzw. *Kapazitätsplatz* angefügt vorfinden. Siehe dazu die Abb. 10.2.4.1.

Jede Wareneingangsposition wird zum Zwecke der Chargenidentifikation durchnumeriert. Diese Chargen-Id. wird schliesslich den (internen) Auftraggebern übermittelt und bildet dann ein Attribut der Auftragsposition Artikel (Abgang) bzw. Arbeit (siehe Abb. 8.2.2.1) des Produktions- oder Kundenauftrags. Unter dieser Chargen-Id. kann eine Wareneingangsposition auch an Lager gehalten werden (siehe die Abb. 8.3.1.2).

Wurde direkt für die Produktion oder den Verkauf beschafft, so kann in der zugeordneten Einkaufsauftragsposition als Referenz die Produktions- oder Verkaufsauftragsposition oder die Einkaufsauftragsvorschlagsposition abgelesen werden, für welche der Wareneingang beschafft wurde. Die Ware kann in der Folge direkt an den entsprechenden Arbeitsplatz bzw. in die Spedition befördert werden.

Die Klasse *Buchung* wird im nächsten Unterkapitel näher besprochen. Jeder Wareneingang kann eine oder mehrere Sachbuchungen nach sich ziehen.

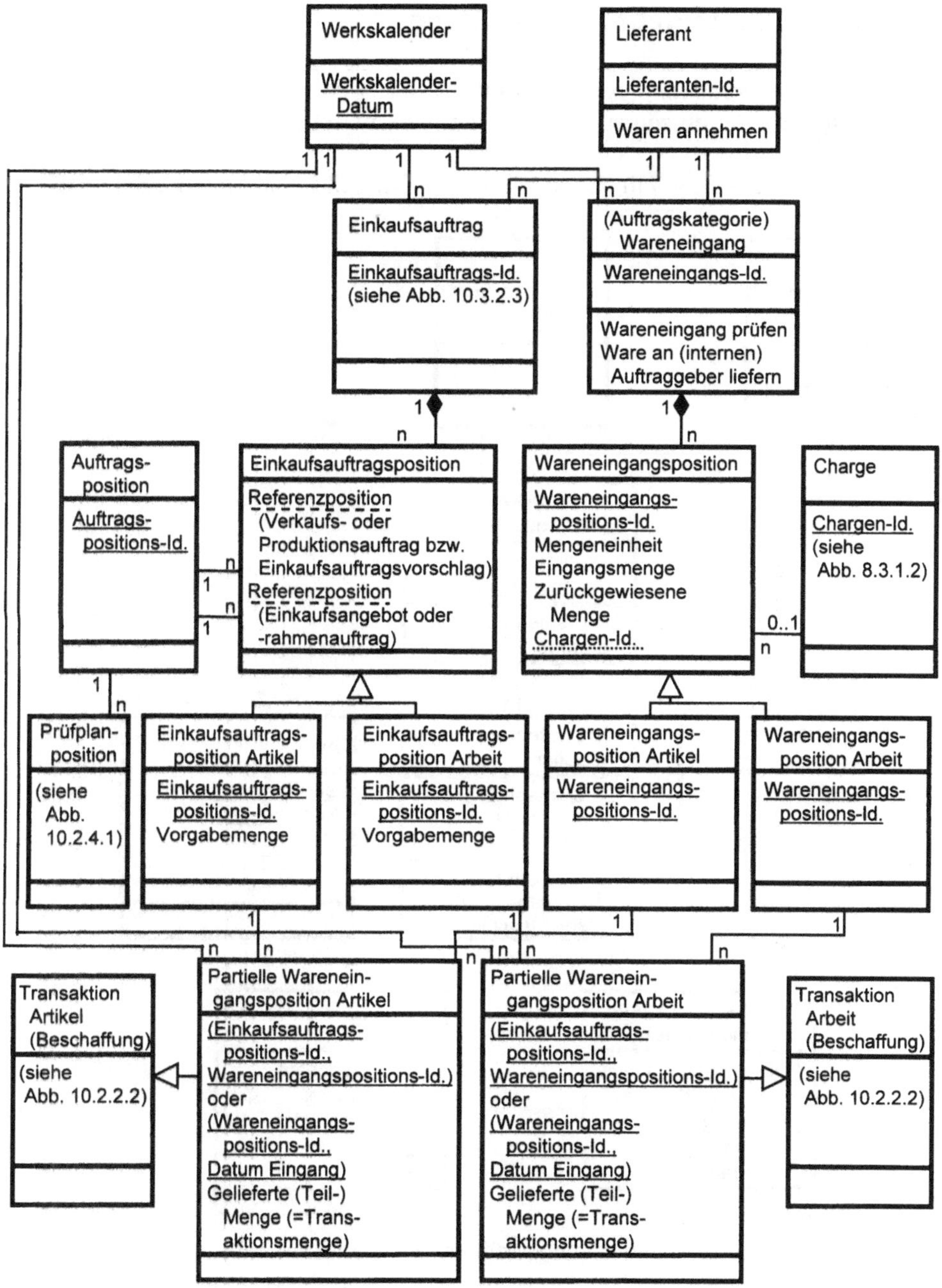


**Abb. 10.4.1.3** Wareneingangsbearbeitung: objektorientiertes Modell

## 10.4.2 Lieferantenrechnungsprüfung

Die *Lieferantenrechnungsprüfung* umfasst die Zuordnung der Lieferantenrechnung und ihrer einzelnen Positionen zu den Wareneingangspositionen.

Die Abb. 10.4.2.1 zeigt ein objektorientiertes Modell für diese Aufgabe.

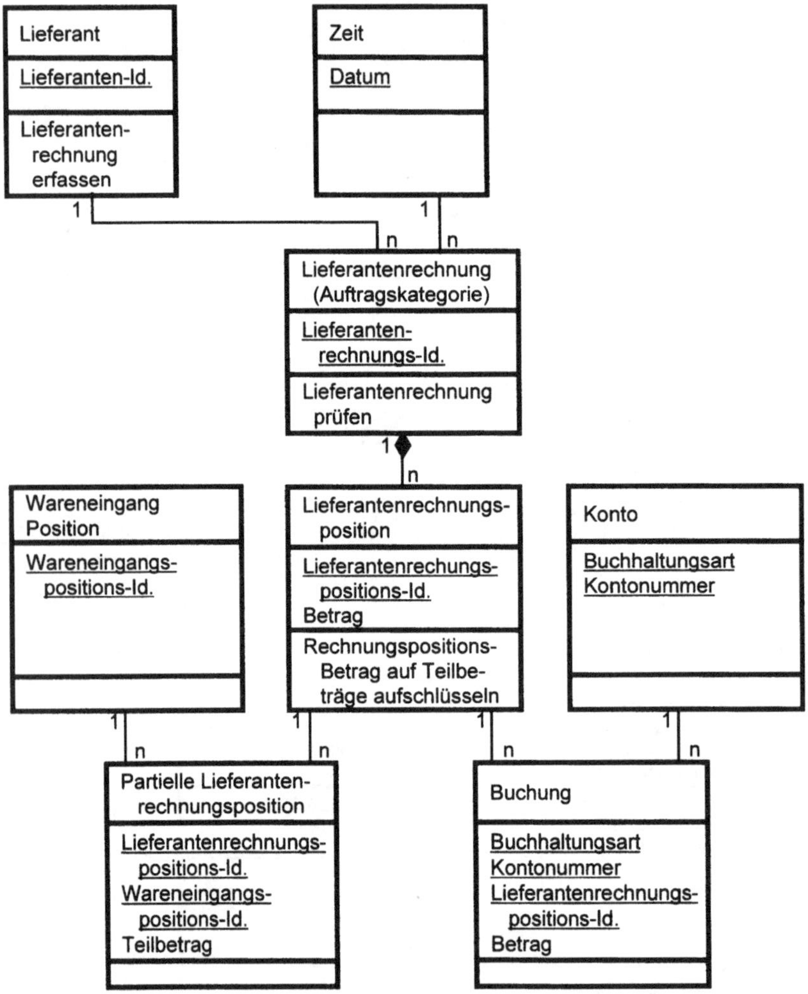


**Abb. 10.4.2.1** Lieferantenrechnungsprüfung: objektorientiertes Modell

Eine Zuordnung der Lieferantenrechnung und ihrer einzelnen Positionen zu den Wareneingangspositionen ist vor allem für die Kostenrechnung notwendig: Je direkter das Kostenabrechnungssystem ist, desto mehr müssen Lieferantenrechnungen den sie verursachenden Verkaufs- oder Produktionsaufträgen direkt zugeordnet werden können. Auf der anderen Seite müssen die durch die Wareneingänge belasteten Konti durch den Eingang der Lieferantenrechnung entlastet werden. So können eingegangene, aber noch nicht fakturierte Werte von fakturierten, aber noch nicht bezahlten Werten unterschieden werden. Erst beim Eingehen der Lieferantenrechnung ist zudem sicher, ob die bisher angenommenen Werte für Einkaufsauftrag und Wareneingang den tatsächlichen Rechnungsbeträgen entsprechen. Erst jetzt wird auch klar, ob allfällige Rückweisungen vom Lieferanten akzeptiert wurden. Eine allfällige Abweichung wird auf einem Sachkonto erscheinen.

Die Lieferantenrechnung wird hier als eine Spezialisierung eines Auftrags dargestellt. Der Auftragshalter ist wiederum der Lieferant. Jede Rechnung besteht aus verschiedenen Positionen, die ihrerseits während der Lieferantenrechnungsprüfung den einzelnen Wareneingangspositionen zugeordnet werden. Jede Lieferantenrechnungsposition muss u.U. mehreren Wareneingangspositionen zugeordnet werden können und umgekehrt. Damit lassen sich auch die Geschäftsfälle *Sammelrechnung* oder *Teilrechnung* abbilden.

Akzeptierte und gegen Wareneingänge geprüfte Lieferantenrechnungspositionen erzeugen entsprechende Buchungen. So kann z.B. für jede Lieferantenrechnungsposition ein Konto der Kreditorenbuchhaltung belastet werden. Gleichzeitig kann mit demselben Betrag das während des Wareneingangs belastete Wareneingangskonto entlastet werden.

In der Praxis bildet eine Lieferantenrechnung nicht in allen Fällen Objekte einer eigenen Klasse. Manchmal werden die Klassen des Wareneingangs um entsprechende Attribute ergänzt. Die Lieferantenrechnung ist dann eine Sicht auf die Wareneingänge. Dies bedingt aber im Falle von Wareneingängen, die durch mehrere Lieferantenrechnungspositionen bezahlt werden, eine Splittung der betreffenden Wareneingangsposition. Das kann aus verschiedenen Gründen unerwünscht sein. Wenn z.B. ein Herkunftsnachweis ohnehin nicht einfach zu dokumentieren ist, dann wäre eine zusätzliche Komplikation durch eine sich verändernde Wareineingangs-Id. höchst unpraktisch.

Es ist sehr wohl möglich, dass Rechnungen vor den entsprechenden Wareneingängen gestellt werden können. Da es aber keinen Sinn ergibt, Rechnungen zu prüfen, ohne im Besitz der betreffenden Ware zu sein, wird hier vorgeschlagen, die entsprechenden Lieferantenrechnungspositionen im ungeprüften Status zu belassen und dafür eine Methode zu postulieren, die unvollständig geprüfte Rechnungen ausweist.

Bei einer Rechnung, die reine Dienstleistungen betrifft, kann nicht verlangt werden, dass die entsprechenden Wareneingänge (z.B. Arbeitsrapporte) separat gemeldet und erfasst werden. Man kann sich hier eine Identifikation der Rechnungsprüfung mit der Warenannahme vorstellen. Das Erfassen der Lieferantenrechnung ist dann identisch mit dem Erfassen der Warenannahme.

## 10.5 Zusammenfassung und Integration des objektorientierten Modells

Die Abb. 10.5.1 zeigt eine Übersicht über die Topographie, mit welcher die objektorientierten Modelle der in Kapitel 10 erwähnten Teilsysteme des Beschaffungslogistik-Informationssystems in ein integriertes Modell überführt und angeordnet werden. Das detaillierte Modell dazu wird in der Abb. 10.5.2 gezeigt, die nachfolgend als Faltblatt eingefügt ist. Wie schon beim Verkaufs- und Vertriebslogistik-Informationssystem sind die Nahtstellen zum F&E-Logistik-Informationssystem (Kap. 12), das die Stamm-Geschäftsobjekte bereitstellt, und zum Ressourcenmanagement-Informationssystem (Kap. 8), sehr wichtig.

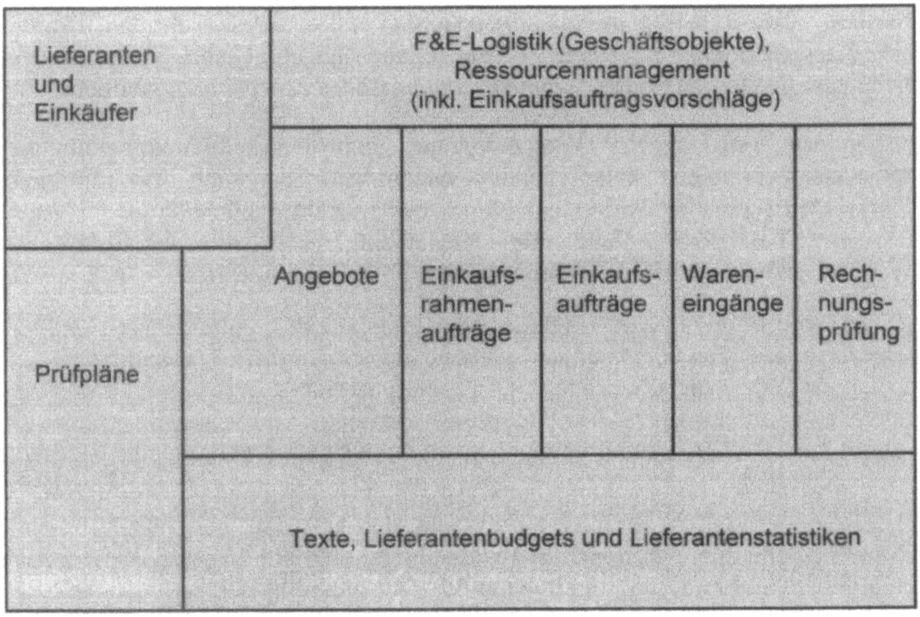


**Abb. 10.5.1** Beschaffungslogistik-Informationssystem: Anordnung zur Integration des objektorientierten Modells

Um die Übersicht zu behalten, sind wiederum nur Schlüsselattribute in die Darstellung der Objekte aufgenommen worden, weil sie zum Verständnis der aufgeführten Assoziationen beitragen. Sämtliche für die Assoziationen nicht benötigten Attribute sind weggelassen worden, auch Methoden, Funktionen und Nachrichten. Aus Gründen der Klarheit ist auch auf die Darstellung von Klassen wie Codes, Zähler, Nummerierungen und andere allgemeine Klassen sowie deren Assoziationen zu den verbleibenden Klassen verzichtet worden

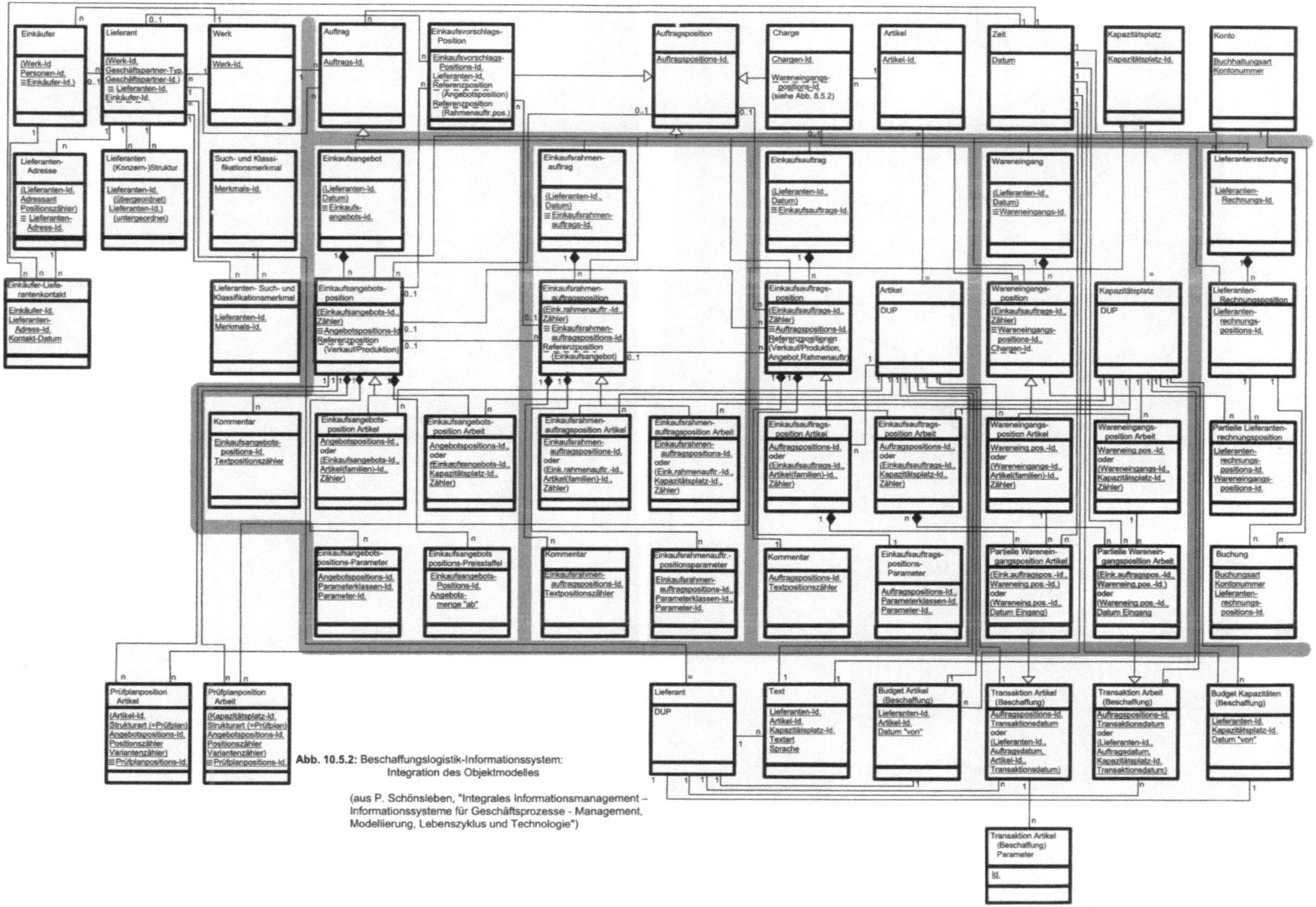


**Abb. 10.5.2:** Beschaffungslogistik-Informationssystem: Integration des Objektmodelles

(aus P. Schönsleben, "Integrales Informationsmanagement – Informationssysteme für Geschäftsprozesse - Management, Modellierung, Lebenszyklus und Technologie")

# 11 Personallogistik-Informationssystem

Ein *Personallogistik-Informationssystem* umfasst die Planung und Qualifizierung sowie die Administration und Organisation des Personals. Dazu gehört ebenfalls die Bearbeitung von Präsenz, Lohn und Gehalt.

Das Umsystem des Systems *Personallogistik* kann ausgehend vom Kontextdiagramm in Abb. B.1 sowohl aus der Prozess- als auch aus der Funktionssicht betrachtet werden. Die Abb. 11.1 zeigt die Prozesslandkarte des Umsystems *Administration und Disposition.*

**Abb. 11.1** Prozesslandkarte des Systems *Administration und Disposition* (reproduziert aus Abb. 5.1.1.1)

Die Abb. 11.2 zeigt die *Personallogistik* im Datenflussdiagramm des Umsystems *Administration und Disposition.* Die Beziehungen mit dem Umfeld wurden bereits im Kontext-Diagramm festgehalten, und die Datenflüsse der verschiedenen Teilsysteme wurden mit der Abb. 5.3.4.2 entwickelt. Das in diesem Kapitel behandelte Teilsystem ist hervorgehoben.

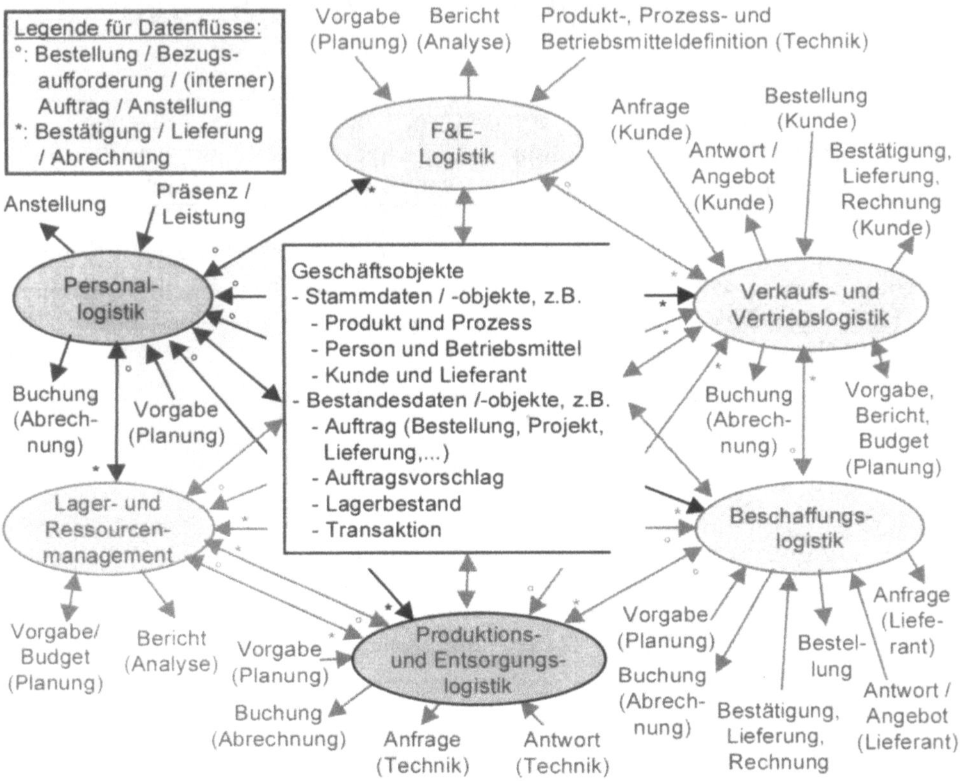


**Abb. 11.2** Datenflussdiagramm des Systems *Administration und Disposition* (reproduziert aus Abb. 5.3.4.2)

Den Mitarbeiterinnen und Mitarbeitern eines Unternehmens wird eine zentrale Bedeutung zugemessen, und das zu Recht. Je nach Gesichtspunkt der Betrachtung gelten sie

- in ihrer Eigenschaft als Produktionsfaktoren oder Kapazitäten als Ausführende innerhalb eines Prozesses zur betrieblichen Leistungserstellung.
- als Steuerer, Disponenten, Planer, Administratoren, Entwickler, Verkäufer, Strategen und Manager im organisatorischen Umfeld eines Betriebes.

Der wohl wichtigste Aspekt ist aber wohl der eigentlich humane: Unternehmen bestehen auch zu dem Zweck, den mitarbeitenden Personen zu einem Auskommen und zu einem menschenwürdigen Dasein zu verhelfen.

Die Führung des Personals hat allen Gesichtspunkten Rechnung zu tragen, insbesondere natürlich dem Letzteren. Ein entsprechendes Informationssystem dient deshalb dazu, den Führungsprozess unter allen Aspekten zu stützen. So können insbesondere auch Informatik-gestützte Informationssysteme auf der ganzen Breite der Arbeit mit und um die Mitarbeiterinnen und Mitarbeiter beitragen.

## 11.1 Grobe Prozess- und Funktionsanalyse des Informationssystems

Eine besondere Gefahr ist bei allen Informationssystemen im Personalbereich zu beachten, und zwar auch ohne Informatikstützung: Ihr wird mit dem *Datenschutz* begegnet. Personen sind Individuen, und nicht nur Mitarbeiterinnen oder Mitarbeiter in einem Unternehmen. Zivilrechtliche Aspekte des Personenschutzes können unter Umständen mit Interessen des Führungsprozesses in Unternehmen kollidieren. Die Legislative in Ländern mit langer industrieller Tradition hat immer wieder hervorgehoben, dass im Zweifelsfall der Schutz der Privatsphäre Priorität geniesst. Daraus wurde in neuerer Zeit insbesondere abgeleitet, dass jede Person das Recht hat, sämtliche über sie gespeicherten Informationen, seien diese quantitativer oder qualitativer Natur, einzusehen und nötigenfalls deren Berichtigung zu verlangen. Auf diesen Aspekt ist insbesondere bei sämtlichen Soll-/Ist-Vergleichen, die sich auf Personen beziehen, z.B. bei der Personalqualifikation oder der direkt lohnrelevanten Leistungserfassung, zu achten.

Auf der anderen Seite ist zur Erfüllung des betrieblichen Leistungsauftrages das Halten von Informationen über das Personal notwendig. Zudem ist aus Rationalisierungsgründen und wegen der vom Gesetzgeber geforderten Exaktheit ein Informatik-gestütztes Informationssystem von Vorteil, besonders auf dem Gebiet der Lohn- und Gehaltsabrechnung. Dieses letztere Aufgabengebiet war übrigens eines der ersten, das sich für Informatikgestützte Verarbeitung anbot.

Im vorliegenden Ansatz ist auch die persönliche Organisation der Arbeit Teil des Personallogistik-Informationssystems. In manchen Werken wird dieses Gebiet unter dem Titel *Büroautomation* oder *Verwaltung* subsummiert. Dies geschieht oft aus historischen Gründen, da sich die Büroautomation oft eigenständig, “auf der grünen Wiese”, entwickelt hat, besonders seit der Einführung des PC. Wie aber schon in früheren Kapiteln gezeigt, ist die Ablaufsteuerung von betrieblichen Funktionen eng mit den sie steuernden Personen verbunden, so dass die Büroautomation nicht unabhängig von den anderen Informationssystemen betrachtet werden kann. Da Hilfsmittel zur Organisation der persönlichen Arbeit, ob Informatik-gestützt oder nicht, zu den Personen eines Unternehmens gehören, werden sie als Teil des Personallogistik-Informationssystems behandelt.

### 11.1.1 Zusammenhang des Logistischen Systems mit dem Umsystem aus Prozesssicht

Die Abb. 11.1.1.1 zeigt die prozessorientierte Modellierung des Systems *Personallogistik* mit der *mehrstufigen Auftragskaskade* aus Kap. 5.1.9.

**Abb. 11.1.1.1** Personallogistik-Informationssystem: Auftragskaskade

Die Personallogistik ist das Logistische System zur Erfüllung eines Bedarfes an menschlichen Ressourcen im Unternehmen. Mitarbeitende sind dabei nicht nur als Teil des Unternehmens zu behandeln, sondern als Individuen und damit eigenständige Anspruchshalter an ein Unternehmen. Ihre Bedürfnisse treten damit im Unterschied zu anderen Ressourcen eines Unternehmens direkt in den Vordergrund, ähnlich wie die Bedürfnisse der Kunden und Lieferanten.

Die Abb. 11.1.1.2 zeigt den Einfluss des *strategisch übergeordneten Prozesses* der Unternehmensplanung auf den Geschäftsprozess *Personallogistik.*

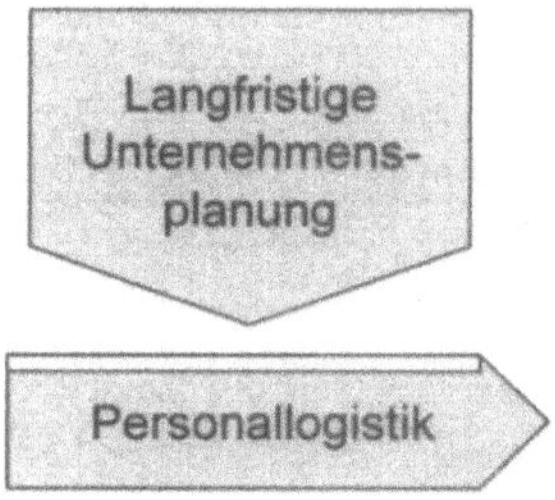


**Abb. 11.1.1.2** Personallogistik: Strategisch übergeordneter Prozess

Die langfristige Unternehmensplanung legt fest, welche Geschäftsprozesse Kernfähigkeiten umsetzen und welche Fachkräfte dafür zur Verfügung stehen müssen. Daraus wird die Personalpolitik, welche die Rahmenbedingungen für die Humanressourcen bildet, erarbeitet. Diese drückt sich z.B. in der Lohn- und Gehaltspolitik oder in der Personallaufbahnförderung aus. Alle diese Vorgaben beeinflussen die Personallogistik entscheidend.

Der senkrecht gezeichnete Pfeil zeigt diese bestimmende Beeinflussung. Die Beeinflussung wirkt zum einen kontinuierlich, d.h. dem ganzen Prozess entlang, und zum anderen durch strategische Vorgaben zum spontanen Start bestimmter Teilprozesse des Geschäftsprozesses, d.h. ohne Anstoss durch einen expliziten Auftrag. Beispiele dafür sind die Personalplanung, die Personalqualifizierung oder die Definitionen zur Lohnberechung. Bei der detaillierten Besprechung eines solchen Teilprozesses wird jeweils auf solche „Selbststarts" hingewiesen. Meistens ist ein Eintrag in einem Ablaufspeicher der Art *Agenda* für den Start verantwortlich.

### 11.1.2 Das Logistische System und seine Teilsysteme

Die Abb. 11.1.2.1 zeigt das prozessorientierte Modell des Untersystems *Personallogistik*, d.h. die nächste Stufe der Detaillierung der Darstellung aus Abb. 11.1.1.1.

Die *Aufgaben,* die während des Prozess ausgeführt werden, sind die folgenden:

- Die *Personaladministration und -organisation.* Dazu gehören die Verwaltung von Stellen, Personaldaten und Personalstatistiken sowie die Darstellung der Aufbauorganisation in Form von Diagrammen.
- Die *Präsenz-, Lohn- und Gehaltsbearbeitung.* Dazu gehören die Organisation der persönlichen Arbeit, die Verwaltung der Präsenz und der Leistung, die Festlegung der Regeln zur Lohn- und Gehalts-

berechnung sowie die Erstellung der Lohn- und Gehaltsabrechnung und der dazugehörigen Statistiken.

- Die *Personalakquisition und -qualifikation*: Dazu gehören die Beschaffung sowie die Schulung und Bewertung des Personals.

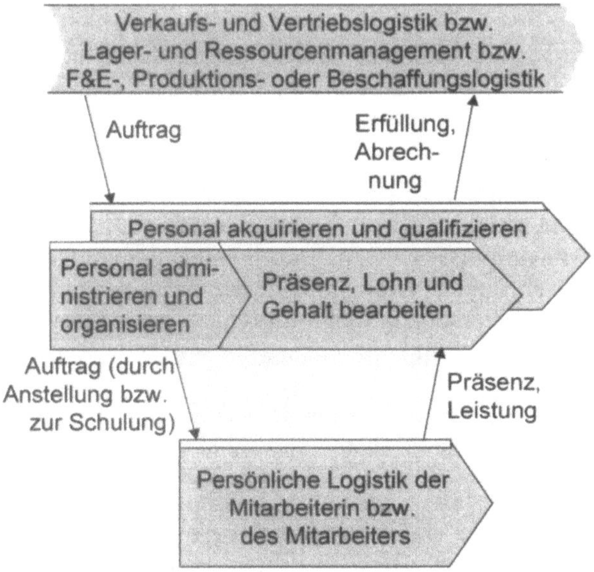


**Abb. 11.1.2.1** Personallogistik: prozessorientiertes Modell

Mit Bezug auf die *Ablaufsteuerung* zeigt diese grobe Darstellung, dass zumindest die Teilaufgabe der Personalplanung und -qualifikation nicht mit den beiden anderen verknüpft werden muss.

Die Personaladministration und -organisation fällt sinnvollerweise zeitlich vor der Lohn- und Gehaltsbearbeitung an. Die Lohn- und Gehaltsabrechnung erfolgt jedoch nur monatlich, während alle übrigen Teilaufgaben täglich durchgeführt werden. Damit ist die Verknüpfung dieser beiden Teilprozesse nur gerade vor der Lohn- und Gehaltsabrechnung kritisch. Diese nur einmal im Monat kritische Nahtstelle kann bei sorgfältiger Gestaltung ohne weiteres zwei verschiedene organisatorische Einheiten verknüpfen.

Die Abb. 11.1.2.2 zeigt das funktionsorientierte Modell des Untersystems *Personallogistik* aus Abb. 11.2, d.h. die Detaillierung in seine Teilfunktionen.

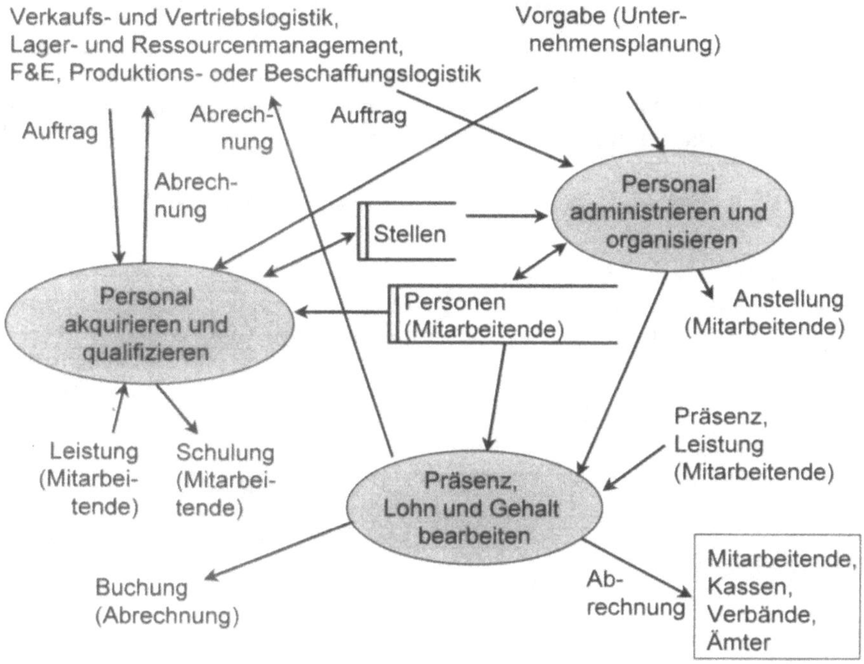


**Abb. 11.1.2.2** Personallogistik: funktionsorientiertes Modell

Als die beiden wichtigsten *Objekte*, die in der Personallogistik vorkommen, zeigt dieses Datenflussdiagramm die *Stelle* und die *Person*. Dazu kommen die folgenden Überlegungen:

- Als weitere Terminatoren zeigen sich bei genauerem Hinsehen Kassen, Verbände und Ämter. Es handelt sich um Anspruchsgruppen an das Unternehmen, die durch Gesetze oder Abmachungen als solche definiert sind und über die Lohnzahlungen informiert werden müssen. Dazu gehören z.B. Sozialwerke oder Gewerkschaften, die über Lohnabzüge finanziert werden, sowie auch die Steuerämter.

- Auch der Mitarbeitende selbst ist ein Terminator für die Lohnabrechnung, die er selbst ausgehändigt bekommt. Die Lohnabrechnung tritt eigentlich an die Stelle der Rechnung eines Lieferanten, nur dass der Mitarbeitende eben nicht jeden Monat eine Rechnung an das Unternehmen schreibt. Die Rechnung des Lieferanten erscheint im Kontextmodell explizit als Datenfluss vom Lieferanten zum Unternehmen, während der umgekehrte Fluss im Falle der Lohnabrechnung an Mitarbeitende dort nicht vorgesehen wurde.

## 11.2 Personaladministration und -organisation

Die *Personaladministration und -organisation* umfasst das Verwalten der Stellen, der Personaldaten und der Personalstatistiken sowie die Darstellung der Aufbauorganisation in Form von Diagrammen.

Die Abb. 11.2.1 zeigt einen Prozess so, wie er wohl in vielen Fällen abläuft.

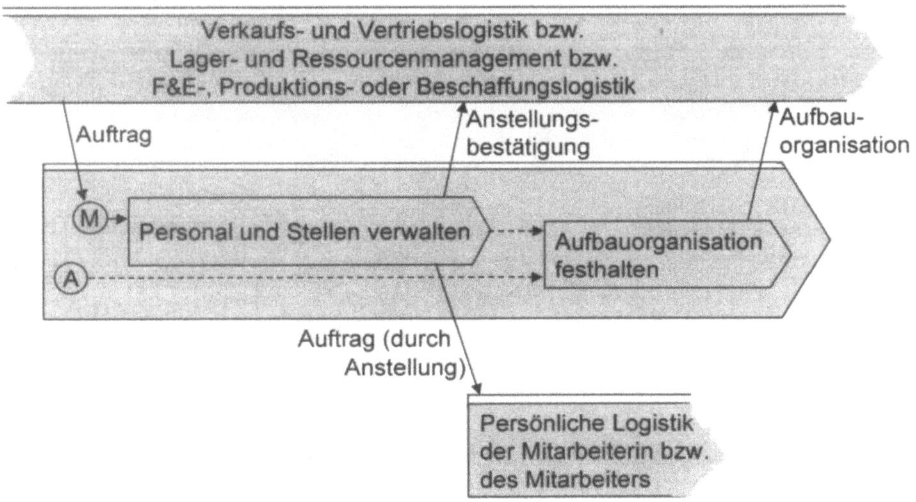


**Abb. 11.2.1** Personaladministration und -organisation: prozessorientiertes Modell

Folgende *Aufgaben* werden während des Prozesses ausgeführt:

- Die *Personal- und Stellenverwaltung* umfasst das Festhalten aller Personalmutationen und Stellenbeschreibungen im Unternehmen.
- Das *Festhalten der Aufbauorganisation*: Dadurch bildet man die Abhängigkeiten und Verantwortungsbereiche in der Führung eines Unternehmens ab.

Zur *Ablaufsteuerung*: Die beiden Teilprozesse brauchen eigentlich keine besondere Koordination, ausser der Überlegung, dass das Festhalten der Aufbauorganisation sinnvollerweise die letzten Änderungen in der Personal- und Stellenverwaltung einbeziehen soll. Die neuen Organisationsschemata werden meistens periodisch herausgegeben, z.B. einmal jährlich. Dies begründet den Ablaufspeicher der Art *Agenda*.

Im funktionsorientierten Modell gemäss Abb. 11.2.2 legt man auch die Objekte fest, die durch die einzelnen Teilprozesse erstellt bzw. benötigt werden.

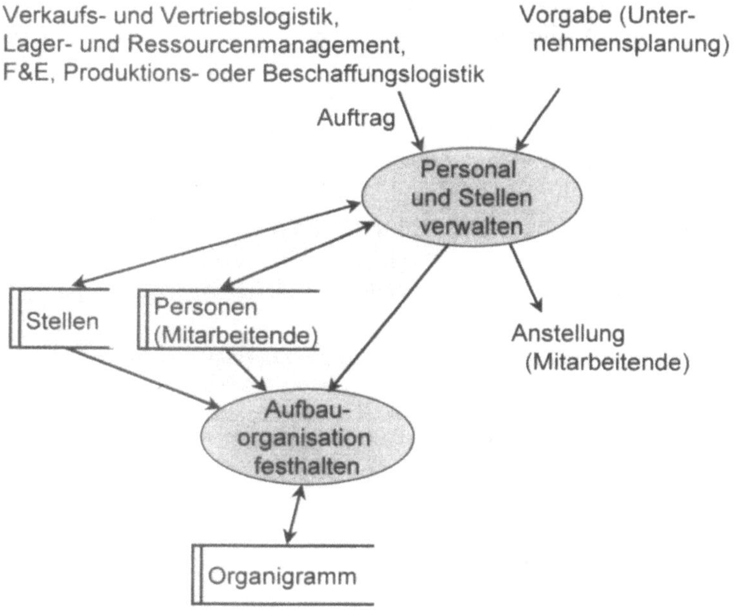


**Abb. 11.2.2** Personaladministration und -organisation: funktionsorientiertes Modell

Als *Objekte* zeigt dieses Datenflussdiagramm die folgenden Überlegungen:

- Neben Person und Stelle erscheint hier das Organigramm. Für die Darstellung eines Organigramms gibt es verschiedene Möglichkeiten. Meistens handelt es sich um die Form der Bestandteilhierarchie gemäss Abb. 5.2.1.1. Die Hierarchie kann dabei eine Orientierung der Aufbauorganisation sowohl nach gleichen Funktionen als auch nach Geschäftsprozessen wiedergeben.

### 11.2.1 Personal- und Stellenverwaltung

Die Informationen über Personen und über die Arbeitseinheiten eines Unternehmens, d.h. die sogenannten Stellen, bilden die grundlegenden Elemente einer Personalorganisation.

Unter dem Begriff *Personal* versteht man die Gesamtheit der beschäftigen Personen eines Unternehmens. Dazu gehören die Mitarbeiterinnen und Mitarbeiter im Leistungserstellungsprozess, aber auch die Lehrkräfte sowie – im erweiterten Sinn – die ehemaligen Mitarbeiterinnen und Mitarbeiter im Ruhestand.

Eine *Stelle* ist hier definiert als eine Menge von zusammengehörenden Arbeiten bzw. Aufgaben, die sinnvollerweise einer oder mehreren Personen zugeordnet werden können.

Das prozessorientierte Modell trägt in diesem Fall nichts Entscheidendes zum Verständnis bei. Die beiden *Teilaufgaben,* die durch die Teilprozesse erfüllt werden, können nämlich unabhängig voneinander ablaufen. Auf die entsprechende Modellierung und eine Diskussion der notwendigen Ablaufspeicher wird deshalb verzichtet. In der Abb. 11.2.1.1 wird direkt das funktionsorientierte Modell für die Personal- und Stellenverwaltung gezeigt.

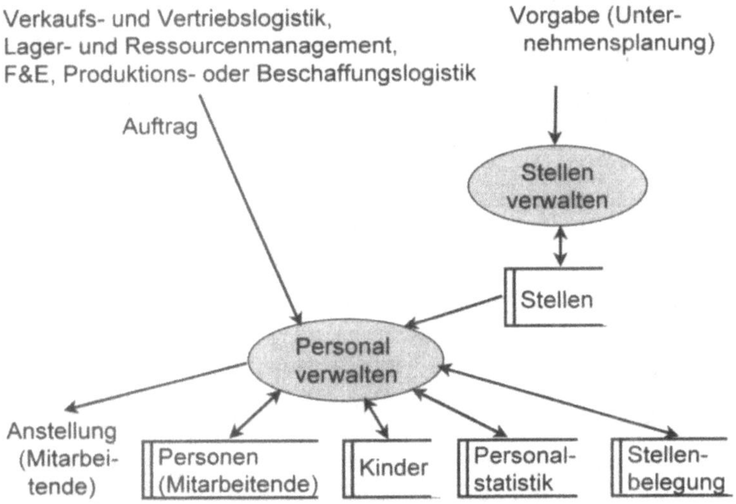


**Abb. 11.2.1.1** Personal- und Stellenverwaltung: funktionsorientiertes Modell

Die *Personalverwaltung* umfasst das Festhalten aller Personalmutationen im Unternehmen.

Zu den Mutationen gehören Eintritte, Austritte, Beförderungen, Zivilstandsänderungen, Änderungen der Anzahl Kinder usw. In der *Personalstatistik* hält man die "Geschichte" einer Person in ihrer Beziehung zum Unternehmen fest.

Die kleinsten organisatorischen Einheiten für das Personal sind in Form von Stellen ausgedrückt.

Die *Stellenverwaltung* umfasst das Festhalten sämtlicher Stellenbeschreibungen im Unternehmen.

Eine Stelle besitzt eine "Geschichte", nämlich die *Stellenbelegung,* d.h. eine Auskunft darüber, wer zu welchem Zeitpunkt die Stelle ausgefüllt hat.

Die Abb. 11.2.1.2 zeigt das entsprechende objektorientierte Modell.

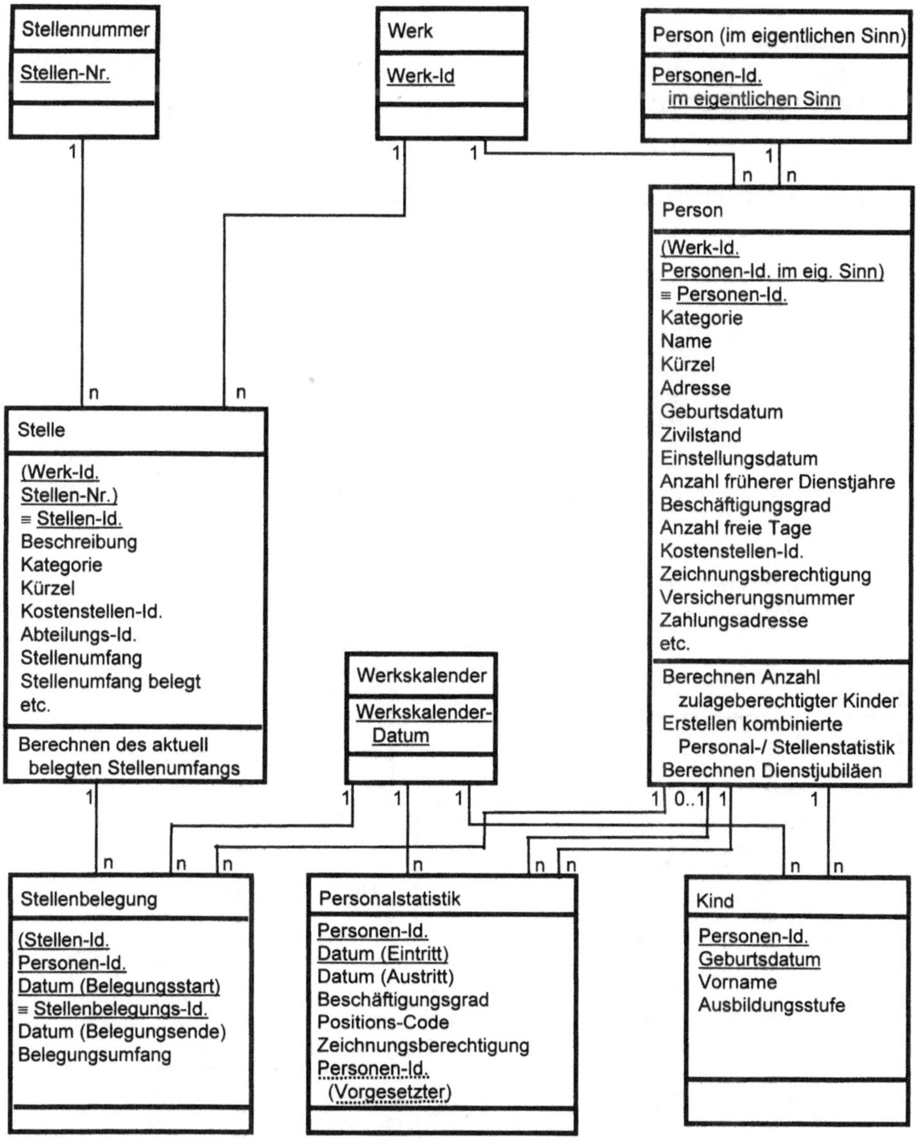


**Abb. 11.2.1.2** Personal- und Stellenverwaltung: objektorientiertes Modell

Die Klasse *Person* wird hier als Assoziationsklasse aus den Klassen *Werk* und *Person im eigentlichen Sinn* gebildet. Dies bedeutet, dass ein und dieselbe Person, wenn sie in verschiedenen Werken – z.B. auch Tochtergesellschaften eines Konzerns – angestellt ist, jeweils als unterschiedliches Objekt betrachtet wird. Natürlich kann man sämtliche Beschäftigungen einer bestimmten Person über die Sicht der *Personen-Id im eigentlichen Sinn* zusammenziehen.

Die Klasse *Kinder* ist dann notwendig, wenn bestimmte Leistungen der Firma gegenüber der Person von der Anzahl bzw. dem Geburtsdatum von Kindern abhängig sind. Dazu gehören z.B. die Kinderzulagen.

## 11.2.2 Festhalten der Aufbauorganisation

Das *Festhalten der Aufbauorganisation* eines Unternehmens bedeutet, die Abhängigkeiten und Verantwortungsbereiche in der Führung eines Unternehmens abzubilden.

In jeder sozialen Umgebung sind Personen in irgendeiner organisatorischen Form einander zugeordnet, um die Zusammenarbeit zu gewährleisten. Im sozioökonomischen Mikrosystem eines Unternehmens handelt es sich in den meisten Fällen um eine explizite, in Schemata festgehaltene Aufbauorganisation, z.B. in Form von Organigrammen.

Das objektorientierte Modell in Abb. 11.2.2.1 erlaubt die Wiedergabe von mehreren Dimensionen von Abhängigkeitsverhältnissen.

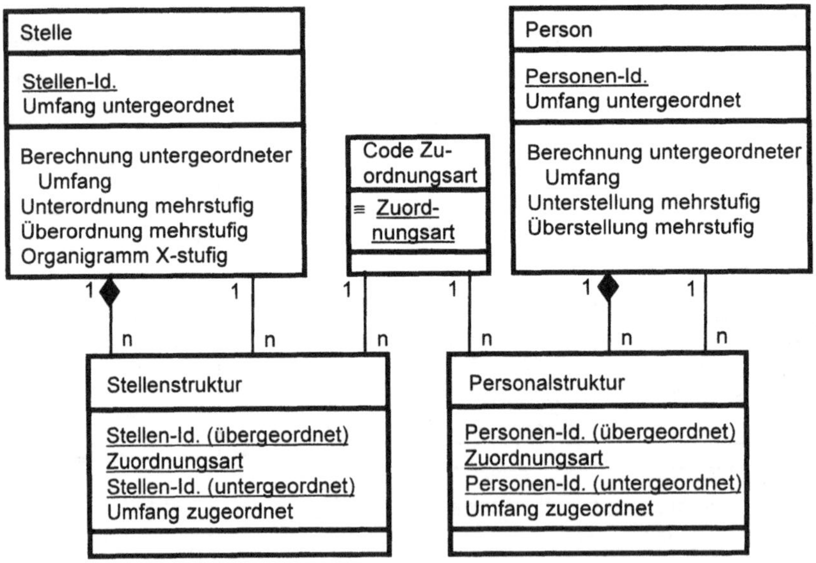


**Abb. 11.2.2.1** Festhalten der Aufbauorganisation: objektorientiertes Modell

In kleineren bis mittleren Unternehmen findet man meistens den Fall, dass Personen direkt einander zugeordnet sind, und zwar in dem Sinne, dass eine *übergeordnete* Person eine Anordnungsgewalt über eine Menge von *untergeordneten* Personen besitzt. Daraus entsteht eine mehr oder weniger flache Hierarchie. In der klassischen Organisationslehre geht man von fünf bis zehn Untergeordneten pro leitender Person aus.

Auch in mittelgrossen Unternehmen findet man des öfteren auch alternative Organisationsformen zur Hierarchie. Das Modell berücksichtigt insbesondere die Matrixorganisation, indem eine untergeordnete Person auch mehreren übergeordneten Personen zugeordnet sein kann. Das Attribut *Zuordnungsart* unterscheidet dann z.B.

- die vertikale Unterordnung, die übrigens eine Orientierung der Aufbauorganisation sowohl nach gleichen Funktionen als auch nach Geschäftsprozessen wiedergeben kann
- die horizontalen Unterordnung, die meistens eine projektbezogene Zuordnung ausdrückt.

Explizit können auch die ungefähren Zeitanteile, welche die Tätigkeiten in der jeweiligen Abhängigkeit umfassen, festgehalten werden.

Vor allem in grösseren Unternehmen wird die Aufbauorganisation nicht direkt über Personen, sondern vielmehr über die Stellen, festgehalten. Die Klasse *Stellenstruktur* erlaubt dann die Wiedergabe der verschiedenen, bereits oben erwähnten Organisationsformen. Die Organigramme werden dann durch Auswertung der Stellenstruktur gezeichnet, wobei über die in der Abb. 11.2.1.2 gezeigte Klasse *Stellenbelegung* jederzeit der oder die Stelleninhaber für eine bestimmte Stelle hinzugefügt werden können.

Aufbauorganisationen in grösseren Unternehmen sind somit mehr von den Tätigkeiten – d.h. personalunabhängig – gegeben, während Aufbauorganisationen in kleineren bis mittleren Unternehmen mehr auf die gerade mitarbeitenden Personen ausgerichtet sind. Die Änderung der Aufbauorganisation eines grösseren Unternehmens bringt deshalb auch von der administrativen Seite her mehr Aufwand als für ein kleines Unternehmen, da mindestens doppelt so viele Objekte ihre Daten, d.h. Attributswerte, ändern. Dieser Umstand darf aber nie als Grund dafür genannt werden, überkommene Strukturen nicht zu ändern.

## 11.3 Bearbeitung von Präsenz, Lohn und Gehalt

Die *Präsenz-, Lohn- und Gehaltsbearbeitung* umfasst die Organisation der persönlichen Arbeit, die Verwaltung der Präsenz und der Leistung, die Festlegung der Regeln zur Lohn- und Gehaltsberechnung sowie die Erstellung der Lohn- und Gehaltsabrechnung und der dazugehörigen Statistiken.

Die Abb. 11.3.1 zeigt einen möglichen Prozess für diese Aufgabe.

**Abb. 11.3.1** Präsenz-, Lohn- und Gehaltsbearbeitung: prozessorientiertes Modell

Die *Aufgaben,* die während des Prozesses ausgeführt werden, sind die folgenden:

- Die *persönliche Arbeitsorganisation*: Dazu zählt einerseits die gesamte Kommunikation unter den Personen eines Unternehmens selbst, aber auch mit ausserbetrieblichen Stellen. Ebenfalls unter dieses Thema fallen sämtliche Hilfsmittel persönlicher Natur, die als persönliche Verlängerung der Denkstatt gelten können. Im Falle der Informatik-Stützung ist dies der Bereich des Personal Computing.
- Die *Verwaltung der Präsenz- und Leistungsdaten*: Mit Präsenzdaten sind Informationen über die An- und Abwesenheit der Mitarbeiter gemeint, mit Leistungsdaten die Zuordnung der Präsenzzeit von Personen auf einzelne Arbeiten zur betrieblichen Leistungserstellung.

- Die Festlegung der Regeln zur *Lohn- und Gehaltsberechnung*: Darin eingeschlossen sind das Festlegen der eigentlichen Lohnstruktur – d.h. der Art, wie sich ein Lohn oder ein Gehalt zusammensetzt – sowie die entsprechenden Formeln zur Berechnung des Nettosalärs aus dem Bruttosalär. Ebenfalls unter dieses Thema fällt das Verwalten von Lohnelementen für Personen, deren Entgelt nicht direkt von einzelnen Arbeiten im Prozess der betrieblichen Leistungserstellung abhängen (z.B. Monatslohn).

- Die *Erstellung der Lohn- und Gehaltsabrechnung und der (dazu gehörenden) Statistiken*: Die Statistiken geben z.B. über die im Verlauf einer Abrechnungsperiode gegenüber den Behörden oder Versicherungen auszuweisenden Beträge Auskunft, seien sie ausbezahlt oder zurückbehalten.

Zur *Ablaufsteuerung*:

- Die *persönliche Arbeitsorganisation* wird durch die betroffenen Mitarbeitenden festgelegt, was den Ablaufspeicher der Art „sofort und interaktiv" begründet.

- Die *Präsenz- und Leistungsdaten* werden laufend erfasst. Deren Verwaltung wird über einen Ablaufspeicher der Art *Mailbox* ausgelöst.

- Die *Festlegung der Regeln zur Lohn- und Gehaltsberechnung* erfolgt periodisch, z.B. jeden Monat direkt vor der *Lohn- und Gehaltsabrechnung*. Sie wird durch den strategisch übergeordneten Prozesses der langfristigen Unternehmensplanung beeinflusst. Dies begründet den Ablaufspeicher der Art *Agenda*.

Die Abb. 11.3.2 zeigt das entsprechende funktionsorientierte Modell.

Als *Objekte* zeigt dieses Datenflussdiagramm die folgenden charakteristischen Objektklassen der Präsenz-, Lohn- und Gehaltsbearbeitung:

- Arbeitszeiten und Einsatzpläne, in denen die Soll-Präsenzzeiten festgehalten werden.

- Präsenz- und Leistungsdaten, in denen die effektive Präsenz und Leistung festgehalten werden.

- Die Basis-Lohndaten und die Berechnungsformeln für den Lohn bzw. das Gehalt.

- Die kumulativen Daten, welche die ausbezahlten Löhne und Gehälter festhalten, zur späteren Abrechnung gegenüber Ämtern und Kassen.

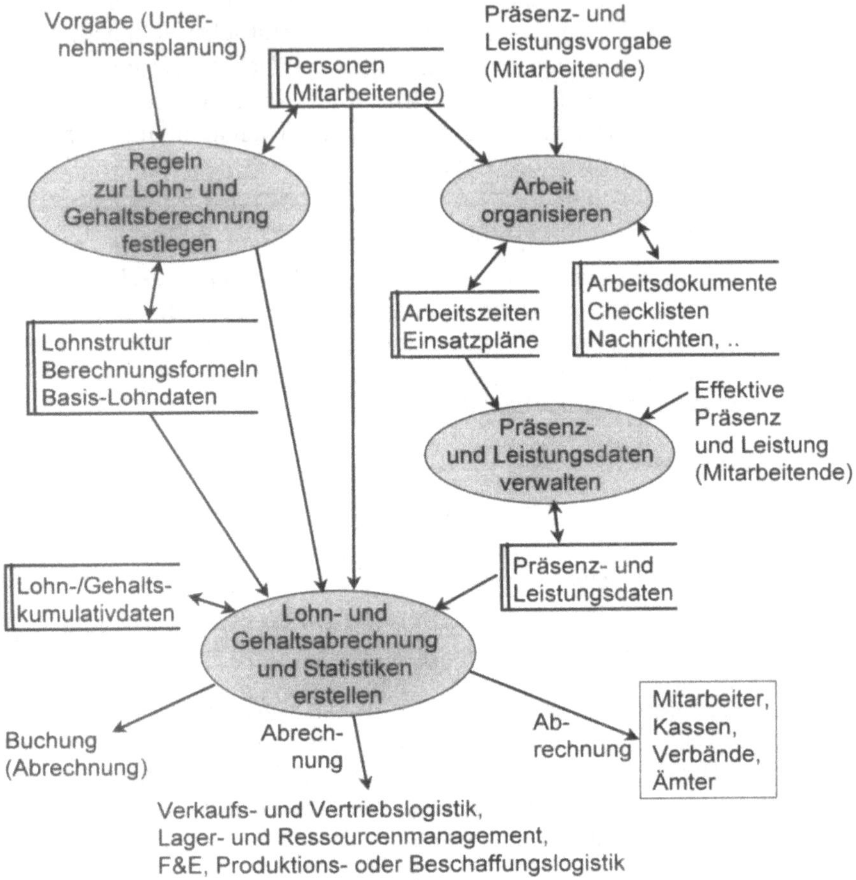


**Abb. 11.3.2** Präsenz-, Lohn- und Gehaltsbearbeitung: funktionsorientiertes Modell

## 11.3.1 Arbeitsorganisation

Zu jeder Zeit haben bestimmte Hilfsmittel die persönliche Organisation der Arbeit erleichtert. Dies gilt besonders für bürobezogene Tätigkeiten.

Zur *persönlichen Arbeitsorganisation* zählt einerseits die gesamte Kommunikation unter den Personen eines Unternehmens selbst, aber auch mit ausserbetrieblichen Stellen. Dazu gehören sämtliche Hilfsmittel persönlicher Natur, die als persönliche *Verlängerung der Denkstatt* gelten können.

Im Falle der Informatik-Stützung gehört dazu der ganze Bereich des *Personal Computing.*

Das prozessorientierte Modell trägt in diesem Fall nichts Entscheidendes zum Verständnis bei. Die meisten *Teilaufgaben,* die durch die Teilprozesse erfüllt werden, können nämlich unabhängig voneinander ablaufen. Auf die entsprechende Modellierung und eine Diskussion der notwendigen Ablaufspeicher wird deshalb verzichtet.

In der Abb. 11.3.1.1 wird direkt das funktionsorientierte Modell zur Organisation der persönlichen Arbeit gezeigt.

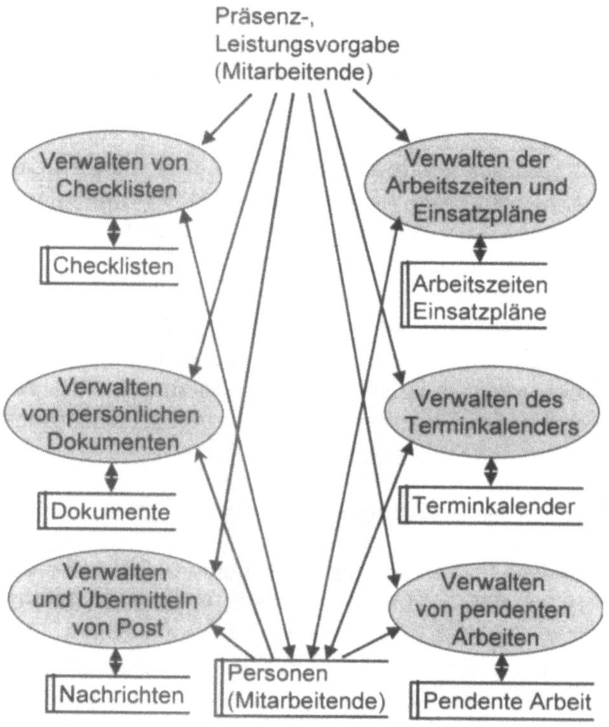


**Abb. 11.3.1.1** Arbeitsorganisation: funktionsorientiertes Modell

Die einzelnen Teilaufgaben können wie folgt beschrieben werden:

- Das *Verwalten von Checklisten* erlaubt das gezielte Ablegen von wiederkehrenden oder einmaligen Aufforderungen, eine bestimmte Arbeit zu verrichten.

- Das *Verwalten von persönlichen Dokumenten* betrifft Texte, Grafiken, Tabellen, Tabellenkalkulationen jeder Art, die als Grundlage für z.B. Briefe, Dokumente, Beschreibungen und Anleitungen gelten sollen.

Diese persönlichen Dokumente sind in den meisten Fällen niemand anderem zugänglich.

- Das *Verwalten und Übermitteln von Post* betrifft die elektronischen Postkörbe. Dokumente und Meldungen werden so über standardisierte Schnittstellen an inner- und ausserbetriebliche Stellen geleitet, sei dies an Personen (z.B. durch Fax, E-Mail) oder an Computerprogramme (z.B. mit Edifact, XML).

- Durch das *Verwalten der Arbeitszeiten und Einsatzpläne* deklariert man die persönliche Norm-Präsenzzeit im Unternehmen. Sind die Arbeitszeiten in der Zeitachse unterschiedlich, so spricht man von Einsatzplänen.

- Das *Verwalten des Terminkalenders* erlaubt gerade bei Informatik-Stützung auch anderen Personen, den persönlichen Terminkalender abzufragen und gegebenenfalls Termine darin zu platzieren.

- Das *Verwalten von pendenten Arbeiten* meint grössere Projekte, die in verschiedene Arbeitsschritte zu unterteilen sind. Einzelne Arbeitsschritte sind durch die betreffende Person selbst durchzuführen, andere Arbeitsschritte sind anderen Personen zugeordnet. Die Auswertung der entsprechenden Daten erlaubt nicht zuletzt, den Projektfortschritt und die Dringlichkeit zu beurteilen.

Die Abb. 11.3.1.2 zeigt das entsprechende objektorientierte Modell.

Jede der erwähnten Teilaufgaben begründet eine oder mehrere Objektklassen. Da es sich bei der Organisation der persönlichen Arbeit im Wesentlichen um eine Ablaufsteuerung handelt, sind die entsprechenden Klassen Ablauf- bzw. Steuerungsspeicher im Sinne des Kap. 6.4. Die Klasse *Checklistenposition* ähnelt deshalb in ihrer Struktur sehr stark derjenigen der Klasse *"Batch Program Schedule"* im Kapitel 6.4.2. Die Klasse *Nachricht* enspricht der Klasse mit gleichem Namen im Konstrukt zur Ablaufsteuerungsart *Mailbox* in der Abb. 6.4.1.1. Im hier gewählten Ansatz werden alle personenbezogenen Dokumente in eine einzige Klasse generalisiert, wobei sich jedes Dokument unter anderem durch ein charakteristisches Datum identifiziert. Dies ist bei den Nachrichten und den privaten Dokumenten das Erstellungsdatum, bei der Klasse *Terminkalenderposition* das Startdatum einer Kalenderbelegung und bei der Klasse *Pendente Arbeit* der geplante Endtermin der Arbeit.

Der *Einsatzplan* führt für jeden Tag die Sollarbeitszeit auf. Die Einsatzzeiten können einem von verschiedenen Schichtmustern folgen, die hier nicht weiter erwähnt sind. Zwei Einsatzzeitintervalle je Tag entsprechen den in der Praxis wohl am häufigsten vorkommenden Fällen.

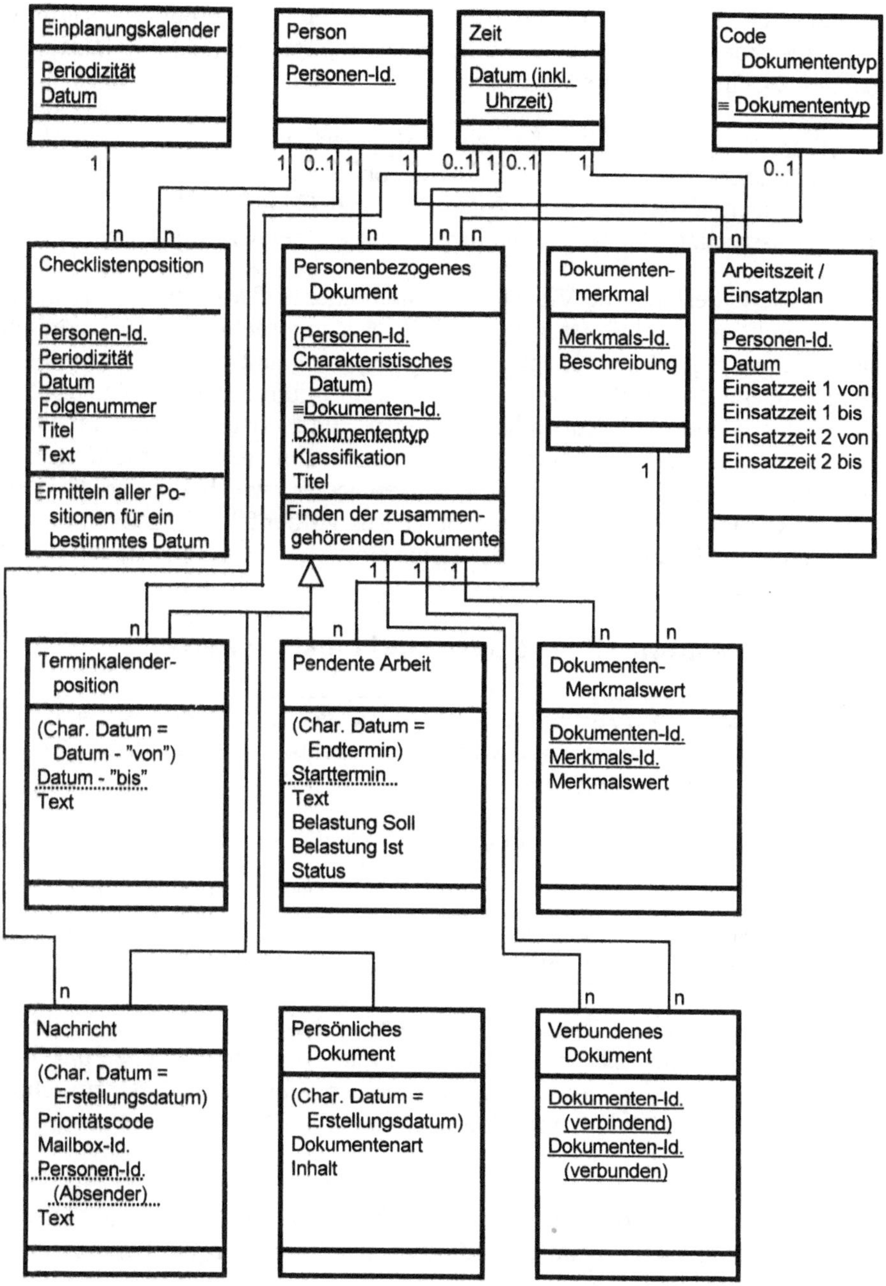


**Abb. 11.3.1.2** Arbeitsorganisation: objektorientiertes Modell

Diese Art der Modellierung erlaubt den Aufbau eines Suchapparates nach verschiedenen Merkmalen, ähnlich wie z.B. in der Abb. 7.3.2.3 für die

Verkaufsaufträge oder in der Abb. 9.2.1.1 für die Produktionsaufträge. Ebenfalls können durch eine Strukturklasse, hier *Verbundenes Dokument* genannt, zusammengehörende Dokumente als solche festgehalten werden.

Es gibt verschiedene Plattformen, auf welchen die sogenannte *Bürokommunikation* zur Organisation der persönlichen Arbeit aufgebaut werden kann. Je nach Unternehmen sind dies Personal Computer, Minirechner oder sogar Grossrechner, letzteres etwa in weltweit agierenden Konzernen.

Entsprechend besteht eine Vielzahl von möglicher Software zur Unterstützung dieser Funktion. Wichtig ist in jedem Fall, dass unternehmensintern möglichst die gleiche Architektur bezüglich Betriebssystem und Anwendungssoftware im Bürobereich gewählt wird, damit die vollumfängliche Nutzung des gleichen Systems durch alle Personen und damit eine integrierte Büroautomation gewährleistet werden kann. Bei der Übermittlung von Dokumenten und Nachrichten nach aussen ist es, wie bereits erwähnt, ein grosser Vorteil, sich durchsetzende Standards zu berücksichtigen. Stichworte dazu sind z.B Microsoft Office oder Lotus Notes.

## 11.3.2 Verwaltung der Präsenz- und Leistungsdaten

Die *Verwaltung der Präsenz- und Leistungsdaten* schafft den Ausweis über eine erbrachte Leistung und damit die rechtliche Grundlage für eine entsprechende Entlohnung.

Mit *Präsenzdaten* werden Informationen über die An- und Abwesenheit der Mitarbeiter bezeichnet.

Mit *Leistungsdaten* ist die Zuordnung der Präsenzzeit von Personen auf einzelne Arbeiten zur betrieblichen Leistungserstellung gemeint.

Bis in die heutige Zeit finden sich auf direkte Leistungsausweise basierende Entlohnungssysteme, z.B. Akkordsysteme. Für etliche betriebliche Funktionen haben sich aber andere Systeme als besser geeignet erwiesen. Dazu gehören Systeme auf Monatslohn- oder Stundenlohnbasis. Diese sind vor allem dann im Vordergrund,

- wenn keine objektive Vergleichsbasis für die Bewertung einzelner Leistungen vorhanden sind, etwa im Verwaltungs-, Planungs- oder Entwicklungsbereich.
- wenn aus rechtlichen Gründen – z.B. aufgrund der Abmachung mit den Verbänden der Arbeitnehmenden – die Zuordnung der Präsenzzeit auf die einzelnen Arbeiten nicht erlaubt ist.

Wieder trägt das im Vergleich zur Abb. 11.3.1 um eine Stufe detailliertere prozessorientierte Modell nichts Entscheidendes zum Verständnis bei.

Die Abb. 11.3.2.1 zeigt direkt das funktionsorientierte Modell zur Verwaltung der Präsenz und Leistungsdaten.

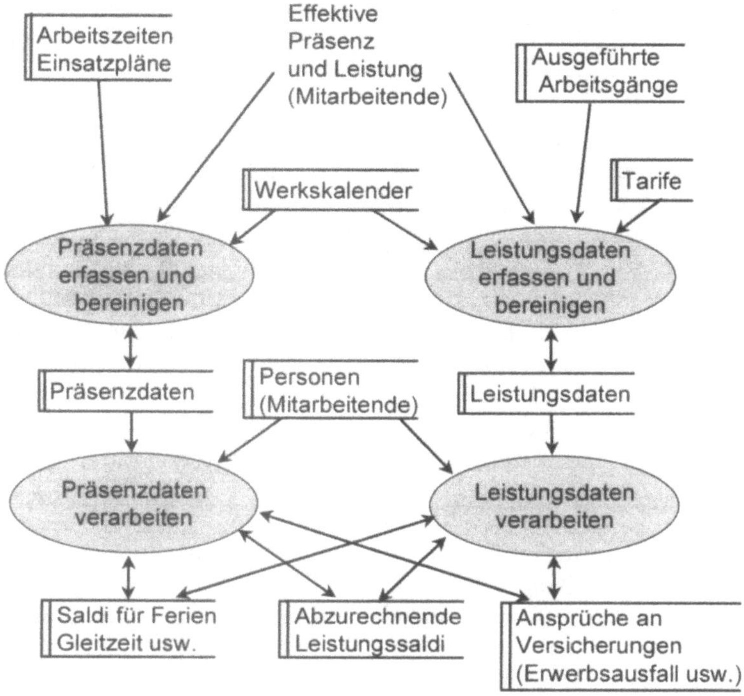


**Abb. 11.3.2.1** Verwaltung der Präsenz- und Leistungsdaten: funktionsorientiertes Modell

Das Datenflussdiagramm zeigt die einzelnen Teilaufgaben sowie die charakteristischen Objektklassen der Verwaltung der Präsenz- und Leistungsdaten:

- *Präsenzdaten erfassen und bereinigen:* I. Allg. wird jeweils eine Zeit bei Ankunft und Weggang des Mitarbeiters erfasst, meistens mit einer Zeitstempelung an einem speziellen Erfassungsgerät. Die Präsenzdaten müssen bereinigt werden, sei dies z.B. wegen fehlenden Erfassungen (z.B. bei Vergessen, bei Arbeiten ausserhalb des Betriebes, bei Nichtberücksichtigen der Blockzeiten usw.).

- *Präsenzdaten verarbeiten*: Die Summe der Präsenzzeiten, z.B. pro Monat, wird gegen eine entsprechende Soll-Präsenzzeit verrechnet. Die entstehenden Saldi werden zur Verrechnung mit der nächsten Periode festgehalten. Solche Saldi werden manchmal auch

*Gleitzeitsaldi* genannt. Im Falle von stundenweiser Abrechnung werden die entsprechenden Zeitmengen als Gehaltsansprüche festgehalten, um in der Folge als Eingabedaten für die eigentliche Lohn- und Gehaltsabrechnung zu dienen. Spezielle Präsenzdaten, wie Zeitmengen für Ferienbezug, Überzeit, Nacht- oder Wochenendarbeit, Unfall, Krankheit, werden aufgrund der Angaben der Mitarbeitenden entsprechend gekennzeichnet und sind die Grundlage zur Bildung der entsprechenden Saldi sowie der zur Abrechnung bzw. Auszahlung gelangenden Gehaltsansprüche.

- *Leistungsdaten erfassen und bereinigen:* Leistungsdaten fallen zum einen aufgrund der ausgeführten Arbeitsgänge, welche als Betriebsdaten erfasst werden, an. Siehe dazu auch Kap. 9.3.2. Zum anderen können Ausweise über erbrachte Leistungen aber auch direkt erfasst werden. Leistungsdaten liegen meistens in Form einer verbrauchten Zeit, manchmal auch in einer auf eine andere Einheit bezogenen Menge vor. Liegt kein Tarif, d.h. eine fest abgemachte Bezahlung oder ein Kostensatz pro Einheit der erbrachten Leistung vor, muss auch dieser Tarif eingegeben werden. Eine Bereinigung der Leistungsdaten ist insbesondere dann notwendig, wenn etwa unglaubwürdige Zeiten oder Mengen bzw. Tarife oder Kostensätze erfasst werden.

- *Leistungsdaten verarbeiten*: Dies geschieht meistens in Form einer Verdichtung, wobei die effektiven und zur Abrechnung tauglichen Lohn- und Akkordscheine erstellt werden. Durch die gleiche Verarbeitung können auch Ansprüche gegenüber Versicherungen, z.B. wegen Erwerbsausfall ausgewiesen werden.

Die Abb. 11.3.2.2 zeigt das entsprechende objektorientierte Modell.

Jede der erwähnten Teilaufgaben begründet eine oder mehrere Objektklassen.

- Durch die Arbeitsorganisation ist jeder Person ihre Standardarbeitszeit oder ihr Soll-Einsatzplan zugeordnet. Darin können auch Mindestabwesenheitszeiten (Pausen) zwischen zwei Blöcken festgeschrieben sein.

- Die Leistungsdaten entstammen der Klasse *Transaktion Arbeit (Produktion)* (siehe Abb. 9.3.2.2) aus der Betriebsdatenerfassung. Jede Zeiterfassung wird durch die Bereinigung der Leistungsdaten in die eigentliche Leistung umgesetzt. Sofern die folgenden Attribute nicht automatisch aus anderen hergeleitet werden können, müssen sie erarbeitet werden:

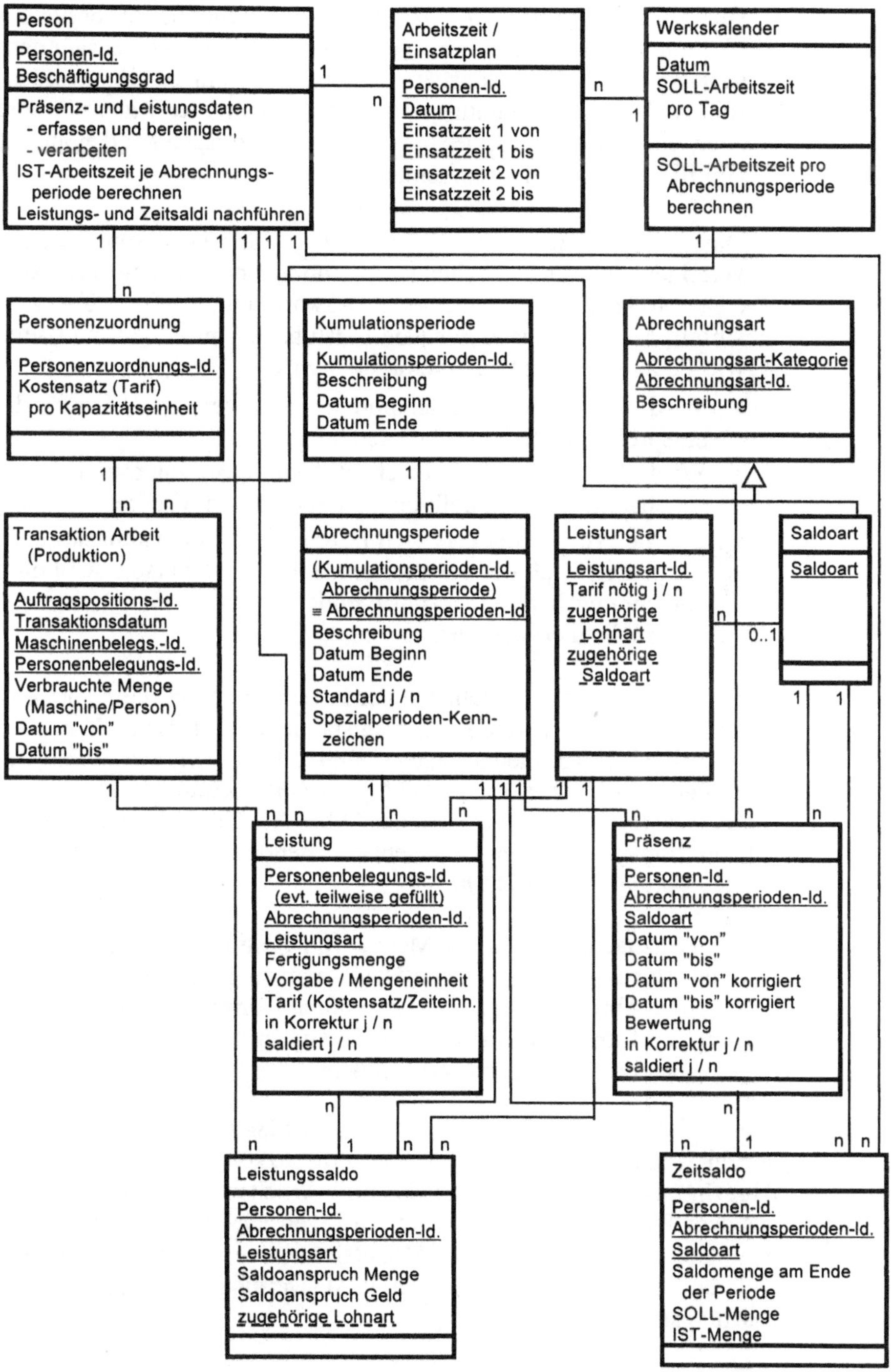


**Abb. 11.3.2.2** Verwaltung d. Präsenz- und Leistungsdaten: objektorientiertes Modell

- Die *Abrechnungsperioden-Id.* ist aus einer Kumulationsperioden-Id. und einem Zähler für die Abrechnungsperiode zusammengesetzt: Die Kumulationsperiode kann z.B. ein bestimmtes Jahr sein und die Abrechnungsperiode ein bestimmter Monat, wobei auch ein "Monat" 13, 14 usw., z.B. für Jahresend- oder andere Gratifikationen, auftreten können.

- Die *Leistungsart* ist hier als Spezialisierung einer verallgemeinerten Abrechnungsart konzipiert. Leistungsarten sind z.B. Monatslohn, Stundenlohn, Akkordlohn, Ferien, Überzeit, Unfall, Krankheit usw. Für jede Leistungsart muss bestimmt sein, wie sie in der Folge weiterverarbeitet wird:
  - Wird die Leistung in temporäre Saldi verrechnet, muss die entsprechende Saldoart bekannt sein.
  - Wird die Leistung abgerechnet bzw. ausbezahlt, muss eine sogenannte Lohnart definiert sein (siehe dazu Kapitel 11.3.3).
  - Für die Prüfung der erfassten Daten wird pro Leistungsart auch festgehalten, ob der entsprechende Tarif pro Person der Lohnabrechnung bereits bekannt ist oder ob er mit dem Leistungsanspruch zu erfassen ist.

Übrigens kann man auch Objekte der Klasse *Leistung*, die nicht einer ausgeführten Arbeitstransaktion entstammen, erfassen. Von den Attributen des zusammengesetzten Schlüssels *Personenbelegungs-Id.*, d.h. *Personen-Id.*, *Kapazitäts-Id.*, *Anzahl bediente Maschinen*, *Datum "von"*, *Datum "bis"* (siehe Abb. 9.3.1.2) sind dann nur das Attribut *Personen-Id.* und das entsprechende Zeitintervall (*Datum "von"*, *Datum "bis"*) gefüllt.

- Die Präsenzdaten werden als Menge von Zeitintervallen pro Person gebildet. Durch das *Datum "von"* kann man sie in den meisten Fällen direkt einer Abrechnungsperiode zuordnen. Korrekturen der Intervallgrenzen sind unter Umständen mit Bezug auf den Soll-Einsatzplan oder aus anderen Gründen vorzunehmen.

  Die Zeitintervalle der Objekte der Klasse *Präsenz* werden zusammengezählt. Die so bestimmte Ist-Präsenzzeit pro Peson und Abrechnungsperiode wird mit der Soll-Arbeitszeit, die als Funktion aus dem Werkskalender bestimmt wird, verrechnet. Daraus berechnet man bei Abrechnung nach Monatslohn den Gleitzeitsaldo. Die anderen Zeitsaldi ergeben sich durch Auswertung der entsprechenden Leistungsarten:

- Beispiel *Feriensaldo*: Die Mitarbeitenden geben die bezogenen Ferien in ihren Arbeitsrapporten an. Die Personaladministration erfasst daraus ein entsprechendes Objekt *Leistung*.

  Die auszuzahlende *Überzeit* (eine Leistungsart) kann dem Abrechnungssystem zugeführt werden, während es den Gleitzeitsaldo reduziert. Ähnlich kann man bei der Auszahlung von Ferienguthaben vorgehen.

- Der *Leistungssaldo* pro Leistungsart und Abrechnungsperiode wird schliesslich aus den Leistungsdaten bestimmt. Je nach Leistungsart kann man auch den Saldoanspruch an Menge bzw. auch an Geld berechnen. Die der Leistungsart entsprechende Lohnart (siehe Kap. 11.3.3) wird bestimmt. Der Leistungssaldo wird in der Folge als Input der Lohn- und Gehaltsabrechnung zur Verfügung gestellt.

### 11.3.3 Festlegung der Regeln zur Lohn- und Gehaltsberechnung

Auch ein verhältnismässig einfach gegebenes Monatsgehalt, z.B. in Form eines Fixums, zieht umfangreiche Berechnungen nach sich.

| |
|---|
| Der sogenannte *Bruttolohn* ist die abgemachte Bezahlung. Der *Nettolohn* dagegen ist der zur Auszahlung gelangende Betrag. |

- Einerseits kann nun der Bruttolohn aus verschiedenen Teilposten zusammengesetzt sein, neben dem Grundgehalt z.B. aus Zulagen für Kinder, für Überstunden usw.

- Andererseits können verschiedene Abzüge vom Bruttolohn zum Nettolohn führen, z.B. Versicherung, Vorsorge, Kantinenbezüge, Parkplatzmiete und andere verrechenbare Leistungen des Arbeitgebers.

| |
|---|
| Eine *Lohnart* bezeichnet die Art eines Lohnbestandteils. |

Eine Lohnart kann sowohl das Grundgehalt als auch einen Zuschlag oder einen Abzug bezeichnen.

| |
|---|
| Ein *Lohnelement* bezeichnet einen Lohnbestandteil für eine bestimmte Person, der ab einer bestimmten Abrechnungsperiode gültig ist. |

Ein Lohnelement bezieht sich immer auf eine Lohnart. Eine bestimmte Person hat dann verschiedene Lohnelemente, die in den jeweiligen Anstellungsbedingungen festgehalten sind, wobei sich jedes auf eine Lohnart bezieht, z.B. Monatslohn, Kinderzulage, Sozialversicherungsbeitrag, Vorsorgebeitrag usw.

Die Festlegung der Regeln zur *Lohn- und Gehaltsberechnung* umfasst das Festlegen der eigentlichen Lohnstruktur – d.h. der Art, wie sich ein Lohn oder ein Gehalt zusammensetzt – sowie die entsprechenden Formeln zur Berechnung des Nettosalärs aus dem Bruttosalär.

Auch für nicht in den normalen Arbeitsprozess integrierte Personen, z.B. Lehrlinge, Rentenbezüger usw., wird die Berechnung des zu bezahlenden Betrages auf die gleiche Art vorgenommen.

Die Abb. 11.3.3.1 zeigt ein funktionsorientiertes Modell, welches ein geeignetes Konzept zur Berechnung des Brutto- und Nettolohns vorstellt.

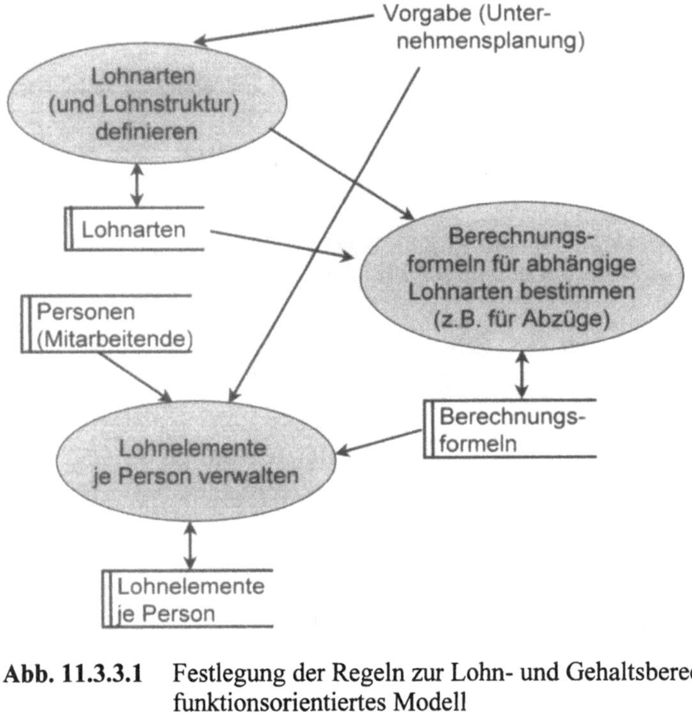


**Abb. 11.3.3.1** Festlegung der Regeln zur Lohn- und Gehaltsberechnung: funktionsorientiertes Modell

Das Datenflussdiagramm zeigt die einzelnen Teilaufgaben sowie die charakteristischen Objektklassen der Verwaltung der Präsenz- und Leistungsdaten:

- *Lohnarten definieren:* Mit der Lohnart definiert man z.B., ob die Lohnart als Zuschlag oder Abzug wirkt. Ebenfalls gibt man an, was für ein Betrags-Attribut dem Lohnelement mitzugeben ist. Es gibt im Prinzip die folgenden drei Möglichkeiten:

- einen festen Betrag (z.B. Monatslohn, Rente)
- einen Tarif, der in der Lohnabrechnung noch mit einer aus der Präsenz- und Leistungsdatenerfassung stammenden Menge – dem Leistungssaldo – verrechnet werden muss (z.B. Stundenlohn, der noch mit der Anzahl Stunden verrechnet werden muss)
- “leer”: sowohl Menge (Leistungssaldo) als auch Tarif müssen aus der Präsenz- und Leistungsdatenverwaltung bezogen werden (z.B. beim Akkord, wo auch der Tarif ausgehend von der Effizienz der Leistung bestimmt wird).

- *Berechnungsformeln für abhängige Lohnarten bestimmen*: Gewisse Lohnarten lassen sich aus anderen Lohnarten mit einer Formel herleiten:
  - Abhängige Lohnart = f (Lohnarten)

  Als Beispiel diene etwa die Lohnart *Sozialversicherung*:
  - Sozialversicherung = f (Monatslohn, Stundenlohn, Akkordlohn)

  Die Funktion f kann hier konkret die Multiplikation der Summe der drei Lohnelemente mit einem %-Satz sein, z.B.
  - Sozialversicherung = 5,5 % * (Monatslohn + Stundenlohn + Akkordlohn)

  Zur Funktionalität gehört dann auch die Verifikation der Bedingung, dass die Abhängigkeiten in den Lohnarten eine Baumstruktur ohne Kreise darstellen müssen.

- *Lohnelemente pro Person verwalten:* Die Lohnelemente bilden zusammen die eigentliche Lohnstruktur. Jedes Lohnelement bezieht sich auf eine Lohnart und enthält daneben einen Wert für das unter der Lohnart erwähnte Betragsattribut, also einen festen Betrag, einen Tarif oder den Wert für “leer”.

  Ist für eine Person ein Lohnelement mit einer abhängige Lohnart definiert, dann müssen für die gleiche Person auch jeweils ein Lohnelement für alle in der die Abhängigkeitsformel vorkommenden Lohnarten definiert sein, die natürlich ihrerseits wieder abhängige Lohnarten sein können.

  Ebenfalls unter dieses Thema fällt das Verwalten von Lohnelementen für Personen, deren Entgelt nicht direkt von einzelnen Arbeiten im Prozess der betrieblichen Leistungserstellung abhängt (z.B. das Element *Monatslohn*).

Die Abb. 11.3.3.2 zeigt das entsprechende objektorientierte Modell.

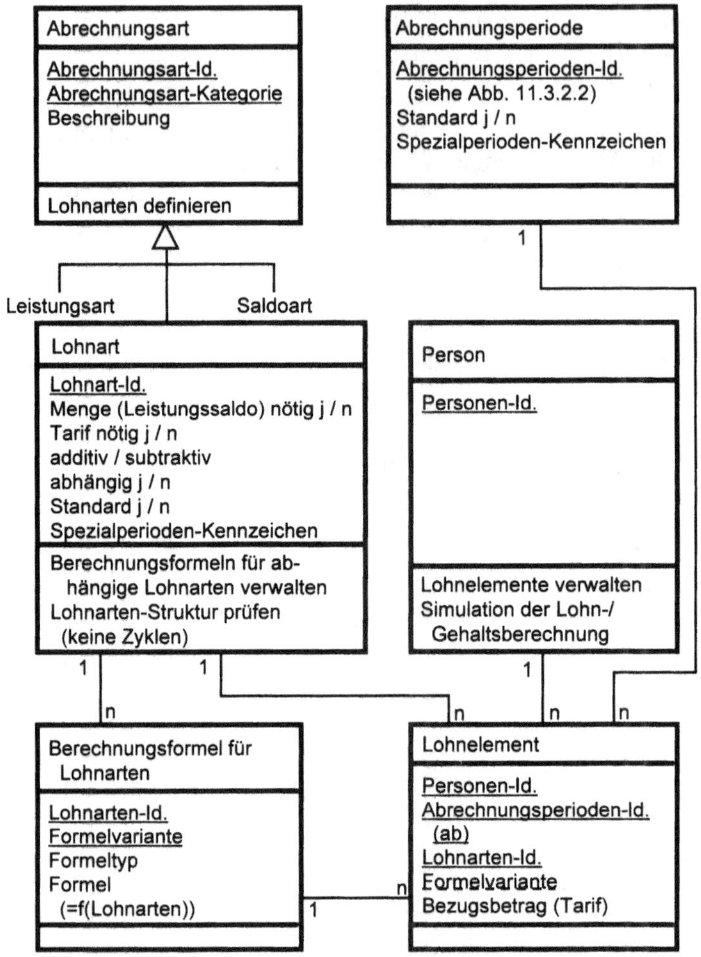


**Abb. 11.3.3.2** Festlegung der Regeln zur Lohn- und Gehaltsberechnung: objektorientiertes Modell

Die *Lohnart* wird hier als weitere Spezialisierung der Abrechnungsart konzipiert (siehe dazu Abb. 11.3.2.2). Jede betriebliche Leistungsart, die zur Abrechnung gelangt, muss einer Lohnart zugeordnet sein.

Für abhängige Lohnarten muss eine Berechnungsformel angegeben werden, wobei verschiedene Formelvarianten auftreten können (z.B. wie auf diverse Arten Sozialversicherungsabzüge gerechnet werden).

Die Lohnelemente pro Person sind in einer eigenen Klasse definiert. Ein Lohnelement für eine abhängige Lohnart muss sich auf eine Formelvariante beziehen. Die Klasse *Lohnelement* ergibt sich als Assoziationsklasse der

Klassen *Person, Lohnart* und *Abrechnungsperiode* (und zwar, ab welcher Periode ein bestimmtes Lohnelement gültig sein soll).

Mit Codes können auch die folgenden unterschiedlichen Lohn- und Gehaltsberechnungen gesteuert werden:

- Ein *Standardkennzeichen* gibt an, ob die Lohnart und damit das Lohnelement in einer Standardabrechnung vorkommt. Für jede Abrechnungsperiode ist dabei definiert, ob es sich um eine Standardabrechnungsperiode handelt. So können z.B. die zwölf Monatsabrechnungen als Standardperioden gekennzeichnet sein.
- Mit einem *Spezialperiodenkennzeichnen* gibt man an, dass ein Lohnelement, welches dieses gleiche Kennzeichen trägt, in der Abrechnungsperiode zur Berechnung kommt. So kann z.B. eine Abrechnungsperiode als *Gratifikation,* d.h. 13. Monatsgehalt, definiert sein. Das entsprechende Lohnelement, das den entsprechenden Bezugsbetrag (der nicht dem normalen Monatsgehalt entsprechen muss) trägt, bezieht sich auf eine Lohnart, die mit dem entsprechenden Spezialperiodenkennzeichen versehen ist. Dieses Lohnelement wird im Folgenden nur ausgewertet, wenn die entsprechende Abrechnungsperiode eingestellt ist.

Eine Methode *Simulation der Lohn- und Gehaltsberechnung* gehört zur Klasse *Person.* Damit lässt sich unter Beigabe einer bestimmten Abrechnungsperiode eine Lohnabrechnung simulieren. Je nach Ausbau der Funktion können die bereits in der Abb. 11.3.2.2 beschriebenen Leistungssaldi aus der Präsenz- und Leistungsdatenverwaltung hinzugezogen werden. Eine solche Simulation ist z.B. für Abrechnungen nötig, welche ausserhalb der regulären Lohnabrechnung erstellt werden müssen, z.B. infolge von fristlosem Austritt. Für Lohnelemente, die sich auf eine Lohnart beziehen, für welche die Menge nicht aus der Präsenz- und Leistungsdatenerfassung bezogen wird, muss man in diesem Fall den Bezugsbetrag auf einen einzugebenden Prozentsatz abwerten ("pro rata").

### 11.3.4 Erstellung der Lohn- und Gehaltsabrechnung und der Statistiken

Die Lohn- und Gehaltsabrechnung für eine bestimmte Abrechnungsperiode kann erstellt werden, sobald sämtliche Lohnelemente pro Person definiert sind und sämtliche Leistungssaldi pro Person für diese Abrechnungsperiode verarbeitet sind.

Statistiken und kumulierte Abrechnungen können erstellt werden, sobald sämtliche kumulative Lohndaten pro Person, die sich auf die entsprechende Statistik oder Kumulationsperiode beziehen, erstellt sind. Dies kann nach jeder

Abrechnungsperiode, (z.B. monatlich) bzw. nach der entsprechenden Zusammenfassung von Abrechnungsperioden in eine Kumulationsperiode (z.B. jährlich) erstellt werden.

Die Abb. 11.3.4.1 zeigt das funktionsorientierte Modell zur Erstellung der Lohn- und Gehaltsabrechnung und der Statistiken.

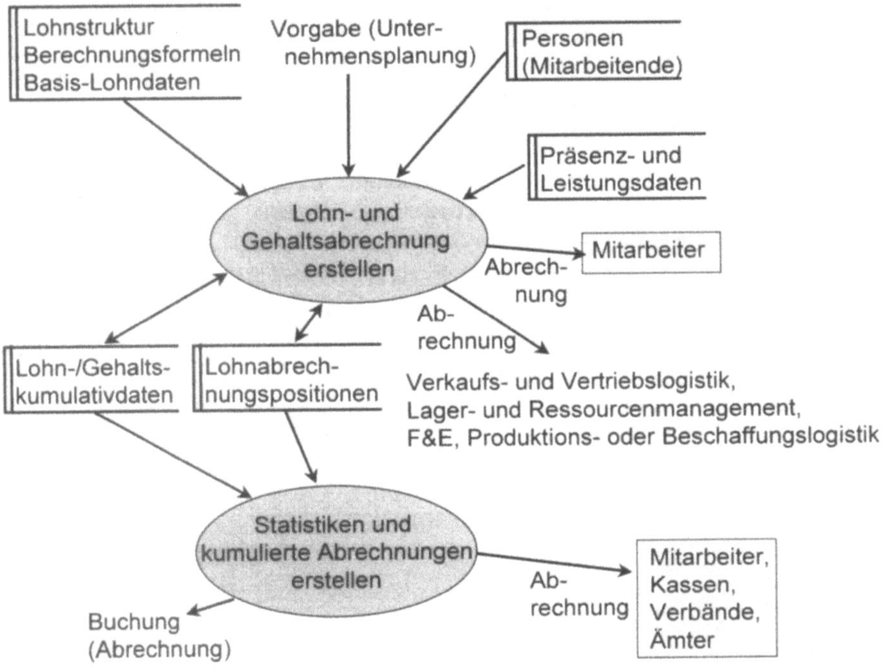


**Abb. 11.3.4.1** Erstellung der Lohn- und Gehaltsabrechnung und der Statistiken: funktionsorientiertes Modell

Das Datenflussdiagramm zeigt die einzelnen Teilaufgaben sowie die typischen Objektklassen der Verwaltung der Präsenz- und Leistungsdaten. Das entsprechende objektorientierten Modell folgt in Abb. 11.3.4.2.

- Die Teilaufgabe *Lohn- und Gehaltsabrechnung* erstellen berechnet die Beträge für die gültigen Lohnelemente, evtl. unter Einbezug der Berechnungsformeln und der Leistungssaldi für die betreffende Abrechnungsperiode und erstellt daraus jeweils ein Objekt *Lohnabrechnungsposition.* Diese Positionen erscheinen dann auch auf der Lohnabrechnung. Die Summe bzw. Differenz all dieser Positionen ergibt den jeweiligen Auszahlungsbetrag. Zuhanden der Lohnbuchhaltung wird meistens jede einzelne Lohnabrechnungsposition in ein oder mehrere Buchungen umgesetzt.

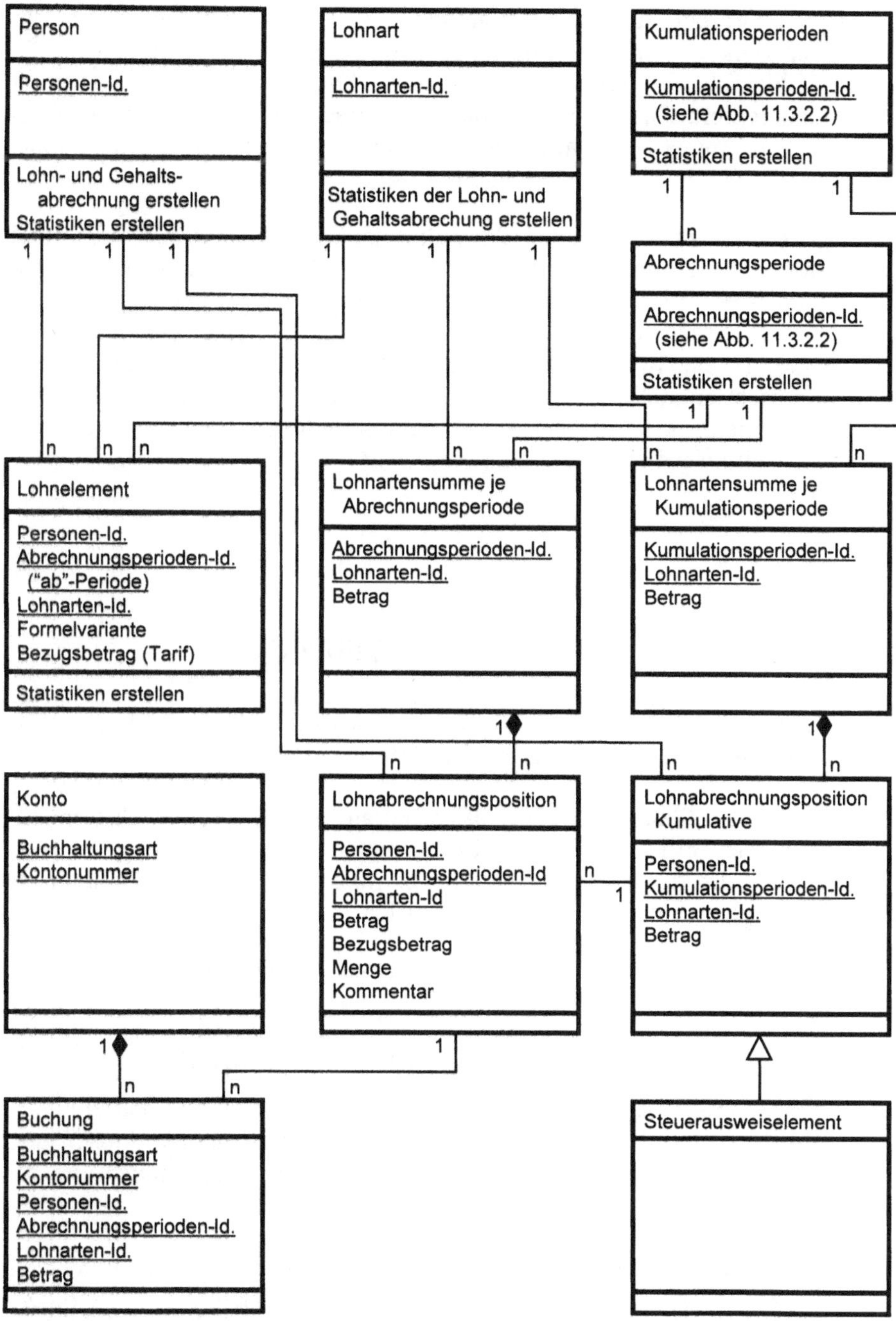


**Abb. 11.3.4.2** Erstellung der Lohn- und Gehaltsabrechnung und der Statistiken: objektorientiertes Modell

- Zur Vorbereitung der Teilaufgabe *Statistiken erstellen* werden die einzelnen Lohnabrechnungen (pro Abrechnungsperiode) in die Objektklasse *Lohn- und Gehalts-Kumulative* jeweils Person aggregiert. Zudem werden die Lohnabrechnungspositionen in Lohnartensummen über alle Personen jeweils Abrechnungsperiode bzw. Kumulationsperiode aggregiert.

Die meisten der zu erstellenden Statistiken auf dem Gebiet der Lohn- und Gehaltsabrechnung sind somit Selektionen bzw. Sortierungen von Objekten der detaillierten Klasse *Lohnabrechnungsposition* bzw. der aggregierten Klasse *Lohnabrechnungsposition Kumulative.* Als Beispiel diene der sogenannte Steuerausweis zuhanden der Behörden. Die Klasse *Steuerausweiselement* präsentiert sich hier als Spezialisierung der Klasse *Lohnabrechnungsposition Kumulative,* sofern als Kumulationsperiode die Steuerabrechnungsperiode gewählt werden kann..

## 11.4 Personalakquisition und -qualifikation

Die *Personalakquisition und -qualifikation* umfasst die Unterstützung bei der Beschaffung sowie der Schulung und Bewertung des Personals.

Die Personalqualifikation ist dabei das wohl am wenigsten durch Informatik gestützte Gebiet im Personalwesen. Ein Informationssystem für die Personalqualifikation wird des öfteren selbst *Personalinformationssystem* genannt, im Sinne einer engen Anwendung dieses Begriffes.

Die Abb. 11.4.1 zeigt einen möglichen Prozess, der die beiden Aufgaben in eine natürliche Reihenfolge stellt.

Die folgenden *Aufgaben* werden während des Prozesses ausgeführt:

- die *Personalakquisition*: Dazu gehören ein Inventar aller betrieblichen Aufgaben und der daraus ableitbaren Anforderungen an Anzahl und Qualität des Personals sowie die Beschreibungen der Stellen und die Verwaltung der Kandidaten.

- die *Personalqualifikation*: Dazu zählen die Identifikation von Qualifikationszielen sowie die Wege zum Erreichen dieser Ziele. Die absolvierte Ausbildung wird ebenso wie die periodisch gemessene Qualifikation der einzelnen Personen festgehalten.

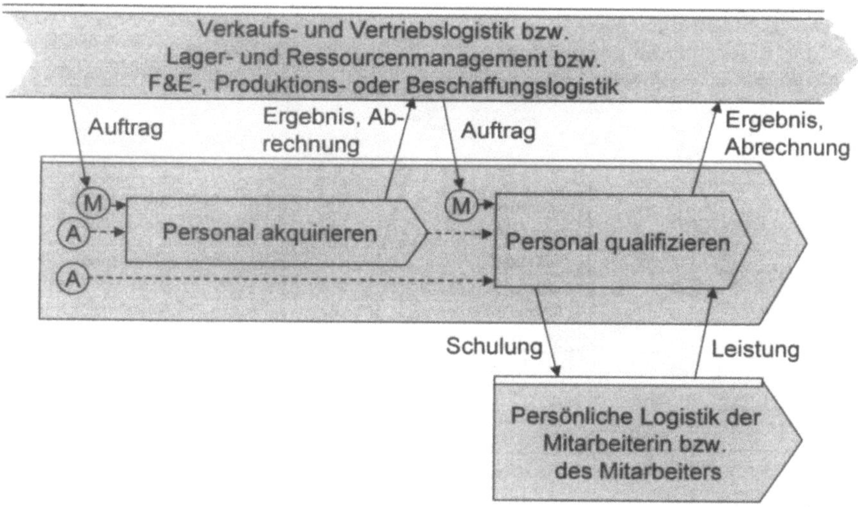


**Abb. 11.4.1** Personalplanung und -qualifikation: prozessorientiertes Modell

Zur *Ablaufsteuerung*:

- *Pesonalqualifikation* erfolgt meistens in einem Rhythmus, der durch eine übergeordnete Unternehmensplanung bestimmt wird. Dies begründet den Ablaufspeicher der Art *Agenda.*

- *Personalakquisition* und die damit verursachte oder auch ausserordentliche *Personalqualifikation* erfolgt im Auftrag der Vorgesetzten im Unternehmen. Dies begründet einen Ablaufspeicher der Art *Mailbox.*

Die Abb. 11.4.2 zeigt das entsprechende funktionsorientierte Modell.

Als *Objekte* zeigt dieses Datenflussdiagramm die folgenden charakteristischen Objektklassen der Personalplanung und -qualifikation:

- Aufgabenprofile beschreiben die Bedürfnisse im Unternehmen, die durch Personal abgedeckt werden sollen. Die dazu nötigen Qualifikationen werden als Soll-Anforderungen festgehalten.

- Stellenplan und die entsprechenden Stellenbeschreibungen dienen als Grundlage für die Aufbauorganisation im Unternehmen und die Akquisition von Personal.

- Ausbildungsziele und -wege beschreiben die möglichen Programme zur Qualifikation von Personal.

- Die Bewertung von Personen erfolgt gegen die Soll-Anforderungen. Das Ergebnis wird als Ist-Werte festgehalten.

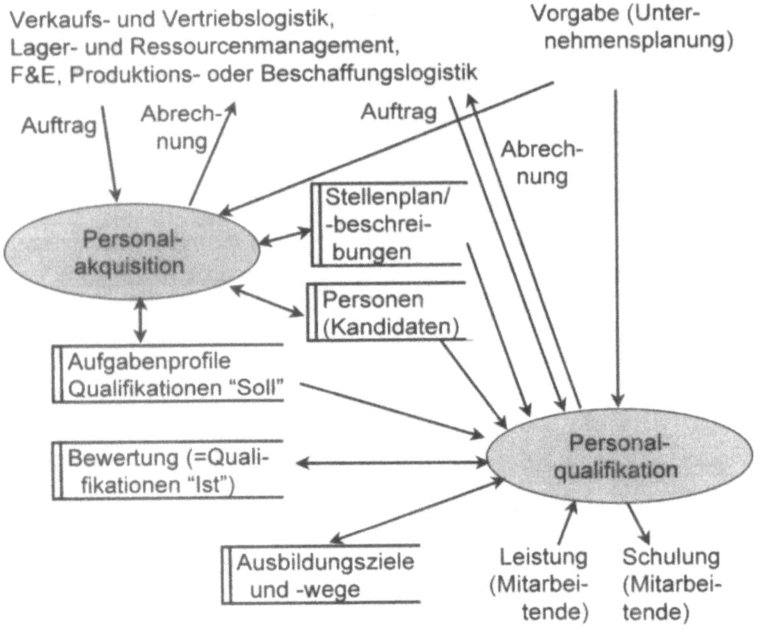


**Abb. 11.4.2** Personalakquisition und -qualifikation: funktionsorientiertes Modell

## 11.4.1 Personalakquisition

Die *Personalakqusition* umfasst die Erstellung eines Inventars aller betrieblichen Aufgaben und der daraus ableitbaren Anforderungen an Anzahl und Qualität des Personals sowie die Beschreibungen der Stellen und die Verwaltung der Kandidaten.

Die Abb. 11.4.1.1 zeigt einen möglichen Prozess für die Personalakquisition.

Die *Aufgaben,* die während des Prozesses ausgeführt werden, sind die folgenden:

- Die *Aufgabenidentifikation* und Festlegung der *Soll-Qualifikationen*: Dazu gehört das Erarbeiten eines Inventars aller betrieblichen Aufgaben und Tätigkeiten sowie der zu Ihrer Ausführung notwendigen Qualifikationen.

- Die *Stellendefinition*: Aus dem Umfang der Aufgaben und der dazu notwendigen Qualifikationen erarbeitet man Stellenbeschreibungen. Eine Stelle umfasst dann eine Anzahl Aufgaben, für die die Soll-

Qualifikationen festgelegt sind, nach welchen die Kandidaten ausgelesen werden.

- Die *Kandidatenverwaltung*: Kandidierende Personen können analog zum Personal verwaltet und die entsprechenden Stellen provisorisch belegt werden.

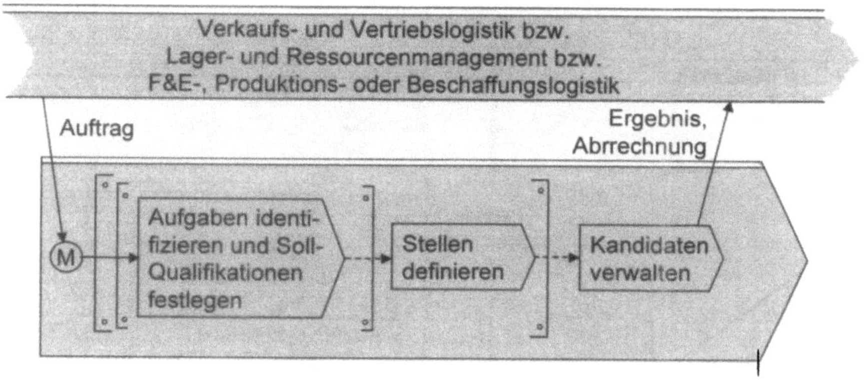


**Abb. 11.4.1.1** Personalakquisition: prozessorientiertes Modell

Zur *Ablaufsteuerung*: Die drei Teilaufgaben laufen in einer natürlichen Reihenfolge ab, wobei die ersten beiden nur bei der erstmaligen Akquisition oder bei einer Änderung der Anforderungen durchzuführen sind.

Die Abb. 11.4.1.2 zeigt das entsprechende funktionsorientierte Modell.

Als *Objekte* zeigt dieses Datenflussdiagramm die folgenden Überlegungen:

- *Qualifikationen* werden unabhängig von den *Aufgabenprofilen* festgehalten. Die Objekte werden jedoch in der Praxis voneinander abhängig gefunden: Aus einem Aufgabenprofil schliesst man auf Qualifikationen. Im Vergleich mit bereits definierten Aufgabenprofilen und deren zugeordneten Soll-Qualifikationen kann man u.U. neue Aufgabenprofile vervollständigen.

- *Kandidaten* können wie eine Spezialisierung des Personals behandelt werden.

- *Stelle* entspricht der Klasse, die in Kap. 11.2.1 eingeführt wurde. Verwaltet man die Stellen hier, dann fällt die entsprechende Aufgabe im Kap. 11.2.1 weg oder beschränkt sich auf kleinere Modifikationen.

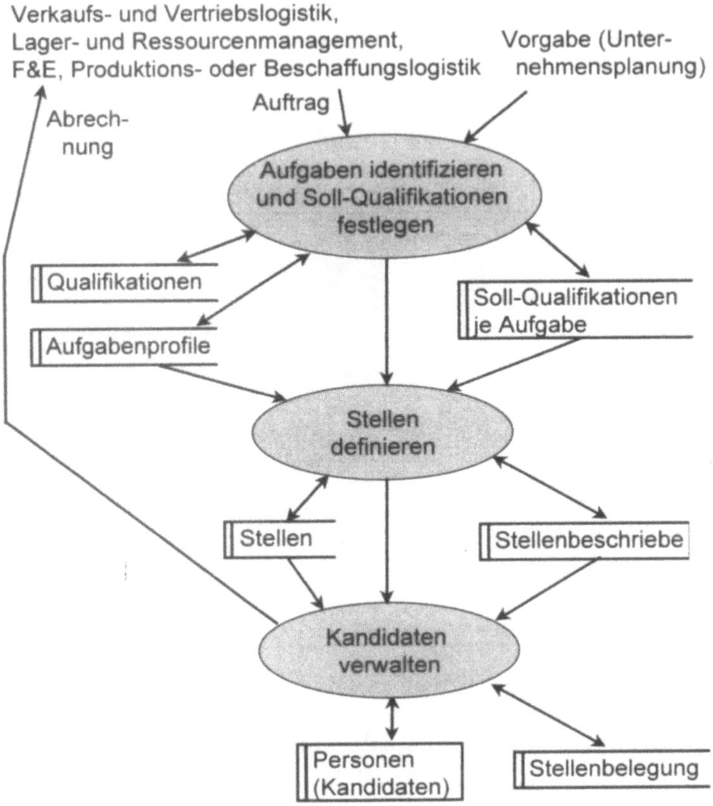


**Abb. 11.4.1.2** Personalakquisition: funktionsorientiertes Modell

Die Abb. 11.4.1.3 zeigt das entsprechende objektorientierte Modell.

Die Aufgaben-Id. wird hier aus einer Werk-Id. und der Aufgaben-Id. im eigentlichen Sinn zusammengesetzt, analog zur Personen-Id. (siehe dazu die Abb. 11.2.1.2). Damit kann eine Aufgabe je nach Werk andere Soll-Qualifikationen und auch einen anderen Umfang beinhalten.

Ein *Aufgaben-Soll-Qualifikationsmerkmal* muss seinen Wert aus dem Wertebereich beziehen, der in der Klasse *(Zulässiger) Qualifikationsmerkmalswert* festgehaltenen ist.

Eine *Stelle* steht zwischen zwei Grenzdaten *Datum von – Datum bis* zur Besetzung frei. Die Klasse *Stelle* liegt zusammen der Klasse *Aufgabe* der Assoziationsklasse *Stellenprofil* zugrunde. Durch entsprechende Methoden können sowohl der qualifizierte als auch der provisorische bzw. festgelegte Stellenumfang berechnet werden. Ähnlich kann der bereits einer oder mehreren Stellen zugeordnete Umfang einer Aufgabe berechnet werden.

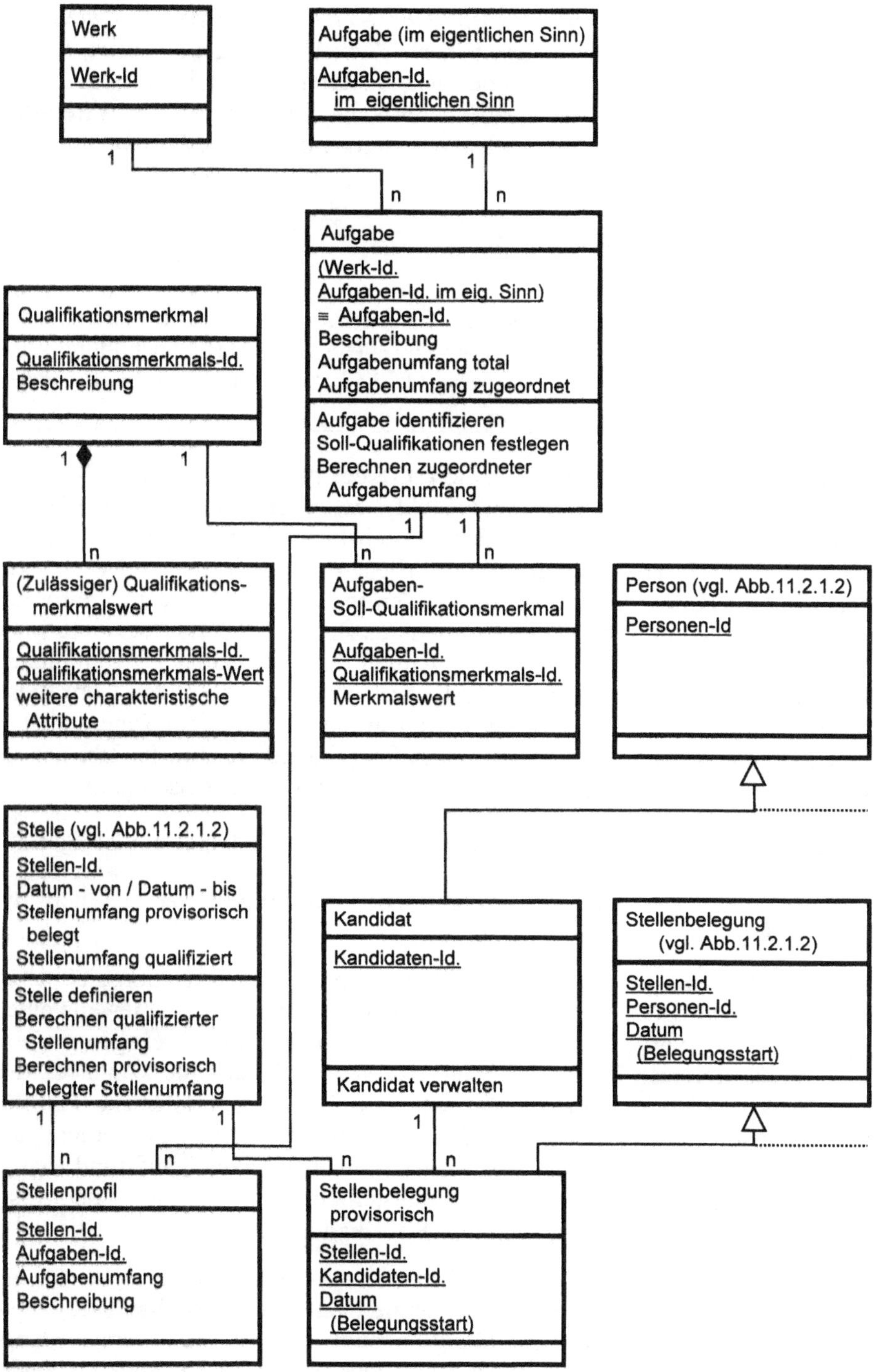


**Abb. 11.4.1.3** Personalakquisition: objektorientiertes Modell

Die Klassen *Kandidat* bzw. *provisorische Stellenbelegung* sind jeweils als Spezialisierung der Klassen *Person* bzw. *Stellenbelegung* konzipiert, wobei z.B. jeweils ein Code-Attribut in der generalsierten Klasse die verschiedenen möglichen Spezialisierungen identifizieren kann. In diesem Sinne wäre auch die Klasse *Pensionär* eine weitere Spezialisierung der Klasse *Person.*

## 11.4.2 Personalqualifikation

Die *Personalqualifikation* umfasst die Identifikation von Qualifikationszielen sowie die Wege zum Erreichen dieser Ziele. Die absolvierte Ausbildung wird ebenso wie die periodisch gemessene Qualifikation der einzelnen Personen festgehalten.

Es ist gerade die Personalqualifikation, die die meisten sensitiven Daten im Sinne des privatrechtlichen Spannungsfeldes zwischen Individuum und Unternehmen beinhaltet. Meistens handelt es sich hier um qualitative Daten, die also nicht nur in codifizierter Form vorliegen, sondern mehr oder weniger persönliche Ergänzungen des Beurteilenden in Form von Text im Freiformat umfassen. In den meisten Fällen empfiehlt es sich deshalb, die Resultate einer Ist-Qualifikation nicht auf einem potentiell vielen Personen zugänglichen Informationssystem zu halten, und zwar unabhängig davon, ob diese Informationen in Form von manuellen Karteien oder einem Datenspeicher innerhalb eines grösseren Netzverbundes festgehalten werden. Im Übrigen ist im Zweifelsfall "nicht speichern" immer noch der beste Datenschutz...

Die Abb. 11.4.2.1 zeigt einen möglichen Prozess für die Personalqualifikation.

Die *Aufgaben,* die während des Prozesses ausgeführt werden, sind die folgenden:

- Die *Festlegung der Qualifikationsziele*: Das Qualifikationsziel selbst besteht darin, für verschiedene Qualifikationsmerkmale jeweils einen bestimmten Merkmalswert zu erreichen, und zwar bezogen auf ein bestimmtes Volumen einer Aufgabe. Durch die Angabe des Volumens kann man Hauptziele von Nebenzielen unterscheiden. Für jede Person können Soll-Qualifikationsziele festgelegt werden, und zwar entsprechend der angenommenen oder aufgrund einer vorherigen Bewertung festgestellten Abweichung der Ist-Qualifikationen von den Soll-Qualifikationen.

- Die *Evaluation der Ausbildungsangebote*: Für die benötigten Qualifikationen stellt man potentiell relevante Ausbildungsangebote zusammen. Ein Ausbildungsangebot besteht aus verschiedenen Kursen. Diese Kurse werden entweder auf dem Markt angeboten oder können durch interne Ressourcen abgedeckt werden.

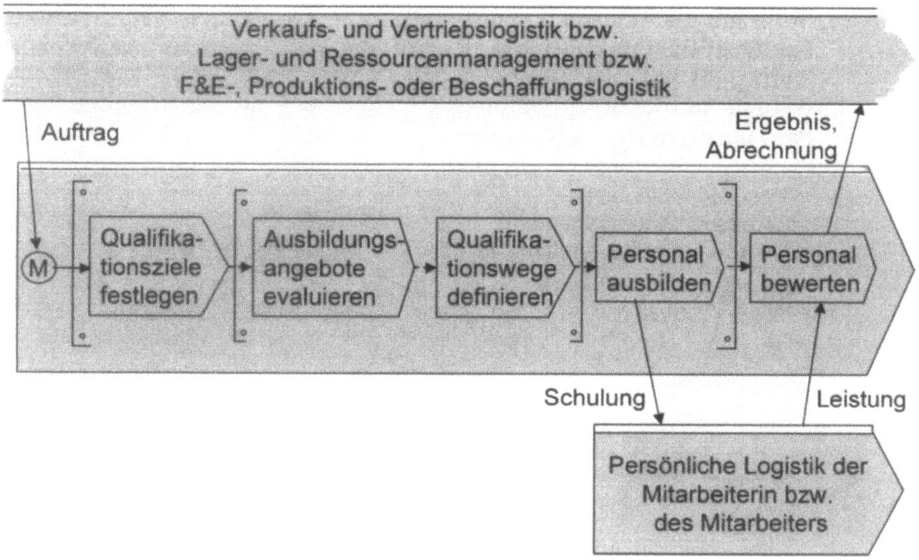


**Abb. 11.4.2.1** Personalqualifikation: prozessorientiertes Modell

- Die *Definition der Qualifikationswege*: Das ist die Zusammenstellung der einzelnen Ausbildungsangebote, die für ein bestimmtes Qualifikationsziel als notwendig erachtet werden.
- Die *Personalausbildung*: Die Kurse, die eine Person zum Erreichen eines bestimmten Qualitätsziels belegt, werden laufend festgehalten.
- Die *Personalbewertung*: Sie stellt die Soll-Qualifikationen der Person über die den Stellen zugeordneten Aufgaben fest und beinhaltet ein Prozedere, wie die *Ist-Qualifikationen* gewonnen werden können.

Zur *Ablaufsteuerung*: Die drei Teilaufgaben laufen in einer natürlichen Reihenfolge ab. Je nachdem muss nur das Personal bewertet werden. In anderen Fällen ist vorgängig das Qualifikationsziel festzulegen und die Ausbildung vorzunehmen. Ist für die Ausbildung kein Angebot definiert, so müssen zuerst mögliche Ausbildungsangebote evaluiert und die Qualifikationswege definiert werden.

Die Abb. 11.4.2.2 zeigt das entsprechende funktionsorientierte Modell.

Als *Objekte* zeigt dieses Datenflussdiagramm die folgenden Überlegungen:

- Die Klassen *Qualifikationsziel*, *Ausbildungsangebot* und *Kurs* sind die grundlegenden Klassen.
- Die Personalbewertung erfolgt in zwei Schritten. Im ersten Schritt wird eine Liste von Ziel-Qualifikationsmerkmalen und persönlichen

Soll-Qualifikationsmerkmalen bestimmt. Im zweiten Schritt erfolgt ein Qualifikationsgespräch, worauf die Ist-Qualifikationsmerkmalswerte und ggf. die entsprechende verbale Begründung festgehalten werden. In diesem Zusammenhang sei erneut auf die Anforderungen des Datenschutzes verwiesen.

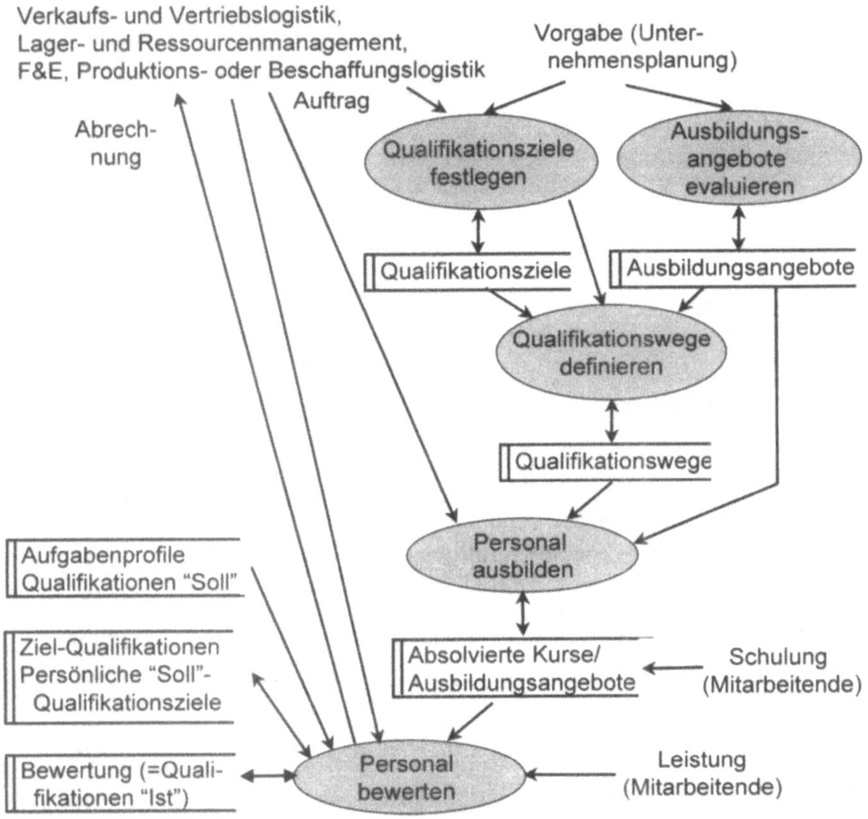


**Abb. 11.4.2.2** Personalqualifikation: funktionsorientiertes Modell

Die Abb. 11.4.1.3 zeigt das entsprechende objektorientierte Modell.

Die Kurse werden verschiedenen möglichen Ausbildungen zugeordnet, so dass die Klassen *Ausbildung* und *Kurs* eine Assoziationsklasse *Ausbildungsstruktur* begründen.

Im gleichen Sinne können die Objekte der Klasse *Ausbildungsangebot* den verschiedenen Qualifikationszielen zugeordnet werden, so dass die Klassen *Qualifikationsziel* und *Ausbildungsangebot* zusammen die Assoziationsklasse *Qualifikationswegbestandteil* begründen.

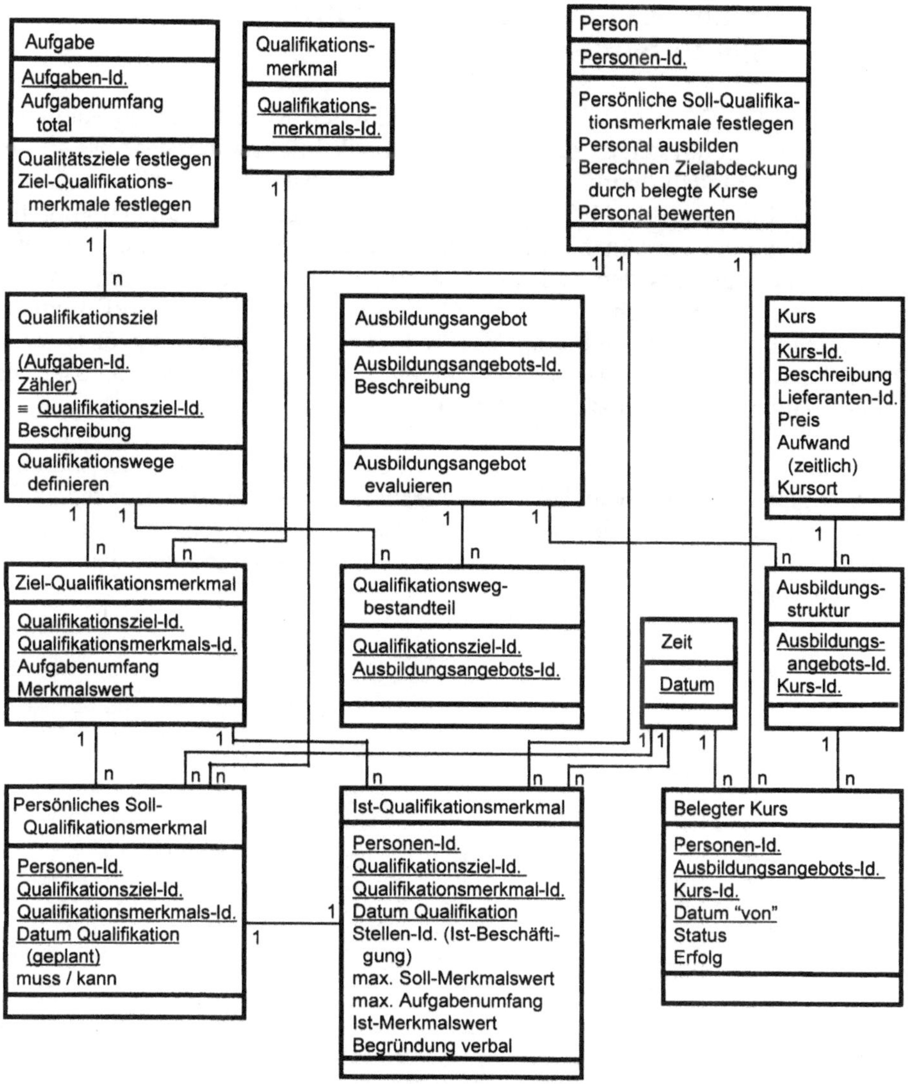


**Abb. 11.4.2.3** Personalqualifikation: objektorientiertes Modell

Für jedes zu bewertende Qualifikationsmerkmal je Person wird jeweils ein Objekt der Klassen *Persönliches Soll-Qualifikationsmerkmal* und *Ist-Qualifikationsmerkmal* bestimmt. Ein solches Merkmal bezieht sich also auf einen Aufgabenumfang, der einer Person über eine Stellenbelegung und das entsprechende Stellenprofil zugeordnet ist (siehe dazu die Abb. 11.4.1.3). Die Bewertung einer Person umfasst somit i. Allg. eine ganze Menge von Soll- und Ist-Werten von Qualifikationsmerkmalen.

## 11.5 Zusammenfassung und Integration des objektorientierten Modells

Die Abb. 11.5.1 zeigt, wie die objektorientierten Modelle der in Kapitel 11 erwähnten Teilsysteme des Personallogistik-Informationssystems in ein integriertes Modell überführt und angeordnet werden. Das detaillierte Modell dazu wird in der Abb. 11.5.2 gezeigt, die nachfolgend als Faltblatt eingefügt ist. Wiederum erwähnt die zeichnerische Anordnung die einzelnen Teilsysteme gemäss den in Kapitel 11 aufgeführten Unterkapiteln, sowie in einem eigenen Bereich diejenigen Klassen aus den Kap. 12 (F&E-Logistik-Informationssystem) und Kap. 9 (Produktionslogistik-Informationssystem), welche dort definiert werden und deren Integration mit den Klassen des Personallogistik-Informationssystems notwendig ist.

Auf dem Faltblatt (Abb. 11.5.2) wurden wieder nur die für die Assoziationen benötigten Attribute beibehalten. Generalisierte Klassen wie Codes, Zähler, Numerierungen und andere allgemeine Klassen sowie deren Assoziationen zu den für das Modell relevanten Klassen wurden aus Gründen der Klarheit wiederum weggelassen.

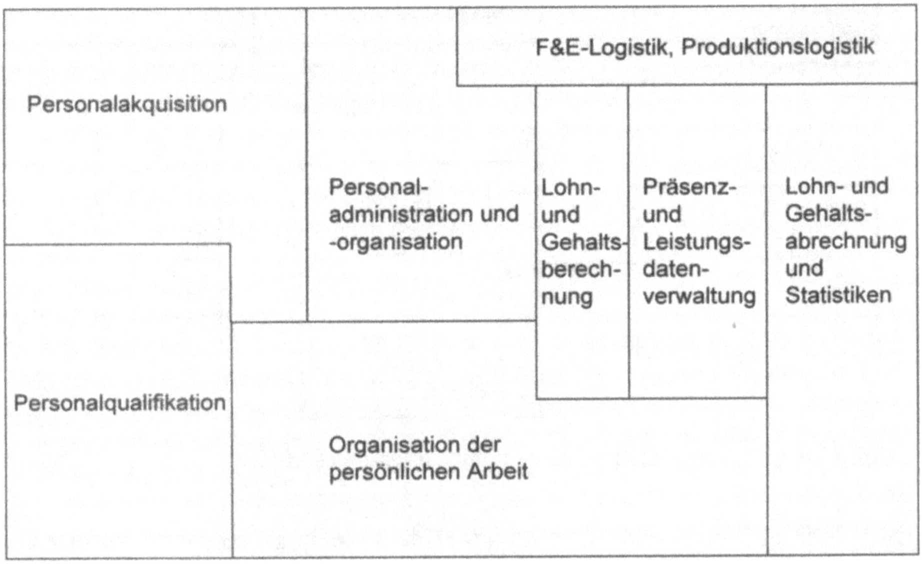


**Abb. 11.5.1** Personallogistik-Informationssystem: Anordnung zur Integration des objektorientierten Modells

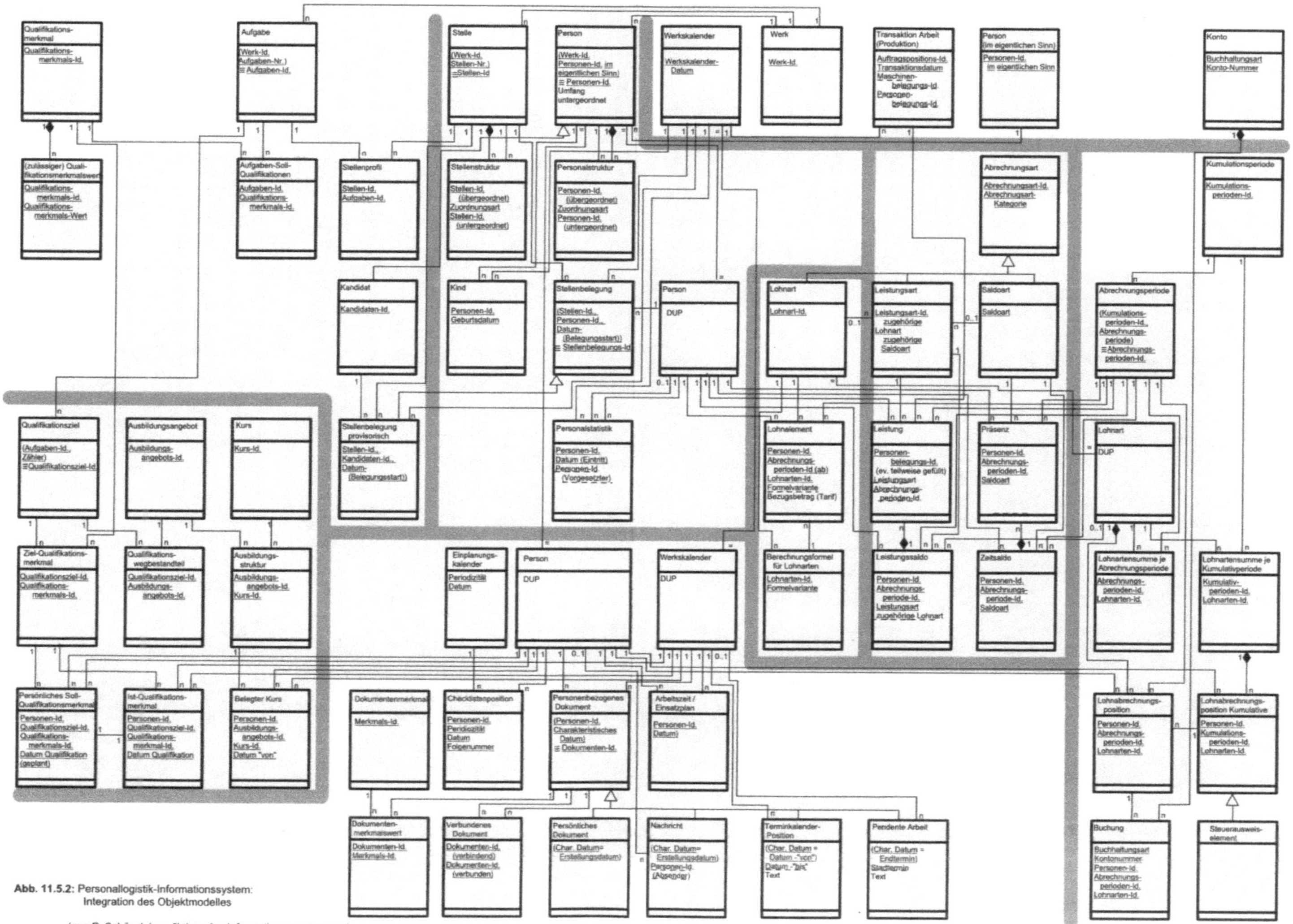


**Abb. 11.5.2:** Personallogistik-Informationssystem: Integration des Objektmodelles

(aus P. Schönsleben, "Integrales Informationsmanagement – Informationssysteme für Geschäftsprozesse - Management, Modellierung, Lebenszyklus und Technologie")

# 12 F&E-Logistik-Informationssystem

Die F&E-Logistik behandelt die Aufgaben entlang der Kette „Forschung – Entwicklung – Konstruktion und Prozessplanung – Konzeption und Beschaffung der Produktionsanlagen – Prototyping".

Entsprechend umfasst ein *F&E-Logistik-Informationssystem im umfassenden Sinn* die Informatikstützung aller oben beschriebenen Aufgaben.

Die Bedeutung der F&E-Logistik nimmt zu wegen der kundenauftragsorientierten Produkt- und Prozessentwicklung, die oft mehr als die Hälfte der Durchlaufzeit eines Kundenauftrags verursachten. Im Hinblick auf kurze Lieferfristen müssen die Abläufe der Konstruktion und Produktionstechnik von Anfang an in die Logistik miteinbezogen werden. Dies erfolgt meistens projektorientiert.

Das Umsystem des Systems *F&E-Logistik* kann ausgehend vom Kontextdiagramm in Abb. B.1 sowohl aus der Prozess- als auch aus der Funktionssicht betrachtet werden. Die Abb. 12.1 zeigt die Prozesslandkarte des Umsystems *Administration und Disposition.*

**Abb. 12.1** Prozesslandkarte des Systems *Administration und Disposition* (reproduziert aus Abb. 5.1.1.1)

Die Abb. 12.2 zeigt die *Personallogistik* im Datenflussdiagramm des Umsystems *Administration und Disposition.* Die Beziehungen mit dem Umfeld wurden bereits im Kontext-Diagramm festgehalten, und die Datenflüsse der verschiedenen Teilsysteme wurden mit der Abb. 5.3.4.2 entwickelt. Das in diesem Kapitel behandelte Teilsystem ist hervorgehoben.

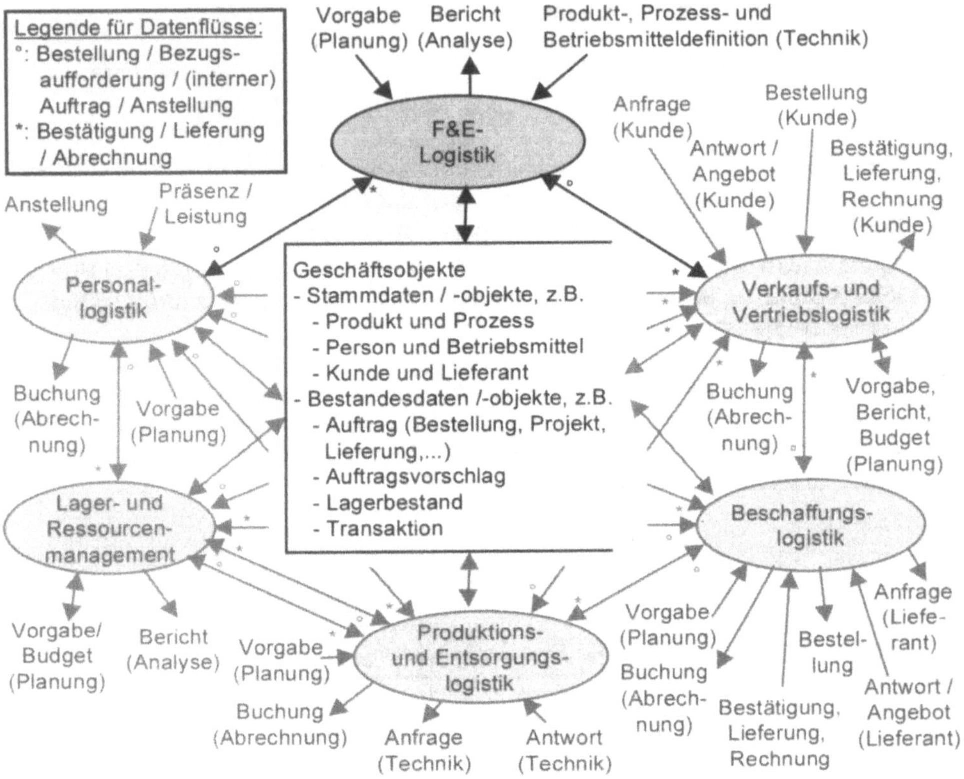


**Abb. 12.2** Datenflussdiagramm des Systems *Administration und Disposition* (reproduziert aus Abb. 5.3.4.2)

Zum System Administration und Disposition gehört dabei nicht alles, was zu einer umfassenden F&E-Logistik gezählt werden kann. Die Abb. 1.2.4.2 erwähnt daneben das technisch-industrielle System als Bestandteil des integrierten Informationssystems für Geschäftsprozesse.

Ein *F&E-Logistik-Informationssystem im engen Sinn* umfasst die Verwaltung der *Stammobjekte*, d.h. sämtlicher auftragsunabhängiger Geschäftsobjekte sowie die Verwaltung der F&E-(Projekt-)Aufträge.

Zu den auftragsunabhängigen Geschäftsobjekten gehören (in Wiederholung der Definition in Kap. 5.3.4) haupsächlich die Produkt- und Prozessdefinitionen wie z.B. Artikel, Stücklisten, Kapazitätsplätze, Betriebsmittel,

Arbeitspläne. Sie werden durch das technische Informationssystem erarbeitet. Dies erklärt, warum im Kontextdiagramm die Technik als Terminator und damit als Element des Umsystems beschrieben ist.
Zur näheren Beschreibung desjenigen Teils der umfassenden F&E-Logistik, der zum technisch-industriellen Informationssystem gezählt wird, siehe das folgende Kap. 12.1.

## 12.1 Grobe Prozess- und Funktionsanalyse des Informationssystems

Der Unterschied zwischen dem Informationssystem zur Administration und Disposition und dem technisch-industriellen Informationssystem im Unternehmen kann z.B. anhand des bekannten CIM-Konzepts gezeigt werden.

*Computer Integrated Manufacturing (CIM)* verstand sich zuerst als ein Konzept zur Integration der verschiedenen Bereiche zur betrieblichen Leistungserstellung mittels Informatiktechnologie. CIM versteht sich heute als die Informatik-Stützung integrierter Geschäftsprozesse.

Die Abb. 12.1.1 zeigt die zu integrierenden Bereiche, nämlich

- die Integration der gestaltungs- und produktbezogenen Bereiche (der operationell-technologischen Prozesskette)
- die Integration der produktionsbezogenen Bereiche (der operationell-dispositiven Prozesskette)
- die Integration der beiden operationellen Prozessketten untereinander und mit der langfristigen Unternehmensleitung und -planung.

Das *technisch-industrielle Informationssystem* umfasst Informationssysteme in den gestaltungs- und produktbezogenen Bereichen:

- CAE (Computer Aided Engineering): Werkzeuge für die Berechnung und Simulation des Verhaltens der Produkte, eingesetzt in der Entwicklungsphase.
- CAD (Computer Aided Design): Werkzeuge zum Informatik-gestützten Entwerfen und Konstruieren.

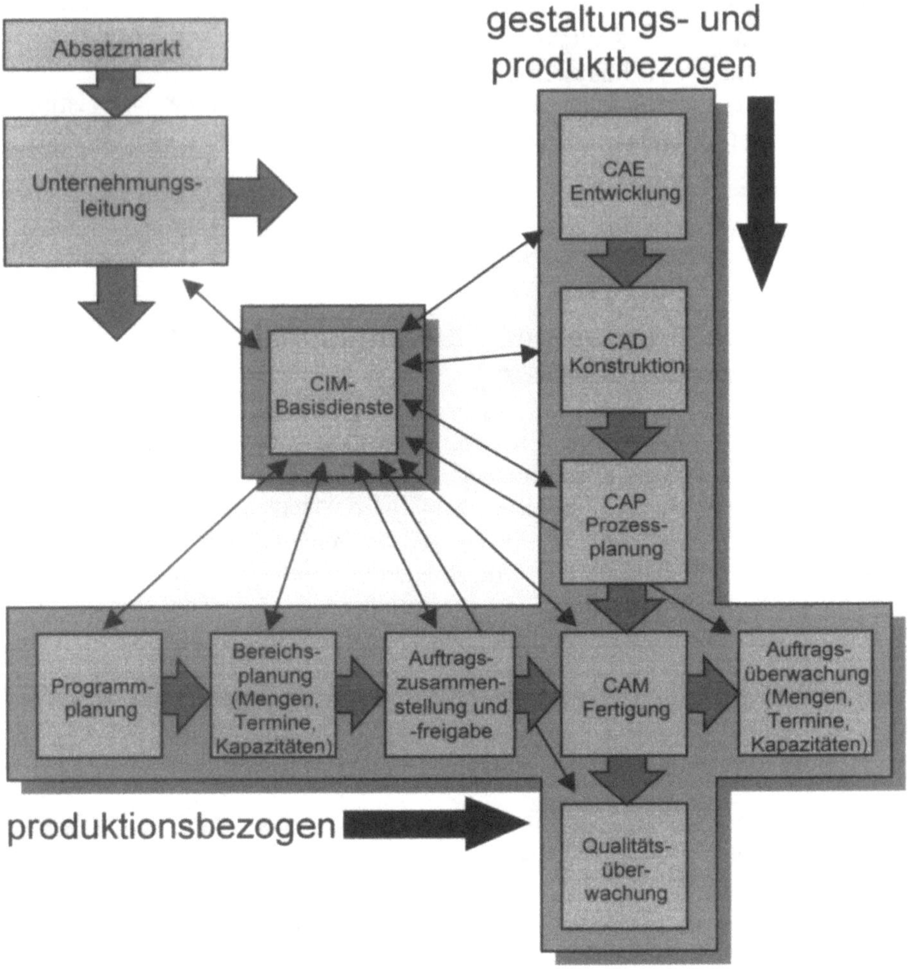


**Abb. 12.1.1** Das CIM-Konzept: eine Übersicht (Quelle: Kernforsch. Karlsruhe)

- CAP (Computer Aided Process Planning): Werkzeuge zur Definition von Produktionsprozessen / Arbeitsplänen sowie für die Programmierung von numerisch gesteuerten Maschinen, Anlagen und Robotern.
- CAM (Computer Aided Manufacturing): Die computergesteuerte Fabrikation durch numerisch gesteuerte Maschinen, Roboter oder ganze flexible Fertigungszellen.
- CAQ (Computer Aided Quality Assurance): Informatik-gestützte Qualitätskontrolle des Fabrikationsprozesses.

Das *Administrations- und Dispositionssystem* umfasst Informationssysteme, die der Begleitung der eigentlichen Wertschöpfung dienen. Sie wurden bereits bei der Vorstellung der Prozesslandkarte in Kap. 5.1.1 definiert und wurden in den Kap. 7 bis 11 vorgestellt. Sie schliessen den produktionsbezogenen horizontalen Ast der Abb. 12.1.1 ein.

Die in der Abb. 12.1.1 erwähnten *CIM-Basisdienste* genannten Aufgaben umfassen die oben definierten Aufgaben der F&E-Logistik im engen Sinn.

Die CIM-Basisdienste werden also zum Administrations- und Dispositionssystem gezählt. Die meisten davon sind im Weiteren Gegenstand dieses Kapitels.

### 12.1.1 Zusammenhang des Logistischen Systems mit dem Umsystem aus Prozesssicht

Die Abb. 12.1.1.1 zeigt die prozessorientierte Modellierung des Systems *F&E-Logistik* mit der *mehrstufigen Auftragskaskade* aus Kap. 5.1.9.

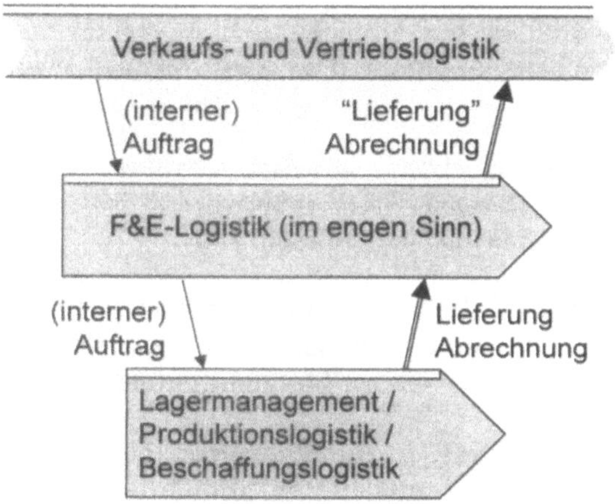


**Abb. 12.1.1.1** F&E-Logistik-Informationssystem: Auftragskaskade

Die F&E-Logistik wird aus verschiedenen Gründen angestossen:

- Von aussen durch ein explizites Bedürfnis eines Kunden. Man spricht dann von Kundenauftrags-Entwicklung (engl. "Engineer to order").
- Von aussen durch Ideen, wie sie durch die Erfahrungen auf dem Markt dem Unternehmen bekannt und durch das Marketing in Form von Produkt- und Prozessideen formuliert werden.

- Von innen durch eine Technologie-Beurteilung des F&E-Bereiches und die Abschätzung des möglichen Markterfolges der daraus skizzierten Produkt- und Prozessideen.

Die Abb. 12.1.1.2 zeigt den Einfluss des *strategisch übergeordneten Prozesses* der Unternehmensplanung auf den Geschäftsprozess *F&E-Logistik*.

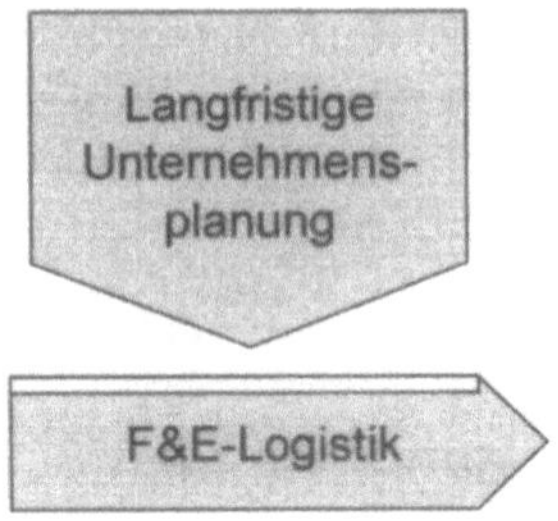


**Abb. 12.1.1.2** F&E-Logistik: Strategisch übergeordneter Prozess

Der senkrecht gezeichnete Pfeil zeigt die bestimmende Beeinflussung. Die Beeinflussung wirkt zum einen kontinuierlich, d.h. dem ganzen Prozess entlang, und zum anderen durch strategische Vorgaben zum spontanen Start bestimmter Teilprozesse des Geschäftsprozesses, d.h. ohne Anstoss durch einen expliziten Auftrag.

Die langfristige Unternehmensplanung legt u.a. fest, welchen Randbedingungen das Unternehmen im Bereich F&E unterworfen ist. Dazu gehören die Abschätzung der folgenden kritischen Grössen:

- *„Time to Market"*: Der Begriff bezeichnet die Durchlaufzeit durch die F&E-Logistik für neue Produkte. Dies ist die *Zeit zur Produktinnovation*, d.h. von der Produktidee bis zur Markteinführung.

- *Lieferfrist* (engl. „Time to delivery"): Sie bezeichnet die gesamte nötige Zeit, um einen Auftrag zu erhalten, zu erfüllen und auszuliefern, vom Zeitpunkt der Bestellung des Kunden bis zum Zeitpunkt des Empfangs durch den Kunden. Dies ist eine kritische Grösse für massgeschneiderte Aufträge, d.h. Einzelstück- oder Einmalaufträge, welche einen Anteil an Entwicklung und der Konstruktion haben.

Die langfristige Unternehmensplanung legt auch fest, welche Prinzipien in der Durchführung der Innovation gelten. Dazu gehört die zu wählende Strategie im *„Simultaneous Engineering"*, d.h. dem Überlappen der Phasen in der F&E-Logistik untereinander und ausserdem das Überlappen mit frühen Phasen der Beschaffungs- und Produktionslogistik.

Die langfristige Unternehmensplanung legt auch die Politik der Integration der Informationssysteme fest. Dazu gehört gerade die Art der Implementierung der CIM-Basisdienste im F&E-Logistik-Informationssystem.

Die Abb. 12.1.1.3 zeigt den Gedanken hinter den *CIM-Basisdiensten.* Derselbe wird auch durch das Konzept des *„Engineering Data Management“ (EDM)* bzw. *„Product Data Management“ (PDM)* angestrebt. Eine *Ingenieurdatenbank* ist dabei die Datenbasis für gemeinsam benutzte Informationen. Sie kann mit allen Informationssystemen der Bereiche kommunizieren. Siehe dazu auch [Schö00, Kap. 4.4 und 16.5].

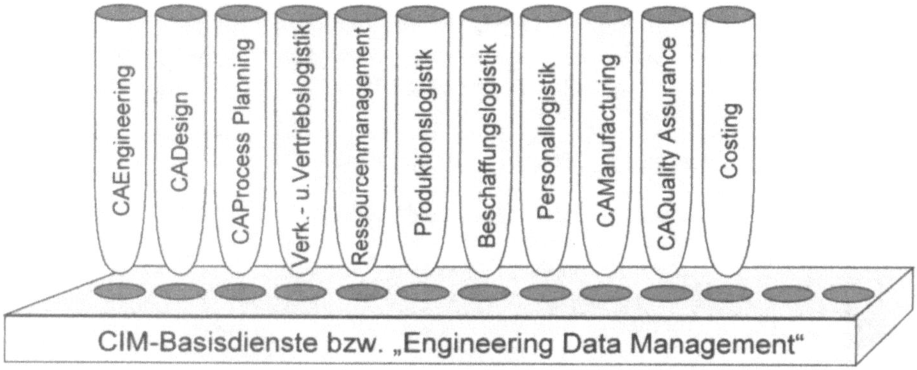


**Abb. 12.1.1.3** Die Rolle der CIM-Basisdienste bzw. des EDM, “Engineering Data Management“

CIM Basisdienste und die damit verbundenen Geschäftsobjekte (im Idealfall alle *Stammobjekte* und *Bestandesobjekte* gemäss der Abb 5.3.4.2) nehmen damit die Rolle eines Scharniers oder Kerns zwischen den einzelnen Teilsystemen des umfassenden Informationssystems im Unternehmen ein.

Die Klassen und Objekte dieses Teils des F&E-Logistik-Informationssystems sowie ihre Methoden bilden ein strategisches Mittel zur Standardisierung von Informationssystemen für Geschäftsprozesse. Weitgehend über dieses Teilsystem möchte man das horizontal und vertikal integrierte Informationssystem gemäss der Idee in Kap. 1.2.2 erreichen. Dazu muss man die Attribute und Methoden der CIM-Basisdienste bzw. eines EDM-Systems zu einer allgemein gültigen Definition erweitern und einen allseits anerkannten Standard erreichen.

Die für die Abläufe in den Teilsystemen wesentlichen und in den Unternehmen verschiedenen Aufgaben sollten dann gemäss der Vorstellung der Abb. 12.1.1.3 auf das CIM-Basisdienst-Informationssystem in dem Sinne “aufsteckbar” sein, dass sie alle auf dieselben Stamm- und Bestandesobjektklassen zugreifen. So wäre es möglich, von den sogenannten "integrierten" Software-Paketen mit unternehmensweitem Funktionsangebot wegzukommen, deren eigentlicher Vorteil in der Integration der Teilsysteme liegt, die aber in den einzelnen Teilsystemen selbst eher knapp genügenden Funktionskomfort aufweisen. Mit diesem Ansatz könnte man je nach Bereich Software von verschiedenen Herstellern einsetzen (z.B. für die Produktionslogistik eine andere als für die Beschaffungslogistik oder auch für die Steuerung der verschiedenen Bereiche der Produktion). Diese Flexibilität ist im Moment leider immer noch eine Vision.

Die Abb. 12.1.1.4 zeigt denselben Gedanken als Fortsetzung eines bereits bekannteren Gedankengangs in Bezug auf die Standardisierung.

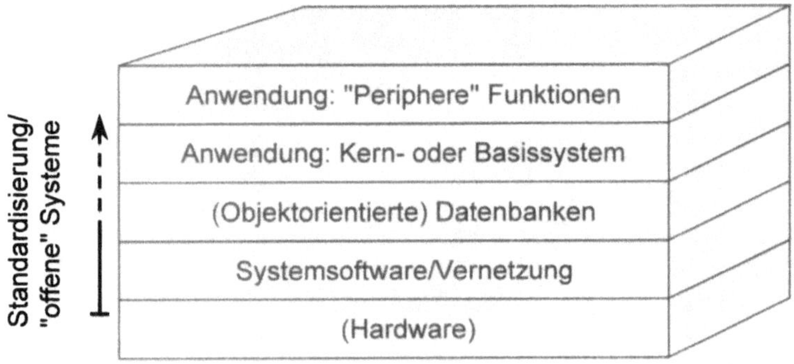


**Abb. 12.1.1.4** Offenheit durch Standards auf allen Ebenen der Software

Die Standardisierung wurde in den letzten Jahren vor allem auf dem Bereich der Systemsoftware und der Vernetzung vorangetrieben. Als Ergebnis sind weitgehend "offene" Betriebssysteme entstehen, die nach unten auf verschiedener Hardware lauffähig sind und nach oben allgemein gängige Datenbanken und Anwendungssoftware betreiben können. Auch auf dem Bereich der Datenbanken wurde mit dem relationalen Ansatz ein global akzeptierter Standard erreicht. Zur Zeit laufen grosse Bemühungen, einen als Standard geeigneten Ansatz für die objektorientierten Datenbanken zu finden.

Der hier postulierte Ansatz geht nun noch eine Stufe weiter: für die betriebliche Anwendung soll ein Teilsystem ebenfalls standardisiert werden können, eben das CIM-Basisdienst-Informationssystem, das – wie oben erwähnt – auch als Kern der Anwendung bezeichnet werden kann.

Einige Tendenzen sprechen dafür, dass die Entwicklung in die beschriebene Richtung gehen wird. Gerade die grossen Bemühungen um den elektronischen Austausch von Daten (engl. "Electronical Data Interchange", EDI) bestätigen dies z.B. mit dem Versuch einer de facto Normierung aller Geschäftsprozesse in der Administration, im Handel und im Transportwesen (Edifact). Für einen effizienten Austausch müssen genaue Formate definiert werden. In der Praxis handelt es sich hier um nichts anderes als um die Bestimmung von Objektklassen und Attributen für die verschiedenen auszutauschenden Objekte, welche für die austauschenden Partner gleich definiert sein müssen. In die gleiche Richtung laufen die Entwicklungen mit Corba sowie dem XML und dem Internet. Es ist ebenso möglich, dass der Marktführer SAP diesen Standard de facto setzt.

Durch dieses Konzept ist es letztendlich unwichtig, auf welchen Hardware- und Systemsoftware-Plattformen die Teilsysteme des integrierten Informationssystems für Geschäftsprozesse realisiert werden. Diese Frage wurde und wird deshalb nicht weiter diskutiert. Die Auswahl dieser Mittel ist ein Problem der Phase des "Systems Design" und ändert sich einerseits mit dem Unternehmen, andererseits auch in der Zeitachse, indem laufend neue technische Realisierungsmöglichkeiten zum Einsatz kommen (z.B. verteilte Datenbanken, verschiedene Arten von Rechnerkapazitäten, Internet). Die durch die Kap. 7 bis 12 unterstützte Phase des "Systems Analysis" muss im Prinzip unabhängig von den technischen Möglichkeiten erfolgen können und sollte für alle möglichen Änderungen gelten. Diese idealisierende Überlegung muss im Extremfall nicht unbedingt gelten. Für das Integrale Informationsmanagement ist es deshalb wichtig, eine realistische Vision der möglichen technischen Entwicklungen zu haben und diese in der Konzeption entsprechend zu berücksichtigen. Dies ist schon im Zusammenhang mit der Abb. 1.4.2.1 diskutiert worden.

### 12.1.2 Das Logistische System und seine Teilsysteme

Die Abb. 12.1.2.1 zeigt das prozessorientierte Modell des Untersystemes *F&E-Logistik*, d.h. die nächste Stufe der Detaillierung der Darstellung aus Abb. 12.1.1.1.

Während des Prozess werden die folgenden *Aufgaben* ausgeführt:

- Die Verwaltung der *Produkt- und Prozessobjekte*: Dazu gehören die Verwaltung von *Ressourcen* (z.B. von Artikeln, Betriebsmitteln, Kapazitätsplätze) sowie von *Produktionsstrukturen* (d.h. von Stücklisten, Arbeitsplänen und Betriebsmittellisten). Wie bereits erwähnt, werden die geometrischen Strukturen im CAD oder auch im CAP hier nicht geführt. Hingegen kann man die Adressen, unter welchen die Geometriedaten des CAD und CAP gespeichert sind, führen.

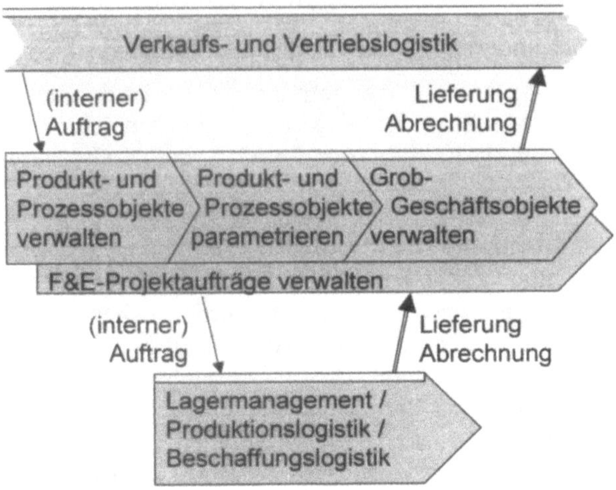


**Abb. 12.1.2.1** F&E-Logistik: prozessorientiertes Modell

- Die *Parametrierung von Produkt- und Prozessobjekten*: Dies umfasst die Parametrierung der Produkt- und Merkmalsfamilien sowie von Artikelparametern und Merkmalsleisten. Im Zuge der Tendenz zu Einzel- und Einmalfertigung wird zur Vermeidung von Redundanzen die parametrierte Beschreibung einer Produktfamilie, die die verschiedenen möglichen Ausprägungen generieren kann, immer wichtiger. Das gleiche Darstellungsprinzip kann auch zur Suche von Komponenten mittels einer Sachmerkmalsleiste oder zur Parametrierung von produktionstechnischen Verfahren verwendet werden.
- Die Verwaltung von *Grobgeschäftsobjekten*: Insbesondere für die Langfrist- oder Programmplanung müssen neben Produktfamilien auch grobe Objekte für die übrigen Produkt- und Prozessobjekte geführt werden. Nur so kann man die hohen Anforderungen an die Schnelligkeit der Langfristplanung erfüllen.
- Die Verwaltung der *F&E-(Projekt-)Aufträge*: Diese Teilaufgabe ist ähnlich zur Verwaltung der Produktionsaufträge und wird deshalb im folgenden nicht weiter behandelt. Siehe dazu das Kap. 9.2.

Mit Bezug auf die *Ablaufsteuerung* zeigt diese grobe Darstellung eine Reihenfolge, wie sie meistens angetroffen werden kann. Sie muss aber nicht unbedingt so eingehalten werden. Wichtig ist hingegen, dass Mitarbeiterinnen und Mitarbeiter aus allen Bereichen des Unternehmens auf diese Informationen jederzeit zugreifen können, sofern sie dazu berechtigt sind:

- Artikelbezogene Informationen braucht ein Konstrukteur, um aus einer Vielzahl von möglichst bereits im Unternehmen eingesetzten

Komponenten eine passende für seine gerade anstehende Konstruktion zu finden. In der Beschaffung und in der Produktion muss auf die gleichen Informationen zurückgegriffen werden.

- Sämtliche Stammdaten müssen zur Erstellung von Aufträgen in den verschiedenen Bereichen zur Verfügung stehen, sei dies im Verkauf, im Lager- und Ressourcenmanagement, in der Produktion, in der Beschaffung oder im Personalwesen.

Die Abb. 12.1.2.2 zeigt das funktionsorientierte Modell des Untersystems *F&E-Logistik* aus Abb. 12.2, d.h. die Detaillierung in seine Teilfunktionen.

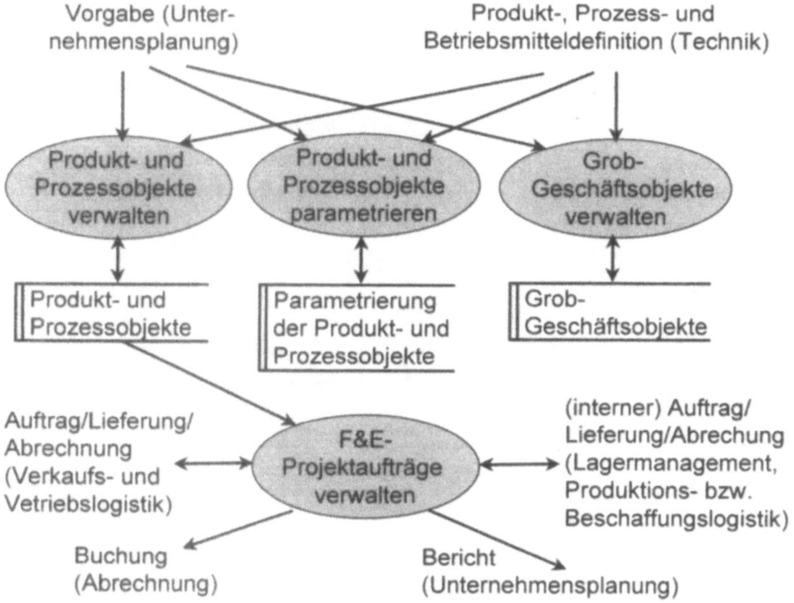


**Abb. 12.1.2.2** F&E-Logistik: funktionsorientiertes Modell

Nicht in diesem Modell enthalten sind das Versionenwesen und das damit verbundene Projektmanagement beim "Engineering Change" oder Releasewechsel von Produkten.

## 12.2 Verwaltung von Produkt- und Prozessobjekten

Die Verwaltung der *Produkt- und Prozessobjekte* umfasst die Verwaltung von *Ressourcen* (z.B. von Artikeln, Betriebsmitteln, Kapazitätsplätzen) sowie von *Produktionsstrukturen* (d.h. von Stücklisten, Arbeitsplänen und Betriebsmittellisten).

Das im Vergleich zur Abb. 12.1.2.1 um eine Stufe detailliertere prozessorientierte Modell trägt nichts Entscheidendes zum Verständnis bei. Die Sequenz der *Teilaufgaben,* die durch die Teilprozesse erfüllt werden, ist natürlicherweise gegeben. Auf die entsprechende Modellierung wird deshalb verzichtet.

Die Abb. 12.2.1 zeigt direkt das funktionsorientierte Modell zur Verwaltung von Produkt- und Prozessobjekten.

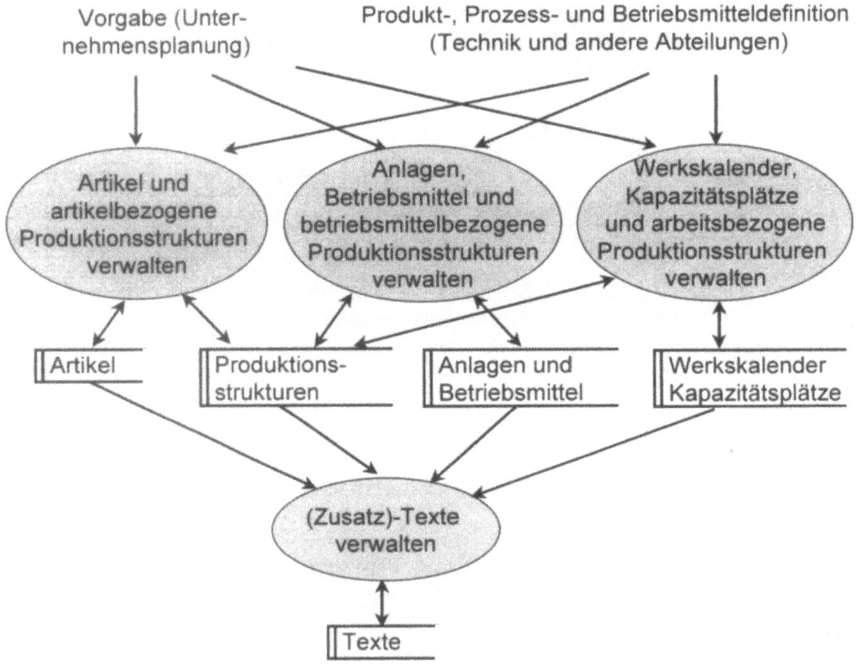


**Abb. 12.2.1** Verwaltung von Produkt- und Prozessobjekten: funktionsorientiertes Modell

Die folgenden *Aufgaben* gelangen zur Ausführung:

- Die Verwaltung der *Artikel und der artikelbezogenen Produktionsstrukturen*: Daraus kann man u.a. die *Stücklisten* ableiten.

- Die Verwaltung der *Anlagen und Betriebsmittel* sowie der *betriebsmittelbezogenen Produktionsstrukturen (Betriebsmittellisten)* Zu den Betriebsmitteln zählen Werkzeuge, Vorrichtungen und Maschinen.
- Die Verwaltung des *Werkskalenders*, der *Kapazitätsplätze*, der *arbeitsbezogenen Produktionsstrukturen (Arbeitspläne).* Dazu zählen auch die Personenzuordnungen und die Kapazitäten selbst.
- Die *Textverwaltung*: Die Beschreibungen von Ressourcen und Produktionsstrukturen müssen beliebig durch Zusatztexte ergänzt werden können.

### 12.2.1 Verwaltung von Artikeln und artikelbezogenen Produktionsstrukturen (Stücklisten)

*Artikel* (engl. „item") ist ein Sammelbegriff für jedes Gut, das in der Verkaufs- und Vertriebs-, Produktions-, Beschaffungs- oder Entsorgungslogistik identifiziert oder behandelt werden kann oder muss.

Dieser Sammelbegriff umfasst damit aus der Sicht eines Unternehmens die folgenden *Artikelarten*:

- Ein *Endprodukt* geht in kein anderes Produkt als Komponente ein.
- Ein *Zwischenprodukt* oder ein *Halbfabrikat* wird an Lager gehalten oder ist ein Zwischenzustand im Verlauf der Produktion. Es kann in übergeordnete Produkte eingebaut werden und ist damit auch eine Komponente.
- Eine *Baugruppe* ist ein Zwischenprodukt und besteht aus mindestens zwei Komponenten.
- Ein *Teil* bzw. ein *Einzelteil* wird entweder produziert (*Eigenteil*) oder zugekauft (*Kaufteil*) und geht in übergeordnete Produkte ein. Ein Eigenteil wird aus *einer einzigen* Komponente produziert.
- *Rohmaterial* oder *Grundgut* gilt für das Unternehmen als unbearbeitetes Material oder Ausgangsgut für die Herstellung.

Alle diese Arten von Gütern sind insofern ähnliche Geschäftsobjekte, als dass die Mehrzahl der grundlegenden Beschreibungen (bzw. Attribute) von gleichem Typ sind, z.B. die Identifikation, die Beschreibung, der Bestand an Lager, die Kosten und die Preise. So fasst man sie gerne in einem generalisierten Objekt zusammen, eben *Artikel* genannt. Die Abb. 12.2.1.1 zeigt die Güterobjekte als Spezialisierungen des *Artikels.*

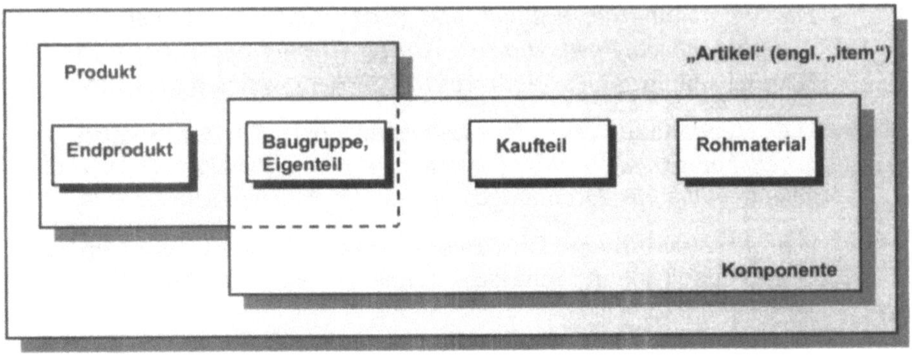


**Abb. 12.2.1.1** Das Geschäftsobjekt *Artikel* als Generalisierung verschiedener Güterobjekte

> Die *Produktionsstruktur* eines Produkts ist die strukturierte Zusammenfassung seiner Komponenten (der *Stückliste*) sowie den Arbeitsplänen des Produktes selbst und dessen Baugruppen und Einzelteilen.
>
> Der *Durchlauf-* oder *Prozessplan* eines Produktes ist die Produktionsstruktur in der Zeitachse.

Der Durchlauf- oder Prozessplan ist ein Geschäftsobjekt von sehr komplexer Natur. Als Beispiel diene die Abb. 12.2.1.2 für ein Produkt P.

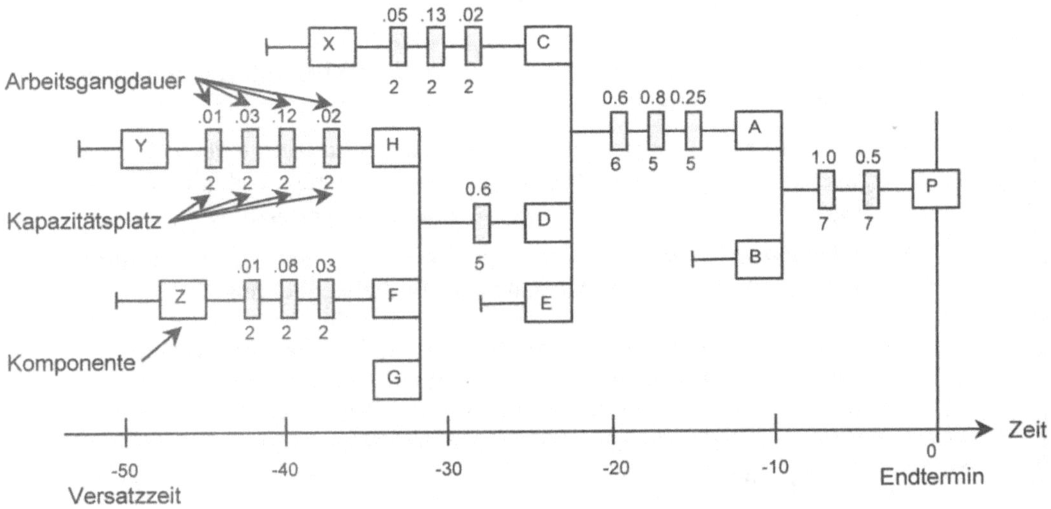


**Abb. 12.2.1.2** Durchlauf- oder Prozessplan des Produktes P (detaillierte Struktur)

Der Durchlauf- oder Prozessplan entspricht einem Schema, d.h. einer natürlichen Vorstellung oder Sicht der Mitarbeitenden im Zusammenhang mit der Auftragsabwicklung.

> Die *Versatzzeit* (engl. *„Lead-time offset")* oder *Vorlaufzeit* ist der Moment eines Ressourcenbedarfs relativ zum Endtermin eines Produktes, basierend auf seiner Durchlaufzeit.

Für jeden Ressourceneinsatz kann so seine Versatz- oder Vorlaufzeit bestimmt werden. Dafür muss der Anteil der Durchlaufzeit bzw. Beschaffungsfrist auf dem entsprechenden Ast der Produktionsstruktur berechnet werden. Über die Arbeitsgangdauern ist diese Zeit abhängig von der Losgrösse.

Die Abb. 12.2.1.3 zeigt direkt das funktionsorientierte Modell zur Verwaltung von Artikeln und artikelbezogenen Produktionsstrukturen. Daraus geht auch der natürliche Prozess hervor, so dass auf ein prozessorientiertes Modell verzichtet wurde.

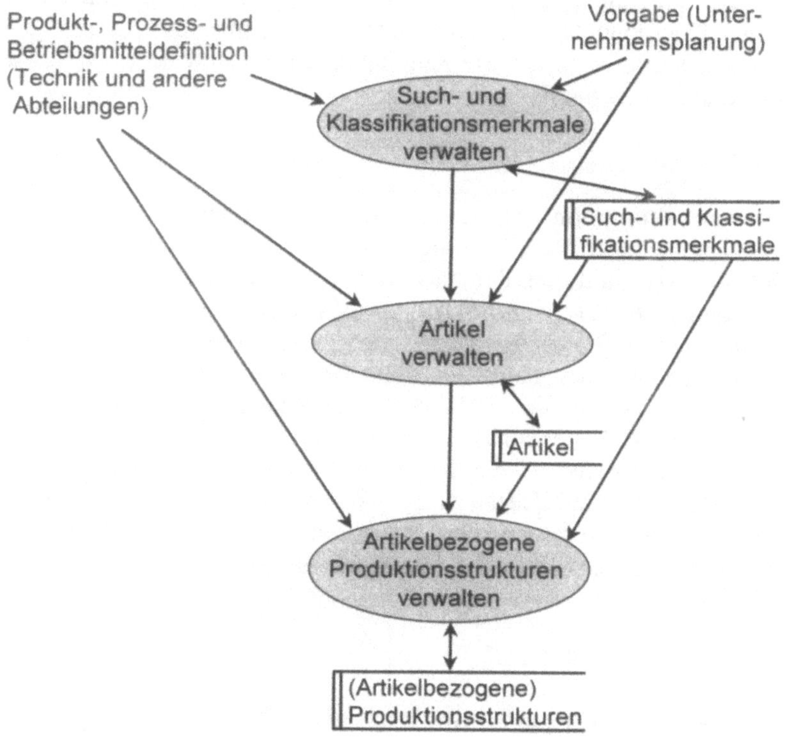


**Abb. 12.2.1.3** Verwaltung von Artikeln und artikelbezogenen Produktionsstrukturen: funktionsorientiertes Modell

Die folgenden *Aufgaben* gelangen zur Ausführung:

- Die Verwaltung der *Such- und Klassifikationsmerkmale*: Alle Personen im Unternehmen benützen die gleichen Such- und Klassifikationsmerkmale, um Artikel aufzufinden. Es soll nicht notwendig sein, über die sogenannte *Artikel-Id.* einen Artikel auffinden zu müssen. Im Idealfall soll nämlich diese Identifikation nicht sprechend und möglichst kurz sein.[62] Der Zugriff auf einen Artikel erfolgt damit über sekundäre Such- und Klassifikationsmerkmale, wie etwa die Beschreibung, die Zeichnungs-Nr., die Typologie, die Abmessungen usw. Für die Suche nach der *Sachmerkmalsleiste* eines Artikels siehe das Kap. 12.3.
- Die Verwaltung der *Artikel* gemäss obiger Definition.
- Die Verwaltung der *Produktionsstrukturen* gemäss obiger Definition. Aus der artikelbezogenen Produktionsstruktur kann man bei konvergierenden Strukturen (d.h. aus vielen Komponenten stellt man ein einziges Produkt her) u.a. auch die *Stücklisten* ableiten. Darunter versteht man die strukturierte Zusammensetzung des Produktes aus seinen Komponenten. Die Baugruppen und Einzelteile führen dabei zu *Strukturstufen*, indem sie Komponenten auf tieferer Ebene in der Stückliste zusammenfassen.

Zur *Ablaufsteuerung*:

- Die Verwaltung von Artikeln ist eine Aufgabe, an der sich Personen aus verschiedenen Bereichen beteiligen. Nebst den Personen aus dem Bereich F&E sind dies Personen aus Vertrieb, Beschaffung und dem Rechnungswesen (z.B. für Preise und Kosten) sowie dem Ressourcenmanagement (z.B. für Parameter zur Lagerhaltung). Bekannterweise zeigt ein Datenflussdiagramm diese Tatsachen nicht. Nachdem ein Artikel eröffnet wurde – z.B. durch eine zentrale Normierungsstelle (für produktionstechnisch notwendige Zwischenprodukte die Produktionstechnik) –, werden in der Praxis die weiteren Personen aus F&E, Verkauf, Beschaffung und Ressourcenmanagement über entsprechende Ablaufspeicher informiert, dass sie das Objekt mit Daten aus ihrem Bereich ergänzen sollten. Ähnlich wird bei

---

[62] Dies aus Gründen der Anforderungen an Schlüsselattribute einer Datenbank: Ein Artikel sollte im Verlauf seines “Lebens” nie seine Id. ändern dürfen, weil diese in sämtlichen, mit Artikeln zusammenhängenden Datensammlungen (z.B. Aufträge, Statistiken usw.) über Jahre hinaus als eindeutige Verbindung eingetragen ist. Es ist mit praktisch realisierbarem Aufwand nicht möglich, alle diese Verbindungen zu ändern, falls sich eine Artikel-Id. verändern würde.

Änderungen vorgegangen, die ausser dem Bereich, der die Änderung auslöst, noch weitere Bereiche betreffen.

- Die Verwaltung der artikelbezogenen Produktionsstruktur ist i.Allg. die Aufgabe der Konstruktion. Für produktionstechnisch notwendige Zwischenprodukte, insbesondere für die sogenannten Rohmaterialstücklisten – d.h. für eine zusätzliche Bearbeitungsstufe vor der Beschaffung, die durch die Konstruktion nicht vorgegeben wird – kann auch die Produktionstechnik mit dieser Verantwortung betraut werden.

Die Abb. 12.2.1.4 zeigt ein objektorientiertes Modell zur Verwaltung der Artikel und artikelbezogenen Produktionsstrukturen.

Die Klasse *Artikel* wird hier bereits als eine aus anderen Klassen assoziierte Klasse dargestellt. Die Artikel-Id. ergibt sich damit aus einer Werkid., einer Artikel-Nummer und einem Versionenzähler. Dasselbe gilt für die Produktionsstruktur. Der Versionenzähler verweist auf eine nicht explizit aufgeführte Zählerklasse. Siehe dazu auch Abb. 6.3.5.1.

Für jede Artikelfamilie oder Produktfamilie wird ebenfalls ein Objekt *Artikel* definiert. Näheres dazu in den die Kap. 12.3 und 12.4.

Für jeden Artikel kann man beliebig viele *Such- und Klassifikationsmerkmale* postulieren, die aber in einer entsprechenden Klasse vordefiniert sein müssen.

Ein Produkt kann mit unterschiedlichen Produktionsstrukturen hergestellt werden. Dies ist insbesondere in der Prozessindustrie üblich. Auch in der mechanischen Produktion kann es für unterschiedliche Losgrössen verschiedene Arbeitspläne geben.

Jede Produktionsstruktur besteht aus *Produktionsstrukturpositionen*, die ihrerseits in *Produktionsstrukturpositionen Artikel* und übrige spezialisiert werden können. Eine *Produktionsstrukturposition Artikel* kann wiederum einen *Artikel-Zugang* oder aber einen *Artikel-Abgang* beschreiben. Der Artikel-Abgang ist die klassische *Stücklistenposition*. Mehrere Artikel-Zugänge, die sich aus der Abarbeitung einer Produktionsstruktur ergeben, kennt man z.B. in der Prozessindustrie (Stichwort *Kuppelproduktion* ).

Der Positions- und Variantenzähler in der Klasse *Produktionsstrukturposition* verweisen auf eine nicht explizit aufgeführte Zählerklasse. Der *Positionszähler* erlaubt, dass ein bestimmter Artikel mehrere Male als Komponente derselben Produktionsstruktur und damit desselben Produkts vorkommen kann. Mit dem Attribut *Variantenzähler* sind zudem auf jeder Position verschiedene Varianten möglich. So kann man einfachere Fälle von Variantenstücklisten darstellen. Für kompliziertere Fälle siehe das Kap. 12.3.

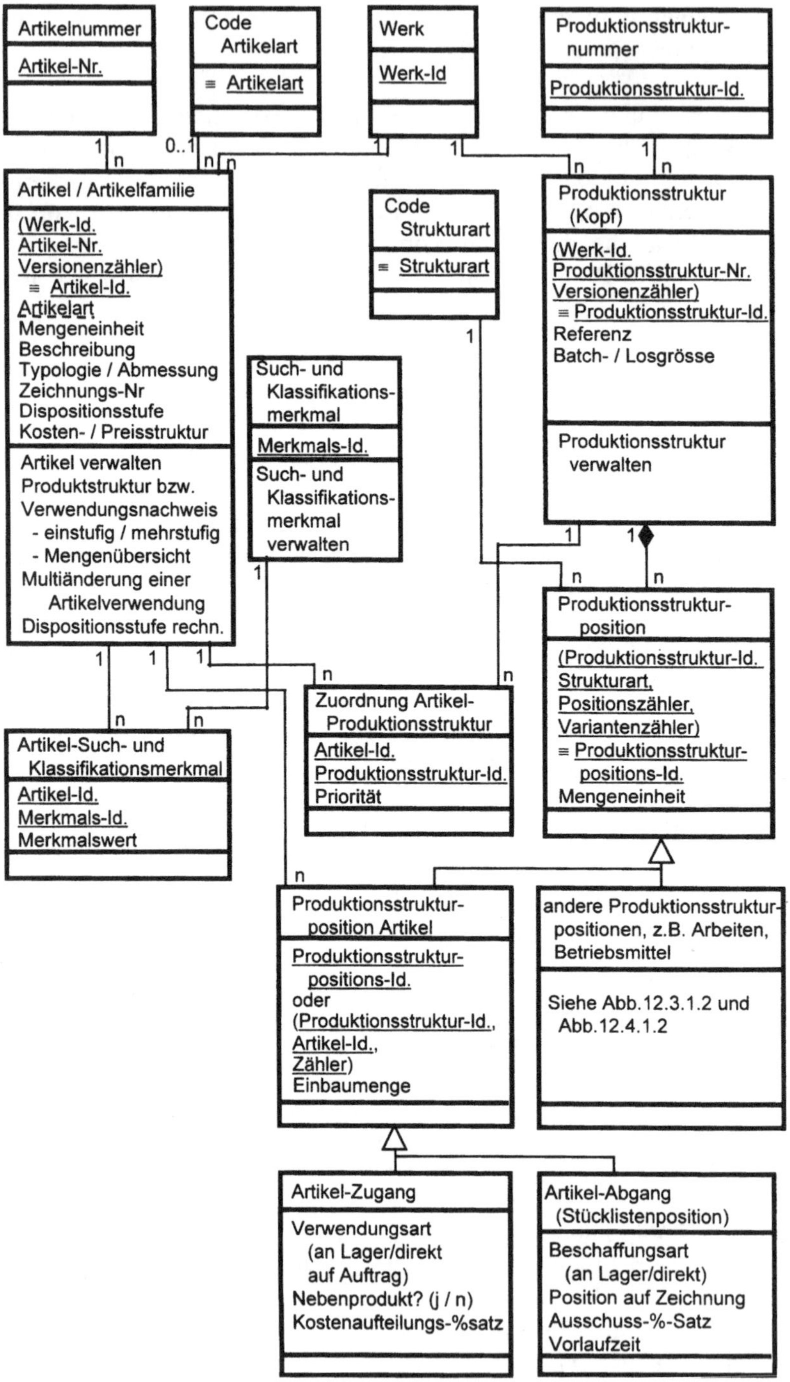


**Abb. 12.2.1.4** Verwaltung von Artikeln und artikelbezogenen Produktionsstrukturen: objektorientiertes Modell

Eine besondere Betrachtung gilt dem Attribut *Strukturart.* Damit ist es möglich, verschiedene Arten von Produktionsstrukturen zu unterscheiden. Im bekannteren Fall von Stücklisten sind dies z.B. Konstruktionsstücklisten, Fertigungsstücklisten, Ersatzteilstücklisten, Vorkalkulationsstücklisten, Preisbildungsstücklisten. Tatsächlich können verschiedene Ansichten darüber bestehen, wie sich ein Produkt aus Komponenten zusammensetzt. Können sie mit dem Attribut *Strukturart* differenziert werden, so ist dies einerseits sehr praktisch, vermeidet dies doch unerwünschte Diskussionen im Moment der Einführung eines Informationssystems. Andererseits ist dies auch problematisch: das Änderungswesen muss nämlich dafür sorgen, dass alle verschiedenen Produktionsstrukturen kohärent modifiziert werden. Daher muss klar sein, wie aus der Konstruktionsstückliste die anderen Stücklisten hervorgehen, vor allem die Fertigungsstückliste und die Vorkalkulationsstückliste. Dieses organisatorische Postulat kann gerade bei grossen Firmen nicht ohne weiteres realisiert werden, ohne den guten Willen und bereichsübergreifendes Denken der Abteilungen vorauszusetzen. Bei kleinen und mittleren Unternehmen zeigt die Erfahrung jedoch, dass ein automatisches Ableiten der meist flacheren Fertigungsstückliste von der Konstruktionsstückliste möglich ist und damit nur eine Stücklistenart geführt werden muss, die man dann auch zu Vorkalkulations- und zu Preisbildungszwecken heranzieht. Hingegen mag es nötig sein, eine eigene Ersatzteilstückliste zu führen.

Der *Verwendungsnachweis eines Artikels* ergibt sich durch einen Algorithmus, der über die "1 zu n"-Assoziation vom Artikel auf die *Produktionsstrukturposition Artikel* zugreift, genauer auf den *Artikelabgang.* Ist ein solcher gefunden, so bilden sämtliche Artikelzugänge, die zur selben Produktionsstruktur gehören, den Verwendungsnachweis. Die Mehrstufigkeit wird erreicht, indem für jeden Artikel im gefundenen Verwendungsnachweis ebenfalls sein Verwendungsnachweis ermittelt wird. Auf analoge Art ergibt sich die ein- oder *mehrstufige Produktstruktur* und im Speziellen die Stückliste.

Das beschriebene objektorientierte Modell für die Produktionsstruktur ist sehr allgemein verwendbar. Insbesondere kann damit die *Kuppelproduktion* in der Prozessindustrie, d.h. die gleichzeitige Herstellung von verschiedenen Produkten im selben Prozessschritt, abgebildet werden: Die Produktionsstruktur hat dann einfach mehrere Objekte *Artikelzugang.* Das Attribut *Kostenaufteilungs-%satz* bestimmt dann den Verteilungsschlüssel der Kosten im Auftragsfall.

Die *Dispositionsstufe* ist als unterste Strukturstufe definiert, d.h. als Wert des untersten Niveaus, wo ein Artikel als Komponente in irgendeiner mehrstufigen Stückliste vorkommen kann. Der zugehörige Strukturstufencode wird auch *Dispositionsstufencode* genannt (engl. „low level code") und muss durch eine Methode berechnet werden. Da wegen der rezyklierbaren Kuppelprodukte auch Schleifen denkbar sind, müssen solche Kuppelprodukte als Nebenprodukte bezeichnet werden, deren Dispositionsstufe nicht zu berechnen ist. Bei den übrigen Artikeln dürfen keine Schleifen vorkommen: Die Produktionsstrukturen ohne die Nebenprodukte müssen gerichtete Graphen bilden, in den weitaus meisten Fällen sogar Baumstrukturen.

### 12.2.2 Verwaltung der Anlagen und Betriebsmittel sowie der betriebsmittelbezogenen Produktionsstrukturen

Eine *Anlage* in einem Unternehmen kann ein Gebäude, ein Betriebsmittel oder ein anderes in die Bilanz aktivierbares Objekt sein.

Als *Betriebsmittel* zählen Maschinen, Werkzeuge oder Vorrichtungen.

Das funktionsorientierte Modell zur Verwaltung der Anlagen und Betriebsmittel sowie der betriebsmittelbezogenen Produktionsstrukturen in Abb. 12.2.2.1 ähnelt weitgehend demjenigen der Verwaltung von Artikeln und artikelbezogenen Produktionsstrukturen in der Abb. 12.2.1.3. Wieder geht auch daraus der natürliche Prozess hervor, so dass auf ein prozessorientiertes Modell verzichtet wurde.

Die folgenden *Aufgaben* gelangen zur Ausführung:

- Die Verwaltung der *Such- und Klassifikationsmerkmale*: Wieder benützen alle Personen im Unternehmen die gleichen Such- und Klassifikationsmerkmale, um Anlagen, insbesondere Betriebsmittel, aufzufinden.
- Die Verwaltung der *Anlagen* gemäss obiger Definition: Die Betriebsmittel-Stammdaten werden vor allem im Produktionsablauf für die Planung der Betriebsmittelbelegung verwendet. Gleichzeitig kann auch die Wartung und Revision dieser Betriebsmittel rechtzeitig geplant werden.
- Die Verwaltung der *betriebsmittelbezogenen Produktionsstrukturen* gemäss der Definition im Kap. 12.1.3: Dazu kommt die Verwaltung der sogenannten *Werkzeugstücklisten.* Darunter versteht man die strukturierte Zusammensetzung eines *Sammelwerkzeuges* oder eines *Werkzeugsatzes* aus seinen Einzelwerkzeugen, analog zu einer Stückliste eines Produkts aus seinen Komponenten. Werkzeugstücklisten geben an, wie einzelne Werkzeuge im Zusammenhang eine ganze Werkzeugfunktion zusammensetzen können. Dies ist gerade bei CNC-Produktionsmaschinen immer mehr notwendig, da z.B. ein Roboter mit einem Werkzeugsatz ausgerüstet wird, dessen Zusammensetzung je nach Arbeitsinhalt ändern kann. Einer auszuführenden Arbeit wird damit ein Werkzeugsatz zugeordnet, dessen einzelne Werkzeugkomponenten dann in der Werkzeugstückliste erwähnt werden.

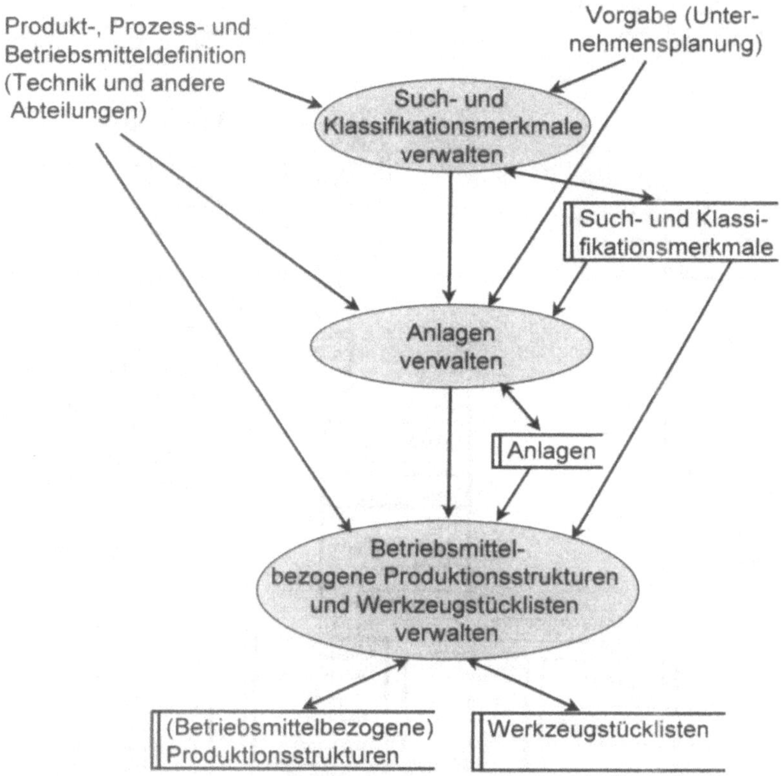


**Abb. 12.2.2.1** Verwaltung von Anlagen und Betriebsmitteln sowie der betriebsmittelbezogenen Produktionsstrukturen: funktionsorientiertes Modell

Zur *Ablaufsteuerung*:

- Die Verwaltung der einzelnen Stammsätze für die Anlagen erfolgt durch das betriebliche Rechnungswesen, da es sich um Investitionen handelt. Es liefert auch die Kostendaten. Die Konstruktion oder die Fertigungstechnik hingegen ist für Ergänzungen mit technischen Daten zuständig, z.B. bei Betriebsmitteln. Bekannterweise zeigt ein Datenflussdiagramm diese Tatsachen nicht. Nachdem eine Anlage durch das Rechnungwesen eröffnet wurde, werden in der Praxis die weiteren Personen aus der Produktionstechnik über entsprechende Ablaufspeicher informiert, dass sie das Objekt mit Daten aus ihrem Bereich ergänzen sollten. Ähnlich wird bei Änderungen vorgegangen, die ausser dem Bereich, der die Änderung auslöst, noch weitere Bereiche betreffen.

Die Abb. 12.2.2.2 zeigt ein objektorientiertes Modell zur Verwaltung der Anlagen und Betriebsmittel sowie der betriebsmittelbezogenen Produktionsstrukturen.

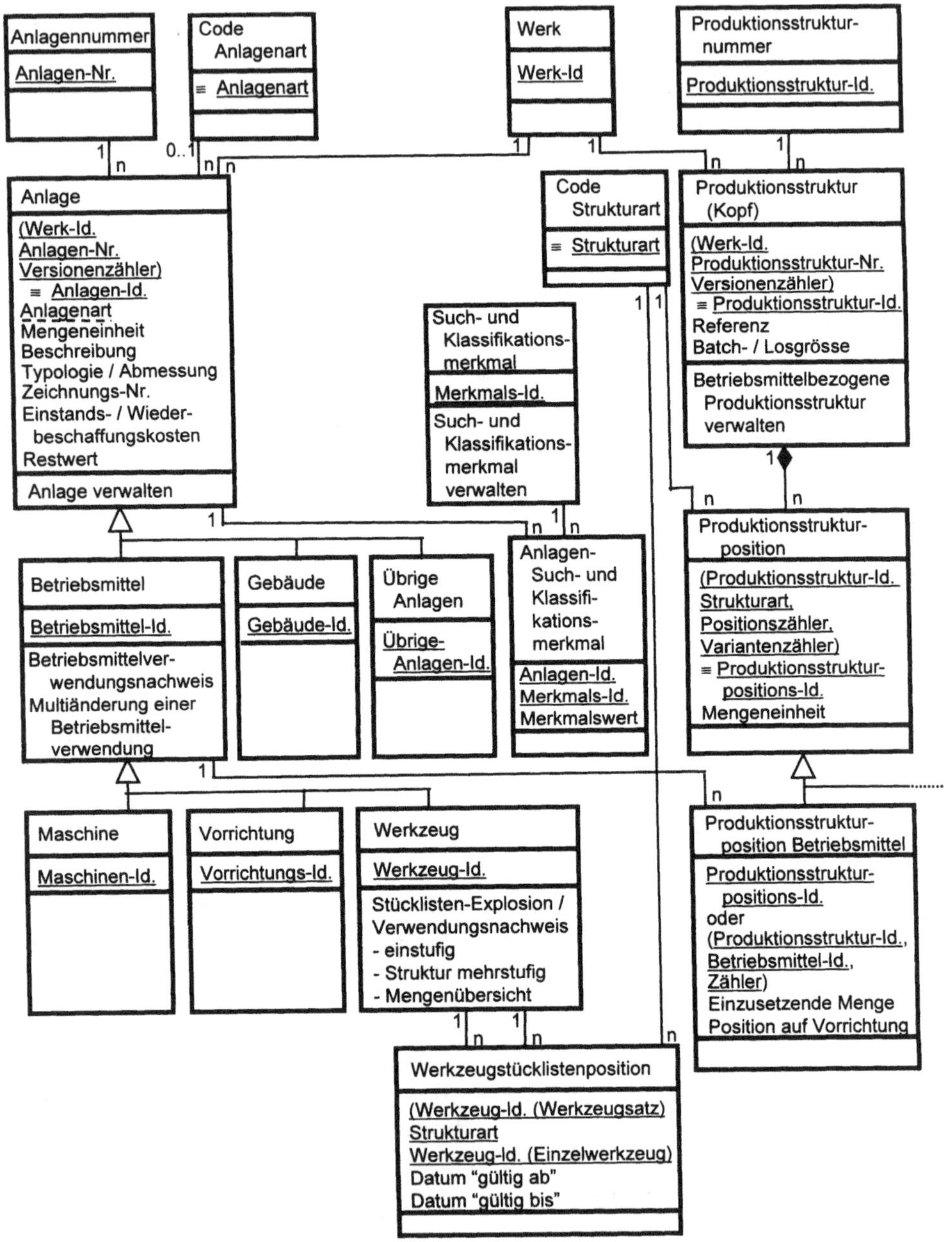


**Abb. 12.2.2.2** Verwaltung von Anlagen und Betriebsmitteln sowie der betriebsmittelbezogenen Produktionsstrukturen: objektorientiertes Modell

Werkzeuge, Vorrichtungen und Maschinen werden als Spezialisierungen der Klasse *Betriebsmittel* konzipiert. Diese ist ihrerseits Spezialisierung der Klasse *Anlage*. Ähnlich wie bei der Klasse *Artikel* wird der Schlüssel aus einer Werk-Id. und der eigentlichen Anlagen-Nummer und einem Versionenzähler zusammengesetzt. Der Versionenzähler verweist auf eine nicht explizit aufgeführte Zählerklasse. Siehe dazu auch Abb. 6.3.5.1.

Jede Produktionsstruktur besteht aus *Produktionsstrukturpositionen*. Die *Produktionsstrukturposition Betriebsmittel* ist eine Spezialisierung davon. Sie entspricht dabei der klassischen *Betriebsmittelposition*.

Die Sicht der *Produktionsstrukturpositionen Betriebsmittel* nach dem Betriebsmittel erlaubt das Erstellen eines *Betriebsmittelverwendungsnachweises* zur Herstellung eines Produkts.

Werkzeugstücklistenpositionen verhalten sich zu den Werkzeugen analog wie die Konzern-Tochter-Zuordnung in Abb. 7.2.1.2 zu den Kunden. Die Rollen der beiden "1 zu n"-Assoziationen können damit analog verstanden werden. Die eine Assoziation ordnet die Stücklistenpositionen den Komponenten zu, aus denen der Werkzeugsatz zusammengesetzt ist, die andere ordnet die Positionen des Verwendungsnachweises in einem Werkzeugsatz zu, in denen ein Einzelwerkzeug vorkommt. Die einzelnen Methoden für die Abfrage der Werkzeugstücklisten- und -Verwendungsnachweise sind natürlich nur der Klasse *Werkzeug* zugeordnet.

Im Vergleich mit der Abb. 12.2.1.4 fällt die parallele Thematik zu den Artikeln und artikelbezogenen Produktionsstrukturen auf. Werkzeuge, Vorrichtungen und Maschinen haben demnach auch einen Artikelcharakter. Sie werden jedoch nicht in den gleichen Klassen gehalten, da sie Investitionsgüter und damit wiederverwendbare Ressourcen als Teil des Anlagevermögens eines Unternehmens darstellen. Artikel hingegen sind für den Verkauf bestimmt und bilden einen Teil des Umlaufvermögens. Viele Attribute und Dienste bzw. Methoden ("services") sind zwar ähnlich, was sich in der Realisierung in weitgehend ähnlichen Computerprogrammen ausdrückt.

Es gibt auch Modelle, wo Anlagen und Artikel als Spezialisierungen einer Klasse *Produktionsfaktor* konzipiert werden. Anlagen sind zusammen mit den Personen *Potentialfaktoren*, Artikel sog. *Repetitiv-Faktoren*.

### 12.2.3 Verwaltung des Werkskalenders, der Kapazitätsplätze und der arbeitsbezogenen Produktionsstrukturen (Arbeitspläne)

Ein *Kapazitätsplatz* (engl. „work center" oder „load center") ist eine organisatorische Einheit der Produktion innerhalb der gewählten Organisation der Produktionsinfrastruktur. Er umfasst eine Gesamtheit von Mitarbeitenden und von Produktionsinfrastruktur, um eine Menge von Arbeit auszuführen, die durch eine übergreifende Planung & Steuerung nicht weiter unterteilt werden muss. Die interne Planung & Steuerung des Kapazitätsplatzes ist nicht nötig oder erfolgt unter Berücksichtigung der übergreifenden Vorgaben autonom.

Die *Kapazität* eines Kapazitätsplatzes ist sein Potential zum Ausstoss von Leistungen. Diese Menge wird jeweils auf eine Zeitperiode bezogen. Die Masseinheit wird *Kapazitätseinheit* genannt und ist meistens eine Zeiteinheit.[63]

Kapazitätsplätze sind also die kleinsten Einheiten, für welche in der Planung die Kapazität mit der anfallenden Belastung in der Zeitachse verglichen wird.

Ein *Arbeitsplan* bzw. *Operationsplan* eines Produktes ist ein komplexes Objekt, nämlich die Liste von Arbeitsgängen, durch die das Produkt ausgehend von seinen Komponenten hergestellt wird.

Gemäss der Definition des Begriffs *Produktionsstruktur* in Kap. 12.2.1 ist der Arbeitsplan der arbeitsbezogene Teil dieser Struktur.

Der *Werks- oder Fabrikkalender* hält im Wesentlichen fest, welche Tage innerhalb eines Werks als Arbeitstage gelten.

Ein Werkskalender zählt also nur die Arbeitstage. Tage, an denen nicht gearbeitet wird, wie z.B. Ferien, Feiertage oder Wochenenden, rechnet er nicht ein. Für jeden Arbeitstag wird dabei ein Zähler um eins erhöht, so dass vor allem für die Terminplanung auf einfache Art eine Arbeitsgangdauer zu Kalendertagen hinzu- oder abgezählt werden, sowie auch die Differenz in Arbeitstagen zwischen zwei gegebenen Daten berechnet werden kann.

Das funktionsorientierte Modell zur Verwaltung des Werkskalenders, der Kapazitätsplätze und der arbeitsbezogenen Produktionsstrukturen (Arbeitspläne) in Abb. 12.2.3.1 ähnelt weitgehend demjenigen der Verwaltung von Artikeln und artikelbezogenen Produktionsstrukturen in der Abb. 12.2.1.3. Wieder geht daraus auch der natürliche Prozess hervor, so dass auf ein prozessorientiertes Modell verzichtet wurde.

---

[63] Man kann für die Kapazitätseinheit aber auch eine andere charakteristische Messgrösse wählen.

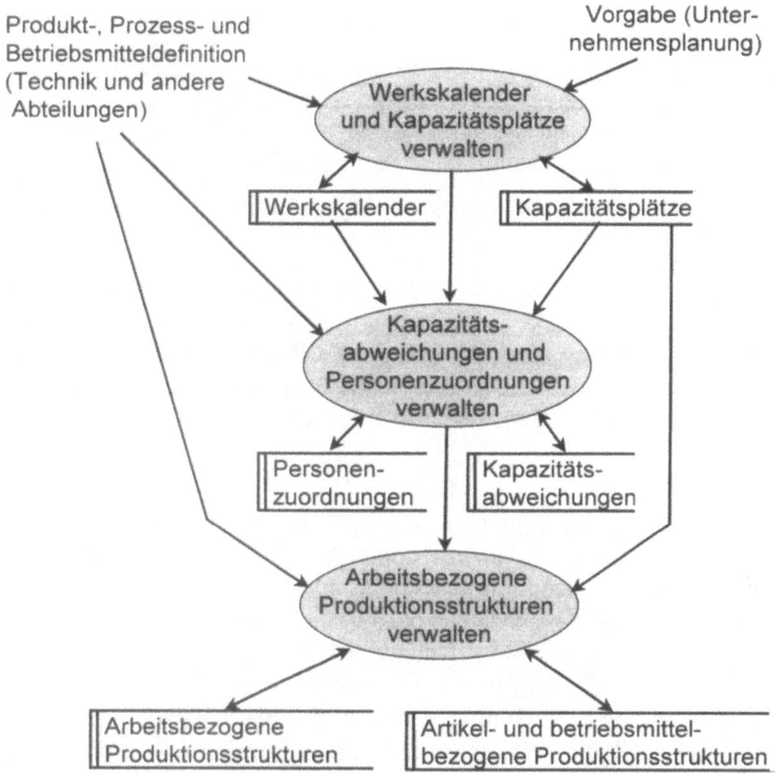


**Abb. 12.2.3.1** Verwaltung des Werkskalenders, der Kapazitätsplätze und der arbeitsbezogenen Produktionsstrukturen (Arbeitspläne): funktionsorientiertes Modell

Die *Aufgaben* verwalten die erwähnten Objekte auf die folgende Weise:

- *Werkskalender* und *Kapazitätsplätze* gemäss obiger Definition: Da es i. Allg. nur einige Dutzend Kapazitätsplätze gibt und diese zudem meistens noch nach Abteilungen gruppiert sind, braucht es keine zusätzlichen Such- und Klassifikationsmerkmale.

- *Kapazitätsabweichungen*: Die Kapazität ist i. Allg. ein Attribut der Klasse *Kapazitätsplatz.* Sie unterliegt jedoch Abweichungen in der Zeitachse. Solche werden gerade im kurzfristigen Bereich oft durch abwesende Personen oder zu wartende Maschinen verursacht. Die Abweichungen und ihre Dauer werden durch diese Funktion festgehalten.

- *Personenzuordnungen* zu den Kapazitäten: Personen gelten im erweiterten Sinn als "Produktionsfaktoren", genauso wie Maschinen, Rohmaterialien usw. Deshalb müssen Daten über Personen zum Zweck nicht nur der Salärabrechnung sondern auch der Planung der Kapazitäten geführt werden. Eine Person kann dabei mehreren Kapazitätsplätzen zugeordnet sein und an jedem Kapazitätsplatz andere Kosten verursachen. Dies ist für eine genaue Vor- und Nachkalkulation wichtig, besonders wenn das Abrechnungssystem auf Akkord aufgebaut ist. Dort kann sich der Kostensatz einer Person sogar nach der Anzahl der gleichzeitig bedienten Maschinen unterscheiden.

- *Arbeitsbezogene Produktionsstrukturen* gemäss der Definition im Kap. 12.1.3, bzw. der Arbeitspläne: Den einzelnen Arbeitsplanpositionen kann man dann die übrigen Produktionsstrukturpositionen, die dabei verarbeitet werden (die Komponenten) oder die dabei zum Einsatz kommen (die Betriebsmittel), zuordnen.

Zur *Ablaufsteuerung*:

- Die Verwaltung der einzelnen Stammsätze für die *Kapazitätsplätze* und der *Produktionsstrukturpositionen Arbeit* (d.h. der Arbeitsgänge) erfolgt durch die Produktionstechnik. Das Rechnungswesen ist für Ergänzungen mit Kostensätzen zuständig. Das Datenflussdiagramm zeigt diese Tatsachen nicht. Nachdem ein Kapazitätsplatz durch die Produktionstechnik eröffnet wurde, werden in der Praxis die weiteren Personen aus dem Rechnungwesen über Ablaufspeicher informiert, dass sie das Objekt mit Daten aus ihrem Bereich ergänzen sollten. Ähnlich geht man bei Änderungen vor, die ausser dem Bereich, der die Änderung auslöst, noch weitere Bereiche betreffen.

Die Abb. 12.2.3.2 zeigt ein objektorientiertes Modell zur Verwaltung des Werkskalenders, der Kapazitätsplätze und der arbeitsbezogenen Produktionsstrukturen (Arbeitspläne).

Der *Kapazitätsplatz* wird hier als tiefste Ebene in einer Firmenhierarchie gezeigt. Dazwischen stehen die Klassen *Abteilung* und *Werk*. In der gewählten Definition kann die gleiche Kapazitätsnummer innerhalb von verschiedenen Abteilungen, Kostenstellen und Kostenarten auftreten, was gleichzeitig zur Definition von Ersatzkapazitäten dienen mag. Der Schlüssel eines Kapazitätsplatzes ist damit wiederum ein zusammengesetzter Schlüssel.

Ein Produkt kann mit unterschiedlichen Produktionsstrukturen hergestellt werden. Dies ist insbesondere in der Prozessindustrie üblich. Gibt es für ein Produkt mehrere von der Losgrösse abhängige Arbeitspläne, dann werden zwei verschiedene Produktionsstrukturen definiert. Die Losgrösse ist damit ein Attribut der Produktionsstruktur.

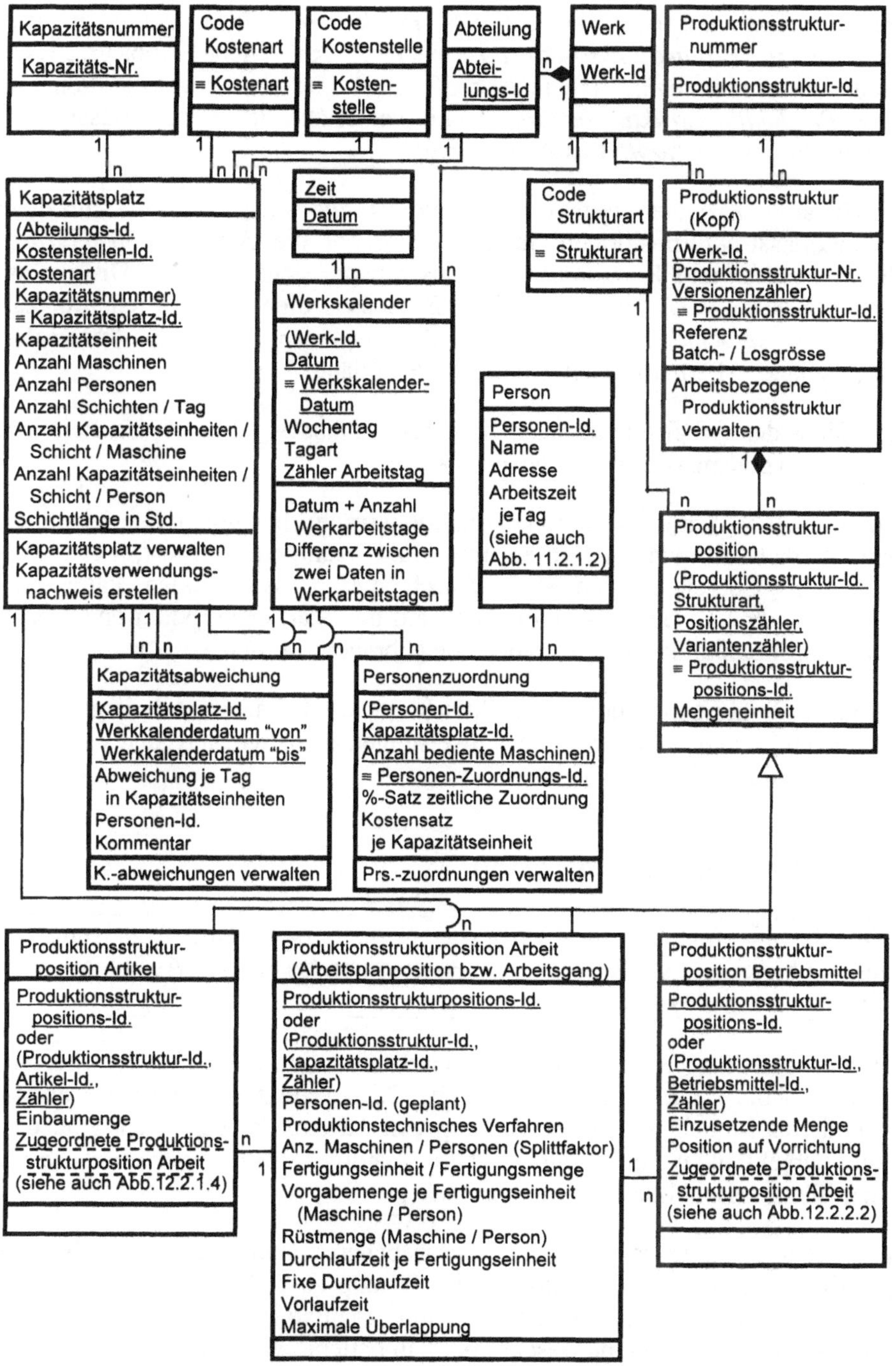


**Abb. 12.2.3.2** Verwaltung des Werkskalenders, der Kapazitätsplätze und der arbeitsbezogenen Produktionsstrukturen (Arbeitspläne): objektorientiertes Modell

Jede Produktionsstruktur besteht aus *Produktionsstrukturpositionen*, die ihrerseits in *Produktionsstrukturpositionen Artikel* (siehe Abb. 12.2.1.4), *Arbeit* und *Betriebsmittel* (siehe Abb. 12.2.2.2) spezialisiert werden können. Eine *Produktionsstrukturposition Arbeit* entspricht dabei der klassischen *Arbeitsplanposition* bzw. dem *Arbeitsgang.*

Die Klasse *Produktionsstrukturposition Arbeit* weist wie die übrigen Produktionsstrukturpositionen Schlüssel auf, der die Attribute *Strukturart*, *Positionszähler* und *Variantenzähler* einschliesst. Siehe dazu die Diskussion nach der Abb. 12.2.1.4.. Das Attribut *Strukturart* dient dabei wiederum zur Definition verschiedener Arten von Arbeitsplänen, wie z.B. "normale" Arbeitspläne, Alternativarbeitspläne oder Prüfpläne.

Die Sicht der Arbeitsgänge nach dem Kapazitätsplatz erlaubt das Erstellen eines Kapazitätsplatzverwendungsnachweises.

Durch die Assoziationen zu den Produktionsstrukturpositionen Betriebsmittel bzw. Artikel hält man die Betriebsmittel bzw. Komponenten fest, die für den Arbeitsgang bereitzustellen sind. Durch diese Assoziationen kann man Komponenten und Betriebsmittel – statt auf den Start der Produktion – genau auf den Zeitpunkt hin planen, an dem sie gebraucht werden.

Es hat sich übrigens auch als praktisch erwiesen, Pseudo-Arbeitsgänge zu definieren, welche rein textuelle Anweisungen enthalten und sich damit auf einen Pseudo-Kapazitätsplatz beziehen.

### 12.2.4 Verwaltung von Texten

Die *Textverwaltung in generalisierter Form* umfasst eine Ergänzung der Beschreibungen von Ressourcen, Produktionsstrukturen, Aufträgen usw. durch beliebige Zusatztexte.

Man möchte also eine möglichst generalisierte Form, welche die spezielle Form in Abb. 7.2.2.2 umfasst. Die Abb. 12.2.4.1 zeigt ein mögliches objektorientiertes Modell für die Verwaltung von Texten, das davon ausgeht, dass jedes Objekt nicht nur zu einer Klasse gehört, sondern auch durch seinen Identifikationsschlüssel bestimmbar ist.

Für alle Klassen der in Kap. 12.2 beschriebenen Stammobjekte (und übrigens auch der Bestandesobjekte) können im Prinzip zusätzliche Texte notwendig sein. So kann man zu einem Artikel fremdsprachige Bezeichungen benötigen, zu einem Arbeitsgang eine Beschreibung in beliebig vielen Zeilen, usw.

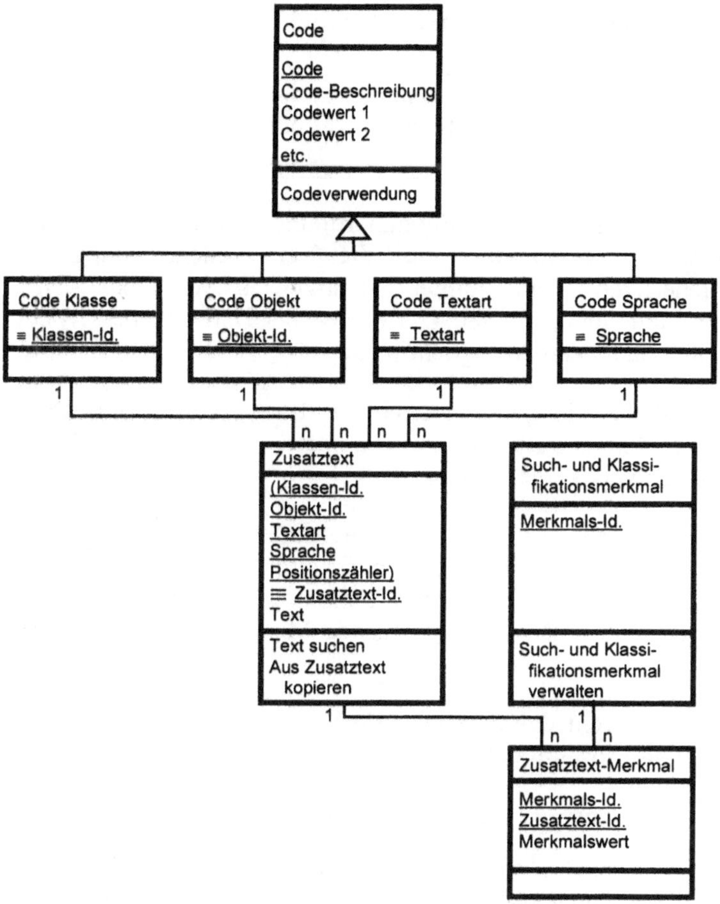


**Abb. 12.2.4.1** Verwaltung von Texten: objektorientiertes Modell

Zu Objekten der Klasse *Artikel* können z.B. die *Textarten* "Entwicklung", "Produktion", "Verkauf" usw. definiert werden. Der Text kann auch in verschiedenen Sprachen gespeichert werden. Zusatztexte können ebenfalls Suchmerkmalen zugeordnet werden, über welche sie wieder aufgefunden werden können.

Wegen ihrer allgemeinen Verwendbarkeit wird die Klasse *Zusatztext* in der Folge nicht mehr aufgeführt.

## 12.3 Parametrierung von Produkt- und Prozessobjekten

Die *Parametrierung von Produkt- und Prozessobjekten* umfasst die Parametrierung der Produkt- und Merkmalsfamilien sowie von Artikelparametern und Merkmalsleisten.

Im Zuge der Tendenz zu Einzel- und Einmalfertigung wird die parametrierte Beschreibung einer Produktfamilie, die die verschiedenen möglichen Ausprägungen generieren kann, immer wichtiger. Dadurch kann man Datenredundanzen vermeiden, was die Wartbarkeit der Daten verbessert oder in einigen Fällen überhaupt erst ermöglicht.

Das gleiche Darstellungsprinzip kann auch zur Suche von Komponenten mittels einer Sachmerkmalsleiste oder zur Parametrierung von produktionstechnischen Verfahren verwendet werden.

Das im Vergleich zur Abb. 12.1.2.1 um eine Stufe detailliertere prozessorientierte Modell trägt nichts Entscheidendes zum Verständnis bei. Die Sequenz der *Teilaufgaben,* die durch die Teilprozesse erfüllt werden, ist natürlicherweise gegeben. Auf die entsprechende Modellierung wird deshalb verzichtet.

Die Abb. 12.3.1 zeigt direkt das funktionsorientierte Modell zur Parametrierung von Produkt- und Prozessobjekten.

Die folgenden *Aufgaben* gelangen zur Ausführung:

- Die Verwaltung der *Parameter und Parameterklasseen, der Merkmale und Merkmaltypen.* Darin eingeschlossen ist die Verwaltung von *Wertebereichen, Plausibilitäts- oder Verträglichkeitstests* sowie *Sekundärparametern.*
- Die Verwaltung von *Artikelparametern, Sachmerkmalsleisten* und *parametrierten Produktionsstrukturen.*

Die einzelnen Aufgaben werden in den entsprechenden Teilkapiteln definiert. Es ist keine spezielle *Ablaufsteuerung* nötig: Die ersten beiden Aufgaben werden durch dieselben Personen im Bereich F&E wahrgenommen, die die Artikel definieren. Die dritte Aufgabe wird zum einen durch diejenigen Personen wahrgenommen, die sich mit der Beschaffung von Artikeln befassen, zum anderen durch die Personen, die Produktionsstrukturen definieren (in diesem Fall werden die im Kap. 12.2 aufgeführten Aufgaben durch einen Parametrierungsschritt ergänzt).

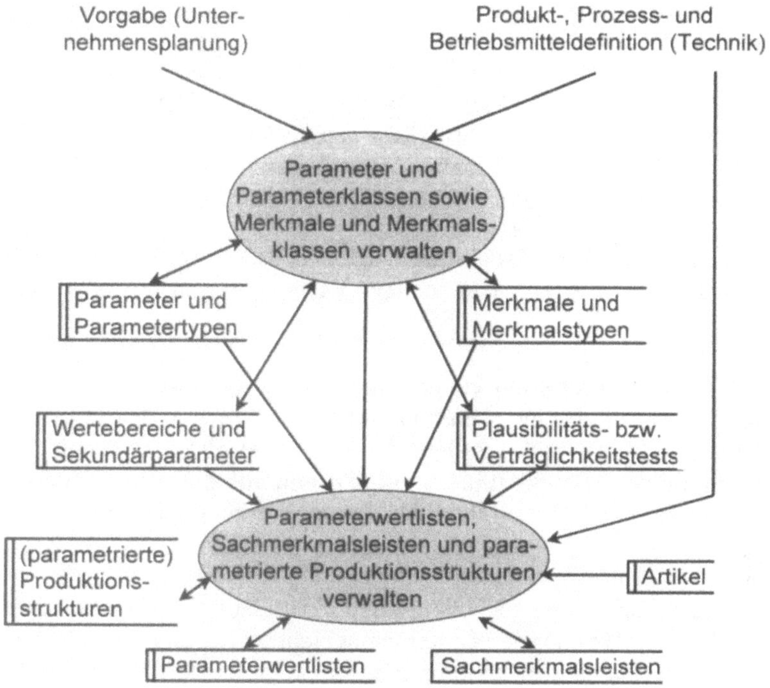


**Abb. 12.3.1** Parametrierung von Produkt- und Prozessobjekten: funktionsorientiertes Modell

## 12.3.1 Verwaltung von Parametern und Merkmalen sowie von Artikelparametern und Sachmerkmalsleisten

Unter einer *Artikelfamilie* versteht man eine Menge von Artikeln mit ähnlichen Merkmalen (z.B. Form, Material) oder ähnlicher Funktion.

Die Gesamtheit der zu einer Artikelfamilie gehörenden Artikel wird ihrerseits als ein (komplexes) Geschäftsobjekt empfunden, und die einzelnen Artikel als Bestandteile davon. Man kann z.B. alle Schrauben zu einer Artikelfamilie zusammenfassen und als Geschäftsobjekt „Familie der Schrauben“ empfinden.

Unter einer *Produktfamilie* versteht man eine Menge von Produkten mit ähnlichen Merkmalen (z.B. Form, Material) oder ähnlicher Funktion, einer ähnlichen Produktstruktur mit einem hohen Prozentsatz an gleichen Komponenten oder Komponenten aus der gleichen Familie und mit einem hohen Prozentsatz an gleichen Prozessen im Prozessplan.

Eine *Variante* oder *Produktvariante* ist ein spezifisches Produkt aus der Produktfamilie.

Eine Produktfamilie wird bereits in der Forschung und Entwicklung als solche entworfen und während ihres Lebenszyklus gegebenenfalls erweitert. Die Produktstruktur jeder Variante ist dabei verschieden, basiert aber gemäss Definition auf einem hohen Prozentsatz an gleichen Komponenten (Modulen).

Von einer *variantenreichen Produktion* spricht man, wenn Millionen möglicher Varianten vorliegen, das ganze Variantenspektrum aber von vornherein bestimmt ist.

Für die variantenreiche Produktion eignen sich Konfigurationstechniken. Die Varianz kann nämlich durch eine Kombination von möglichen Werten meist weniger Parameter aufgespannt werden. Obwohl jede Produktvariante zu einem unterschiedlichen Produkt führt, stammen alle aus derselben Produktfamilie. Der Prozess zur Herstellung aller Produktvarianten ist im Prinzip derselbe.

Beispiele von *Parametern* sind die physischen Abmessungen (Dimensionen eines Produktes), elektrische Dimensionen, verschiedene Typen und Optionen, verschiedene Farben und Etikettierungen oder irgendwelche Produktvariantenaspekte.

Der Kunde kann sich für jeden Parameter einen gültigen Wert auswählen, wobei die Parameterwertkombination nach gewissen Kriterien zulässig, plausibel oder gegenseitig verträglich sein muss. Das Produkt wird in der Folge spezifisch nach diesen Angaben gefertigt.

- Auf der Angebotsseite drückt sich die Produktfamilienstrategie sehr oft in tabellarisch aufgebauten Preisblättern aus. Die verschiedenen Dimensionen dieser Tabellen entsprechen den einzelnen Parametern der Produktfamilie.

- Auch in den Konstruktionszeichnungen werden verschiedene Parametrierungen in Tabellenwerten oder sogar mit verbalen Ausdrücken festgehalten. Idealerweise gilt dann eine Zeichnung für die ganze Produktfamilie, indem die entsprechenden Komponenten, Dimensionen usw. parametriert und mit Formeln festgehalten werden. Dies ist in der Produktdarstellung zu berücksichtigen, indem die zahlreichen Produktevarianten der Familie, d.h. die einzelnen Ausprägungen oder verschiedenen physisch hergestellten Artikel mit möglichst wenigen, aber parametrierten Produktionsstrukturen, also Stücklisten und Arbeitsplänen, dargestellt werden können. Da diese über weite Bereiche ähnlich sind, würde die Darstellung mit separaten

Stücklisten und Arbeitsplänen zu einem grossen Mass an Redundanz führen, was die Wartung erschweren oder sogar verunmöglichen mag.

Zur besseren Übersicht fasst man die Parameter zu einer oder mehreren Parameterklassen zusammen.

Eine *Parameterklasse* fasst nach einem bestimmten Kriterium zusammengehörige Parameter zusammen.

Die Parameter einer Produktfamilie entstammen einer oder mehrerer Parameterklassen. Übrigens wurde dieses Vorgehen bereits anfangs der 1980er Jahre in einer PPS-Software realisiert und in [Schö88] publiziert.

Ein ähnliches Klassifikationsbedürfnis besteht auf der Seite der zuzukaufenden Komponenten. Für den Konstruktionsprozess muss ein Zugriff über ein ausgeklügeltes Such- und Klassifikationssystem auf bereits vorhandene Artikel möglich sein, um möglichst viele Mehrfachverwendungen von Komponenten zu erreichen. Die Beschaffung von vielen verschiedenen Artikeln führt zu hohen Bestellvorgangskosten. Ein solches System ist die Sachmerkmalsleiste nach der DIN-Norm 4000. Die Artikel werden in Artikelfamilien zusammengefasst. Die Unterschiede der Artikel werden durch Parameter ausgedrückt, die hier aber *Merkmale* bzw. Sachmerkmale genannt werden. Jeder Artikel einer bestimmten Merkmalklasse hat dann für seine Parameter je einen spezifischen Wert. Man spricht dann auch von einer *Sachmerkmalsleiste* des Artikels.

Eine *Merkmalklasse* ist dabei die Zusammenfassung der (Sach-)Merkmale einer Artikelfamilie.

Ein ebenfalls nach DIN 4000 normierter Suchbaum hilft, ausgehend von einer Wurzelkategorie die Merkmalklasse aufzufinden. Siehe dazu die Beschreibung am Ende dieses Teilkapitels.

Informatikseitig haben die beiden Probleme die gleiche Struktur, weshalb sie im Sinne des F&E-Logsitik-Informationssystems auch gleich behandelt werden. Die Detaillierung des funktionsorientierten Modells aus Abb. 12.3.1 bringt keine zusätzliche Information. Die folgenden Aufgaben gelangen zur Durchführung:

- Die Verwaltung der *Parameter und Parameterklassen, der Merkmale und Merkmalklassen* gemäss obiger Beschreibung.
- Die Verwaltung von *Artikelparametern*: Die Werte für die meisten Parameter einer Produktfamilie werden vom Kunden mit der

Bestellung vorgegeben. Andere sind ggf. durch die Art der Produktfamilie bereits festgelegt. Festgelegte Werte werden als Artikelparameter festgehalten, die der Artikel- bzw. Produktfamilie zugeordnet werden. In dieser Liste können auch sogenannte Default-Werte festgehalten werden, die von Kunden meistens so gewünscht sind (z.B. der "Nein"-Wert für selten verlangte Optionen). Eine andere Anwendung von *Artikelparametern* ist die Vorkalkulation von "Stützpunkten" der Produktfamilie für einige möglichst repräsentative Ausprägungen der Parameterwerte.

- Die Verwaltung von *Sachmerkmalsleisten*, gemäss der Beschreibung der Sachmerkmalsleiste im Kap. 12.3.1. Die Werte für die Sachmerkmale von Artikeln sind durch die Art des Artikels festgelegt. Die Merkmale selbst sind in einer Merkmalsklasse zusammengefasst, auf die sich die Artikelfamilie bezieht.
- Die Verwaltung der *Wertebereiche*: Der Wertebereich eines Parameters kann zwei Werte (einen Ja- / Nein-Entscheid), aber auch unendlich viele Werte umfassen (einen sogenannten kontinuierlichen Wertebereich, z.B. "von 20 cm bis 3 m"). Der Wertebereich eines Parameters kann artikelbezogen noch weiter eingeschränkt werden. Auch bei Merkmalklassen ist der Wertebereich meistens nicht unendlich gross und kann sinnvollerweise eingeschränkt werden.
- Die Verwaltung von *Plausibilitäts- oder Verträglichkeitstests*: Ein Parameter mag zwar in mathematischen Sinne unabhängig von den anderen sein. Sein Wertebereich ist dann jedoch nicht in jedem Fall unabhängig von denjenigen der anderen. Anders gesagt, sind gewisse Wertkombinationen der Parameter-Wertliste oder Sachmerkmalsleiste nicht zulässig. Solche Abhängigkeiten werden durch Plausibilitätstests geeignet ausgedrückt. Plausibilitätstests können auch artikelbezogen sein. In diesem Fall ergänzen sie diejenigen der zugehörigen Familie. Plausibilitätstests haben die Form:

  "Wenn <Bedingung>, dann <logischer Ausdruck>".

Die Abb. 12.3.1.1 zeigt das entsprechende objektorientierte Modell zur Verwaltung der Parameter und Merkmale sowie der *Artikelparametern* und Sachmerkmalsleisten.

Einem Artikel sind i. Allg. nur eine Merkmalklasse, jedoch mehrere Parameterklassen zugeordnet. Die Parameter-Id. bzw. Merkmals-Id. umfasst neben der zugehörigen Klasse eine nicht sprechende Numerierung, welche auch durch den eigentlichen Namen des Parameters oder Merkmals reidentifiziert werden kann.

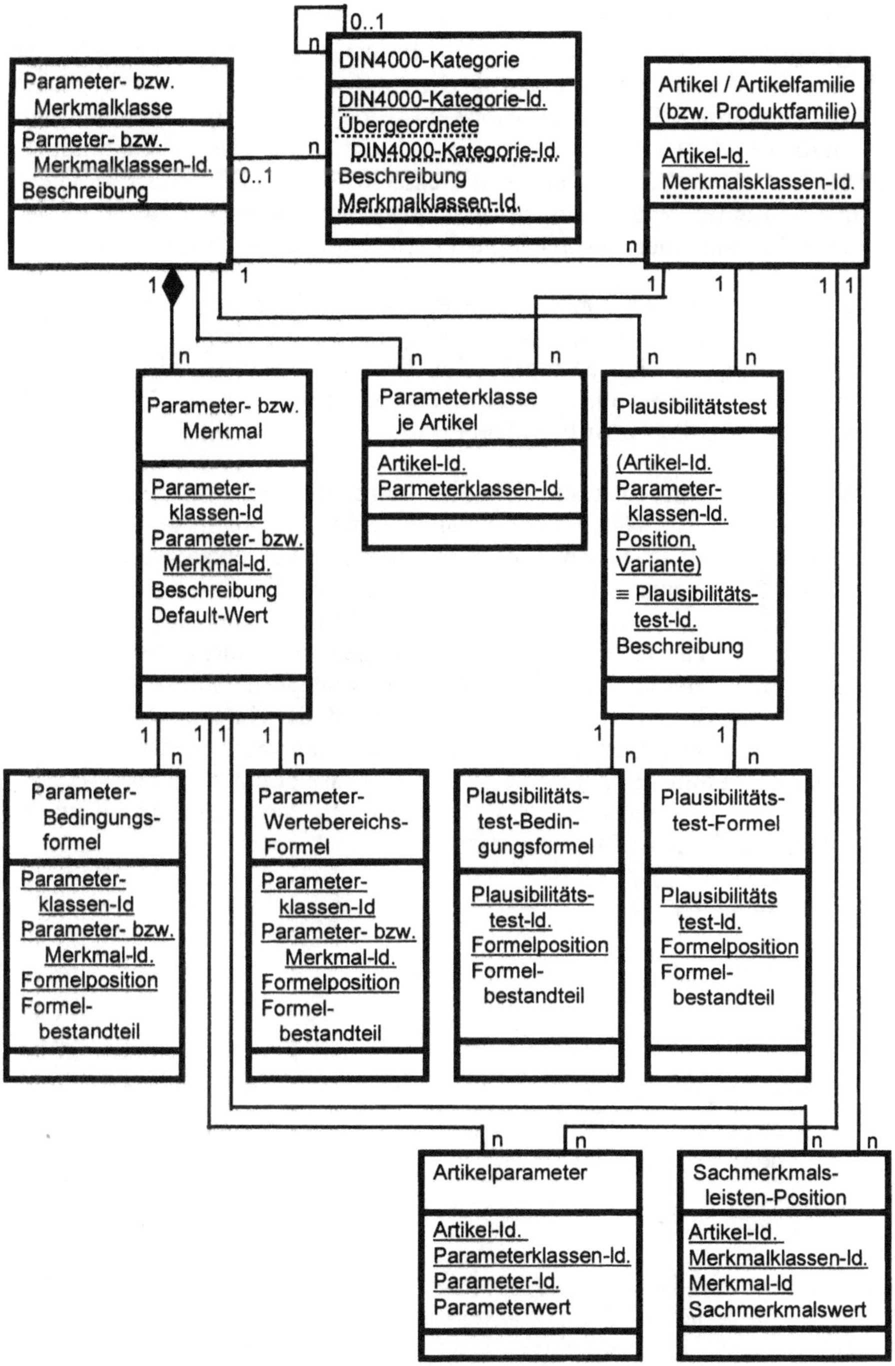


**Abb. 12.3.1.1** Verwaltung der Parameter und Merkmale sowie der Artikelparameter und Sachmerkmalsleisten: objektorientiertes Modell

Ein Wertebereich, Verträglichkeitstest sowie eine Bedingung dafür werden mit geeigneten *Formeln* oder Formelbestandteilen als logische oder arithmetische Ausdrücke formuliert. Die Methodik soll hier nicht näher beschrieben werden. Siehe dazu [SöLe96]. Eine Formel kann natürlich sehr lang werden und ist sinnvollerweise in mehreren Zeilen lesbar darzustellen. Das Attribut *Formelposition* bringt die einzelnen textuellen Formelzeilen in die richtige Reihenfolge. Auch die Bedingung ist ein logischer Ausdruck und kann ebenfalls mit einer entsprechenden Formel wiedergegeben werden.

In der vorliegenden Version sind die Parameterdefinitionen innerhalb einer Parameterklasse gegeben. In einer Erweiterung lassen sich Parametertypen-Klassen denken, die eine Metadefinition für eine Parameter-Id. unabhängig von ihrem Vorkommen innerhalb einer Parameterklasse geben. Dies spart in vielen Fällen erheblichen Aufwand an Erfassung und Änderung.

Die Ebenen des hierarchischen, DIN 4000-normierten Suchbaums (siehe z.B. auch [Schö00, Kap. 16.5.3]) sind durch eine entsprechende Hierarchie realisiert. Gemäss DIN-Norm 4000 wird bei einer Wurzelkategorie (mit z.B. "Leer" als Id.) begonnen. Eine Auswahl präsentiert alle direkt dieser Wurzel untergeordneten Hauptkategorien. Eine Auswahl der Hauptkategorie hat zur Folge, dass die zur Hauptkategorie gehörenden Unterkategorien angezeigt werden. Eine Auswahl innerhalb der Unterkategorie führt zur nächst-untergeordneten Stufe der Kategorien usw. Die Id. der Kategorien kann damit lexikographisch oder hierarchisch erfolgen. Je mehr Stellen der Kategorie-Identifikation gefüllt sind, desto tiefer ist die Detaillierungsstufe der Kategorie anzusetzen. Die Kategorien und Unterkategorien werden entsprechend der Einteilung von Büchern durchnumeriert:

Hauptkategorie 1<br>
Kategorie 1.1<br>
Unterkategorie 1.1.1<br>
.....<br>
Kategorie 1.2<br>
.....<br>
Hauptkategorie 2<br>
Kategorie 2.1<br>
Unterkategorie 2.1.1<br>
.....<br>
usw.

Auf der untersten Detaillierungsstufe ist ein Verweis auf die entsprechende Merkmalsklasse festgehalten. Von dort aus verweist die Sicht auf die Klasse *Artikel* auf sämtliche zur Merkmalklasse gehörenden Artikel.

### 12.3.2 Verwaltung von parametrierten Produktionsstrukturen und Sekundärparametern

Wie schon im vorhergehenden Teilkapitel bringt die Detaillierung des funktionsorientierten Modells aus Abb. 12.3.1 keine zusätzliche Information. Die folgenden Aufgaben gelangen zur Durchführung:

- Die Verwaltung von *parametrierten Produktionsstrukturen*: Jede Variante einer Produktionsstrukturposition, insbesondere einer Stücklisten- oder einer Arbeitsplanposition kann als Ganzes mit einer Bedingung versehen werden, die abhängig von den Parametern der zugehörigen Produktfamilie definiert wird. Ist die Bedingung erfüllt, dann wird die Position Teil des (Kunden-)Produktionsauftrags.

  > "Wenn <Bedingung>, dann <Produktionsstrukturposition gehört zur Produktionsstruktur des Auftrags>".

  Zudem kann im Prinzip jedes Attribut einer Produktionsstrukturposition oder auch einer Artikelfamilie eine Formel hinterlegt haben in dem Sinne, dass der Wert des Attributes nicht fest durch eine Konstante gegeben werden kann, sondern abhängig von den Parametern der Produktfamilie, ausgedrückt wird. Beispiele:

  - die Einbaumenge bei Stücklistenpositionen
  - die Rüstmenge und die Vorgabemenge einer Arbeitsplanposition
  - die Durchlaufzeiten einer Arbeitsplanposition
  - Gewichte, Kosten und Preise einer Artikelfamilie

- Die Verwaltung von *Sekundärparametern*: Komponenten von parametrierten Produktfamilien können ihrerseits wieder einer Artikelfamilie entstammen. Werden sie hergestellt, dann bilden sie ebenfalls eine Produktfamilie. Die Parametrierung der Komponenten-Artikelfamilie wird zumindest teilweise mit derjenigen der übergeordneten Produktfamilien zusammenhängen. Damit muss man einen bestimmten Parameter der Komponentenfamilie in Abhängigkeit der Parameter der Produktfamilie ausdrücken können. Er wird dann zum Sekundärparameter. Also:

  > "Wenn <Bedingung>, dann
  > <Sekundärparameterwert> = Funktion (Parameterwerte der übergeordneten Produktfamilie)".

  In der Praxis gibt es Fälle, wo diese Formel mit der *Produktionsstrukturposition Artikelabgang* bzw. der *Stücklistenposition* verknüpft werden muss, da dort die Beziehung *Komponente-Produkt* festgehalten wird. Meistens genügt es jedoch, nur eine einzige Formel dem (Sekundär-)Parameter der Komponente zu hinterlegen: es wird dann eine Formel je Parameterklasse des übergeordneten Produkts gespeichert.

Die Abb. 12.3.2.1 zeigt das objektorientierte Modell für die Verwaltung von parametrierten Produktionsstrukturen und Sekundärparametern.

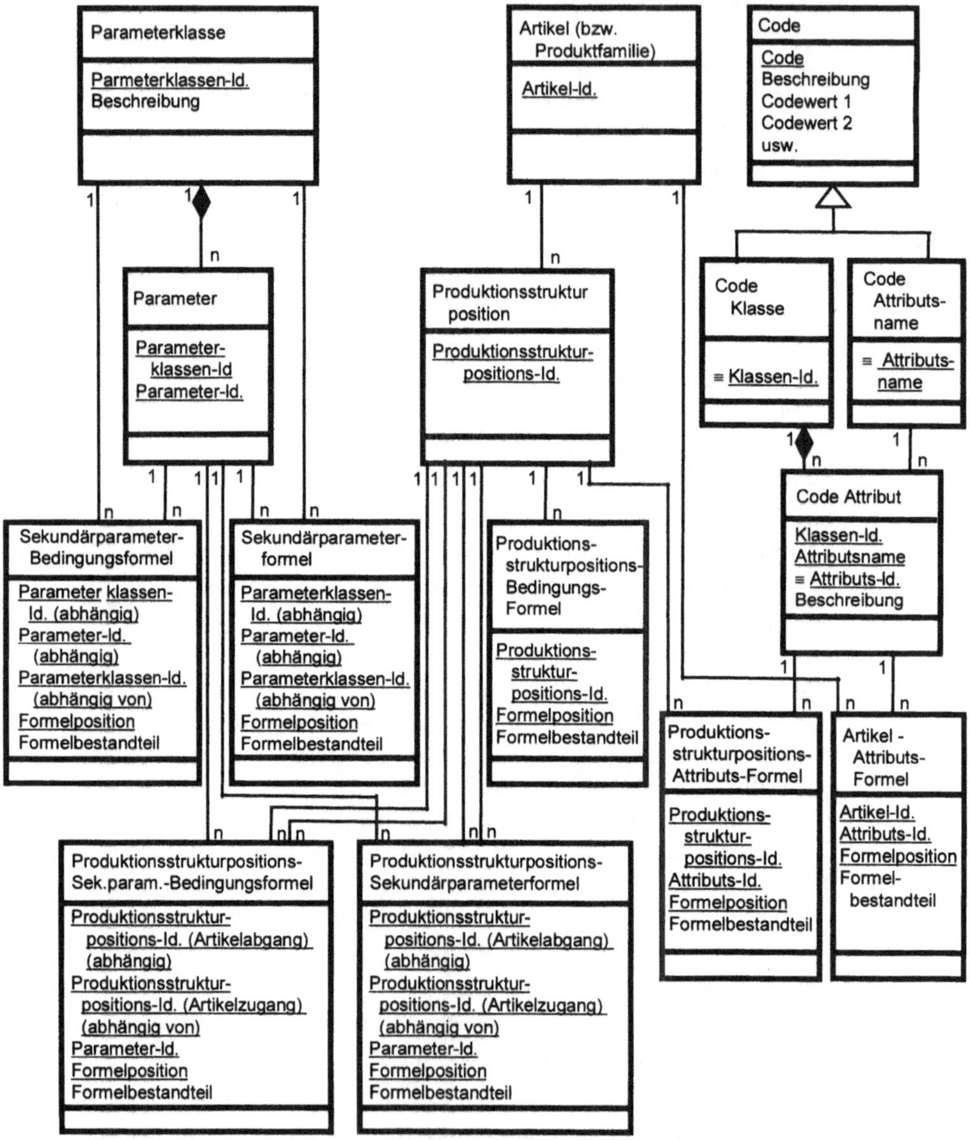


**Abb. 12.3.2.1** Verwaltung von parametrierten Produktionsstrukturen und Sekundärparametern: objektorientiertes Modell

Ein Attributswert, eine Bedingung für eine Produktionsstrukturposition (also auch für eine Stücklisten- oder Arbeitsplanposition) sowie auch eine Sekundärparameterabhängigkeit werden wieder – wie bereits nach der Abb. 12.3.1.1 erwähnt – mit geeigneten *Formeln* oder Formelbestandteilen als logische oder arithmetische Ausdrücke formuliert. Bei der Formel für einen Attributswert ist das Attribut, dessen Wert durch die Formel berechnet wird, Bestandteil des Schlüssels.

## 12.4 Verwaltung von Grobgeschäftsobjekten

Die Verwaltung von *Grobgeschäftsobjekten* umfasst die Verwaltung von Grob-Objekten für sämtliche Produkt- und Prozessobjekte.

Die Langfrist- oder Programmplanung stellt oft derart hohe Anforderungen an die Schnelligkeit, dass sie sich nur mit groben Geschäftsobjekten befassen kann. Um z.B. den Bedarf an Gütern und Kapazität *schnell* abschätzen zu können, kann man nicht auf den Detaillierungsgrad der letzten Schraube oder der kleinsten Arbeit gehen. Um die Beschaffung sicherstellen zu können, ist aus folgenden Gründen manchmal auch nur ein Teil der Daten notwendig:

- Nur relativ wenig zugekaufte Güter, z.B. Rohmaterialien oder Halbfabrikate, sind teuer oder schwierig zu beschaffen (d.h. nur wenige Güter haben sehr lange Beschaffungsfristen).
- Ein grosser Prozentsatz der Kapazitätsplätze ist nicht belastungskritisch, weil aus technischen Gründen eine Überkapazität gehalten wird (z.B. Ersatzmaschinen oder Spezialmaschinen, die nicht mit einer kleinen Kapazität erhältlich sind).
- Verschiedene Arbeitsgänge sind sehr kurz und beeinflussen die gesamte Belastung eines Kapazitätsplatzes nicht.

Des weiteren mag es genügen, anstelle von einzelnen Artikeln bzw. Produkten die Artikelfamilie bzw. die Produktfamilie als Geschäftsobjekt zu behandeln. Analog lassen sich die folgenden groben Geschäftsobjekte definieren.

Unter einer *Grobproduktstruktur* versteht man die strukturierte Zusammensetzung des Produktes aus seinen Komponenten, wobei sowohl Produkt als auch Komponenten eine Artikelfamilie bzw. Produktfamilie sein können. Bei einer konvergierenden Produktstruktur braucht man dafür auch den Begriff *Grobstückliste*.

Ein *Grobkapazitätsplatz* umfasst eine Gesamtheit von Kapazitätsplätzen, die man durch eine vergröberte Planung & Steuerung nicht weiter unterteilen muss.

Ein *Grobarbeitsgang* umfasst eine Gesamtheit von Arbeitsgängen, die durch eine vergröberte Planung & Steuerung nicht weiter unterteilt werden muss.

Ein *Grobarbeitsplan* eines Produkts bzw. einer Produktfamilie ist die Kette von Grobarbeitsgängen, durch die das Produkt bzw. die Produktfamilie ausgehend von seinen bzw. ihren Komponenten hergestellt wird.

Eine *Betriebsmittelfamilie* umfasst eine Gesamtheit von Betriebsmitteln, die man durch eine vergröberte Planung & Steuerung nicht weiter unterteilen muss.

Die *Grobproduktionsstruktur* eines Produkts bzw. einer Produktfamilie ist die Zusammenfassung seiner Grobproduktstruktur sowie den Grobarbeitsplänen des Produkts bzw. der Produktfamilie selbst und den entsprechenden Baugruppen und Einzelteilen.

Eine mögliche Methode zur Ableitung einer Grobproduktionsstruktur von der detaillierten Struktur umfasst drei Schritte (für detailliertere Erklärungen siehe [Schö00, Kap. 3.1.5]):

1. Zuordnen der Artikel zu ihrer Artikelfamilie. Bestimmen der für die Grobproduktstruktur zu berücksichtigenden Artikelfamilien.
2. Bestimmen der für eine Grobproduktionsstruktur zu berücksichtigenden Kapazitätsplätze bzw. Grobkapazitätsplätze sowie Zuordnen von Kapazitätsplätzen zu ihrem Grobkapazitätsplatz. Bestimmen einer Schranke für die Arbeitsgangdauer, unter welcher ein (Grob-) Arbeitsgang nicht berücksichtigt wird; an Stelle davon Bestimmen eines Prozentsatzes für die Reduktion der Kapazität, um alle Belastungen aufgrund dieser kleinen Arbeitsgangdauer zu berücksichtigen.
3. Bestimmen der Grobproduktstruktur (Grobstückliste) und des Grobarbeitsplans für jedes Produkt bzw. jede Produktfamilie, meistens durch Zusammenzug von mehreren Strukturstufen in eine einzige.

In der Abb. 12.4.1 sind die groben Geschäftsobjekte hervorgehoben.

Eine Artikelfamilie wird als Spezialisierung der Klasse *Artikel* konzipiert. Für einen normalen *Artikel* wird ein Attribut *Artikelfamilie-Id.* geführt, welches die gewünschte Klassierung der einzelnen Artikel nach Artikelfamilien erlaubt. Dies gilt analog gilt für den Grob-Kapazitätsplatz in seinem Verhältnis zu einem normalen Kapazitätsplatz.

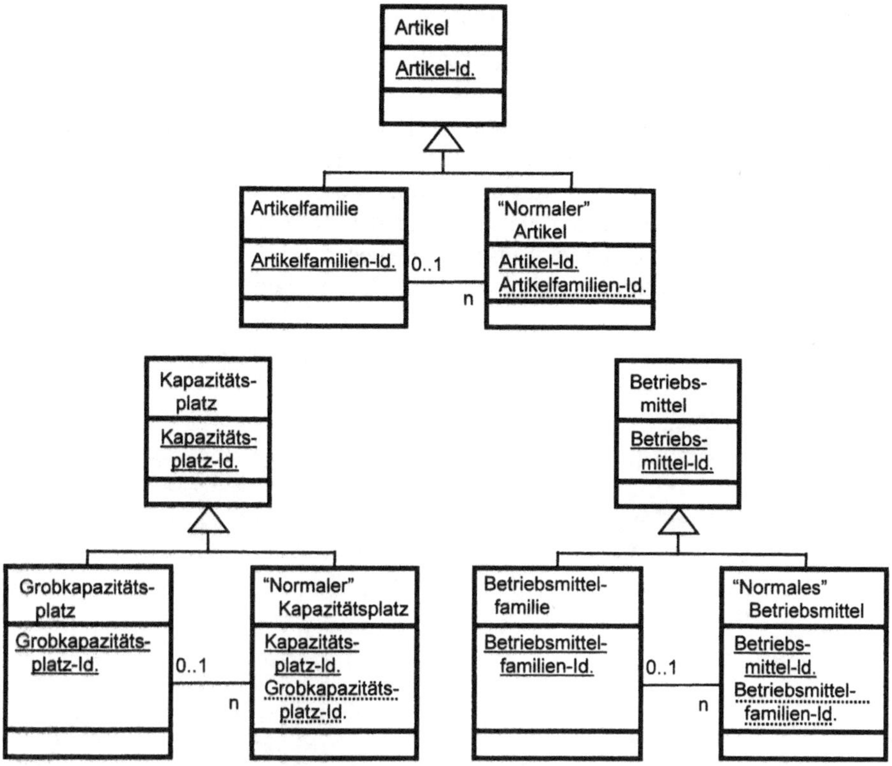


**Abb. 12.4.1** Verwaltung von groben Geschäftsobjekten: objektorientiertes Modell

Ist eine Artikelfamilie eine Produktfamilie, dann sind ihr wie einem normalen Produkt eine oder mehrere Produktionsstrukturen zugeordnet, die wiederum aus Positionen zusammengesetzt sind.

- Die *Produktionsstrukturposition Artikelabgang* bezieht sich auf Komponenten, die normale Artikel sein können oder aber ihrerseits Artikel- bzw. Produktfamilien.
- Die *Produktionsstrukturposition Arbeit* bezieht sich auf Grobarbeitsgänge und Grobkapazitätsplätze.
- Die *Produktionsstrukturposition Betriebsmittel* bezieht sich – wenn sie überhaupt geführt wird – auf normale Betriebsmittel oder Betriebsmittelfamilien.

Die Grobproduktionsstrukturen unterscheiden sich im Übrigen nicht von den detaillierten Strukturen, so dass die gleichen prozess-, funktions- und objektorientierten Modelle wie im Kap. 12.2 zum Einsatz kommen können.

## 12.5 Zusammenfassung und Integration des objektorientierten Modells

Die Abb. 12.5.1 zeigt, wie die objektorientierten Modelle der in Kap. 12 erwähnten Teilsysteme des F&E-Logistik-Informationssystems in ein integriertes Modell überführt und angeordnet werden. Das detaillierte Modell dazu wird in der Abb. 12.5.2 gezeigt, die nachfolgend wieder als Faltblatt eingefügt ist. Auf die Objektklassen in dieser Abbildung wurde in den Faltblättern der vorherigen Kapitel bereits mehrere Male Bezug genommen.

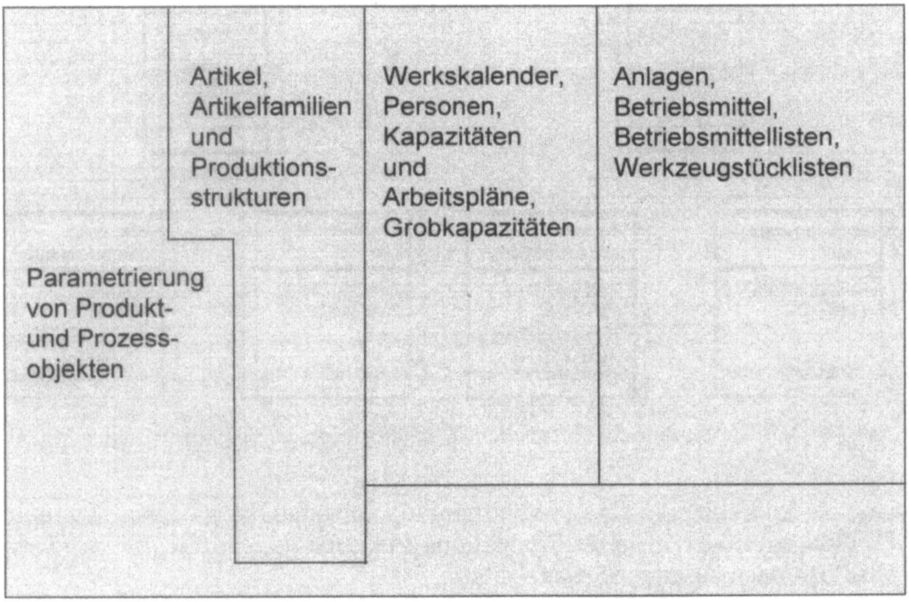


**Abb. 12.5.1** F&E-Logistik-Informationssystem: Anordnung zur Integration des objektorientierten Modells

Aus Gründen der Übersicht wurden wieder nur die Schlüsselattribute in die Darstellung der Objekte aufgenommen, weil sie zum Verständnis der aufgeführten Assoziationen beitragen. Die Methoden (Funktionen) sowie generalisierte Objektklassen allgemeiner Natur wie Codes, Zähler oder Numerierungen und deren Assoziationen zu den verbleibenden Objektklassen wurden aus Gründen der Übersichtlichkeit wiederum weggelassen.

**Abb. 12.5.2:** F&E-Logistik-Informationssystem: Integration des Objektmodelles

(aus P. Schönsleben, "Integrales Informationsmanagement – Informationssysteme für Geschäftsprozesse - Management, Modellierung, Lebenszyklus und Technologie")

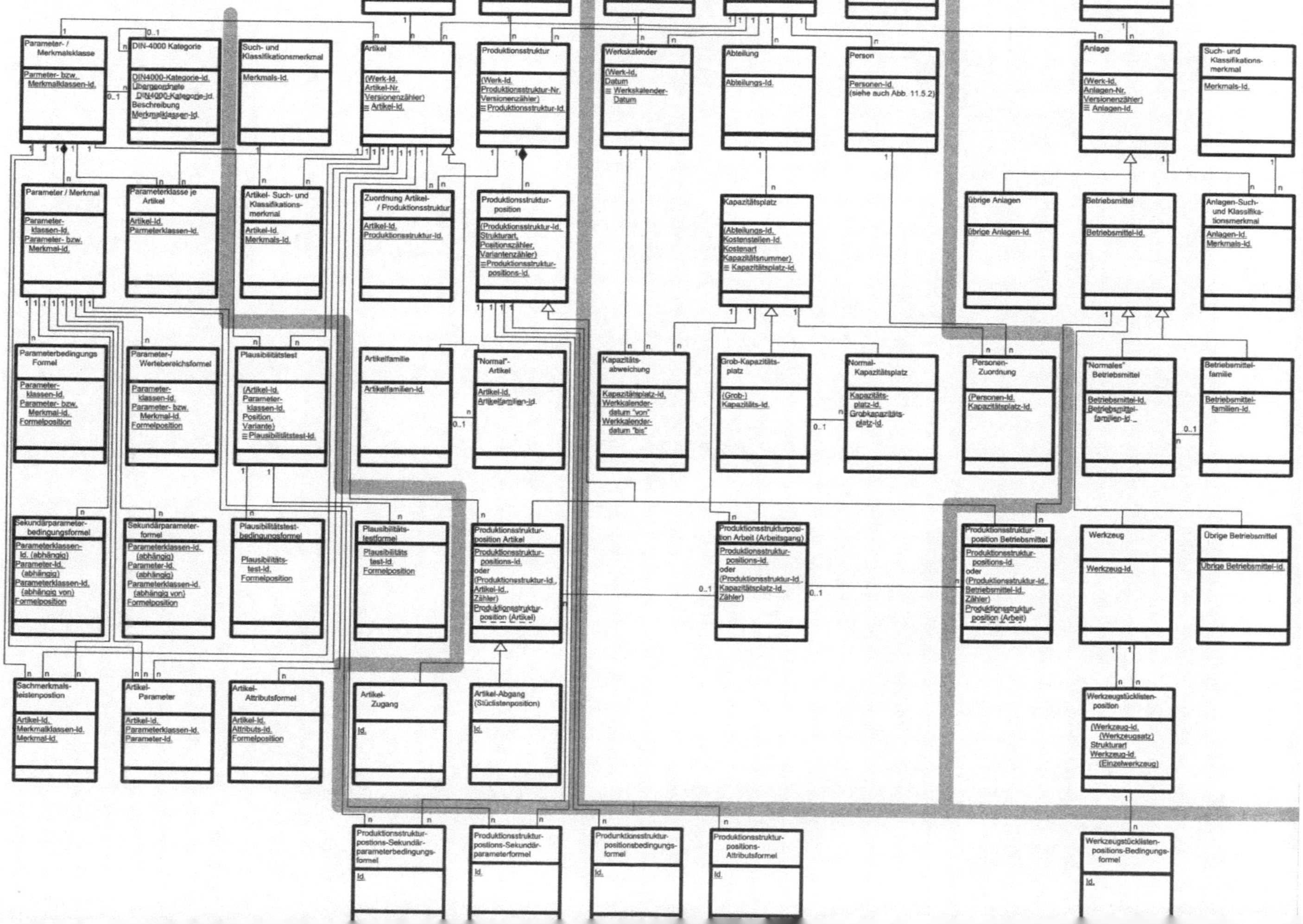

# Literaturhinweise Kapitel 1, 2 und 3


BaZe97 Bauknecht, K., Zehnder, C.A., “Grundlagen für den Informatikeinsatz”, Teubner, 1997

BeHa00 Becker, M., Haberfellner, R., Liebetrau, G., “EDV-Wissen für Anwender: das Informatik-Handbuch für die Praxis”, Verlag Industrielle Organisation, Zürich, 2000

Boeh86 Boehm, “Wirtschaftliche Software-Produktion”, Wiesbaden, Forkel, 1986

Coas91 Coase, R.H., “The Nature of the Firm”, in: Williamson, Oliver, Winter, Sidney: “The Nature of the Firm – Origins, Evolution, and Development”, Oxford University Press, 1991, S. 18ff

Colb91 Von Colbe, B., Lassmann, “Betriebswirtschaftstheorie” Band 1, Springer, 1991

Cryp98 “DES Key Search Project Information”, Cryptographic Research, Inc., http://www.cryptography.com/des/index.html, erstellt am 22.11.1998, Abruf am 21.12.2000

Diebold “Diebold Management Report”, Diebold Deutschland GmbH, Eschborn

DuBe85 Duden, “Bedeutungswörterbuch”, Dudenverlag, Mannheim, 1986

DuFr90 Duden, “Fremdwörterbuch”, Dudenverlag, Mannheim, 1997

DuHe89 Duden, “Herkunftswörterbuch”, Dudenverlag, Mannheim, 1989

DuSi86 Duden, “Sinn- und Sachverwandte Wörter”, Dudenverlag, Mannheim, 1997

Fair85 Fairley, R., “Software Engineering Concepts”, McGraw-Hill, 1985

HaNa99 Haberfellner, R., Nagel, P., Becker, M., von Massov, H., “Systems Engineering” (Hrsg. Daenzer,W.F., Huber, F.), Verlag Industrielle Organisation, Zürich, 1999

Hans92 Hansen, H.R., "Wirtschaftsinformatik I", Verlag UTB, Stuttgart, 1992

IBM 81 IBM, "Communications Oriented Production Information and Control System (COPICS)", Broschüren Vol. 1–8, IBM G320-1974-0 bis G320-1981-0

IBM 83 IBM, kopiert aus den Hollerith-Mitteilungen, Nr. 3 (Juni 1913), Inhalt formal kopiert aus IBM-Nachrichten 33 (1983)

Jung94 Jungk, R., "Zukunftswerkstätten: mit Phantasie gegen Routine und Resignation", Heyne, München, 1994

KaPe95 Kaufman, C., Perlman, R., Speciner, M., "Network Security – PRIVATE Communication in a PUBLIC World", Prentice Hall, Upper Saddle River, N.J, 1995

Knut98 Knuth, D.E., "The art of computer programming", Addison-Wesley, Reading, Massachusetts, 1998

KuDo93 Kurbel, K., Dornhoff, P., "Mehr Flexibiliät: Ein innovativer Ansatz für das Softwareprojektmanagement", in: "Theorie und Praxis der Wirtschaftsinformatik", Forkel-Verlag, Wiesbaden, 1993

Kurb97 Kurbel, K., "Internet-Nutzung im Business-toBusiness-Bereich: Stand der Entwicklung, Typologie und Anwendungsbeispiele", in: "Wirtschaftsinformatik ´97", Krallmann, H. (Hrsg.), Physica-Verlag, Heidelberg, 1997

Lüth94 Lüthi, B., "Kritische Erfolgsfaktoren des Managements industrieller Software-Technologien", Diss. ETH 11261, Selbstverlag oder über BWI

Mart93 Martin, R., "Einflussfaktoren auf PPS-Akzeptanz und PPS-Einführungsumfang", Verlag Peter Lang, 1993

MeGr93 Mertens, P., Griese, J., "Integrierte Informationsverarbeitung Band 2 – Planungs- und Kontrollsysteme in der Industrie", Gabler, Wiesbaden, 1993

Mert97 Mertens, P., "Integrierte Informationsverarbeitung Band 1 – Administrations- und Dispositionssysteme in der Industrie", 11. Auflage, Gabler, Wiesbaden, 1997

Mich82 Michels, W. et al, "Datenbanken zur rechnerunterstützten Auftragsabwicklung", CW-Publikationen, München, 1982

MöMe96 Möhle, S., Weigelt, M., Braun, M., Mertens, P., "Kann man ein einfaches PPS-System mit Microsoft-Bausteinen entwickeln?", Industrie-Management 12, 5/1996, S.47–52

Neff96 Neff, E., et al., "European Computer Law", Transnational Publishers, Inc., Irvington-on-Hudson, New York, 1996

Öste81 Österle, H., "Entwurf betrieblicher Informationssysteme", Hanser, 1981

Pico82 Picot, A.,"Transaktionskostenansatz in der Organisationstheorie: Stand der Diskussion und Aussagewert", Die Betriebswirtschaft, 42. Jahrgang 1982, S. 267–284

HePo00 Heinrich, L., Pomberger, G.: "Prototypingbasierte Evaluation von Software-Angeboten"; in: "Evaluation und Evaluationsforschung in der Wirtschaftsinformatik"; Oldenbourg, München, 2000

Port98.1 Porter, M., "Competitive Strategy", The Free Press, 1998

Port98.2 Porter, M., "Competitive Advantage", The Free Press, 1998

Prob99 Probst, G., Raub, S., Romhardt K., "Wissen managen", Gabler, Wiesbaden, 1999

Rühl96 Rühli, E., "Unternehmungsführung und Unternehmungspolitik", Band 1, 3. Auflage, UTB/Haupt, 1996

RSA99 "RSA Crypto Challenge Sets New Security Benchmark", RSA Laboratories, http://www.rsasecurity.com/news/pr/990826-2.html,
erstellt am 08.03.1999, Abruf am 21.12.2000

Saad93 Saad, K.N. et al., "Management der F&E-Strategie", Gabler, Wiesbaden, 1993

Sche98.1 Scheer, A.-W., "Wirtschaftsinformatik", Springer Verlag, Berlin, 1998

ScSp99 Schönsleben, P., Specker, A., Cruz, R., Fähndrich, A., "Unternehmerische Behandlung der Softwareproduktion – mehr als den Softwareentwicklungsprozess im Griff haben!", **io**management, Nr. 6 / 1999

Schö00 Schönsleben, P., "Integrales Logistikmanagement – Planung und Steuerung umfassender Geschäftsprozesse", 2. Auflage, Springer, 2000

Sinz90 Sinzig, W., "Datenbankorientiertes Rechnungswesen: Grundzüge einer EDV-gestützten Realisierung der Einzelkosten- und Deckungsbeitragsrechnung", Betriebs- und Wirtschaftsinformatik, No. 6, Springer, Berlin, 1990

SöLe96 Schönsleben, P., Leuzinger, R., "Innovative Gestaltung von Versicherungsprodukten: flexible Industriekonzepte in der Assekuranz", Gabler Verlag, Wiesbaden, 1996

Somm00 Sommerville, I., "Software Engineering", Addison-Wesley, 2000

Spec01 Specker, A., "Modellierung von Informationssystemen: Ein methodischer Leitfaden zur Projektabwicklung", vdf Verlag, Zürich, 2000

Welt70 Weltner, K., "Informationstheorie und Erziehungswissenschaft", SNE, Quickborn, 1970

Wien97 Wiendahl, H.P., "Betriebsorganisation für Ingenieure", 4. Auflage, Hanser-Verlag, München, Wien, 1997

Wild99 Wilde, E., "Wildes WWW", Springer, 1999

Wisc99 Wischnewski, E., "Modernes Projektmanagement", Vieweg, Braunschweig, 1999

Ulic98 Ulich, E., "Arbeitspsychologie", vdf Hochschulverlag an der ETH Zürich, 1998

UML98 Booch, G., Jacobson, J., Rumbaugh, J., "Unified Modeling Language, User Guide", 1998, OMG Notation und UML Semantics, Revised Version 1.3, 1999

VoBe97 Vollmann, T.E., Berry, W.L., Whybark, D.C., "Manufacturing Planning and Control Systems", 4th edition, McGraw Hill, 1997

Zehn98 Zehnder, C.A., “Informationssysteme und Datenbanken”, VDF, Zürich, 1989, Teubner, Stuttgart, 1998

Züst97 Züst, R., “Einstieg ins Systems Engineering”, Verlag Industrielle Organisation, Zürich, 1997

# Literaturhinweise Kapitel 4 bis 12

Abel90 Abel, D., “Petri-Netze für Ingenieure”, Springer, Berlin, 1990

Atki26 Atkins, “Factory Management”, Prentice-Hall, New York, 1926

Chen76 Chen, P., “The entity relationship model - toward a unified view of data”, ACM Transactions on DB-Systems, 1, 1976

Codd71 Codd, E.F., “Further Normalization of the Data Base Relational Model”, R. Rustin (Ed.), Data Base Systems, Courant Computer Science Symposia 6, Englewood Cliffs (N.J.), 1971

CoYo91 Coad, P., Yourdon, E., “Object Oriented Analysis”, Prentice Hall, 1991

DeAd82 Delobel, C., Adiba, M., “Bases de données et systèmes relationnels”, Dunod, Paris, 1982

DeMa79 DeMarco, T., “Structured Analysis and System Specification”, Prentice-Hall, London, 1979

MaMc88 Marca, D.A., McGowan, C.L., “SADT – Structured Analysis and Design Technique”, McGraw Hill, 1988

DaDi78 Dahl, O.J., Dijkstra, E.W., Hoare, C.A.R, “Structured Programming”, ACP, London und New York, 1978

DuBe86 Duden, “Bedeutungswörterbuch”, Dudenverlag, Mannheim, 1986

DuFr90 Duden, “Fremdwörterbuch”, Dudenverlag, Mannheim, 1997

DuHe89 Duden, “Herkunftswörterbuch”, Dudenverlag, Mannheim, 1989

DuSi86 Duden, "Sinn- und Sachverwandte Wörter", Dudenverlag, Mannheim, 1997

Espr93 Esprit Consortium AMICE (Eds.), "CIMOSA, Open Systems Architecture for CIM", Springer, Berlin, 1993

Grul28 Grull, W., "Die Organisation von Fabrikbetrieben", Gloeckners Handelsbücherei BD. 11/12, 3. Auflage, Gloeckner, Leipzig, 1928

HaNa99 Haberfellner, R., Nagel, P., Becker, M., von Massov, H., "Systems Engineering" (Hrsg. Daenzer,W.F., Huber, F.), Verlag Industrielle Organisation, Zürich, 1999

HIPO74 "HIPO – A Design Method and Documentation Technique", IBM White Plaines, N.Y., 1974

Jack75 Jackson, M.A., "Principles of Program Design", Academic Press, New York, 1975

Mart76 Martin, J., "Principles of Data Base Management", Prentice-Hall Inc., 1976

MaCl88 Martin, J., McClure, C., "Structured Techniques: The Basis for Case", Prentice-Hall, London, 1988

Mert97 Mertens, P., "Integrierte Informationsverarbeitung Band 1 – Administrations- und Dispositionssysteme in der Industrie", 11. Auflage, Gabler, Wiesbaden, 1997

NaSh73 Nassi, I., Shneiderman, B., "Flowchart Techniques for Structured Programming", ACM SICPLAN Notices, 8, no. 8, 1973

Norm89 Norman, D., "Dinge des Alltags", Campus, Frankfurt, 1989

Port98.1 Porter, M., "Competitive Strategy", The Free Press, 1998

Port98.2 Porter, M., "Competitive Advantage", The Free Press, 1998

Petr62 Petri, C.A.,"Kommunikation mit Automaten", Rheinisch-Westfälisches Institut für instrumentelle Mathematik, Universität Bonn, Schrift Nr. 2, Bonn, 1962

Petr79 Petri, C.A.,"Über einige Anwendungen der Netztheorie", in Informatik-Fachberichte Nr. 19, Springer, Berlin, 1979.

Ross85 Ross, D., “Applications and Extensions of SADT”, IEEE Computer Magazine 18, Nr. 4, 25-34, 1985

Sche98.1 Scheer, A.-W., “Wirtschaftsinformatik”, Springer, 1998

Sche98.2 Scheer, A.-W., “Aris - vom Geschäftsprozess zum Anwendungssystem”, Springer Verlag Berlin, 1998

Sche98.3 Scheer, A.-W., “Benchmarking Busineess Processes”, in Okino, N., Tamura, H., Fujii, S., “Advances in Production Management Systems”, Chapman & Hall, London, 1998, pp. 133-136

Schö88 Schönsleben, P., “Flexibilität in der computergestützten Produktionsplanung und -steuerung”, Verlag AIT, Hallbergmoos, 1988 (die 1. Auflage erfolgte 1985 im Verlag CW-Editionen)

Schö00 Schönsleben, P., “Integrales Logistikmanagement - Planung und Steuerung umfassender Geschäftsprozesse”, 2. Auflage, Springer, 2000

SöLe96 Schönsleben, P., Leuzinger, R., “Innovative Gestaltung von Versicherungsprodukten: flexible Industriekonzepte in der Assekuranz“, Gabler Verlag, Wiesbaden, 1996

SpMe90 Spur, G., Mertins, K., “Integrated Information Modelling for CIM”, Proceedings, CIMCON 90, USA

Spec01 Specker, A., “Modellierung von Informationssystemen: Ein methodischer Leitfaden zur Projektabwicklung”, vdf Verlag Zürich, 2000

Sute97 Suter, A., “Hochleistung durch Anbindung der Organisation an die Geschäftsstrategie”, in Liebermann, H.-P. (Hrsg.), “Vom Business Process Reeingineering zum Change Management”, Gabler, Wiesbaden, 1997

UML90 OMG Object Management Group, “Unified Modeling Language Specification”, Revised Version 1.3, http://www.omg.org, erstellt am 07.02.1990, Abruf am 21.12.2000

Vett98 Vetter, M., “Aufbau betrieblicher Informationssysteme”, Teubner, Stuttgart 1998

YoCo94 Yourdon, E., Constantine, L.L., “Structured Design - Fundamentals of a Discipline of Computer Program and Systems Design”, Prentice-Hall, 1994

Your00 Yourdon, E., “Modern Structured Analysis”, Prentice-Hall, 2000

# Stichwortverzeichnis

- **Fett gedruckte Seitenzahlen** weisen auf die Definition des Begriffs hin.
- Unterstrichene Seitenzahlen weisen auf eine Stelle hin, die zum Verständnis des Begriffes beiträgt.
- Normal gedruckte Seitenzahlen weisen auf die wichtigen Stellen hin, wo der Begriff verwendet wird.

# A

# F



# G

# J



# K

# L

# M

# N



# O

# T

# U



# V

# W